人工智能与机器人系列

# 机器人学中的状态估计

# State Estimation for Robotics Second Edition

## （第2版 · 上册）

[加] 蒂莫西 · D.巴富特（Timothy D. Barfoot）

高　翔　谢晓佳　滕瀚哲　王　锐　译

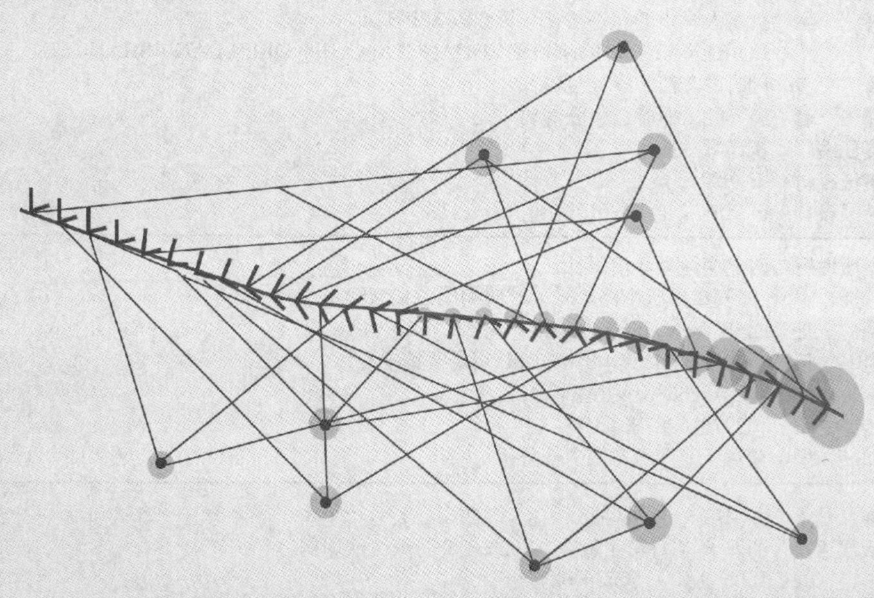

CAMBRIDGE

**图书在版编目（CIP）数据**

机器人学中的状态估计:第 2 版. 上册 / (加)蒂莫西·D.巴富特(Timothy D. Barfoot)著；高翔等译. 西安：西安交通大学出版社，2025. 1(2025.9 重印). --（人工智能与机器人系列）. -- ISBN 978-7-5693-0624-8

I. TP242

中国国家版本馆 CIP 数据核字第 2024SM7701 号

**书　　名**　机器人学中的状态估计（第 2 版 • 上册）
JIQIREN XUE ZHONG DE ZHUANGTAI GUJI（DI-ER BAN • SHANGCE）
**著　　者**　[加]蒂莫西 • D. 巴富特
**译　　者**　高　翔　谢晓佳　滕瀚哲　王　锐
**责任编辑**　李　颖　王　欣
**责任校对**　王　娜
**装帧设计**　伍　胜

**出版发行**　西安交通大学出版社
（西安市兴庆南路 1 号　邮政编码 710048）
**网　　址**　http://www.xjtupress.com
**电　　话**　(029)82668357　82667874(市场营销中心)
(029)82668315（总编办）
**传　　真**　(029)82668280
**印　　刷**　陕西天意印务有限责任公司

**开　　本**　787 mm×1092 mm　1/16　**印　　张**　17.125　**字　　数**　406 千字
**版次印次**　2025 年 1 月第 1 版　2025 年 9 月第 2 次印刷
**书　　号**　ISBN 978-7-5693-0624-8
**定　　价**　90.00 元

如发现印装质量问题，请与本社市场营销中心联系。
订购热线：（029）82665248　（029）82667874
投稿热线：（029）82665397
读者信箱：banquan1809@126.com

# 简　介

如何根据带有噪声的传感器数据来估计机器人的状态（如位置、方向）是机器人学研究中的一个重要问题。本书为机器人学领域的学生和从业人员介绍了状态估计的相关知识，既包含经典的状态估计方法（例如卡尔曼滤波），也包含了更加重要的、现代的主题，例如批量优化、贝叶斯滤波、西格玛点（sigmapoint）滤波、粒子滤波、剔除外点的鲁棒估计、连续时间的轨迹估计和高斯过程回归。由于绝大多数机器人在三维世界中工作，因此本书介绍了常见的传感器模型（如相机、激光测距仪），并阐述了如何对旋转状态变量进行状态估计。本书后续章节还涉及机器人中的实际应用问题，例如点云配准、位姿图松弛、光束平差法及同时定位与地图构建问题。

本书的第 2 版添加了许多拓展主题，包括一个关于变分推断的全新章节，一个关于惯性导航的主题章节，并引入了关于概率、矩阵微积分等方面的补充材料。

蒂莫西 · D. 巴富特（Timothy D. Barfoot）博士（多伦多大学航空航天研究所教授）在工业和学术界的移动机器人导航方向已有逾二十年的研究经历。他的研究领域涉及空间探索、采矿、军事和运输等，并在定位、建图、规划和控制方面做出了贡献。他是电气电子工程师学会（Institute of Electrical and Electronics Engineers, IEEE）机器人与自动化学会的会士。

# 第 2 版推荐语

本书深入浅出、全面详尽地讲解了与状态估计相关的基础知识和各种方法，第 2 版新增的内容，如变分推断和惯性导航等章节，进一步拓宽了读者的视野。高翔博士等译者的精心翻译将深奥的理论知识讲解得通俗易懂，并且每个概念都辅以清晰的数学推导和实际应用案例，极大地增强了读者对状态估计方法的理解。无论是对于机器人领域的学生、研究人员，还是对于自动驾驶、空间探索等高新技术领域的工程师，本书都是一本极具价值的教材和参考书，强烈推荐给相关领域感兴趣的读者。

西北工业大学航空学院教授 布树辉

2024 年 12 月

# 第 2 版译者序

我们很高兴能够再次翻译《机器人学中的状态估计》，将第 2 版的中译本与读者分享。

由于书的内容扩充了不少，第 2 版将分成上下两册出版。原书的 1 至 6 章为中译本的上册，而原书的 7 至 11 章放到下册，原书的附录则按照内容的相关性，分别放入中译本的上下册中。在翻译第 2 版之际，我们充分参考了读者反馈的意见，对第 1 版的个别词句和措辞进行修正，以求更加准确地反映原文含义。许多英文词汇在中文中并无经典的译法，对这种词汇在书中首次出现时我们给出了中英文对照解释，但是考虑到便于读者阅读和查找，再次提及这类词汇时本书大多采用了该词汇认可程度较高的英文形式。

注意，本书附录的 A、C、D 部分位于上册，B、D 部分位于下册。但上册的正文部分，有时也会引用下册附录的内容，请读者注意参考的位置。本书新增的附录内容相当丰富，堪比一本基础的矩阵论教材，相信对读者们会有所帮助。

本书第 2 版翻译由高翔、谢晓佳、滕瀚哲、王锐共同完成，谢晓佳完成了本书的统稿工作。特别感谢美国佐治亚理工学院的余鸿哲博士，他审读了本书的第 6 章内容。同时，衷心感谢每一位为本书做出贡献的作者、译者、读者，以及喜爱本书的老师和同学！

高翔 (gao.xiang.thu@gmail.com)
2024 年 10 月于北京

# 第 1 版译者序

蒂莫西·D. 巴富特教授的《机器人学中的状态估计》一书，前后花费了两年时间写成。初稿甫成，他就将草稿公开于互联网，供世界各地读者阅读、纠错。当时，我们就觉得这本书理论之深刻、叙述之严谨、应用之广泛，实在是一本机器人方向不可多得的好书。倘若中国读者，或为语言之碍，或为地域所隔，无法了解此书的奥秘，实乃遗憾之事。2017 年春，机缘巧合，西安交大出版社获得了本书的中文版权，而我们亦有幸参与此书的翻译工作。希望这本中译本能够让中国的学生、研究人员更好地理解状态估计的内容，将理论知识运用到实践中去。

书籍内容在前文已有简述。在此，我们需要向读者说明中译本中对原书进行斟酌修改的部分内容。

1. 对于外文人名，若此人有经典的中译名，就使用中译名，比如贝叶斯、卡尔曼；如果中译名不明确，或容易与他人混淆，就保留原名，比如伊塞利（Isserlis）、谢尔曼-莫里森-伍德伯里（Sherman-Morrison-Woodbury）等。至于是否“经典”，是根据我们自身的经验来判断的。
2. 原书的旁注，由于排版原因，在中译本中都放入正文中。旁注有小图的，亦放入正文，有多个小图时合并成一个图。
3. 原书的术语和重点词句（以斜体注明），在本书以黑体注明，重要的用语已加上英文，书末附有索引表，方便读者查询。
4. 原书的部分数学公式字体，按照中文图书的标准进行了调整。例如，原书使用黑正体表示矩阵和向量，中译本则使用黑斜体；原书矩阵转置使用斜体 $^T$，中译本使用正体 $^{\mathrm{T}}$。尽管稍有不同，但我们觉得不影响原意，并且保证整个中译本使用一致的字体设定。唯一的例外是：原书仅在表示时不变（time invariant）的向量和矩阵时使用黑斜体变量，而由于中译本的矩阵和向量统一使用黑斜体，因此时不变的向量与矩阵和普通向量、矩阵相比没有字体上的区别，但这仍然不影响意义的表达。
5. 标点部分亦参考中文习惯作了调整。因为本书不是数学类书，所以使用中文的逗号和句号，而非像数学书籍那样使用句点。
6. 为了符合中文行文习惯，在不影响意思的前提下，我们对部分句子的表达方式作了省略、调整或补充。比如，把“$x$ 服从高斯分布”简化为“$x$ 是高斯的”，“估计 $y$ 的后验概率密度函数”简化为“估计 $y$ 的后验”，把“最大化状态的似然函数”简化为“最大化状态的似然”，等等。请读者不要在这些表达方式上产生混淆。此外，原书对高斯分布 $\mathcal{N}(\boldsymbol{\mu}, \boldsymbol{\Sigma})$ 和高斯概率密度函数 $p(\boldsymbol{x})$ 并未做严格区分，但并不影响公式推导和读者理解，所以译文与原书在这一点上保持一致。
7. 在页脚处加入了一部分译者注，以便读者理解书中内容。

本书理论十分深刻。如果读者是该领域的初学者，可能在理解过程中会遇到一些困难。本书的编排大体符合由浅入深的顺序，但是部分章节的细节比较琐碎，初读此书时可以略过。我们建议初学者应该重点阅读以下章节：滤波器与优化理论部分（3.1– 3.2、4.1– 4.3）、矩阵李群部分（第 6、7 章）；可以略过以下章节：连续时间部分（2.3、3.4、4.4、第 10 章）、二阶以上的理论和方法（2.2.2、2.3 及其他章节中关于四阶方法的内容）。

本书的中译本是许多同学、老师协作的成果。每一章节基本由一到两位同学负责翻译，分工如下：第 1、2 章由范帝楷、郭玉峰负责；第 3 章由高翔负责；第 4 章由谢晓佳负责；第 5 章由左星星负责；第 6 章由秦超负责；第 7 章由吴博、颜沁睿和张明明负责；第 8 章由郑帆、刘富强负责；第 9 章由张明负责；第 10 章由范帝楷负责。最后由谢晓佳和高翔做了整体的统稿工作。审稿期间，浙江大学 CAD&CG 国家重点实验室计算机视觉组的章国锋教授团队（含学生李津羽、王儒、黄昭阳、杨镑镑、叶智超、唐庆、曹健、钱权浩），湘潭大学的黄山老师，扬州大学的莫小雨同学，伦敦大学学院的李天威同学，中国科学院电子所的肖麟慧同学，刘施菲博士，以及许多互联网上的老师、同学均参与了本书的审稿工作，进一步保证了译文的质量。翻译过程中，最大的工作量在于把原书上千条数学公式用 LaTeX 重新进行输入和整理，在此特别向各位参与翻译和审稿工作的同学致以谢意。

鉴于译者的知识水平所限，译文中疏误之处在所难免，恳请读者不吝指正。“细推物理须行乐，何用浮名绊此身”，我们也希望读者能在阅读过程中，学到知识，产生兴趣。

高翔 (gao.xiang.thu@gmail.com)，谢晓佳 (zerosmemories@gmail.com)
2018 年 8 月于德国慕尼黑

# 第 2 版序言

光阴荏苒，本书第 1 版的发布已经过去了 7 年时间。我非常高兴地看到，在这几年期间，众多本行业的同事、学生们为本书提供了许多有价值的反馈、评论和勘误信息。我一直在我的个人主页上维护本书版本的日常更新，这样可以随时修正读者们提到的问题。非常感谢所有花时间给我反馈的人们，请继续为第 2 版提出反馈。

我也非常兴奋地看到，这本书的第 1 版已经被翻译成简体中文，并受到了中国读者的喜爱。感谢读者对于本书的支持！感谢高翔和谢晓佳为翻译本书做出的贡献。

本书第 2 版新增了大约 160 页内容。我把它们的亮点总结如下：

1. 第 2 章拓展了一些内容，包括累积分布、不同概率密度函数之间的差异性度量，以及对给定概率密度函数的随机采样。
2. 第 3 章在楚列斯基（Cholesky）和劳赫-滕-斯特里贝尔（Rauch-Tung-Striebel，RTS）平滑中讨论了后验协方差的计算，增加了一小段关于连续时间递归平滑和滤波的介绍。
3. 第 4 章增加了一章关于滑动窗口滤波的详细介绍。
4. 第 5 章扩展了讨论范围，修改了章节标题，主要讨论一个好的估计器应该有哪些性质，并且增加了一节用于讨论自适应协方差估计。
5. 第 6 章是一个全新章节，讨论如何利用库尔贝克-莱布勒（Kullback-Leibler）散度寻找与一个贝叶斯后验分布近似的高斯分布。本章也讨论了对常见的数据似然目标函数进行参数学习的方法。
6. 第 8 章增加了黎曼优化的内容，讨论了如何计算带有相关性的复合和差分位姿的统计量，并深入探讨了对称性、不变性和等变性。
7. 第 9 章增加了一个矩阵李群视角下的惯性导航、用于批量估计的 IMU 预积分的讨论。
8. 第 11 章是重写后的版本，使本章与我的研究小组经常使用的同时轨迹估计与地图构建框架内容保持一致。
9. 附录 A 是一个新的附录，向读者介绍矩阵代数、矩阵微积分等知识，可以作为本书的入门指南或者补充材料。
10. 附录 B 对有关旋转和位姿矩阵的特征值分解/若尔当分解进行了相关推导。
11. 附录 C 添加了一些关于多元高斯分布的费希尔（Fisher）信息矩阵的有用结果、斯坦（Stein）引理的推导、连续时间模型到离散时间模型的转换，以及扩展卡尔曼滤波与不变性扩展卡尔曼滤波之间的关系。
12. 习题中添加了一些新题目，并在附录 D 中给出了大部分习题的答案。

除了感谢第 1 版中提到的人员外，我还想感谢以下与第 2 版相关的人员。首先，我要感谢麦吉尔大学的詹姆斯·福布斯（James Forbes）教授，他是我多年来的优秀同事。他为第 2 版提供了几条很棒的建议，特别是在不变性扩展卡尔曼滤波和惯性导航部分提出了宝贵的建议。关于变分推断的新章节也是与詹姆斯·福布斯和我的学生戴维·尹（David Yoon）合作完成的，在此感谢他们的付出。其次，感谢加布里埃莱·达埃莱乌特里奥（Gabriele D’Eleuterio）教授，我们一同推导了旋转矩阵和位姿矩阵的特征值分解和若尔当分解。查尔斯·科塞特（Charles Cossette）和基南·伯内特（Keenan Burnett）帮助我修正了新章节中的一些笔误和问题，感谢你们！再次，我要感谢我的博士后约翰·莱肯特（Johann Laconte），他实现了惯性导航章节中的方法，保证它们在实际中确实可行，并且把结果反馈给我，增强了本书的可读性。最后，我非常感谢剑桥大学出版社的劳伦·考尔斯（Lauren Cowles）编辑，是她鼓励我完成了第 2 版的撰写工作。

# 第 1 版序言

我的研究方向是移动机器人学，特别是用于空间探索的那一类机器人。在研究过程中，我对状态估计问题产生了浓厚的兴趣。在这个领域中，有一个广为人知、倍受青睐的研究方向：概率机器人（probabilistic robotics）。近年来计算资源日渐变得廉价，数码相机、激光测距仪等大量新型传感器技术不断涌现，机器人学作为一个前沿研究方向，已经在状态估计领域中催生了大量激动人心的新思想、新动态。

机器人学也是最先将贝叶斯滤波应用于实际场合的领域。所谓贝叶斯滤波，事实上是著名的卡尔曼滤波更为一般的形式。在短短的几年中，移动机器人的研究方法已经从贝叶斯滤波走向了批量的非线性优化方法，并取得了丰硕的成果。就我而言，我的研究方向主要是室外机器人导航，所以经常会遇到一些三维空间中运动车辆的问题。于是，我们将在本书中详细地讨论三维空间中的状态估计问题。特别地，对于三维的旋转和姿态，我们将介绍简单实用的矩阵李群方法来处理它们。为了读懂本书，读者需要具备本科生水平的线性代数和微积分知识，不过即使没有，本书也自成一个相对独立的体系。我希望这部分介绍对读者有所帮助，同时，教学相长，我亦在写作过程中受益匪浅。

我在书页旁边加上了一些有趣的历史小知识。它们大部分是著名研究者的生平介绍，你会看到有许多概念、公式、技术以他们的名字命名。这些资料主要来源于维基百科。另外，第 7 章第一部分（到“其他的旋转表示形式”为止）介绍的三维几何知识，大部分基于多伦多大学航空学院克里斯 · 达马伦（Chris Damaren）教授的笔记。

本书的问世离不开众多优秀学生的通力协作。保罗 · 富尔加勒（Paul Furgale）的博士论文向我展示了如何用矩阵李群方法描述位姿，极大地扩展了我对这一方法的理解。由于他的工作，我们能够详细介绍变换矩阵以及相关估计问题的有趣细节。保罗后来的工作让我对连续时间下的状态估计产生了兴趣。唐志海（Chi Hay Tong）的博士论文向我阐述了将高斯过程应用于估计理论的方法，并推导了许多连续时间情况下的结果。在牛津大学学术休假期间，通过与阿尔托大学的西莫 · 萨尔卡（Simo Särkkä）合作，我进一步学到这方面更多的知识。另外，在与肖恩 · 安德森（Sean Anderson）、帕特里克 · 卡尔（Patrick Carle）、董航（Hang Dong）、安德鲁 · 兰伯特（Andrew Lambert）、梁基思（Keith Leung）、科林 · 麦克马纳斯（Colin McManus）和布拉登 · 斯滕宁（Braden Stenning）等人的共事过程中，我亦学到许多知识。特别是科林，他曾多次鼓励我，建议我将课程笔记写成这本状态估计的书。

感谢加布里埃莱 · 达埃莱乌特里奥，他引领我进入动力学中旋转和参考帧问题的研究。他也提供了很多高效的状态估计工具，还教我使用统一的、无歧义的符号系统。

最后，感谢那些阅读本书初稿并指出错误的人们，尤其是马克 · 加伦特（Marc Gallant）和曹淑华（Shu-Hua Tsao），他们指出了很多笔误；詹姆斯·福布斯教授志愿阅读了本书，并给出了一些评论。

《地理学导论》（*Introductio Geographica*）由彼得勒斯·阿皮亚努斯（Petrus Apianus，1495—1552）撰写，他是德国数学家、天文学家和制图师。大部分三维状态估计需要用到三角测量法（triangulation）和/或三边测量法（trilateration）。我们只需测量一部分角度和长度，就可以通过三角几何学推导出其余的部分

# 缩略语

| | | |
|---|---|---|
| BA | bundle adjustment | 光束平差法 |
| BCH | Baker-Campbell-Hausdorff | 贝克-坎贝尔-豪斯多夫公式 |
| BLUE | best linear unbiased estimate | 最优线性无偏估计 |
| CDF | cumulative distribution function | 累积分布函数 |
| CRLB | Cramér-Rao lower bound | 克拉默-拉奥下界 |
| DARCES | data-aligned rigidity-constrained exhaustive search | 刚体约束下的数据配准穷举搜索 |
| EKF | extended Kalman filter | 扩展卡尔曼滤波 |
| ELBO | evidence lower bound | 证据下界 |
| EM | expectation minimization | 最小期望（算法） |
| ESGVI | exactly sparse Gaussian variational inference | 精确稀疏的高斯变分推断 |
| FIM | Fisher information matrix | 费希尔信息矩阵 |
| GN | Gauss-Newton | 高斯-牛顿（法） |
| GP | Gaussian process | 高斯过程 |
| GPS | Global Positioning System | 全球定位系统 |
| GVI | Gaussian variational inference | 高斯变分推断 |
| HMM | hidden Markov model | 隐马尔可夫模型 |
| ICP | iterative closest point | 迭代最近点（算法） |
| IEKF | iterated extended Kalman filter | 迭代扩展卡尔曼滤波 |
| IMU | inertial measurement unit | 惯性测量单元 |
| IRLS | iteratively reweighted least squares | 迭代重加权最小二乘法 |
| ISPKF | iterated sigmapoint Kalman filter | 迭代西格玛点卡尔曼滤波 |
| KF | Kalman filter | 卡尔曼滤波 |
| KL | Kullback-Leibler | 库尔贝克-莱布勒散度 |
| LDU | lower-diagonal-upper | 下三角-对角-上三角 |
| LG | linear-Gaussian | 线性高斯（系统） |
| LOTUS | law of the unconscious statistician | 无意识统计学家法则 |
| LTI | linear time-invariant | 线性时不变（系统） |
| LTV | linear time-varying | 线性时变（系统） |
| MAP | maximum a posteriori | 最大后验（估计） |
| ML | maximum likelihood | 最大似然（估计） |
| MMSE | minimum mean-squared error | 最小均方误差 |
| NASA | National Aeronautics and Space Administration | 美国国家航空航天局 |
| NEES | normalized estimation error squared | 归一化估计误差平方 |
| NGD | natural gradient descent | 自然梯度下降 |
| NIS | normalized innovation squared | 归一化新息平方 |
| NLNG | nonlinear, non-Gaussian | 非线性非高斯（系统） |
| PDF | probability density function | 概率密度函数 |
| RAE | range-azimuth-elevation | 距离-方位角-俯仰角 |
| RANSAC | random sample consensus | 随机采样一致性 |

| | | |
|---|---|---|
| RTS | Rauch-Tung-Striebel | 劳赫-滕-斯特里贝尔（平滑算法） |
| SDE | stochastic differential equation | 随机微分方程 |
| SLAM | simultaneous localization and mapping | 同时定位与地图构建 |
| SMW | Sherman-Morrison-Woodbury | 谢尔曼-莫里森-伍德伯里（等式） |
| SP | sigmapoint | 西格玛点 |
| SPKF | sigmapoint Kalman filter | 西格玛点卡尔曼滤波 |
| STEAM | simultaneous trajectory estimation and mapping | 同时轨迹估计与地图构建 |
| SVD | singular-value decomposition | 奇异值分解 |
| SWF | sliding-window filter | 滑动窗口滤波 |
| UDL | upper-diagonal-lower | 上三角-对角-下三角 |
| UKF | unscented Kalman filter | 无迹卡尔曼滤波 |

# 符号对照表

## 一般符号

| 符号 | 含义 |
|---|---|
| $a$ | 标量 |
| $\boldsymbol{a}$ | 向量 |
| $\boldsymbol{A}$ | 矩阵 |
| $p(\boldsymbol{a})$ | $\boldsymbol{a}$ 的概率密度函数 |
| $p(\boldsymbol{a}\|\boldsymbol{b})$ | 在条件 $\boldsymbol{b}$ 下 $\boldsymbol{a}$ 的概率密度函数 |
| $\mathcal{N}(\boldsymbol{a}, \boldsymbol{B})$ | 均值为 $\boldsymbol{a}$、协方差为 $\boldsymbol{B}$ 的高斯概率密度函数 |
| $\mathcal{GP}(\boldsymbol{\mu}(t), \boldsymbol{\mathcal{K}}(t, t'))$ | 均值函数为 $\boldsymbol{\mu}(t)$、协方差函数为 $\boldsymbol{\mathcal{K}}(t, t')$ 的高斯过程 |
| $\boldsymbol{\mathcal{O}}$ | 能观性矩阵 |
| $(\cdot)_k$ | $k$ 时刻的值 |
| $(\cdot)_{k_1:k_2}$ | 从 $k_1$ 时刻到 $k_2$ 时刻的值的集合 |
| $\boldsymbol{\mathcal{F}}_a$ | 三维空间中的参考系 |
| $(\cdot)^\times$ | 叉积运算符，可将 $3 \times 1$ 的向量生成反对称矩阵 |
| $\mathbf{0}$ | 零向量 |
| $\boldsymbol{I}$ | 单位矩阵 |
| $\boldsymbol{O}$ | 零矩阵 |
| $\mathbb{R}^{M \times N}$ | $M \times N$ 的实矩阵 |
| $\hat{(\cdot)}$ | 后验 |
| $\check{(\cdot)}$ | 先验 |

## 矩阵李群符号

| | |
|---|---|
| $SO(3)$ | 特殊正交群，表示旋转 |
| $\mathfrak{so}(3)$ | $SO(3)$ 对应的李代数 |
| $SE(3)$ | 特殊欧几里得群，表示位姿 |
| $\mathfrak{se}(3)$ | $SE(3)$ 对应的李代数 |
| $(\cdot)^\wedge$ | 与李代数相关的运算符 |
| $(\cdot)^\curlywedge$ | 与李代数的伴随相关的运算符 |
| $\mathrm{Ad}(\cdot)$ | 生成李群的伴随的运算符 |
| $\mathrm{ad}(\cdot)$ | 生成李代数的伴随的运算符 |
| $\boldsymbol{C}_{ba}$ | $3 \times 3$ 的旋转矩阵，可以计算 $\boldsymbol{\mathcal{F}}_a$ 中的点在 $\boldsymbol{\mathcal{F}}_b$ 下的表示 |
| $\boldsymbol{T}_{ba}$ | $4 \times 4$ 的变换矩阵，可以计算 $\boldsymbol{\mathcal{F}}_a$ 中的点在 $\boldsymbol{\mathcal{F}}_b$ 下的表示 |
| $\boldsymbol{\mathcal{T}}_{ba}$ | 变换矩阵的 $6 \times 6$ 伴随矩阵 |

# 目　录


**第 1 章　引　言** **1**

1.1 状态估计简史 . . . . . . . . . . . 1

1.2 传感器、观测和问题定义 . . . . 3

1.3 本书组织结构 . . . . . . . . . . . 4

1.4 与其他书籍的关系 . . . . . . . . 5

第一部分　状态估计理论 **7**

**第 2 章　概率论基础** **9**

2.1 概率密度函数 . . . . . . . . . . . 9

2.2 高斯概率密度函数 . . . . . . . . 16

2.3 高斯过程 . . . . . . . . . . . . . . 34

2.4 总　结 . . . . . . . . . . . . . . . 35

2.5 习　题 . . . . . . . . . . . . . . . 36

**第 3 章　线性高斯系统的状态估计** **39**

3.1 离散时间的批量估计问题 . . . . 39

3.2 离散时间的递归平滑算法 . . . . 51

3.3 离散时间的递归滤波算法 . . . . 59

3.4 连续时间的批量估计问题 . . . . 72

3.5 连续时间的递归平滑和滤波算法 84

3.6 总　结 . . . . . . . . . . . . . . . 86

3.7 习　题 . . . . . . . . . . . . . . . 86

**第 4 章　非线性非高斯系统的状态估计** **91**

4.1 简　介 . . . . . . . . . . . . . . . 91

4.2 离散时间的递归估计问题 . . . . 95

4.3 离散时间的批量估计问题 . . . . 121

4.4 连续时间的批量估计问题 . . . . 136

4.5 总　结 . . . . . . . . . . . . . . . 140

4.6 习　题 . . . . . . . . . . . . . . . 141

**第 5 章　处理估计中的非理想情况** **145**

5.1 估计器的性能 . . . . . . . . . . . 145

5.2 偏差估计 . . . . . . . . . . . . . . 150

5.3 数据关联 . . . . . . . . . . . . . . 156

5.4 处理外点 . . . . . . . . . . . . . . 158

5.5 协方差估计 . . . . . . . . . . . . . 162

5.6 总　结 . . . . . . . . . . . . . . . 166

5.7 习　题 . . . . . . . . . . . . . . . 166

**第 6 章　变分推断** **169**

6.1 简　介 . . . . . . . . . . . . . . . 169

6.2 高斯变分推断 . . . . . . . . . . . 170

6.3 精确稀疏性 . . . . . . . . . . . . . 175

6.4 扩　展 . . . . . . . . . . . . . . . 184

6.5 线性系统 . . . . . . . . . . . . . . 188

6.6 非线性系统 . . . . . . . . . . . . . 192

**附录A　矩阵基础知识** **197**

A.1 矩阵代数 . . . . . . . . . . . . . . 197

A.2 矩阵微积分 . . . . . . . . . . . . . 215

**附录C　扩展阅读** **219**

C.1 多元高斯分布的费希尔信息矩阵 219

C.2 斯坦引理的推导 . . . . . . . . . . 224

C.3 运动模型的时间离散化 . . . . . 225

C.4 不变性 EKF . . . . . . . . . . . . 228

**附录D　习题答案** **231**

D.1 第 2 章：概率论基础 . . . . . . 231

D.2 第 3 章：线性高斯系统的状态估计 234

D.3 第 4 章：非线性非高斯系统的状态估计 . . . . . . . . . . . . . . 238

D.4 第 5 章：处理估计中的非理想情况 240

**参考文献** **243**

**索　引** **251**

# 第1章 引 言

机器人学，本质上研究的是世界上运动物体的问题。机器人的时代已经来临：火星车正在太空探索，无人机正在地表巡航，自动驾驶汽车日臻成熟[①]。尽管每种机器人的功能各异，然而在实际应用中，它们往往会面对一些共同的问题——**状态估计**（state estimation）和**控制**（control）。

机器人的**状态**，是指一组完整描述它随时间运动的物理量，比如位置、角度和速度。本书重点关注机器人的状态估计，控制的问题则不在讨论之列。控制的确非常重要，我们希望机器人按照给定的要求工作，但首要的一步乃是确定它的状态。人们往往低估了真实世界中状态估计问题的难度，而我们要指出，至少应该把状态估计与控制放在同等重要的地位。

在本书中我们先介绍在高斯噪声影响下的线性系统状态估计中的经典理论。然后，我们介绍如何将它们拓展到非线性非高斯系统下。与经典的估计理论教程不同，我们会详细讲解三维空间机器人的状态估计，并对其旋转采用更具针对性的方法。

本章的其余部分将简单介绍一些估计理论的历史，讨论不同类型的传感器与测量手段，最后引出什么是状态估计问题。本章的内容可视作对全书的概述。本章末尾会介绍全书的结构，并推荐一些相关的阅读材料。

## 1.1 状态估计简史

早在4000多年前，航海家们就面临着一个状态估计问题：如何判断船只在大海中的位置。他们的做法是制作一个简单的图表，不断地观测太阳方位，让船只沿着海岸线航行，对其实现局部导航。早期的仪器同样有助于导航。星盘是一种解决各种天文学问题的手持设备，例如它可以作为倾角罗盘来确定纬度。星盘的发明可以追溯到公元前约200年的希腊文明，并从8世纪开始在伊斯兰世界由数学家穆罕默德·阿尔-法扎里（Muhammad al-Fazārī）和天文学家阿布·阿尔-巴塔尼（Abū al-Battănī）进行改进。在公元前100年的古希腊，安提基特拉机械是世界上第一台可以预测未来几十年天体位置和日月食的模拟计算机。

尽管如此，直到15世纪，随着一些关键技术和工具的问世，在开阔海域的全局导航才变为可能。水手们能够通过一种早期的磁铁指南针——航海指南针，粗略地测量船只自身的方向，再配合粗略的航海图，就可以在两个目标点间直线前行（最简单的情况下，可以跟随指南针的方向）。随后，直角器、等高仪、象限仪（见图1.1）、六分仪、经纬仪等一系列发明的出现，让人们得以更精确地测量远距离点之间的角度。

---

① 根据科技发展现状，对此处原文加以更新。——译者注

这些工具能够准确地测量纬度，帮助人们进行天体导航。例如，在北半球测量北极星和地平线之间的夹角，就能得到自己的纬度。然而，测量经度却困难得多。人们在很早之前就已经认识到，经度测量问题的关键在于一台精确的计时器。在地球的不同位置上观察时，一些重要天体的运行方式看起来是不同的，只有知道了当地的时间，才能准确地推测经度。1764 年，英国钟表匠约翰 · 哈里森（John Harrison）制造了世界上第一台可携带的精确计时工具（见图 1.2），成功地解决了经度测量问题。从那时起，人们就可以在 10 n mile 的误差范围内确定一艘船的经度了。

图 1.1　象限仪，测量角度的一种工具

图 1.2　哈里森制造的 H4，第一个实现准确航海计时的手持式钟表，用于确定经度

状态估计理论的起源，亦可追溯至早期的天文学。高斯（Gauss）最早①提出了最小二乘法，并用于最小化观测误差对行星估计轨道的影响。据记载，在谷神星最后一次被观测到的 9 个月后，他用最小二乘法预测了谷神星出现在太阳背后的位置，误差仅在 0.5° 以内。当时是 1801 年，高斯仅 23 岁。随后在 1809 年，他证明了在正态分布误差假设下，最小二乘解即最优估计。在 1821 和 1823 年的论文中，他又去掉了这个假设。大部分沿用至今的经典估计方法，都可以追溯到高斯的最小二乘法。

卡尔 · 弗里德里希 · 高斯（Carl Friedrich Gauss，1777—1855），德国数学家，在很多领域都有重大贡献，包括统计学和估计理论。

用观测数据拟合模型，最小化观测误差的想法应运而生，但直到 20 世纪中期，状态估计理论才真正起步。这可能与我们刚进入计算机时代具有密切联系。1960 年，卡尔曼发表了两篇里程碑式的文章，指明了随后状态估计研究的大部分内容。首先，他引入了**能观性**（observability）这一概念[1]，即动态系统的状态何时能够从该系统的一组观测值中推断出来。其次，对于受观测噪声影响的系统，他提出了一个估计系统状态的优化框架[2]。这种经典的、针对受高斯观测噪声影响下线性系统的状态估计方法，就是著名的**卡尔曼滤波**（Kalman filter），也是暨它诞生之后六十年间估计领域中研究的基石。卡尔曼滤波的应用甚为广泛，最重要的是在航天领域。美国国家航空航天局（National Aeronautics and Space Administration, NASA）的研究者们最先采用卡尔曼滤波来估计徘徊者（Ranger）计划、水手号（Mariner）计划和阿波罗（Apollo）计划中的

① 有一些争议认为阿德里安 · 马里 · 勒让德尔（Adrien Marie Legendre）比高斯更早地提出了最小二乘法。

飞船轨道。特别地，阿波罗 11 号登月舱上的机载计算机，作为第一个载人登月航天器，在惯性测量单元和雷达受噪声干扰的情况下，在月球表面着陆过程中采用了卡尔曼滤波来估计自身在月表的位置。

鲁道夫 · 埃米尔 · 卡尔曼 (Rudolf Emil Kálmán, 1930—2016)，匈牙利裔美国人，电子工程师、数学家和发明家。

在这些早期的里程碑之后（见表 1.1），状态估计理论的发展日新月异。更快速、更廉价的计算机让许多带有复杂计算的技术也能用于实际的系统之中。如今，一些技术在掀起新的波澜：新的传感器如数字相机、激光成像、全球定位系统（Global Positioning System, GPS）等的出现，为这个古老的领域带来了新的挑战。

表 1.1 估计理论的里程碑

| 年份 | 主要理论 |
|---|---|
| 1654 | 帕斯卡和费马奠定了概率论的基础 |
| 1764 | 贝叶斯公式 |
| 1801 | 高斯用最小二乘法估计出谷神星的轨道 |
| 1805 | 勒让德尔提出最小二乘法 |
| 1913 | 马尔可夫链（Markov chains） |
| 1933 | 查普曼-柯尔莫哥洛夫等式（Chapman-Kolmogorov equations） |
| 1949 | 维纳滤波（Wiener filter） |
| 1960 | 卡尔曼滤波（Kalman filter） |
| 1965 | 劳赫-滕-斯特里贝尔（Rauch-Tung-Striebel）平滑算法 |
| 1970 | 贾斯温斯基（Jazwinski）提出贝叶斯滤波 |

## 1.2 传感器、观测和问题定义

状态估计的过程是理解传感器本质的过程。任何传感器的精度都是有限的，所以每个真实传感器的观测值都有不确定性。特定传感器在测量特定物理量时会有优势，然而即便是最好的传感器，也有一定程度的不确定性。当我们想结合多种传感器的观测值来估计状态时，最重要的就是了解所有的不确定量，从而推断状态估计的置信度。

在某种意义上，状态估计解决了**如何以最好的方式利用已有的传感器**的问题。不过这并不妨碍传感器本身的改进。1787 年发明的**经纬仪**（见图 1.3）就是一个很好的例子，它主要用于英吉利海峡的三角测量上。它的精度比先前的传感器高得多，并帮助人们发现：相比于测量好的法国地图而言，之前绘制的英格兰地图存在着大量的错误。

为了方便理解，我们把传感器分为两大类：**内感受型**（interoceptive）[①]和**外感受型**（exteroceptive）。这些名词来源于人体生理学，但现已变成工程领域的通用名词。其定义如下[②]：

① 有时候也用**本体感受** proprioceptive 这个单词。

② 见韦氏词典。

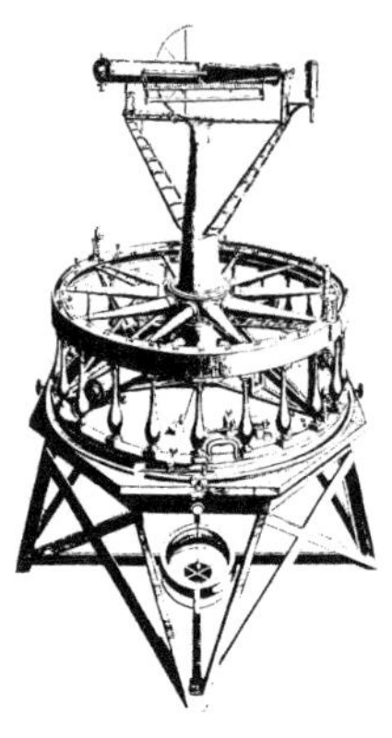

图 1.3　经纬仪，这种工具用于更精确地测量角度

**in·tero·cep·tive**，形容词：自身的，自身相关的，或由自身刺激产生的反应。

**ex·tero·cep·tive**，形容词：与外部相关的，是外部机体的，或由外部机体接收刺激而激活的。

典型的内感受型传感器有加速度计（测量平移加速度）、陀螺仪（测量角速度）和轮式编码器（测量转动频率）。典型的外感受型传感器有相机（测量到路标点的距离）和飞行时间发射器/接收器（比如，激光测距仪、虚拟卫星、GPS 发射器/接收器）。大致来说，我们可以将外感受型传感器理解成测量运动主体的位置和朝向的装置，而认为内感受型传感器用于测量运动主体的速度或加速度。在大多数情况下，最好的状态估计就是同时有效地利用内感受型和外感受型传感器的观测值。比如，融合 GPS（外感受型）和惯性测量单元（inertial measument unit, IMU）（三轴线性加速度计和三轴陀螺仪，内感受型）是一种通用的方法，用于估计地球上车辆的位置与速度。同时，融合太阳/星敏感器（外感受型）和三轴陀螺仪（内感受型）则是经常用于测定卫星姿态的方法。

既然我们已经了解了一些传感器的知识，那么可以阐明本书主要研究的问题了：

**状态估计，是根据系统的先验模型和观测序列，对系统内在状态进行重构的问题。**

这个问题的描述有不同版本，解决方法也很多。我们的主要目的是理解在不同情况下，哪种方法能更好地解决问题，从而有针对性地选择最合适的工具。

## 1.3　本书组织结构

本书主要分为三大部分：

(1) 状态估计理论；

(2) 三维空间运动理论；

(3) 应用。

第一部分，**状态估计理论**，介绍了经典的和最流行的估计工具，但并不针对三维空间的情况（平移和旋转）作专门的展开。我们会用普通的向量来表示待估计的状态。第一部分自成一个体系，对三维空间的情况不感兴趣的读者，可以单独阅读本部分。它涵盖了**递归**（recursive）状态估计方法和**批量**（batch）方法（在传统的状态估计书籍中比较少见）。与当今的机器人学和机器学习一样，本书也将**贝叶斯方法**应用于估计问题中。我们会对比全贝叶斯方法和**最大后验**（maximum a posteriori, MAP）估计方法，而且会看到这两者在非线性问题中的差异。本书还将连续时间状态估计与机器学习领域中的高斯过程回归方法联系起来。最后还涉及了一些实践中的问题，比如分析估计器的性能、鲁棒估计和偏差（biases）。

第二部分，**三维空间运动理论**，讲解了三维空间几何基础。特别地，我们会详细又通俗地介绍矩阵李群的知识。为了表示三维空间的物体，我们需要讨论它的平移和旋转，其中旋转是个大问题，因为旋转并不是通常意义下的向量，所以我们不能单纯地应用第一部分中讲述的方法处理三维空间中带有旋转属性的机器人问题。因此在第二部分，本书会讨论几何学、运动学，以及与这些量（旋转和位姿）相关的概率论与统计方法。

第三部分，**应用**，会将本书前两部分与这部分结合起来。我们将分析大量经典的三维估计问题，包括如何估计三维空间中物体的平移和旋转。之后会展示如何基于第二部分的知识使用第一部分的方法，最后得到一整套易于实现的估计方法。通过这些例子，我们希望相关的思想可以在未来衍生出全新的技术。

附录 A，介绍矩阵代数、矩阵微积分等知识，可以作为阅读本书的入门指南或者补充材料。

## 1.4 与其他书籍的关系

讲述状态估计和机器人学的优秀书籍有很多，但它们很少同时涵盖这两个主题。我们简要摘录一些有关这两个主题的著作，简述它们与本书的关系。

《概率机器人》（*Probabilistic Robotics*）[3] 是移动机器人方面的经典书籍，专注于定位和建图的状态估计。它介绍的概率方法至今在机器人领域中占据主导地位。不过它描述的机器人主要在二维的水平面上运行。当然概率方法并不局限于二维情况，但是此书也没有详细说明三维情形是怎样扩展的。

《移动机器人的计算原理》（*Computational Principles of Mobile Robotics*）[4] 是一本移动机器人的综述类书籍，涉及状态估计，同样地，专注于定位和地图构建方面。此书也没有详细描述三维空间中实现状态估计的方法。

《移动机器人学：数学基础、模型构建及实现方法》（*Mobile Robotics*: *Mathematics, Models, and Methods*）[5] 是另一本移动机器人的优秀书籍，介绍了大量的状态估计知识，也包括了三维空间情景，特别是卫星和惯性导航的部分。这本书包含了机器人的所有方面，但并没有深入介绍如何处理三维空间状态估计中的旋转变量。

《机器人学、机器视觉与控制：MATLAB 算法基础》（*Robotics, Vision and Control*: *Fundamental Algorithms in MATLAB*）[6] 是一本易于理解的书，它涵盖了机器人状态估计问题，包括三维空间情形。与前面提到的书类似，彼得 · 科克（Peter Corke）的书涵盖范围比较宽泛，但没有深入讨论状态估计的具体方面。

《贝叶斯滤波与平滑》（*Bayesian Filtering and Smoothing*）[7] 是专注递归贝叶斯估计方法的好书。这本书比本书更详细地讲解了递归方法，但它没有包含批量方法，也没有关注三维空间中的状态估计。

《随机模型、信息论与李群：经典结果与几何方法》（*Stochastic Models, Information Theory, and Lie Groups: Classical Results and Geometric Methods*）[8]，是包含两卷内容的优秀著作，大概是内容最接近本书的书籍。它明确研究了矩阵李群上（包括旋转变量的）状态估计的结果。它的理论完备，在某种程度上超越了本书，也包含了机器人以外的应用。

《非交换谐波分析的工程应用：旋转和运动群》（*Engineering Applications of Noncommutative Harmonic Analysis: With Emphasis on Rotation and Motion Groups*）[9]，以及之后更新的版本：《工程师和应用科学家的谐波分析：更新与扩展版》（*Harmonic Analysis for Engineers and Applied Scientists: Updated and Expanded Edition*）[10] 介绍了李群上表达全局概率的主要观点。不过在本书中，我们会局限于讨论一些近似的方法，它们在旋转不确定性不高时是比较合适的。

《矩阵流形上的优化算法》（*Optimization Algorithms on Matrix Manifolds*）[11] 和《光滑流形优化导论》（*An Introduction to Optimization on Smooth Manifolds*）[12] 尽管不是关于估计的书，但仍然值得一提。这两本书详细讨论了当需要优化的数值不是向量时，如何处理优化问题。这一思想对机器人学领域非常有帮助，因为旋转不是向量（它是李群）。

综上所述，本书在某种程度上是唯一一本既关注状态估计，又详细介绍了三维空间问题的书籍。我们的讨论会十分细致，足以支持读者根据本书的算法进行实践。

# 第一部分

# 状态估计理论

# 第 2 章　概率论基础

本书会大量使用概率论和统计学的基本概念，本章将简要地回顾这些基本概念。读者可以参考文献 [13] 来了解经典概率和随机过程的内容。或者，如果您想简单了解一些概率论的历史，文献 [14] 对此作出了精彩的介绍，同时它也谈到了**频率学派**（frequentist）和**贝叶斯学派**（Bayesian）的不同之处。在引入概率和统计的基本概念时，本书内容将主要基于频率学派的基本思想，但对于状态估计问题，也需要引入贝叶斯学派的概念。本章将从**概率密度函数**（probability density function, PDF）开始，着重介绍高斯分布的密度函数，最后以高斯过程作结。

## 2.1　概率密度函数

### 2.1.1　定　义

我们定义 $x$ 为区间 $[a,b]$ 上的**随机变量**（random variable），服从某个概率密度函数 $p(x)$，那么这个非负函数[①] 必须满足：

$$\int_a^b p(x)\mathrm{d}x = 1 \tag{2.1}$$

这个积分等于 1 的条件，实际上是为了满足**全概率公理**（axiom of total probability）[②]。请注意公式里面的 $p(x)$ 是**概率密度**（probability density）函数, 而不是**概率**（probability）。

概率是指密度函数在区间上的积分面积。比如说我们要计算 $x$ 落在区间 $[c,d]$ 上的概率 $P_{\mathrm{r}}(c \leqslant x \leqslant d)$，即用密度函数在该区间上积分，公式如下：

$$P_{\mathrm{r}}(c \leqslant x \leqslant d) = \int_c^d p(x)\mathrm{d}x \tag{2.2}$$

有时，我们也使用**累积分布函数**（cumulative distribution function, CDF）[③] 来表达随机变量小于或等于 $x$ 的概率：

$$P(x) = P_{\mathrm{r}}(x' \leqslant x) = \int_{-\infty}^{x} p(x')\,\mathrm{d}x' \tag{2.3}$$

---

① 有些书把这个性质称为非负性，即 $\forall x \in [a,b], p(x) \geqslant 0$。——译者注

② 这个公理说的是柯尔莫哥洛夫第二公理，有些书也叫规范性或者归一性，即假设我们有一个基础集合 $\Omega$，它的所有子集构成的集合 $\mathcal{F}$ 为 $\sigma$ 代数，给 $\mathcal{F}$ 中的元素定义一个到实数的映射 $P$，那么 $\mathcal{F}$ 中的元素被称为“**事件**”，这个实数被称为“**事件的概率**”，此时这个映射必须满足第二公理，即 $P(\Omega) = 1$。——译者注

③ 经典概率理论一般从累积分布函数、柯尔莫哥洛夫的三条公理开始，然后在可微分条件下，通过求微分推导出累积分布函数。但在机器人领域，我们一般直接在贝叶斯框架下使用概率密度函数，而跳过经典概率熟悉的公式，只专注于我们用到的那些概率密度函数。注意，在讨论连续时间的变量时，必须谨慎地使用术语**密度**而不是**分布**。

可以知道，$P(x)$ 是一个非递减、右连续的函数，并满足 $0 \leqslant P(x) \leqslant 1$、$\lim\limits_{x\to-\infty} P(x) = 0$ 和 $\lim\limits_{x\to\infty} P(x) = 1$。

图 2.1 描述了一个在有限区间上的概率密度函数，取子区间上的积分则得到概率。如果某个状态变量 $x$ 在所有可能的取值中，取到了 $[a,b]$ 区间上，我们称这种方式为它落在此区间的**可能性**（likehood）。本书亦使用概率密度函数来表达这种可能性，它反映了状态 $x$ 本身的组织结构。

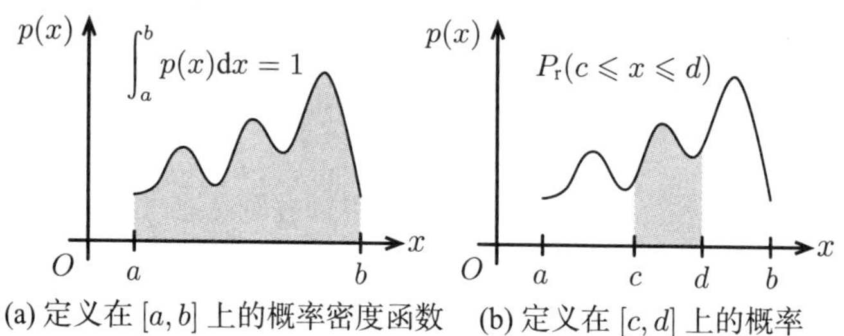

(a) 定义在 $[a,b]$ 上的概率密度函数　(b) 定义在 $[c,d]$ 上的概率

图 2.1　概率密度函数和概率示意图

接下来，我们引入随机变量的条件概率密度函数。假设 $p(x|y)$ 表示自变量 $x \in [a,b]$ 在条件 $y \in [r,s]$ 下的概率密度函数，那么它满足：

$$(\forall y) \quad \int_a^b p(x|y)\mathrm{d}x = 1 \tag{2.4}$$

$N$ 维连续型随机变量的**联合概率密度函数**（joint probability densities）也可以用之前的方法表示为 $p(\boldsymbol{x})$，其中 $\boldsymbol{x} = (x_1, \cdots, x_N), x_i \in [a_i, b_i]$。那么，实际上也可以用

$$p(x_1, x_2, \cdots, x_N) \tag{2.5}$$

代替 $p(\boldsymbol{x})$。有时候本书也交替使用两种写法，即用

$$p(\boldsymbol{x}, \boldsymbol{y}) \tag{2.6}$$

来表示 $\boldsymbol{x}$ 和 $\boldsymbol{y}$ 的联合概率密度函数。注意在 $N$ 维情况下，全概率公理要求：

$$\int_{\boldsymbol{a}}^{\boldsymbol{b}} p(\boldsymbol{x})\mathrm{d}\boldsymbol{x} = \int_{a_N}^{b_N} \cdots \int_{a_2}^{b_2} \int_{a_1}^{b_1} p(x_1, x_2, \cdots, x_N)\mathrm{d}x_1\mathrm{d}x_2 \cdots \mathrm{d}x_N = 1 \tag{2.7}$$

其中，$\boldsymbol{a} = (a_1, a_2, \cdots, a_N)$；$\boldsymbol{b} = (b_1, b_2, \cdots, b_N)$。为了保持记号简洁，接下来本书可能会省略积分上下界 $\boldsymbol{a}, \boldsymbol{b}$。

### 2.1.2　边缘化、贝叶斯公式及推断

我们可以把一个联合概率密度函数分解成一个条件概率密度函数和一个非条件概率密度函数的乘积[①,②]：

$$p(\boldsymbol{x}, \boldsymbol{y}) = p(\boldsymbol{x}|\boldsymbol{y})p(\boldsymbol{y}) = p(\boldsymbol{y}|\boldsymbol{x})p(\boldsymbol{x}) \tag{2.8}$$

① 这里的非条件概率密度函数在很多书中都被称为边缘概率密度函数。——译者注

② 在一些特殊的情况下，$\boldsymbol{x}, \boldsymbol{y}$ 统计独立，我们可以将公式整理为 $p(\boldsymbol{x}, \boldsymbol{y}) = p(\boldsymbol{x})p(\boldsymbol{y})$。

该公式有很多重要的结论。

首先，从联合概率密度函数 $p(\boldsymbol{x},\boldsymbol{y})$ 中计算出一个或多个变量边缘概率密度函数的过程，称为**边缘化**（marginalization）。例如对 $\boldsymbol{x}$ 进行积分①，可得

$$\int p(\boldsymbol{x},\boldsymbol{y})\,\mathrm{d}\boldsymbol{x} = \int p(\boldsymbol{x}|\boldsymbol{y})p(\boldsymbol{y})\,\mathrm{d}\boldsymbol{x} = \underbrace{\int p(\boldsymbol{x}|\boldsymbol{y})\,\mathrm{d}\boldsymbol{x}}_{1}\,p(\boldsymbol{y}) = p(\boldsymbol{y}) \tag{2.9}$$

$p(\boldsymbol{y})$ 即为联合概率密度函数关于 $\boldsymbol{y}$ 的边缘概率密度函数。同理，$\boldsymbol{x}$ 的边缘概率密度函数为 $p(\boldsymbol{x}) = \int p(\boldsymbol{x},\boldsymbol{y})\,\mathrm{d}\boldsymbol{y}$。

其次，重新整理式（2.8），可以得到**贝叶斯公式**（Bayes' rule）：

$$p(\boldsymbol{x}|\boldsymbol{y}) = \frac{p(\boldsymbol{y}|\boldsymbol{x})p(\boldsymbol{x})}{p(\boldsymbol{y})} \tag{2.10}$$

托马斯 · 贝叶斯（Thomas Bayes，1701—1761）是一位英国统计学家、哲学家和长老会牧师。贝叶斯以其在概率论领域的研究闻名于世，他提出的贝叶斯公式对于现代概率论和数理统计的发展有重要的影响。他生前没有发表任何科学论著；他的笔记在他死后由理查德 · 普赖斯（Richard Price）编辑出版[15]。

如果我们有了状态的**先验**（prior）概率密度函数 $p(\boldsymbol{x})$ 和传感器观测值 $p(\boldsymbol{y}|\boldsymbol{x})$，就可以**推断**（infer）状态的**后验**（posterior）概率密度函数②：

$$p(\boldsymbol{x}|\boldsymbol{y}) = \frac{p(\boldsymbol{y}|\boldsymbol{x})p(\boldsymbol{x})}{\int p(\boldsymbol{y}|\boldsymbol{x})p(\boldsymbol{x})\mathrm{d}\boldsymbol{x}} \tag{2.11}$$

分母部分的 $p(\boldsymbol{y})$ 可以通过边缘化的方式来计算：

$$p(\boldsymbol{y}) = \int p(\boldsymbol{x},\boldsymbol{y})\,\mathrm{d}\boldsymbol{x} = \int p(\boldsymbol{y}|\boldsymbol{x})p(\boldsymbol{x})\,\mathrm{d}\boldsymbol{x} \tag{2.12}$$

但是在非线性情况下，这个计算复杂度很大。

在贝叶斯推断中，$p(\boldsymbol{x})$ 称为**先验**密度，$p(\boldsymbol{x}|\boldsymbol{y})$ 称为**后验**密度。因此，所有的先验信息被包含在 $p(\boldsymbol{x})$ 中。同样地，所有的后验信息被包含在 $p(\boldsymbol{x}|\boldsymbol{y})$ 中。

### 2.1.3　期望和矩

**期望**（expectation）算子 $E[\cdot]$ 是处理概率时的一个重要工具。它可以计算随机变量 $\boldsymbol{x}$ 的某个函数 $f(\boldsymbol{x})$ 的“均值”：

$$E[f(\boldsymbol{x})] = \int f(\boldsymbol{x})\,p(\boldsymbol{x})\,\mathrm{d}\boldsymbol{x} \tag{2.13}$$

其中，$p(\boldsymbol{x})$ 是随机变量 $\boldsymbol{x}$ 的概率密度函数；积分范围为 $\boldsymbol{x}$ 的定义域。该公式也称为**无意识统计学家法则**（law of the unconscious statistician, LOTUS）③。

---

① 当积分限没有明确给出的时候，默认为整个定义域上的积分，比如对于 $\boldsymbol{x}$ 来说，就是在 $[\boldsymbol{a},\boldsymbol{b}]$ 上的积分。

② **先验概率**是由以往经验分析对状态进行估计得到的概率；**后验概率**指的在当前状态下，得到了一定的观测，或者造成了一定的效应，得到这个观测或者效应信息之后，对状态修正后的概率。——译者注

③ 之所以称为 LOTUS，是因为许多人将式（2.13）作为定义使用，却没有意识到这需要严格的证明。

对一般的矩阵函数 $\boldsymbol{F}(\boldsymbol{x})$，这个算子定义为

$$E\left[\boldsymbol{F}\left(\boldsymbol{x}\right)\right] = \int \boldsymbol{F}(\boldsymbol{x})p(\boldsymbol{x})\mathrm{d}\boldsymbol{x} \tag{2.14}$$

注意它的展开形式为

$$E\left[\boldsymbol{F}(\boldsymbol{x})\right] = \left[E\left[f_{ij}(\boldsymbol{x})\right]\right] = \left[\int f_{ij}(\boldsymbol{x})p(\boldsymbol{x})\mathrm{d}\boldsymbol{x}\right] \tag{2.15}$$

在动力学中，当我们处理质量分布[①]（或者密度函数）的时候，通常仅关心某些简单的特性，即所谓的**矩**（moments）（质量、质心、转动惯量等）。这在概率密度函数中同样适用。概率密度函数的零阶矩正好是整个事件的概率，因此其恒等于 1。随机变量的一阶矩称为**期望/均值**（expectation/mean），用 $\boldsymbol{\mu}$ 表示：

$$\boldsymbol{\mu} = E\left[\boldsymbol{x}\right] = \int \boldsymbol{x}p\left(\boldsymbol{x}\right)\mathrm{d}\boldsymbol{x} \tag{2.16}$$

随机变量的二阶矩是广为人知的**协方差矩阵**（covariance matrix）$\boldsymbol{\Sigma}$：

$$\boldsymbol{\Sigma} = E\left[(\boldsymbol{x}-\boldsymbol{\mu})(\boldsymbol{x}-\boldsymbol{\mu})^{\mathrm{T}}\right] \tag{2.17}$$

接下来的三阶和四阶矩分别称为**偏度**（skewness）和**峰度**（kurtosis）。但它们在多变量情况下形式很复杂，需要使用张量来表示。在这里我们不展开介绍它们了，但是请读者了解，这种随机变量的矩可以无限定义下去。

最后，我们也关注**协方差**，$\mathrm{cov}(\cdot,\cdot)$。对于两个联合分布变量 $\boldsymbol{x}$ 和 $\boldsymbol{y}$，其协方差为

$$\mathrm{cov}(\boldsymbol{x},\boldsymbol{y}) = E\left[\left(\boldsymbol{x}-E[\boldsymbol{x}]\right)\left(\boldsymbol{y}-E[\boldsymbol{y}]\right)^{\mathrm{T}}\right] = E[\boldsymbol{x}\boldsymbol{y}^{\mathrm{T}}] - E[\boldsymbol{x}]E[\boldsymbol{y}]^{\mathrm{T}} \tag{2.18}$$

其中，期望取自联合概率密度函数 $p(\boldsymbol{x},\boldsymbol{y})$。之前描述的协方差矩阵是一个特例，即 $\boldsymbol{\Sigma} = \mathrm{cov}(\boldsymbol{x},\boldsymbol{x})$，或者简单地记为 $\boldsymbol{\Sigma} = \mathrm{cov}(\boldsymbol{x})$。

### 2.1.4 统计独立性与不相关性

如果两个随机变量 $\boldsymbol{x}$ 和 $\boldsymbol{y}$ 的联合概率密度函数可以用以下的因式分解，则称这两个随机变量是**统计独立**（statistically independent）的，一般简称独立，即

$$p(\boldsymbol{x},\boldsymbol{y}) = p(\boldsymbol{x})p(\boldsymbol{y}) \tag{2.19}$$

同样地，如果两个变量的期望运算满足下式，则称它们是**不相关的**（uncorrelated）：

$$E[\boldsymbol{x}\boldsymbol{y}^{\mathrm{T}}] = E[\boldsymbol{x}]E[\boldsymbol{y}]^{\mathrm{T}} \tag{2.20}$$

“不相关”比“独立”更弱。如果两随机变量是统计独立的，也就意味着它们也是不相关的，但不相关的两个随机变量不一定是独立的[②]。出于简化计算的目的，我们经常会直接认为（或假设）变量是统计独立的。

---

① 质量分布（mass distribution）通常是指离散型随机变量在不同取值下的概率值。——译者注

② 对于高斯概率密度函数而言，不相关意味着独立，后面会详细讨论。

### 2.1.5　香农信息和互信息

克劳德·艾尔伍德·香农（Claude Elwood Shannon，1916—2001）是一位美国数学家、电子工程师和密码学家，被称为“信息论之父”[16]。

通常，当我们在估计某一随机变量的概率密度函数时，也希望知道对某个统计量（比如均值）的确信程度。定量刻画不确定性的一种方法是计算事件的**负熵**（negative entropy）或**香农信息**（Shannon information），记作 $H$：

$$H(\boldsymbol{x}) = -E[\ln p(\boldsymbol{x})] = -\int p(\boldsymbol{x}) \ln p(\boldsymbol{x}) \mathrm{d}\boldsymbol{x} \tag{2.21}$$

后文我们将讨论此式在高斯分布下的具体形式。

另一种定量表示方法是两个随机变量 $\boldsymbol{x}$ 和 $\boldsymbol{y}$ 之间的**互信息**（mutual information）$I(\boldsymbol{x}, \boldsymbol{y})$，定义如下：

$$I(\boldsymbol{x}, \boldsymbol{y}) = E\left[\ln\left(\frac{p(\boldsymbol{x}, \boldsymbol{y})}{p(\boldsymbol{x})p(\boldsymbol{y})}\right)\right] = \iint p(\boldsymbol{x}, \boldsymbol{y}) \ln\left(\frac{p(\boldsymbol{x}, \boldsymbol{y})}{p(\boldsymbol{x})p(\boldsymbol{y})}\right) \mathrm{d}\boldsymbol{x}\mathrm{d}\boldsymbol{y} \tag{2.22}$$

互信息刻画了已知一个随机变量的信息之后，另一个随机变量的不确定性减少了多少。当 $\boldsymbol{x}$ 和 $\boldsymbol{y}$ 相互独立时，有

$$\begin{aligned} I(\boldsymbol{x}, \boldsymbol{y}) &= \iint p(\boldsymbol{x}, \boldsymbol{y}) \ln\left(\frac{p(\boldsymbol{x}, \boldsymbol{y})}{p(\boldsymbol{x})p(\boldsymbol{y})}\right) \mathrm{d}\boldsymbol{x}\mathrm{d}\boldsymbol{y} \\ &= \iint p(\boldsymbol{x})p(\boldsymbol{y}) \underbrace{\ln 1}_{0} \mathrm{d}\boldsymbol{x}\mathrm{d}\boldsymbol{y} = 0 \end{aligned} \tag{2.23}$$

当 $\boldsymbol{x}$ 和 $\boldsymbol{y}$ 不独立时，互信息 $I(\boldsymbol{x}, \boldsymbol{y}) \geqslant 0$ 。此外，互信息和香农信息之间有一个换算关系，即

$$I(\boldsymbol{x}, \boldsymbol{y}) = H(\boldsymbol{x}) + H(\boldsymbol{y}) - H(\boldsymbol{x}, \boldsymbol{y}) \tag{2.24}$$

### 2.1.6　衡量两个概率密度函数之间的差异

给定同一随机变量的两个概率密度函数 $p_1(\boldsymbol{x})$ 和 $p_2(\boldsymbol{x})$，我们希望衡量它们之间的“距离”。一种方法是计算两者之间的**库尔贝克–莱布勒散度**（Kullback-Leibler divergence, KL）[17]，常称为 KL 散度：

$$\mathrm{KL}(p_2 || p_1) = -\int p_2(\boldsymbol{x}) \ln\left(\frac{p_1(\boldsymbol{x})}{p_2(\boldsymbol{x})}\right) \mathrm{d}\boldsymbol{x} \geqslant 0 \tag{2.25}$$

KL 散度是一个**泛函**，其输入是两个概率密度函数，输出是一个标量。KL 散度的值为非负数，仅在 $p_1(\boldsymbol{x}) = p_2(\boldsymbol{x})$ 时等于零。实际上 KL 散度并不是一个真正的**距离**，部分原因是其表达式在 $p_1$ 和 $p_2$ 上不是对称的。有时 $p_1(\boldsymbol{x})$ 和 $p_2(\boldsymbol{x})$ 的角色是相反的，可以参见文献 [18] 了解两种不同形式的 KL。还有许多其他类型的散度，例如布雷格曼（Bregman）、沃瑟斯坦（Wasserstein）和雷尼（Rényi）散度。

另一种更直观地比较两个（标量的）概率密度函数的方法是使用**分位数–分位数** (quantile-quantile) 图，简称为**分位图** 或 Q-Q 图。**分位数函数** （quantile function）$Q(y) = P^{-1}(y)$ 是累积分布函数的逆（若存在）。假设 $P_1(x)$ 是 $p_1(x)$ 的累积分布函数，$P_2(x)$ 是 $p_2(x)$ 的累积分布函数，那么分位图表达的是 $Q_2(y)$ 关于 $Q_1(y)$ 的一条二维参数曲线。如果两个概率密度函数相同，则分位图是一条斜率为 1 的直线，偏离该线的部分表示概率密度函数之间的差异。分位图也可以从实验数据中生成。

### 2.1.7 随机采样

假设有随机变量 $\boldsymbol{x}$，它的概率密度函数为 $p(\boldsymbol{x})$。我们可以从密度函数进行随机采样，记作：

$$\boldsymbol{x}_{\text{meas}} \leftarrow p(\boldsymbol{x}) \tag{2.26}$$

所谓样本，有时也称作随机变量的一次**实现**（realization），可以直观地把它理解为一次观测值。

接下来，介绍如何在计算机上生成随机样本。假设有一个标量的随机变量 $x$，它的累积分布函数为 $P(x)$，我们可以利用上一节提到的分位数函数 $Q(y) = P^{-1}(y)$ 来生成随机样本。假设计算机已经能够从 $[0,1]$ 区间的均匀分布中生成随机样本，有

$$y_{\text{meas}} \leftarrow \mathcal{U}[0,1] \tag{2.27}$$

那么我们可以将生成的样本代入分位数函数中，获得 $x$ 的随机样本：

$$x_{\text{meas}} = Q(y_{\text{meas}}) \tag{2.28}$$

对于高维随机变量，生成随机样本需要更多的步骤，会在有关高斯随机变量的章节进行展示。

### 2.1.8 样本均值和样本方差

给定随机变量 $\boldsymbol{x}$ 及其概率密度函数 $p(\boldsymbol{x})$，如果想通过采样得到的 $N$ 个样本去估计期望和方差，可以直接使用**样本均值**和**样本方差**去近似它们。公式如下：

$$\boldsymbol{\mu}_{\text{meas}} = \frac{1}{N}\sum_{i=1}^{N}\boldsymbol{x}_{i,\text{meas}} \tag{2.29a}$$

$$\boldsymbol{\Sigma}_{\text{meas}} = \frac{1}{N-1}\sum_{i=1}^{N}(\boldsymbol{x}_{i,\text{meas}} - \boldsymbol{\mu}_{\text{meas}})(\boldsymbol{x}_{i,\text{meas}} - \boldsymbol{\mu}_{\text{meas}})^{\text{T}} \tag{2.29b}$$

注意样本方差中分母是 $N-1$ 而不是 $N$，这称为**贝塞尔修正**（Bessel's correction）。直观上说，样本方差使用了观测值和样本均值的差，而样本均值本身又是通过相同的观测值得到的，它们之间存在一个微小的相关性，于是就出现了这样一个微小的修正量①。可以证明，样本方差其实正好是随机变量方差的无偏估计，同时也能证明，这个量比分母使用 $N$ 算出来的那个估计量要“大”一些。当然，如果 $N$ 变得足够大，这时候 $N-1 \approx N$，那么实际上给样本协方差的补偿作用就不是那么明显了。

弗里德里希 · 威廉 · 贝塞尔（Friedrich Wilhelm Bessel，1784—1846），德国天文学家、数学家（整理了由伯努利发现的贝塞尔函数）。他是最早的使用平行线法测量太阳与其他恒星距离的天文学家。贝塞尔修正是指，在有偏估计前方乘以因子 $N/(N-1)$，即用 $N-1$ 替换之前的 $N$，作为对有偏估计的修正。

① 具体来说，这是因为 $N$ 个样本的样本方差自由度是 $N-1$，其中一个自由度因为均值而消去了。——译者注

### 2.1.9　归一化积

对于同一个随机变量的两个不同的概率密度函数，我们有时需要计算它们的**归一化积**（normalized product）[①]。如果 $p_1(\boldsymbol{x})$ 和 $p_2(\boldsymbol{x})$ 是随机变量 $\boldsymbol{x}$ 的两个不同的概率密度函数，那么它们的归一化积 $p(\boldsymbol{x})$ 定义为

$$p(\boldsymbol{x}) = \eta p_1(\boldsymbol{x}) p_2(\boldsymbol{x}) \tag{2.30}$$

其中

$$\eta = \left( \int p_1(\boldsymbol{x}) p_2(\boldsymbol{x}) \mathrm{d}\boldsymbol{x} \right)^{-1} \tag{2.31}$$

是一个常值的归一化系数，用于确保 $p(\boldsymbol{x})$ 满足全概率公理。

根据贝叶斯理论，归一化积可用于融合对同一个随机变量的多次估计（以概率密度函数形式表示），只要假设其先验为均匀分布即可。设 $\boldsymbol{x}$ 为待估计变量，$\boldsymbol{y}_1, \boldsymbol{y}_2$ 为两次独立观测，那么

$$p(\boldsymbol{x}|\boldsymbol{y}_1, \boldsymbol{y}_2) = \eta p(\boldsymbol{x}|\boldsymbol{y}_1) p(\boldsymbol{x}|\boldsymbol{y}_2) \tag{2.32}$$

同理，$\eta$ 是一个用于满足全概率公理的归一化系数，下面我们来推导此式。使用贝叶斯公式展开左边的式子：

$$p(\boldsymbol{x}|\boldsymbol{y}_1, \boldsymbol{y}_2) = \frac{p(\boldsymbol{y}_1, \boldsymbol{y}_2|\boldsymbol{x}) p(\boldsymbol{x})}{p(\boldsymbol{y}_1, \boldsymbol{y}_2)} \tag{2.33}$$

给定 $\boldsymbol{x}$，假设 $\boldsymbol{y}_1, \boldsymbol{y}_2$ 是统计独立的（即观测中的噪声统计独立），可得

$$p(\boldsymbol{y}_1, \boldsymbol{y}_2|\boldsymbol{x}) = p(\boldsymbol{y}_1|\boldsymbol{x}) p(\boldsymbol{y}_2|\boldsymbol{x}) = \frac{p(\boldsymbol{x}|\boldsymbol{y}_1) p(\boldsymbol{y}_1)}{p(\boldsymbol{x})} \frac{p(\boldsymbol{x}|\boldsymbol{y}_2) p(\boldsymbol{y}_2)}{p(\boldsymbol{x})} \tag{2.34}$$

我们再次对等式中间的两个乘积因式使用贝叶斯公式，得到了等式右侧。将上式代入式（2.33）中，最终得到

$$p(\boldsymbol{x}|\boldsymbol{y}_1, \boldsymbol{y}_2) = \eta p(\boldsymbol{x}|\boldsymbol{y}_1) p(\boldsymbol{x}|\boldsymbol{y}_2) \tag{2.35}$$

其中

$$\eta = \frac{p(\boldsymbol{y}_1) p(\boldsymbol{y}_2)}{p(\boldsymbol{y}_1, \boldsymbol{y}_2) p(\boldsymbol{x})} \tag{2.36}$$

如果令先验 $p(\boldsymbol{x})$ 为均匀分布（即取常数），那么 $\eta$ 也是一个常量，式（2.35）为归一化积。

### 2.1.10　克拉默-拉奥下界和费希尔信息矩阵

哈拉尔德·克拉默（Harald Cramér，1893—1985），瑞士数学家、精算师和统计学家，专长于数理统计与概率数论。卡尔亚姆普迪·拉达克里什纳·拉奥（Calyampudi Radhakrishna Rao，1920—2023）是一位印度裔美国数学家和统计学家。克拉默和拉奥首次提出了人们所知的克拉默-拉奥下界（Cramér-Rao lower bound, CRLB）。

假设有一个确定的参数 $\boldsymbol{\theta}$，它影响着随机变量 $\boldsymbol{x}$ 的概率密度函数。我们可以用条件概率密度函数对此进行描述：

$$p(\boldsymbol{x}|\boldsymbol{\theta}) \tag{2.37}$$

① 这个和我们计算两个不同的随机变量的联合概率密度函数是完全不同的。

更进一步，假设从 $p(\boldsymbol{x}|\boldsymbol{\theta})$ 中取一个样本 $\boldsymbol{x}_{\text{meas}}$：

$$\boldsymbol{x}_{\text{meas}} \leftarrow p(\boldsymbol{x}|\boldsymbol{\theta}) \tag{2.38}$$

将这里的 $\boldsymbol{x}_{\text{meas}}$ 称为随机变量 $\boldsymbol{x}$ 的一次实现，可以把它认为是一个观测值。

那么，**克拉默-拉奥下界**（Cramér-Rao lower bound, CRLB）指出，参数真实值 $\boldsymbol{\theta}$ 的任意**无偏估计**$\hat{\boldsymbol{\theta}}$（基于观测值 $\boldsymbol{x}_{\text{meas}}$）的协方差，可以由**费希尔信息矩阵**（Fisher information matrix, FIM）$\boldsymbol{\mathcal{I}}_{\boldsymbol{\theta}}$（具体推导见附录 C.1）来定义边界，即

$$\operatorname{cov}(\hat{\boldsymbol{\theta}}|\boldsymbol{x}_{\text{meas}}) = E\left[(\hat{\boldsymbol{\theta}}-\boldsymbol{\theta})(\hat{\boldsymbol{\theta}}-\boldsymbol{\theta})^{\mathrm{T}}\right] \geqslant \boldsymbol{\mathcal{I}}_{\boldsymbol{\theta}}^{-1} \tag{2.39}$$

其中，“无偏”指的是：$E\left[\hat{\boldsymbol{\theta}}-\boldsymbol{\theta}\right] = \mathbf{0}$；“边界”意味着：

$$\operatorname{cov}(\hat{\boldsymbol{\theta}}|\boldsymbol{x}_{\text{meas}}) - \boldsymbol{\mathcal{I}}_{\boldsymbol{\theta}}^{-1} \geqslant 0 \tag{2.40}$$

即矩阵半正定。费希尔信息矩阵为

$$\boldsymbol{\mathcal{I}}_{\boldsymbol{\theta}} = E\left[\frac{\partial^2(-\ln p(\boldsymbol{x}|\boldsymbol{\theta}))}{\partial\boldsymbol{\theta}^{\mathrm{T}}\,\partial\boldsymbol{\theta}}\right] \tag{2.41}$$

也就是说，克拉默-拉奥下界设定了一个基本界限。它可以明确定义出利用已有观测值估计参数的效果和衡量估计方式好坏的标准。

罗纳德 · 艾尔默 · 费希尔（Ronald Aylmer Fisher，1890—1962）是英国统计学家、演化生物学家和基因学家。他对统计学的贡献包括协方差分析、最大似然方法、置信推断，以及许多采样分布的推导。

## 2.2　高斯概率密度函数

### 2.2.1　定　义

后文很多地方会用到高斯概率密度函数。在一维情况下，高斯概率密度函数表示为

$$p(x|\mu,\sigma^2) = \frac{1}{\sqrt{2\pi\sigma^2}}\exp\left(-\frac{(x-\mu)^2}{2\sigma^2}\right) \tag{2.42}$$

其中，$\mu$ 称为**均值**（mean）；$\sigma^2$ 为**方差**（variance）；$\sigma$ 称为**标准差**（standard deviation）。图 2.2 画出了一维高斯概率密度函数的图像。

一维高斯累积分布函数为

$$P(x|\mu,\sigma^2) = \frac{1}{2}\left(1+\operatorname{erf}\left(\frac{x-\mu}{\sqrt{2}\sigma}\right)\right) \tag{2.43}$$

其中，$\operatorname{erf}(\cdot)$ 为**误差函数**

$$\operatorname{erf}(z) = \frac{2}{\sqrt{\pi}}\int_0^z \mathrm{e}^{-t^2}\mathrm{d}t \tag{2.44}$$

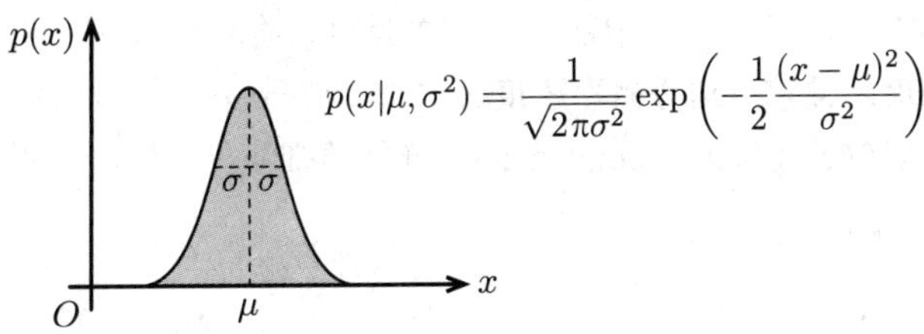


图 2.2　一维高斯概率密度函数。高斯分布的一个显著特征为期望和模（mode，$x$ 最可能的取值）都是 $\mu$

该函数形状类似于 sigmoid 函数。需要注意，erf($\cdot$) 的定义域是 $(-\infty,\infty)$，因此我们可以对负值进行求值，值域为 $(-1,1)$。

服从多元高斯分布的随机变量 $\boldsymbol{x}\in\mathbb{R}^N$，其概率密度函数 $p(\boldsymbol{x}|\boldsymbol{\mu},\boldsymbol{\Sigma})$ 为

$$p(\boldsymbol{x}|\boldsymbol{\mu},\boldsymbol{\Sigma})=\frac{1}{\sqrt{(2\pi)^N\det\boldsymbol{\Sigma}}}\exp\left(-\frac{1}{2}(\boldsymbol{x}-\boldsymbol{\mu})^{\mathrm{T}}\boldsymbol{\Sigma}^{-1}(\boldsymbol{x}-\boldsymbol{\mu})\right) \tag{2.45}$$

其中，$\boldsymbol{\mu}\in\mathbb{R}^N$ 是均值；$\boldsymbol{\Sigma}\in\mathbb{R}^{N\times N}$ 是协方差矩阵（对称正定矩阵）。$\boldsymbol{\mu}$ 和 $\boldsymbol{\Sigma}$ 可以通过以下方式计算：

$$\boldsymbol{\mu}=E[\boldsymbol{x}]=\int_{-\infty}^{\infty}\boldsymbol{x}\frac{1}{\sqrt{(2\pi)^N\det\boldsymbol{\Sigma}}}\exp\left(-\frac{1}{2}(\boldsymbol{x}-\boldsymbol{\mu})^{\mathrm{T}}\boldsymbol{\Sigma}^{-1}(\boldsymbol{x}-\boldsymbol{\mu})\right)\mathrm{d}\boldsymbol{x} \tag{2.46}$$

以及

$$\begin{aligned}\boldsymbol{\Sigma}&=E\left[(\boldsymbol{x}-\boldsymbol{\mu})(\boldsymbol{x}-\boldsymbol{\mu})^{\mathrm{T}}\right]\\&=\int_{-\infty}^{\infty}(\boldsymbol{x}-\boldsymbol{\mu})(\boldsymbol{x}-\boldsymbol{\mu})^{\mathrm{T}}\frac{1}{\sqrt{(2\pi)^N\det\boldsymbol{\Sigma}}}\exp\left(-\frac{1}{2}(\boldsymbol{x}-\boldsymbol{\mu})^{\mathrm{T}}\boldsymbol{\Sigma}^{-1}(\boldsymbol{x}-\boldsymbol{\mu})\right)\mathrm{d}\boldsymbol{x}\end{aligned} \tag{2.47}$$

也就是说，均值和协方差矩阵和我们预想的是一样的。

习惯上，常将**正态**分布（即高斯分布）记为

$$\boldsymbol{x}\sim\mathcal{N}(\boldsymbol{\mu},\boldsymbol{\Sigma})$$

如果随机变量 $\boldsymbol{x}$ 满足：

$$\boldsymbol{x}\sim\mathcal{N}(\boldsymbol{0},\boldsymbol{I})$$

其中，$\boldsymbol{I}$ 是一个 $N\times N$ 的单位矩阵。我们可以说随机变量服从**标准正态分布**（standard normally distributed）。

### 2.2.2　联合高斯概率密度函数及其分解与推断

设有一对服从多元正态分布的变量 $(\boldsymbol{x},\boldsymbol{y})$，可以写出它们的联合概率密度函数：

$$p(\boldsymbol{x},\boldsymbol{y})=\mathcal{N}\left(\begin{bmatrix}\boldsymbol{\mu}_x\\\boldsymbol{\mu}_y\end{bmatrix},\begin{bmatrix}\boldsymbol{\Sigma}_{xx}&\boldsymbol{\Sigma}_{xy}\\\boldsymbol{\Sigma}_{yx}&\boldsymbol{\Sigma}_{yy}\end{bmatrix}\right) \tag{2.48}$$

其指数形式见式（2.45），注意 $\boldsymbol{\Sigma}_{yx}=\boldsymbol{\Sigma}_{xy}^{\mathrm{T}}$。我们总是可以将联合概率密度函数分解成两个因子的乘积（**条件概率密度函数**乘以**边缘概率密度函数**），即 $p(\boldsymbol{x},\boldsymbol{y})=p(\boldsymbol{x}|\boldsymbol{y})p(\boldsymbol{y})$。特别地，对于高斯分布，我们可以用**舒尔补**（Schur complement）详细地推演出分解的过程①。从以下等式开始：

$$\begin{bmatrix}\boldsymbol{\Sigma}_{xx} & \boldsymbol{\Sigma}_{xy}\\ \boldsymbol{\Sigma}_{yx} & \boldsymbol{\Sigma}_{yy}\end{bmatrix}=\begin{bmatrix}\boldsymbol{I} & \boldsymbol{\Sigma}_{xy}\boldsymbol{\Sigma}_{yy}^{-1}\\ \boldsymbol{O} & \boldsymbol{I}\end{bmatrix}\begin{bmatrix}\boldsymbol{\Sigma}_{xx}-\boldsymbol{\Sigma}_{xy}\boldsymbol{\Sigma}_{yy}^{-1}\boldsymbol{\Sigma}_{yx} & \boldsymbol{O}\\ \boldsymbol{O} & \boldsymbol{\Sigma}_{yy}\end{bmatrix}\begin{bmatrix}\boldsymbol{I} & \boldsymbol{O}\\ \boldsymbol{\Sigma}_{yy}^{-1}\boldsymbol{\Sigma}_{yx} & \boldsymbol{I}\end{bmatrix} \tag{2.49}$$

其中，$\boldsymbol{I}$ 为单位矩阵。我们对两边进行求逆运算就会发现：

$$\begin{bmatrix}\boldsymbol{\Sigma}_{xx} & \boldsymbol{\Sigma}_{xy}\\ \boldsymbol{\Sigma}_{yx} & \boldsymbol{\Sigma}_{yy}\end{bmatrix}^{-1}=\begin{bmatrix}\boldsymbol{I} & \boldsymbol{O}\\ -\boldsymbol{\Sigma}_{yy}^{-1}\boldsymbol{\Sigma}_{yx} & \boldsymbol{I}\end{bmatrix}\begin{bmatrix}\left(\boldsymbol{\Sigma}_{xx}-\boldsymbol{\Sigma}_{xy}\boldsymbol{\Sigma}_{yy}^{-1}\boldsymbol{\Sigma}_{yx}\right)^{-1} & \boldsymbol{O}\\ \boldsymbol{O} & \boldsymbol{\Sigma}_{yy}^{-1}\end{bmatrix}\begin{bmatrix}\boldsymbol{I} & -\boldsymbol{\Sigma}_{xy}\boldsymbol{\Sigma}_{yy}^{-1}\\ \boldsymbol{O} & \boldsymbol{I}\end{bmatrix} \tag{2.50}$$

伊萨里 · 舒尔（Issai Schur，1875—1941）是德国数学家，主要贡献为群表示论（与他最相关的主题），同时也在组合数学、数论甚至理论物理上有所贡献。

接下来，研究联合概率密度函数 $p(\boldsymbol{x},\boldsymbol{y})$ 指数部分的二次项，可得

$$\begin{aligned}
&\left(\begin{bmatrix}\boldsymbol{x}\\ \boldsymbol{y}\end{bmatrix}-\begin{bmatrix}\boldsymbol{\mu}_x\\ \boldsymbol{\mu}_y\end{bmatrix}\right)^{\mathrm{T}}\begin{bmatrix}\boldsymbol{\Sigma}_{xx} & \boldsymbol{\Sigma}_{xy}\\ \boldsymbol{\Sigma}_{yx} & \boldsymbol{\Sigma}_{yy}\end{bmatrix}^{-1}\left(\begin{bmatrix}\boldsymbol{x}\\ \boldsymbol{y}\end{bmatrix}-\begin{bmatrix}\boldsymbol{\mu}_x\\ \boldsymbol{\mu}_y\end{bmatrix}\right)\\
&=\left(\begin{bmatrix}\boldsymbol{x}\\ \boldsymbol{y}\end{bmatrix}-\begin{bmatrix}\boldsymbol{\mu}_x\\ \boldsymbol{\mu}_y\end{bmatrix}\right)^{\mathrm{T}}\begin{bmatrix}\boldsymbol{I} & \boldsymbol{O}\\ -\boldsymbol{\Sigma}_{yy}^{-1}\boldsymbol{\Sigma}_{yx} & \boldsymbol{I}\end{bmatrix}\begin{bmatrix}\left(\boldsymbol{\Sigma}_{xx}-\boldsymbol{\Sigma}_{xy}\boldsymbol{\Sigma}_{yy}^{-1}\boldsymbol{\Sigma}_{yx}\right)^{-1} & \boldsymbol{O}\\ \boldsymbol{O} & \boldsymbol{\Sigma}_{yy}^{-1}\end{bmatrix}\times\\
&\quad\begin{bmatrix}\boldsymbol{I} & -\boldsymbol{\Sigma}_{xy}\boldsymbol{\Sigma}_{yy}^{-1}\\ \boldsymbol{O} & \boldsymbol{I}\end{bmatrix}\left(\begin{bmatrix}\boldsymbol{x}\\ \boldsymbol{y}\end{bmatrix}-\begin{bmatrix}\boldsymbol{\mu}_x\\ \boldsymbol{\mu}_y\end{bmatrix}\right)\\
&=\left(\boldsymbol{x}-\boldsymbol{\mu}_x-\boldsymbol{\Sigma}_{xy}\boldsymbol{\Sigma}_{yy}^{-1}\left(\boldsymbol{y}-\boldsymbol{\mu}_y\right)\right)^{\mathrm{T}}\left(\boldsymbol{\Sigma}_{xx}-\boldsymbol{\Sigma}_{xy}\boldsymbol{\Sigma}_{yy}^{-1}\boldsymbol{\Sigma}_{yx}\right)^{-1}\times\\
&\quad\left(\boldsymbol{x}-\boldsymbol{\mu}_x-\boldsymbol{\Sigma}_{xy}\boldsymbol{\Sigma}_{yy}^{-1}\left(\boldsymbol{y}-\boldsymbol{\mu}_y\right)\right)+\left(\boldsymbol{y}-\boldsymbol{\mu}_y\right)^{\mathrm{T}}\boldsymbol{\Sigma}_{yy}^{-1}\left(\boldsymbol{y}-\boldsymbol{\mu}_y\right)
\end{aligned} \tag{2.51}$$

这是两个二次项的和。根据幂运算中同底数幂相乘，底数不变、指数相加的性质，可得

$$p(\boldsymbol{x},\boldsymbol{y})=p(\boldsymbol{x}|\boldsymbol{y})p(\boldsymbol{y}) \tag{2.52a}$$

$$p(\boldsymbol{x}|\boldsymbol{y})=\mathcal{N}\left(\boldsymbol{\mu}_x+\boldsymbol{\Sigma}_{xy}\boldsymbol{\Sigma}_{yy}^{-1}\left(\boldsymbol{y}-\boldsymbol{\mu}_y\right),\boldsymbol{\Sigma}_{xx}-\boldsymbol{\Sigma}_{xy}\boldsymbol{\Sigma}_{yy}^{-1}\boldsymbol{\Sigma}_{yx}\right) \tag{2.52b}$$

$$p(\boldsymbol{y})=\mathcal{N}\left(\boldsymbol{\mu}_y,\boldsymbol{\Sigma}_{yy}\right) \tag{2.52c}$$

可以发现一个重要的事实：因子 $p(\boldsymbol{x}|\boldsymbol{y})$，$p(\boldsymbol{y})$ 都是高斯概率密度函数。更进一步，如果我们知道 $\boldsymbol{y}$ 的值（比如，它的观测值），就可以用等式（2.52b）通过计算 $p(\boldsymbol{x}|\boldsymbol{y})$ 得到在给定 $\boldsymbol{y}$ 值情况下的 $\boldsymbol{x}$ 的似然值。

这实际上就是**高斯推断**（Gaussian inference）中最重要的部分：从状态的先验概率密度函数出发，然后基于一些观测值 $\boldsymbol{y}_{\text{meas}}$ 来缩小这个范围。在式（2.52b）中，可以看到均值发生了一些调整，协方差矩阵则相应变小了一些。

① 如本例，我们对 $\boldsymbol{\Sigma}_{yy}$ 进行舒尔补，变成 $\boldsymbol{\Sigma}_{xx}-\boldsymbol{\Sigma}_{xy}\boldsymbol{\Sigma}_{yy}^{-1}\boldsymbol{\Sigma}_{yx}$，参见附录 A.1.8。

### 2.2.3 统计独立性、不相关性

在高斯概率密度函数的情况下，统计独立性和不相关性是等价的，即统计独立的两个高斯变量是不相关的（对于一般的概率密度函数通常成立），不相关的两个高斯变量也是统计独立的（并不是所有的概率密度函数都成立）。通过式（2.52）可以很容易发现这点。如果我们假设它们是统计独立的，即 $p(\boldsymbol{x},\boldsymbol{y})=p(\boldsymbol{x})p(\boldsymbol{y})$，那么 $p(\boldsymbol{x}|\boldsymbol{y})=p(\boldsymbol{x})=\mathcal{N}\left(\boldsymbol{\mu}_x,\boldsymbol{\Sigma}_{xx}\right)$。仔细观察式（2.52b），可得

$$\boldsymbol{\Sigma}_{xy}\boldsymbol{\Sigma}_{yy}^{-1}\left(\boldsymbol{y}-\boldsymbol{\mu}_y\right)=\boldsymbol{O} \tag{2.53a}$$

$$\boldsymbol{\Sigma}_{xy}\boldsymbol{\Sigma}_{yy}^{-1}\boldsymbol{\Sigma}_{yx}=\boldsymbol{O} \tag{2.53b}$$

更进一步，可以得到 $\boldsymbol{\Sigma}_{xy}=\boldsymbol{O}$。既然

$$\boldsymbol{\Sigma}_{xy}=E\left[\left(\boldsymbol{x}-\boldsymbol{\mu}_x\right)\left(\boldsymbol{y}-\boldsymbol{\mu}_y\right)^{\mathrm{T}}\right]=E\left[\boldsymbol{x}\boldsymbol{y}^{\mathrm{T}}\right]-E\left[\boldsymbol{x}\right]E\left[\boldsymbol{y}\right]^{\mathrm{T}} \tag{2.54}$$

那么就可以得到不相关成立的条件：

$$E\left[\boldsymbol{x}\boldsymbol{y}^{\mathrm{T}}\right]=E\left[\boldsymbol{x}\right]E\left[\boldsymbol{y}\right]^{\mathrm{T}} \tag{2.55}$$

我们也可以从另一个角度来思考这件事。首先假设变量是不相关的，那么 $\boldsymbol{\Sigma}_{xy}=\boldsymbol{O}$，于是它们是统计独立的。既然这些条件都是一样的，在给定高斯概率密度函数的前提下，可以认为**统计独立性**和**不相关性**这两个术语可以相互替代。

### 2.2.4 高斯分布的信息形式

在处理高斯分布时，有时以**信息形式**（又称为**逆协方差形式**）表示它们更为方便。假设有

$$\boldsymbol{x}\sim\mathcal{N}(\boldsymbol{\mu},\boldsymbol{\Sigma}) \tag{2.56}$$

然后，我们对变量进行线性变换，令 $\boldsymbol{y}=\boldsymbol{\Sigma}^{-1}\boldsymbol{x}$，则有

$$\boldsymbol{y}\sim\mathcal{N}(\boldsymbol{\Sigma}^{-1}\boldsymbol{\mu},\boldsymbol{\Sigma}^{-1}) \tag{2.57}$$

具体细节可以参考 2.2.6 节，此处是它的一种特例。我们将 $\boldsymbol{\Sigma}^{-1}\boldsymbol{\mu}$ 称为**信息向量**（information vector），将 $\boldsymbol{\Sigma}^{-1}$ 称为**信息矩阵**（information matrix，又称逆协方差矩阵或精度矩阵）。

信息形式的优势在于，当 $\boldsymbol{\Sigma}$ 的某个分量变得非常大（无限大）时，$\boldsymbol{\Sigma}^{-1}$ 的对应分量就会变得非常小（零）。在这种情况下，接近零的信息矩阵可以表示我们对某个变量一无所知。

### 2.2.5 联合高斯分布的边缘分布

对于一个联合高斯分布

$$p\left(\boldsymbol{x},\boldsymbol{y}\right)=\mathcal{N}\left(\underbrace{\begin{bmatrix}\boldsymbol{\mu}_x\\ \boldsymbol{\mu}_y\end{bmatrix}}_{\boldsymbol{\mu}},\underbrace{\begin{bmatrix}\boldsymbol{\Sigma}_{xx} & \boldsymbol{\Sigma}_{xy}\\ \boldsymbol{\Sigma}_{yx} & \boldsymbol{\Sigma}_{yy}\end{bmatrix}}_{\boldsymbol{\Sigma}}\right) \tag{2.58}$$

其边缘分布为

$$p(\boldsymbol{x}) = \int_{-\infty}^{\infty} p(\boldsymbol{x}, \boldsymbol{y})\, \mathrm{d}\boldsymbol{y} = \mathcal{N}\left(\boldsymbol{\mu}_x, \boldsymbol{\Sigma}_{xx}\right) \tag{2.59a}$$

$$p(\boldsymbol{y}) = \int_{-\infty}^{\infty} p(\boldsymbol{x}, \boldsymbol{y})\, \mathrm{d}\boldsymbol{x} = \mathcal{N}\left(\boldsymbol{\mu}_y, \boldsymbol{\Sigma}_{yy}\right) \tag{2.59b}$$

换句话说，如果想知道边缘分布的均值和协方差，只需提取对应的矩阵块即可。

若联合高斯分布以信息形式存储（见上一节），而我们希望对其进行边缘化。假设信息矩阵和信息向量分别为

$$\boldsymbol{\Sigma}^{-1} = \begin{bmatrix} \boldsymbol{A}_{xx} & \boldsymbol{A}_{xy} \\ \boldsymbol{A}_{yx} & \boldsymbol{A}_{yy} \end{bmatrix}, \quad \boldsymbol{\Sigma}^{-1}\boldsymbol{\mu} = \begin{bmatrix} \boldsymbol{b}_x \\ \boldsymbol{b}_y \end{bmatrix} \tag{2.60}$$

那么对于 $\boldsymbol{x}$，其**信息形式**的边缘化为

$$\boldsymbol{\Sigma}_{xx}^{-1} = \boldsymbol{A}_{xx} - \boldsymbol{A}_{xy}\boldsymbol{A}_{yy}^{-1}\boldsymbol{A}_{yx}, \quad \boldsymbol{\Sigma}_{xx}^{-1}\boldsymbol{\mu}_x = \boldsymbol{b}_x - \boldsymbol{A}_{xy}\boldsymbol{A}_{yy}^{-1}\boldsymbol{b}_y \tag{2.61}$$

对于 $\boldsymbol{y}$，其信息形式的边缘化为

$$\boldsymbol{\Sigma}_{yy}^{-1} = \boldsymbol{A}_{yy} - \boldsymbol{A}_{yx}\boldsymbol{A}_{xx}^{-1}\boldsymbol{A}_{xy}, \quad \boldsymbol{\Sigma}_{yy}^{-1}\boldsymbol{\mu}_y = \boldsymbol{b}_y - \boldsymbol{A}_{yx}\boldsymbol{A}_{xx}^{-1}\boldsymbol{b}_x \tag{2.62}$$

这里我们再次看到舒尔补的身影（见附录 A.1.8）。

### 2.2.6 高斯分布的线性变换

假设有高斯随机变量

$$\boldsymbol{x} \in \mathbb{R}^N \sim \mathcal{N}(\boldsymbol{\mu}_x, \boldsymbol{\Sigma}_{xx})$$

以及另一个与 $\boldsymbol{x}$ 线性相关的随机变量 $\boldsymbol{y} \in \mathbb{R}^M$：

$$\boldsymbol{y} = \boldsymbol{G}\boldsymbol{x} \tag{2.63}$$

其中，$\boldsymbol{G} \in \mathbb{R}^{M \times N}$ 是一个常数矩阵。我们的目标是研究 $\boldsymbol{y}$ 的统计特性。一个简单的方法是直接计算其期望和方差：

$$\boldsymbol{\mu}_y = E[\boldsymbol{y}] = E\left[\boldsymbol{G}\boldsymbol{x}\right] = \boldsymbol{G}E\left[\boldsymbol{x}\right] = \boldsymbol{G}\boldsymbol{\mu}_x \tag{2.64a}$$

$$\begin{aligned} \boldsymbol{\Sigma}_{yy} &= E\left[\left(\boldsymbol{y} - \boldsymbol{\mu}_y\right)\left(\boldsymbol{y} - \boldsymbol{\mu}_y\right)^{\mathrm{T}}\right] \\ &= \boldsymbol{G}E\left[\left(\boldsymbol{x} - \boldsymbol{\mu}_x\right)\left(\boldsymbol{x} - \boldsymbol{\mu}_x\right)^{\mathrm{T}}\right]\boldsymbol{G}^{\mathrm{T}} = \boldsymbol{G}\boldsymbol{\Sigma}_{xx}\boldsymbol{G}^{\mathrm{T}} \end{aligned} \tag{2.64b}$$

那么，我们就得到 $\boldsymbol{y} \sim \mathcal{N}(\boldsymbol{\mu}_y, \boldsymbol{\Sigma}_{yy}) = \mathcal{N}(\boldsymbol{G}\boldsymbol{\mu}_x, \boldsymbol{G}\boldsymbol{\Sigma}_{xx}\boldsymbol{G}^{\mathrm{T}})$。

接下来我们用到的另外一个方法是变量代换法。假设这个映射是**单射**，意思是两个 $\boldsymbol{x}$ 值不可能和同一个 $\boldsymbol{y}$ 值对应；事实上，我们可以通过假设一个更严格的条件来简化单射条件，即 $\boldsymbol{G}$ 是可逆的（因此 $M = N$）。根据全概率公理：

$$\int_{-\infty}^{\infty} p(\boldsymbol{x})\mathrm{d}\boldsymbol{x} = 1 \tag{2.65}$$

一个小区域内的 $\boldsymbol{x}$ 映射到 $\boldsymbol{y}$ 上，变为

$$\mathrm{d}\boldsymbol{y} = |\det \boldsymbol{G}|\, \mathrm{d}\boldsymbol{x} \tag{2.66}$$

于是进行变量代换，有

$$\begin{aligned}
1 &= \int_{-\infty}^{\infty} p(\boldsymbol{x})\mathrm{d}\boldsymbol{x} \\
&= \int_{-\infty}^{\infty} \frac{1}{\sqrt{(2\pi)^N \det \boldsymbol{\Sigma}_{xx}}} \exp\left(-\frac{1}{2}(\boldsymbol{x}-\boldsymbol{\mu}_x)^{\mathrm{T}} \boldsymbol{\Sigma}_{xx}^{-1} (\boldsymbol{x}-\boldsymbol{\mu}_x)\right) \mathrm{d}\boldsymbol{x} \\
&= \int_{-\infty}^{\infty} \frac{1}{\sqrt{(2\pi)^N \det \boldsymbol{\Sigma}_{xx}}} \exp\left(-\frac{1}{2}\left(\boldsymbol{G}^{-1}\boldsymbol{y}-\boldsymbol{\mu}_x\right)^{\mathrm{T}} \boldsymbol{\Sigma}_{xx}^{-1} \left(\boldsymbol{G}^{-1}\boldsymbol{y}-\boldsymbol{\mu}_x\right)\right) |\det \boldsymbol{G}|^{-1}\mathrm{d}\boldsymbol{y} \\
&= \int_{-\infty}^{\infty} \frac{1}{\sqrt{(2\pi)^N \det \boldsymbol{G} \det \boldsymbol{\Sigma}_{xx} \det \boldsymbol{G}^{\mathrm{T}}}} \exp\left(-\frac{1}{2}(\boldsymbol{y}-\boldsymbol{G}\boldsymbol{\mu}_x)^{\mathrm{T}} \boldsymbol{G}^{-\mathrm{T}}\boldsymbol{\Sigma}_{xx}^{-1}\boldsymbol{G}^{-1} (\boldsymbol{y}-\boldsymbol{G}\boldsymbol{\mu}_x)\right) \mathrm{d}\boldsymbol{y} \\
&= \int_{-\infty}^{\infty} \frac{1}{\sqrt{(2\pi)^N \det\left(\boldsymbol{G}\boldsymbol{\Sigma}_{xx}\boldsymbol{G}^{\mathrm{T}}\right)}} \exp\left(-\frac{1}{2}(\boldsymbol{y}-\boldsymbol{G}\boldsymbol{\mu}_x)^{\mathrm{T}} \left(\boldsymbol{G}\boldsymbol{\Sigma}_{xx}\boldsymbol{G}^{\mathrm{T}}\right)^{-1} (\boldsymbol{y}-\boldsymbol{G}\boldsymbol{\mu}_x)\right) \mathrm{d}\boldsymbol{y}
\end{aligned} \tag{2.67}$$

从上式我们同样可以得到 $\boldsymbol{\mu}_y = \boldsymbol{G}\boldsymbol{\mu}_x$ 及 $\boldsymbol{\Sigma}_{yy} = \boldsymbol{G}\boldsymbol{\Sigma}_{xx}\boldsymbol{G}^{\mathrm{T}}$。值得注意的是，如果 $M < N$，线性映射就不是单射的了，我们就无法通过定积分变量代换的方法求得 $\boldsymbol{y}$ 的分布。

但是，如果 $M < N$，并且 $\operatorname{rank}(\boldsymbol{G}) = M$，同样可以考虑从 $\boldsymbol{y}$ 到 $\boldsymbol{x}$ 的线性映射。这其实有点麻烦，因为这个映射把变量扩张①到了一个更大的空间中，所以实际上得到的 $\boldsymbol{x}$ 的协方差矩阵会变大。为了避免这个问题，我们采用**信息形式**（information form）。令

$$\boldsymbol{u} = \boldsymbol{\Sigma}_{yy}^{-1}\boldsymbol{y} \tag{2.68}$$

可得

$$\boldsymbol{u} \sim \mathcal{N}\left(\boldsymbol{\Sigma}_{yy}^{-1}\boldsymbol{\mu}_y, \boldsymbol{\Sigma}_{yy}^{-1}\right) \tag{2.69}$$

同样地，令

$$\boldsymbol{v} = \boldsymbol{\Sigma}_{xx}^{-1}\boldsymbol{x} \tag{2.70}$$

可得

$$\boldsymbol{v} \sim \mathcal{N}\left(\boldsymbol{\Sigma}_{xx}^{-1}\boldsymbol{\mu}_x, \boldsymbol{\Sigma}_{xx}^{-1}\right) \tag{2.71}$$

由于 $\boldsymbol{y}$ 到 $\boldsymbol{x}$ 的映射不是唯一的，因此我们需要选择一个特别的映射，设为

$$\boldsymbol{v} = \boldsymbol{G}^{\mathrm{T}}\boldsymbol{u} \quad \Leftrightarrow \quad \boldsymbol{\Sigma}_{xx}^{-1}\boldsymbol{x} = \boldsymbol{G}^{\mathrm{T}}\boldsymbol{\Sigma}_{yy}^{-1}\boldsymbol{y} \tag{2.72}$$

那么就可以计算期望：

$$\boldsymbol{\Sigma}_{xx}^{-1}\boldsymbol{\mu}_x = E[\boldsymbol{v}] = E\left[\boldsymbol{G}^{\mathrm{T}}\boldsymbol{u}\right] = \boldsymbol{G}^{\mathrm{T}}E[\boldsymbol{u}] = \boldsymbol{G}^{\mathrm{T}}\boldsymbol{\Sigma}_{yy}^{-1}\boldsymbol{\mu}_y \tag{2.73a}$$

$$\boldsymbol{\Sigma}_{xx}^{-1} = E\left[\left(\boldsymbol{v} - \boldsymbol{\Sigma}_{xx}^{-1}\boldsymbol{\mu}_x\right)\left(\boldsymbol{v} - \boldsymbol{\Sigma}_{xx}^{-1}\boldsymbol{\mu}_x\right)^{\mathrm{T}}\right] \tag{2.73b}$$

① 扩张指的是反向的映射。

$$= \boldsymbol{G}^{\mathrm{T}} E\left[\left(\boldsymbol{u}-\boldsymbol{\Sigma}_{yy}^{-1}\boldsymbol{\mu}_y\right)\left(\boldsymbol{u}-\boldsymbol{\Sigma}_{yy}^{-1}\boldsymbol{\mu}_y\right)^{\mathrm{T}}\right]\boldsymbol{G} = \boldsymbol{G}^{\mathrm{T}}\boldsymbol{\Sigma}_{yy}^{-1}\boldsymbol{G}$$

值得注意的是，如果 $\boldsymbol{\Sigma}_{xx}^{-1}$ 没有满秩，那就不能恢复 $\boldsymbol{\Sigma}_{xx}$ 和 $\boldsymbol{\mu}_x$，因而只能以信息的形式表示分布。但是不用担心，这种信息形式表示的分布也能够融合起来，这是我们在 2.2.8 节将要讨论的内容。

### 2.2.7 高斯分布的非线性变换

接下来我们来研究高斯分布经过一个随机非线性变换之后的情况，即计算

$$p(\boldsymbol{y}) = \int_{-\infty}^{\infty} p(\boldsymbol{y}|\boldsymbol{x})\, p(\boldsymbol{x})\, \mathrm{d}\boldsymbol{x} \tag{2.74}$$

其中

$$p(\boldsymbol{y}|\boldsymbol{x}) = \mathcal{N}\left(\boldsymbol{g}(\boldsymbol{x}), \boldsymbol{R}\right) \tag{2.75a}$$

$$p(\boldsymbol{x}) = \mathcal{N}\left(\boldsymbol{\mu}_x, \boldsymbol{\Sigma}_{xx}\right) \tag{2.75b}$$

这里 $\boldsymbol{g}(\cdot)$ 表示 $\boldsymbol{g}: \boldsymbol{x} \mapsto \boldsymbol{y}$，是一个非线性映射。它受零均值高斯噪声干扰，其协方差为 $\boldsymbol{R}$。后文我们需要用到这类随机非线性映射对传感器进行建模。对高斯分布进行非线性变换是有必要的，例如，在进行贝叶斯推断时，贝叶斯公式的分母往往就存在这样的一个非线性变换。

#### 标量情况下的非线性映射

先来看一下简化的情况：$x$ 为标量，非线性函数 $g(\cdot)$ 是确定的（即 $R=0$）。设 $x \in \mathbb{R}^1$ 为高斯随机变量：

$$x \sim \mathcal{N}\left(0, \sigma^2\right) \tag{2.76}$$

$x$ 的概率密度函数为

$$p(x) = \frac{1}{\sqrt{2\pi\sigma^2}} \exp\left(-\frac{x^2}{2\sigma^2}\right) \tag{2.77}$$

现在考虑非线性映射：

$$y = \exp x \tag{2.78}$$

它显然是可逆的：

$$x = \ln y \tag{2.79}$$

在无穷小区间上，$x$ 和 $y$ 的关系为

$$\mathrm{d}y = \exp x\, \mathrm{d}x \tag{2.80}$$

或者

$$\mathrm{d}x = \frac{1}{y}\mathrm{d}y \tag{2.81}$$

根据全概率公理，有

$$
\begin{aligned}
1 &= \int_{-\infty}^{\infty} p(x)\mathrm{d}x \\
&= \int_{-\infty}^{\infty} \frac{1}{\sqrt{2\pi\sigma^2}} \exp\left(-\frac{x^2}{2\sigma^2}\right)\mathrm{d}x \\
&= \int_{0}^{\infty} \underbrace{\frac{1}{\sqrt{2\pi\sigma^2}} \exp\left(-\frac{(\ln y)^2}{2\sigma^2}\right)\frac{1}{y}}_{p(y)}\mathrm{d}y \\
&= \int_{0}^{\infty} p(y)\mathrm{d}y
\end{aligned}
\tag{2.82}
$$

上式为 $p(y)$ 的确切表达式，在 $\sigma^2=1$ 时，它的图像如图 2.3 中黑色曲线所示；曲线以下的部分，从 $y=0$ 到 $\infty$ 的面积总和为 1。通过对 $x$ 进行大量采样，再经过非线性变换 $g(\cdot)$ 后，可以得到灰色的直方图，它可以看作是黑色曲线的近似值。可以看到该近似值与真实值吻合，验证了上述变换的正确性。

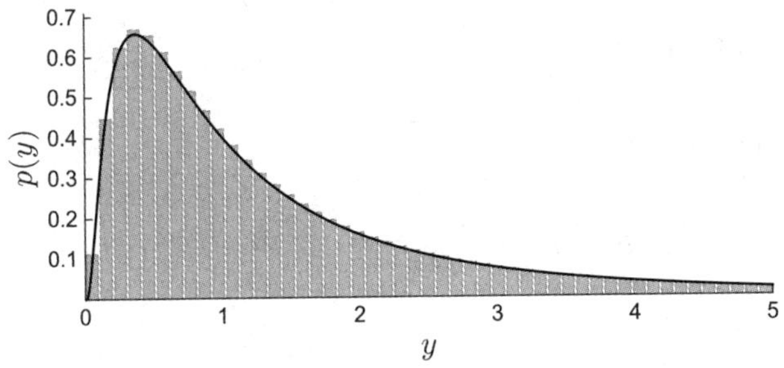


图 2.3　对高斯随机变量 $p(x)=\frac{1}{\sqrt{2\pi}}\exp\left(-\frac{1}{2}x^2\right)$ 进行非线性变换 $y=\exp(x)$ 后，得到的密度函数图像

注意，因为 $p(y)$ 经过了非线性变换，所以不再服从高斯分布。我们可以从数值上验证这个函数下方区域的面积仍然是 1（即是一个有效的概率密度函数）。需要注意的是，这里要仔细处理变量代换过程（比如不能漏掉 $1/y$ 因子），否则我们可能会得到一个无效的概率密度函数。

### 一般情况下的线性化处理

然而式（2.74）并不是对于每个 $\boldsymbol{g}(\cdot)$ 都能得到解析解，而且在多元变量的情况下，计算会变得无比复杂。此外，当非线性变换具有随机性时（$\boldsymbol{R}>0$），由于存在多余的噪声输入，映射必然是不可逆的，我们需要采用一个不同的方法来处理这种情况。实际上可采用若干种不同的处理方式。本节我们将介绍最常用的方法，即**线性化**（linearization）。

对非线性变换进行线性化后，可得

$$
\begin{aligned}
\boldsymbol{g}(\boldsymbol{x}) &\approx \boldsymbol{\mu}_y + \boldsymbol{G}(\boldsymbol{x}-\boldsymbol{\mu}_x) \\
\boldsymbol{G} &= \left.\frac{\partial \boldsymbol{g}(\boldsymbol{x})}{\partial \boldsymbol{x}}\right|_{\boldsymbol{x}=\boldsymbol{\mu}_x} \\
\boldsymbol{\mu}_y &= \boldsymbol{g}(\boldsymbol{\mu}_x)
\end{aligned}
\tag{2.83}
$$

其中，$\boldsymbol{G}$ 是 $\boldsymbol{g}(\cdot)$ 关于 $\boldsymbol{x}$ 的雅可比矩阵。在线性化后，我们就可以得到上述问题的“解析解”，这个解实际上是上述问题的一个近似解，当这个映射的非线性性质不强的时候，该近似解才成立。

图 2.4 描述了一个一维高斯概率密度函数通过非线性变换 $g(\cdot)$ 传递后的结果，其中我们对 $g(\cdot)$ 进行了线性化。大体来说，使用随机函数进行计算都会引入附加噪声。

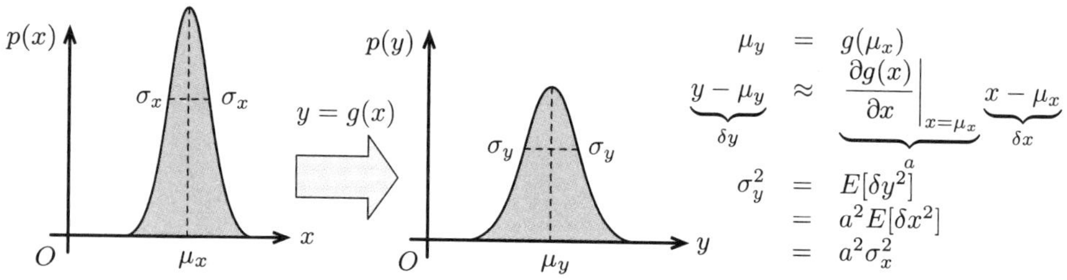


图 2.4　把一维高斯概率密度函数传入确定的非线性变换 $g(\cdot)$ 后的结果。我们通过对变换进行线性化，近似地传递了它的协方差

回到式（2.74），我们有

$$
\begin{aligned}
p(\boldsymbol{y}) &= \int_{-\infty}^{\infty} p(\boldsymbol{y}|\boldsymbol{x})\, p(\boldsymbol{x}) \mathrm{d}\boldsymbol{x} \\
&= \eta \int_{-\infty}^{\infty} \exp\left(-\frac{1}{2}\left(\boldsymbol{y}-\left(\boldsymbol{\mu}_y+\boldsymbol{G}\left(\boldsymbol{x}-\boldsymbol{\mu}_x\right)\right)\right)^{\mathrm{T}} \boldsymbol{R}^{-1}\left(\boldsymbol{y}-\left(\boldsymbol{\mu}_y+\boldsymbol{G}\left(\boldsymbol{x}-\boldsymbol{\mu}_x\right)\right)\right)\right) \times \\
&\qquad \exp\left(-\frac{1}{2}\left(\boldsymbol{x}-\boldsymbol{\mu}_x\right)^{\mathrm{T}} \boldsymbol{\Sigma}_{xx}^{-1}\left(\boldsymbol{x}-\boldsymbol{\mu}_x\right)\right) \mathrm{d}\boldsymbol{x} \\
&= \eta \exp\left(-\frac{1}{2}\left(\boldsymbol{y}-\boldsymbol{\mu}_y\right)^{\mathrm{T}} \boldsymbol{R}^{-1}\left(\boldsymbol{y}-\boldsymbol{\mu}_y\right)\right) \times \\
&\quad \int_{-\infty}^{\infty} \exp\left(-\frac{1}{2}\left(\boldsymbol{x}-\boldsymbol{\mu}_x\right)^{\mathrm{T}}\left(\boldsymbol{\Sigma}_{xx}^{-1}+\boldsymbol{G}^{\mathrm{T}} \boldsymbol{R}^{-1} \boldsymbol{G}\right)\left(\boldsymbol{x}-\boldsymbol{\mu}_x\right)\right) \times \\
&\qquad \exp\left(\left(\boldsymbol{y}-\boldsymbol{\mu}_y\right)^{\mathrm{T}} \boldsymbol{R}^{-1} \boldsymbol{G}\left(\boldsymbol{x}-\boldsymbol{\mu}_x\right)\right) \mathrm{d}\boldsymbol{x}
\end{aligned} \tag{2.84}
$$

其中，$\eta$ 是归一化常量。定义矩阵 $\boldsymbol{F}$，使得

$$
\boldsymbol{F}^{\mathrm{T}}\left(\boldsymbol{G}^{\mathrm{T}} \boldsymbol{R}^{-1} \boldsymbol{G}+\boldsymbol{\Sigma}_{xx}^{-1}\right)=\boldsymbol{R}^{-1} \boldsymbol{G} \tag{2.85}
$$

于是我们可以补全积分里面的平方项①，即

$$
\begin{aligned}
&\exp\left(-\frac{1}{2}\left(\boldsymbol{x}-\boldsymbol{\mu}_x\right)^{\mathrm{T}}\left(\boldsymbol{\Sigma}_{xx}^{-1}+\boldsymbol{G}^{\mathrm{T}} \boldsymbol{R}^{-1} \boldsymbol{G}\right)\left(\boldsymbol{x}-\boldsymbol{\mu}_x\right)\right) \exp\left(\left(\boldsymbol{y}-\boldsymbol{\mu}_y\right)^{\mathrm{T}} \boldsymbol{R}^{-1} \boldsymbol{G}\left(\boldsymbol{x}-\boldsymbol{\mu}_x\right)\right) \\
&= \exp\left(-\frac{1}{2}\left(\left(\boldsymbol{x}-\boldsymbol{\mu}_x\right)-\boldsymbol{F}\left(\boldsymbol{y}-\boldsymbol{\mu}_y\right)\right)^{\mathrm{T}}\left(\boldsymbol{G}^{\mathrm{T}} \boldsymbol{R}^{-1} \boldsymbol{G}+\boldsymbol{\Sigma}_{xx}^{-1}\right)\left(\left(\boldsymbol{x}-\boldsymbol{\mu}_x\right)-\boldsymbol{F}\left(\boldsymbol{y}-\boldsymbol{\mu}_y\right)\right)\right) \times \\
&\quad \exp\left(\frac{1}{2}\left(\boldsymbol{y}-\boldsymbol{\mu}_y\right)^{\mathrm{T}} \boldsymbol{F}^{\mathrm{T}}\left(\boldsymbol{G}^{\mathrm{T}} \boldsymbol{R}^{-1} \boldsymbol{G}+\boldsymbol{\Sigma}_{xx}^{-1}\right) \boldsymbol{F}\left(\boldsymbol{y}-\boldsymbol{\mu}_y\right)\right)
\end{aligned} \tag{2.86}
$$

① 此处是一个配平方，类似于 $a^2-2ab=(a-b)^2-b^2$。——译者注

其中，第二个因子与 $\boldsymbol{x}$ 无关，可以放到积分外面去。剩下的积分部分（第一个因子）就是 $\boldsymbol{x}$ 的高斯分布，因此对 $\boldsymbol{x}$ 积分可以得到一个常数，再与常数 $\eta$ 合并。同样地，对 $p(\boldsymbol{y})$，有

$$\begin{aligned}p(\boldsymbol{y}) &= \rho\exp\left(-\frac{1}{2}\left(\boldsymbol{y}-\boldsymbol{\mu}_y\right)^{\mathrm{T}}\left(\boldsymbol{R}^{-1}-\boldsymbol{F}^{\mathrm{T}}\left(\boldsymbol{G}^{\mathrm{T}}\boldsymbol{R}^{-1}\boldsymbol{G}+\boldsymbol{\Sigma}_{xx}^{-1}\right)\boldsymbol{F}\right)\left(\boldsymbol{y}-\boldsymbol{\mu}_y\right)\right)\\ &= \rho\exp\left(-\frac{1}{2}\left(\boldsymbol{y}-\boldsymbol{\mu}_y\right)^{\mathrm{T}}\underbrace{\left(\boldsymbol{R}^{-1}-\boldsymbol{R}^{-1}\boldsymbol{G}\left(\boldsymbol{G}^{\mathrm{T}}\boldsymbol{R}^{-1}\boldsymbol{G}+\boldsymbol{\Sigma}_{xx}^{-1}\right)^{-1}\boldsymbol{G}^{\mathrm{T}}\boldsymbol{R}^{-1}\right)}_{\text{由式（2.124）得 }(\boldsymbol{R}+\boldsymbol{G}\boldsymbol{\Sigma}_{xx}\boldsymbol{G}^{\mathrm{T}})^{-1}}\left(\boldsymbol{y}-\boldsymbol{\mu}_y\right)\right)\\ &= \rho\exp\left(-\frac{1}{2}\left(\boldsymbol{y}-\boldsymbol{\mu}_y\right)^{\mathrm{T}}\left(\boldsymbol{R}+\boldsymbol{G}\boldsymbol{\Sigma}_{xx}\boldsymbol{G}^{\mathrm{T}}\right)^{-1}\left(\boldsymbol{y}-\boldsymbol{\mu}_y\right)\right)\end{aligned} \tag{2.87}$$

其中，$\rho$ 是一个新的归一化常量。该式即 $\boldsymbol{y}$ 的高斯分布：

$$\boldsymbol{y} \sim \mathcal{N}\left(\boldsymbol{\mu}_y, \boldsymbol{\Sigma}_{yy}\right) = \mathcal{N}\left(\boldsymbol{g}\left(\boldsymbol{\mu}_x\right), \boldsymbol{R}+\boldsymbol{G}\boldsymbol{\Sigma}_{xx}\boldsymbol{G}^{\mathrm{T}}\right) \tag{2.88}$$

后文我们将会看到，式（2.91）和式（2.87）分别组成了经典的离散时间（扩展）卡尔曼滤波[2] 的预测和观测部分。这两步分别被看作是滤波器中信息的合成与分解。

### 2.2.8　高斯概率密度函数的归一化积

我们现在来讨论高斯概率密度函数中一个有用的性质，即 $K$ 个高斯概率密度函数的归一化积（见 2.1.9 节）仍然是高斯概率密度函数，即

$$\exp\left(-\frac{1}{2}(\boldsymbol{x}-\boldsymbol{\mu})^{\mathrm{T}}\boldsymbol{\Sigma}^{-1}(\boldsymbol{x}-\boldsymbol{\mu})\right) \equiv \eta\prod_{k=1}^{K}\exp\left(-\frac{1}{2}(\boldsymbol{x}-\boldsymbol{\mu}_k)^{\mathrm{T}}\boldsymbol{\Sigma}_k^{-1}(\boldsymbol{x}-\boldsymbol{\mu}_k)\right) \tag{2.89}$$

其中

$$\boldsymbol{\Sigma}^{-1} = \sum_{k=1}^{K}\boldsymbol{\Sigma}_k^{-1} \tag{2.90a}$$

$$\boldsymbol{\Sigma}^{-1}\boldsymbol{\mu} = \sum_{k=1}^{K}\boldsymbol{\Sigma}_k^{-1}\boldsymbol{\mu}_k \tag{2.90b}$$

这里 $\eta$ 是一个归一化常数，它确保概率密度函数满足全概率公理。当我们把多个估计融合在一起的时候，就需要使用高斯归一化乘积。图 2.5 提供了一个一维的例子。

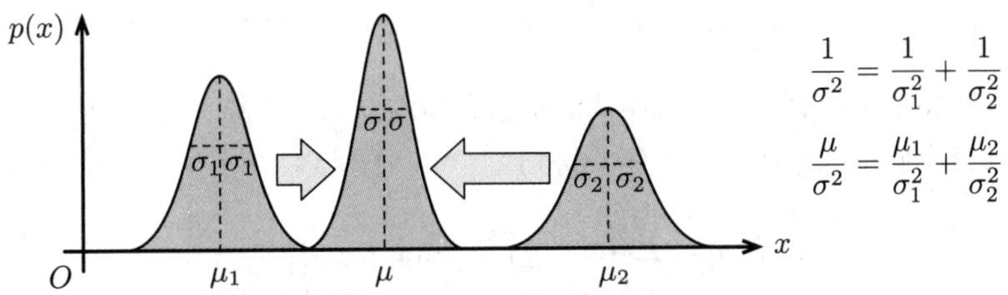


图 2.5　两个高斯概率密度函数做归一化积后，得到一个新的高斯概率密度函数

对于高斯分布随机变量的线性变换，我们也有类似的结果：

$$\exp\left(-\frac{1}{2}(\boldsymbol{x}-\boldsymbol{\mu})^{\mathrm{T}}\boldsymbol{\Sigma}^{-1}(\boldsymbol{x}-\boldsymbol{\mu})\right)\equiv\eta\prod_{k=1}^{K}\exp\left(-\frac{1}{2}(\boldsymbol{G}_k\boldsymbol{x}-\boldsymbol{\mu}_k)^{\mathrm{T}}\boldsymbol{\Sigma}_k^{-1}(\boldsymbol{G}_k\boldsymbol{x}-\boldsymbol{\mu}_k)\right) \tag{2.91}$$

其中

$$\boldsymbol{\Sigma}^{-1}=\sum_{k=1}^{K}\boldsymbol{G}_k^{\mathrm{T}}\boldsymbol{\Sigma}_k^{-1}\boldsymbol{G}_k \tag{2.92a}$$

$$\boldsymbol{\Sigma}^{-1}\boldsymbol{\mu}=\sum_{k=1}^{K}\boldsymbol{G}_k^{\mathrm{T}}\boldsymbol{\Sigma}_k^{-1}\boldsymbol{\mu}_k \tag{2.92b}$$

其中，矩阵 $\boldsymbol{G}_k\in\mathbb{R}^{M_k\times N}$ $(M_k\leqslant N)$；$\eta$ 是一个归一化常数。注意式（2.91）是对式（2.89）的推广。

### 2.2.9 卡方分布和马氏距离

我们从一个服从 $N$ 维标准正态分布的随机变量 $\boldsymbol{x}\sim\mathcal{N}(\boldsymbol{0},\boldsymbol{I})$ 出发。若想要求 $N$ 个标准正态随机变量的平方和，就会得到**卡方分布**$\chi^2(N)$，即

$$y=\boldsymbol{x}^{\mathrm{T}}\boldsymbol{x}\sim\chi^2(N) \tag{2.93}$$

$y$ 的均值和方差分别为 $N$ 和 $2N$。

普拉桑塔 · 钱德拉 · 马哈拉诺比斯（Prasanta Chandra Mahalanobis，1893—1972）是一位印度科学家、应用统计学家，以统计距离中的马氏距离[19] 而著称。

更一般地，假设 $\boldsymbol{x}\sim\mathcal{N}(\boldsymbol{\mu},\boldsymbol{\Sigma})$，则可以定义：

$$y=(\boldsymbol{x}-\boldsymbol{\mu})^{\mathrm{T}}\boldsymbol{\Sigma}^{-1}(\boldsymbol{x}-\boldsymbol{\mu}) \tag{2.94}$$

同样，$y$ 的均值和方差分别为 $N$ 和 $2N$。这就是平方**马氏距离**（Mahalanobis distance）。这个距离与平方欧几里得距离相似，但是在距离计算中引入了协方差矩阵的逆作为权重。它还与正态分布 $\boldsymbol{x}\sim\mathcal{N}(\boldsymbol{\mu},\boldsymbol{\Sigma})$ 的负对数似然（negative log-likelihood）有关，具体请参阅下一节。

马氏距离是一个二次函数，可以用线性代数中的**迹**（线性算子）将其重新表示①：

$$(\boldsymbol{x}-\boldsymbol{\mu})^{\mathrm{T}}\boldsymbol{\Sigma}^{-1}(\boldsymbol{x}-\boldsymbol{\mu})=\operatorname{tr}\left(\boldsymbol{\Sigma}^{-1}(\boldsymbol{x}-\boldsymbol{\mu})(\boldsymbol{x}-\boldsymbol{\mu})^{\mathrm{T}}\right) \tag{2.95}$$

我们可以用这种关系来计算平方马氏距离的均值，即均方马氏距离。由于期望是一种线性运算，因此我们可以交换期望和迹的运算顺序，得到

$$\begin{aligned}E[y]&=E\left[(\boldsymbol{x}-\boldsymbol{\mu})^{\mathrm{T}}\boldsymbol{\Sigma}^{-1}(\boldsymbol{x}-\boldsymbol{\mu})\right]\\&=\operatorname{tr}\left(E\left[\boldsymbol{\Sigma}^{-1}(\boldsymbol{x}-\boldsymbol{\mu})(\boldsymbol{x}-\boldsymbol{\mu})^{\mathrm{T}}\right]\right)\end{aligned} \tag{2.96}$$

① 利用 $\boldsymbol{x}^{\mathrm{T}}\boldsymbol{A}\boldsymbol{x}=\operatorname{tr}(\boldsymbol{A}\boldsymbol{x}\boldsymbol{x}^{\mathrm{T}})$ 可得。——译者注

$$
\begin{aligned}
&= \operatorname{tr}\left(\boldsymbol{\Sigma}^{-1} \underbrace{E\left[(\boldsymbol{x}-\boldsymbol{\mu})(\boldsymbol{x}-\boldsymbol{\mu})^{\mathrm{T}}\right]}_{\boldsymbol{\Sigma}}\right) \\
&= \operatorname{tr}\left(\boldsymbol{\Sigma}^{-1} \boldsymbol{\Sigma}\right) \\
&= \operatorname{tr} \boldsymbol{I} \\
&= N
\end{aligned} \tag{2.97}
$$

这正是变量的维数 $N$。均方马氏距离常常被用作检验数据是否符合特定的高斯概率密度函数，具体参见 5.1.2 节。我们将计算平方马氏距离的方差作为练习留给读者。

### 2.2.10　高斯概率密度函数的香农信息

高斯概率密度函数的香农信息为

$$
\begin{aligned}
H(\boldsymbol{x}) &= -\int_{-\infty}^{\infty} p(\boldsymbol{x}) \ln p(\boldsymbol{x}) \,\mathrm{d}\boldsymbol{x} \\
&= -\int_{-\infty}^{\infty} p(\boldsymbol{x}) \left(-\frac{1}{2}(\boldsymbol{x}-\boldsymbol{\mu})^{\mathrm{T}} \boldsymbol{\Sigma}^{-1} (\boldsymbol{x}-\boldsymbol{\mu}) - \ln \sqrt{(2\pi)^N \det \boldsymbol{\Sigma}}\right) \mathrm{d}\boldsymbol{x} \\
&= \frac{1}{2} \ln\left((2\pi)^N \det \boldsymbol{\Sigma}\right) + \int_{-\infty}^{\infty} \frac{1}{2} (\boldsymbol{x}-\boldsymbol{\mu})^{\mathrm{T}} \boldsymbol{\Sigma}^{-1} (\boldsymbol{x}-\boldsymbol{\mu})\, p(\boldsymbol{x}) \,\mathrm{d}\boldsymbol{x} \\
&= \frac{1}{2} \ln\left((2\pi)^N \det \boldsymbol{\Sigma}\right) + \frac{1}{2} \underbrace{E\left[(\boldsymbol{x}-\boldsymbol{\mu})^{\mathrm{T}} \boldsymbol{\Sigma}^{-1} (\boldsymbol{x}-\boldsymbol{\mu})\right]}_{N}
\end{aligned} \tag{2.98}
$$

其中，第二项即为前面章节提到的均方马氏距离（的一半）。将这个值代回香农信息的表达式中，可得

$$
\begin{aligned}
H(\boldsymbol{x}) &= \frac{1}{2} \ln\left((2\pi)^N \det \boldsymbol{\Sigma}\right) + \frac{1}{2} E\left[(\boldsymbol{x}-\boldsymbol{\mu})^{\mathrm{T}} \boldsymbol{\Sigma}^{-1} (\boldsymbol{x}-\boldsymbol{\mu})\right] \\
&= \frac{1}{2} \ln\left((2\pi)^N \det \boldsymbol{\Sigma}\right) + \frac{1}{2} N \\
&= \frac{1}{2} \left(\ln\left((2\pi)^N \det \boldsymbol{\Sigma}\right) + N \ln \mathrm{e}\right) \\
&= \frac{1}{2} \ln\left((2\pi \mathrm{e})^N \det \boldsymbol{\Sigma}\right)
\end{aligned} \tag{2.99}
$$

这是一个仅和协方差矩阵 $\boldsymbol{\Sigma}$ 有关的函数。实际上，从几何的观点看，可以将 $\sqrt{\det \boldsymbol{\Sigma}}$ 解释为高斯概率密度函数形成的**不确定性椭球**（uncertainty ellipsoid）的体积。图 2.6 显示了一个二维高斯概率密度函数的不确定性椭圆。

注意，沿着不确定椭圆的边缘，$p(\boldsymbol{x})$ 是一个常量。因为椭圆上的点必须满足：

$$
(\boldsymbol{x}-\boldsymbol{\mu})^{\mathrm{T}} \boldsymbol{\Sigma}^{-1} (\boldsymbol{x}-\boldsymbol{\mu}) = M^2 \tag{2.100}
$$

其中，$M$ 是协方差的缩放因子。在令 $M = 1, 2, 3, \cdots$ 时，我们还可以画出等高线。在这种情况下，可以把第 $M$ 个球面写为

$$
p(\boldsymbol{x}) = \frac{1}{\sqrt{(2\pi)^N \mathrm{e}^{M^2} \det \boldsymbol{\Sigma}}} \tag{2.101}
$$

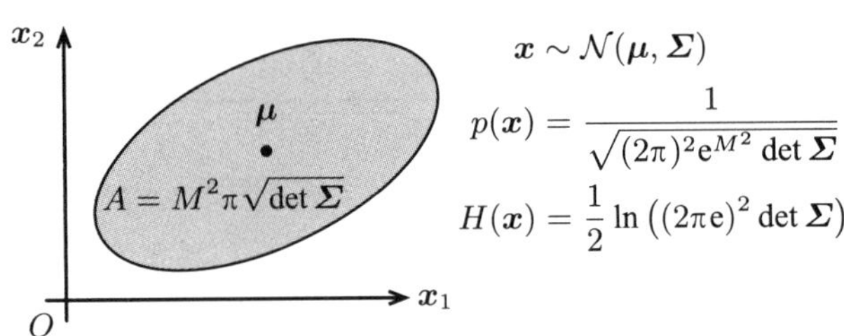


图 2.6 二维高斯概率密度函数的不确定性椭圆。椭圆内部的几何面积为 $A = M^2\pi\sqrt{\det \boldsymbol{\Sigma}}$，请将面积公式与香农信息的表达式进行对比

### 2.2.11 联合高斯概率密度函数的互信息

假设随机变量 $\boldsymbol{x} \in \mathbb{R}^N$ 和 $\boldsymbol{y} \in \mathbb{R}^M$ 的联合高斯分布的概率密度函数如下：

$$p(\boldsymbol{x}, \boldsymbol{y}) = \mathcal{N}(\boldsymbol{\mu}, \boldsymbol{\Sigma}) = \mathcal{N}\left(\begin{bmatrix} \boldsymbol{\mu}_x \\ \boldsymbol{\mu}_y \end{bmatrix}, \begin{bmatrix} \boldsymbol{\Sigma}_{xx} & \boldsymbol{\Sigma}_{xy} \\ \boldsymbol{\Sigma}_{yx} & \boldsymbol{\Sigma}_{yy} \end{bmatrix}\right) \tag{2.102}$$

将式（2.99）代入式（2.24）中，可以很容易地计算出联合高斯分布的互信息：

$$\begin{aligned} I(\boldsymbol{x}, \boldsymbol{y}) &= \frac{1}{2}\ln\left((2\pi e)^N \det \boldsymbol{\Sigma}_{xx}\right) + \frac{1}{2}\ln\left((2\pi e)^M \det \boldsymbol{\Sigma}_{yy}\right) - \frac{1}{2}\ln\left((2\pi e)^{M+N} \det \boldsymbol{\Sigma}\right) \\ &= -\frac{1}{2}\ln\left(\frac{\det \boldsymbol{\Sigma}}{\det \boldsymbol{\Sigma}_{xx} \det \boldsymbol{\Sigma}_{yy}}\right) \end{aligned} \tag{2.103}$$

再看式（2.49），有

$$\begin{aligned} \det \boldsymbol{\Sigma} &= \det \boldsymbol{\Sigma}_{xx} \det\left(\boldsymbol{\Sigma}_{yy} - \boldsymbol{\Sigma}_{yx}\boldsymbol{\Sigma}_{xx}^{-1}\boldsymbol{\Sigma}_{xy}\right) \\ &= \det \boldsymbol{\Sigma}_{yy} \det\left(\boldsymbol{\Sigma}_{xx} - \boldsymbol{\Sigma}_{xy}\boldsymbol{\Sigma}_{yy}^{-1}\boldsymbol{\Sigma}_{yx}\right) \end{aligned} \tag{2.104}$$

将这个式子代入上面的互信息式子就可以得到

$$\begin{aligned} I(\boldsymbol{x}, \boldsymbol{y}) &= -\frac{1}{2}\ln\det\left(\boldsymbol{I} - \boldsymbol{\Sigma}_{xx}^{-1}\boldsymbol{\Sigma}_{xy}\boldsymbol{\Sigma}_{yy}^{-1}\boldsymbol{\Sigma}_{yx}\right) \\ &= -\frac{1}{2}\ln\det\left(\boldsymbol{I} - \boldsymbol{\Sigma}_{yy}^{-1}\boldsymbol{\Sigma}_{yx}\boldsymbol{\Sigma}_{xx}^{-1}\boldsymbol{\Sigma}_{xy}\right) \end{aligned} \tag{2.105}$$

可以用**西尔维斯特行列式定理**（Sylvester's determinant theorem）证明两个式子等价。

詹姆斯·约瑟夫·西尔维斯特（James Joseph Sylvester，1814—1897），英国数学家，主要贡献在矩阵论、不变性理论、数论、分拆论和组合数学。西尔维斯特行列式定理说的是，即使矩阵 $\boldsymbol{A}, \boldsymbol{B}$ 不为方阵，也有 $\det(\boldsymbol{I} - \boldsymbol{AB}) = \det(\boldsymbol{I} - \boldsymbol{BA})$。

### 2.2.12 衡量两个高斯分布之间的差异

在 2.1.6 节中我们使用 KL 散度来衡量两个概率密度函数，比如说 $p_1$ 和 $p_2$ 之间的差异：

$$\mathrm{KL}(p_2 \| p_1) = -\int p_2(\boldsymbol{x}) \ln\left(\frac{p_1(\boldsymbol{x})}{p_2(\boldsymbol{x})}\right) \mathrm{d}\boldsymbol{x} \geqslant 0 \tag{2.106}$$

现在假设有两个相同维数 $N$ 的高斯分布，$p_1(\boldsymbol{x}) = \mathcal{N}(\boldsymbol{\mu}_1, \boldsymbol{\Sigma}_1)$ 和 $p_2(\boldsymbol{x}) = \mathcal{N}(\boldsymbol{\mu}_2, \boldsymbol{\Sigma}_2)$，那么 KL 散度为

$$\mathrm{KL}(p_2||p_1) = \frac{1}{2}\left((\boldsymbol{\mu}_2 - \boldsymbol{\mu}_1)^{\mathrm{T}}\boldsymbol{\Sigma}_1^{-1}(\boldsymbol{\mu}_2 - \boldsymbol{\mu}_1) + \ln\det\left(\boldsymbol{\Sigma}_1\boldsymbol{\Sigma}_2^{-1}\right) + \mathrm{tr}(\boldsymbol{\Sigma}_1^{-1}\boldsymbol{\Sigma}_2) - N\right) \tag{2.107}$$

证明过程作为习题留给读者。

### 2.2.13 高斯分布的随机采样

在 2.1.7 节中，我们展示了如何从一个概率密度函数中进行随机采样。对于一维标准正态分布 $p(x) = \mathcal{N}(0, 1)$，对应的累积分布函数为

$$P(x) = \frac{1}{2}\left(1 + \mathrm{erf}\left(\frac{x}{\sqrt{2}}\right)\right) \tag{2.108}$$

对应的分位数函数 $Q(y) = P^{-1}(y)$ 为

$$Q(y) = \sqrt{2}\,\mathrm{erf}^{-1}(2y - 1) \tag{2.109}$$

因此生成一个随机样本 $x_{\mathrm{meas}}$，可以先从均匀分布中进行随机采样，$y_{\mathrm{meas}} \leftarrow \mathcal{U}[0, 1]$，接着令 $x_{\mathrm{meas}} = Q(y_{\mathrm{meas}})$。

如果要从一个 $N$ 维高斯分布 $p(\boldsymbol{z}) = \mathcal{N}(\boldsymbol{\mu}, \boldsymbol{\Sigma})$ 中进行随机采样，我们可以复用一维情况的结果。首先，我们对协方差矩阵进行分解。这是一个对称正定矩阵，可以分解为 $\boldsymbol{\Sigma} = \boldsymbol{V}\boldsymbol{V}^{\mathrm{T}}$，其中 $\boldsymbol{V}$ 为方阵（见附录 A.1.10）。接着，我们生成 $N$ 个独立的一维样本，并将其堆叠为 $\boldsymbol{x}_{\mathrm{meas}}$。$N$ 维高斯分布的样本可以通过计算可得

$$\boldsymbol{z}_{\mathrm{meas}} = \boldsymbol{\mu} + \boldsymbol{V}\boldsymbol{x}_{\mathrm{meas}} \tag{2.110}$$

为了理解这种**仿射变换**为什么有效，我们可以检查 $\boldsymbol{z}$ 的均值和协方差矩阵。对于均值，

$$E[\boldsymbol{z}] = E[\boldsymbol{\mu} + \boldsymbol{V}\boldsymbol{x}] = \boldsymbol{\mu} + \boldsymbol{V}\underbrace{E[\boldsymbol{x}]}_{\boldsymbol{0}} = \boldsymbol{\mu} \tag{2.111}$$

和协方差，

$$\begin{aligned} E\left[(\boldsymbol{z} - \boldsymbol{\mu})(\boldsymbol{z} - \boldsymbol{\mu})^{\mathrm{T}}\right] &= E\left[(\boldsymbol{\mu} + \boldsymbol{V}\boldsymbol{x} - \boldsymbol{\mu})(\boldsymbol{\mu} + \boldsymbol{V}\boldsymbol{x} - \boldsymbol{\mu})^{\mathrm{T}}\right] \\ &= \boldsymbol{V}\underbrace{E[\boldsymbol{x}\boldsymbol{x}^{\mathrm{T}}]}_{\boldsymbol{I}}\boldsymbol{V}^{\mathrm{T}} = \boldsymbol{V}\boldsymbol{V}^{\mathrm{T}} = \boldsymbol{\Sigma} \end{aligned} \tag{2.112}$$

均符合预期。因此，只要我们能从一维均匀分布中采样，也就能对多元高斯分布采样。

### 2.2.14 高斯分布的克拉默-拉奥下界

假设我们对高斯概率密度函数进行 $K$ 次采样（即观测），那么每个 $\boldsymbol{x}_{\mathrm{meas},k} \in \mathbb{R}^N$ 都满足高斯分布，而且这 $K$ 个变量是**统计独立**的，因此，

$$(\forall k)\ \boldsymbol{x}_k \sim \mathcal{N}(\boldsymbol{\mu}, \boldsymbol{\Sigma}) \tag{2.113}$$

统计独立的意思是，当 $k \neq \ell$ 时，有 $E\left[(\boldsymbol{x}_k-\boldsymbol{\mu})(\boldsymbol{x}_\ell-\boldsymbol{\mu})^{\mathrm{T}}\right]=\boldsymbol{O}$。现在，假设我们的目标是从观测值 $\boldsymbol{x}_{\text{meas}}=(\boldsymbol{x}_{\text{meas},1},\cdots,\boldsymbol{x}_{\text{meas},K})$ 中估计出这个概率密度函数的均值 $\boldsymbol{\mu}$。对于随机变量 $\boldsymbol{x}=(\boldsymbol{x}_1,\cdots,\boldsymbol{x}_K)$ 的联合概率密度函数，有

$$-\ln p\left(\boldsymbol{x}|\boldsymbol{\mu},\boldsymbol{\Sigma}\right)=\frac{1}{2}\left(\boldsymbol{x}-\boldsymbol{A}\boldsymbol{\mu}\right)^{\mathrm{T}}\boldsymbol{B}^{-1}\left(\boldsymbol{x}-\boldsymbol{A}\boldsymbol{\mu}\right)+\frac{1}{2}\ln\left((2\pi)^{NK}\det\boldsymbol{B}\right) \tag{2.114}$$

其中

$$\boldsymbol{A}=\underbrace{[\boldsymbol{I}\ \boldsymbol{I}\ \cdots\ \boldsymbol{I}]}_{K\text{ 块}}^{\mathrm{T}},\quad \boldsymbol{B}=\operatorname{diag}\underbrace{(\boldsymbol{\Sigma},\boldsymbol{\Sigma},\cdots,\boldsymbol{\Sigma})}_{K\text{ 块}} \tag{2.115}$$

这时，参数 $\boldsymbol{\mu}$ 的费希尔信息矩阵（见附录 C.1）为

$$\boldsymbol{\mathcal{I}}_{\boldsymbol{\mu}}=E\left[\frac{\partial^2(-\ln p(\boldsymbol{x}|\boldsymbol{\mu},\boldsymbol{\Sigma}))}{\partial\boldsymbol{\mu}^{\mathrm{T}}\partial\boldsymbol{\mu}}\right]=E[\boldsymbol{A}^{\mathrm{T}}\boldsymbol{B}^{-1}\boldsymbol{A}]=\boldsymbol{A}^{\mathrm{T}}\boldsymbol{B}^{-1}\boldsymbol{A}=K\boldsymbol{\Sigma}^{-1} \tag{2.116}$$

可以看到它正是高斯逆协方差的 $K$ 倍。因此，克拉默-拉奥下界就是：

$$\operatorname{cov}\left(\hat{\boldsymbol{\mu}}|\boldsymbol{x}_{\text{meas}}\right)\geqslant\frac{1}{K}\boldsymbol{\Sigma} \tag{2.117}$$

换句话说，均值估计值 $\hat{\boldsymbol{\mu}}$ 的不确定性下界，随着观测值数量的增加，应该变得越来越小（这正是我们希望的结果）。

注意，在计算克拉默-拉奥下界时，我们不需要确定无偏估计的具体形式，因为克拉默-拉奥下界是任何无偏估计的下界。对于高斯分布，不难找到正好位于克拉默-拉奥下界处的估计：

$$\hat{\boldsymbol{\mu}}=\frac{1}{K}\sum_{k=1}^{K}\boldsymbol{x}_{\text{meas},k} \tag{2.118}$$

这时候估计量的期望为

$$E\left[\hat{\boldsymbol{\mu}}\right]=E\left[\frac{1}{K}\sum_{k=1}^{K}\boldsymbol{x}_k\right]=\frac{1}{K}\sum_{k=1}^{K}E\left[\boldsymbol{x}_k\right]=\frac{1}{K}\sum_{k=1}^{K}\boldsymbol{\mu}=\boldsymbol{\mu} \tag{2.119}$$

这说明此估计的确是无偏的。这时我们可以计算一下估计量的协方差：

$$\begin{aligned}
\operatorname{cov}\left(\hat{\boldsymbol{\mu}}|\boldsymbol{x}_{\text{meas}}\right)&=E\left[(\hat{\boldsymbol{\mu}}-\boldsymbol{\mu})(\hat{\boldsymbol{\mu}}-\boldsymbol{\mu})^{\mathrm{T}}\right]\\
&=E\left[\left(\frac{1}{K}\sum_{k=1}^{K}\boldsymbol{x}_k-\boldsymbol{\mu}\right)\left(\frac{1}{K}\sum_{k=1}^{K}\boldsymbol{x}_k-\boldsymbol{\mu}\right)^{\mathrm{T}}\right]\\
&=\frac{1}{K^2}\sum_{k=1}^{K}\sum_{\ell=1}^{K}\underbrace{E\left[\left(\boldsymbol{x}_k-\boldsymbol{\mu}\right)\left(\boldsymbol{x}_\ell-\boldsymbol{\mu}\right)^{\mathrm{T}}\right]}_{\text{当 }k=\ell\text{ 时为 }\boldsymbol{\Sigma}\text{，其他情况为 }\boldsymbol{O}}\\
&=\frac{1}{K}\boldsymbol{\Sigma}
\end{aligned} \tag{2.120}$$

正好等于克拉默-拉奥下界。

### 2.2.15 谢尔曼-莫里森-伍德伯里等式

本节我们讲解谢尔曼 - 莫里森 - 伍德伯里（Sherman-Morrison-Woodbury, SMW）[20–22] 等式（有时也被称为**矩阵求逆引理**（matrix inversion lemma））。实际上，这个等式涵盖了从一个恒等式衍生出来的 4 个不同的等式。

SMW 等式以美国统计学家杰克 · 谢尔曼（Jack Sherman）、威妮弗雷德 · J. 莫里森（Winifred J. Morrison）和马克斯 · A. 伍德伯里（Max A. Woodbury）的名字命名，但也曾经由英国数学家 W.J. 邓肯（W. J. Duncan）、美国统计学家 L. 古特曼（L. Guttman）和 M. 巴特利特（M. Bartlett）及其他人独立提出。

对于可逆矩阵，我们可以将它分解为一个下三角-对角-上三角（lower-diagonal-upper, LDU）形式，或上三角-对角-下三角（upper-diagonal-lower，UDL）形式，如下所示：

$$\begin{aligned}&\begin{bmatrix}\boldsymbol{A}^{-1} & -\boldsymbol{B}\\ \boldsymbol{C} & \boldsymbol{D}\end{bmatrix}\\ =&\begin{bmatrix}\boldsymbol{I} & \boldsymbol{O}\\ \boldsymbol{C}\boldsymbol{A} & \boldsymbol{I}\end{bmatrix}\begin{bmatrix}\boldsymbol{A}^{-1} & \boldsymbol{O}\\ \boldsymbol{O} & \boldsymbol{D}+\boldsymbol{C}\boldsymbol{A}\boldsymbol{B}\end{bmatrix}\begin{bmatrix}\boldsymbol{I} & -\boldsymbol{A}\boldsymbol{B}\\ \boldsymbol{O} & \boldsymbol{I}\end{bmatrix}\quad\text{(LDU)}\\ =&\begin{bmatrix}\boldsymbol{I} & -\boldsymbol{B}\boldsymbol{D}^{-1}\\ \boldsymbol{O} & \boldsymbol{I}\end{bmatrix}\begin{bmatrix}\boldsymbol{A}^{-1}+\boldsymbol{B}\boldsymbol{D}^{-1}\boldsymbol{C} & \boldsymbol{O}\\ \boldsymbol{O} & \boldsymbol{D}\end{bmatrix}\begin{bmatrix}\boldsymbol{I} & \boldsymbol{O}\\ \boldsymbol{D}^{-1}\boldsymbol{C} & \boldsymbol{I}\end{bmatrix}\quad\text{(UDL)}\end{aligned}\tag{2.121}$$

接着对等式两侧求逆。对于 LDU，有

$$\begin{aligned}&\begin{bmatrix}\boldsymbol{A}^{-1} & -\boldsymbol{B}\\ \boldsymbol{C} & \boldsymbol{D}\end{bmatrix}^{-1}\\ =&\begin{bmatrix}\boldsymbol{I} & \boldsymbol{A}\boldsymbol{B}\\ \boldsymbol{O} & \boldsymbol{I}\end{bmatrix}\begin{bmatrix}\boldsymbol{A} & \boldsymbol{O}\\ \boldsymbol{O} & (\boldsymbol{D}+\boldsymbol{C}\boldsymbol{A}\boldsymbol{B})^{-1}\end{bmatrix}\begin{bmatrix}\boldsymbol{I} & \boldsymbol{O}\\ -\boldsymbol{C}\boldsymbol{A} & \boldsymbol{I}\end{bmatrix}\\ =&\begin{bmatrix}\boldsymbol{A}-\boldsymbol{A}\boldsymbol{B}(\boldsymbol{D}+\boldsymbol{C}\boldsymbol{A}\boldsymbol{B})^{-1}\boldsymbol{C}\boldsymbol{A} & \boldsymbol{A}\boldsymbol{B}(\boldsymbol{D}+\boldsymbol{C}\boldsymbol{A}\boldsymbol{B})^{-1}\\ -(\boldsymbol{D}+\boldsymbol{C}\boldsymbol{A}\boldsymbol{B})^{-1}\boldsymbol{C}\boldsymbol{A} & (\boldsymbol{D}+\boldsymbol{C}\boldsymbol{A}\boldsymbol{B})^{-1}\end{bmatrix}\end{aligned}\tag{2.122}$$

对于 UDL，有

$$\begin{aligned}&\begin{bmatrix}\boldsymbol{A}^{-1} & -\boldsymbol{B}\\ \boldsymbol{C} & \boldsymbol{D}\end{bmatrix}^{-1}\\ =&\begin{bmatrix}\boldsymbol{I} & \boldsymbol{O}\\ -\boldsymbol{D}^{-1}\boldsymbol{C} & \boldsymbol{I}\end{bmatrix}\begin{bmatrix}(\boldsymbol{A}^{-1}+\boldsymbol{B}\boldsymbol{D}^{-1}\boldsymbol{C})^{-1} & \boldsymbol{O}\\ \boldsymbol{O} & \boldsymbol{D}^{-1}\end{bmatrix}\begin{bmatrix}\boldsymbol{I} & \boldsymbol{B}\boldsymbol{D}^{-1}\\ \boldsymbol{O} & \boldsymbol{I}\end{bmatrix}\\ =&\begin{bmatrix}(\boldsymbol{A}^{-1}+\boldsymbol{B}\boldsymbol{D}^{-1}\boldsymbol{C})^{-1} & (\boldsymbol{A}^{-1}+\boldsymbol{B}\boldsymbol{D}^{-1}\boldsymbol{C})^{-1}\boldsymbol{B}\boldsymbol{D}^{-1}\\ -\boldsymbol{D}^{-1}\boldsymbol{C}(\boldsymbol{A}^{-1}+\boldsymbol{B}\boldsymbol{D}^{-1}\boldsymbol{C})^{-1} & \boldsymbol{D}^{-1}-\boldsymbol{D}^{-1}\boldsymbol{C}(\boldsymbol{A}^{-1}+\boldsymbol{B}\boldsymbol{D}^{-1}\boldsymbol{C})^{-1}\boldsymbol{B}\boldsymbol{D}^{-1}\end{bmatrix}\end{aligned}\tag{2.123}$$

对比式（2.122）和式（2.123）的结果，得到如下恒等式：

$$(\boldsymbol{A}^{-1}+\boldsymbol{B}\boldsymbol{D}^{-1}\boldsymbol{C})^{-1}\equiv\boldsymbol{A}-\boldsymbol{A}\boldsymbol{B}(\boldsymbol{D}+\boldsymbol{C}\boldsymbol{A}\boldsymbol{B})^{-1}\boldsymbol{C}\boldsymbol{A}\tag{2.124a}$$

$$(\boldsymbol{D}+\boldsymbol{C}\boldsymbol{A}\boldsymbol{B})^{-1}\equiv\boldsymbol{D}^{-1}-\boldsymbol{D}^{-1}\boldsymbol{C}(\boldsymbol{A}^{-1}+\boldsymbol{B}\boldsymbol{D}^{-1}\boldsymbol{C})^{-1}\boldsymbol{B}\boldsymbol{D}^{-1}\tag{2.124b}$$

$$\boldsymbol{A}\boldsymbol{B}\left(\boldsymbol{D}+\boldsymbol{C}\boldsymbol{A}\boldsymbol{B}\right)^{-1} \equiv \left(\boldsymbol{A}^{-1}+\boldsymbol{B}\boldsymbol{D}^{-1}\boldsymbol{C}\right)^{-1}\boldsymbol{B}\boldsymbol{D}^{-1} \tag{2.124c}$$

$$\left(\boldsymbol{D}+\boldsymbol{C}\boldsymbol{A}\boldsymbol{B}\right)^{-1}\boldsymbol{C}\boldsymbol{A} \equiv \boldsymbol{D}^{-1}\boldsymbol{C}\left(\boldsymbol{A}^{-1}+\boldsymbol{B}\boldsymbol{D}^{-1}\boldsymbol{C}\right)^{-1} \tag{2.124d}$$

在处理高斯概率密度函数的协方差矩阵时，这些恒等式会被频繁地用到。

### 2.2.16 斯坦引理

查尔斯 · 马克斯 · 斯坦（Charles Max Stein，1920—2016）是一位美国数学家，在统计学领域影响深远，包括以他的名字命名的引理。

在处理高斯分布时常常也会用到**斯坦引理**（Stein's lemma）[23]。假设 $\boldsymbol{x} \sim \mathcal{N}(\boldsymbol{\mu}, \boldsymbol{\Sigma})$，斯坦引理告诉我们：

$$E[(\boldsymbol{x}-\boldsymbol{\mu})f(\boldsymbol{x})] = \boldsymbol{\Sigma}\, E\left[\frac{\partial f(\boldsymbol{x})}{\partial \boldsymbol{x}^{\mathrm{T}}}\right] \tag{2.125}$$

其中，$f(\boldsymbol{x})$ 是任意（一次可微）的标量函数。若 $f(\cdot)$ 二次可微，则

$$E[(\boldsymbol{x}-\boldsymbol{\mu})(\boldsymbol{x}-\boldsymbol{\mu})^{\mathrm{T}}f(\boldsymbol{x})] = \boldsymbol{\Sigma}\, E\left[\frac{\partial^2 f(\boldsymbol{x})}{\partial \boldsymbol{x}^{\mathrm{T}}\partial \boldsymbol{x}}\right]\boldsymbol{\Sigma} + \boldsymbol{\Sigma}\, E[f(\boldsymbol{x})] \tag{2.126}$$

更一般地，对于两个联合高斯变量 $\boldsymbol{x}$ 和 $\boldsymbol{y}$，有

$$\operatorname{cov}(\boldsymbol{y}, f(\boldsymbol{x})) = \operatorname{cov}(\boldsymbol{y}, \boldsymbol{x})\, E\left[\frac{\partial f(\boldsymbol{x})}{\partial \boldsymbol{x}^{\mathrm{T}}}\right] \tag{2.127}$$

联合高斯分布的情况将在下一节中详细介绍。斯坦引理的 3 个公式推导见附录 C.2。

### 2.2.17 伊塞利定理

莱昂 · 伊塞利（Leon Isserlis，1881—1966）是出生于俄罗斯的英国统计学家，主要致力于样本矩中具体分布的研究。

多元高斯概率密度函数中高阶矩的计算较为复杂。但是在后面的篇幅中，我们需要用到除了期望和方差之外的矩，所以现在加以讨论。为了计算某些高阶矩，引入**伊塞利定理**（Isserlis' theorem）。令 $\boldsymbol{x} = (x_1, x_2, \cdots, x_{2M}) \in \mathbb{R}^{2M}$ 为服从高维高斯分布的随机变量，那么有

$$E[x_1x_2x_3\cdots x_{2M}] = \sum\prod E[x_ix_j] \tag{2.128}$$

这意味着，计算 $2M$ 个变量乘积的期望，可以首先计算所有两两不同的变量乘积的期望。然后把计算出来的这些期望相乘，这样的组合有 $\frac{(2M)!}{(2^M M!)}$ 种①。最后将这些乘积的值求和。4 个变量的情况如下：

$$E[x_ix_jx_kx_\ell] = E[x_ix_j]E[x_kx_\ell] + E[x_ix_k]E[x_jx_\ell] + E[x_ix_\ell]E[x_jx_k] \tag{2.129}$$

我们可以用这个定理推导出一些有用的结果。

---

① $\frac{(2M)!}{(2^M M!)} = \frac{1}{M!}\mathrm{C}_{2M}^2\mathrm{C}_{2M-2}^2\cdots\mathrm{C}_2^2$。——译者注

设 $\boldsymbol{x} \sim \mathcal{N}(\mathbf{0}, \boldsymbol{\Sigma}) \in \mathbb{R}^N$，有时候我们希望计算下式：

$$E\left[\boldsymbol{x}\left(\boldsymbol{x}^{\mathrm{T}}\boldsymbol{x}\right)^p \boldsymbol{x}^{\mathrm{T}}\right] \tag{2.130}$$

其中，$p$ 是一个非负整数。当 $p=0$ 时，易得 $E[\boldsymbol{x}\boldsymbol{x}^{\mathrm{T}}]=\boldsymbol{\Sigma}$。当 $p=1$ 时，可以得到[①]

$$\begin{aligned}
E\left[\boldsymbol{x}\boldsymbol{x}^{\mathrm{T}}\boldsymbol{x}\boldsymbol{x}^{\mathrm{T}}\right] &= E\left[\left[x_i x_j\left(\sum_{k=1}^N x_k^2\right)\right]_{ij}\right] = \left[\sum_{k=1}^N E\left[x_i x_j x_k^2\right]\right]_{ij} \\
&= \left[\sum_{k=1}^N \left(E\left[x_i x_j\right] E\left[x_k^2\right] + 2E\left[x_i x_k\right] E\left[x_k x_j\right]\right)\right]_{ij} \\
&= \left[E\left[x_i x_j\right]\right]_{ij} \sum_{k=1}^N E\left[x_k^2\right] + 2\left[\sum_{k=1}^N E\left[x_i x_k\right] E\left[x_k x_j\right]\right]_{ij} \\
&= \boldsymbol{\Sigma}\operatorname{tr}(\boldsymbol{\Sigma}) + 2\boldsymbol{\Sigma}^2 \\
&= \boldsymbol{\Sigma}\left(\operatorname{tr}(\boldsymbol{\Sigma})\boldsymbol{I} + 2\boldsymbol{\Sigma}\right)
\end{aligned} \tag{2.131}$$

注意在标量情况下，即 $x \sim \mathcal{N}(0, \sigma^2)$，可以得到一个广为人知的结论：$E\left[x^4\right] = \sigma^2(\sigma^2 + 2\sigma^2) = 3\sigma^4$。当 $p>1$ 时，也可以用类似的方法得到一些有用的结果，但这里我们不展开介绍了。

再来考虑如下情况：

$$\boldsymbol{x} = \begin{bmatrix} \boldsymbol{x}_1 \\ \boldsymbol{x}_2 \end{bmatrix} \sim \mathcal{N}\left(\mathbf{0}, \begin{bmatrix} \boldsymbol{\Sigma}_{11} & \boldsymbol{\Sigma}_{12} \\ \boldsymbol{\Sigma}_{12}^{\mathrm{T}} & \boldsymbol{\Sigma}_{22} \end{bmatrix}\right) \tag{2.132}$$

其中，$\dim(\boldsymbol{x}_1) = N_1$；$\dim(\boldsymbol{x}_2) = N_2$。我们需要计算如下表达式：

$$E\left[\boldsymbol{x}(\boldsymbol{x}_1^{\mathrm{T}}\boldsymbol{x}_1)^p \boldsymbol{x}^{\mathrm{T}}\right] \tag{2.133}$$

其中，$p$ 是非负整数。同样地，当 $p=0$ 时，有 $E\left[\boldsymbol{x}\boldsymbol{x}^{\mathrm{T}}\right]=\boldsymbol{\Sigma}$。当 $p=1$ 时，有

$$\begin{aligned}
E\left[\boldsymbol{x}\boldsymbol{x}_1^{\mathrm{T}}\boldsymbol{x}_1\boldsymbol{x}^{\mathrm{T}}\right] &= E\left[\left[x_i x_j\left(\sum_{k=1}^{N_1} x_k^2\right)\right]_{ij}\right] = \left[\sum_{k=1}^{N_1} E\left[x_i x_j x_k^2\right]\right]_{ij} \\
&= \left[\sum_{k=1}^{N_1} \left(E\left[x_i x_j\right] E\left[x_k^2\right] + 2E\left[x_i x_k\right] E\left[x_k x_j\right]\right)\right]_{ij} \\
&= \left[E\left[x_i x_j\right]\right]_{ij} \sum_{k=1}^{N_1} E\left[x_k^2\right] + 2\left[\sum_{k=1}^{N_1} E\left[x_i x_k\right] E\left[x_k x_j\right]\right]_{ij} \\
&= \boldsymbol{\Sigma}\operatorname{tr}(\boldsymbol{\Sigma}_{11}) + 2\begin{bmatrix} \boldsymbol{\Sigma}_{11}^2 & \boldsymbol{\Sigma}_{11}\boldsymbol{\Sigma}_{12} \\ \boldsymbol{\Sigma}_{12}^{\mathrm{T}}\boldsymbol{\Sigma}_{11} & \boldsymbol{\Sigma}_{12}^{\mathrm{T}}\boldsymbol{\Sigma}_{12} \end{bmatrix} \\
&= \boldsymbol{\Sigma}\left(\operatorname{tr}(\boldsymbol{\Sigma}_{11})\boldsymbol{I} + 2\begin{bmatrix} \boldsymbol{\Sigma}_{11} & \boldsymbol{\Sigma}_{12} \\ \boldsymbol{O} & \boldsymbol{O} \end{bmatrix}\right)
\end{aligned} \tag{2.134}$$

① 符号 $[\cdot]_{ij}$ 是用矩阵的第 $i$ 行、第 $j$ 列的元素表示一个矩阵，这个符号也等价为 $[a_{ij}]$。

同理可得

$$\begin{aligned} E\left[\boldsymbol{x}\boldsymbol{x}_2^{\mathrm{T}}\boldsymbol{x}_2\boldsymbol{x}^{\mathrm{T}}\right] &= \boldsymbol{\Sigma}\,\mathrm{tr}\left(\boldsymbol{\Sigma}_{22}\right) + 2\begin{bmatrix} \boldsymbol{\Sigma}_{12}\boldsymbol{\Sigma}_{12}^{\mathrm{T}} & \boldsymbol{\Sigma}_{12}\boldsymbol{\Sigma}_{22} \\ \boldsymbol{\Sigma}_{22}\boldsymbol{\Sigma}_{12}^{\mathrm{T}} & \boldsymbol{\Sigma}_{22}^2 \end{bmatrix} \\ &= \boldsymbol{\Sigma}\left(\mathrm{tr}\left(\boldsymbol{\Sigma}_{22}\right)\boldsymbol{I} + 2\begin{bmatrix} \boldsymbol{O} & \boldsymbol{O} \\ \boldsymbol{\Sigma}_{12}^{\mathrm{T}} & \boldsymbol{\Sigma}_{22} \end{bmatrix}\right) \end{aligned} \tag{2.135}$$

可作如下验证：

$$E\left[\boldsymbol{x}\boldsymbol{x}^{\mathrm{T}}\boldsymbol{x}\boldsymbol{x}^{\mathrm{T}}\right] = E\left[\boldsymbol{x}\left(\boldsymbol{x}_1^{\mathrm{T}}\boldsymbol{x}_1 + \boldsymbol{x}_2^{\mathrm{T}}\boldsymbol{x}_2\right)\boldsymbol{x}^{\mathrm{T}}\right] = E\left[\boldsymbol{x}\boldsymbol{x}_1^{\mathrm{T}}\boldsymbol{x}_1\boldsymbol{x}^{\mathrm{T}}\right] + E\left[\boldsymbol{x}\boldsymbol{x}_2^{\mathrm{T}}\boldsymbol{x}_2\boldsymbol{x}^{\mathrm{T}}\right] \tag{2.136}$$

进一步有

$$\begin{aligned} E\left[\boldsymbol{x}\boldsymbol{x}^{\mathrm{T}}\boldsymbol{A}\boldsymbol{x}\boldsymbol{x}^{\mathrm{T}}\right] &= E\left[\left[x_i x_j\left(\sum_{k=1}^{N}\sum_{\ell=1}^{N} x_k a_{k\ell} x_\ell\right)\right]_{ij}\right] \\ &= \left[\sum_{k=1}^{N}\sum_{\ell=1}^{N} a_{k\ell} E\left[x_i x_j x_k x_\ell\right]\right]_{ij} \\ &= \left[\sum_{k=1}^{N}\sum_{\ell=1}^{N} a_{k\ell}\left(E\left[x_i x_j\right]E\left[x_k x_\ell\right] + E\left[x_i x_k\right]E\left[x_j x_\ell\right] + E\left[x_i x_\ell\right]E\left[x_j x_k\right]\right)\right]_{ij} \\ &= \left[E\left[x_i x_j\right]\right]_{ij}\left(\sum_{k=1}^{N}\sum_{\ell=1}^{N} a_{k\ell}E\left[x_k x_\ell\right]\right) + \left[\sum_{k=1}^{N}\sum_{\ell=1}^{N} E\left[x_i x_k\right]a_{k\ell}E\left[x_\ell x_j\right]\right]_{ij} + \\ &\quad \left[\sum_{k=1}^{N}\sum_{\ell=1}^{N} E\left[x_i x_\ell\right]a_{k\ell}E\left[x_k x_j\right]\right]_{ij} \\ &= \boldsymbol{\Sigma}\,\mathrm{tr}\left(\boldsymbol{A}\boldsymbol{\Sigma}\right) + \boldsymbol{\Sigma}\boldsymbol{A}\boldsymbol{\Sigma} + \boldsymbol{\Sigma}\boldsymbol{A}^{\mathrm{T}}\boldsymbol{\Sigma} \\ &= \boldsymbol{\Sigma}\left(\mathrm{tr}\left(\boldsymbol{A}\boldsymbol{\Sigma}\right)\boldsymbol{I} + \boldsymbol{A}\boldsymbol{\Sigma} + \boldsymbol{A}^{\mathrm{T}}\boldsymbol{\Sigma}\right) \end{aligned} \tag{2.137}$$

其中，$\boldsymbol{A}$ 为方阵，行数和列数满足矩阵乘法要求。

## 2.3 高斯过程

本书已经讨论了高斯随机变量和它们的概率密度函数，现将满足高斯分布的变量 $\boldsymbol{x} \in \mathbb{R}^N$ 记为

$$\boldsymbol{x} \sim \mathcal{N}\left(\boldsymbol{\mu}, \boldsymbol{\Sigma}\right) \tag{2.138}$$

并大量使用这类随机变量表达离散时间的状态量。接下来我们要着手讨论时间 $t$ 上的连续的状态量。为此，首先需要引入**高斯过程**（Gaussian process，GP）[24]。图 2.7 描述了由高斯过程表示的轨迹，其中每个时刻的均值用一个**均值函数**（mean function）$\boldsymbol{\mu}(t)$ 刻画，两个不同时刻的方差用一个**协方差函数**（covariance function）$\boldsymbol{\Sigma}(t, t')$ 刻画。

我们认为整个轨迹是一类函数集合中的一个随机变量。一个函数越接近均值函数，轨迹就越趋同。协方差函数通过描述两个时刻 $t, t'$ 的随机变量的相关性来刻画轨迹的平滑程度。我们

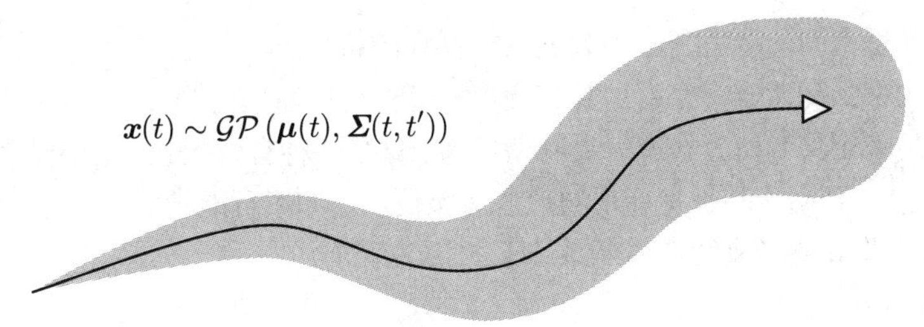


图 2.7　连续时间轨迹可以用高斯过程表示。它的均值函数为黑色的实直线，协方差函数为阴影区域

把这个随机变量函数记为

$$\boldsymbol{x}(t) \sim \mathcal{GP}\left(\boldsymbol{\mu}(t), \boldsymbol{\Sigma}(t,t')\right) \tag{2.139}$$

它表明连续时间轨迹是一个高斯过程。实际上高斯过程不仅限于表达对于时间是一维的情况，但本书目前仅需要考虑这个特例的情况即可。

如果我们只对某个特定时刻 $\tau$ 的情况感兴趣，可以写出如下表达式：

$$\boldsymbol{x}(\tau) \sim \mathcal{N}\left(\boldsymbol{\mu}(\tau), \boldsymbol{\Sigma}(\tau,\tau)\right) \tag{2.140}$$

其中，$\boldsymbol{\Sigma}(\tau,\tau)$ 就是普通的协方差矩阵。此处可以边缘化所有其他时刻，只留下这个特定时刻 $\tau$ 下的 $\boldsymbol{x}(\tau)$，把它看作一般的高斯随机变量。

通常，高斯过程有不同的表现形式。常用的高斯过程是**零均值、白噪声的高斯过程**（zero-mean, white noise process）。对于零均值白噪声 $\boldsymbol{w}(\tau)$，记为

$$\boldsymbol{w}(\tau) \sim \mathcal{GP}\left(\boldsymbol{0}, \boldsymbol{Q}\delta(t-t')\right) \tag{2.141}$$

其中，$\boldsymbol{Q}$ 是**功率谱密度矩阵**（power spectral density matrix）；$\delta(t-t')$ 是**狄拉克 δ 函数**（Dirac delta function）①。由于它的值只取决于时间差 $t-t'$，因此零均值的白噪声过程实际上是一个平稳噪声过程②。

保罗 · 埃德里安 · 莫里斯 · 狄拉克（Paul Adrien Maurice Dirac, 1902—1984），英国理论物理学家，对量子物理和量子电动力学有杰出贡献。

在后文的连续时间状态估计章节中，我们将再次讨论高斯过程，会说明在这种情况下的估计问题被看作是**高斯过程回归**（Gaussian process regression）的一种应用。

## 2.4　总　结

本章的主要知识点如下：

① $n$ 维 δ 函数定义为 $\int_{\mathbb{R}^n} \delta(\boldsymbol{x})\mathrm{d}\boldsymbol{x} = 1$，且 $\delta(\boldsymbol{x}) = \begin{cases} 0, & \boldsymbol{x} \neq \boldsymbol{0} \\ \infty, & \boldsymbol{x} = \boldsymbol{0} \end{cases}$。但是请注意在零点取值为无穷大并不严谨。——译者注

② 所谓平稳过程指的是在若干任意的时刻，它们之间的统计依赖关系仅与这些时刻之间的相对位置有关，而与其绝对位置无关的随机过程。——译者注

(1) 用连续状态空间的概率密度函数表示机器人的状态。

(2) 将问题约束到高斯概率密度函数，使得计算变得更简单。

(3) 会频繁地采用贝叶斯公式进行贝叶斯推断，这是一种有效的状态估计方法：从一组可能的状态（先验信息）开始，基于实际观测值（后验信息）缩小可能性。

下一章，本书将介绍经典线性高斯系统下的状态估计方法。

## 2.5 习 题

1. 假设 $\boldsymbol{u}, \boldsymbol{v}$ 是两个相同维数的列向量，请证明下面这个等式：

$$\boldsymbol{u}^{\mathrm{T}}\boldsymbol{v} = \operatorname{tr}\left(\boldsymbol{v}\boldsymbol{u}^{\mathrm{T}}\right)$$

2. 如果有两个相互独立的随机变量 $\boldsymbol{x}$ 和 $\boldsymbol{y}$，它们的联合分布为 $p(\boldsymbol{x}, \boldsymbol{y})$，请证明该联合概率的香农信息等于各自独立香农信息的和：

$$H(\boldsymbol{x}, \boldsymbol{y}) = H(\boldsymbol{x}) + H(\boldsymbol{y})$$

3. 对于高斯分布的随机变量，$\boldsymbol{x} \sim \mathcal{N}(\boldsymbol{\mu}, \boldsymbol{\Sigma})$，请证明下面这个等式：

$$E\left[\boldsymbol{x}\boldsymbol{x}^{\mathrm{T}}\right] = \boldsymbol{\Sigma} + \boldsymbol{\mu}\boldsymbol{\mu}^{\mathrm{T}}$$

4. 对于高斯分布的随机变量，$\boldsymbol{x} \sim \mathcal{N}(\boldsymbol{\mu}, \boldsymbol{\Sigma})$，请计算 $E[\boldsymbol{x}^{\mathrm{T}}\boldsymbol{x}]$ 和 $E[\boldsymbol{x}\boldsymbol{x}^{\mathrm{T}}]$ 关于 $\boldsymbol{\mu}$，$\boldsymbol{\Sigma}$ 的表达式。

5. 对联合高斯分布

$$p(\boldsymbol{x}, \boldsymbol{y}) = \mathcal{N}\left(\begin{bmatrix}\boldsymbol{\mu}_x \\ \boldsymbol{\mu}_y\end{bmatrix}, \begin{bmatrix}\boldsymbol{\Sigma}_{xx} & \boldsymbol{\Sigma}_{xy} \\ \boldsymbol{\Sigma}_{yx} & \boldsymbol{\Sigma}_{yy}\end{bmatrix}\right)$$

通过边缘化计算 $p(\boldsymbol{x})$ 和 $p(\boldsymbol{y})$。请问在什么情况下，下面的等式会成立：

$$p(\boldsymbol{x}, \boldsymbol{y}) = p(\boldsymbol{x})p(\boldsymbol{y})$$

6. 对于高斯分布的随机变量，$\boldsymbol{x} \sim \mathcal{N}(\boldsymbol{\mu}, \boldsymbol{\Sigma})$，请证明下面这个等式：

$$\boldsymbol{\mu} = E[\boldsymbol{x}] = \int_{-\infty}^{\infty} \boldsymbol{x}p(\boldsymbol{x})\mathrm{d}\boldsymbol{x}$$

7. 对于高斯分布的随机变量，$\boldsymbol{x} \sim \mathcal{N}(\boldsymbol{\mu}, \boldsymbol{\Sigma})$，请证明下面这个等式：

$$\boldsymbol{\Sigma} = E\left[(\boldsymbol{x}-\boldsymbol{\mu})(\boldsymbol{x}-\boldsymbol{\mu})^{\mathrm{T}}\right] = \int_{-\infty}^{\infty} (\boldsymbol{x}-\boldsymbol{\mu})(\boldsymbol{x}-\boldsymbol{\mu})^{\mathrm{T}} p(\boldsymbol{x})\mathrm{d}\boldsymbol{x}$$

8. 对于 $K$ 个相互独立的高斯变量，$\boldsymbol{x}_k \sim \mathcal{N}(\boldsymbol{\mu}_k, \boldsymbol{\Sigma}_k)$，证明它们的归一化积仍然服从高斯分布：

$$\exp\left(-\frac{1}{2}(\boldsymbol{x}-\boldsymbol{\mu})^{\mathrm{T}}\boldsymbol{\Sigma}^{-1}(\boldsymbol{x}-\boldsymbol{\mu})\right) \equiv \eta \prod_{k=1}^{K} \exp\left(-\frac{1}{2}(\boldsymbol{x}_k-\boldsymbol{\mu}_k)^{\mathrm{T}}\boldsymbol{\Sigma}_k^{-1}(\boldsymbol{x}_k-\boldsymbol{\mu}_k)\right)$$

其中

$$\boldsymbol{\Sigma}^{-1} = \sum_{k=1}^{K}\boldsymbol{\Sigma}_k^{-1}, \qquad \boldsymbol{\Sigma}^{-1}\boldsymbol{\mu} = \sum_{k=1}^{K}\boldsymbol{\Sigma}_k^{-1}\boldsymbol{\mu}_k$$

且 $\eta$ 是归一化系数。

9. 假设有 $K$ 个相互独立的随机变量 $\boldsymbol{x}_k$，它们通过加权组成一个新的随机变量：

$$\boldsymbol{x} = \sum_{k=1}^{K} w_k \boldsymbol{x}_k$$

其中，$\sum_{k=1}^{K} w_k = 1$ 且 $w_k \geqslant 0$，它们的期望表示为

$$\boldsymbol{\mu} = \sum_{k=1}^{K} w_k \boldsymbol{\mu}_k$$

其中，$\boldsymbol{\mu}_k$ 是 $\boldsymbol{x}_k$ 的均值。请定义一个计算方差的表达式，注意这些随机变量并没有假设服从高斯分布。

10. 当 $K$ 维随机变量 $\boldsymbol{x}$ 服从标准正态分布，即 $\boldsymbol{x} \sim \mathcal{N}(\boldsymbol{0}, \boldsymbol{I})$，则随机变量

$$y = \boldsymbol{x}^{\mathrm{T}} \boldsymbol{x}$$

服从自由度为 $K$ 的**卡方分布**。请证明该随机变量的均值为 $K$，方差为 $2K$。提示：使用伊塞利定理。

11. 假设有随机变量

$$y = (\boldsymbol{x} - \boldsymbol{\mu})^{\mathrm{T}} \boldsymbol{\Sigma}^{-1} (\boldsymbol{x} - \boldsymbol{\mu})$$

其中，$\boldsymbol{x} \sim \mathcal{N}(\boldsymbol{\mu}, \boldsymbol{\Sigma})$，维数为 $K$。请证明该随机变量的方差为 $2K$。提示：使用伊塞利定理。

12. 假设有两个维数同为 $N$ 的高斯分布，$p_1(\boldsymbol{x}) = \mathcal{N}(\boldsymbol{\mu}_1, \boldsymbol{\Sigma}_1)$ 和 $p_2(\boldsymbol{x}) = \mathcal{N}(\boldsymbol{\mu}_2, \boldsymbol{\Sigma}_2)$，请证明 KL 散度为

$$\mathrm{KL}(p_2 \| p_1) = \frac{1}{2}\left( (\boldsymbol{\mu}_2 - \boldsymbol{\mu}_1)^{\mathrm{T}} \boldsymbol{\Sigma}_1^{-1} (\boldsymbol{\mu}_2 - \boldsymbol{\mu}_1) + \ln\det\left(\boldsymbol{\Sigma}_1 \boldsymbol{\Sigma}_2^{-1}\right) + \mathrm{tr}(\boldsymbol{\Sigma}_1^{-1} \boldsymbol{\Sigma}_2) - N \right)$$

13. 假设 $\boldsymbol{x}_{k-1} \sim \mathcal{N}(\boldsymbol{\mu}_{k-1}, \boldsymbol{\Sigma}_{k-1})$，可以通过运动模型进行状态更新：

$$\boldsymbol{x}_k = \boldsymbol{A}\boldsymbol{x}_{k-1} + \boldsymbol{w}_k$$

其中，$\boldsymbol{w}_k = \mathcal{N}(\boldsymbol{0}, \boldsymbol{Q})$ 为过程噪声且与状态 $\boldsymbol{x}_{k-1}$ 统计独立。请通过均值和协方差的定义证明：

$$\boldsymbol{x}_k \sim \mathcal{N}(\boldsymbol{A}\boldsymbol{\mu}_{k-1}, \boldsymbol{A}\boldsymbol{\Sigma}_{k-1}\boldsymbol{A}^{\mathrm{T}} + \boldsymbol{Q})$$

14. 给定联合高斯分布

$$p(\boldsymbol{x}, \boldsymbol{y}) = \mathcal{N}\left( \begin{bmatrix} \boldsymbol{\mu}_x \\ \boldsymbol{\mu}_y \end{bmatrix}, \begin{bmatrix} \boldsymbol{\Sigma}_{xx} & \boldsymbol{\Sigma}_{xy} \\ \boldsymbol{\Sigma}_{yx} & \boldsymbol{\Sigma}_{yy} \end{bmatrix} \right)$$

证明对于 $\boldsymbol{x}$，可边缘化为

$$p(\boldsymbol{x}) = \mathcal{N}(\boldsymbol{\mu}_x, \boldsymbol{\Sigma}_{xx})$$

15. 给定联合高斯分布

$$p(\boldsymbol{x}, \boldsymbol{y}) = \mathcal{N}(\boldsymbol{\mu}, \boldsymbol{\Sigma}) = \mathcal{N}\left( \begin{bmatrix} \boldsymbol{\mu}_x \\ \boldsymbol{\mu}_y \end{bmatrix}, \begin{bmatrix} \boldsymbol{\Sigma}_{xx} & \boldsymbol{\Sigma}_{xy} \\ \boldsymbol{\Sigma}_{yx} & \boldsymbol{\Sigma}_{yy} \end{bmatrix} \right)$$

$$\boldsymbol{\Sigma}^{-1} = \begin{bmatrix} \boldsymbol{A}_{xx} & \boldsymbol{A}_{xy} \\ \boldsymbol{A}_{yx} & \boldsymbol{A}_{yy} \end{bmatrix}, \quad \boldsymbol{\Sigma}^{-1}\boldsymbol{\mu} = \begin{bmatrix} \boldsymbol{b}_x \\ \boldsymbol{b}_y \end{bmatrix}$$

证明对于 $\boldsymbol{x}$，其信息形式的边缘化为

$$\boldsymbol{\Sigma}_{xx}^{-1} = \boldsymbol{A}_{xx} - \boldsymbol{A}_{xy}\boldsymbol{A}_{yy}^{-1}\boldsymbol{A}_{yx}, \quad \boldsymbol{\Sigma}_{xx}^{-1}\boldsymbol{\mu}_x = \boldsymbol{b}_x - \boldsymbol{A}_{xy}\boldsymbol{A}_{yy}^{-1}\boldsymbol{b}_y$$

16. 推导贝叶斯估计器的一个重要手段是采用“两步法”。在整个流程中，试解答问题。
   (i) 假设有随机变量 $\boldsymbol{x} \in \mathbb{R}^N$, 先验概率密度函数为 $p(\boldsymbol{x}) = \mathcal{N}(\boldsymbol{\mu}, \boldsymbol{\Sigma})$。根据以下观测模型对其进行观测：

   $$\boldsymbol{y} = \boldsymbol{C}\boldsymbol{x} + \boldsymbol{n}$$

   其中，$\boldsymbol{n} \sim \mathcal{N}(\boldsymbol{0}, \boldsymbol{R})$ 为观测噪声且与状态 $\boldsymbol{x}$ 统计独立。请计算 $p(\boldsymbol{y}|\boldsymbol{x})$。

   (ii) 填充 $\boldsymbol{x}$ 和 $\boldsymbol{y}$ 的联合似然概率密度函数：

   $$p(\boldsymbol{x}, \boldsymbol{y}) = p(\boldsymbol{y}|\boldsymbol{x})p(\boldsymbol{x}) = \mathcal{N}\left(\begin{bmatrix} ? \\ ? \end{bmatrix}, \begin{bmatrix} ? & ? \\ ? & ? \end{bmatrix}\right)$$

   (iii) 现在对联合似然概率密度函数进行另一种形式的分解：

   $$p(\boldsymbol{x}, \boldsymbol{y}) = p(\boldsymbol{x}|\boldsymbol{y})p(\boldsymbol{y})$$

   请计算 $p(\boldsymbol{x}|\boldsymbol{y})$ 和 $p(\boldsymbol{y})$。

   (iv) 贝叶斯后验概率密度函数为 $p(\boldsymbol{x}|\boldsymbol{y})$。请判断后验概率密度函数的协方差是小于还是大于 $p(\boldsymbol{x})$，并给出解释。

# 第 3 章　线性高斯系统的状态估计

本章将介绍含有高斯随机变量的线性系统状态估计问题中的一些经典结论，包括重要的卡尔曼滤波[2]。我们从离散时间的**批量**（batch）优化问题开始讨论，该问题将为后续章节中的非线性扩展提供重要的支撑。从批量处理过程中，我们将导出**递归式**（recursive）算法的流程。最后，我们再回到最一般的情况，处理连续时间运动模型，并把连续时间与离散时间的结论统一起来。此外，我们还能看到这些结论与机器学习领域的高斯过程回归有异曲同工之处。除本书以外，其他介绍线性状态估计的经典书籍还有文献 [25–28]。

## 3.1　离散时间的批量估计问题

我们先来介绍此类问题的定义，再说明其解决方法。

### 3.1.1　问题定义

绝大多数时候，我们都在考虑**离散时间线性时变**（discrete-time, linear, time-varying）的系统（如何从连续时间转换到离散时间，见附录 C.3）。本书定义的运动模型和观测模型如下：

$$\text{运动模型：}\boldsymbol{x}_k = \boldsymbol{A}_{k-1}\boldsymbol{x}_{k-1} + \boldsymbol{v}_k + \boldsymbol{w}_k, \quad k = 1, \cdots, K \tag{3.1a}$$

$$\text{观测模型：}\boldsymbol{y}_k = \boldsymbol{C}_k\boldsymbol{x}_k + \boldsymbol{n}_k, \quad k = 0, \cdots, K \tag{3.1b}$$

其中，$k$ 为时间下标，最大值为 $K$。各变量的含义如下：

$$\begin{aligned}
&\text{系统状态：} && \boldsymbol{x}_k \in \mathbb{R}^N \\
&\text{初始状态：} && \boldsymbol{x}_0 \in \mathbb{R}^N \sim \mathcal{N}(\check{\boldsymbol{x}}_0, \check{\boldsymbol{P}}_0) \\
&\text{输入：} && \boldsymbol{v}_k \in \mathbb{R}^N \\
&\text{过程噪声：} && \boldsymbol{w}_k \in \mathbb{R}^N \sim \mathcal{N}(\boldsymbol{0}, \boldsymbol{Q}_k) \\
&\text{观测：} && \boldsymbol{y}_k \in \mathbb{R}^M \\
&\text{观测噪声：} && \boldsymbol{n}_k \in \mathbb{R}^M \sim \mathcal{N}(\boldsymbol{0}, \boldsymbol{R}_k)
\end{aligned}$$

这些变量中，除了 $\boldsymbol{v}_k$ 为确定性变量之外①，其他的变量都是**随机变量**。噪声和初始状态一般假设为互不相关的，并且在各个时刻与自身也互不相关。将矩阵 $\boldsymbol{A}_k \in \mathbb{R}^{N\times N}$ 称为**转移矩阵**（transition matrix），$\boldsymbol{C}_k \in \mathbb{R}^{M\times N}$ 称为**观测矩阵**（observation matrix）。

① 有时候，输入又写作 $\boldsymbol{v}_k = \boldsymbol{B}_k\boldsymbol{u}_k$，其中 $\boldsymbol{u}_k \in \mathbb{R}^U$ 称为**输入**，而 $\boldsymbol{B}_k \in \mathbb{R}^{N\times U}$ 称为**控制矩阵**。我们在需要用到它们的时候再介绍这些术语。

尽管我们想知道整个系统在所有时刻的状态，然而我们实际知道的只有以下几个变量，并且要根据它们的信息来估计状态 $\hat{\boldsymbol{x}}_k$：

(1) 初始状态 $\check{\boldsymbol{x}}_0$，以及相应的初始协方差矩阵 $\check{\boldsymbol{P}}_0$。有时候我们也不知道初始信息，那就必须在没有初始信息的情况下进行推导[①]。

(2) 输入 $\boldsymbol{v}_k$，通常来自控制器，因此是已知的[②]；它的噪声协方差矩阵是 $\boldsymbol{Q}_k$。

(3) 观测 $\boldsymbol{y}_{k,\text{meas}}$ 是观测 $\boldsymbol{y}_k$ 的一次**实现**（realization），它的协方差矩阵为 $\boldsymbol{R}_k$。

根据前文介绍的模型，我们给出**状态估计问题**的定义。

**状态估计问题是指，在 $k$ 个（一个或多个）时间点上，基于初始的状态信息 $\check{\boldsymbol{x}}_0$、一系列观测 $\boldsymbol{y}_{0:K,\text{meas}}$、一系列输入 $\boldsymbol{v}_{1:K}$，以及系统的运动模型和观测模型，来计算系统的真实状态的估计值 $\hat{\boldsymbol{x}}_k$。**

本章的后续章节将介绍一系列求解此类状态估计问题的方法。我们不仅会尝试计算状态的估计值，同时也会量化它的不确定性。

为了求解那些更加复杂的状态估计问题，本章首先来讨论批量的线性高斯（linear Gaussian, LG）系统的状态估计问题，作为整个问题探索的起点。为何要从批量的线性高斯系统出发呢？因为这样的系统允许我们一次性使用所有的数据，来推算所有时刻的状态——这也是“批量”一词的用意所在。但是，批量处理方式无法在实时场合应用，因为我们不可能用未来的信息估计过去时刻的状态。因此，我们还需要用到递归式算法，这将在本章后续部分介绍。

为了显示各种方法之间的联系，这里从两个不同的途径着手解决批量线性高斯系统的估计问题：

(1) **贝叶斯推断**（Bayesian inference）。我们从状态的先验概率密度函数出发，通过初始状态、输入、运动模型和观测，计算状态的后验概率密度函数。

(2) **最大后验**（maximum a posteriori, MAP）估计。我们也可以用优化理论来寻找给定信息下（初始状态、输入、观测）的最大后验估计。

请注意，尽管上述两种方法在本质上是不同的，但我们最终会发现，对线性高斯系统，它们将给出同样的结论。主要原因是，在线性高斯系统中，全贝叶斯后验概率正好是高斯的。所以应用优化方法会找到高斯分布的最大值（也就是它的**模**（mode）)，这也正是高斯的均值。这一点非常关键！因为当我们步入非线性、非高斯领域之后，一个分布的均值和模将不再重合，使得这两种方法将给出不同的答案。我们先来看最大后验估计，它更容易解释。

### 3.1.2 最大后验估计

在批量估计中，最大后验估计的目标是求解这样一个问题：

$$\hat{\boldsymbol{x}} = \arg\max_{\boldsymbol{x}} p(\boldsymbol{x}|\boldsymbol{v}, \boldsymbol{y}) \tag{3.2}$$

---

① 我们用 $(\hat{\cdot})$（上帽子）来表示**后验**估计（包含了观测的），用 $(\check{\cdot})$（下帽子）表示**先验**估计（不含观测的）。

② 在机器人学中，输入有时会被内感受型观测所取代。这种表示混合了两种不确定性的来源：过程噪声和观测噪声。此时我们需要适当地增大 $\boldsymbol{Q}$，使其能正确地反映这两种不确定性。

也就是说，我们希望在给定先验信息和所有时刻的输入 $\boldsymbol{v}$、观测 $\boldsymbol{y}$[①]的情况下，推算出所有时刻的最优状态 $\hat{\boldsymbol{x}}$。为此我们定义几个宏观的变量：

$$\boldsymbol{x}=\boldsymbol{x}_{0:K}=(\boldsymbol{x}_0,\cdots,\boldsymbol{x}_K),\quad \boldsymbol{v}=(\check{\boldsymbol{x}}_0,\boldsymbol{v}_{1:K})=(\check{\boldsymbol{x}}_0,\boldsymbol{v}_1,\cdots,\boldsymbol{v}_K)$$
$$\boldsymbol{y}=\boldsymbol{y}_{0:K}=(\boldsymbol{y}_0,\cdots,\boldsymbol{y}_K)$$

这里省去了变量的下标，表示所有时刻（即时间下标从可能的最小值取到可能的最大值[②]）。请注意，我们已经把初始状态和输入放在了一起，它们给出了先验的信息。然后我们再用观测来改进这些先验信息。

首先，用贝叶斯公式重写最大后验估计：

$$\hat{\boldsymbol{x}}=\arg\max_{\boldsymbol{x}} p(\boldsymbol{x}|\boldsymbol{v},\boldsymbol{y})=\arg\max_{\boldsymbol{x}}\frac{p(\boldsymbol{y}|\boldsymbol{x},\boldsymbol{v})\,p(\boldsymbol{x}|\boldsymbol{v})}{p(\boldsymbol{y}|\boldsymbol{v})}=\arg\max_{\boldsymbol{x}} p(\boldsymbol{y}|\boldsymbol{x})\,p(\boldsymbol{x}|\boldsymbol{v}) \tag{3.3}$$

这里我们把分母略去，因为它和 $\boldsymbol{x}$ 无关。同时省略 $p(\boldsymbol{y}|\boldsymbol{x},\boldsymbol{v})$ 中的 $\boldsymbol{v}$，因为如果 $\boldsymbol{x}$ 已知，它不会影响观测（观测模型与它无关）。

接下来要做出一个重要的假设：对于所有时刻 $k=0,\cdots,K$，所有的噪声项 $\boldsymbol{w}_k$ 和 $\boldsymbol{n}_k$ 之间是无关的。一方面，这使得我们可以用贝叶斯公式对 $p(\boldsymbol{y}|\boldsymbol{x})$ 进行因式分解：

$$p(\boldsymbol{y}|\boldsymbol{x})=\prod_{k=0}^{K} p(\boldsymbol{y}_k|\boldsymbol{x}_k) \tag{3.4}$$

另一方面，贝叶斯公式又允许我们将 $p(\boldsymbol{x}|\boldsymbol{v})$ 分解为

$$p(\boldsymbol{x}|\boldsymbol{v})=p(\boldsymbol{x}_0|\check{\boldsymbol{x}}_0)\prod_{k=1}^{K} p(\boldsymbol{x}_k|\boldsymbol{x}_{k-1},\boldsymbol{v}_k) \tag{3.5}$$

在线性系统中，高斯概率密度函数可展开为

$$p(\boldsymbol{x}_0|\check{\boldsymbol{x}}_0)=\frac{1}{\sqrt{(2\pi)^N\det\check{\boldsymbol{P}}_0}}\exp\left(-\frac{1}{2}(\boldsymbol{x}_0-\check{\boldsymbol{x}}_0)^{\mathrm{T}}\check{\boldsymbol{P}}_0^{-1}(\boldsymbol{x}_0-\check{\boldsymbol{x}}_0)\right) \tag{3.6a}$$

$$p(\boldsymbol{x}_k|\boldsymbol{x}_{k-1},\boldsymbol{v}_k)=\frac{1}{\sqrt{(2\pi)^N\det\boldsymbol{Q}_k}}\exp\left(-\frac{1}{2}(\boldsymbol{x}_k-\boldsymbol{A}_{k-1}\boldsymbol{x}_{k-1}-\boldsymbol{v}_k)^{\mathrm{T}}\boldsymbol{Q}_k^{-1}(\boldsymbol{x}_k-\boldsymbol{A}_{k-1}\boldsymbol{x}_{k-1}-\boldsymbol{v}_k)\right) \tag{3.6b}$$

$$p(\boldsymbol{y}_k|\boldsymbol{x}_k)=\frac{1}{\sqrt{(2\pi)^M\det\boldsymbol{R}_k}}\exp\left(-\frac{1}{2}(\boldsymbol{y}_k-\boldsymbol{C}_k\boldsymbol{x}_k)^{\mathrm{T}}\boldsymbol{R}_k^{-1}(\boldsymbol{y}_k-\boldsymbol{C}_k\boldsymbol{x}_k)\right) \tag{3.6c}$$

请注意必须保证 $\check{\boldsymbol{P}}_0$，$\boldsymbol{Q}_k$ 和 $\boldsymbol{R}_k$ 是可逆的。事实上它们通常被假设为正定的，因而也是可逆的。为了简化优化的过程，对等式两侧分别取对数[③]：

$$\ln\left(p(\boldsymbol{y}|\boldsymbol{x})\,p(\boldsymbol{x}|\boldsymbol{v})\right)=\ln p(\boldsymbol{x}_0|\check{\boldsymbol{x}}_0)+\sum_{k=1}^{K}\ln p(\boldsymbol{x}_k|\boldsymbol{x}_{k-1},\boldsymbol{v}_k)+\sum_{k=0}^{K}\ln p(\boldsymbol{y}_k|\boldsymbol{x}_k) \tag{3.7}$$

---

① 为简洁起见，省略 $\boldsymbol{y}_{\text{meas}}$ 的下标 meas。

② 在讨论整个轨迹上而不是单个时间步长的变量和方程时，有时会用到变量的提升（lifted）形式。提升形式的变量不带下标，所以读者应该能区分提升形式的变量和普通变量。

③ 对数函数是单调递增的，因此不会改变优化问题的解。

其中

$$\ln p\left(\boldsymbol{x}_0|\check{\boldsymbol{x}}_0\right) = -\frac{1}{2}(\boldsymbol{x}_0 - \check{\boldsymbol{x}}_0)^{\mathrm{T}}\check{\boldsymbol{P}}_0^{-1}\left(\boldsymbol{x} - \check{\boldsymbol{x}}_0\right) - \underbrace{\frac{1}{2}\ln\left((2\pi)^N \det\check{\boldsymbol{P}}_0\right)}_{\text{与 } \boldsymbol{x} \text{ 无关}} \tag{3.8a}$$

$$\ln p\left(\boldsymbol{x}_k|\boldsymbol{x}_{k-1}, \boldsymbol{v}_k\right) = -\frac{1}{2}(\boldsymbol{x}_k - \boldsymbol{A}_{k-1}\boldsymbol{x}_{k-1} - \boldsymbol{v}_k)^{\mathrm{T}}\boldsymbol{Q}_k^{-1}\left(\boldsymbol{x}_k - \boldsymbol{A}_{k-1}\boldsymbol{x}_{k-1} - \boldsymbol{v}_k\right) - \underbrace{\frac{1}{2}\ln\left((2\pi)^N \det\boldsymbol{Q}_k\right)}_{\text{与 } \boldsymbol{x} \text{ 无关}} \tag{3.8b}$$

$$\ln p\left(\boldsymbol{y}_k|\boldsymbol{x}_k\right) = -\frac{1}{2}(\boldsymbol{y}_k - \boldsymbol{C}_k\boldsymbol{x}_k)^{\mathrm{T}}\boldsymbol{R}_k^{-1}\left(\boldsymbol{y}_k - \boldsymbol{C}_k\boldsymbol{x}_k\right) - \underbrace{\frac{1}{2}\ln\left((2\pi)^M \det\boldsymbol{R}_k\right)}_{\text{与 } \boldsymbol{x} \text{ 无关}} \tag{3.8c}$$

注意到式（3.8）中出现了一些与 $\boldsymbol{x}$ 无关的项，可以把它们忽略掉。因此，定义下面这些量：

$$J_{v,k}\left(\boldsymbol{x}\right) = \begin{cases} \frac{1}{2}\left(\boldsymbol{x}_0 - \check{\boldsymbol{x}}_0\right)^{\mathrm{T}}\check{\boldsymbol{P}}_0^{-1}\left(\boldsymbol{x}_0 - \check{\boldsymbol{x}}_0\right), & k = 0 \\ \frac{1}{2}\left(\boldsymbol{x}_k - \boldsymbol{A}_{k-1}\boldsymbol{x}_{k-1} - \boldsymbol{v}_k\right)^{\mathrm{T}}\boldsymbol{Q}_k^{-1}\left(\boldsymbol{x}_k - \boldsymbol{A}_{k-1}\boldsymbol{x}_{k-1} - \boldsymbol{v}_k\right), & k = 1, \cdots, K \end{cases} \tag{3.9a}$$

$$J_{y,k}\left(\boldsymbol{x}\right) = \frac{1}{2}(\boldsymbol{y}_k - \boldsymbol{C}_k\boldsymbol{x}_k)^{\mathrm{T}}\boldsymbol{R}_k^{-1}\left(\boldsymbol{y}_k - \boldsymbol{C}_k\boldsymbol{x}_k\right), \quad k = 0, \cdots, K \tag{3.9b}$$

这些都是平方**马氏距离**。然后我们就可以定义整体的**目标函数**（objective function）$J(\boldsymbol{x})$。通过最小化这个目标函数，来求解**自变量** $\boldsymbol{x}$ 的值：

$$J(\boldsymbol{x}) = \sum_{k=0}^{K}(J_{v,k}(\boldsymbol{x}) + J_{y,k}(\boldsymbol{x})) \tag{3.10}$$

当然，我们可以选择直接使用像上面这种展开写的原始形式的 $J(\boldsymbol{x})$。不过，只要有需要，也可以向这个表达式中加入其他可能影响最优估计的项，比方说约束项、惩罚项等。从优化的角度来看，我们寻求下面这个优化问题的最优解：

$$\hat{\boldsymbol{x}} = \arg\min_{\boldsymbol{x}} J(\boldsymbol{x}) \tag{3.11}$$

这个问题的解与式（3.2）的解是一样的，都是系统状态的最优估计 $\hat{\boldsymbol{x}}$。换句话说，为了寻找最优状态估计，我们可以根据已有的数据计算最大似然估计。这个问题是一个**无约束的优化问题**（unconstrained optimization problem），对于状态变量 $\boldsymbol{x}$ 本身并没有任何约束。

鉴于式（3.9）中所有的项都是 $\boldsymbol{x}$ 的二次形式，因此还能进一步简化问题。我们把所有数据排成一列，化为**提升形式**。那么可以把所有时刻的状态组成一个向量 $\boldsymbol{x}$，并把所有时刻已知的

数据组成一个向量 $\boldsymbol{z}$：

$$
\boldsymbol{z}=\left[\begin{array}{c}\check{\boldsymbol{x}}_0\\ \boldsymbol{v}_1\\ \vdots\\ \boldsymbol{v}_K\\ \hline \boldsymbol{y}_0\\ \boldsymbol{y}_1\\ \vdots\\ \boldsymbol{y}_K\end{array}\right],\quad \boldsymbol{x}=\left[\begin{array}{c}\boldsymbol{x}_0\\ \vdots\\ \boldsymbol{x}_K\end{array}\right] \tag{3.12}
$$

然后，定义以下的分块矩阵：

$$
\boldsymbol{H}=\left[\begin{array}{ccccc}\boldsymbol{I} & & & & \\ -\boldsymbol{A}_0 & \boldsymbol{I} & & & \\ & \ddots & \ddots & & \\ & & & -\boldsymbol{A}_{K-1} & \boldsymbol{I}\\ \hline \boldsymbol{C}_0 & & & & \\ & \boldsymbol{C}_1 & & & \\ & & \ddots & & \\ & & & & \boldsymbol{C}_K\end{array}\right] \tag{3.13a}
$$

$$
\boldsymbol{W}=\left[\begin{array}{cccc|cccc}\check{\boldsymbol{P}}_0 & & & & & & & \\ & \boldsymbol{Q}_1 & & & & & & \\ & & \ddots & & & & & \\ & & & \boldsymbol{Q}_K & & & & \\ \hline & & & & \boldsymbol{R}_0 & & & \\ & & & & & \boldsymbol{R}_1 & & \\ & & & & & & \ddots & \\ & & & & & & & \boldsymbol{R}_K\end{array}\right] \tag{3.13b}
$$

该式只显示了非零块，分割线用以区分矩阵的不同部分，例如先验信息、输入 $\boldsymbol{v}$、观测 $\boldsymbol{y}$ 及提升形式的 $\boldsymbol{z}$。根据上面这些定义，我们把目标函数写为

$$
J(\boldsymbol{x})=\frac{1}{2}(\boldsymbol{z}-\boldsymbol{H}\boldsymbol{x})^{\mathrm{T}}\boldsymbol{W}^{-1}(\boldsymbol{z}-\boldsymbol{H}\boldsymbol{x}) \tag{3.14}
$$

这正是 $\boldsymbol{x}$ 的二次形式。同时有

$$
p(\boldsymbol{z}|\boldsymbol{x})=\eta\exp\left(-\frac{1}{2}(\boldsymbol{z}-\boldsymbol{H}\boldsymbol{x})^{\mathrm{T}}\boldsymbol{W}^{-1}(\boldsymbol{z}-\boldsymbol{H}\boldsymbol{x})\right) \tag{3.15}
$$

其中，$\eta$ 是归一化系数。

因为 $J(\boldsymbol{x})$ 刚好是个抛物面（paraboloid），所以能解析地找到它的最小值。这只需令目标函数相对于自变量的偏导数为零即可：

$$\left.\frac{\partial J(\boldsymbol{x})}{\partial \boldsymbol{x}^{\mathrm{T}}}\right|_{\hat{\boldsymbol{x}}}=-\boldsymbol{H}^{\mathrm{T}}\boldsymbol{W}^{-1}(\boldsymbol{z}-\boldsymbol{H}\hat{\boldsymbol{x}})=\mathbf{0} \tag{3.16a}$$

$$\Rightarrow\left(\boldsymbol{H}^{\mathrm{T}}\boldsymbol{W}^{-1}\boldsymbol{H}\right)\hat{\boldsymbol{x}}=\boldsymbol{H}^{\mathrm{T}}\boldsymbol{W}^{-1}\boldsymbol{z} \tag{3.16b}$$

式（3.16）的解 $\hat{\boldsymbol{x}}$ 是经典的**批量最小二乘法**（batch least-squares）的解，同时也等价于传统估计理论中的**固定区间平滑**（fixed-interval smoother）算法[①]。批量最小二乘法的求解利用了矩阵求**伪逆**（pseudoinverse）[②]的方法。从计算角度来说，我们并不会真的去计算 $\boldsymbol{H}^{\mathrm{T}}\boldsymbol{W}^{-1}\boldsymbol{H}$ 的逆（即使它是个稠密矩阵）。后文会提到，这个 $\boldsymbol{H}^{\mathrm{T}}\boldsymbol{W}^{-1}\boldsymbol{H}$ 会有一种特殊的分块对角结构，因此可以利用稀疏方程的求解算法来更高效地求解[③]。

批量线性高斯系统的一种直观的解释，是把它看成一个弹簧-重物系统，如图 3.1 所示。最小二乘法中的每一项代表了每个弹簧的能量，它和重物的位置有关。而最小二乘的最优解，就是使整个系统处于最低能量的状态。

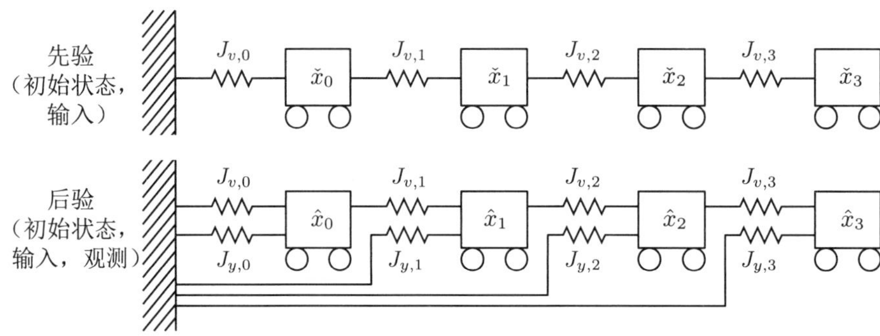


图 3.1 批量线性高斯问题就像是一个弹簧-重物系统。目标函数中每一项表示一个弹簧中存储的能量，它们随着重物的位置而改变。最优解则对应于这个系统的最低能量状态

### 3.1.3 贝叶斯推断

我们已经介绍了批量线性高斯系统的优化问题求解，现在来看一看如何计算全贝叶斯后验概率密度函数 $p(\boldsymbol{x}|\boldsymbol{v},\boldsymbol{y})$，而不是简单地最大化它。我们需要从先验的概率密度函数出发，然后再用观测的数据来更新它。

在这个情况下，可以用初始状态和输入来建立状态的先验估计：$p(\boldsymbol{x}|\boldsymbol{v})$。用运动模型来建立先验：

$$\boldsymbol{x}_k=\boldsymbol{A}_{k-1}\boldsymbol{x}_{k-1}+\boldsymbol{v}_k+\boldsymbol{w}_k \tag{3.17}$$

应用**提升形式**[④]，可以写为

$$\boldsymbol{x}=\boldsymbol{A}(\boldsymbol{v}+\boldsymbol{w}) \tag{3.18}$$

① 固定区间平滑算法通常用递归形式来描述，后文我们要讨论它。

② 即**摩尔-彭罗斯伪逆**（Moore-Penrose pseudoinverse）。

③ 仅对上述的问题有效，并非对所有线性高斯系统有效。

④ “提升形式”是说我们在整个轨迹层面考虑问题。

其中，$\boldsymbol{w}$ 也是初始状态和过程噪声的提升形式，同时，

$$\boldsymbol{A}=\begin{bmatrix}\boldsymbol{I} & & & & & \\ \boldsymbol{A}_0 & \boldsymbol{I} & & & & \\ \boldsymbol{A}_1\boldsymbol{A}_0 & \boldsymbol{A}_1 & \boldsymbol{I} & & & \\ \vdots & \vdots & \vdots & \ddots & & \\ \boldsymbol{A}_{K-2}\cdots\boldsymbol{A}_0 & \boldsymbol{A}_{K-2}\cdots\boldsymbol{A}_1 & \boldsymbol{A}_{K-2}\cdots\boldsymbol{A}_2 & \cdots & \boldsymbol{I} & \\ \boldsymbol{A}_{K-1}\cdots\boldsymbol{A}_0 & \boldsymbol{A}_{K-1}\cdots\boldsymbol{A}_1 & \boldsymbol{A}_{K-1}\cdots\boldsymbol{A}_2 & \cdots & \boldsymbol{A}_{K-1} & \boldsymbol{I}\end{bmatrix} \tag{3.19}$$

是转移矩阵的提升形式，可见它是下三角矩阵。于是，提升之后的均值为

$$\check{\boldsymbol{x}}=E[\boldsymbol{x}]=E[\boldsymbol{A}(\boldsymbol{v}+\boldsymbol{w})]=\boldsymbol{A}\boldsymbol{v} \tag{3.20}$$

提升的协方差为

$$\check{\boldsymbol{P}}=E\left[(\boldsymbol{x}-E[\boldsymbol{x}])\,(\boldsymbol{x}-E[\boldsymbol{x}])^{\mathrm{T}}\right]=\boldsymbol{A}\boldsymbol{Q}\boldsymbol{A}^{\mathrm{T}} \tag{3.21}$$

其中，$\boldsymbol{Q}=E[\boldsymbol{w}\boldsymbol{w}^{\mathrm{T}}]=\operatorname{diag}(\check{\boldsymbol{P}}_0,\boldsymbol{Q}_1,\cdots,\boldsymbol{Q}_K)$。那么，先验概率密度函数就可以简洁地写为

$$p\,(\boldsymbol{x}|\boldsymbol{v})=\mathcal{N}\left(\check{\boldsymbol{x}},\check{\boldsymbol{P}}\right)=\mathcal{N}\left(\boldsymbol{A}\boldsymbol{v},\boldsymbol{A}\boldsymbol{Q}\boldsymbol{A}^{\mathrm{T}}\right) \tag{3.22}$$

再来看观测。观测模型为

$$\boldsymbol{y}_k=\boldsymbol{C}_k\boldsymbol{x}_k+\boldsymbol{n}_k \tag{3.23}$$

写成提升形式为

$$\boldsymbol{y}=\boldsymbol{C}\boldsymbol{x}+\boldsymbol{n} \tag{3.24}$$

其中，$\boldsymbol{n}$ 是提升之后的观测噪声，且

$$\boldsymbol{C}=\operatorname{diag}(\boldsymbol{C}_0,\boldsymbol{C}_1,\cdots,\boldsymbol{C}_K) \tag{3.25}$$

是提升后的观测矩阵。于是，提升之后的状态、观测联合概率密度函数可写为

$$p\,(\boldsymbol{x},\boldsymbol{y}|\boldsymbol{v})=\mathcal{N}\left(\begin{bmatrix}\check{\boldsymbol{x}}\\ \boldsymbol{C}\check{\boldsymbol{x}}\end{bmatrix},\begin{bmatrix}\check{\boldsymbol{P}} & \check{\boldsymbol{P}}\boldsymbol{C}^{\mathrm{T}}\\ \boldsymbol{C}\check{\boldsymbol{P}} & \boldsymbol{C}\check{\boldsymbol{P}}\boldsymbol{C}^{\mathrm{T}}+\boldsymbol{R}\end{bmatrix}\right) \tag{3.26}$$

其中，$\boldsymbol{R}=E[\boldsymbol{n}\boldsymbol{n}^{\mathrm{T}}]=\operatorname{diag}(\boldsymbol{R}_0,\boldsymbol{R}_1,\cdots,\boldsymbol{R}_K)$。对这个式子因式分解，可得

$$p(\boldsymbol{x},\boldsymbol{y}|\boldsymbol{v})=p(\boldsymbol{x}|\boldsymbol{v},\boldsymbol{y})p(\boldsymbol{y}|\boldsymbol{v}) \tag{3.27}$$

我们只关心第一个因子，它表示全贝叶斯后验概率密度函数。这一项可以用 2.2.2 节的方法重新写为

$$\begin{aligned}p\,(\boldsymbol{x}|\boldsymbol{v},\boldsymbol{y})=\mathcal{N}\Big(&\check{\boldsymbol{x}}+\check{\boldsymbol{P}}\boldsymbol{C}^{\mathrm{T}}\big(\boldsymbol{C}\check{\boldsymbol{P}}\boldsymbol{C}^{\mathrm{T}}+\boldsymbol{R}\big)^{-1}(\boldsymbol{y}-\boldsymbol{C}\check{\boldsymbol{x}}),\\ &\check{\boldsymbol{P}}-\check{\boldsymbol{P}}\boldsymbol{C}^{\mathrm{T}}\big(\boldsymbol{C}\check{\boldsymbol{P}}\boldsymbol{C}^{\mathrm{T}}+\boldsymbol{R}\big)^{-1}\boldsymbol{C}\check{\boldsymbol{P}}\Big)\end{aligned} \tag{3.28}$$

利用式（2.124）中的 SMW 等式[①]，可将上式转换为

$$p(\boldsymbol{x}|\boldsymbol{v},\boldsymbol{y}) = \mathcal{N}\Bigg(\underbrace{\left(\check{\boldsymbol{P}}^{-1}+\boldsymbol{C}^{\mathrm{T}}\boldsymbol{R}^{-1}\boldsymbol{C}\right)^{-1}\left(\check{\boldsymbol{P}}^{-1}\check{\boldsymbol{x}}+\boldsymbol{C}^{\mathrm{T}}\boldsymbol{R}^{-1}\boldsymbol{y}\right)}_{\text{即均值 } \hat{\boldsymbol{x}}}, \underbrace{\left(\check{\boldsymbol{P}}^{-1}+\boldsymbol{C}^{\mathrm{T}}\boldsymbol{R}^{-1}\boldsymbol{C}\right)^{-1}}_{\text{即后验协方差 } \hat{\boldsymbol{P}}}\Bigg) \tag{3.29}$$

事实上，基于这个等式就能实现一个批量估计器，因为它代表了全贝叶斯后验概率，但这种做法不高效。

为显示此方法与之前讲的优化方法的联系，我们来整理均值项，让它成为 $\hat{\boldsymbol{x}}$ 的线性函数：

$$\underbrace{\left(\check{\boldsymbol{P}}^{-1}+\boldsymbol{C}^{\mathrm{T}}\boldsymbol{R}^{-1}\boldsymbol{C}\right)}_{\hat{\boldsymbol{P}}^{-1}}\hat{\boldsymbol{x}} = \check{\boldsymbol{P}}^{-1}\check{\boldsymbol{x}}+\boldsymbol{C}^{\mathrm{T}}\boldsymbol{R}^{-1}\boldsymbol{y} \tag{3.30}$$

可见，左侧出现了先验的协方差矩阵的逆。代入 $\check{\boldsymbol{x}} = \boldsymbol{A}\boldsymbol{v}$ 和 $\check{\boldsymbol{P}}^{-1} = (\boldsymbol{A}\boldsymbol{Q}\boldsymbol{A}^{\mathrm{T}})^{-1} = \boldsymbol{A}^{-\mathrm{T}}\boldsymbol{Q}^{-1}\boldsymbol{A}^{-1}$，可以将它重写为

$$\underbrace{\left(\boldsymbol{A}^{-\mathrm{T}}\boldsymbol{Q}^{-1}\boldsymbol{A}^{-1}+\boldsymbol{C}^{\mathrm{T}}\boldsymbol{R}^{-1}\boldsymbol{C}\right)}_{\hat{\boldsymbol{P}}^{-1}}\hat{\boldsymbol{x}} = \boldsymbol{A}^{-\mathrm{T}}\boldsymbol{Q}^{-1}\boldsymbol{v}+\boldsymbol{C}^{\mathrm{T}}\boldsymbol{R}^{-1}\boldsymbol{y} \tag{3.31}$$

这里需要计算 $\boldsymbol{A}^{-1}$，不过它正好有个很漂亮的形式[②]：

$$\boldsymbol{A}^{-1} = \begin{bmatrix} \boldsymbol{I} & & & & & \\ -\boldsymbol{A}_0 & \boldsymbol{I} & & & & \\ & -\boldsymbol{A}_1 & \boldsymbol{I} & & & \\ & & -\boldsymbol{A}_2 & \ddots & & \\ & & & \ddots & \boldsymbol{I} & \\ & & & & -\boldsymbol{A}_{K-1} & \boldsymbol{I} \end{bmatrix} \tag{3.32}$$

它仍是个下三角矩阵，但形式非常稀疏（仅有主对角线和下方的一块非零）。如果定义：

$$\boldsymbol{z} = \begin{bmatrix} \boldsymbol{v} \\ \boldsymbol{y} \end{bmatrix}, \quad \boldsymbol{H} = \begin{bmatrix} \boldsymbol{A}^{-1} \\ \boldsymbol{C} \end{bmatrix}, \quad \boldsymbol{W} = \begin{bmatrix} \boldsymbol{Q} & \\ & \boldsymbol{R} \end{bmatrix} \tag{3.33}$$

就可以把系统写为

$$\left(\boldsymbol{H}^{\mathrm{T}}\boldsymbol{W}^{-1}\boldsymbol{H}\right)\hat{\boldsymbol{x}} = \boldsymbol{H}^{\mathrm{T}}\boldsymbol{W}^{-1}\boldsymbol{z} \tag{3.34}$$

这和之前讨论的最优化方法的解完全一致。

---

① 确切地说，均值部分使用式（2.124c），方差部分使用式（2.124a）。——译者注

② 事实上，$\boldsymbol{A}^{-1}$ 这种特殊的稀疏结构对经典线性高斯系统的结论非常关键，我们后文也会讨论。这使得式（3.31）左侧正好是一个块三对角矩阵，也就意味着我们能以 $O(K)$ 的复杂度计算 $\hat{\boldsymbol{x}}$，而不用像求逆矩阵那样使用复杂度为 $O(K^3)$ 的算法。正是这件事情导出了常用的卡尔曼滤波/平滑算法，而稀疏结构则是由系统遵循的马尔可夫性质导致的。

我们重申一遍，在线性高斯系统中，贝叶斯推断给出了与优化方法一致的解，本质上是因为线性高斯系统的全贝叶斯后验概率密度函数仍是高斯的，而高斯函数的均值和模是一样的。请读者仔细体会这一点。

### 3.1.4 存在性、唯一性与能观性

线性高斯系统的许多结论可以看成是式（3.34）的特例。因此，一个重要的问题是，什么时候式（3.34）有唯一解？这是本节要解决的问题。

审视式（3.34），由基本的线性代数知识可知，当且仅当 $\boldsymbol{H}^{\mathrm{T}}\boldsymbol{W}^{-1}\boldsymbol{H}$ 可逆时，$\hat{\boldsymbol{x}}$ 存在且唯一。那么

$$\hat{\boldsymbol{x}} = \left(\boldsymbol{H}^{\mathrm{T}}\boldsymbol{W}^{-1}\boldsymbol{H}\right)^{-1}\boldsymbol{H}^{\mathrm{T}}\boldsymbol{W}^{-1}\boldsymbol{z} \tag{3.35}$$

于是，问题变为，何时 $\boldsymbol{H}^{\mathrm{T}}\boldsymbol{W}^{-1}\boldsymbol{H}$ 可逆？再由线性代数知识可知，因为 $\dim \boldsymbol{x} = N(K+1)$，所以可逆的充要条件是：

$$\operatorname{rank}(\boldsymbol{H}^{\mathrm{T}}\boldsymbol{W}^{-1}\boldsymbol{H}) = N(K+1) \tag{3.36}$$

又因为 $\boldsymbol{W}^{-1}$ 是实对称且正定的①，所以我们仅需要检测：

$$\operatorname{rank}(\boldsymbol{H}^{\mathrm{T}}\boldsymbol{H}) = \operatorname{rank}(\boldsymbol{H}^{\mathrm{T}}) = N(K+1) \tag{3.37}$$

即要求 $\boldsymbol{H}^{\mathrm{T}}$ 有 $N(K+1)$ 个线性无关的行/列向量。

接下来，情况分为两种，需要分类讨论：

(1) 对初始状态有先验信息，$\check{\boldsymbol{x}}_0$。

(2) 对初始状态没有先验信息。

我们将发现第一种情况要简单得多。

#### 情况 1：有先验信息

将 $\boldsymbol{H}^{\mathrm{T}}$ 展开，我们需要检测矩阵的秩，即

$$\begin{aligned}&\operatorname{rank}\boldsymbol{H}^{\mathrm{T}}\\ =&\operatorname{rank}\left[\begin{array}{ccccc|ccccc}\boldsymbol{I} & -\boldsymbol{A}_0^{\mathrm{T}} & & & & \boldsymbol{C}_0^{\mathrm{T}} & & & & \\ & \boldsymbol{I} & -\boldsymbol{A}_1^{\mathrm{T}} & & & & \boldsymbol{C}_1^{\mathrm{T}} & & & \\ & & \boldsymbol{I} & \ddots & & & & \boldsymbol{C}_2^{\mathrm{T}} & & \\ & & & \ddots & -\boldsymbol{A}_{K-1}^{\mathrm{T}} & & & & \ddots & \\ & & & & \boldsymbol{I} & & & & & \boldsymbol{C}_K^{\mathrm{T}}\end{array}\right]\end{aligned} \tag{3.38}$$

这是一个阶梯形矩阵。显然它的每一行都是线性无关的，这意味着该矩阵是满秩的。所以，我们能够得到一个唯一解 $\hat{\boldsymbol{x}}$，只须：

$$\check{\boldsymbol{P}}_0 > 0, \quad \boldsymbol{Q}_k > 0 \tag{3.39}$$

其中，矩阵大于零意味着该矩阵是正定的（因此也是可逆的）。直观上说，因为先验已经给出了系统的一个解，所以我们只是通过观测来修正它。请注意这只是充分但不是必要的条件。

① 正如 $\boldsymbol{Q}$ 和 $\boldsymbol{R}$ 是实对称且正定的一样。

情况 2：没有先验信息

$\boldsymbol{H}^{\mathrm{T}}$ 中每一列中的块都表示了有关系统的一部分信息，而第一列的块表达了我们对初始状态信息的了解程度。因此，去掉第一列之后，矩阵的秩变为

$$
\begin{aligned}
&\operatorname{rank} \boldsymbol{H}^{\mathrm{T}}\\
&=\operatorname{rank}\left[\begin{array}{cccc|cccc}
-\boldsymbol{A}_0^{\mathrm{T}} & & & & \boldsymbol{C}_0^{\mathrm{T}} & & & \\
\hline
\boldsymbol{I} & -\boldsymbol{A}_1^{\mathrm{T}} & & & & \boldsymbol{C}_1^{\mathrm{T}} & & \\
& \boldsymbol{I} & \ddots & & & & \boldsymbol{C}_2^{\mathrm{T}} & \\
& & \ddots & -\boldsymbol{A}_{K-1}^{\mathrm{T}} & & & & \ddots \\
& & & \boldsymbol{I} & & & & \boldsymbol{C}_K^{\mathrm{T}}
\end{array}\right]
\end{aligned} \tag{3.40}
$$

这个矩阵有 $K+1$ 个行（每块阶数为 $N$）。将最上一行移到最下面（这不会改变矩阵的秩），得

$$
\begin{aligned}
&\operatorname{rank} \boldsymbol{H}^{\mathrm{T}}\\
&=\operatorname{rank}\left[\begin{array}{cccc|cccc}
\boldsymbol{I} & -\boldsymbol{A}_1^{\mathrm{T}} & & & \boldsymbol{C}_1^{\mathrm{T}} & & & \\
& \boldsymbol{I} & \ddots & & & \boldsymbol{C}_2^{\mathrm{T}} & & \\
& & \ddots & -\boldsymbol{A}_{K-1}^{\mathrm{T}} & & & \ddots & \\
& & & \boldsymbol{I} & & & & \boldsymbol{C}_K^{\mathrm{T}} \\
\hline
-\boldsymbol{A}_0^{\mathrm{T}} & & & & \boldsymbol{C}_0^{\mathrm{T}} & & &
\end{array}\right]
\end{aligned} \tag{3.41}
$$

那么，除去最后一行，这个矩阵仍是阶梯形矩阵。同理，在不影响秩的前提下，我们可以用 $\boldsymbol{A}_0^{\mathrm{T}}$ 乘第一行，然后加到最后一行上；再用 $\boldsymbol{A}_0^{\mathrm{T}}\boldsymbol{A}_1^{\mathrm{T}}$ 乘第二行，加到最后一行上……最后用 $\boldsymbol{A}_0^{\mathrm{T}}\boldsymbol{A}_1^{\mathrm{T}}\cdots\boldsymbol{A}_{K-1}^{\mathrm{T}}$ 乘第 $K$ 行，加到最后一行，得到

$$
\begin{aligned}
&\operatorname{rank} \boldsymbol{H}^{\mathrm{T}}\\
&=\operatorname{rank}\left[\begin{array}{cccc|ccccc}
\boldsymbol{I} & -\boldsymbol{A}_1^{\mathrm{T}} & & & \boldsymbol{C}_1^{\mathrm{T}} & & & & \\
& \boldsymbol{I} & \ddots & & & \boldsymbol{C}_2^{\mathrm{T}} & & & \\
& & \ddots & -\boldsymbol{A}_{K-1}^{\mathrm{T}} & & & \ddots & & \\
& & & \boldsymbol{I} & & & & & \boldsymbol{C}_K^{\mathrm{T}} \\
\hline
& & & & \boldsymbol{C}_0^{\mathrm{T}} & \boldsymbol{A}_0^{\mathrm{T}}\boldsymbol{C}_1^{\mathrm{T}} & \boldsymbol{A}_0^{\mathrm{T}}\boldsymbol{A}_1^{\mathrm{T}}\boldsymbol{C}_2^{\mathrm{T}} & \cdots & \boldsymbol{A}_0^{\mathrm{T}}\cdots\boldsymbol{A}_{K-1}^{\mathrm{T}}\boldsymbol{C}_K^{\mathrm{T}}
\end{array}\right]
\end{aligned} \tag{3.42}
$$

检查最终的表达式，可见左下角块为零，同时，左上角块是阶梯形矩阵，所以是满秩的（每一行有一个领头的非零块）。于是，对 $\boldsymbol{H}^{\mathrm{T}}$ 的秩判定，归结于右下角部分的秩是否为 $N$：

$$
\operatorname{rank}\left[\begin{array}{ccccc}\boldsymbol{C}_0^{\mathrm{T}} & \boldsymbol{A}_0^{\mathrm{T}}\boldsymbol{C}_1^{\mathrm{T}} & \boldsymbol{A}_0^{\mathrm{T}}\boldsymbol{A}_1^{\mathrm{T}}\boldsymbol{C}_2^{\mathrm{T}} & \cdots & \boldsymbol{A}_0^{\mathrm{T}}\cdots\boldsymbol{A}_{K-1}^{\mathrm{T}}\boldsymbol{C}_K^{\mathrm{T}}\end{array}\right]=N \tag{3.43}
$$

如果进一步假设系统是时不变的，那么对所有的 $k$，有 $\boldsymbol{A}_k=\boldsymbol{A}$，$\boldsymbol{C}_k=\boldsymbol{C}$，并且做一个不那么严格的假设：$K \gg N$，之后我们还能进一步简化这个条件。

为了做这件事，我们需要引入线性代数中的**凯莱-哈密顿定理**（Cayley-Hamilton theorem）。因为 $\boldsymbol{A}$ 是 $N\times N$ 的，它的特征方程最多有 $N$ 项，所以 $\boldsymbol{A}$ 的大于等于 $N$ 次以上的高阶项必能

写成 $\boldsymbol{I}, \boldsymbol{A}, \cdots, \boldsymbol{A}^{N-1}$ 的一种线性组合。展开来说，对于 $\forall k \geqslant N$，能够找到一组不全为零的系数 $a_0, a_1, \cdots, a_{N-1}$，使得

$$\left(\boldsymbol{A}^{\mathrm{T}}\right)^{k-1}\boldsymbol{C}^{\mathrm{T}} = a_0\boldsymbol{I}^{\mathrm{T}}\boldsymbol{C}^{\mathrm{T}} + a_1\boldsymbol{A}^{\mathrm{T}}\boldsymbol{C}^{\mathrm{T}} + a_2\boldsymbol{A}^{\mathrm{T}}\boldsymbol{A}^{\mathrm{T}}\boldsymbol{C}^{\mathrm{T}} + \cdots + a_{N-1}\left(\boldsymbol{A}^{\mathrm{T}}\right)^{N-1}\boldsymbol{C}^{\mathrm{T}} \tag{3.44}$$

凯莱–哈密顿定理：任意实方阵 $\boldsymbol{A}$ 满足它自己的特征方程 $\det(\lambda\boldsymbol{I} - \boldsymbol{A}) = 0$。

又因为矩阵的行秩和列秩是一样的，故

$$\begin{aligned}&\operatorname{rank}\begin{bmatrix}\boldsymbol{C}^{\mathrm{T}} & \boldsymbol{A}^{\mathrm{T}}\boldsymbol{C}^{\mathrm{T}} & \boldsymbol{A}^{\mathrm{T}}\boldsymbol{A}^{\mathrm{T}}\boldsymbol{C}^{\mathrm{T}} & \cdots & \left(\boldsymbol{A}^{\mathrm{T}}\right)^{K}\boldsymbol{C}^{\mathrm{T}}\end{bmatrix}\\ =&\operatorname{rank}\begin{bmatrix}\boldsymbol{C}^{\mathrm{T}} & \boldsymbol{A}^{\mathrm{T}}\boldsymbol{C}^{\mathrm{T}} & \cdots & \left(\boldsymbol{A}^{\mathrm{T}}\right)^{N-1}\boldsymbol{C}^{\mathrm{T}}\end{bmatrix}\end{aligned} \tag{3.45}$$

定义**能观性矩阵**（observability matrix）$\boldsymbol{\mathcal{O}}$ 为

$$\boldsymbol{\mathcal{O}} = \begin{bmatrix}\boldsymbol{C}\\ \boldsymbol{C}\boldsymbol{A}\\ \vdots\\ \boldsymbol{C}\boldsymbol{A}^{N-1}\end{bmatrix} \tag{3.46}$$

那么秩条件就简化为

$$\operatorname{rank}\boldsymbol{\mathcal{O}} = N \tag{3.47}$$

熟悉控制理论的读者应该能认出，这正是能观性的判别条件[1]。在此我们指明了系统能观性和 $\boldsymbol{H}^{\mathrm{T}}\boldsymbol{W}^{-1}\boldsymbol{H}$ 可逆性之间的联系。总而言之，式（3.34）的解存在且唯一的条件是：

$$\boldsymbol{Q}_k > 0, \quad \boldsymbol{R}_k > 0, \quad \operatorname{rank}\boldsymbol{\mathcal{O}} = N \tag{3.48}$$

其中，矩阵大于零意味着该矩阵是正定的（因此也是可逆的）。这些条件仍是充分条件而非必要条件。

如果在有限时间内，通过收集的观测数据可以唯一确定系统的初始状态，那么这个系统就是能观的（observable）。

### 解释

我们仍然回到弹簧–重物模型，来理解能观性方面的问题。图 3.2 展示了一些例子。当我们有初始状态和输入时（最上面的图例），系统总是能观的，因为你无法在不改变（至少一个）弹簧长度的条件下，移动任意一个（或多个）重物。也就是说，这样一个系统有一个唯一的最小能量状态。对于中间的例子，结论也是一样的，即使我们不知道初始状态。最下面的例子则是不能观的，因为我们可以把所有重物任意左移或右移，同时不改变弹簧储存的能量（即不改变弹簧长度）。这样一个系统的最小能量就是不唯一的。

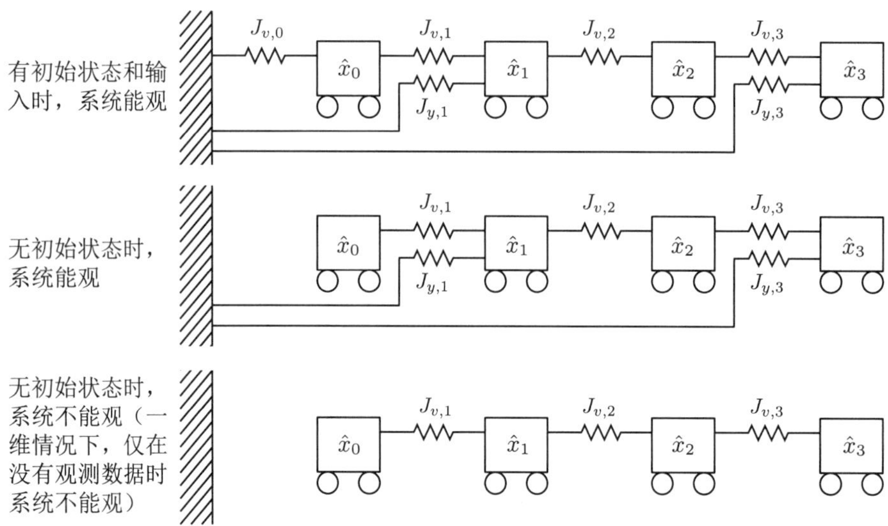


图 3.2 在一维情况下，弹簧-重物系统是能观的，相当于说，不可能在不改变至少一个弹簧长度的条件下，移动一个或多个重物。第一个例子有初始状态和输入，因而总是能观的。第二个例子也是能观的，因为移动任意一个或多个重物，就会改变弹簧长度。而第三个例子是不能观的，因为我们可以把整个系统任意左右移动而不改变弹簧的长度。这种情况发生在没有初始状态也没有观测的情形

### 3.1.5 最大后验估计的协方差

回到式（3.35），$\hat{\boldsymbol{x}}$ 表示了状态真值 $\boldsymbol{x}$ 最可能的估计。那么另一个重要的问题是，$\hat{\boldsymbol{x}}$ 的置信度有多大？也就是说，我们可以用高斯形式对最小二乘解作出解释：

$$\underbrace{\left(\boldsymbol{H}^{\mathrm{T}}\boldsymbol{W}^{-1}\boldsymbol{H}\right)}_{\text{协方差的逆}}\underbrace{\hat{\boldsymbol{x}}}_{\text{均值}} = \underbrace{\boldsymbol{H}^{\mathrm{T}}\boldsymbol{W}^{-1}\boldsymbol{z}}_{\text{信息向量}} \tag{3.49}$$

等式右侧称为**信息向量**（information vector）。为了说明它的含义，用贝叶斯公式重写式（3.15）：

$$p\left(\boldsymbol{x}|\boldsymbol{z}\right) = \beta\exp\left(-\frac{1}{2}(\boldsymbol{H}\boldsymbol{x}-\boldsymbol{z})^{\mathrm{T}}\boldsymbol{W}^{-1}\left(\boldsymbol{H}\boldsymbol{x}-\boldsymbol{z}\right)\right) \tag{3.50}$$

其中，$\beta$ 是归一化系数。然后把式（3.35）代入并做一些简化，易得

$$p\left(\boldsymbol{x}|\hat{\boldsymbol{x}}\right) = \kappa\exp\left(-\frac{1}{2}(\boldsymbol{x}-\hat{\boldsymbol{x}})^{\mathrm{T}}\left(\boldsymbol{H}^{\mathrm{T}}\boldsymbol{W}^{-1}\boldsymbol{H}\right)\left(\boldsymbol{x}-\hat{\boldsymbol{x}}\right)\right) \tag{3.51}$$

其中，$\kappa$ 也是归一化系数。从该式可以看出，$\mathcal{N}(\hat{\boldsymbol{x}},\hat{\boldsymbol{P}})$ 是最小二乘法对 $\boldsymbol{x}$ 的高斯估计，其中均值即最优解，而协方差矩阵 $\hat{\boldsymbol{P}} = (\boldsymbol{H}^{\mathrm{T}}\boldsymbol{W}^{-1}\boldsymbol{H})^{-1}$。

另一种处理方式是直接对最优解取期望。注意到

$$\boldsymbol{x} - \underbrace{\left(\boldsymbol{H}^{\mathrm{T}}\boldsymbol{W}^{-1}\boldsymbol{H}\right)^{-1}\boldsymbol{H}^{\mathrm{T}}\boldsymbol{W}^{-1}\boldsymbol{z}}_{E[\boldsymbol{x}]} = \left(\boldsymbol{H}^{\mathrm{T}}\boldsymbol{W}^{-1}\boldsymbol{H}\right)^{-1}\boldsymbol{H}^{\mathrm{T}}\boldsymbol{W}^{-1}\underbrace{\left(\boldsymbol{H}\boldsymbol{x}-\boldsymbol{z}\right)}_{\boldsymbol{s}} \tag{3.52}$$

其中

$$s = \begin{bmatrix} w \\ n \end{bmatrix} \tag{3.53}$$

那么就有

$$\begin{aligned} \hat{P} &= E\left[\left(x - E[x]\right)\left(x - E[x]\right)^{\mathrm{T}}\right] \\ &= \left(H^{\mathrm{T}}W^{-1}H\right)^{-1}H^{\mathrm{T}}W^{-1}\underbrace{E\left[ss^{\mathrm{T}}\right]}_{W}W^{-1}H\left(H^{\mathrm{T}}W^{-1}H\right)^{-1} \\ &= \left(H^{\mathrm{T}}W^{-1}H\right)^{-1} \end{aligned} \tag{3.54}$$

仍能得到上述的结论。

在下一章的非线性估计中，我们将看到最大后验估计目标函数的海塞矩阵仍可以作为逆协方差矩阵的近似矩阵。在线性情况下，逆协方差矩阵等于在 2.1.10 节和 2.2.14 节讨论克拉默-拉奥下界时的信息矩阵。

## 3.2　离散时间的递归平滑算法

批量优化方法给出了一个简洁漂亮的结论。它容易构建，也容易从最小二乘法的角度来理解。然而，大多数时候暴力求解线性方程是非常低效的。事实上，等式左侧的逆协方差矩阵有稀疏结构（分块对角），我们可以利用这个性质加速方程的求解：一次前向递归和一次后向递归。这样的做法被称为典型的**固定区间平滑算法**。所谓平滑算法，最好是把它想象成批量优化的一种精确的实现而不是近似。本节接下来的内容要介绍这一算法具体是如何实现的。我们首先要谈稀疏楚列斯基方法，然后讲代数上等价的劳赫-滕-斯特里贝尔（Rauch-Tung-Striebel, RTS）平滑算法[29]。塞尔克（Särkkä）的文献[7] 对平滑和滤波提供了精彩的介绍，供读者参考。

### 3.2.1　利用批量优化结论中的稀疏结构

如上文所述，当变量 $x$ 按时间顺序排列时，式（3.34）左侧的 $H^{\mathrm{T}}W^{-1}H$ 是一个块三对角矩阵：

$$H^{\mathrm{T}}W^{-1}H = \begin{bmatrix} * & * & & & & \\ * & * & * & & & \\ & * & * & * & & \\ & & \ddots & \ddots & \ddots & \\ & & & * & * & * \\ & & & & * & * \end{bmatrix} \tag{3.55}$$

其中，$*$ 表示非零块。有一些求解器可以高效地在这种结构的线性方程中解出 $\hat{x}$。

其中一种方式是采用**稀疏楚列斯基分解**（sparse Cholesky decomposition, 见附录 A.1.11），需要一次前向和后向递归。根据楚列斯基分解，我们可以高效地将 $H^{\mathrm{T}}W^{-1}H$ 分解为

$$H^{\mathrm{T}}W^{-1}H = LL^{\mathrm{T}} \tag{3.56}$$

其中，$\boldsymbol{L}$ 称为楚列斯基因子，是下三角矩阵①。由于 $\boldsymbol{H}^{\mathrm{T}}\boldsymbol{W}^{-1}\boldsymbol{H}$ 是块三对角矩阵，则 $\boldsymbol{L}$ 具有以下形式：

$$\boldsymbol{L} = \begin{bmatrix} * & & & & & \\ * & * & & & & \\ & * & * & & & \\ & & \ddots & \ddots & & \\ & & & * & * & \\ & & & & * & * \end{bmatrix} \tag{3.57}$$

这个分解的复杂度是 $O(N^3(K+1))$。然后，求解

$$\boldsymbol{L}\boldsymbol{d} = \boldsymbol{H}^{\mathrm{T}}\boldsymbol{W}^{-1}\boldsymbol{z} \tag{3.58}$$

得到 $\boldsymbol{d}$。这也是一个复杂度为 $O(N^3(K+1))$ 的操作，因为可以从上往下求解 $\boldsymbol{d}$ 的每一项，再把结果代入下一行中。这个操作称为前向递归（forward pass）。然后，求解

$$\boldsymbol{L}^{\mathrm{T}}\hat{\boldsymbol{x}} = \boldsymbol{d} \tag{3.59}$$

得到 $\hat{\boldsymbol{x}}$。同理，由于 $\boldsymbol{L}^{\mathrm{T}}$ 的特殊结构，可以从最后一行开始逐步求解 $\hat{\boldsymbol{x}}$ 的每一行元素，再代入上一行元素即可。这个操作称为后向递归（backward pass）。综上所述，批量优化方程的求解时间与状态变量的维数呈线性关系。下一节我们来看每步操作的细节。

### 3.2.2 楚列斯基平滑算法

在本节中，我们来详细推导稀疏楚列斯基求解批量优化的过程，最终会进行一系列前向-后向的递归操作，我们称之为**楚列斯基平滑**（Cholesky smoother）算法。文献中也存在其他类似的均方根信息平滑（square-root information smoother）算法，例如文献 [30] 等。

让我们从定义 $\boldsymbol{L}$ 的非零块开始。$\boldsymbol{L}$ 是这样的：

$$\boldsymbol{L} = \begin{bmatrix} \boldsymbol{L}_0 & & & & & \\ \boldsymbol{L}_{10} & \boldsymbol{L}_1 & & & & \\ & \boldsymbol{L}_{21} & \boldsymbol{L}_2 & & & \\ & & \ddots & \ddots & & \\ & & & \boldsymbol{L}_{K-1,K-2} & \boldsymbol{L}_{K-1} & \\ & & & & \boldsymbol{L}_{K,K-1} & \boldsymbol{L}_K \end{bmatrix} \tag{3.60}$$

利用式（3.13）对 $\boldsymbol{H}$ 和 $\boldsymbol{W}$ 的定义，只要展开 $\boldsymbol{H}^{\mathrm{T}}\boldsymbol{W}^{-1}\boldsymbol{H} = \boldsymbol{L}\boldsymbol{L}^{\mathrm{T}}$，并比较每块的元素，可得

$$\boldsymbol{L}_0\boldsymbol{L}_0^{\mathrm{T}} = \underbrace{\check{\boldsymbol{P}}_0^{-1} + \boldsymbol{C}_0^{\mathrm{T}}\boldsymbol{R}_0^{-1}\boldsymbol{C}_0}_{\boldsymbol{\mathcal{I}}_0} + \boldsymbol{A}_0^{\mathrm{T}}\boldsymbol{Q}_1^{-1}\boldsymbol{A}_0 \tag{3.61a}$$

① 我们也可以将其分解为 $\boldsymbol{H}^{\mathrm{T}}\boldsymbol{W}^{-1}\boldsymbol{H} = \boldsymbol{U}\boldsymbol{U}^{\mathrm{T}}$，其中 $\boldsymbol{U}$ 为上三角矩阵，后续的处理则变成先后向再前向。

$$\boldsymbol{L}_{10}\boldsymbol{L}_0^{\mathrm{T}} = -\boldsymbol{Q}_1^{-1}\boldsymbol{A}_0 \tag{3.61b}$$

$$\boldsymbol{L}_1\boldsymbol{L}_1^{\mathrm{T}} = \underbrace{-\boldsymbol{L}_{10}\boldsymbol{L}_{10}^{\mathrm{T}} + \boldsymbol{Q}_1^{-1} + \boldsymbol{C}_1^{\mathrm{T}}\boldsymbol{R}_1^{-1}\boldsymbol{C}_1}_{\boldsymbol{\mathcal{I}}_1} + \boldsymbol{A}_1^{\mathrm{T}}\boldsymbol{Q}_2^{-1}\boldsymbol{A}_1 \tag{3.61c}$$

$$\boldsymbol{L}_{21}\boldsymbol{L}_1^{\mathrm{T}} = -\boldsymbol{Q}_2^{-1}\boldsymbol{A}_1 \tag{3.61d}$$

$$\cdots\cdots$$

$$\boldsymbol{L}_{K-1}\boldsymbol{L}_{K-1}^{\mathrm{T}} = \underbrace{-\boldsymbol{L}_{K-1,K-2}\boldsymbol{L}_{K-1,K-2}^{\mathrm{T}} + \boldsymbol{Q}_{K-1}^{-1} + \boldsymbol{C}_{K-1}^{\mathrm{T}}\boldsymbol{R}_{K-1}^{-1}\boldsymbol{C}_{K-1}}_{\boldsymbol{\mathcal{I}}_{K-1}} + \boldsymbol{A}_{K-1}^{\mathrm{T}}\boldsymbol{Q}_K^{-1}\boldsymbol{A}_{K-1} \tag{3.61e}$$

$$\boldsymbol{L}_{K,K-1}\boldsymbol{L}_{K-1}^{\mathrm{T}} = -\boldsymbol{Q}_K^{-1}\boldsymbol{A}_{K-1} \tag{3.61f}$$

$$\boldsymbol{L}_K\boldsymbol{L}_K^{\mathrm{T}} = \underbrace{-\boldsymbol{L}_{K,K-1}\boldsymbol{L}_{K,K-1}^{\mathrm{T}} + \boldsymbol{Q}_K^{-1} + \boldsymbol{C}_K^{\mathrm{T}}\boldsymbol{R}_K^{-1}\boldsymbol{C}_K}_{\boldsymbol{\mathcal{I}}_K} \tag{3.61g}$$

式中我们标出了一些中间量 $\boldsymbol{\mathcal{I}}_k$，后面会说明定义它的目的[①]。从这些式子中可以看出，我们可以先解 $\boldsymbol{L}_0$，这需要在第一式中对小块稠密矩阵进行楚列斯基分解。然后，把结果代入第二式中，得到 $\boldsymbol{L}_{10}$。然后再代入第三个式子，求解 $\boldsymbol{L}_1$，一直到解得 $\boldsymbol{L}_K$。所以，我们可以从上往下（前向地），在 $O(N^3(K+1))$ 的时间内解出整个 $\boldsymbol{L}$。

接下来，从 $\boldsymbol{L}\boldsymbol{d} = \boldsymbol{H}^{\mathrm{T}}\boldsymbol{W}^{-1}\boldsymbol{z}$ 解得 $\boldsymbol{d}$。把 $\boldsymbol{d}$ 写为

$$\boldsymbol{d} = \begin{bmatrix} \boldsymbol{d}_0 \\ \boldsymbol{d}_1 \\ \vdots \\ \boldsymbol{d}_k \end{bmatrix} \tag{3.62}$$

展开矩阵乘法并比较每个块，得

$$\boldsymbol{L}_0\boldsymbol{d}_0 = \underbrace{\check{\boldsymbol{P}}_0^{-1}\check{\boldsymbol{x}}_0 + \boldsymbol{C}_0^{\mathrm{T}}\boldsymbol{R}_0^{-1}\boldsymbol{y}_0}_{\boldsymbol{q}_0} - \boldsymbol{A}_0^{\mathrm{T}}\boldsymbol{Q}_1^{-1}\boldsymbol{v}_1 \tag{3.63a}$$

$$\boldsymbol{L}_1\boldsymbol{d}_1 = \underbrace{-\boldsymbol{L}_{10}\boldsymbol{d}_0 + \boldsymbol{Q}_1^{-1}\boldsymbol{v}_1 + \boldsymbol{C}_1^{\mathrm{T}}\boldsymbol{R}_1^{-1}\boldsymbol{y}_1}_{\boldsymbol{q}_1} - \boldsymbol{A}_1^{\mathrm{T}}\boldsymbol{Q}_2^{-1}\boldsymbol{v}_2 \tag{3.63b}$$

$$\cdots\cdots$$

$$\boldsymbol{L}_{K-1}\boldsymbol{d}_{K-1} = \underbrace{-\boldsymbol{L}_{K-1,K-2}\boldsymbol{d}_{K-2} + \boldsymbol{Q}_{K-1}^{-1}\boldsymbol{v}_{K-1} + \boldsymbol{C}_{K-1}^{\mathrm{T}}\boldsymbol{R}_{K-1}^{-1}\boldsymbol{y}_{K-1}}_{\boldsymbol{q}_{K-1}} - \boldsymbol{A}_{K-1}^{\mathrm{T}}\boldsymbol{Q}_K^{-1}\boldsymbol{v}_K \tag{3.63c}$$

$$\boldsymbol{L}_K\boldsymbol{d}_K = \underbrace{-\boldsymbol{L}_{K,K-1}\boldsymbol{d}_{K-1} + \boldsymbol{Q}_K^{-1}\boldsymbol{v}_K + \boldsymbol{C}_K^{\mathrm{T}}\boldsymbol{R}_K^{-1}\boldsymbol{y}_K}_{\boldsymbol{q}_K} \tag{3.63d}$$

同样，我们标出了 $\boldsymbol{q}_k$ 的定义，后文会用到。可以从第一式中解出 $\boldsymbol{d}_0$，然后代入第二式中解出 $\boldsymbol{d}_1$，依次代入，直到解得 $\boldsymbol{d}_K$。于是我们能在一次前向递归过程中，在 $O(N^3(K+1))$ 时间内解出所有的 $\boldsymbol{d}$。

---

① 本书使用 $\boldsymbol{I}$ 表示单位矩阵（identity matrix），而 $\boldsymbol{\mathcal{I}}$ 用于表示**信息矩阵**（即协方差矩阵的逆），请读者不要混淆。

楚列斯基方法的最后一步是通过 $\boldsymbol{L}^{\mathrm{T}}\hat{\boldsymbol{x}} = \boldsymbol{d}$ 解出 $\hat{\boldsymbol{x}}$。设

$$\hat{\boldsymbol{x}} = \begin{bmatrix} \hat{\boldsymbol{x}}_0 \\ \hat{\boldsymbol{x}}_1 \\ \vdots \\ \hat{\boldsymbol{x}}_K \end{bmatrix} \tag{3.64}$$

展开矩阵块运算，有

$$\boldsymbol{L}_K^{\mathrm{T}}\hat{\boldsymbol{x}}_K = \boldsymbol{d}_K \tag{3.65a}$$

$$\boldsymbol{L}_{K-1}^{\mathrm{T}}\hat{\boldsymbol{x}}_{K-1} = -\boldsymbol{L}_{K,K-1}^{\mathrm{T}}\hat{\boldsymbol{x}}_K + \boldsymbol{d}_{K-1} \tag{3.65b}$$

$$\cdots\cdots$$

$$\boldsymbol{L}_1^{\mathrm{T}}\hat{\boldsymbol{x}}_1 = -\boldsymbol{L}_{21}^{\mathrm{T}}\hat{\boldsymbol{x}}_2 + \boldsymbol{d}_1 \tag{3.65c}$$

$$\boldsymbol{L}_0^{\mathrm{T}}\hat{\boldsymbol{x}}_0 = -\boldsymbol{L}_{10}^{\mathrm{T}}\hat{\boldsymbol{x}}_1 + \boldsymbol{d}_0 \tag{3.65d}$$

该方程组中，从第一式可解得 $\hat{\boldsymbol{x}}_K$，然后代入第二式解得 $\hat{\boldsymbol{x}}_{K-1}$，依次代入，直到解得 $\hat{\boldsymbol{x}}_0$。这同样允许我们在一次后向递归中以 $O(N^3(K+1))$ 时间解出所有的变量。

对于中间量 $\boldsymbol{\mathcal{I}}_k$ 和 $\boldsymbol{q}_k$，我们能够综合前向与后向两步（即解 $\boldsymbol{L}$ 和 $\boldsymbol{d}$ 的过程），将它们写为

前向：$k = 1, \cdots, K$

$$\boldsymbol{L}_{k-1}\boldsymbol{L}_{k-1}^{\mathrm{T}} = \boldsymbol{\mathcal{I}}_{k-1} + \boldsymbol{A}_{k-1}^{\mathrm{T}}\boldsymbol{Q}_k^{-1}\boldsymbol{A}_{k-1} \tag{3.66a}$$

$$\boldsymbol{L}_{k-1}\boldsymbol{d}_{k-1} = \boldsymbol{q}_{k-1} - \boldsymbol{A}_{k-1}^{\mathrm{T}}\boldsymbol{Q}_k^{-1}\boldsymbol{v}_k \tag{3.66b}$$

$$\boldsymbol{L}_{k,k-1}\boldsymbol{L}_{k-1}^{\mathrm{T}} = -\boldsymbol{Q}_k^{-1}\boldsymbol{A}_{k-1} \tag{3.66c}$$

$$\boldsymbol{\mathcal{I}}_k = -\boldsymbol{L}_{k,k-1}\boldsymbol{L}_{k,k-1}^{\mathrm{T}} + \boldsymbol{Q}_k^{-1} + \boldsymbol{C}_k^{\mathrm{T}}\boldsymbol{R}_k^{-1}\boldsymbol{C}_k \tag{3.66d}$$

$$\boldsymbol{q}_k = -\boldsymbol{L}_{k,k-1}\boldsymbol{d}_{k-1} + \boldsymbol{Q}_k^{-1}\boldsymbol{v}_k + \boldsymbol{C}_k^{\mathrm{T}}\boldsymbol{R}_k^{-1}\boldsymbol{y}_k \tag{3.66e}$$

后向：$k = K, \cdots, 1$

$$\boldsymbol{L}_{k-1}^{\mathrm{T}}\hat{\boldsymbol{x}}_{k-1} = -\boldsymbol{L}_{k,k-1}^{\mathrm{T}}\hat{\boldsymbol{x}}_k + \boldsymbol{d}_{k-1} \tag{3.66f}$$

这些量的初始值为

$$\boldsymbol{\mathcal{I}}_0 = \check{\boldsymbol{P}}_0^{-1} + \boldsymbol{C}_0^{\mathrm{T}}\boldsymbol{R}_0^{-1}\boldsymbol{C}_0 \tag{3.67a}$$

$$\boldsymbol{q}_0 = \check{\boldsymbol{P}}_0^{-1}\check{\boldsymbol{x}}_0 + \boldsymbol{C}_0^{\mathrm{T}}\boldsymbol{R}_0^{-1}\boldsymbol{y}_0 \tag{3.67b}$$

$$\hat{\boldsymbol{x}}_K = \boldsymbol{\mathcal{I}}_K^{-1}\boldsymbol{q}_K \tag{3.67c}$$

前向递归将 $\{\boldsymbol{q}_{k-1}, \boldsymbol{\mathcal{I}}_{k-1}\}$ 映射到了下个时刻同样的量 $\{\boldsymbol{q}_k, \boldsymbol{\mathcal{I}}_k\}$。而后向递归将 $\hat{\boldsymbol{x}}_k$ 映射到了前一个时刻的 $\hat{\boldsymbol{x}}_{k-1}$。在这个过程中我们求解了所有的 $\boldsymbol{L}$ 和 $\boldsymbol{d}$，用到的只有基础的线性代数运算，包括楚列斯基分解、矩阵乘法、加法，以及通过前向/后向代入法求解线性方程。

在 3.2.4 节我们将会看到，这 6 个递归的方程在代数上等价于经典的 **RTS 平滑算法**；而 5 个前向递归，则等价于著名的**卡尔曼滤波**。

### 3.2.3 楚列斯基平滑算法的后验协方差

在前面一节中，我们没有显式地求解每个时间步长的估计后验边缘协方差。在这一节中，我们会展示如何避免暴力求解整个协方差矩阵的逆，而是采用高效的手段，只抓取矩阵当中有用的几个矩阵块。

我们已经定义了后验协方差逆矩阵的分解，这是一个块三对角矩阵：

$$\hat{\boldsymbol{P}}^{-1} = \boldsymbol{L}\boldsymbol{L}^{\mathrm{T}} \tag{3.68}$$

其中，$\boldsymbol{L}$ 的非零子块为

$$\boldsymbol{L} = \begin{bmatrix} \boldsymbol{L}_0 & & & & & \\ \boldsymbol{L}_{10} & \boldsymbol{L}_1 & & & & \\ & \boldsymbol{L}_{21} & \boldsymbol{L}_2 & & & \\ & & \ddots & \ddots & & \\ & & & \boldsymbol{L}_{K-1,K-2} & \boldsymbol{L}_{K-1} & \\ & & & & \boldsymbol{L}_{K,K-1} & \boldsymbol{L}_K \end{bmatrix} \tag{3.69}$$

因此协方差为

$$\hat{\boldsymbol{P}} = \boldsymbol{L}^{-\mathrm{T}}\boldsymbol{L}^{-1} \tag{3.70}$$

其中

$$\boldsymbol{L}^{-1} = \begin{bmatrix} \boldsymbol{L}_0^{-1} & & & & & \\ -\boldsymbol{L}_1^{-1}\boldsymbol{L}_{10}\boldsymbol{L}_0^{-1} & & & & & \\ \ddots & \ddots & & & & \\ \ddots & \ddots & \boldsymbol{L}_{K-2}^{-1} & & & \\ \ddots & \ddots & -\boldsymbol{L}_{K-1}^{-1}\boldsymbol{L}_{K-1,K-2}\boldsymbol{L}_{K-2}^{-1} & \boldsymbol{L}_{K-1}^{-1} & \\ \ddots & \ddots & \boldsymbol{L}_K^{-1}\boldsymbol{L}_{K,K-1}\boldsymbol{L}_{K-1}^{-1}\boldsymbol{L}_{K-1,K-2}\boldsymbol{L}_{K-2}^{-1} & -\boldsymbol{L}_K^{-1}\boldsymbol{L}_{K,K-1}\boldsymbol{L}_{K-1}^{-1} & \boldsymbol{L}_K^{-1} \end{bmatrix} \tag{3.71}$$

很遗憾，现在 $\boldsymbol{L}^{-1}$ 的下三角是稠密的，因此 $\hat{\boldsymbol{P}}$ 也是稠密的。

幸运的是，我们仍然可以在 $O(K)$ 时间内使用反向递归来求解主对角线上的块（以及主对角线邻近的一些块）。接下来，我们将展示如何求解主对角线及主对角线邻近的一块，这在式（3.209b）的协方差插值中会用到。

$\hat{\boldsymbol{P}}$ 的块为

$$\hat{\boldsymbol{P}} = \begin{bmatrix} \hat{\boldsymbol{P}}_0 & \hat{\boldsymbol{P}}_{10}^{\mathrm{T}} & \ddots & \ddots & \ddots & \ddots \\ \hat{\boldsymbol{P}}_{10} & \hat{\boldsymbol{P}}_1 & \hat{\boldsymbol{P}}_{21}^{\mathrm{T}} & \ddots & \ddots & \ddots \\ \ddots & \hat{\boldsymbol{P}}_{21} & \ddots & \ddots & \ddots & \ddots \\ \ddots & \ddots & \ddots & \hat{\boldsymbol{P}}_{K-2} & \hat{\boldsymbol{P}}_{K-1,K-2}^{\mathrm{T}} & \ddots \\ \ddots & \ddots & \ddots & \hat{\boldsymbol{P}}_{K-1,K-2} & \hat{\boldsymbol{P}}_{K-1} & \hat{\boldsymbol{P}}_{K,K-1}^{\mathrm{T}} \\ \ddots & \ddots & \ddots & \ddots & \hat{\boldsymbol{P}}_{K,K-1} & \hat{\boldsymbol{P}}_K \end{bmatrix} \tag{3.72}$$

注意到该矩阵通常是稠密的，我们只展示需要用到的部分。将 $\boldsymbol{L}^{-\mathrm{T}}\boldsymbol{L}^{-1}$ 乘开，与 $\hat{\boldsymbol{P}}$ 进行对比，即可以建立反向递归的关系：

$$\hat{\boldsymbol{P}}_{k-1} = \boldsymbol{L}_{k-1}^{-\mathrm{T}}\left(\boldsymbol{I} + \boldsymbol{L}_{k,k-1}^{\mathrm{T}}\hat{\boldsymbol{P}}_k\boldsymbol{L}_{k,k-1}\right)\boldsymbol{L}_{k-1}^{-1} \tag{3.73a}$$

$$\hat{\boldsymbol{P}}_{k,k-1} = -\hat{\boldsymbol{P}}_k\boldsymbol{L}_{k,k-1}\boldsymbol{L}_{k-1}^{-1} \tag{3.73b}$$

起始条件为

$$\hat{\boldsymbol{P}}_K = \boldsymbol{L}_K^{-\mathrm{T}}\boldsymbol{L}_K^{-1} \tag{3.74}$$

在楚列斯基平滑算法中，我们已经计算了 $\boldsymbol{L}$ 的所有块，此时可以将上述计算加入反向递归的过程中来计算后验协方差。这并不会增加算法复杂度，仍然是 $O(K)$，只是会增加一些计算量。

### 3.2.4 RTS 平滑算法

尽管楚列斯基平滑算法是一种很方便的实现方法，从批量优化导出楚列斯基平滑算法的过程也很通俗易懂，但它仍然不是平滑算法的标准形式。事实上它在代数上等价于经典的 **RTS 平滑算法**。我们接下来将说明此事实，这需要用到 SMW 等式（2.124）的一些变体。

赫伯特 · E. 劳赫（Herbert E. Rauch, 1935—2011）是控制与估计问题的先驱。弗兰克 · F. 滕（Frank F. Tung, 1933—2006）是计算与控制科学的研究者。夏洛特 · T. 斯特里贝尔（Charlotte T. Striebel, 1929—2014）是统计学家，也是数学教授。他们在洛克希德导弹及宇航公司（Lockheed Missiles and Space Company）研究飞船轨迹估计的过程中共同提出了 RTS 平滑算法。

我们从前向递归开始。求解式（3.66c）中的 $\boldsymbol{L}_{k,k-1}$，并将该结果和式（3.66a）一起代入式（3.66d）中，得

$$\boldsymbol{\mathcal{I}}_k = \underbrace{\boldsymbol{Q}_k^{-1} - \boldsymbol{Q}_k^{-1}\boldsymbol{A}_{k-1}\left(\boldsymbol{\mathcal{I}}_{k-1} + \boldsymbol{A}_{k-1}^{\mathrm{T}}\boldsymbol{Q}_k^{-1}\boldsymbol{A}_{k-1}\right)^{-1}\boldsymbol{A}_{k-1}^{\mathrm{T}}\boldsymbol{Q}_k^{-1}}_{\text{由式（2.124）：}\left(\boldsymbol{A}_{k-1}\boldsymbol{\mathcal{I}}_{k-1}^{-1}\boldsymbol{A}_{k-1}^{\mathrm{T}}+\boldsymbol{Q}_k\right)^{-1}} + \boldsymbol{C}_k^{\mathrm{T}}\boldsymbol{R}_k^{-1}\boldsymbol{C}_k \tag{3.75}$$

再由 SMW 等式可得到下括号中的结论。令 $\hat{\boldsymbol{P}}_{k,f} = \boldsymbol{\mathcal{I}}_k^{-1}$，那么上式可以写成两步：

$$\check{\boldsymbol{P}}_{k,f} = \boldsymbol{A}_{k-1}\hat{\boldsymbol{P}}_{k-1,f}\boldsymbol{A}_{k-1}^{\mathrm{T}} + \boldsymbol{Q}_k \tag{3.76a}$$

$$\hat{\boldsymbol{P}}_{k,f}^{-1} = \check{\boldsymbol{P}}_{k,f}^{-1} + \boldsymbol{C}_k^{\mathrm{T}}\boldsymbol{R}_k^{-1}\boldsymbol{C}_k \tag{3.76b}$$

其中，$\check{\boldsymbol{P}}_{k,f}$ 表示“预测的”协方差；而 $\hat{\boldsymbol{P}}_{k,f}$ 表示“修正的”协方差。这里我们增加了一个下标 $(\cdot)_f$，表示该式来自前向递归，即滤波器。第二个方程是以信息矩阵（information matrix，即协方差的逆）来写的。为了把它写成经典形式，定义**卡尔曼增益矩阵**（Kalman gain matrix）$\boldsymbol{K}_k$：

$$\boldsymbol{K}_k = \hat{\boldsymbol{P}}_{k,f}\boldsymbol{C}_k^{\mathrm{T}}\boldsymbol{R}_k^{-1} \tag{3.77}$$

代入式（3.76b），就可以重写为

$$\boldsymbol{K}_k = \left(\check{\boldsymbol{P}}_{k,f}^{-1} + \boldsymbol{C}_k^{\mathrm{T}}\boldsymbol{R}_k^{-1}\boldsymbol{C}_k\right)^{-1}\boldsymbol{C}_k^{\mathrm{T}}\boldsymbol{R}_k^{-1} = \check{\boldsymbol{P}}_{k,f}\boldsymbol{C}_k^{\mathrm{T}}\left(\boldsymbol{C}_k\check{\boldsymbol{P}}_{k,f}\boldsymbol{C}_k^{\mathrm{T}} + \boldsymbol{R}_k\right)^{-1} \tag{3.78}$$

为得到后一个式子仍需要用式（2.124）中的 SMW 等式。于是，式（3.76b）可以重写为

$$\check{\boldsymbol{P}}_{k,f}^{-1}=\hat{\boldsymbol{P}}_{k,f}^{-1}-\boldsymbol{C}_k^{\mathrm{T}}\boldsymbol{R}_k^{-1}\boldsymbol{C}_k=\hat{\boldsymbol{P}}_{k,f}^{-1}(\boldsymbol{I}-\underbrace{\hat{\boldsymbol{P}}_{k,f}\boldsymbol{C}_k^{\mathrm{T}}\boldsymbol{R}_k^{-1}}_{\boldsymbol{K}_k}\boldsymbol{C}_k)=\hat{\boldsymbol{P}}_{k,f}^{-1}(\boldsymbol{I}-\boldsymbol{K}_k\boldsymbol{C}_k) \tag{3.79}$$

最后，把 $\hat{\boldsymbol{P}}_{k,f}$ 写至左边，可得

$$\hat{\boldsymbol{P}}_{k,f}=(\boldsymbol{I}-\boldsymbol{K}_k\boldsymbol{C}_k)\,\check{\boldsymbol{P}}_{k,f} \tag{3.80}$$

这和经典的卡尔曼滤波中协方差的更新步骤是一样的。

然后，求解式（3.66c）中的 $\boldsymbol{L}_{k,k-1}$ 和式（3.66b）中的 $\boldsymbol{d}_{k-1}$，可得

$$\boldsymbol{L}_{k,k-1}\boldsymbol{d}_{k-1}=-\boldsymbol{Q}_k^{-1}\boldsymbol{A}_{k-1}\left(\boldsymbol{L}_{k-1}\boldsymbol{L}_{k-1}^{\mathrm{T}}\right)^{-1}\left(\boldsymbol{q}_{k-1}-\boldsymbol{A}_{k-1}^{\mathrm{T}}\boldsymbol{Q}_k^{-1}\boldsymbol{v}_k\right) \tag{3.81}$$

将式（3.66a）代入到上式，然后再将结果代入到式（3.66e）中，可得

$$\begin{aligned}\boldsymbol{q}_k=&\underbrace{\boldsymbol{Q}_k^{-1}\boldsymbol{A}_{k-1}\left(\boldsymbol{\mathcal{I}}_{k-1}+\boldsymbol{A}_{k-1}^{\mathrm{T}}\boldsymbol{Q}_k^{-1}\boldsymbol{A}_{k-1}\right)^{-1}}_{\text{由式（2.124）}:\ \left(\boldsymbol{A}_{k-1}\boldsymbol{\mathcal{I}}_{k-1}^{-1}\boldsymbol{A}_{k-1}^{\mathrm{T}}+\boldsymbol{Q}_k\right)^{-1}\boldsymbol{A}_{k-1}\boldsymbol{\mathcal{I}}_{k-1}^{-1}}\boldsymbol{q}_{k-1}+\\&\underbrace{\left(\boldsymbol{Q}_k^{-1}-\boldsymbol{Q}_k^{-1}\boldsymbol{A}_{k-1}\left(\boldsymbol{\mathcal{I}}_{k-1}+\boldsymbol{A}_{k-1}^{\mathrm{T}}\boldsymbol{Q}_k^{-1}\boldsymbol{A}_{k-1}\right)^{-1}\boldsymbol{A}_{k-1}^{\mathrm{T}}\boldsymbol{Q}_k^{-1}\right)}_{\text{由式（2.124）}:\ \left(\boldsymbol{A}_{k-1}\boldsymbol{\mathcal{I}}_{k-1}^{-1}\boldsymbol{A}_{k-1}^{\mathrm{T}}+\boldsymbol{Q}_k\right)^{-1}}\boldsymbol{v}_k+\boldsymbol{C}_k^{\mathrm{T}}\boldsymbol{R}_k^{-1}\boldsymbol{y}_k\end{aligned} \tag{3.82}$$

这里我们用到了两种形式的 SMW 等式来计算下括号里的内容。令 $\hat{\boldsymbol{P}}_{k,f}^{-1}\hat{\boldsymbol{x}}_{k,f}=\boldsymbol{q}_k$，又可以将它写成两步：

$$\check{\boldsymbol{x}}_{k,f}=\boldsymbol{A}_{k-1}\hat{\boldsymbol{x}}_{k-1,f}+\boldsymbol{v}_k \tag{3.83a}$$

$$\hat{\boldsymbol{P}}_{k,f}^{-1}\hat{\boldsymbol{x}}_{k,f}=\check{\boldsymbol{P}}_{k,f}^{-1}\check{\boldsymbol{x}}_{k,f}+\boldsymbol{C}_k^{\mathrm{T}}\boldsymbol{R}_k^{-1}\boldsymbol{y}_k \tag{3.83b}$$

其中，$\check{\boldsymbol{x}}_{k,f}$ 表示“预测的”均值；$\hat{\boldsymbol{x}}_{k,f}$ 表示“修正的”均值。同理，第二行的式子中用了**信息矩阵**（协方差的逆）。为了得到经典形式，式（3.83b）可重写为

$$\hat{\boldsymbol{x}}_{k,f}=\underbrace{\hat{\boldsymbol{P}}_{k,f}\check{\boldsymbol{P}}_{k,f}^{-1}}_{\boldsymbol{I}-\boldsymbol{K}_k\boldsymbol{C}_k}\check{\boldsymbol{x}}_{k,f}+\underbrace{\hat{\boldsymbol{P}}_{k,f}\boldsymbol{C}_k^{\mathrm{T}}\boldsymbol{R}_k^{-1}}_{\boldsymbol{K}_k}\boldsymbol{y}_k \tag{3.84}$$

或

$$\hat{\boldsymbol{x}}_{k,f}=\check{\boldsymbol{x}}_{k,f}+\boldsymbol{K}_k\left(\boldsymbol{y}_k-\boldsymbol{C}_k\check{\boldsymbol{x}}_{k,f}\right) \tag{3.85}$$

这正是均值更新方程的经典形式。

最后一步是将后向递归写成经典形式。我们先求解后向递归的均值。从式（3.66f）中乘 $\boldsymbol{L}_{k-1}$ 并求解 $\hat{\boldsymbol{x}}_{k-1}$：

$$\hat{\boldsymbol{x}}_{k-1}=\left(\boldsymbol{L}_{k-1}\boldsymbol{L}_{k-1}^{\mathrm{T}}\right)^{-1}\boldsymbol{L}_{k-1}\left(-\boldsymbol{L}_{k,k-1}^{\mathrm{T}}\hat{\boldsymbol{x}}_k+\boldsymbol{d}_{k-1}\right) \tag{3.86}$$

代入式（3.66a）、式（3.66b）、式（3.66c），得

$$\begin{aligned}\hat{\boldsymbol{x}}_{k-1}=&\underbrace{\left(\boldsymbol{\mathcal{I}}_{k-1}+\boldsymbol{A}_{k-1}^{\mathrm{T}}\boldsymbol{Q}_k^{-1}\boldsymbol{A}_{k-1}\right)^{-1}\boldsymbol{A}_{k-1}^{\mathrm{T}}\boldsymbol{Q}_k^{-1}}_{\text{由式（2.124）}:\ \boldsymbol{\mathcal{I}}_{k-1}^{-1}\boldsymbol{A}_{k-1}^{\mathrm{T}}\left(\boldsymbol{A}_{k-1}\boldsymbol{\mathcal{I}}_{k-1}^{-1}\boldsymbol{A}_{k-1}^{\mathrm{T}}+\boldsymbol{Q}_k\right)^{-1}}(\hat{\boldsymbol{x}}_k-\boldsymbol{v}_k)+\\&\underbrace{\left(\boldsymbol{\mathcal{I}}_{k-1}+\boldsymbol{A}_{k-1}^{\mathrm{T}}\boldsymbol{Q}_k^{-1}\boldsymbol{A}_{k-1}\right)^{-1}}_{\text{由式（2.124）}:\ \boldsymbol{\mathcal{I}}_{k-1}^{-1}-\boldsymbol{\mathcal{I}}_{k-1}^{-1}\boldsymbol{A}_{k-1}^{\mathrm{T}}\left(\boldsymbol{A}_{k-1}\boldsymbol{\mathcal{I}}_{k-1}^{-1}\boldsymbol{A}_{k-1}^{\mathrm{T}}+\boldsymbol{Q}_k\right)^{-1}\boldsymbol{A}_{k-1}\boldsymbol{\mathcal{I}}_{k-1}^{-1}}\boldsymbol{q}_{k-1}\end{aligned} \tag{3.87}$$

使用前面的符号将它重写为

$$\hat{\boldsymbol{x}}_{k-1} = \hat{\boldsymbol{x}}_{k-1,f} + \hat{\boldsymbol{P}}_{k-1,f}\boldsymbol{A}_{k-1}^{\mathrm{T}}\check{\boldsymbol{P}}_{k,f}^{-1}\left(\hat{\boldsymbol{x}}_k - \check{\boldsymbol{x}}_{k,f}\right) \tag{3.88}$$

这是典型的后向平滑算法形式。

我们也可以将 3.2.3 节提到的协方差后向递归转换为经典的 RTS 形式。首先，注意到

$$\begin{aligned}\boldsymbol{L}_{k,k-1}\boldsymbol{L}_{k-1}^{-1} &= \overbrace{\boldsymbol{L}_{k,k-1}\boldsymbol{L}_{k-1}^{\mathrm{T}}}^{-\boldsymbol{Q}_k^{-1}\boldsymbol{A}_{k-1}}\underbrace{\boldsymbol{L}_{k-1}^{-\mathrm{T}}\boldsymbol{L}_{k-1}^{-1}}_{(\boldsymbol{\mathcal{I}}_{k-1}+\boldsymbol{A}_{k-1}^{\mathrm{T}}\boldsymbol{Q}_k^{-1}\boldsymbol{A}_{k-1})^{-1}} \\ &= -\big(\underbrace{\boldsymbol{A}_{k-1}\hat{\boldsymbol{P}}_{k-1,f}\boldsymbol{A}_{k-1}^{\mathrm{T}} + \boldsymbol{Q}_k}_{\check{\boldsymbol{P}}_{k,f}}\big)^{-1}\boldsymbol{A}_{k-1}\hat{\boldsymbol{P}}_{k-1,f} \\ &= -\left(\hat{\boldsymbol{P}}_{k-1,f}\boldsymbol{A}_{k-1}^{\mathrm{T}}\check{\boldsymbol{P}}_{k,f}^{-1}\right)^{\mathrm{T}}\end{aligned} \tag{3.89}$$

并且，我们有

$$\begin{aligned}\boldsymbol{L}_{k-1}^{-\mathrm{T}}\boldsymbol{L}_{k-1}^{-1} &= (\boldsymbol{\mathcal{I}}_{k-1} + \boldsymbol{A}_{k-1}^{\mathrm{T}}\boldsymbol{Q}_k^{-1}\boldsymbol{A}_{k-1})^{-1} \\ &= \hat{\boldsymbol{P}}_{k-1,f} - \hat{\boldsymbol{P}}_{k-1,f}\boldsymbol{A}_{k-1}^{\mathrm{T}}\big(\underbrace{\boldsymbol{A}_{k-1}\hat{\boldsymbol{P}}_{k-1,f}\boldsymbol{A}_{k-1}^{\mathrm{T}} + \boldsymbol{Q}_k}_{\check{\boldsymbol{P}}_{k,f}}\big)^{-1}\boldsymbol{A}_{k-1}\hat{\boldsymbol{P}}_{k-1,f} \\ &= \hat{\boldsymbol{P}}_{k-1,f} - \left(\hat{\boldsymbol{P}}_{k-1,f}\boldsymbol{A}_{k-1}^{\mathrm{T}}\check{\boldsymbol{P}}_{k,f}^{-1}\right)\check{\boldsymbol{P}}_{k,f}\left(\hat{\boldsymbol{P}}_{k-1,f}\boldsymbol{A}_{k-1}^{\mathrm{T}}\check{\boldsymbol{P}}_{k,f}^{-1}\right)^{\mathrm{T}}\end{aligned} \tag{3.90}$$

将上面两个公式代入式（3.73a）中并反向递归，初始条件为 $\hat{\boldsymbol{P}}_K = \hat{\boldsymbol{P}}_{K,f}$，可得

$$\hat{\boldsymbol{P}}_{k-1} = \hat{\boldsymbol{P}}_{k-1,f} + \left(\hat{\boldsymbol{P}}_{k-1,f}\boldsymbol{A}_{k-1}^{\mathrm{T}}\check{\boldsymbol{P}}_{k,f}^{-1}\right)\left(\hat{\boldsymbol{P}}_k - \check{\boldsymbol{P}}_{k,f}\right)\left(\hat{\boldsymbol{P}}_{k-1,f}\boldsymbol{A}_{k-1}^{\mathrm{T}}\check{\boldsymbol{P}}_{k,f}^{-1}\right)^{\mathrm{T}} \tag{3.91}$$

另外，也可以将上面两个公式代入式（3.73b）中，得到协方差矩阵 $\hat{\boldsymbol{P}}$ 主对角线上下一块的值：

$$\hat{\boldsymbol{P}}_{k,k-1} = \hat{\boldsymbol{P}}_k\left(\hat{\boldsymbol{P}}_{k-1,f}\boldsymbol{A}_{k-1}^{\mathrm{T}}\check{\boldsymbol{P}}_{k,f}^{-1}\right)^{\mathrm{T}} \tag{3.92}$$

这些操作是必要的，例如在式（3.209b）的协方差插值中就会用到。

综上所述，式（3.76a）、式（3.78）、式（3.80）、式（3.83a）、式（3.85）、式（3.88）、式（3.91）构成了 RTS 平滑算法：

前向：$k = 1, \cdots, K$

$$\check{\boldsymbol{P}}_{k,f} = \boldsymbol{A}_{k-1}\hat{\boldsymbol{P}}_{k-1,f}\boldsymbol{A}_{k-1}^{\mathrm{T}} + \boldsymbol{Q}_k \tag{3.93a}$$

$$\check{\boldsymbol{x}}_{k,f} = \boldsymbol{A}_{k-1}\hat{\boldsymbol{x}}_{k-1,f} + \boldsymbol{v}_k \tag{3.93b}$$

$$\boldsymbol{K}_k = \check{\boldsymbol{P}}_{k,f}\boldsymbol{C}_k^{\mathrm{T}}\left(\boldsymbol{C}_k\check{\boldsymbol{P}}_{k,f}\boldsymbol{C}_k^{\mathrm{T}} + \boldsymbol{R}_k\right)^{-1} \tag{3.93c}$$

$$\hat{\boldsymbol{P}}_{k,f} = (\boldsymbol{I} - \boldsymbol{K}_k\boldsymbol{C}_k)\check{\boldsymbol{P}}_{k,f} \tag{3.93d}$$

$$\hat{\boldsymbol{x}}_{k,f} = \check{\boldsymbol{x}}_{k,f} + \boldsymbol{K}_k(\boldsymbol{y}_k - \boldsymbol{C}_k\check{\boldsymbol{x}}_{k,f}) \tag{3.93e}$$

后向：$k = K, \cdots, 1$

$$\hat{\boldsymbol{x}}_{k-1} = \hat{\boldsymbol{x}}_{k-1,f} + \left(\hat{\boldsymbol{P}}_{k-1,f}\boldsymbol{A}_{k-1}^{\mathrm{T}}\check{\boldsymbol{P}}_{k,f}^{-1}\right)(\hat{\boldsymbol{x}}_k - \check{\boldsymbol{x}}_{k,f}) \tag{3.93f}$$

$$\hat{\boldsymbol{P}}_{k-1} = \hat{\boldsymbol{P}}_{k-1,f} + \left(\hat{\boldsymbol{P}}_{k-1,f}\boldsymbol{A}_{k-1}^{\mathrm{T}}\check{\boldsymbol{P}}_{k,f}^{-1}\right)\left(\hat{\boldsymbol{P}}_k - \check{\boldsymbol{P}}_{k,f}\right)\left(\hat{\boldsymbol{P}}_{k-1,f}\boldsymbol{A}_{k-1}^{\mathrm{T}}\check{\boldsymbol{P}}_{k,f}^{-1}\right)^{\mathrm{T}} \tag{3.93g}$$

它们的初始值为

$$\hat{\boldsymbol{P}}_{0,f} = (\boldsymbol{I} - \boldsymbol{K}_0\boldsymbol{C}_0)\check{\boldsymbol{P}}_0 \tag{3.94a}$$

$$\hat{\boldsymbol{x}}_{0,f} = \check{\boldsymbol{x}}_0 + \boldsymbol{K}_0(\boldsymbol{y}_0 - \boldsymbol{C}_0\check{\boldsymbol{x}}_0) \tag{3.94b}$$

$$\hat{\boldsymbol{x}}_K = \hat{\boldsymbol{x}}_{K,f} \tag{3.94c}$$

$$\hat{\boldsymbol{P}}_K = \hat{\boldsymbol{P}}_{K,f} \tag{3.94d}$$

其中，$\boldsymbol{K}_0 = \check{\boldsymbol{P}}_0\boldsymbol{C}_0^{\mathrm{T}}\left(\boldsymbol{C}_0\check{\boldsymbol{P}}_0\boldsymbol{C}_0^{\mathrm{T}} + \boldsymbol{R}_0\right)^{-1}$。

下一节我们将详细讨论这些式子。前 5 个前向的过程被称为**卡尔曼滤波**。然而，请读者牢记，本节更重要的事情是，这 7 个表达 RTS 平滑算法的公式[①]能够高效且无近似地解决之前提出的批量优化问题。这种做法成立正是由于优化算法左侧矩阵的特殊块三对角的稀疏结构。

## 3.3　离散时间的递归滤波算法

上文介绍的批量优化的方案（以及对应的平滑算法方案），是我们在线性高斯问题下能够找到的最好的方法了。它利用了所有能用到的数据来估计所有时刻的状态。不过这种方法有一个致命的问题：它无法在线运行（online）[②]，因为它需要用未来时刻的信息估计过去的状态，即它是**非因果的**（not causal）[③]。为了在实时场合使用，当前时刻的状态只能由它之前时间的信息决定，而**卡尔曼滤波**则是对这样一个问题的传统解决方案。我们先前已经引出卡尔曼滤波了——在 RTS 平滑算法的前向递归过程中。本章的其余部分将介绍其他几种推导卡尔曼滤波的方法。关于平滑算法和滤波器所用到的数据见图 3.3。

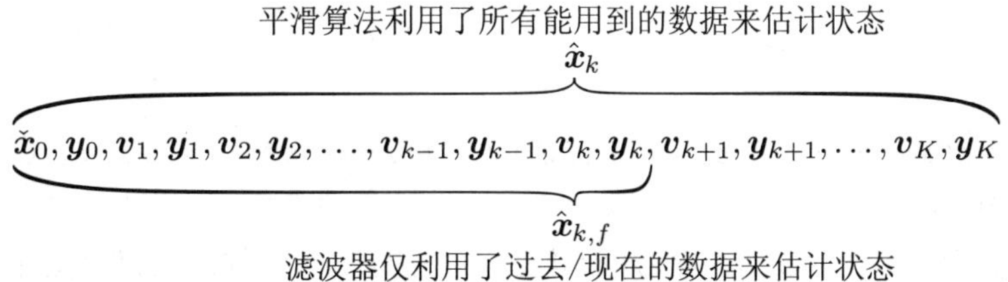


图 3.3　平滑算法和滤波器所用到的数据[④]

---

① 式（3.93g）用于计算每个时间步长的后验边缘协方差，虽然对于解决原始的批量问题来说这一步不是必要的，但由于该式经常被用到，因此我们将其包含在 RTS 平滑算法中。而式（3.92）使用得相对较少，故没有包含该式。

② 这里用“在线”更贴切，而不是用“实时”（real-time）。

③ 此处是说，在 $k < K$ 时刻看来，它们的状态用到了未来的信息。——译者注

④ 批量线性高斯解法是一个平滑算法。为了让它实时化，需要一个滤波器。

### 3.3.1 批量优化结果的分解

有了前文的结论，我们不必从头开始推导递归线性高斯系统估计的问题。事实上，可以将批量优化的结果分解成两次递归的估计：一次是前向的，一次是后向的。这里的后向递归与平滑算法中的并不完全相同，请留意后向递归不是纠正前向递归的结果，而是用未来的观测作出估计。

为了把结论写成递归的形式，我们重新排列一下批量优化中的一些变量。将 $\boldsymbol{z}, \boldsymbol{H}, \boldsymbol{W}$ 分别定义为

$$
\boldsymbol{z}=\left[\begin{array}{c}\check{\boldsymbol{x}}_0\\ \boldsymbol{y}_0\\ \hline \boldsymbol{v}_1\\ \boldsymbol{y}_1\\ \hline \boldsymbol{v}_2\\ \boldsymbol{y}_2\\ \hline \vdots\\ \hline \boldsymbol{v}_K\\ \boldsymbol{y}_K\end{array}\right],\quad
\boldsymbol{H}=\left[\begin{array}{ccccc}\boldsymbol{I} & & & & \\ \boldsymbol{C}_0 & & & & \\ \hline -\boldsymbol{A}_0 & \boldsymbol{I} & & & \\ & \boldsymbol{C}_1 & & & \\ \hline & -\boldsymbol{A}_1 & \boldsymbol{I} & & \\ & & \boldsymbol{C}_2 & & \\ \hline & & \ddots & \ddots & \\ \hline & & & -\boldsymbol{A}_{K-1} & \boldsymbol{I}\\ & & & & \boldsymbol{C}_K\end{array}\right]
$$

$$
\boldsymbol{W}=\left[\begin{array}{cc|cc|cc|c|cc}\check{\boldsymbol{P}}_0 & & & & & & & & \\ & \boldsymbol{R}_0 & & & & & & & \\ \hline & & \boldsymbol{Q}_1 & & & & & & \\ & & & \boldsymbol{R}_1 & & & & & \\ \hline & & & & \boldsymbol{Q}_2 & & & & \\ & & & & & \boldsymbol{R}_2 & & & \\ \hline & & & & & & \ddots & & \\ \hline & & & & & & & \boldsymbol{Q}_K & \\ & & & & & & & & \boldsymbol{R}_K\end{array}\right] \tag{3.95}
$$

其中，分割线区分了不同时刻的变量。请注意这个重排并不影响系统状态 $\boldsymbol{x}$，所以 $\boldsymbol{H}^{\mathrm{T}}\boldsymbol{W}^{-1}\boldsymbol{H}$ 仍是块三对角矩阵形式。

现在我们从概率密度函数的层面考虑如何分解。根据 3.1.5 节的讨论，我们已得到了 $p(\boldsymbol{x}|\boldsymbol{v},\boldsymbol{y})$ 的表达式。如果仅考虑 $k$ 时刻的情况，可以对其他时刻的变量进行积分，从而将它们边缘化：

$$
p\left(\boldsymbol{x}_k|\boldsymbol{v},\boldsymbol{y}\right)=\int_{\boldsymbol{x}_{i,\forall i\neq k}} p\left(\boldsymbol{x}_0,\cdots,\boldsymbol{x}_K|\boldsymbol{v},\boldsymbol{y}\right)\mathrm{d}\boldsymbol{x}_{i,\forall i\neq k} \tag{3.96}
$$

于是，我们能够把概率密度函数分解成两部分：

$$
p\left(\boldsymbol{x}_k|\boldsymbol{v},\boldsymbol{y}\right)=\eta\, p\left(\boldsymbol{x}_k|\check{\boldsymbol{x}}_0,\boldsymbol{v}_{1:k},\boldsymbol{y}_{0:k}\right)p\left(\boldsymbol{x}_k|\boldsymbol{v}_{k+1:K},\boldsymbol{y}_{k+1:K}\right) \tag{3.97}
$$

其中，$\eta$ 是归一化系数。换句话说，我们能够把批量优化的结果分解成两个高斯概率密度函数的归一化积，就像在 2.2.8 节讨论的一样。

为了实现分解，我们要用到 3.3.1 节中 $\boldsymbol{H}$ 的稀疏结构。首先把 $\boldsymbol{H}$ 分解成 12 个块（仅有 6 个块非零）：

$$\boldsymbol{H}=\begin{bmatrix}\boldsymbol{H}_{11} & & \\ \boldsymbol{H}_{21} & \boldsymbol{H}_{22} & \\ & \boldsymbol{H}_{32} & \boldsymbol{H}_{33} \\ & & \boldsymbol{H}_{43}\end{bmatrix}\begin{matrix}0,\cdots,k-1\text{ 时刻的信息} \\ k\text{ 时刻的信息} \\ k+1\text{ 时刻的信息} \\ k+2,\cdots,K\text{ 时刻的信息}\end{matrix} \tag{3.98}$$

（各列依次对应：$0,\cdots,k-1$ 时刻的状态；$k$ 时刻的状态；$k+1,\cdots,K$ 时刻的状态）

该矩阵的每一行和每一列的含义如上所示。例如，对于 $k=2$，$K=4$ 的情况，矩阵分块为

$$\boldsymbol{H}=\left[\begin{array}{cc|c|cc}\boldsymbol{I} & & & & \\ \boldsymbol{C}_0 & & & & \\ -\boldsymbol{A}_0 & \boldsymbol{I} & & & \\ & \boldsymbol{C}_1 & & & \\ \hline & -\boldsymbol{A}_1 & \boldsymbol{I} & & \\ & & \boldsymbol{C}_2 & & \\ \hline & & -\boldsymbol{A}_2 & \boldsymbol{I} & \\ & & & \boldsymbol{C}_3 & \\ \hline & & & -\boldsymbol{A}_3 & \boldsymbol{I} \\ & & & & \boldsymbol{C}_4\end{array}\right] \tag{3.99}$$

把 $\boldsymbol{z}$ 和 $\boldsymbol{W}$ 也划分为同样的形式：

$$\boldsymbol{z}=\begin{bmatrix}\boldsymbol{z}_1 \\ \boldsymbol{z}_2 \\ \boldsymbol{z}_3 \\ \boldsymbol{z}_4\end{bmatrix},\quad \boldsymbol{W}=\begin{bmatrix}\boldsymbol{W}_1 & & & \\ & \boldsymbol{W}_2 & & \\ & & \boldsymbol{W}_3 & \\ & & & \boldsymbol{W}_4\end{bmatrix} \tag{3.100}$$

那么，矩阵 $\boldsymbol{H}^{\mathrm{T}}\boldsymbol{W}^{-1}\boldsymbol{H}$ 的具体计算为

$$\begin{aligned}&\boldsymbol{H}^{\mathrm{T}}\boldsymbol{W}^{-1}\boldsymbol{H}\\&=\begin{bmatrix}\boldsymbol{H}_{11}^{\mathrm{T}}\boldsymbol{W}_1^{-1}\boldsymbol{H}_{11}+\boldsymbol{H}_{21}^{\mathrm{T}}\boldsymbol{W}_2^{-1}\boldsymbol{H}_{21} & \boldsymbol{H}_{21}^{\mathrm{T}}\boldsymbol{W}_2^{-1}\boldsymbol{H}_{22} & \\ \boldsymbol{H}_{22}^{\mathrm{T}}\boldsymbol{W}_2^{-1}\boldsymbol{H}_{21} & \boldsymbol{H}_{22}^{\mathrm{T}}\boldsymbol{W}_2^{-1}\boldsymbol{H}_{22}+\boldsymbol{H}_{32}^{\mathrm{T}}\boldsymbol{W}_3^{-1}\boldsymbol{H}_{32} & \boldsymbol{H}_{32}^{\mathrm{T}}\boldsymbol{W}_3^{-1}\boldsymbol{H}_{33} \\ & \boldsymbol{H}_{33}^{\mathrm{T}}\boldsymbol{W}_3^{-1}\boldsymbol{H}_{32} & \boldsymbol{H}_{33}^{\mathrm{T}}\boldsymbol{W}_3^{-1}\boldsymbol{H}_{33}+\boldsymbol{H}_{43}^{\mathrm{T}}\boldsymbol{W}_4^{-1}\boldsymbol{H}_{43}\end{bmatrix}\\&=\begin{bmatrix}\boldsymbol{L}_{11} & \boldsymbol{L}_{12} & \\ \boldsymbol{L}_{12}^{\mathrm{T}} & \boldsymbol{L}_{22} & \boldsymbol{L}_{32}^{\mathrm{T}} \\ & \boldsymbol{L}_{32} & \boldsymbol{L}_{33}\end{bmatrix}\end{aligned} \tag{3.101}$$

我们把一些用到的中间变量记作 $\boldsymbol{L}_{ij}$。对于 $\boldsymbol{H}^{\mathrm{T}}\boldsymbol{W}^{-1}\boldsymbol{z}$，有

$$\boldsymbol{H}^{\mathrm{T}}\boldsymbol{W}^{-1}\boldsymbol{z}=\begin{bmatrix}\boldsymbol{H}_{11}^{\mathrm{T}}\boldsymbol{W}_1^{-1}\boldsymbol{z}_1+\boldsymbol{H}_{21}^{\mathrm{T}}\boldsymbol{W}_2^{-1}\boldsymbol{z}_2\\ \boldsymbol{H}_{22}^{\mathrm{T}}\boldsymbol{W}_2^{-1}\boldsymbol{z}_2+\boldsymbol{H}_{32}^{\mathrm{T}}\boldsymbol{W}_3^{-1}\boldsymbol{z}_3\\ \boldsymbol{H}_{33}^{\mathrm{T}}\boldsymbol{W}_3^{-1}\boldsymbol{z}_3+\boldsymbol{H}_{43}^{\mathrm{T}}\boldsymbol{W}_4^{-1}\boldsymbol{z}_4\end{bmatrix}=\begin{bmatrix}\boldsymbol{r}_1\\ \boldsymbol{r}_2\\ \boldsymbol{r}_3\end{bmatrix} \tag{3.102}$$

同样把一些用到的中间变量定义成 $\boldsymbol{r}_i$。然后，将状态变量用以下方式划分：

$$\boldsymbol{x}=\begin{bmatrix}\boldsymbol{x}_{0:k-1}\\ \boldsymbol{x}_k\\ \boldsymbol{x}_{k+1:K}\end{bmatrix}\begin{matrix}0,\cdots,k-1\text{ 时刻的状态}\\ k\text{ 时刻的状态}\\ k+1,\cdots,K\text{ 时刻的状态}\end{matrix} \tag{3.103}$$

那么整个批量优化的方程变为

$$\begin{bmatrix}\boldsymbol{L}_{11} & \boldsymbol{L}_{12} & \\ \boldsymbol{L}_{12}^{\mathrm{T}} & \boldsymbol{L}_{22} & \boldsymbol{L}_{32}^{\mathrm{T}}\\ & \boldsymbol{L}_{32} & \boldsymbol{L}_{33}\end{bmatrix}\begin{bmatrix}\hat{\boldsymbol{x}}_{0:k-1}\\ \hat{\boldsymbol{x}}_k\\ \hat{\boldsymbol{x}}_{k+1:K}\end{bmatrix}=\begin{bmatrix}\boldsymbol{r}_1\\ \boldsymbol{r}_2\\ \boldsymbol{r}_3\end{bmatrix} \tag{3.104}$$

其中，我们加上了 $(\hat{\cdot})$ 符号来表示这是先前讨论的优化问题的解。这里的短期目标是推导一个递归线性高斯估计器来求解 $\hat{\boldsymbol{x}}_k$。为了将 $\hat{\boldsymbol{x}}_k$ 分离出来，对式（3.104）两侧左乘

$$\begin{bmatrix}\boldsymbol{I} & & \\ -\boldsymbol{L}_{12}^{\mathrm{T}}\boldsymbol{L}_{11}^{-1} & \boldsymbol{I} & -\boldsymbol{L}_{32}^{\mathrm{T}}\boldsymbol{L}_{33}^{-1}\\ & & \boldsymbol{I}\end{bmatrix} \tag{3.105}$$

这可以看成对式（3.104）进行一些代数上的基本行操作，而不影响方程的解。之后得到

$$\begin{gathered}\begin{bmatrix}\boldsymbol{L}_{11} & \boldsymbol{L}_{12} & \\ & \boldsymbol{L}_{22}-\boldsymbol{L}_{12}^{\mathrm{T}}\boldsymbol{L}_{11}^{-1}\boldsymbol{L}_{12}-\boldsymbol{L}_{32}^{\mathrm{T}}\boldsymbol{L}_{33}^{-1}\boldsymbol{L}_{32} & \\ & \boldsymbol{L}_{32} & \boldsymbol{L}_{33}\end{bmatrix}\begin{bmatrix}\hat{\boldsymbol{x}}_{0:k-1}\\ \hat{\boldsymbol{x}}_k\\ \hat{\boldsymbol{x}}_{k+1:K}\end{bmatrix}\\ =\begin{bmatrix}\boldsymbol{r}_1\\ \boldsymbol{r}_2-\boldsymbol{L}_{12}^{\mathrm{T}}\boldsymbol{L}_{11}^{-1}\boldsymbol{r}_1-\boldsymbol{L}_{32}^{\mathrm{T}}\boldsymbol{L}_{33}^{-1}\boldsymbol{r}_3\\ \boldsymbol{r}_3\end{bmatrix}\end{gathered} \tag{3.106}$$

那么 $\hat{\boldsymbol{x}}_k$ 的解最后由

$$\underbrace{\left(\boldsymbol{L}_{22}-\boldsymbol{L}_{12}^{\mathrm{T}}\boldsymbol{L}_{11}^{-1}\boldsymbol{L}_{12}-\boldsymbol{L}_{32}^{\mathrm{T}}\boldsymbol{L}_{33}^{-1}\boldsymbol{L}_{32}\right)}_{\hat{\boldsymbol{P}}_k^{-1}}\hat{\boldsymbol{x}}_k=\underbrace{\left(\boldsymbol{r}_2-\boldsymbol{L}_{12}^{\mathrm{T}}\boldsymbol{L}_{11}^{-1}\boldsymbol{r}_1-\boldsymbol{L}_{32}^{\mathrm{T}}\boldsymbol{L}_{33}^{-1}\boldsymbol{r}_3\right)}_{\boldsymbol{q}_k} \tag{3.107}$$

给出。本式也标出了 $\hat{\boldsymbol{P}}_k$（逆的形式）和 $\boldsymbol{q}_k$。该方程和式（3.96）一样，将 $\hat{\boldsymbol{x}}_{0:k-1}$ 和 $\hat{\boldsymbol{x}}_{k+1:K}$ 边

缘化了。代入上式的 $\boldsymbol{L}_{ij}$，可见

$$
\begin{aligned}
\hat{\boldsymbol{P}}_k^{-1} &= \boldsymbol{L}_{22} - \boldsymbol{L}_{12}^{\mathrm{T}}\boldsymbol{L}_{11}^{-1}\boldsymbol{L}_{12} - \boldsymbol{L}_{32}^{\mathrm{T}}\boldsymbol{L}_{33}^{-1}\boldsymbol{L}_{32} \\
&= \underbrace{\boldsymbol{H}_{22}^{\mathrm{T}}\left(\boldsymbol{W}_2^{-1} - \boldsymbol{W}_2^{-1}\boldsymbol{H}_{21}\left(\boldsymbol{H}_{11}^{\mathrm{T}}\boldsymbol{W}_1^{-1}\boldsymbol{H}_{11} + \boldsymbol{H}_{21}^{\mathrm{T}}\boldsymbol{W}_2^{-1}\boldsymbol{H}_{21}\right)^{-1}\boldsymbol{H}_{21}^{\mathrm{T}}\boldsymbol{W}_2^{-1}\right)\boldsymbol{H}_{22}}_{\text{由式（2.124）：}\hat{\boldsymbol{P}}_{k,f}^{-1}=\boldsymbol{H}_{22}^{\mathrm{T}}\left(\boldsymbol{W}_2+\boldsymbol{H}_{21}\left(\boldsymbol{H}_{11}^{\mathrm{T}}\boldsymbol{W}_1^{-1}\boldsymbol{H}_{11}\right)^{-1}\boldsymbol{H}_{21}^{\mathrm{T}}\right)^{-1}\boldsymbol{H}_{22}} + \\
&\quad \underbrace{\boldsymbol{H}_{32}^{\mathrm{T}}\left(\boldsymbol{W}_3^{-1} - \boldsymbol{W}_3^{-1}\boldsymbol{H}_{33}\left(\boldsymbol{H}_{33}^{\mathrm{T}}\boldsymbol{W}_3^{-1}\boldsymbol{H}_{33} + \boldsymbol{H}_{43}^{\mathrm{T}}\boldsymbol{W}_4^{-1}\boldsymbol{H}_{43}\right)^{-1}\boldsymbol{H}_{33}^{\mathrm{T}}\boldsymbol{W}_3^{-1}\right)\boldsymbol{H}_{32}}_{\text{由式（2.124）：}\hat{\boldsymbol{P}}_{k,b}^{-1}=\boldsymbol{H}_{32}^{\mathrm{T}}\left(\boldsymbol{W}_3+\boldsymbol{H}_{33}\left(\boldsymbol{H}_{43}^{\mathrm{T}}\boldsymbol{W}_4^{-1}\boldsymbol{H}_{43}\right)^{-1}\boldsymbol{H}_{33}^{\mathrm{T}}\right)^{-1}\boldsymbol{H}_{32}} \\
&= \underbrace{\hat{\boldsymbol{P}}_{k,f}^{-1}}_{\text{前向过程}} + \underbrace{\hat{\boldsymbol{P}}_{k,b}^{-1}}_{\text{后向过程}}
\end{aligned} \tag{3.108}
$$

其中，标出的“前向过程”中，仅用了 $k$ 时刻以前的 $\boldsymbol{H}$ 块和 $\boldsymbol{W}$ 块，相应的“后向过程”也仅用到了 $k+1$ 至 $K$ 时刻的 $\boldsymbol{H}$ 块与 $\boldsymbol{W}$ 块。

接下来看 $\boldsymbol{q}_k$，我们代入 $\boldsymbol{L}_{ij}$ 和 $\boldsymbol{r}_i$ 的值，可得

$$
\begin{aligned}
\boldsymbol{q}_k &= \boldsymbol{r}_2 - \boldsymbol{L}_{12}^{\mathrm{T}}\boldsymbol{L}_{11}^{-1}\boldsymbol{r}_1 - \boldsymbol{L}_{32}^{\mathrm{T}}\boldsymbol{L}_{33}^{-1}\boldsymbol{r}_3 \\
&= \underbrace{\boldsymbol{q}_{k,f}}_{\text{前向过程}} + \underbrace{\boldsymbol{q}_{k,b}}_{\text{后向过程}}
\end{aligned} \tag{3.109}
$$

同理，标有“前向过程”的部分仅依赖 $k$ 时刻之前的量，而“后向过程”仅依赖 $k+1$ 至 $K$ 时刻的量。定义以下变量：

$$
\begin{aligned}
\boldsymbol{q}_{k,f} = &-\boldsymbol{H}_{22}^{\mathrm{T}}\boldsymbol{W}_2^{-1}\boldsymbol{H}_{21}\left(\boldsymbol{H}_{11}^{\mathrm{T}}\boldsymbol{W}_1^{-1}\boldsymbol{H}_{11} + \boldsymbol{H}_{21}^{\mathrm{T}}\boldsymbol{W}_2^{-1}\boldsymbol{H}_{21}\right)^{-1}\boldsymbol{H}_{11}^{\mathrm{T}}\boldsymbol{W}_1^{-1}\boldsymbol{z}_1 + \\
&\boldsymbol{H}_{22}^{\mathrm{T}}\left(\boldsymbol{W}_2^{-1} - \boldsymbol{W}_2^{-1}\boldsymbol{H}_{21}\left(\boldsymbol{H}_{11}^{\mathrm{T}}\boldsymbol{W}_1^{-1}\boldsymbol{H}_{11} + \boldsymbol{H}_{21}^{\mathrm{T}}\boldsymbol{W}_2^{-1}\boldsymbol{H}_{21}\right)^{-1}\boldsymbol{H}_{21}^{\mathrm{T}}\boldsymbol{W}_2^{-1}\right)\boldsymbol{z}_2
\end{aligned} \tag{3.110a}
$$

$$
\begin{aligned}
\boldsymbol{q}_{k,b} = &\boldsymbol{H}_{32}^{\mathrm{T}}\left(\boldsymbol{W}_3^{-1} - \boldsymbol{W}_3^{-1}\boldsymbol{H}_{33}\left(\boldsymbol{H}_{33}^{\mathrm{T}}\boldsymbol{W}_3^{-1}\boldsymbol{H}_{33} + \boldsymbol{H}_{43}^{\mathrm{T}}\boldsymbol{W}_4^{-1}\boldsymbol{H}_{43}\right)^{-1}\boldsymbol{H}_{33}^{\mathrm{T}}\boldsymbol{W}_3^{-1}\right)\boldsymbol{z}_3 - \\
&\boldsymbol{H}_{32}^{\mathrm{T}}\boldsymbol{W}_3^{-1}\boldsymbol{H}_{33}\left(\boldsymbol{H}_{43}^{\mathrm{T}}\boldsymbol{W}_4^{-1}\boldsymbol{H}_{43} + \boldsymbol{H}_{33}^{\mathrm{T}}\boldsymbol{W}_3^{-1}\boldsymbol{H}_{33}\right)^{-1}\boldsymbol{H}_{43}^{\mathrm{T}}\boldsymbol{W}_4^{-1}\boldsymbol{z}_4
\end{aligned} \tag{3.110b}
$$

于是，可以定义“前向”和“后向”的估计器，分别计算 $\hat{\boldsymbol{x}}_{k,f}$ 和 $\hat{\boldsymbol{x}}_{k,b}$：

$$
\hat{\boldsymbol{P}}_{k,f}^{-1}\hat{\boldsymbol{x}}_{k,f} = \boldsymbol{q}_{k,f} \tag{3.111a}
$$

$$
\hat{\boldsymbol{P}}_{k,b}^{-1}\hat{\boldsymbol{x}}_{k,b} = \boldsymbol{q}_{k,b} \tag{3.111b}
$$

其中，$\hat{\boldsymbol{x}}_{k,f}$ 仅依赖 $k$ 时刻之前的估计；$\hat{\boldsymbol{x}}_{k,b}$ 则依赖 $k+1$ 到 $K$ 时刻的估计。在此定义下，有

$$
\hat{\boldsymbol{P}}_k^{-1} = \hat{\boldsymbol{P}}_{k,f}^{-1} + \hat{\boldsymbol{P}}_{k,b}^{-1} \tag{3.112}
$$

$$
\hat{\boldsymbol{P}}_k^{-1}\hat{\boldsymbol{x}}_k = \hat{\boldsymbol{P}}_{k,f}^{-1}\hat{\boldsymbol{x}}_{k,f} + \hat{\boldsymbol{P}}_{k,b}^{-1}\hat{\boldsymbol{x}}_{k,b} \tag{3.113}
$$

这正是两个高斯概率密度函数的归一化积，见 2.2.8 节。回到式（3.97），我们有

$$
p\left(\boldsymbol{x}_k|\boldsymbol{v},\boldsymbol{y}\right) \to \mathcal{N}\left(\hat{\boldsymbol{x}}_k, \hat{\boldsymbol{P}}_k\right) \tag{3.114a}
$$

$$
p\left(\boldsymbol{x}_k|\check{\boldsymbol{x}}_0,\boldsymbol{v}_{1:k},\boldsymbol{y}_{0:k}\right) \to \mathcal{N}\left(\hat{\boldsymbol{x}}_{k,f}, \hat{\boldsymbol{P}}_{k,f}\right) \tag{3.114b}
$$

$$p(\boldsymbol{x}_k|\boldsymbol{v}_{k+1:K}, \boldsymbol{y}_{k+1:K}) \to \mathcal{N}\left(\hat{\boldsymbol{x}}_{k,b}, \hat{\boldsymbol{P}}_{k,b}\right) \tag{3.114c}$$

其中，$\hat{\boldsymbol{P}}_k, \hat{\boldsymbol{P}}_{k,f}, \hat{\boldsymbol{P}}_{k,b}$ 分别是 $\hat{\boldsymbol{x}}_k, \hat{\boldsymbol{x}}_{k,f}, \hat{\boldsymbol{x}}_{k,b}$ 的协方差。也就是说，我们对前向、后向均进行了高斯估计，其均值正是最大后验估计的结果，而方差如上所示。

在接下来的章节中，我们来看如何把前向的高斯估计 $\hat{\boldsymbol{x}}_{k,f}$ 写成递归滤波的形式①。

### 3.3.2 利用最大后验估计推导卡尔曼滤波

本节介绍如何把上一节的前向估计转换成递归滤波，即卡尔曼滤波[2] 的形式。为简洁起见，我们把 $\hat{\boldsymbol{x}}_{k,f}$ 记成 $\hat{\boldsymbol{x}}_k$，把 $\hat{\boldsymbol{P}}_{k,f}$ 记成 $\hat{\boldsymbol{P}}_k$。请读者不要将它们与之前介绍批量/平滑算法时用到的符号混淆。假设我们已经有了 $k-1$ 时刻的前向估计：

$$\{\hat{\boldsymbol{x}}_{k-1}, \hat{\boldsymbol{P}}_{k-1}\} \tag{3.115}$$

这两个量是根据初始时刻到 $k-1$ 时刻的数据推导得到的。我们的目标是计算

$$\{\hat{\boldsymbol{x}}_k, \hat{\boldsymbol{P}}_k\} \tag{3.116}$$

其中要用直到 $k$ 时刻的数据。事实上我们无须从头开始，只要简单地用 $k-1$ 时刻的状态，以及 $k$ 时刻的 $\boldsymbol{v}_k$，$\boldsymbol{y}_k$ 来估计 $k$ 时刻的状态：

$$\{\hat{\boldsymbol{x}}_{k-1}, \hat{\boldsymbol{P}}_{k-1}, \boldsymbol{v}_k, \boldsymbol{y}_k\} \mapsto \{\hat{\boldsymbol{x}}_k, \hat{\boldsymbol{P}}_k\} \tag{3.117}$$

为了推导这个过程，定义：

$$\boldsymbol{z} = \begin{bmatrix} \hat{\boldsymbol{x}}_{k-1} \\ \boldsymbol{v}_k \\ \boldsymbol{y}_k \end{bmatrix}, \quad \boldsymbol{H} = \begin{bmatrix} \boldsymbol{I} & \\ -\boldsymbol{A}_{k-1} & \boldsymbol{I} \\ & \boldsymbol{C}_k \end{bmatrix}, \quad \boldsymbol{W} = \begin{bmatrix} \hat{\boldsymbol{P}}_{k-1} & & \\ & \boldsymbol{Q}_k & \\ & & \boldsymbol{R}_k \end{bmatrix} \tag{3.118}$$

其中，$\{\hat{\boldsymbol{x}}_{k-1}, \hat{\boldsymbol{P}}_{k-1}\}$ 代表了直到 $k-1$ 时刻的状态估计②。图 3.4 是它的示意图。

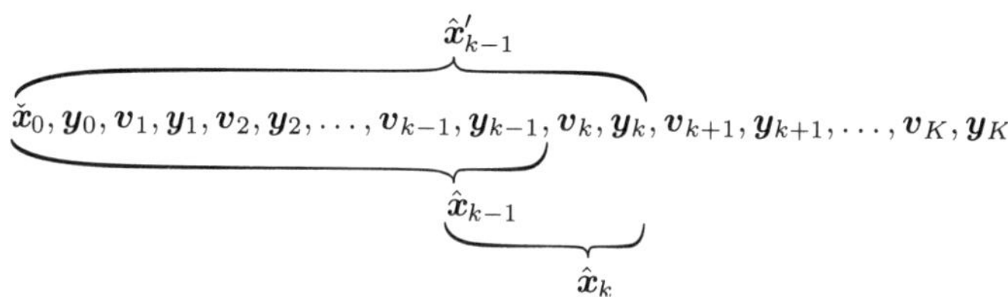


图 3.4 递归滤波将过去所有的数据融合成一次估计

通常最大后验估计的最优解 $\hat{\boldsymbol{x}}$ 写为

$$(\boldsymbol{H}^{\mathrm{T}}\boldsymbol{W}^{-1}\boldsymbol{H})\hat{\boldsymbol{x}} = \boldsymbol{H}^{\mathrm{T}}\boldsymbol{W}^{-1}\boldsymbol{z} \tag{3.119}$$

① 反过来也可以，即把后向的写成递归的形式，但这种方法会沿着时间反向递归。

② 我们实际上用到了**马尔可夫性**（Markov property），这一点在非线性非高斯系统中还要详细讨论。不过对于线性高斯系统，这个假设是成立的。

我们定义：

$$\hat{\boldsymbol{x}} = \begin{bmatrix} \hat{\boldsymbol{x}}'_{k-1} \\ \hat{\boldsymbol{x}}_k \end{bmatrix} \tag{3.120}$$

其中，刻意区分了 $\hat{\boldsymbol{x}}'_{k-1}$ 和 $\hat{\boldsymbol{x}}_{k-1}$，加了上标 $'$ 之后的 $\hat{\boldsymbol{x}}'_{k-1}$ 表示用 0 到 $k$ 时刻的数据计算的 $k-1$ 时刻的状态估计，而 $\hat{\boldsymbol{x}}_{k-1}$ 表示用 0 到 $k-1$ 时刻的数据估计的 $k-1$ 时刻的状态。将上面这些量代入式（3.119）中，可以得到最小二乘解：

$$\begin{bmatrix} \hat{\boldsymbol{P}}_{k-1}^{-1} + \boldsymbol{A}_{k-1}^{\mathrm{T}}\boldsymbol{Q}_k^{-1}\boldsymbol{A}_{k-1} & -\boldsymbol{A}_{k-1}^{\mathrm{T}}\boldsymbol{Q}_k^{-1} \\ -\boldsymbol{Q}_k^{-1}\boldsymbol{A}_{k-1} & \boldsymbol{Q}_k^{-1} + \boldsymbol{C}_k^{\mathrm{T}}\boldsymbol{R}_k^{-1}\boldsymbol{C}_k \end{bmatrix} \begin{bmatrix} \hat{\boldsymbol{x}}'_{k-1} \\ \hat{\boldsymbol{x}}_k \end{bmatrix} = \begin{bmatrix} \hat{\boldsymbol{P}}_{k-1}^{-1}\hat{\boldsymbol{x}}_{k-1} - \boldsymbol{A}_{k-1}^{\mathrm{T}}\boldsymbol{Q}_k^{-1}\boldsymbol{v}_k \\ \boldsymbol{Q}_k^{-1}\boldsymbol{v}_k + \boldsymbol{C}_k^{\mathrm{T}}\boldsymbol{R}_k^{-1}\boldsymbol{y}_k \end{bmatrix} \tag{3.121}$$

不过我们并不关心 $\hat{\boldsymbol{x}}'_{k-1}$ 的实际值，因为现在需要的是一个递归的估计，而这个量中用到了未来的信息。我们可以把它边缘化掉，等式两侧左乘：

$$\begin{bmatrix} \boldsymbol{I} & \boldsymbol{O} \\ \boldsymbol{Q}_k^{-1}\boldsymbol{A}_{k-1}\left(\hat{\boldsymbol{P}}_{k-1}^{-1} + \boldsymbol{A}_{k-1}^{\mathrm{T}}\boldsymbol{Q}_k^{-1}\boldsymbol{A}_{k-1}\right)^{-1} & \boldsymbol{I} \end{bmatrix} \tag{3.122}$$

这是一次线性方程的行操作[①]，于是式（3.121）变为

$$\begin{bmatrix} \hat{\boldsymbol{P}}_{k-1}^{-1} + \boldsymbol{A}_{k-1}^{\mathrm{T}}\boldsymbol{Q}_k^{-1}\boldsymbol{A}_{k-1} & -\boldsymbol{A}_{k-1}^{\mathrm{T}}\boldsymbol{Q}_k^{-1} \\ \boldsymbol{O} & \begin{matrix}\boldsymbol{Q}_k^{-1} - \boldsymbol{Q}_k^{-1}\boldsymbol{A}_{k-1}\left(\hat{\boldsymbol{P}}_{k-1}^{-1} + \boldsymbol{A}_{k-1}^{\mathrm{T}}\boldsymbol{Q}_k^{-1}\boldsymbol{A}_{k-1}\right)^{-1} \\ \times\boldsymbol{A}_{k-1}^{\mathrm{T}}\boldsymbol{Q}_k^{-1} + \boldsymbol{C}_k^{\mathrm{T}}\boldsymbol{R}_k^{-1}\boldsymbol{C}_k\end{matrix} \end{bmatrix} \begin{bmatrix} \hat{\boldsymbol{x}}'_{k-1} \\ \hat{\boldsymbol{x}}_k \end{bmatrix}$$
$$= \begin{bmatrix} \hat{\boldsymbol{P}}_{k-1}^{-1}\hat{\boldsymbol{x}}_{k-1} - \boldsymbol{A}_{k-1}^{\mathrm{T}}\boldsymbol{Q}_k^{-1}\boldsymbol{v}_k \\ \boldsymbol{Q}_k^{-1}\boldsymbol{A}_{k-1}\left(\hat{\boldsymbol{P}}_{k-1}^{-1} + \boldsymbol{A}_{k-1}^{\mathrm{T}}\boldsymbol{Q}_k^{-1}\boldsymbol{A}_{k-1}\right)^{-1}\left(\hat{\boldsymbol{P}}_{k-1}^{-1}\hat{\boldsymbol{x}}_{k-1} - \boldsymbol{A}_{k-1}^{\mathrm{T}}\boldsymbol{Q}_k^{-1}\boldsymbol{v}_k\right) \\ +\boldsymbol{Q}_k^{-1}\boldsymbol{v}_k + \boldsymbol{C}_k^{\mathrm{T}}\boldsymbol{R}_k^{-1}\boldsymbol{y}_k \end{bmatrix} \tag{3.123}$$

该问题的解 $\hat{\boldsymbol{x}}_k$ 为

$$\begin{aligned} &\Big(\underbrace{\boldsymbol{Q}_k^{-1} - \boldsymbol{Q}_k^{-1}\boldsymbol{A}_{k-1}\left(\hat{\boldsymbol{P}}_{k-1}^{-1} + \boldsymbol{A}_{k-1}^{\mathrm{T}}\boldsymbol{Q}_k^{-1}\boldsymbol{A}_{k-1}\right)^{-1}\boldsymbol{A}_{k-1}^{\mathrm{T}}\boldsymbol{Q}_k^{-1}}_{\text{由式 (2.124)：}\left(\boldsymbol{Q}_k + \boldsymbol{A}_{k-1}\hat{\boldsymbol{P}}_{k-1}\boldsymbol{A}_{k-1}^{\mathrm{T}}\right)^{-1}} + \boldsymbol{C}_k^{\mathrm{T}}\boldsymbol{R}_k^{-1}\boldsymbol{C}_k\Big)\hat{\boldsymbol{x}}_k \\ &= \boldsymbol{Q}_k^{-1}\boldsymbol{A}_{k-1}\left(\hat{\boldsymbol{P}}_{k-1}^{-1} + \boldsymbol{A}_{k-1}^{\mathrm{T}}\boldsymbol{Q}_k^{-1}\boldsymbol{A}_{k-1}\right)^{-1}\left(\hat{\boldsymbol{P}}_{k-1}^{-1}\hat{\boldsymbol{x}}_{k-1} - \boldsymbol{A}_{k-1}^{\mathrm{T}}\boldsymbol{Q}_k^{-1}\boldsymbol{v}_k\right) + \\ &\quad \boldsymbol{Q}_k^{-1}\boldsymbol{v}_k + \boldsymbol{C}_k^{\mathrm{T}}\boldsymbol{R}_k^{-1}\boldsymbol{y}_k \end{aligned} \tag{3.124}$$

然后定义下面一些变量：

$$\check{\boldsymbol{P}}_k = \boldsymbol{Q}_k + \boldsymbol{A}_{k-1}\hat{\boldsymbol{P}}_{k-1}\boldsymbol{A}_{k-1}^{\mathrm{T}} \tag{3.125a}$$

$$\hat{\boldsymbol{P}}_k = \left(\check{\boldsymbol{P}}_k^{-1} + \boldsymbol{C}_k^{\mathrm{T}}\boldsymbol{R}_k^{-1}\boldsymbol{C}_k\right)^{-1} \tag{3.125b}$$

---

① 有时也称为**舒尔补**（Schur complement）。

那么式（3.124）变为

$$\begin{aligned}\hat{\boldsymbol{P}}_k^{-1}\hat{\boldsymbol{x}}_k &= \boldsymbol{Q}_k^{-1}\boldsymbol{A}_{k-1}\left(\hat{\boldsymbol{P}}_{k-1}^{-1}+\boldsymbol{A}_{k-1}^{\mathrm{T}}\boldsymbol{Q}_k^{-1}\boldsymbol{A}_{k-1}\right)^{-1}\left(\hat{\boldsymbol{P}}_{k-1}^{-1}\hat{\boldsymbol{x}}_{k-1}-\boldsymbol{A}_{k-1}^{\mathrm{T}}\boldsymbol{Q}_k^{-1}\boldsymbol{v}_k\right)+\\ &\quad \boldsymbol{Q}_k^{-1}\boldsymbol{v}_k+\boldsymbol{C}_k^{\mathrm{T}}\boldsymbol{R}_k^{-1}\boldsymbol{y}_k\\ &= \underbrace{\boldsymbol{Q}_k^{-1}\boldsymbol{A}_{k-1}\left(\hat{\boldsymbol{P}}_{k-1}^{-1}+\boldsymbol{A}_{k-1}^{\mathrm{T}}\boldsymbol{Q}_k^{-1}\boldsymbol{A}_{k-1}\right)^{-1}\hat{\boldsymbol{P}}_{k-1}^{-1}}_{\text{由下文：}\check{\boldsymbol{P}}_k^{-1}\boldsymbol{A}_{k-1}}\hat{\boldsymbol{x}}_{k-1}+\\ &\quad \underbrace{\left(\boldsymbol{Q}_k^{-1}-\boldsymbol{Q}_k^{-1}\boldsymbol{A}_{k-1}\left(\hat{\boldsymbol{P}}_{k-1}^{-1}+\boldsymbol{A}_{k-1}^{\mathrm{T}}\boldsymbol{Q}_k^{-1}\boldsymbol{A}_{k-1}\right)^{-1}\boldsymbol{A}_{k-1}^{\mathrm{T}}\boldsymbol{Q}_k^{-1}\right)}_{\check{\boldsymbol{P}}_k^{-1}}\boldsymbol{v}_k+\boldsymbol{C}_k^{\mathrm{T}}\boldsymbol{R}_k^{-1}\boldsymbol{y}_k\\ &= \check{\boldsymbol{P}}_k^{-1}\underbrace{\left(\boldsymbol{A}_{k-1}\hat{\boldsymbol{x}}_{k-1}+\boldsymbol{v}_k\right)}_{\check{\boldsymbol{x}}_k}+\boldsymbol{C}_k^{\mathrm{T}}\boldsymbol{R}_k^{-1}\boldsymbol{y}_k\end{aligned} \tag{3.126}$$

其中，令 $\check{\boldsymbol{x}}_k$ 为状态的“预测”。上面第二行标注部分的化简用到了下面的推导内容：

$$\begin{aligned}&\boldsymbol{Q}_k^{-1}\boldsymbol{A}_{k-1}\underbrace{\left(\hat{\boldsymbol{P}}_{k-1}^{-1}+\boldsymbol{A}_{k-1}^{\mathrm{T}}\boldsymbol{Q}_k^{-1}\boldsymbol{A}_{k-1}\right)^{-1}}_{\text{再次由式（2.124）}}\hat{\boldsymbol{P}}_{k-1}^{-1}\\ &= \boldsymbol{Q}_k^{-1}\boldsymbol{A}_{k-1}\left(\hat{\boldsymbol{P}}_{k-1}-\hat{\boldsymbol{P}}_{k-1}\boldsymbol{A}_{k-1}^{\mathrm{T}}\underbrace{\left(\boldsymbol{Q}_k+\boldsymbol{A}_{k-1}\hat{\boldsymbol{P}}_{k-1}\boldsymbol{A}_{k-1}^{\mathrm{T}}\right)^{-1}}_{\check{\boldsymbol{P}}_k^{-1}}\boldsymbol{A}_{k-1}\hat{\boldsymbol{P}}_{k-1}\right)\hat{\boldsymbol{P}}_{k-1}^{-1}\\ &= \left(\boldsymbol{Q}_k^{-1}-\boldsymbol{Q}_k^{-1}\underbrace{\boldsymbol{A}_{k-1}\hat{\boldsymbol{P}}_{k-1}\boldsymbol{A}_{k-1}^{\mathrm{T}}}_{\check{\boldsymbol{P}}_k-\boldsymbol{Q}_k}\check{\boldsymbol{P}}_k^{-1}\right)\boldsymbol{A}_{k-1}\\ &= \left(\boldsymbol{Q}_k^{-1}-\boldsymbol{Q}_k^{-1}+\check{\boldsymbol{P}}_k^{-1}\right)\boldsymbol{A}_{k-1}\\ &= \check{\boldsymbol{P}}_k^{-1}\boldsymbol{A}_{k-1}\end{aligned} \tag{3.127}$$

总结上述公式，可以写成递归滤波的形式：

预测：

$$\check{\boldsymbol{P}}_k = \boldsymbol{A}_{k-1}\hat{\boldsymbol{P}}_{k-1}\boldsymbol{A}_{k-1}^{\mathrm{T}}+\boldsymbol{Q}_k \tag{3.128a}$$

$$\check{\boldsymbol{x}}_k = \boldsymbol{A}_{k-1}\hat{\boldsymbol{x}}_{k-1}+\boldsymbol{v}_k \tag{3.128b}$$

更新：

$$\hat{\boldsymbol{P}}_k^{-1} = \check{\boldsymbol{P}}_k^{-1}+\boldsymbol{C}_k^{\mathrm{T}}\boldsymbol{R}_k^{-1}\boldsymbol{C}_k \tag{3.128c}$$

$$\hat{\boldsymbol{P}}_k^{-1}\hat{\boldsymbol{x}}_k = \check{\boldsymbol{P}}_k^{-1}\check{\boldsymbol{x}}_k+\boldsymbol{C}_k^{\mathrm{T}}\boldsymbol{R}_k^{-1}\boldsymbol{y}_k \tag{3.128d}$$

我们称之为**逆协方差**（信息）形式的卡尔曼滤波。图 3.5 显示了预测-更新两步的卡尔曼滤波过程。为了得到**经典**形式的卡尔曼滤波，我们对符号稍加修改。定义**卡尔曼增益** $\boldsymbol{K}_k$ 为

$$\boldsymbol{K}_k = \hat{\boldsymbol{P}}_k\boldsymbol{C}_k^{\mathrm{T}}\boldsymbol{R}_k^{-1} \tag{3.129}$$

那么

$$\begin{aligned}\boldsymbol{I} &= \hat{\boldsymbol{P}}_k\left(\check{\boldsymbol{P}}_k^{-1}+\boldsymbol{C}_k^{\mathrm{T}}\boldsymbol{R}_k^{-1}\boldsymbol{C}_k\right)\\ &= \hat{\boldsymbol{P}}_k\check{\boldsymbol{P}}_k^{-1}+\boldsymbol{K}_k\boldsymbol{C}_k\end{aligned} \tag{3.130a}$$

$$\hat{\boldsymbol{P}}_k = (\boldsymbol{I} - \boldsymbol{K}_k\boldsymbol{C}_k)\check{\boldsymbol{P}}_k \tag{3.130b}$$

$$\underbrace{\hat{\boldsymbol{P}}_k\boldsymbol{C}_k^{\mathrm{T}}\boldsymbol{R}_k^{-1}}_{\boldsymbol{K}_k} = (\boldsymbol{I} - \boldsymbol{K}_k\boldsymbol{C}_k)\check{\boldsymbol{P}}_k\boldsymbol{C}_k^{\mathrm{T}}\boldsymbol{R}_k^{-1} \tag{3.130c}$$

$$\boldsymbol{K}_k\left(\boldsymbol{I} + \boldsymbol{C}_k\check{\boldsymbol{P}}_k\boldsymbol{C}_k^{\mathrm{T}}\boldsymbol{R}_k^{-1}\right) = \check{\boldsymbol{P}}_k\boldsymbol{C}_k^{\mathrm{T}}\boldsymbol{R}_k^{-1} \tag{3.130d}$$

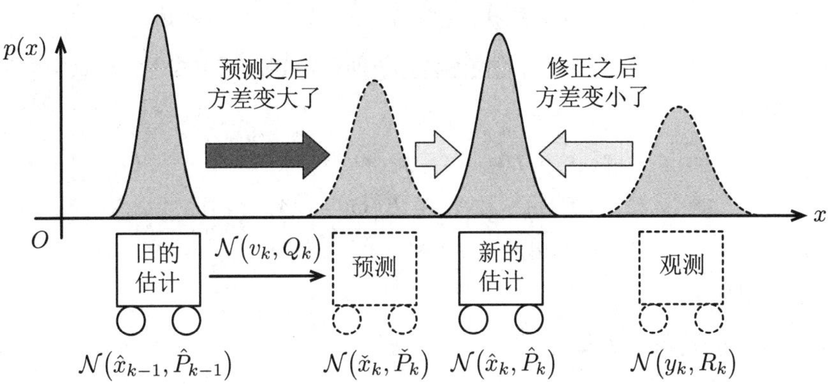


图 3.5　卡尔曼滤波有两个步骤：预测和更新。预测步骤将上一时刻的估计值 $\hat{\boldsymbol{x}}_{k-1}$ 向前递归一次，通过输入 $\boldsymbol{v}$ 和运动模型，得到预测值 $\check{\boldsymbol{x}}_k$。更新步骤则用最近的观测 $\boldsymbol{y}_k$ 来计算修正之后的估计 $\hat{\boldsymbol{x}}_k$。这个过程用到了高斯分布的归一化积，通过逆协方差形式的卡尔曼滤波就能看出

解出最后一式中 $\boldsymbol{K}_k$ 的表达式，就可以将递归滤波重写为

预测：

$$\check{\boldsymbol{P}}_k = \boldsymbol{A}_{k-1}\hat{\boldsymbol{P}}_{k-1}\boldsymbol{A}_{k-1}^{\mathrm{T}} + \boldsymbol{Q}_k \tag{3.131a}$$

$$\check{\boldsymbol{x}}_k = \boldsymbol{A}_{k-1}\hat{\boldsymbol{x}}_{k-1} + \boldsymbol{v}_k \tag{3.131b}$$

卡尔曼增益：

$$\boldsymbol{K}_k = \check{\boldsymbol{P}}_k\boldsymbol{C}_k^{\mathrm{T}}\left(\boldsymbol{C}_k\check{\boldsymbol{P}}_k\boldsymbol{C}_k^{\mathrm{T}} + \boldsymbol{R}_k\right)^{-1} \tag{3.131c}$$

更新：

$$\hat{\boldsymbol{P}}_k = (\boldsymbol{I} - \boldsymbol{K}_k\boldsymbol{C}_k)\check{\boldsymbol{P}}_k \tag{3.131d}$$

$$\hat{\boldsymbol{x}}_k = \check{\boldsymbol{x}}_k + \boldsymbol{K}_k\underbrace{(\boldsymbol{y}_k - \boldsymbol{C}_k\check{\boldsymbol{x}}_k)}_{\text{更新量}} \tag{3.131e}$$

请注意标出的“**更新量**”（innovation）部分。它的物理意义是实际观测与期望观测的误差，而卡尔曼增益则是这部分更新量对于估计值（适当）的权重。这 5 个方程，以及它们在非线性形式下的拓展，由卡尔曼在文献 [2] 中提出后，成为了状态估计领域的重要结论。它与上一节介绍的 RTS 平滑算法的前向过程是等价的（除了下标 $(\cdot)_f$ 被省略掉之外）。

### 3.3.3　通过贝叶斯推断推导卡尔曼滤波

用贝叶斯推断方法还能够以更简洁的方式推导卡尔曼滤波①。设 $k-1$ 时刻的高斯先验为

$$p(\boldsymbol{x}_{k-1}|\check{\boldsymbol{x}}_0, \boldsymbol{v}_{1:k-1}, \boldsymbol{y}_{0:k-1}) = \mathcal{N}\left(\hat{\boldsymbol{x}}_{k-1}, \hat{\boldsymbol{P}}_{k-1}\right) \tag{3.132}$$

① 下一章我们要介绍**贝叶斯滤波**（Bayes filter），它可以处理非线性和非高斯的情况。本节内容可视为贝叶斯滤波的一个特例，不需要任何近似。

首先，对于**预测部分**，考虑最近时刻的输入 $\boldsymbol{v}_k$，来计算 $k$ 时刻的“先验”：

$$p\left(\boldsymbol{x}_k|\check{\boldsymbol{x}}_0, \boldsymbol{v}_{1:k}, \boldsymbol{y}_{0:k-1}\right) = \mathcal{N}\left(\check{\boldsymbol{x}}_k, \check{\boldsymbol{P}}_k\right) \tag{3.133}$$

其中

$$\check{\boldsymbol{P}}_k = \boldsymbol{A}_{k-1}\hat{\boldsymbol{P}}_{k-1}\boldsymbol{A}_{k-1}^{\mathrm{T}} + \boldsymbol{Q}_k \tag{3.134a}$$

$$\check{\boldsymbol{x}}_k = \boldsymbol{A}_{k-1}\hat{\boldsymbol{x}}_{k-1} + \boldsymbol{v}_k \tag{3.134b}$$

简单地将 $k-1$ 时刻的分布通过线性运动模型传递，即可得到这两个式子，注意它们和预测步骤是等价的。对于均值有

$$\begin{aligned}\check{\boldsymbol{x}}_k &= E[\boldsymbol{x}_k] = E\left[\boldsymbol{A}_{k-1}\boldsymbol{x}_{k-1} + \boldsymbol{v}_k + \boldsymbol{w}_k\right] \\ &= \boldsymbol{A}_{k-1}\underbrace{E\left[\boldsymbol{x}_{k-1}\right]}_{\hat{\boldsymbol{x}}_{k-1}} + \boldsymbol{v}_k + \underbrace{E\left[\boldsymbol{w}_k\right]}_{\boldsymbol{0}} = \boldsymbol{A}_{k-1}\hat{\boldsymbol{x}}_{k-1} + \boldsymbol{v}_k\end{aligned} \tag{3.135}$$

对于协方差矩阵则有

$$\begin{aligned}\check{\boldsymbol{P}}_k &= E\left[\left(\boldsymbol{x}_k - E\left[\boldsymbol{x}_k\right]\right)\left(\boldsymbol{x}_k - E\left[\boldsymbol{x}_k\right]\right)^{\mathrm{T}}\right] \\ &= E\left[\left(\boldsymbol{A}_{k-1}\boldsymbol{x}_{k-1} + \boldsymbol{v}_k + \boldsymbol{w}_k - \boldsymbol{A}_{k-1}\hat{\boldsymbol{x}}_{k-1} - \boldsymbol{v}_k\right)\left(\boldsymbol{A}_{k-1}\boldsymbol{x}_{k-1} + \boldsymbol{v}_k + \boldsymbol{w}_k - \boldsymbol{A}_{k-1}\hat{\boldsymbol{x}}_{k-1} - \boldsymbol{v}_k\right)^{\mathrm{T}}\right] \\ &= \boldsymbol{A}_{k-1}\underbrace{E\left[\left(\boldsymbol{x}_{k-1} - \hat{\boldsymbol{x}}_{k-1}\right)\left(\boldsymbol{x}_{k-1} - \hat{\boldsymbol{x}}_{k-1}\right)^{\mathrm{T}}\right]}_{\hat{\boldsymbol{P}}_{k-1}}\boldsymbol{A}_{k-1}^{\mathrm{T}} + \underbrace{E\left[\boldsymbol{w}_k\boldsymbol{w}_k^{\mathrm{T}}\right]}_{\boldsymbol{Q}_k} \\ &= \boldsymbol{A}_{k-1}\hat{\boldsymbol{P}}_{k-1}\boldsymbol{A}_{k-1}^{\mathrm{T}} + \boldsymbol{Q}_k\end{aligned} \tag{3.136}$$

然后，对于**更新部分**，将状态与最近一次观测（即 $k$ 时刻）写成联合高斯分布的形式：

$$\begin{aligned}p\left(\boldsymbol{x}_k, \boldsymbol{y}_k|\check{\boldsymbol{x}}_0, \boldsymbol{v}_{1:k}, \boldsymbol{y}_{0:k-1}\right) &= \mathcal{N}\left(\begin{bmatrix}\boldsymbol{\mu}_x \\ \boldsymbol{\mu}_y\end{bmatrix}, \begin{bmatrix}\boldsymbol{\Sigma}_{xx} & \boldsymbol{\Sigma}_{xy} \\ \boldsymbol{\Sigma}_{yx} & \boldsymbol{\Sigma}_{yy}\end{bmatrix}\right) \\ &= \mathcal{N}\left(\begin{bmatrix}\check{\boldsymbol{x}}_k \\ \boldsymbol{C}_k\check{\boldsymbol{x}}_k\end{bmatrix}, \begin{bmatrix}\check{\boldsymbol{P}}_k & \check{\boldsymbol{P}}_k\boldsymbol{C}_k^{\mathrm{T}} \\ \boldsymbol{C}_k\check{\boldsymbol{P}}_k & \boldsymbol{C}_k\check{\boldsymbol{P}}_k\boldsymbol{C}_k^{\mathrm{T}} + \boldsymbol{R}_k\end{bmatrix}\right)\end{aligned} \tag{3.137}$$

回顾 2.2.2 节引入的贝叶斯推断，我们可以直接将 $\boldsymbol{x}_k$ 的条件分布（即后验概率密度函数）写为

$$p\left(\boldsymbol{x}_k|\check{\boldsymbol{x}}_0, \boldsymbol{v}_{1:k}, \boldsymbol{y}_{0:k}\right) = \mathcal{N}\Big(\underbrace{\boldsymbol{\mu}_x + \boldsymbol{\Sigma}_{xy}\boldsymbol{\Sigma}_{yy}^{-1}\left(\boldsymbol{y}_k - \boldsymbol{\mu}_y\right)}_{\hat{\boldsymbol{x}}_k}, \underbrace{\boldsymbol{\Sigma}_{xx} - \boldsymbol{\Sigma}_{xy}\boldsymbol{\Sigma}_{yy}^{-1}\boldsymbol{\Sigma}_{yx}}_{\hat{\boldsymbol{P}}_k}\Big) \tag{3.138}$$

此处我们定义 $\hat{\boldsymbol{x}}_k$ 作为均值，$\hat{\boldsymbol{P}}_k$ 作为协方差矩阵。代入之前的结果，有

$$\boldsymbol{K}_k = \check{\boldsymbol{P}}_k\boldsymbol{C}_k^{\mathrm{T}}\left(\boldsymbol{C}_k\check{\boldsymbol{P}}_k\boldsymbol{C}_k^{\mathrm{T}} + \boldsymbol{R}_k\right)^{-1} \tag{3.139a}$$

$$\hat{\boldsymbol{P}}_k = \left(\boldsymbol{I} - \boldsymbol{K}_k\boldsymbol{C}_k\right)\check{\boldsymbol{P}}_k \tag{3.139b}$$

$$\hat{\boldsymbol{x}}_k = \check{\boldsymbol{x}}_k + \boldsymbol{K}_k\left(\boldsymbol{y}_k - \boldsymbol{C}_k\check{\boldsymbol{x}}_k\right) \tag{3.139c}$$

这与最大后验估计给出的更新步骤的方程是完全一致的。重申一遍，这种做法的根本在于我们使用了**线性**模型，而噪声和先验也都是高斯的。在这些条件下，后验概率密度函数亦是高斯的，于是它的**均值**（mean）和**模**（mode）正巧是一样的。然而在使用**非线性**模型之后就不能保证具有这个性质了。我们在下一章会详细讨论。

### 3.3.4 从增益最优化的角度考虑卡尔曼滤波

通常说卡尔曼滤波是**最优的**（optimal）。事实上，本书也确实从最大后验估计中推导出了卡尔曼滤波与递归形式优化之间的关系。不过，也可以从其他角度考虑卡尔曼滤波的最优特性，下面介绍其中的一个。

假设有一个估计器，形式如下：

$$\hat{\boldsymbol{x}}_k = \check{\boldsymbol{x}}_k + \boldsymbol{K}_k \left(\boldsymbol{y}_k - \boldsymbol{C}_k \check{\boldsymbol{x}}_k\right) \tag{3.140}$$

但是此时不知道如何选取 $\boldsymbol{K}_k$ 的值，才能正确地衡量修正部分的权重。如果定义状态的误差为

$$\hat{\boldsymbol{e}}_k = \hat{\boldsymbol{x}}_k - \boldsymbol{x}_k \tag{3.141}$$

那么有①

$$E\left[\hat{\boldsymbol{e}}_k \hat{\boldsymbol{e}}_k^{\mathrm{T}}\right] = \left(\boldsymbol{I} - \boldsymbol{K}_k \boldsymbol{C}_k\right) \check{\boldsymbol{P}}_k \left(\boldsymbol{I} - \boldsymbol{K}_k \boldsymbol{C}_k\right)^{\mathrm{T}} + \boldsymbol{K}_k \boldsymbol{R}_k \boldsymbol{K}_k^{\mathrm{T}} \tag{3.142}$$

于是可以由它定义一个目标函数：

$$J\left(\boldsymbol{K}_k\right) = \frac{1}{2} \operatorname{tr} E\left[\hat{\boldsymbol{e}}_k \hat{\boldsymbol{e}}_k^{\mathrm{T}}\right] = E\left[\frac{1}{2} \hat{\boldsymbol{e}}_k^{\mathrm{T}} \hat{\boldsymbol{e}}_k\right] \tag{3.143}$$

它（在一定程度上）量化了 $\hat{\boldsymbol{e}}_k$ 的协方差的大小。我们可以求使该误差最小化的 $\boldsymbol{K}_k$，来计算一个**最小均方误差**（minimum mean-squared error, MMSE）的解。推导过程需要用到下面的恒等式：

$$\frac{\partial \operatorname{tr} \boldsymbol{X}\boldsymbol{Y}}{\partial \boldsymbol{X}} \equiv \boldsymbol{Y}^{\mathrm{T}}, \qquad \frac{\partial \operatorname{tr} \boldsymbol{X}\boldsymbol{Z}\boldsymbol{X}^{\mathrm{T}}}{\partial \boldsymbol{X}} \equiv 2\boldsymbol{X}\boldsymbol{Z} \tag{3.144}$$

其中，$\boldsymbol{Z}$ 是一个对称矩阵。那么有

$$\frac{\partial J\left(\boldsymbol{K}_k\right)}{\partial \boldsymbol{K}_k} = -\left(\boldsymbol{I} - \boldsymbol{K}_k \boldsymbol{C}_k\right) \check{\boldsymbol{P}}_k \boldsymbol{C}_k^{\mathrm{T}} + \boldsymbol{K}_k \boldsymbol{R}_k \tag{3.145}$$

令上式为零，然后求解 $\boldsymbol{K}_k$，得

$$\boldsymbol{K}_k = \check{\boldsymbol{P}}_k \boldsymbol{C}_k^{\mathrm{T}} \left(\boldsymbol{C}_k \check{\boldsymbol{P}}_k \boldsymbol{C}_k^{\mathrm{T}} + \boldsymbol{R}_k\right)^{-1} \tag{3.146}$$

这正是卡尔曼增益的普遍写法。

在观测误差相互独立、零均值和有限方差（为了对每个观测进行适当地加权，我们假设已经提前知道了协方差）的情况下，加权最小二乘法在 MMSE 意义上通常是最佳的。更重要的是，即使误差不服从高斯分布，也没有其他无偏估计能比它做得更好。这就是为什么最小二乘法有时被称为**最优线性无偏估计**（best linear unbiased estimate, BLUE）。最小二乘法由高斯于 1809 年[31] 提出，后来他证明了在不假设任何分布误差的情况下该方法也是最优的[32–33]。这一结果被马尔可夫于 1912 年[34] 再度揭示，并提出了广为人知的高斯-马尔可夫定理[35]。

安德烈·安德烈耶维奇·马尔可夫 (Andrey Andreyevich Markov, 1856—1922) 是一位俄罗斯数学家，以随机过程方面的研究而闻名，特别是以他的名字命名的马尔可夫链和马尔可夫性质。

① 有时候称之为约瑟夫形式（Joseph form）。

### 3.3.5 关于卡尔曼滤波的讨论

以下是卡尔曼滤波的要点：

(1) 对于高斯噪声的线性系统，卡尔曼滤波是**最优线性无偏估计**（best linear unbiased estimate, BLUE）。这意味着它给出的解的协方差矩阵正位于克拉默-拉奥下界处。

(2) 必须有初始状态：$\{\check{\boldsymbol{x}}_0, \check{\boldsymbol{P}}_0\}$。

(3) 协方差部分与均值部分可以独立地递归。有时可以计算一个固定的 $\boldsymbol{K}_k$，用于所有时刻的均值修正。这种做法称为**固定状态的卡尔曼滤波**（steady-state Kalman filter）。

(4) 实现过程中必须用实际的 $\boldsymbol{y}_{k,\text{meas}}$，它们来自传感器的实际读数。

(5) 从后向过程一样能推导出类似的滤波方法，这种方法会沿着时间反向递归。

需要指出的是，我们从两种不同的途径得到了卡尔曼滤波：一是由优化方法，二是由贝叶斯方法。尽管在线性高斯系统中它们是一致的，但在非线性场合下，它们的差别就会很显著（这也是为什么卡尔曼滤波的非线性扩展——**扩展卡尔曼滤波**（extended Kalman filter, EKF），在许多场合下表现欠佳的根本原因所在）。

### 3.3.6 误差动态过程

下面来看估计状态和实际状态之间的误差。如下定义：

$$\check{\boldsymbol{e}}_k = \check{\boldsymbol{x}}_k - \boldsymbol{x}_k \tag{3.147a}$$

$$\hat{\boldsymbol{e}}_k = \hat{\boldsymbol{x}}_k - \boldsymbol{x}_k \tag{3.147b}$$

利用式（3.1）和式（3.131），可以写出它们的“误差动态过程”：

$$\check{\boldsymbol{e}}_k = \boldsymbol{A}_{k-1}\hat{\boldsymbol{e}}_{k-1} - \boldsymbol{w}_k \tag{3.148a}$$

$$\hat{\boldsymbol{e}}_k = (\boldsymbol{I} - \boldsymbol{K}_k\boldsymbol{C}_k)\,\check{\boldsymbol{e}}_k + \boldsymbol{K}_k\boldsymbol{n}_k \tag{3.148b}$$

其中，指定 $\hat{\boldsymbol{e}}_0 = \hat{\boldsymbol{x}}_0 - \boldsymbol{x}_0$。从中不难看出，对于 $k > 0$，只要 $E[\hat{\boldsymbol{e}}_0] = \boldsymbol{0}$，就有 $E[\hat{\boldsymbol{e}}_k] = \boldsymbol{0}$。这意味着估计算法是**无偏**（unbiased）的，该结论可以用数学归纳法证明。在 $k = 0$ 时刻，按照假设，结论成立。那么当假设 $k - 1$ 时刻结论成立时，有

$$E[\check{\boldsymbol{e}}_k] = \boldsymbol{A}_{k-1}\underbrace{E[\hat{\boldsymbol{e}}_{k-1}]}_{\boldsymbol{0}} - \underbrace{E[\boldsymbol{w}_k]}_{\boldsymbol{0}} = \boldsymbol{0} \tag{3.149a}$$

$$E[\hat{\boldsymbol{e}}_k] = (\boldsymbol{I} - \boldsymbol{K}_k\boldsymbol{C}_k)\underbrace{E[\check{\boldsymbol{e}}_k]}_{\boldsymbol{0}} + \boldsymbol{K}_k\underbrace{E[\boldsymbol{n}_k]}_{\boldsymbol{0}} = \boldsymbol{0} \tag{3.149b}$$

因此，该结论对所有时刻 $k$ 均成立。相对不那么明显的，有

$$E[\check{\boldsymbol{e}}_k\check{\boldsymbol{e}}_k^{\text{T}}] = \check{\boldsymbol{P}}_k \tag{3.150a}$$

$$E[\hat{\boldsymbol{e}}_k\hat{\boldsymbol{e}}_k^{\text{T}}] = \hat{\boldsymbol{P}}_k \tag{3.150b}$$

只要 $E[\hat{\boldsymbol{e}}_0\hat{\boldsymbol{e}}_0^{\mathrm{T}}] = \hat{\boldsymbol{P}}_0$，则对所有 $k > 0$ 时刻均成立。这说明此估计是**一致的**（consistent）。同样用数学归纳法证明。对 $k = 0$，依据假设结论成立；设 $E[\hat{\boldsymbol{e}}_{k-1}\hat{\boldsymbol{e}}_{k-1}^{\mathrm{T}}] = \hat{\boldsymbol{P}}_{k-1}$，那么

$$
\begin{aligned}
E\left[\check{\boldsymbol{e}}_k\check{\boldsymbol{e}}_k^{\mathrm{T}}\right] &= E\left[\left(\boldsymbol{A}_{k-1}\hat{\boldsymbol{e}}_{k-1} - \boldsymbol{w}_k\right)\left(\boldsymbol{A}_{k-1}\hat{\boldsymbol{e}}_{k-1} - \boldsymbol{w}_k\right)^{\mathrm{T}}\right] \\
&= \boldsymbol{A}_{k-1}\underbrace{E\left[\hat{\boldsymbol{e}}_{k-1}\hat{\boldsymbol{e}}_{k-1}^{\mathrm{T}}\right]}_{\hat{\boldsymbol{P}}_{k-1}}\boldsymbol{A}_{k-1}^{\mathrm{T}} - \boldsymbol{A}_{k-1}\underbrace{E\left[\hat{\boldsymbol{e}}_{k-1}\boldsymbol{w}_k^{\mathrm{T}}\right]}_{\text{由独立性知为 }\boldsymbol{O}} - \\
&\quad \underbrace{E\left[\boldsymbol{w}_k\hat{\boldsymbol{e}}_{k-1}^{\mathrm{T}}\right]}_{\text{由独立性知为 }\boldsymbol{O}}\boldsymbol{A}_{k-1}^{\mathrm{T}} + \underbrace{E\left[\boldsymbol{w}_k\boldsymbol{w}_k^{\mathrm{T}}\right]}_{\boldsymbol{Q}_k} \\
&= \check{\boldsymbol{P}}_k
\end{aligned} \tag{3.151}
$$

并且

$$
\begin{aligned}
E\left[\hat{\boldsymbol{e}}_k\hat{\boldsymbol{e}}_k^{\mathrm{T}}\right] &= E\left[\left((\boldsymbol{I} - \boldsymbol{K}_k\boldsymbol{C}_k)\check{\boldsymbol{e}}_k + \boldsymbol{K}_k\boldsymbol{n}_k\right)\left((\boldsymbol{I} - \boldsymbol{K}_k\boldsymbol{C}_k)\check{\boldsymbol{e}}_k + \boldsymbol{K}_k\boldsymbol{n}_k\right)^{\mathrm{T}}\right] \\
&= (\boldsymbol{I} - \boldsymbol{K}_k\boldsymbol{C}_k)\underbrace{E\left[\check{\boldsymbol{e}}_k\check{\boldsymbol{e}}_k^{\mathrm{T}}\right]}_{\check{\boldsymbol{P}}_k}(\boldsymbol{I} - \boldsymbol{K}_k\boldsymbol{C}_k)^{\mathrm{T}} + (\boldsymbol{I} - \boldsymbol{K}_k\boldsymbol{C}_k)\underbrace{E\left[\check{\boldsymbol{e}}_k\boldsymbol{n}_k^{\mathrm{T}}\right]}_{\text{由独立性知为 }\boldsymbol{O}}\boldsymbol{K}_k^{\mathrm{T}} + \\
&\quad \boldsymbol{K}_k\underbrace{E\left[\boldsymbol{n}_k\check{\boldsymbol{e}}_k^{\mathrm{T}}\right]}_{\text{由独立性知为 }\boldsymbol{O}}(\boldsymbol{I} - \boldsymbol{K}_k\boldsymbol{C}_k)^{\mathrm{T}} + \boldsymbol{K}_k\underbrace{E\left[\boldsymbol{n}_k\boldsymbol{n}_k^{\mathrm{T}}\right]}_{\boldsymbol{R}_k}\boldsymbol{K}_k^{\mathrm{T}} \\
&= (\boldsymbol{I} - \boldsymbol{K}_k\boldsymbol{C}_k)\check{\boldsymbol{P}}_k \underbrace{- \hat{\boldsymbol{P}}_k\boldsymbol{C}_k^{\mathrm{T}}\boldsymbol{K}_k^{\mathrm{T}} + \boldsymbol{K}_k\boldsymbol{R}_k\boldsymbol{K}_k^{\mathrm{T}}}_{\boldsymbol{O}\text{，因为 }\boldsymbol{K}_k = \hat{\boldsymbol{P}}_k\boldsymbol{C}_k^{\mathrm{T}}\boldsymbol{R}_k^{-1}} \\
&= \hat{\boldsymbol{P}}_k
\end{aligned} \tag{3.152}
$$

因此，该结论在所有 $k$ 时刻均成立。这也意味着系统状态的不确定性（即误差的协方差 $E\left[\hat{\boldsymbol{e}}_k\hat{\boldsymbol{e}}_k^{\mathrm{T}}\right]$）由 $\hat{\boldsymbol{P}}_k$ 完美地刻画。从这个角度来说，卡尔曼滤波是最优的滤波器，这也正是它有时候被称为**最优线性无偏估计**（best linear unbiased estimate，BLUE）的原因。当然，换一种说法，我们可以说卡尔曼滤波的方差正好位于克拉默-拉奥下界处。直观地说，从给定的带噪声的观测数据中，我们没法得到更加确定的估计了。

最后，需要指出的是，所谓的“期望”是对随机变量的所有输出而言的，而非在时间上取平均值。如果我们进行无限次的试验，然后对这些变量取均值（即总体均值（ensemble average）)，那么会看到这个平均误差将为零（即无偏估计）。但这并不代表在每一次试验中（即一次实现）误差会等于零或随时间收敛到零。关于偏差和一致性的进一步讨论见 5.1.1 节。

### 3.3.7　存在性、唯一性及能观性

卡尔曼滤波的稳定性证明见文献 [36]。我们先来考虑时不变的情况，并对符号稍作修改：$\boldsymbol{A}_k = \boldsymbol{A}, \boldsymbol{C}_k = \boldsymbol{C}, \boldsymbol{Q}_k = \boldsymbol{Q}, \boldsymbol{R}_k = \boldsymbol{R}$。证明思路如下：

(1) 卡尔曼滤波的协方差方程，可以在迭代收敛之后再用于计算均值方程。那么一个突出的问题就是协方差会不会收敛到一个稳定值？如果收敛，其收敛结果是不是唯一的？令 $\boldsymbol{P}$ 为 $\check{\boldsymbol{P}}_k$ 的稳态值，我们有（将预测和观测的协方差部分合并之后）以下的式子，它在稳态时必定成立：

$$
\boldsymbol{P} = \boldsymbol{A}(\boldsymbol{I} - \boldsymbol{K}\boldsymbol{C})\boldsymbol{P}(\boldsymbol{I} - \boldsymbol{K}\boldsymbol{C})^{\mathrm{T}}\boldsymbol{A}^{\mathrm{T}} + \boldsymbol{A}\boldsymbol{K}\boldsymbol{R}\boldsymbol{K}^{\mathrm{T}}\boldsymbol{A}^{\mathrm{T}} + \boldsymbol{Q} \tag{3.153}
$$

这是离散时间代数里卡蒂方程（discrete-time algebraic Riccati equation, DARE）的特定形式之一。注意上式中 $\boldsymbol{K}$ 依赖 $\boldsymbol{P}$。DARE 方程有一个唯一的半正定解，记为 $\boldsymbol{P}$，当且仅当：

① $\boldsymbol{R}>0$，在线性高斯系统中已作此假设。

② $\boldsymbol{Q}\geqslant 0$，在批量线性高斯系统中假设 $\boldsymbol{Q}>0$，因此下一个条件是冗余的。

③ $(\boldsymbol{A},\boldsymbol{V})$ 对于 $\boldsymbol{V}^{\mathrm{T}}\boldsymbol{V}=\boldsymbol{Q}$ 是能稳的（stablizable），当 $\boldsymbol{Q}>0$ 时该条件是冗余的。

④ $(\boldsymbol{A},\boldsymbol{C})$ 是可检测的（detectable），即系统是能观的，或允许存在不能观的特征值，但它们是稳定的。我们已经在批量线性高斯系统下讨论过能观性的判定条件。

对该条件的证明超出了本书内容①。

(2) 如果协方差进入了稳态 $\boldsymbol{P}$，那么卡尔曼增益也会进入稳态。令 $\boldsymbol{K}$ 为 $\boldsymbol{K}_k$ 的稳态情况，那么它满足：

$$\boldsymbol{K}=\boldsymbol{P}\boldsymbol{C}^{\mathrm{T}}\left(\boldsymbol{C}\boldsymbol{P}\boldsymbol{C}^{\mathrm{T}}+\boldsymbol{R}\right)^{-1} \tag{3.154}$$

(3) 此时滤波器的误差动态过程是稳定的：

$$E[\check{\boldsymbol{e}}_k]=\underbrace{\boldsymbol{A}(\boldsymbol{I}-\boldsymbol{K}\boldsymbol{C})}_{\text{特征值绝对值小于 1}}E[\check{\boldsymbol{e}}_{k-1}] \tag{3.155}$$

为了说明这件事，考虑 $(\boldsymbol{I}-\boldsymbol{K}\boldsymbol{C})^{\mathrm{T}}\boldsymbol{A}^{\mathrm{T}}$ 的任意特征向量 $\boldsymbol{v}$，对应特征值 $\lambda$，它们满足：

$$\boldsymbol{v}^{\mathrm{T}}\boldsymbol{P}\boldsymbol{v}=\underbrace{\boldsymbol{v}^{\mathrm{T}}\boldsymbol{A}\left(\boldsymbol{I}-\boldsymbol{K}\boldsymbol{C}\right)}_{\lambda\boldsymbol{v}^{\mathrm{T}}}\boldsymbol{P}\underbrace{\left(\boldsymbol{I}-\boldsymbol{K}\boldsymbol{C}\right)^{\mathrm{T}}\boldsymbol{A}^{\mathrm{T}}\boldsymbol{v}}_{\lambda\boldsymbol{v}}+\boldsymbol{v}^{\mathrm{T}}\left(\boldsymbol{A}\boldsymbol{K}\boldsymbol{R}\boldsymbol{K}^{\mathrm{T}}\boldsymbol{A}^{\mathrm{T}}+\boldsymbol{Q}\right)\boldsymbol{v} \tag{3.156a}$$

$$\left(1-\lambda^2\right)\underbrace{\boldsymbol{v}^{\mathrm{T}}\boldsymbol{P}\boldsymbol{v}}_{>0}=\underbrace{\boldsymbol{v}^{\mathrm{T}}\left(\boldsymbol{A}\boldsymbol{K}\boldsymbol{R}\boldsymbol{K}^{\mathrm{T}}\boldsymbol{A}^{\mathrm{T}}+\boldsymbol{Q}\right)\boldsymbol{v}}_{>0} \tag{3.156b}$$

这意味着必定有 $|\lambda|<1$，因此误差动态过程是稳定的。事实上，等式右侧可能为零，不过在进行 $N$ 次迭代之后，我们在右侧建立了一个能观性格拉姆（observability Gramian）矩阵，使得它还是可逆的（如果系统是能观的）。

## 3.4 连续时间的批量估计问题

本节中，我们将讨论一个比本章开头提出的离散时间状态估计更一般的问题。特别地，当运动模型对应连续时间情况时，考虑整个问题将发生什么样的变化？我们将从**高斯过程回归**（Gaussian process regression）的角度来解决这个问题[24]。我们将说明，对于线性高斯系统，离散时间问题的数学模型能够在一定条件下转化为连续时间上的问题[37–38]。

### 3.4.1 高斯过程回归

我们将利用**高斯过程回归**来进行状态估计②。这能够让我们：

(1) 表达连续时间的轨迹（从而查询任意时间点上的解）。

① 读者可参见任何一本现代控制理论教材。——译者注

② 也存在一些其他的表示连续时间轨迹的方法，见文献 [39]。

(2) 对于非线性情况，可以在整个轨迹的层面进行迭代（在递归的模型中较为困难，因为通常仅将时间往前迭代一步）。

我们将说明，在某些特定的先验运动模型下，高斯过程回归会有一个漂亮的稀疏结构，并且能够高效地求解。

考虑连续时间的高斯过程作为运动模型，同时观测模型是离散时间、线性的模型：

$$\boldsymbol{x}(t) \sim \mathcal{GP}\left(\check{\boldsymbol{x}}(t), \check{\boldsymbol{P}}(t,t')\right), \quad t_0 < t, t' \tag{3.157}$$

$$\boldsymbol{y}_k = \boldsymbol{C}_k \boldsymbol{x}(t_k) + \boldsymbol{n}_k, \quad t_0 < t_1 < \cdots < t_K \tag{3.158}$$

其中，$\boldsymbol{x}(t)$ 为状态；$\check{\boldsymbol{x}}_t$ 是期望函数；$\check{\boldsymbol{P}}(t,t')$ 是协方差函数；$\boldsymbol{y}_k$ 是观测；$\boldsymbol{n}_k \sim \mathcal{N}(\boldsymbol{0}, \boldsymbol{R}_k)$ 为高斯观测噪声；$\boldsymbol{C}_k$ 是观测模型的参数。

现在考虑在某些时间点 $(\tau_0 < \tau_1 < \cdots < \tau_J)$ 上对状态进行查询。这些时间点可能与观测时刻 $(t_0 < t_1 < \cdots < t_K)$ 相同，也可能不相同。图 3.6 描述了这个问题。那么，各时间点上的状态与所有（在观测时刻上的）观测的联合分布可以写为

$$p\left(\begin{bmatrix} \boldsymbol{x}_\tau \\ \boldsymbol{y} \end{bmatrix}\right) = \mathcal{N}\left(\begin{bmatrix} \check{\boldsymbol{x}}_\tau \\ \boldsymbol{C}\check{\boldsymbol{x}} \end{bmatrix}, \begin{bmatrix} \check{\boldsymbol{P}}_{\tau\tau} & \check{\boldsymbol{P}}_\tau \boldsymbol{C}^{\mathrm{T}} \\ \boldsymbol{C}\check{\boldsymbol{P}}_\tau^{\mathrm{T}} & \boldsymbol{R} + \boldsymbol{C}\check{\boldsymbol{P}}\boldsymbol{C}^{\mathrm{T}} \end{bmatrix}\right) \tag{3.159}$$

其中

$$\boldsymbol{x} = \begin{bmatrix} \boldsymbol{x}(t_0) \\ \vdots \\ \boldsymbol{x}(t_K) \end{bmatrix}, \quad \check{\boldsymbol{x}} = \begin{bmatrix} \check{\boldsymbol{x}}(t_0) \\ \vdots \\ \check{\boldsymbol{x}}(t_K) \end{bmatrix}, \quad \boldsymbol{x}_\tau = \begin{bmatrix} \boldsymbol{x}(\tau_0) \\ \vdots \\ \boldsymbol{x}(\tau_J) \end{bmatrix}, \quad \check{\boldsymbol{x}}_\tau = \begin{bmatrix} \check{\boldsymbol{x}}(\tau_0) \\ \vdots \\ \check{\boldsymbol{x}}(\tau_J) \end{bmatrix}$$

$$\boldsymbol{y} = \begin{bmatrix} \boldsymbol{y}_0 \\ \vdots \\ \boldsymbol{y}_K \end{bmatrix}, \quad \boldsymbol{C} = \operatorname{diag}(\boldsymbol{C}_0, \cdots, \boldsymbol{C}_K), \quad \boldsymbol{R} = \operatorname{diag}(\boldsymbol{R}_0, \cdots, \boldsymbol{R}_K)$$

$$\check{\boldsymbol{P}} = \left[\check{\boldsymbol{P}}(t_i, t_j)\right]_{ij}, \quad \check{\boldsymbol{P}}_\tau = \left[\check{\boldsymbol{P}}(\tau_i, t_j)\right]_{ij}, \quad \check{\boldsymbol{P}}_{\tau\tau} = \left[\check{\boldsymbol{P}}(\tau_i, \tau_j)\right]_{ij}$$

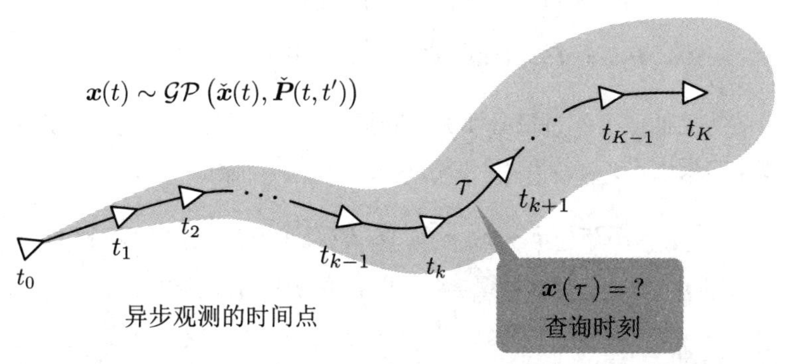


图 3.6　可以把连续时间运动模型下的状态估计问题看成是一个将时间作为独立变量的一维高斯过程回归。在整个轨迹上，有一些异步时间上的观测，同时我们对某些时间点上的状态感兴趣

在高斯过程回归中，矩阵 $\check{\boldsymbol{P}}$ 称为**核矩阵**（kernel matrix）。基于 2.2.2 节讨论的分解式，有

$$p(\boldsymbol{x}_\tau|\boldsymbol{y}) = \mathcal{N}\Big(\underbrace{\check{\boldsymbol{x}}_\tau + \check{\boldsymbol{P}}_\tau \boldsymbol{C}^{\mathrm{T}}\big(\boldsymbol{C}\check{\boldsymbol{P}}\boldsymbol{C}^{\mathrm{T}} + \boldsymbol{R}\big)^{-1}(\boldsymbol{y} - \boldsymbol{C}\check{\boldsymbol{x}})}_{\hat{\boldsymbol{x}}_\tau\text{，均值}}, \underbrace{\check{\boldsymbol{P}}_{\tau\tau} - \check{\boldsymbol{P}}_\tau \boldsymbol{C}^{\mathrm{T}}\big(\boldsymbol{C}\check{\boldsymbol{P}}\boldsymbol{C}^{\mathrm{T}} + \boldsymbol{R}\big)^{-1}\boldsymbol{C}\check{\boldsymbol{P}}_\tau^{\mathrm{T}}}_{\hat{\boldsymbol{P}}_{\tau\tau}\text{，协方差}}\Big) \tag{3.160}$$

该式指出了在每次查询时，根据观测确定的状态分布情况。

如果查询时刻正好为观测时刻（即 $\tau_k = t_k, K = J$），那么上式还能进一步化简。这意味着

$$\check{\boldsymbol{P}} = \check{\boldsymbol{P}}_\tau = \check{\boldsymbol{P}}_{\tau\tau} \tag{3.161}$$

于是有

$$p(\boldsymbol{x}|\boldsymbol{y}) = \mathcal{N}\Big(\underbrace{\check{\boldsymbol{x}} + \check{\boldsymbol{P}}\boldsymbol{C}^{\mathrm{T}}\big(\boldsymbol{C}\check{\boldsymbol{P}}\boldsymbol{C}^{\mathrm{T}} + \boldsymbol{R}\big)^{-1}(\boldsymbol{y} - \boldsymbol{C}\check{\boldsymbol{x}})}_{\hat{\boldsymbol{x}}\text{，均值}}, \underbrace{\check{\boldsymbol{P}} - \check{\boldsymbol{P}}\boldsymbol{C}^{\mathrm{T}}\big(\boldsymbol{C}\check{\boldsymbol{P}}\boldsymbol{C}^{\mathrm{T}} + \boldsymbol{R}\big)^{-1}\boldsymbol{C}\check{\boldsymbol{P}}^{\mathrm{T}}}_{\hat{\boldsymbol{P}}\text{，协方差}}\Big) \tag{3.162}$$

或者，利用 SMW 等式（2.124），能够写为

$$p(\boldsymbol{x}|\boldsymbol{y}) = \mathcal{N}\Big(\underbrace{\big(\check{\boldsymbol{P}}^{-1} + \boldsymbol{C}^{\mathrm{T}}\boldsymbol{R}^{-1}\boldsymbol{C}\big)^{-1}\big(\check{\boldsymbol{P}}^{-1}\check{\boldsymbol{x}} + \boldsymbol{C}^{\mathrm{T}}\boldsymbol{R}^{-1}\boldsymbol{y}\big)}_{\hat{\boldsymbol{x}}\text{，均值}}, \underbrace{\big(\check{\boldsymbol{P}}^{-1} + \boldsymbol{C}^{\mathrm{T}}\boldsymbol{R}^{-1}\boldsymbol{C}\big)^{-1}}_{\hat{\boldsymbol{P}}\text{，协方差}}\Big) \tag{3.163}$$

整理均值的表达式，可以将 $\hat{\boldsymbol{x}}$ 写成线性方程的形式：

$$\big(\check{\boldsymbol{P}}^{-1} + \boldsymbol{C}^{\mathrm{T}}\boldsymbol{R}^{-1}\boldsymbol{C}\big)\hat{\boldsymbol{x}} = \check{\boldsymbol{P}}^{-1}\check{\boldsymbol{x}} + \boldsymbol{C}^{\mathrm{T}}\boldsymbol{R}^{-1}\boldsymbol{y} \tag{3.164}$$

该式可以看成以下优化问题的最优解：

$$\hat{\boldsymbol{x}} = \arg\min_{\boldsymbol{x}} \frac{1}{2}(\check{\boldsymbol{x}} - \boldsymbol{x})^{\mathrm{T}}\check{\boldsymbol{P}}^{-1}(\check{\boldsymbol{x}} - \boldsymbol{x}) + \frac{1}{2}(\boldsymbol{y} - \boldsymbol{C}\boldsymbol{x})^{\mathrm{T}}\boldsymbol{R}^{-1}(\boldsymbol{y} - \boldsymbol{C}\boldsymbol{x}) \tag{3.165}$$

请注意在实际应用中，应当使用 $\boldsymbol{y}_{\text{meas}}$，即传感器的观测数据。

如果在求得观测时刻的估计值之后，又想要查询其他时刻（$\tau_0 < \tau_1 < \cdots < \tau_J$）的状态，那么可以用高斯过程插值来完成此事：

$$\hat{\boldsymbol{x}}_\tau = \check{\boldsymbol{x}}_\tau + \big(\check{\boldsymbol{P}}_\tau\check{\boldsymbol{P}}^{-1}\big)(\hat{\boldsymbol{x}} - \check{\boldsymbol{x}}) \tag{3.166a}$$

$$\hat{\boldsymbol{P}}_{\tau\tau} = \check{\boldsymbol{P}}_{\tau\tau} + \big(\check{\boldsymbol{P}}_\tau\check{\boldsymbol{P}}^{-1}\big)\Big(\hat{\boldsymbol{P}} - \check{\boldsymbol{P}}\Big)\big(\check{\boldsymbol{P}}_\tau\check{\boldsymbol{P}}^{-1}\big)^{\mathrm{T}} \tag{3.166b}$$

这是对状态变量的线性插值（不过没必要对时间插值）。为了推导此式，我们回到式（3.162），整理均值和协方差的表达式：

$$\check{\boldsymbol{P}}^{-1}(\hat{\boldsymbol{x}} - \check{\boldsymbol{x}}) = \boldsymbol{C}^{\mathrm{T}}\big(\boldsymbol{C}\check{\boldsymbol{P}}\boldsymbol{C}^{\mathrm{T}} + \boldsymbol{R}\big)^{-1}(\boldsymbol{y} - \boldsymbol{C}\check{\boldsymbol{x}}) \tag{3.167a}$$

$$\check{\boldsymbol{P}}^{-1}\Big(\hat{\boldsymbol{P}} - \check{\boldsymbol{P}}\Big)\check{\boldsymbol{P}}^{-\mathrm{T}} = -\boldsymbol{C}^{\mathrm{T}}\big(\boldsymbol{C}\check{\boldsymbol{P}}\boldsymbol{C}^{\mathrm{T}} + \boldsymbol{R}\big)^{-1}\boldsymbol{C} \tag{3.167b}$$

再把它们代入式（3.160），得

$$\hat{\boldsymbol{x}}_\tau = \check{\boldsymbol{x}}_\tau + \check{\boldsymbol{P}}_\tau\underbrace{\boldsymbol{C}^{\mathrm{T}}\big(\boldsymbol{C}\check{\boldsymbol{P}}\boldsymbol{C}^{\mathrm{T}} + \boldsymbol{R}\big)^{-1}(\boldsymbol{y} - \boldsymbol{C}\check{\boldsymbol{x}})}_{\check{\boldsymbol{P}}^{-1}(\hat{\boldsymbol{x}} - \check{\boldsymbol{x}})} \tag{3.168a}$$

$$\hat{\boldsymbol{P}}_{\tau\tau} = \check{\boldsymbol{P}}_{\tau\tau} - \check{\boldsymbol{P}}_{\tau} \underbrace{\boldsymbol{C}^{\mathrm{T}}\left(\boldsymbol{C}\check{\boldsymbol{P}}\boldsymbol{C}^{\mathrm{T}} + \boldsymbol{R}\right)^{-1}\boldsymbol{C}}_{-\check{\boldsymbol{P}}^{-1}\left(\hat{\boldsymbol{P}}-\check{\boldsymbol{P}}\right)\check{\boldsymbol{P}}^{-\mathrm{T}}} \check{\boldsymbol{P}}_{\tau}^{\mathrm{T}} \tag{3.168b}$$

于是得式（3.166）。

总体而言，高斯过程回归方法有 $O(K^3 + K^2 J)$ 的复杂度。最初的求解是 $O(K^3)$ 的，而查询是 $O(K^2 J)$，这是相当大的计算量。接下来，我们从矩阵结构上来寻找降低计算量的方法。

### 3.4.2　一种稀疏的高斯过程先验方法

接下来，本节将提出一种特殊的高斯过程先验方法，可以非常快速地求解。这种先验是基于**线性时变**（linear time-varying, LTV）的**随机微分方程**（stochastic differential equation, SDE）：

$$\dot{\boldsymbol{x}}(t) = \boldsymbol{A}(t)\,\boldsymbol{x}(t) + \boldsymbol{v}(t) + \boldsymbol{L}(t)\,\boldsymbol{w}(t) \tag{3.169}$$

其中

$$\boldsymbol{w}(t) \sim \mathcal{GP}\left(\boldsymbol{0}, \boldsymbol{Q}\delta\left(t-t'\right)\right) \tag{3.170}$$

这是一种（稳定）零均值的高斯过程，且有对称正定的**功率谱密度矩阵**（power spectral density matrix）$\boldsymbol{Q}$。接下来我们将采用一种工程方法来避免引入**伊藤积分**（Itō calculus）。以下的叙述可能不够正式，但看上去会比较易懂。如果读者对处理随机微分方程更正式的说明感兴趣，请参见文献 [40]。

伊藤清（Kiyoshi Itō, 1915—2008）是一位日本数学家，也是随机积分和随机微分方程的先驱，伊藤积分的创立者。

对于线性时变的常微分方程的解可以展示如下：

$$\boldsymbol{x}(t) = \boldsymbol{\Phi}(t,t_0)\,\boldsymbol{x}(t_0) + \int_{t_0}^{t} \boldsymbol{\Phi}(t,s)\left(\boldsymbol{v}(s) + \boldsymbol{L}(s)\,\boldsymbol{w}(s)\right)\mathrm{d}s \tag{3.171}$$

其中，$\boldsymbol{\Phi}(t,s)$ 称为**转移函数**（transition function），有以下性质：

$$\boldsymbol{\Phi}(t,t) = \boldsymbol{I} \tag{3.172}$$

$$\dot{\boldsymbol{\Phi}}(t,s) = \boldsymbol{A}(t)\,\boldsymbol{\Phi}(t,s) \tag{3.173}$$

$$\boldsymbol{\Phi}(t,s) = \boldsymbol{\Phi}(t,r)\,\boldsymbol{\Phi}(r,s) \tag{3.174}$$

在实践中，通常可以直接推导出转移函数，但并没有通用公式。

#### 均值函数

对于均值函数，有

$$\underbrace{E\left[\boldsymbol{x}(t)\right]}_{\check{\boldsymbol{x}}(t)} = \boldsymbol{\Phi}(t,t_0)\underbrace{E\left[\boldsymbol{x}(t_0)\right]}_{\check{\boldsymbol{x}}_0} + \int_{t_0}^{t}\boldsymbol{\Phi}(t,s)\Big(\boldsymbol{v}(s) + \boldsymbol{L}(s)\underbrace{E\left[\boldsymbol{w}(s)\right]}_{\boldsymbol{0}}\Big)\mathrm{d}s \tag{3.175}$$

其中，$\check{\boldsymbol{x}}_0$ 为 $t_0$ 时刻均值的初始值。根据上式中的说明，均值函数为

$$\check{\boldsymbol{x}}(t)=\boldsymbol{\Phi}(t,t_0)\,\check{\boldsymbol{x}}_0+\int_{t_0}^{t}\boldsymbol{\Phi}(t,s)\,\boldsymbol{v}(s)\,\mathrm{d}s \tag{3.176}$$

若有一个时间序列 $t_0<t_1<t_2<\cdots<t_K$，那么可以写出这些时刻的均值：

$$\check{\boldsymbol{x}}(t_k)=\boldsymbol{\Phi}(t_k,t_0)\,\check{\boldsymbol{x}}_0+\sum_{n=1}^{k}\boldsymbol{\Phi}(t_k,t_n)\,\boldsymbol{v}_n \tag{3.177}$$

其中

$$\boldsymbol{v}_k=\int_{t_{k-1}}^{t_k}\boldsymbol{\Phi}(t_k,s)\,\boldsymbol{v}(s)\,\mathrm{d}s,\qquad k=1,\cdots,K \tag{3.178}$$

或者，写成**提升形式**：

$$\check{\boldsymbol{x}}=\boldsymbol{A}\boldsymbol{v} \tag{3.179}$$

其中

$$\check{\boldsymbol{x}}=\begin{bmatrix}\check{\boldsymbol{x}}(t_0)\\ \check{\boldsymbol{x}}(t_1)\\ \vdots\\ \check{\boldsymbol{x}}(t_K)\end{bmatrix},\qquad \boldsymbol{v}=\begin{bmatrix}\check{\boldsymbol{x}}_0\\ \boldsymbol{v}_1\\ \vdots\\ \boldsymbol{v}_K\end{bmatrix}$$

$$\boldsymbol{A}=\begin{bmatrix}\boldsymbol{I} & & & & & \\ \boldsymbol{\Phi}(t_1,t_0) & \boldsymbol{I} & & & & \\ \boldsymbol{\Phi}(t_2,t_0) & \boldsymbol{\Phi}(t_2,t_1) & \boldsymbol{I} & & & \\ \vdots & \vdots & \vdots & \ddots & & \\ \boldsymbol{\Phi}(t_{K-1},t_0) & \boldsymbol{\Phi}(t_{K-1},t_1) & \boldsymbol{\Phi}(t_{K-1},t_2) & \cdots & \boldsymbol{I} & \\ \boldsymbol{\Phi}(t_K,t_0) & \boldsymbol{\Phi}(t_K,t_1) & \boldsymbol{\Phi}(t_K,t_2) & \cdots & \boldsymbol{\Phi}(t_K,t_{K-1}) & \boldsymbol{I}\end{bmatrix} \tag{3.180}$$

其中，$\boldsymbol{A}$ 是提升的转移矩阵，为下三角矩阵。

若进一步假设 $\boldsymbol{v}(t)=\boldsymbol{B}(t)\boldsymbol{u}(t)$，且 $\boldsymbol{u}(t)$ 在观测时刻之间保持常量，就能进一步简化此表达式。令 $\boldsymbol{u}_k$ 为 $t\in(t_{k-1},t_k]$ 期间的常量输入，那么可以定义：

$$\boldsymbol{B}=\operatorname{diag}(\boldsymbol{I},\boldsymbol{B}_1,\cdots,\boldsymbol{B}_K),\qquad \boldsymbol{u}=\begin{bmatrix}\check{\boldsymbol{x}}_0\\ \boldsymbol{u}_1\\ \vdots\\ \boldsymbol{u}_K\end{bmatrix} \tag{3.181}$$

其中

$$\boldsymbol{B}_k=\int_{t_{k-1}}^{t_k}\boldsymbol{\Phi}(t_k,s)\,\boldsymbol{B}(s)\,\mathrm{d}s,\qquad k=1,\cdots,K \tag{3.182}$$

于是有

$$\check{\boldsymbol{x}}(t_k)=\boldsymbol{\Phi}(t_k,t_{k-1})\,\check{\boldsymbol{x}}(t_{k-1})+\boldsymbol{B}_k\boldsymbol{u}_k \tag{3.183}$$

以及

$$\check{\boldsymbol{x}}=\boldsymbol{A}\boldsymbol{B}\boldsymbol{u} \tag{3.184}$$

此式定义了均值向量。

## 协方差函数

对于协方差函数，有

$$
\begin{aligned}
&\underbrace{E\left[\left(\boldsymbol{x}(t)-E[\boldsymbol{x}(t)]\right)\left(\boldsymbol{x}(t')-E[\boldsymbol{x}(t')]\right)^{\mathrm{T}}\right]}_{\check{\boldsymbol{P}}(t,t')} \\
&=\boldsymbol{\Phi}(t,t_0)\underbrace{E\left[\left(\boldsymbol{x}(t_0)-E[\boldsymbol{x}(t_0)]\right)\left(\boldsymbol{x}(t_0)-E[\boldsymbol{x}(t_0)]\right)^{\mathrm{T}}\right]}_{\check{\boldsymbol{P}}_0}\boldsymbol{\Phi}(t',t_0)^{\mathrm{T}}+ \\
&\int_{t_0}^{t}\int_{t_0}^{t'}\boldsymbol{\Phi}(t,s)\boldsymbol{L}(s)\underbrace{E\left[\boldsymbol{w}(s)\boldsymbol{w}(s')^{\mathrm{T}}\right]}_{\boldsymbol{Q}\delta(s-s')}\boldsymbol{L}(s')^{\mathrm{T}}\boldsymbol{\Phi}(t',s')^{\mathrm{T}}\mathrm{d}s'\mathrm{d}s
\end{aligned}
\tag{3.185}
$$

其中，$\check{\boldsymbol{P}}_0$ 为 $t_0$ 时刻的初始协方差，假设 $E[\boldsymbol{x}(t_0)\boldsymbol{w}(t)^{\mathrm{T}}]=\boldsymbol{O}$。因此，可以将协方差函数写为

$$
\check{\boldsymbol{P}}(t,t')=\boldsymbol{\Phi}(t,t_0)\check{\boldsymbol{P}}_0\boldsymbol{\Phi}(t',t_0)^{\mathrm{T}}+\int_{t_0}^{t}\int_{t_0}^{t'}\boldsymbol{\Phi}(t,s)\boldsymbol{L}(s)\boldsymbol{Q}\boldsymbol{L}(s')^{\mathrm{T}}\boldsymbol{\Phi}(t',s')^{\mathrm{T}}\delta(s-s')\,\mathrm{d}s'\mathrm{d}s \tag{3.186}
$$

观察第二项，再作一次整理：

$$
\int_{t_0}^{t}\boldsymbol{\Phi}(t,s)\boldsymbol{L}(s)\boldsymbol{Q}\boldsymbol{L}(s)^{\mathrm{T}}\boldsymbol{\Phi}(t',s)^{\mathrm{T}}\mathrm{H}(t'-s)\,\mathrm{d}s \tag{3.187}
$$

其中，$\mathrm{H}(\cdot)$ 为**海维赛函数**（Heaviside function）[①]。现在，分类讨论三类情况：$t<t',t=t',t>t'$。第一类情况，积分的上界限制了积分范围；同理，在第三类情况中，单位阶跃函数亦将限制积分范围。上述约定使得协方差函数的第二项可以写为

$$
\begin{aligned}
&\int_{t_0}^{\min(t,t')}\boldsymbol{\Phi}(t,s)\boldsymbol{L}(s)\boldsymbol{Q}\boldsymbol{L}(s)^{\mathrm{T}}\boldsymbol{\Phi}(t',s)^{\mathrm{T}}\mathrm{d}s \\
&=\begin{cases}
\boldsymbol{\Phi}(t,t')\left(\int_{t_0}^{t'}\boldsymbol{\Phi}(t',s)\boldsymbol{L}(s)\boldsymbol{Q}\boldsymbol{L}(s)^{\mathrm{T}}\boldsymbol{\Phi}(t',s)^{\mathrm{T}}\mathrm{d}s\right), & t'<t \\
\int_{t_0}^{t}\boldsymbol{\Phi}(t,s)\boldsymbol{L}(s)\boldsymbol{Q}\boldsymbol{L}(s)^{\mathrm{T}}\boldsymbol{\Phi}(t,s)^{\mathrm{T}}\mathrm{d}s, & t=t' \\
\left(\int_{t_0}^{t}\boldsymbol{\Phi}(t,s)\boldsymbol{L}(s)\boldsymbol{Q}\boldsymbol{L}(s)^{\mathrm{T}}\boldsymbol{\Phi}(t,s)^{\mathrm{T}}\mathrm{d}s\right)\boldsymbol{\Phi}(t',t)^{\mathrm{T}}, & t<t'
\end{cases}
\end{aligned}
\tag{3.188}
$$

若有一个时间序列 $t_0<t_1<t_2<\cdots<t_K$，那么可以写出这些时刻之间的协方差函数：

$$
\check{\boldsymbol{P}}(t_i,t_j)=\begin{cases}
\boldsymbol{\Phi}(t_i,t_j)\left(\sum\limits_{n=0}^{j}\boldsymbol{\Phi}(t_j,t_n)\boldsymbol{Q}_n\boldsymbol{\Phi}(t_j,t_n)^{\mathrm{T}}\right), & t_j<t_i \\
\sum\limits_{n=0}^{i}\boldsymbol{\Phi}(t_i,t_n)\boldsymbol{Q}_n\boldsymbol{\Phi}(t_i,t_n)^{\mathrm{T}}, & t_i=t_j \\
\left(\sum\limits_{n=0}^{i}\boldsymbol{\Phi}(t_i,t_n)\boldsymbol{Q}_n\boldsymbol{\Phi}(t_i,t_n)^{\mathrm{T}}\right)\boldsymbol{\Phi}(t_j,t_i)^{\mathrm{T}}, & t_i<t_j
\end{cases}
\tag{3.189}
$$

其中

$$
\boldsymbol{Q}_k=\int_{t_{k-1}}^{t_k}\boldsymbol{\Phi}(t_k,s)\boldsymbol{L}(s)\boldsymbol{Q}\boldsymbol{L}(s)^{\mathrm{T}}\boldsymbol{\Phi}(t_k,s)^{\mathrm{T}}\mathrm{d}s,\qquad k=1,\cdots,K \tag{3.190}
$$

---

① 又称为单位阶跃函数 (unit step function)。——译者注

这里令 $\boldsymbol{Q}_0 = \check{\boldsymbol{P}}_0$ 以对应式（3.188）。

根据上述表达式，我们将本节的结论归纳如下。令 $t_0 < t_1 < t_2 < \cdots < t_K$ 为运动过程中递增的时间序列，那么定义**核矩阵**为

$$\check{\boldsymbol{P}} = \left[\boldsymbol{\Phi}\left(t_i, t_0\right) \check{\boldsymbol{P}}_0 \boldsymbol{\Phi}(t_j, t_0)^{\mathrm{T}} + \int_{t_0}^{\min(t_i, t_j)} \boldsymbol{\Phi}\left(t_i, s\right) \boldsymbol{L}\left(s\right) \boldsymbol{Q} \boldsymbol{L}(s)^{\mathrm{T}} \boldsymbol{\Phi}(t_j, s)^{\mathrm{T}} \mathrm{d}s\right]_{ij} \tag{3.191}$$

其中，$\boldsymbol{Q} > 0$ 为对称矩阵。注意 $\check{\boldsymbol{P}}$ 有 $(K+1) \times (K+1)$ 个块，于是我们对 $\check{\boldsymbol{P}}$ 进行 LDU 分解：

$$\check{\boldsymbol{P}} = \boldsymbol{A}\boldsymbol{Q}\boldsymbol{A}^{\mathrm{T}} \tag{3.192}$$

其中，$\boldsymbol{A}$ 为式（3.180）中给出的下三角矩阵，且

$$\boldsymbol{Q}_k = \int_{t_{k-1}}^{t_k} \boldsymbol{\Phi}\left(t_k, s\right) \boldsymbol{L}\left(s\right) \boldsymbol{Q} \boldsymbol{L}(s)^{\mathrm{T}} \boldsymbol{\Phi}(t_k, s)^{\mathrm{T}} \mathrm{d}s, \qquad k = 1, \cdots, K \tag{3.193}$$

$$\boldsymbol{Q} = \mathrm{diag}\left(\check{\boldsymbol{P}}_0, \boldsymbol{Q}_1, \boldsymbol{Q}_2, \cdots, \boldsymbol{Q}_K\right) \tag{3.194}$$

因此，$\check{\boldsymbol{P}}^{-1}$ 为块三对角矩阵，由

$$\check{\boldsymbol{P}}^{-1} = \left(\boldsymbol{A}\boldsymbol{Q}\boldsymbol{A}^{\mathrm{T}}\right)^{-1} = \boldsymbol{A}^{-\mathrm{T}}\boldsymbol{Q}^{-1}\boldsymbol{A}^{-1} \tag{3.195}$$

给出，其中

$$\boldsymbol{A}^{-1} = \begin{bmatrix} \boldsymbol{I} & & & & & \\ -\boldsymbol{\Phi}\left(t_1, t_0\right) & \boldsymbol{I} & & & & \\ & -\boldsymbol{\Phi}\left(t_2, t_1\right) & \boldsymbol{I} & & & \\ & & -\boldsymbol{\Phi}\left(t_3, t_2\right) & \ddots & & \\ & & & \ddots & \boldsymbol{I} & \\ & & & & -\boldsymbol{\Phi}\left(t_K, t_{K-1}\right) & \boldsymbol{I} \end{bmatrix} \tag{3.196}$$

由于 $\boldsymbol{A}^{-1}$ 仅在主对角线和它下方处有非零块，而 $\boldsymbol{Q}^{-1}$ 为分块对角矩阵，于是 $\check{\boldsymbol{P}}^{-1}$ 的块三对角结构可以直接通过矩阵乘法来计算并验证。这正好与本章开头处讨论的离散时间情况对应。

### 先验部分小结

我们可以将高斯过程最终的 $\boldsymbol{x}(t)$ 写为

$$\begin{aligned} \boldsymbol{x}\left(t\right) \sim \mathcal{GP}\Bigg( & \underbrace{\boldsymbol{\Phi}\left(t, t_0\right) \check{\boldsymbol{x}}_0 + \int_{t_0}^{t} \boldsymbol{\Phi}\left(t, s\right) \boldsymbol{v}\left(s\right) \mathrm{d}s}_{\check{\boldsymbol{x}}(t)}, \\ & \underbrace{\boldsymbol{\Phi}\left(t, t_0\right) \check{\boldsymbol{P}}_0 \boldsymbol{\Phi}(t', t_0)^{\mathrm{T}} + \int_{t_0}^{\min\left(t, t'\right)} \boldsymbol{\Phi}\left(t, s\right) \boldsymbol{L}\left(s\right) \boldsymbol{Q} \boldsymbol{L}(s)^{\mathrm{T}} \boldsymbol{\Phi}\left(t', s\right)^{\mathrm{T}} \mathrm{d}s}_{\check{\boldsymbol{P}}(t, t')} \Bigg) \end{aligned} \tag{3.197}$$

在观测时刻 $t_0 < t_1 < \cdots < t_K$ 时，亦有

$$\boldsymbol{x} \sim \mathcal{N}\left(\check{\boldsymbol{x}}, \check{\boldsymbol{P}}\right) = \mathcal{N}\left(\boldsymbol{A}\boldsymbol{v}, \boldsymbol{A}\boldsymbol{Q}\boldsymbol{A}^{\mathrm{T}}\right) \tag{3.198}$$

进而，若观测时刻之间的输入为常量，还可以代入 $\boldsymbol{v} = \boldsymbol{B}\boldsymbol{u}$。

### 查询高斯过程

除了得到观测时刻的轨迹，我们有时也希望求得非观测时刻的轨迹，就需要查询该高斯过程。这可以由式（3.166）给出的高斯过程线性插值公式给出。不失一般性，考虑某个单独的查询时刻 $t_k \leqslant \tau < t_{k+1}$，有

$$\hat{\boldsymbol{x}}(\tau) = \check{\boldsymbol{x}}(\tau) + \check{\boldsymbol{P}}(\tau)\check{\boldsymbol{P}}^{-1}(\hat{\boldsymbol{x}} - \check{\boldsymbol{x}}) \tag{3.199a}$$

$$\hat{\boldsymbol{P}}(\tau,\tau) = \check{\boldsymbol{P}}(\tau,\tau) + \check{\boldsymbol{P}}(\tau)\check{\boldsymbol{P}}^{-1}\left(\hat{\boldsymbol{P}} - \check{\boldsymbol{P}}\right)\check{\boldsymbol{P}}^{-\mathrm{T}}\check{\boldsymbol{P}}(\tau)^{\mathrm{T}} \tag{3.199b}$$

查询时刻的均值函数可简单地写为

$$\check{\boldsymbol{x}}(\tau) = \boldsymbol{\Phi}(\tau,t_k)\check{\boldsymbol{x}}(t_k) + \int_{t_k}^{\tau}\boldsymbol{\Phi}(\tau,s)\boldsymbol{v}(s)\,\mathrm{d}s \tag{3.200}$$

计算该式仅有 $O(1)$ 的复杂度。对于查询时刻的协方差函数，有

$$\check{\boldsymbol{P}}(\tau,\tau) = \boldsymbol{\Phi}(\tau,t_k)\check{\boldsymbol{P}}(t_k,t_k)\boldsymbol{\Phi}(\tau,t_k)^{\mathrm{T}} + \int_{t_k}^{\tau}\boldsymbol{\Phi}(\tau,s)\boldsymbol{L}(s)\boldsymbol{Q}\boldsymbol{L}(s)^{\mathrm{T}}\boldsymbol{\Phi}(\tau,s)^{\mathrm{T}}\mathrm{d}s \tag{3.201}$$

亦只需 $O(1)$ 时间即可计算。

下面来考虑在常规线性时变的运动模型的情况下，乘积 $\check{\boldsymbol{P}}(\tau)\check{\boldsymbol{P}}^{-1}$ 的稀疏性。注意 $\check{\boldsymbol{P}}(\tau)$ 矩阵可以写为

$$\check{\boldsymbol{P}}(\tau) = \begin{bmatrix} \check{\boldsymbol{P}}(\tau,t_0) & \check{\boldsymbol{P}}(\tau,t_1) & \cdots & \check{\boldsymbol{P}}(\tau,t_K) \end{bmatrix} \tag{3.202}$$

每一个小块由

$$\check{\boldsymbol{P}}(\tau,t_j) = \begin{cases} \boldsymbol{\Phi}(\tau,t_k)\boldsymbol{\Phi}(t_k,t_j)\left(\sum\limits_{n=0}^{j}\boldsymbol{\Phi}(t_j,t_n)\boldsymbol{Q}_n\boldsymbol{\Phi}(t_j,t_n)^{\mathrm{T}}\right), & t_j < t_k \\ \boldsymbol{\Phi}(\tau,t_k)\left(\sum\limits_{n=0}^{k}\boldsymbol{\Phi}(t_k,t_n)\boldsymbol{Q}_n\boldsymbol{\Phi}(t_k,t_n)^{\mathrm{T}}\right), & t_k = t_j \\ \boldsymbol{\Phi}(\tau,t_k)\left(\sum\limits_{n=0}^{k}\boldsymbol{\Phi}(t_k,t_n)\boldsymbol{Q}_n\boldsymbol{\Phi}(t_k,t_n)^{\mathrm{T}}\right)\boldsymbol{\Phi}(t_{k+1},t_k)^{\mathrm{T}} + \\ \quad \boldsymbol{Q}_r\boldsymbol{\Phi}(t_{k+1},\tau)^{\mathrm{T}}, & t_{k+1} = t_j \\ \boldsymbol{\Phi}(\tau,t_k)\left(\sum\limits_{n=0}^{k}\boldsymbol{\Phi}(t_k,t_n)\boldsymbol{Q}_n\boldsymbol{\Phi}(t_k,t_n)^{\mathrm{T}}\right)\boldsymbol{\Phi}(t_j,t_k)^{\mathrm{T}} + \\ \quad \boldsymbol{Q}_r\boldsymbol{\Phi}(t_{k+1},\tau)^{\mathrm{T}}\boldsymbol{\Phi}(t_j,t_{k+1})^{\mathrm{T}}, & t_{k+1} < t_j \end{cases} \tag{3.203}$$

给出，其中

$$\boldsymbol{Q}_r = \int_{t_k}^{\tau}\boldsymbol{\Phi}(\tau,s)\boldsymbol{L}(s)\boldsymbol{Q}\boldsymbol{L}(s)^{\mathrm{T}}\boldsymbol{\Phi}(\tau,s)^{\mathrm{T}}\mathrm{d}s \tag{3.204}$$

尽管形式有点复杂，但可以令

$$\check{\boldsymbol{P}}(\tau) = \boldsymbol{V}(\tau)\boldsymbol{A}^{\mathrm{T}} \tag{3.205}$$

其中，$\boldsymbol{A}$ 的定义见式（3.180），且

$$\begin{aligned}\boldsymbol{V}(\tau) = \Big[ & \boldsymbol{\Phi}(\tau,t_k)\boldsymbol{\Phi}(t_k,t_0)\check{\boldsymbol{P}}_0 \quad \boldsymbol{\Phi}(\tau,t_k)\boldsymbol{\Phi}(t_k,t_1)\boldsymbol{Q}_1 \quad \cdots \\ & \boldsymbol{\Phi}(\tau,t_k)\boldsymbol{\Phi}(t_k,t_{k-1})\boldsymbol{Q}_{k-1} \quad \boldsymbol{\Phi}(\tau,t_k)\boldsymbol{Q}_k \quad \boldsymbol{Q}_r\boldsymbol{\Phi}(t_{k+1},\tau)^{\mathrm{T}} \quad \boldsymbol{O} \quad \cdots \quad \boldsymbol{O}\Big]\end{aligned} \tag{3.206}$$

回到待求的乘积，有

$$\check{\boldsymbol{P}}(\tau)\check{\boldsymbol{P}}^{-1}=\boldsymbol{V}(\tau)\underbrace{\boldsymbol{A}^{\mathrm{T}}\boldsymbol{A}^{-\mathrm{T}}}_{\boldsymbol{I}}\boldsymbol{Q}^{-1}\boldsymbol{A}^{-1}=\boldsymbol{V}(\tau)\boldsymbol{Q}^{-1}\boldsymbol{A}^{-1} \tag{3.207}$$

由于 $\boldsymbol{Q}^{-1}$ 为分块对角矩阵，且 $\boldsymbol{A}^{-1}$ 仅有对角线和下方一行非零，因此很容易验证它们的积。计算如下：

$$\begin{aligned}\check{\boldsymbol{P}}(\tau)\check{\boldsymbol{P}}^{-1}=\Big[\boldsymbol{O}\quad\cdots\quad\boldsymbol{O}\quad&\underbrace{\boldsymbol{\Phi}(\tau,t_k)-\boldsymbol{Q}_\tau\boldsymbol{\Phi}(t_{k+1},\tau)^{\mathrm{T}}\boldsymbol{Q}_{k+1}^{-1}\boldsymbol{\Phi}(t_{k+1},t_k)}_{\boldsymbol{\Lambda}(\tau)，\text{第 } k \text{ 列}}\\&\underbrace{\boldsymbol{Q}_\tau\boldsymbol{\Phi}(t_{k+1},\tau)^{\mathrm{T}}\boldsymbol{Q}_{k+1}^{-1}}_{\boldsymbol{\Psi}(\tau)，\text{第 } k+1 \text{ 列}}\quad\boldsymbol{O}\quad\cdots\quad\boldsymbol{O}\Big]\end{aligned} \tag{3.208}$$

该式正好有两个非零列。代入式（3.199），得

$$\hat{\boldsymbol{x}}(\tau)=\check{\boldsymbol{x}}(\tau)+\begin{bmatrix}\boldsymbol{\Lambda}(\tau) & \boldsymbol{\Psi}(\tau)\end{bmatrix}\left(\begin{bmatrix}\hat{\boldsymbol{x}}_k\\\hat{\boldsymbol{x}}_{k+1}\end{bmatrix}-\begin{bmatrix}\check{\boldsymbol{x}}(t_k)\\\check{\boldsymbol{x}}(t_{k+1})\end{bmatrix}\right) \tag{3.209a}$$

$$\begin{aligned}\hat{\boldsymbol{P}}(\tau,\tau)=\check{\boldsymbol{P}}(\tau,\tau)+\begin{bmatrix}\boldsymbol{\Lambda}(\tau) & \boldsymbol{\Psi}(\tau)\end{bmatrix}\left(\begin{bmatrix}\hat{\boldsymbol{P}}_{k,k} & \hat{\boldsymbol{P}}_{k,k+1}\\\hat{\boldsymbol{P}}_{k+1,k} & \hat{\boldsymbol{P}}_{k+1,k+1}\end{bmatrix}-\right.\\\left.\begin{bmatrix}\check{\boldsymbol{P}}(t_k,t_k) & \check{\boldsymbol{P}}(t_k,t_{k+1})\\\check{\boldsymbol{P}}(t_{k+1},t_k) & \check{\boldsymbol{P}}(t_{k+1},t_{k+1})\end{bmatrix}\right)\begin{bmatrix}\boldsymbol{\Lambda}(\tau)^{\mathrm{T}}\\\boldsymbol{\Psi}(\tau)^{\mathrm{T}}\end{bmatrix}\end{aligned} \tag{3.209b}$$

这两个公式仅是 $t_k$ 与 $t_{k+1}$ 时间项的简单结合。因此，查询轨迹上任意时刻的状态仅有 $O(1)$ 的复杂度。

**例 3.1** 我们举一个简单的例子，考虑系统：

$$\dot{\boldsymbol{x}}(t)=\boldsymbol{w}(t) \tag{3.210}$$

它可以写为

$$\dot{\boldsymbol{x}}(t)=\boldsymbol{A}(t)\boldsymbol{x}(t)+\boldsymbol{v}(t)+\boldsymbol{L}(t)\boldsymbol{w}(t) \tag{3.211}$$

其中，$\boldsymbol{A}(t)=\boldsymbol{O}$；$\boldsymbol{v}(t)=\boldsymbol{0}$；$\boldsymbol{L}(t)=\boldsymbol{I}$。在这个例子中，假设均值函数在任意时刻均为零，那么查询公式为

$$\hat{\boldsymbol{x}}_\tau=(1-\alpha)\hat{\boldsymbol{x}}_k+\alpha\hat{\boldsymbol{x}}_{k+1} \tag{3.212}$$

其中

$$\alpha=\frac{\tau-t_k}{t_{k+1}-t_k}\in[0,1] \tag{3.213}$$

这是一个关于 $\tau$ 的简单线性插值公式。如果用更复杂的运动模型，我们也会得到更加复杂的插值方法。

### 3.4.3 线性时不变情况

在线性时不变（linear time-invariant, LTI）情况下，可想而知，方程会变得更加简单：

$$\dot{\boldsymbol{x}}(t)=\boldsymbol{A}\boldsymbol{x}(t)+\boldsymbol{B}\boldsymbol{u}(t)+\boldsymbol{L}\boldsymbol{w}(t) \tag{3.214}$$

其中，$\boldsymbol{A},\boldsymbol{B},\boldsymbol{L}$ 均为常量[①]。此时转移函数为

$$\boldsymbol{\Phi}(t,s)=\exp(\boldsymbol{A}(t-s)) \tag{3.215}$$

注意到上式仅与两个时刻有关（所以是稳定的）。因此，可写出其简化的表达式：

$$\Delta t_{k:k-1}=t_k-t_{k-1},\qquad k=1,\cdots,K \tag{3.216}$$

$$\boldsymbol{\Phi}\left(t_k,t_{k-1}\right)=\exp\left(\boldsymbol{A}\Delta t_{k:k-1}\right),\qquad k=1,\cdots,K \tag{3.217}$$

$$\boldsymbol{\Phi}\left(t_k,t_j\right)=\boldsymbol{\Phi}\left(t_k,t_{k-1}\right)\boldsymbol{\Phi}\left(t_{k-1},t_{k-2}\right)\cdots\boldsymbol{\Phi}\left(t_{j+1},t_j\right) \tag{3.218}$$

### 均值函数

对于均值函数，可以作以下简化：

$$\boldsymbol{v}_k=\int_0^{\Delta t_{k:k-1}}\exp\left(\boldsymbol{A}\left(\Delta t_{k:k-1}-s\right)\right)\boldsymbol{B}\boldsymbol{u}\left(t_{k-1}+s\right)\mathrm{d}s,\quad k=1,\cdots,K \tag{3.219}$$

如果假设 $\boldsymbol{u}(t)$ 在连续的观测时刻内保持不变，那么此式还能进一步简化。令 $\boldsymbol{u}_k$ 为 $t\in(t_{k-1},t_k]$ 之间的常量输入，那么可以定义：

$$\boldsymbol{B}=\operatorname{diag}\left(\boldsymbol{I},\boldsymbol{B}_1,\cdots,\boldsymbol{B}_M\right),\qquad \boldsymbol{u}=\begin{bmatrix}\check{\boldsymbol{x}}_0\\ \boldsymbol{u}_1\\ \vdots\\ \boldsymbol{u}_M\end{bmatrix} \tag{3.220}$$

并且

$$\begin{aligned}\boldsymbol{B}_k&=\int_0^{\Delta t_{k:k-1}}\exp\left(\boldsymbol{A}\left(\Delta t_{k:k-1}-s\right)\right)\mathrm{d}s\ \boldsymbol{B}\\&=\boldsymbol{\Phi}\left(t_k,t_{k-1}\right)\left(1-\boldsymbol{\Phi}(t_k,t_{k-1})^{-1}\right)\boldsymbol{A}^{-1}\boldsymbol{B},\quad k=1,\cdots,K\end{aligned} \tag{3.221}$$

于是，均值能写为

$$\check{\boldsymbol{x}}=\boldsymbol{A}\boldsymbol{B}\boldsymbol{u} \tag{3.222}$$

### 协方差函数

协方差函数可以简化为

$$\boldsymbol{Q}_k=\int_0^{\Delta t_{k:k-1}}\exp\left(\boldsymbol{A}\left(\Delta t_{k:k-1}-s\right)\right)\boldsymbol{L}\boldsymbol{Q}\boldsymbol{L}^{\mathrm{T}}\exp\left(\boldsymbol{A}\left(\Delta t_{k:k-1}-s\right)\right)^{\mathrm{T}}\mathrm{d}s \tag{3.223}$$

其中，$k=1,\cdots,K$。该式的计算是简单的，特别是当 $\boldsymbol{A}$ 为幂零矩阵（nilpotent）时[②]。令

$$\boldsymbol{Q}=\operatorname{diag}\left(\check{\boldsymbol{P}}_0,\boldsymbol{Q}_1,\boldsymbol{Q}_2,\cdots,\boldsymbol{Q}_K\right) \tag{3.224}$$

那么对于协方差矩阵，有

$$\check{\boldsymbol{P}}=\boldsymbol{A}\boldsymbol{Q}\boldsymbol{A}^{\mathrm{T}} \tag{3.225}$$

---

① 原书用斜体字以示区别，但与我国标准不同。中译本对矩阵和向量一律使用黑斜体。——译者注

② 幂零矩阵 $\boldsymbol{A}$ 是指，存在正整数 $N$，使得 $\boldsymbol{A}^N=\boldsymbol{O}$。——译者注

查询高斯过程

查询高斯过程需要用到下面几个量：

$$\boldsymbol{\Phi}\left(t_{k+1}:\tau\right)=\exp\left(\boldsymbol{A}\Delta t_{k+1:\tau}\right),\qquad \Delta t_{k+1:\tau}=t_{k+1}-\tau \tag{3.226}$$

$$\boldsymbol{\Phi}\left(\tau,t_k\right)=\exp\left(\boldsymbol{A}\Delta t_{\tau:k}\right),\qquad \Delta t_{\tau:k}=\tau-t_k \tag{3.227}$$

$$\boldsymbol{Q}_\tau=\int_0^{\Delta t_{\tau:k}}\exp\left(\boldsymbol{A}\left(\Delta t_{\tau:k}-s\right)\right)\boldsymbol{L}\boldsymbol{Q}\boldsymbol{L}^{\mathrm{T}}\exp\left(\boldsymbol{A}(\Delta t_{\tau:k}-s)^{\mathrm{T}}\right)\mathrm{d}s \tag{3.228}$$

插值方程仍为

$$\begin{aligned}\hat{\boldsymbol{x}}\left(\tau\right)=\check{\boldsymbol{x}}\left(\tau\right)+&\left(\boldsymbol{\Phi}\left(\tau,t_k\right)-\boldsymbol{Q}_\tau\boldsymbol{\Phi}(t_{k+1},\tau)^{\mathrm{T}}\boldsymbol{Q}_{k+1}^{-1}\boldsymbol{\Phi}\left(t_{k+1},t_k\right)\right)\left(\hat{\boldsymbol{x}}_k-\check{\boldsymbol{x}}_k\right)+\\&\boldsymbol{Q}_\tau\boldsymbol{\Phi}(t_{k+1},\tau)^{\mathrm{T}}\boldsymbol{Q}_{k+1}^{-1}\left(\hat{\boldsymbol{x}}_{k+1}-\check{\boldsymbol{x}}_{k+1}\right)\end{aligned} \tag{3.229}$$

这亦是 $t_k$ 和 $t_{k+1}$ 项的简单线性组合。

**例 3.2** 考虑以下例子：

$$\ddot{\boldsymbol{p}}(t)=\boldsymbol{w}(t) \tag{3.230}$$

其中，$\boldsymbol{p}(t)$ 为位移，且

$$\boldsymbol{w}(t)\sim\mathcal{GP}(\boldsymbol{0},\boldsymbol{Q}\delta(t-t')) \tag{3.231}$$

为白噪声。它的物理意义为加速度上的白噪声（即匀速运动模型）。可以将上述模型写为

$$\dot{\boldsymbol{x}}(t)=\boldsymbol{A}\boldsymbol{x}(t)+\boldsymbol{B}\boldsymbol{u}(t)+\boldsymbol{L}\boldsymbol{w}(t) \tag{3.232}$$

其中

$$\boldsymbol{x}\left(t\right)=\begin{bmatrix}\boldsymbol{p}\left(t\right)\\\dot{\boldsymbol{p}}\left(t\right)\end{bmatrix},\quad \boldsymbol{A}=\begin{bmatrix}\boldsymbol{O}&\boldsymbol{I}\\\boldsymbol{O}&\boldsymbol{O}\end{bmatrix},\quad \boldsymbol{B}=\boldsymbol{O},\quad \boldsymbol{L}=\begin{bmatrix}\boldsymbol{O}\\\boldsymbol{I}\end{bmatrix} \tag{3.233}$$

在此例中，有

$$\exp\left(\boldsymbol{A}\Delta t\right)=\boldsymbol{I}+\boldsymbol{A}\Delta t+\frac{1}{2}\underbrace{\boldsymbol{A}^2}_{\boldsymbol{O}}\Delta t^2+\cdots=\boldsymbol{I}+\begin{bmatrix}\boldsymbol{O}&\boldsymbol{I}\\\boldsymbol{O}&\boldsymbol{O}\end{bmatrix}\Delta t=\begin{bmatrix}\boldsymbol{I}&\Delta t\boldsymbol{I}\\\boldsymbol{O}&\boldsymbol{I}\end{bmatrix} \tag{3.234}$$

因为 $\boldsymbol{A}$ 是幂零的，所以有

$$\boldsymbol{\Phi}\left(t_k,t_{k-1}\right)=\begin{bmatrix}\boldsymbol{I}&\Delta t_{k:k-1}\boldsymbol{I}\\\boldsymbol{O}&\boldsymbol{I}\end{bmatrix} \tag{3.235}$$

对于 $\boldsymbol{Q}_k$，我们有

$$\begin{aligned}\boldsymbol{Q}_k&=\int_0^{\Delta t_{k:k-1}}\begin{bmatrix}\boldsymbol{I}&\left(\Delta t_{k:k-1}-s\right)\boldsymbol{I}\\\boldsymbol{O}&\boldsymbol{I}\end{bmatrix}\begin{bmatrix}\boldsymbol{O}\\\boldsymbol{I}\end{bmatrix}\boldsymbol{Q}[\boldsymbol{O}\quad\boldsymbol{I}]\begin{bmatrix}\boldsymbol{I}&\boldsymbol{O}\\\left(\Delta t_{k:k-1}-s\right)\boldsymbol{I}&\boldsymbol{I}\end{bmatrix}\mathrm{d}s\\&=\int_0^{\Delta t_{k:k-1}}\begin{bmatrix}\left(\Delta t_{k:k-1}-s\right)^2\boldsymbol{Q}&\left(\Delta t_{k:k-1}-s\right)\boldsymbol{Q}\\\left(\Delta t_{k:k-1}-s\right)\boldsymbol{Q}&\boldsymbol{Q}\end{bmatrix}\mathrm{d}s\\&=\begin{bmatrix}\frac{1}{3}\Delta t_{k:k-1}^3\boldsymbol{Q}&\frac{1}{2}\Delta t_{k:k-1}^2\boldsymbol{Q}\\\frac{1}{2}\Delta t_{k:k-1}^2\boldsymbol{Q}&\Delta t_{k:k-1}\boldsymbol{Q}\end{bmatrix}\end{aligned} \tag{3.236}$$

注意它仍是正定的，即使 $\boldsymbol{LQL}^{\mathrm{T}}$ 不正定。它的逆为

$$\boldsymbol{Q}_k^{-1}=\begin{bmatrix}12\Delta t_{k:k-1}^{-3}\boldsymbol{Q}^{-1} & -6\Delta t_{k:k-1}^{-2}\boldsymbol{Q}^{-1}\\ -6\Delta t_{k:k-1}^{-2}\boldsymbol{Q}^{-1} & 4\Delta t_{k:k-1}^{-1}\boldsymbol{Q}^{-1}\end{bmatrix} \tag{3.237}$$

它用来计算 $\check{\boldsymbol{P}}^{-1}$。对于均值函数，我们有

$$\check{\boldsymbol{x}}_k=\boldsymbol{\Phi}\left(t_k,t_0\right)\check{\boldsymbol{x}}_0,\quad k=1,\cdots,K \tag{3.238}$$

为了方便起见，可将它叠成矩阵形式：

$$\check{\boldsymbol{x}}=\boldsymbol{A}\begin{bmatrix}\check{\boldsymbol{x}}_0\\ \boldsymbol{0}\\ \vdots\\ \boldsymbol{0}\end{bmatrix} \tag{3.239}$$

对于轨迹的查询，需要定义：

$$\begin{aligned}&\boldsymbol{\Phi}\left(\tau,t_k\right)=\begin{bmatrix}\boldsymbol{I} & \Delta t_{\tau:k}\boldsymbol{I}\\ \boldsymbol{O} & \boldsymbol{I}\end{bmatrix},\quad \boldsymbol{\Phi}\left(t_{k+1},\tau\right)=\begin{bmatrix}\boldsymbol{I} & \Delta t_{k+1:\tau}\boldsymbol{I}\\ \boldsymbol{O} & \boldsymbol{I}\end{bmatrix}\\ &\check{\boldsymbol{x}}_\tau=\boldsymbol{\Phi}\left(\tau,t_k\right)\check{\boldsymbol{x}}_k,\quad \boldsymbol{Q}_\tau=\begin{bmatrix}\frac{1}{3}\Delta t_{\tau:k}^3\boldsymbol{Q} & \frac{1}{2}\Delta t_{\tau:k}^2\boldsymbol{Q}\\ \frac{1}{2}\Delta t_{\tau:k}^2\boldsymbol{Q} & \Delta t_{\tau:k}\boldsymbol{Q}\end{bmatrix}\end{aligned} \tag{3.240}$$

我们将看到计算结果与 $\tau$ 不是线性关系。将它们代入插值等式，有

$$\begin{aligned}\hat{\boldsymbol{x}}_\tau&=\check{\boldsymbol{x}}_\tau+\left(\boldsymbol{\Phi}\left(\tau,t_k\right)-\boldsymbol{Q}_\tau\boldsymbol{\Phi}(t_{k+1},\tau)^{\mathrm{T}}\boldsymbol{Q}_{k+1}^{-1}\boldsymbol{\Phi}\left(t_{k+1},t_k\right)\right)\left(\hat{\boldsymbol{x}}_k-\check{\boldsymbol{x}}_k\right)+\\ &\quad\boldsymbol{Q}_\tau\boldsymbol{\Phi}(t_{k+1},\tau)^{\mathrm{T}}\boldsymbol{Q}_{k+1}^{-1}\left(\hat{\boldsymbol{x}}_{k+1}-\check{\boldsymbol{x}}_{k+1}\right)\\ &=\check{\boldsymbol{x}}_\tau+\begin{bmatrix}\left(1-3\alpha^2+2\alpha^3\right)\boldsymbol{I} & T\left(\alpha-2\alpha^2+\alpha^3\right)\boldsymbol{I}\\ \frac{1}{T}6\left(-\alpha+\alpha^2\right)\boldsymbol{I} & \left(1-4\alpha+3\alpha^2\right)\boldsymbol{I}\end{bmatrix}\left(\hat{\boldsymbol{x}}_k-\check{\boldsymbol{x}}_k\right)+\\ &\quad\begin{bmatrix}\left(3\alpha^2-2\alpha^3\right)\boldsymbol{I} & T\left(-\alpha^2+\alpha^3\right)\boldsymbol{I}\\ \frac{1}{T}6\left(\alpha-\alpha^2\right)\boldsymbol{I} & \left(-2\alpha+3\alpha^2\right)\boldsymbol{I}\end{bmatrix}\left(\hat{\boldsymbol{x}}_{k+1}-\check{\boldsymbol{x}}_{k+1}\right)\end{aligned} \tag{3.241}$$

其中

$$\alpha=\frac{\tau-t_k}{t_{k+1}-t_k}\in[0,1],\qquad T=\Delta t_{k+1:k}=t_{k+1}-t_k \tag{3.242}$$

值得一提的是，第一行正是**三次埃尔米特插值**（cubic Hermite interpolation）：

$$\begin{aligned}\hat{\boldsymbol{p}}_\tau-\check{\boldsymbol{p}}_\tau=&h_{00}\left(\alpha\right)\left(\hat{\boldsymbol{p}}_k-\check{\boldsymbol{p}}_k\right)+h_{10}\left(\alpha\right)T\left(\hat{\dot{\boldsymbol{p}}}_k-\check{\dot{\boldsymbol{p}}}_k\right)+\\ &h_{01}\left(\alpha\right)\left(\hat{\boldsymbol{p}}_{k+1}-\check{\boldsymbol{p}}_{k+1}\right)+h_{11}\left(\alpha\right)T\left(\hat{\dot{\boldsymbol{p}}}_{k+1}-\check{\dot{\boldsymbol{p}}}_{k+1}\right)\end{aligned} \tag{3.243}$$

其中

$$h_{00}\left(\alpha\right)=1-3\alpha^2+2\alpha^3,\quad h_{10}\left(\alpha\right)=\alpha-2\alpha^2+\alpha^3 \tag{3.244a}$$

$$h_{01}\left(\alpha\right)=3\alpha^2-2\alpha^3,\quad h_{11}\left(\alpha\right)=-\alpha^2+\alpha^3 \tag{3.244b}$$

为**埃尔米特基函数**（Hermite basis function）。下一行（对应到速度）仅为 $\alpha$ 的二次形式，所以基函数是用于插值位移部分的导数项。需要注意的是，当我们用高斯过程回归方法推导先验运动模型时，埃尔米特插值法是自动出现的。因此，在实现当中，我们可以简单地用通常矩阵方程即可，而不必推导插值部分的细节。

查尔斯 · 埃尔米特（Charles Hermite, 1822—1901）是法国数学家，在正交多项式上有杰出贡献。

在 $\alpha = 0$ 时，容易验证

$$\hat{\boldsymbol{x}}_\tau = \check{\boldsymbol{x}}_\tau + (\hat{\boldsymbol{x}}_k - \check{\boldsymbol{x}}_k) \tag{3.245}$$

当 $\alpha = 1$ 时，我们有

$$\hat{\boldsymbol{x}}_\tau = \check{\boldsymbol{x}}_\tau + (\hat{\boldsymbol{x}}_{k+1} - \check{\boldsymbol{x}}_{k+1}) \tag{3.246}$$

这可以看作在边界处的结论。

### 3.4.4 与批量离散时间情况的关系

前面已经描述了如何高效地定义先验部分，现在让我们转回到式（3.165）定义的高斯过程优化问题。代入我们的先验项，问题变为

$$\hat{\boldsymbol{x}} = \arg\min_{\boldsymbol{x}} \frac{1}{2}(\underbrace{\boldsymbol{A}\boldsymbol{v}}_{\check{\boldsymbol{x}}} - \boldsymbol{x})^{\mathrm{T}} \underbrace{\boldsymbol{A}^{-\mathrm{T}}\boldsymbol{Q}^{-1}\boldsymbol{A}^{-1}}_{\check{\boldsymbol{P}}^{-1}}(\underbrace{\boldsymbol{A}\boldsymbol{v}}_{\check{\boldsymbol{x}}} - \boldsymbol{x}) + \frac{1}{2}(\boldsymbol{y} - \boldsymbol{C}\boldsymbol{x})^{\mathrm{T}}\boldsymbol{R}^{-1}(\boldsymbol{y} - \boldsymbol{C}\boldsymbol{x}) \tag{3.247}$$

整理，得

$$\hat{\boldsymbol{x}} = \arg\min_{\boldsymbol{x}} \frac{1}{2}\left(\boldsymbol{v} - \boldsymbol{A}^{-1}\boldsymbol{x}\right)^{\mathrm{T}}\boldsymbol{Q}^{-1}\left(\boldsymbol{v} - \boldsymbol{A}^{-1}\boldsymbol{x}\right) + \frac{1}{2}(\boldsymbol{y} - \boldsymbol{C}\boldsymbol{x})^{\mathrm{T}}\boldsymbol{R}^{-1}(\boldsymbol{y} - \boldsymbol{C}\boldsymbol{x}) \tag{3.248}$$

此问题的解为

$$\underbrace{\left(\boldsymbol{A}^{-\mathrm{T}}\boldsymbol{Q}^{-1}\boldsymbol{A}^{-1} + \boldsymbol{C}^{\mathrm{T}}\boldsymbol{R}^{-1}\boldsymbol{C}\right)}_{\text{块三对角}}\hat{\boldsymbol{x}} = \boldsymbol{A}^{-\mathrm{T}}\boldsymbol{Q}^{-1}\boldsymbol{v} + \boldsymbol{C}^{\mathrm{T}}\boldsymbol{R}^{-1}\boldsymbol{y} \tag{3.249}$$

因为左侧是块三对角矩阵，所以能够用稀疏求解方法（如带有稀疏前向与后向过程的楚列斯基分解）在 $O(K)$ 时间内求解。如果需要在其他 $J$ 个时刻内查询轨迹，那就还需 $O(J)$ 的时间，因为每次查询的时间为 $O(1)$。这意味着我们能够在 $O(K+J)$ 时间内求解并查询整个系统，相比不使用特定高斯过程先验时的 $O(K^3 + K^2 J)$ 时间来说，这是一个重大的提升。

连续时间情况下的结论，和我们在离散时间情况下介绍的结论是等价的。因此，离散时间方法在观测时刻上完全可以用于连续时间的情形，它们都可以看成是高斯过程的回归。

## 3.5 连续时间的递归平滑和滤波算法

### 3.5.1 批量估计问题转换为平滑和滤波算法

3.4 节讨论了连续时间的批量估计问题，最后在 3.4.4 节中，我们展示了离散时间方法在观测时刻上完全可以用于连续时间的情形。这要求我们要根据运动模型构造对应的矩阵 $\boldsymbol{A}$ 和 $\boldsymbol{Q}$

（详见附录 C.3）。鉴于这种联系，我们可以使用 3.2.2 节中的（离散时间）楚列斯基平滑算法或 3.2.4 节中的 RTS 平滑算法来有效地（且准确地）求解式（3.249），其前向递归为卡尔曼滤波。这些递归方法利用批量问题中块三对角结构的稀疏性，来高效地求解问题。

图 3.7 总结了本章讨论的各种线性高斯估计之间的关系。目前我们还没谈到连续时间的平滑和滤波算法，下一节将对此进行简要介绍。关于平滑和滤波的更多细节，请读者参阅文献 [7]。

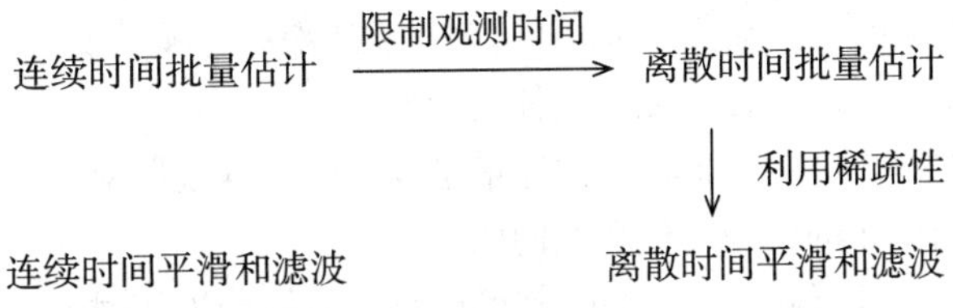

连续时间批量估计 —限制观测时间→ 离散时间批量估计

离散时间批量估计 ↓利用稀疏性 离散时间平滑和滤波

连续时间平滑和滤波

图 3.7　各种线性高斯状态估计之间的关系

### 3.5.2　卡尔曼-布西滤波算法

理查德 · 斯诺登 · 布西（Richard Snowden Bucy，1935—2019）是一位美国航空航天工程学教授，以其同名滤波器的贡献而闻名。

我们还没有直接介绍连续时间平滑和滤波算法。在状态估计理论中，一个经典成果是连续时间**卡尔曼-布西滤波**（Kalman Bucy filter）[41]，鉴于其历史意义，我们将对其进行简要描述。

与 3.4.2 节中的连续时间批量估计问题一样，选择线性时变的随机微分方程作为运动模型：

$$\dot{\boldsymbol{x}}(t) = \boldsymbol{A}(t)\boldsymbol{x}(t) + \boldsymbol{B}(t)\boldsymbol{u}(t) + \boldsymbol{L}(t)\boldsymbol{w}(t) \tag{3.250}$$

其中

$$\boldsymbol{w}(t) \sim \mathcal{GP}(\boldsymbol{0}, \boldsymbol{Q}(t)) \tag{3.251}$$

这里 $\boldsymbol{Q}(t)$ 为零均值的高斯过程，且有对称正定的功率谱密度矩阵。

与连续时间批量估计问题不同的是，观测模型可定义为在一段时间内的连续观测：

$$\boldsymbol{y}(t) = \boldsymbol{C}(t)\boldsymbol{x}(t) + \boldsymbol{n}(t) \tag{3.252}$$

其中

$$\boldsymbol{n}(t) \sim \mathcal{GP}(\boldsymbol{0}, \boldsymbol{R}(t)) \tag{3.253}$$

$\boldsymbol{R}(t)$ 为零均值的高斯过程，且有对称正定的功率谱密度矩阵。

卡尔曼-布西滤波由两个关于均值 $\hat{\boldsymbol{x}}(t)$ 和协方差 $\hat{\boldsymbol{P}}(t)$ 的微分方程组成：

$$\dot{\hat{\boldsymbol{x}}}(t) = \boldsymbol{A}(t)\boldsymbol{x}(t) + \boldsymbol{B}(t)\boldsymbol{u}(t) + \boldsymbol{K}(t)\left(\boldsymbol{y}(t) - \boldsymbol{C}(t)\hat{\boldsymbol{x}}(t)\right) \tag{3.254a}$$

$$\dot{\hat{\boldsymbol{P}}}(t) = \boldsymbol{A}(t)\hat{\boldsymbol{P}}(t) + \hat{\boldsymbol{P}}(t)\boldsymbol{A}(t)^{\mathrm{T}} + \boldsymbol{L}(t)\boldsymbol{Q}(t)\boldsymbol{L}(t)^{\mathrm{T}} - \boldsymbol{K}(t)\boldsymbol{R}(t)\boldsymbol{K}(t)^{\mathrm{T}} \tag{3.254b}$$

其中，$\boldsymbol{K}(t) = \hat{\boldsymbol{P}}(t)\boldsymbol{C}(t)^{\mathrm{T}}\boldsymbol{R}(t)$ 为连续时间卡尔曼增益。初始条件为 $\hat{\boldsymbol{x}}(0)$ 和 $\hat{\boldsymbol{P}}(0)$，微分方程需要进行数值积分或解析求解。请读者参考文献 [27] 第 367 页进行推导。

尽管大部分传感器产生的是离散时间观测，而非连续时间观测，但卡尔曼-布西滤波在估计理论的历史长河中仍然是一项优雅的里程碑式的成就。

## 3.6 总 结

本章主要的结论有以下几条：

(1) 当运动模型和观测模型为线性的，且运动与观测噪声为零均值的高斯噪声时，状态估计问题的批量和递归方法都十分直接，无须做任何近似。

(2) 线性高斯系统的贝叶斯后验状态估计正是高斯的。这说明最大后验估计正是全贝叶斯估计的均值，因为高斯分布的模与均值是相同的。

(3) 批量的离散时间高斯解，在观测时刻可以直接应用于连续时间情况下只需使用连续时间的运动模型，但可以选择一种合适的近似先验项。

下一章我们将介绍，在运动模型和观测模型为非线性情况下会出现什么情况。

## 3.7 习 题

1. 考虑离散时间系统：

$$\begin{aligned} x_k &= x_{k-1} + v_k + w_k, & w &\sim \mathcal{N}(0, Q) \\ y_k &= x_k + n_k, & n_k &\sim \mathcal{N}(0, R) \end{aligned}$$

上式可以表示一辆沿 $x$ 轴前进或后退的汽车，初始状态 $\check{x}_0$ 未知。请建立批量最小二乘法的状态估计方程：

$$\left(\boldsymbol{H}^{\mathrm{T}}\boldsymbol{W}^{-1}\boldsymbol{H}\right)\hat{\boldsymbol{x}} = \boldsymbol{H}^{\mathrm{T}}\boldsymbol{W}^{-1}\boldsymbol{z}$$

即推导 $\boldsymbol{H}, \boldsymbol{W}, \boldsymbol{z}$ 和 $\hat{\boldsymbol{x}}$ 的详细形式。令最大时间步数为 $K = 5$，并假设所有噪声相互无关。该问题存在唯一的解吗？

2. 使用习题 1 的系统，令 $Q = R = 1$，证明：

$$\boldsymbol{H}^{\mathrm{T}}\boldsymbol{W}^{-1}\boldsymbol{H} = \begin{bmatrix} 2 & -1 & & & & \\ -1 & 3 & -1 & & & \\ & -1 & 3 & -1 & & \\ & & -1 & 3 & -1 & \\ & & & -1 & 3 & -1 \\ & & & & -1 & 2 \end{bmatrix}$$

此时楚列斯基因子 $\boldsymbol{L}$ 是什么，才能满足 $\boldsymbol{L}\boldsymbol{L}^{\mathrm{T}} = \boldsymbol{H}^{\mathrm{T}}\boldsymbol{W}^{-1}\boldsymbol{H}$？

3. 使用习题 1 的系统，修改最小二乘解，假设噪声之间存在相关性：

$$E\left[y_k y_\ell\right] = \begin{cases} R, & |k-\ell| = 0 \\ R/2, & |k-\ell| = 1 \\ R/4, & |k-\ell| = 2 \\ 0, & \text{其他} \end{cases}$$

此时存在唯一的最小二乘解吗？

4. 使用习题 1 的系统，推导卡尔曼滤波的详细过程。本例设初始状态均值为 $\check{x}_0$，方差为 $\check{P}_0$。证明：稳态时的先验和后验方差 $\check{P}$ 和 $\hat{P}$，当 $K \to \infty$ 时，为以下两个二次方程的解：

$$\check{P}^2 - Q\check{P} - QR = 0$$
$$\hat{P}^2 + Q\hat{P} - QR = 0$$

这两个公式正是离散里卡蒂方程的两个不同版本。同时，解释为什么二次方程的两个根里仅有一个是物理意义上可行的。

5. 使用 3.3.2 节的最大后验估计，推导后向的卡尔曼滤波（而非前向的）。

6. 证明：

$$\begin{bmatrix} \boldsymbol{I} & & & & & \\ \boldsymbol{A} & \boldsymbol{I} & & & & \\ \boldsymbol{A}^2 & \boldsymbol{A} & \boldsymbol{I} & & & \\ \vdots & \vdots & \vdots & \ddots & & \\ \boldsymbol{A}^{K-I} & \boldsymbol{A}^{K-2} & \boldsymbol{A}^{K-3} & \cdots & \boldsymbol{I} & \\ \boldsymbol{A}^{K} & \boldsymbol{A}^{K-I} & \boldsymbol{A}^{K-2} & \cdots & \boldsymbol{A} & \boldsymbol{I} \end{bmatrix}^{-1} = \begin{bmatrix} \boldsymbol{I} & & & & & \\ -\boldsymbol{A} & \boldsymbol{I} & & & & \\ & -\boldsymbol{A} & \boldsymbol{I} & & & \\ & & -\boldsymbol{A} & \ddots & & \\ & & & \ddots & \boldsymbol{I} & \\ & & & & -\boldsymbol{A} & \boldsymbol{I} \end{bmatrix}$$

7. 前文已经介绍了在批量最小二乘解中，后验协方差为

$$\hat{\boldsymbol{P}} = (\boldsymbol{H}^{\mathrm{T}}\boldsymbol{W}^{-1}\boldsymbol{H})^{-1}$$

同时也已知楚列斯基分解：

$$\boldsymbol{L}\boldsymbol{L}^{\mathrm{T}} = \boldsymbol{H}^{\mathrm{T}}\boldsymbol{W}^{-1}\boldsymbol{H}$$

的计算复杂度为 $O(N^3(K+1))$，这是由于系统具有稀疏性。反之，我们有

$$\hat{\boldsymbol{P}} = \boldsymbol{L}^{-\mathrm{T}}\boldsymbol{L}^{-1}$$

请说明用这种方法计算 $\hat{\boldsymbol{P}}$ 的复杂度。

8. 考虑下图中简单的一维问题，所有变量都定义在 $x$ 轴上：

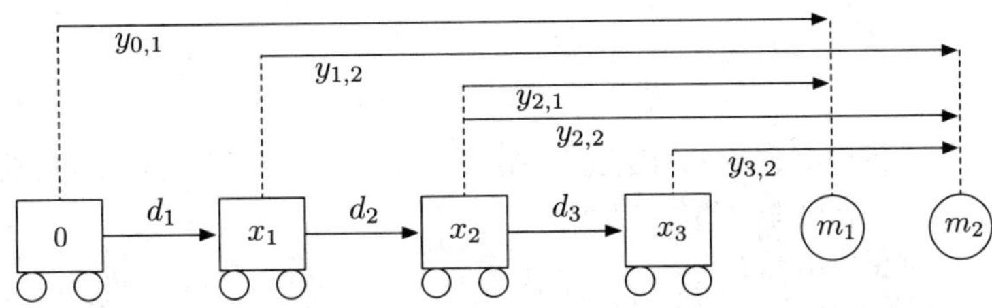


其中，$x_k$ 为机器人的位姿；$d_k$ 为里程计观测；$m_\ell$ 为路标点位置；$y_{k,\ell}$ 为路标点观测。这是一个简单的**同时定位与地图构建**（simultaneous localization and mapping, SLAM）问题，需要估计机器人的位姿和路标点的位置。

(i) 定义里程计和路标点的线性误差项：

$$e_k = ?, \qquad e_{k,\ell} = ?$$

(ii) 将这些误差项堆叠在一起：

$$\boldsymbol{e} = \begin{bmatrix} e_1 & e_2 & e_3 & e_{0,1} & e_{2,1} & e_{1,2} & e_{2,2} & e_{3,2} \end{bmatrix}^{\mathrm{T}} = ?$$

并给出误差项 $\boldsymbol{e}$ 关于观测 $\boldsymbol{y}$ 和状态 $\boldsymbol{x}$ 的表达式：

$$\boldsymbol{y} = \begin{bmatrix} d_1 & d_2 & d_3 & y_{0,1} & y_{2,1} & y_{1,2} & y_{2,2} & y_{3,2} \end{bmatrix}^{\mathrm{T}}$$
$$\boldsymbol{x} = \begin{bmatrix} x_1 & x_2 & x_3 & m_1 & m_2 \end{bmatrix}^{\mathrm{T}}$$

(iii) 假设里程计和路标点的观测噪声服从零均值、方差为 $\boldsymbol{I}$ 的高斯分布。定义一个目标函数，通过最小化这个目标函数可以找到给定观测下的最优状态。

$$J = ?$$

(iv) 对该目标函数 $J$ 关于状态 $\boldsymbol{x}$ 进行求导，令求导的结果等于零找到最优状态 $\boldsymbol{x}^\star$。

$$\frac{\partial J}{\partial \boldsymbol{x}^{\mathrm{T}}} = ?$$

(v) $\boldsymbol{x}^\star$ 在这个问题中是唯一的吗？为什么？

9. 考虑如下由 $K$ 个机器人位姿和一个路标点组成的一维 SLAM 问题，每一位姿有对应的里程计观测 $d_k$ 和路标点观测 $y_k$。

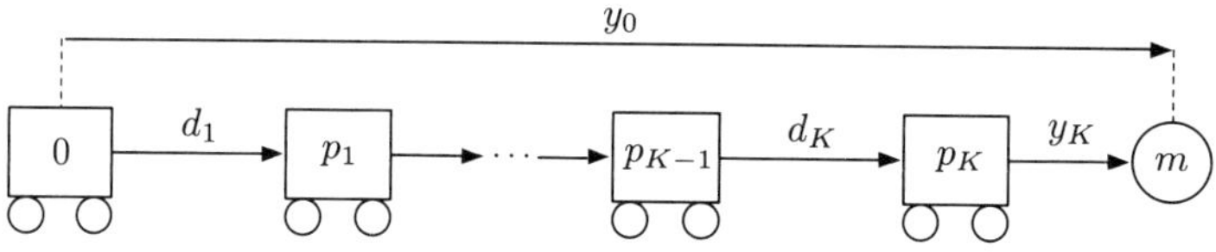


运动模型和观测模型为

$$\begin{bmatrix} p_k \\ m_k \end{bmatrix} = \begin{bmatrix} 1 & 0 \\ 0 & 1 \end{bmatrix} \begin{bmatrix} p_{k-1} \\ m_{k-1} \end{bmatrix} + \begin{bmatrix} 1 \\ 0 \end{bmatrix} (d_k + w_k), \qquad w_k \sim \mathcal{N}(0, 2/K)$$

$$y_k = \begin{bmatrix} -1 & 1 \end{bmatrix} \begin{bmatrix} p_k \\ m_k \end{bmatrix} + n_k, \qquad n_k \sim \mathcal{N}(0, 1)$$

其中，$p_k$ 为机器人的位姿；$m_k$ 为路标点的位置。我们采用卡尔曼滤波求解这些变量。

(i) 卡尔曼滤波的均值和协方差的初值为

$$\hat{\boldsymbol{x}}_0 = \begin{bmatrix} \hat{p}_0 \\ \hat{m}_0 \end{bmatrix} = \begin{bmatrix} 0 \\ ? \end{bmatrix}, \qquad \hat{\boldsymbol{P}}_0 = \begin{bmatrix} 0 & ? \\ ? & ? \end{bmatrix}$$

其中，我们令 $\hat{p}_0 = 0$ 及位姿的协方差为零，使得问题是能观的。现在利用第一个路标点观测 $y_0$ 来初始化上式中的未知项。

(ii) 利用卡尔曼滤波的预测步骤进行 $K$ 次预测（不进行更新），那么在时刻 $K$ 的均值和协方差为

$$\check{\boldsymbol{x}}_K = ?, \qquad \check{\boldsymbol{P}}_K = ?$$

(iii) 最后利用观测 $y_K$ 进行更新，此时均值和协方差为

$$\hat{\boldsymbol{x}}_K = ?, \qquad \hat{\boldsymbol{P}}_K = ?$$

(iv) 如果采用批量方法来求解，在时刻 $K$ 的均值和协方差会不一样吗？为什么？

10. 一个机器人利用路标点估计它的一维运动。它首先观测一个路标点，然后进行移动，再观测同一个路标点。如此循环 $K$ 次，每次循环观测的路标点是不同的。

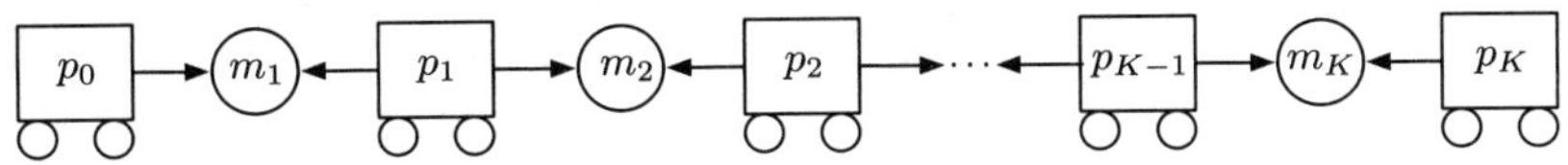


机器人通过一个距离传感器测量它与路标点的距离。因此，路标点 $\ell$ 和位姿 $k$ 的观测模型为

$$y_{k,\ell} = m_\ell - p_k + n_{k,\ell}, \quad n_{k,\ell} \sim \mathcal{N}(0, \sigma^2)$$

其中，$n_{k,\ell}$ 为零均值高斯白噪声。假设所有的观测噪声是独立的。

(i) 定义一个估计器 $\hat{p}_{k,k-1}$，计算从 $p_{k-1}$ 到 $p_k$ 的增量距离。

(ii) 证明 $\hat{p}_{k,k-1}$ 是无偏的，且方差为 $2\sigma^2$。

(iii) 定义一个估计器 $\hat{p}_{K0}$，计算从 $p_0$ 到 $p_K$ 的距离。

(iv) 证明 $\hat{p}_{K0}$ 是无偏的，且方差为 $2K\sigma^2$。

(v) 可以看到，估计值的方差随着行进距离的增加而增加，这是仅采用里程计的特点。如果我们从 $p_0$ 到 $p_K$ 引入一个额外的“修正”观测（在前面的图中未显示）：

$$y_{K,0} = p_K - p_0 + n_{K,0}, \quad n_{K,0} \sim \mathcal{N}(0, \sigma^2)$$

假设这个观测噪声与其他任何噪声都不相关。那么从 $\hat{p}_0$ 到 $\hat{p}_K$ 的最小方差估计器是什么？提示：使用卡尔曼滤波的更新步骤来融合这个额外的观测。

(vi) 对于上一问中的估计器，当 $K \to \infty$ 时方差是多少？

# 第 4 章 非线性非高斯系统的状态估计

第 4 章是本书的核心章节。在本章，我们将研究如何处理现实世界中的系统，这些系统往往不是线性高斯的。可以说**非线性非高斯**（nonlinear, non-Gaussian, NLNG）系统的状态估计仍然是一个非常热门的研究课题。限于篇幅，本章仅介绍一些常见的处理非线性和/或非高斯系统①的方法。首先，我们对非线性系统中的**全贝叶斯**（full Bayesian）估计和**最大后验**（maximum a posteriori, MAP）估计进行对比。接着，针对递归滤波问题，本章将介绍一种被称为**贝叶斯滤波**的通用理论框架。我们熟知的扩展卡尔曼滤波、西格玛点卡尔曼滤波和粒子滤波都可以看作是贝叶斯滤波的近似。最后，我们再探讨非线性离散时间系统和非线性连续时间系统中的批量状态估计问题。除本书以外，介绍非线性估计的书籍还有文献 [26]、[36] 和 [42]。

## 4.1 简 介

在线性高斯系统的状态估计一章中，我们从**全贝叶斯**估计和**最大后验**估计这两个角度对状态估计问题进行了讨论。对于由高斯噪声驱动的线性运动模型和观测模型，应用这两类方法得到的答案是相同的（即最大后验的最优估计值等于全贝叶斯估计的均值）。这是因为得到的全后验概率正是高斯的，所以均值和模（即最大值点）是相同的点。

一旦我们转向非线性模型，这个结论就不正确了，因为此时全贝叶斯后验概率不再是高斯的。为了对该问题有更直观的理解，我们从一个简化的、一维的非线性状态估计问题入手：估计**立体相机**（stereo camera）中路标点的位置，如图 4.1 所示。

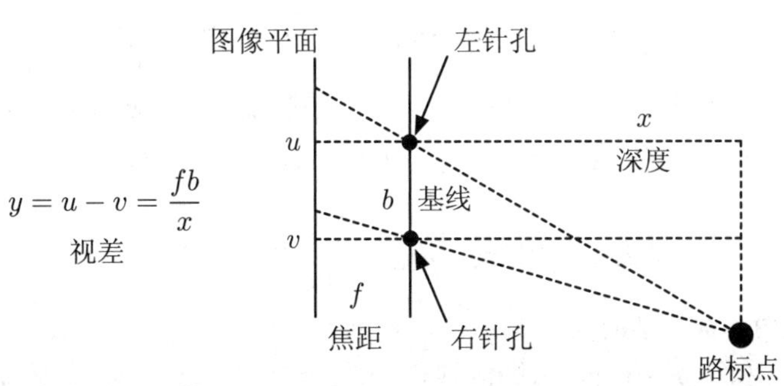


图 4.1 在理想的立体相机模型中有深度为 $x$ 的路标点，其对应的（理想）视差为 $y$

① 尽管在本章中大多数方法均假设噪声服从高斯分布。

### 4.1.1 全贝叶斯估计

为了更容易理解，首先考虑在非线性相机模型中一个简单的估计问题：

$$y = \frac{fb}{x} + n \tag{4.1}$$

这是立体相机中的非线性问题。其中，状态 $x$ 为路标点的位置（单位：m）；观测 $y$ 为左、右图像中水平坐标之间的差（单位：pixel[①]）；$f$ 为焦距（单位：pixel）；$b$ 为基线长度，即左、右相机之间的水平距离（单位：m）；$n$ 是观测噪声（单位：pixel）。

为了进行贝叶斯推断：

$$p(x|y) = \frac{p(y|x)p(x)}{\int_{-\infty}^{\infty} p(y|x)p(x)\mathrm{d}x} \tag{4.2}$$

我们需要知道 $p(y|x)$ 和 $p(x)$ 的表达式。为此作两个假设：第一，观测噪声服从零均值高斯分布，即 $n \sim \mathcal{N}(0, R)$，因此

$$p(y|x) = \mathcal{N}\left(\frac{fb}{x}, R\right) = \frac{1}{\sqrt{2\pi R}}\exp\left(-\frac{1}{2R}\left(y - \frac{fb}{x}\right)^2\right) \tag{4.3}$$

第二，假设先验也服从高斯分布：

$$p(x) = \mathcal{N}(\check{x}, \check{P}) = \frac{1}{\sqrt{2\pi\check{P}}}\exp\left(-\frac{1}{2\check{P}}(x - \check{x})^2\right) \tag{4.4}$$

在继续推导以前，我们注意到贝叶斯框架隐含了一个操作顺序[②]：

$$\text{给定先验} \to \text{采样 } x_{\text{true}} \to \text{采样 } y_{\text{meas}} \to \text{计算后验}$$

换句话说，我们从给定的先验开始，采样出“实际”状态。接着通过相机模型对实际状态 $x_{\text{true}}$ 进行观测，再添加噪声来产生观测值。而贝叶斯估计则是在不知道 $x_{\text{true}}$ 的情况下，从观测和先验构造出后验。这一过程确保了不同状态估计算法之间的比较是“公平”的。

为了更直观地理解，我们再次将具体的数值代入数学模型中：

$$\begin{gathered}\check{x} = 20\ \text{m}, \quad \check{P} = 9\ \text{m}^2 \\ f = 400\ \text{pixel}, \quad b = 0.1\ \text{m}, \quad R = 0.09\ \text{pixel}^2\end{gathered} \tag{4.5}$$

正如前面提到的，实际状态 $x_{\text{true}}$ 和（带有噪声的）观测 $y_{\text{meas}}$ 分别是对 $p(x)$ 和 $p(y|x)$ 随机采样得到的。每次重复试验时，这些值都会改变。为了绘制出单次试验的后验概率密度函数图像，我们使用了特定的值：

$$x_{\text{true}} = 22\ \text{m}, \quad y_{\text{meas}} = \frac{fb}{x_{\text{true}}} + 1\ \text{pixel}$$

这些值是立体相机中非常典型的值。

图 4.2 绘制出了这个例子中的先验和后验图像。因为本例是一维的，式（4.2）中的分母可以通过数值计算得到，所以我们可以得到没有近似的全贝叶斯后验概率。尽管先验和观测均服

① pixel 表示像素，像素本身不是标准的长度单位，而是构成数字图像的基本单元，通过一些标准可将其与物理标准联系起来。——译者注

② 这可以看成数值仿真的过程。——译者注

从高斯分布，但我们得到的后验却是非对称的；经过非线性的观测模型作用后，后验明显偏向一边。然而，由于后验仍然是单峰的（存在单个最值），我们仍可用高斯近似它，具体的做法将在本章后面展开讨论。我们还注意到，在引入观测后，得到的后验概率密度函数比先验更加集中（即更加确定）；这正是隐含在贝叶斯状态估计背后的主要思想：**我们希望将观测结果与先验结合，得到更确定的后验状态**。

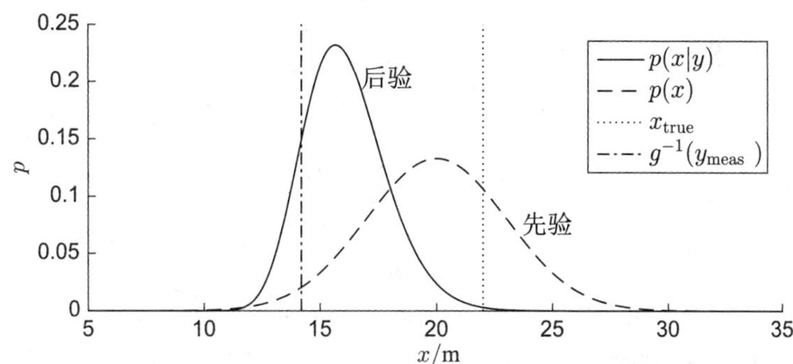


图 4.2　立体相机中的贝叶斯推断问题，由于非线性的观测模型，可以看出全后验并非高斯的

虽然在这个简单的例子中，我们能够计算出确切的贝叶斯后验，但在实际的问题中却很难这样处理，因此我们需要采用其他方法来计算近似的后验。例如，最大后验估计关注如何找到最可能的状态，即后验中的模或者“最值”。接下来我们来讨论其细节。

### 4.1.2　最大后验估计

上一节提到，计算全贝叶斯后验通常是不切实际的。一般的做法是估计单个点，在这个点上状态后验概率得以最大化。这称为**最大后验**估计，如图 4.3 所示。

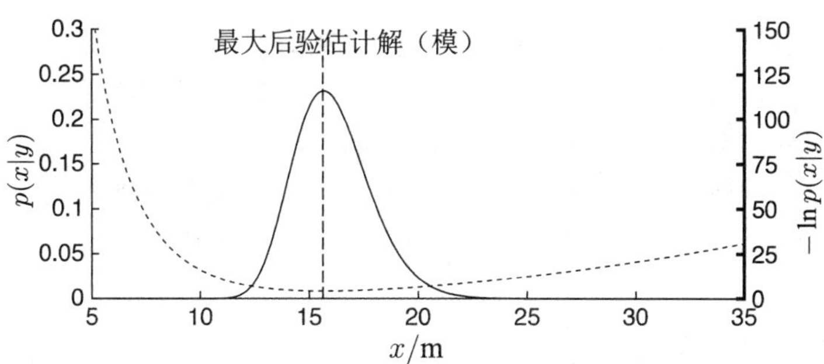


图 4.3　立体相机例子中的后验 $p(x|y)$，以及负对数似然 $-\ln p(x|y)$（虚线）。最大后验估计的结果即为后验的最大值（或负对数形式的最小值），也就是说最大后验估计的结果等于后验的模，通常并不等于均值

我们需要计算

$$\hat{x}_{\text{map}} = \arg\max_{x} p(x|y) \tag{4.6}$$

由于高斯概率密度函数涉及指数函数，因此最大化似然等价于最小化负对数似然：

$$\hat{x}_{\text{map}} = \arg\min_{x}(-\ln p(x|y)) \tag{4.7}$$

由于我们只要求解最可能的状态，因此可以通过贝叶斯公式展开：

$$\hat{x}_{\text{map}} = \arg\min_{x}(-\ln p(y|x) - \ln p(x)) \tag{4.8}$$

同时，因为 $p(y)$ 与参数 $x$ 无关，所以可以去掉这一项。

再回到之前立体相机的例子，可以得到

$$\hat{x}_{\text{map}} = \arg\min_{x} J(x) \tag{4.9}$$

其中

$$J(x) = \frac{1}{2R}\left(y - \frac{fb}{x}\right)^2 + \frac{1}{2\check{P}}(\check{x} - x)^2 \tag{4.10}$$

同样地，在 $J(x)$ 中，我们去掉了与参数 $x$ 无关的常数项。接着，应用数值优化的方法求得 $\hat{x}_{\text{map}}$ 即可。

由于最大后验估计可以从给定观测和先验中找到最可能的状态 $\hat{x}_{\text{map}}$，因此一个值得思考的问题是，**最大后验估计对 $\boldsymbol{x}_{\text{true}}$ 估计的准确程度是多少**？在机器人学领域，通常根据 $\hat{x}$ 与“真值”来计算并评估算法的平均表现，即

$$\hat{e}_{\text{mean}}(\hat{x}) = E_{XN}[\hat{x} - x_{\text{true}}] \tag{4.11}$$

其中，$E_{XN}[\cdot]$ 为**期望运算符**；因为实际状态 $x_{\text{true}}$ 来自先验的随机采样，并且 $n$ 来自观测噪声的随机采样，所以下标 $XN$ 表示期望考虑了这两种随机性。又由于 $x_{\text{true}}$ 和 $n$ 是独立的，可以得到 $E_{XN}[x_{\text{true}}] = E_X[x_{\text{true}}] = \check{x}$，因而

$$\hat{e}_{\text{mean}}(\hat{x}) = E_{XN}[\hat{x}] - \check{x} \tag{4.12}$$

令人惊讶的是，在该评估算法下，最大后验估计是**有偏差的**（biased）（即 $\hat{e}_{\text{mean}}(\hat{x}_{\text{map}}) \neq 0$）。这可以归因于非线性观测模型 $g(\cdot)$ 的存在，导致了后验概率密度函数中的模和均值并不相等这一事实。而在上一章中，对于线性的 $g(\cdot)$，有 $\hat{e}_{\text{mean}}(\hat{x}_{\text{map}}) = 0$。

当然，我们也可以简单地将估计值设置为先验，即 $\hat{x} = \check{x}$，从而使得 $\hat{e}_{\text{mean}}(\check{x}) = 0$，因此我们需要定义第二种评估算法。该评估方法是求均方误差 $\hat{e}_{\text{sq}}$，其中

$$\hat{e}_{\text{sq}}(\hat{x}) = E_{XN}[(\hat{x} - x_{\text{true}})^2] \tag{4.13}$$

第一种评估算法中，$\hat{e}_{\text{mean}}$ 反映了估计误差的均值；而第二种算法中，$\hat{e}_{\text{sq}}$ 则反映了偏差和方差共同带来的影响。这两种不同的评估算法，代表了机器学习文献中对偏差和方差的权衡[18]。对于实际的状态估计器，我们往往要求在这两种评估算法上都有较好的表现。5.1.1 节提供了更多关于估计器性能的讨论。

图 4.4 展示了立体相机例子中最大后验估计的偏差。在大量的试验中（采用式（4.5）中的参数），最大后验估计的 $E_{XN}[\hat{x}_{\text{map}}]$ 与真值 $x_{\text{true}} = 20$ m 的平均误差 $\hat{e}_{\text{mean}} \approx -33.0$ cm，表明偏差是存在的，均方误差为 $\hat{e}_{\text{sq}} \approx 4.41\ \text{m}^2$。

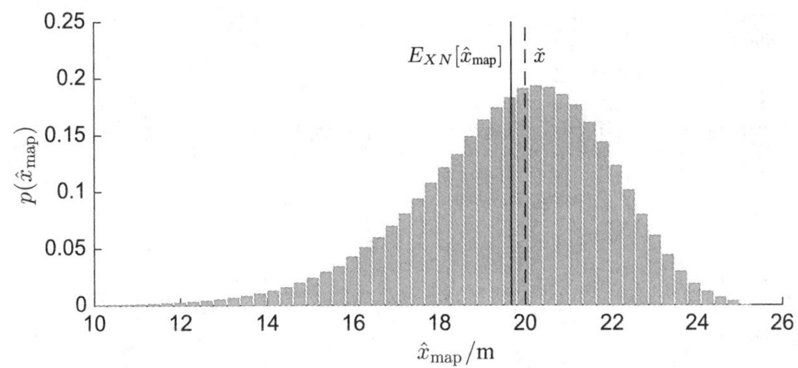


图 4.4　1000000 次试验得到的统计直方图，每次试验中 $x_{\text{true}}$ 根据先验随机地采样，$y_{\text{meas}}$ 根据观测模型随机地采样。虚线表示先验的均值 $\check{x}$，实线表示最大后验估计的期望 $E_{XN}[\hat{x}_{\text{map}}]$

需要注意的是，在试验中我们先根据先验采样得到实际状态，再进行剩余的处理，但即使如此，偏差仍然存在。而实际上，我们通常不知道实际状态是根据哪个先验采样的（一般会假设一个先验），因此偏差可能会更大。

在本章的其余部分，我们将讨论非线性非高斯系统中的其他估计方法。我们必须谨慎地尝试理解每个方法中全贝叶斯后验代表的含义：均值、模，或者其他。我们更倾向于用这些术语来区分不同方法，而不是简单地说一种方法比另一种方法更准确。只有当两种方法能够得到相同的答案时，我们才能对这两种方法的准确性进行比较。

## 4.2　离散时间的递归估计问题

### 4.2.1　问题定义

和线性高斯系统的状态估计一样，我们首先需要为估计器定义一系列的运动模型和观测模型。本章同样考虑离散时间情况下的时不变系统，但该系统中包含了非线性方程（本章结尾处将讨论连续时间系统的情况）。定义以下运动模型和观测模型：

$$\text{运动模型：}\boldsymbol{x}_k = \boldsymbol{f}(\boldsymbol{x}_{k-1}, \boldsymbol{v}_k, \boldsymbol{w}_k), \quad k = 1, \cdots, K \tag{4.14a}$$

$$\text{观测模型：}\boldsymbol{y}_k = \boldsymbol{g}(\boldsymbol{x}_k, \boldsymbol{n}_k), \quad k = 0, \cdots, K \tag{4.14b}$$

其中，$k$ 为时间下标，其最大值为 $K$；函数 $\boldsymbol{f}(\cdot)$ 为非线性的运动模型；函数 $\boldsymbol{g}(\cdot)$ 为非线性的观测模型。变量的含义与上一章相同。不同的是，我们并没有假设任何随机变量是高斯的。

图 4.5 展示了由式（4.14）描述的系统随时间演变的图模型。从这张图中，我们可以观察到该系统具有一个非常重要的性质——**马尔可夫性**（Markov property）：

**当一个随机过程在给定当前状态及所有过去状态的情况下，其未来状态的条件概率分布仅依赖当前状态；换句话说，在给定当前状态时，未来状态与过去状态（即该过程的历史路径）是条件独立的，那么此随机过程称为马尔可夫过程，或者说它具有马尔可夫性。**

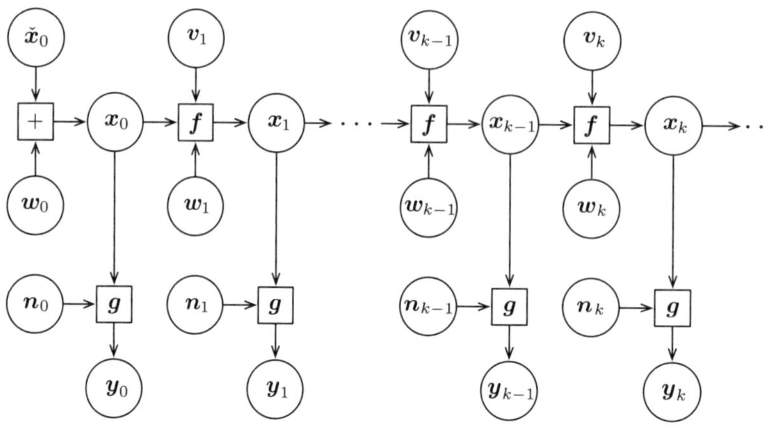


图 4.5 由式（4.14）描述的非线性非高斯系统构成的图模型

我们的系统便是马尔可夫过程。于是，一旦知道 $\boldsymbol{x}_{k-1}$，在不需要知道任何过去状态的情况下，就可以向前递推计算出 $\boldsymbol{x}_k$。在第 3 章，我们充分利用了这个性质，推导出一个优雅的递归滤波——卡尔曼滤波。但是对于非线性非高斯系统呢？还有递归形式吗？答案是肯定的，但只能是近似。在接下来的几个小节中，我们将会验证这个结论。

### 4.2.2 贝叶斯滤波

在第 3 章中，我们从批量估计开始讲起，接着是递归卡尔曼滤波。在本节中，我们则将从递归滤波、贝叶斯滤波[42] 开始介绍，最后再回到批量估计方法。这个顺序也正符合状态估计的发展历程，从中我们能够清楚地了解到这些方法做了哪些假设和近似。

贝叶斯滤波仅使用过去及当前的观测，构造了一个完整的概率密度函数来刻画当前状态。使用之前的符号，来计算 $\boldsymbol{x}_k$ 的**置信度**（belief），$k=0,\cdots,K$：

$$p(\boldsymbol{x}_k|\check{\boldsymbol{x}}_0,\boldsymbol{v}_{1:k},\boldsymbol{y}_{0:k}) \tag{4.15}$$

回忆 3.3.1 节的批量线性高斯系统，我们将它分解为

$$p(\boldsymbol{x}_k|\boldsymbol{v},\boldsymbol{y})=\eta\,\underbrace{p(\boldsymbol{x}_k|\check{\boldsymbol{x}}_0,\boldsymbol{v}_{1:k},\boldsymbol{y}_{0:k})}_{\text{前向}}\,\underbrace{p(\boldsymbol{x}_k|\boldsymbol{v}_{k+1:K},\boldsymbol{y}_{k+1:K})}_{\text{后向}} \tag{4.16}$$

因此，在本节中，我们将关注将“前向”部分转换成递归滤波（对于非线性非高斯系统）。因为所有的观测是独立的①，所以可以将最新的观测分解为

$$p(\boldsymbol{x}_k|\check{\boldsymbol{x}}_0,\boldsymbol{v}_{1:k},\boldsymbol{y}_{0:k})=\eta p(\boldsymbol{y}_k|\boldsymbol{x}_k)p(\boldsymbol{x}_k|\check{\boldsymbol{x}}_0,\boldsymbol{v}_{1:k},\boldsymbol{y}_{0:k-1}) \tag{4.17}$$

这里用贝叶斯公式调整了依赖关系，而 $\eta$ 则使得公式仍满足全概率公理。现在将注意力转向第

① 正如之前的线性高斯系统，我们继续假设所有的观测是独立的。

二个因式，我们将引入隐状态 $\boldsymbol{x}_{k-1}$，并对其进行积分：

$$\begin{aligned} p(\boldsymbol{x}_k|\check{\boldsymbol{x}}_0,\boldsymbol{v}_{1:k},\boldsymbol{y}_{0:k-1}) &= \int p(\boldsymbol{x}_k,\boldsymbol{x}_{k-1}|\check{\boldsymbol{x}}_0,\boldsymbol{v}_{1:k},\boldsymbol{y}_{0:k-1})\mathrm{d}\boldsymbol{x}_{k-1} \\ &= \int p(\boldsymbol{x}_k|\boldsymbol{x}_{k-1},\check{\boldsymbol{x}}_0,\boldsymbol{v}_{1:k},\boldsymbol{y}_{0:k-1})p(\boldsymbol{x}_{k-1}|\check{\boldsymbol{x}}_0,\boldsymbol{v}_{1:k},\boldsymbol{y}_{0:k-1})\mathrm{d}\boldsymbol{x}_{k-1} \end{aligned} \tag{4.18}$$

隐状态的引入可以看作是边缘化的相反操作。到目前为止，我们还没有引入任何的近似。下一步操作是非常微妙的，它是递归式估计中存在许多局限的原因。由于我们的系统具有马尔可夫性，因此可以写为

$$p(\boldsymbol{x}_k|\boldsymbol{x}_{k-1},\check{\boldsymbol{x}}_0,\boldsymbol{v}_{1:k},\boldsymbol{y}_{0:k-1}) = p(\boldsymbol{x}_k|\boldsymbol{x}_{k-1},\boldsymbol{v}_k) \tag{4.19a}$$

$$p(\boldsymbol{x}_{k-1}|\check{\boldsymbol{x}}_0,\boldsymbol{v}_{1:k},\boldsymbol{y}_{0:k-1}) = p(\boldsymbol{x}_{k-1}|\check{\boldsymbol{x}}_0,\boldsymbol{v}_{1:k-1},\boldsymbol{y}_{0:k-1}) \tag{4.19b}$$

结合图 4.5 看来，这似乎是完全合理的。但是最后我们还要回到式（4.19），审视它是否合理。将式（4.19）和式（4.18）代入式（4.17）中，可以得到贝叶斯滤波[①]：

$$\underbrace{p(\boldsymbol{x}_k|\check{\boldsymbol{x}}_0,\boldsymbol{v}_{1:k},\boldsymbol{y}_{0:k})}_{\text{后验置信度}} = \eta \underbrace{p(\boldsymbol{y}_k|\boldsymbol{x}_k)}_{\substack{\text{利用 } \boldsymbol{g}(\cdot)\\ \text{进行更新}}} \int \underbrace{p(\boldsymbol{x}_k|\boldsymbol{x}_{k-1},\boldsymbol{v}_k)}_{\substack{\text{利用 } \boldsymbol{f}(\cdot)\\ \text{进行更新}}} \underbrace{p(\boldsymbol{x}_{k-1}|\check{\boldsymbol{x}}_0,\boldsymbol{v}_{1:k-1},\boldsymbol{y}_{0:k-1})}_{\text{先验置信度}} \mathrm{d}\boldsymbol{x}_{k-1} \tag{4.20}$$

可以看到式（4.20）具有预测-校正的形式。在预测阶段，先验[②]置信度 $p(\boldsymbol{x}_{k-1}|\check{\boldsymbol{x}}_0,\boldsymbol{v}_{1:k-1},\boldsymbol{y}_{0:k-1})$ 通过输入 $\boldsymbol{v}_k$ 和运动模型 $\boldsymbol{f}(\cdot)$ 在时间上进行前向传递。在校正阶段，则通过观测 $\boldsymbol{y}_k$ 和观测模型 $\boldsymbol{g}(\cdot)$ 来更新预测估计状态，并得到后验置信度 $p(\boldsymbol{x}_k|\check{\boldsymbol{x}}_0,\boldsymbol{v}_{1:k},\boldsymbol{y}_{0:k})$。图 4.6 展示了贝叶斯滤波中的信息流向。该图的要点是，我们需要掌握通过非线性函数 $\boldsymbol{f}(\cdot)$ 和 $\boldsymbol{g}(\cdot)$ 来传递概率密度函数的方法。

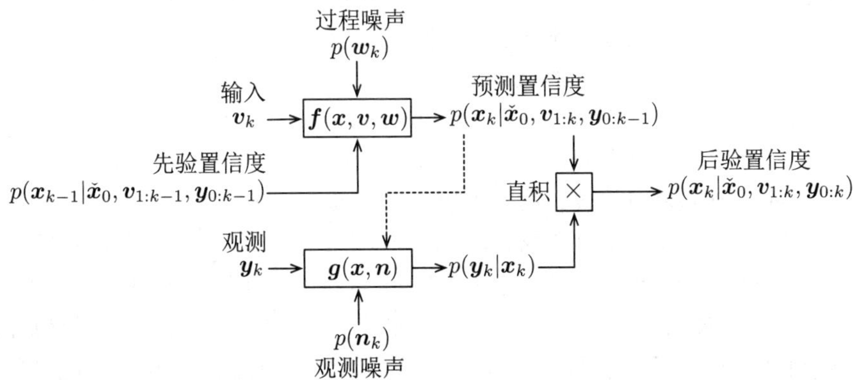


图 4.6　贝叶斯滤波示意图。虚线表示在实践中可以将状态的置信函数在概率上集中分布的信息传递到“校正阶段”，以减少在给定状态 $\boldsymbol{x}_k$ 下求解观测 $\boldsymbol{y}_k$ 的全概率密度函数的需求

① 在第一个时刻 $k=0$ 时存在特殊情况。此时只涉及使用 $\boldsymbol{y}_0$ 进行观测更新，但为了简单起见，我们忽略了这一点。我们假设滤波器由 $p(\boldsymbol{x}_0|\check{\boldsymbol{x}}_0,\boldsymbol{y}_0)$ 进行初始化。

② 需要澄清一点，贝叶斯滤波使用了贝叶斯推断，但只是应用于单一的时间步长上。第 3 章讨论的批量估计则是对整个轨迹进行了一次推断。我们将在本章后面回归到批量估计中。

贝叶斯滤波虽然精确，但也仅仅是一个精美的数学产物；除了线性高斯的情况外，在实际中它基本不可能实现。主要原因有两个，为此我们需要适当地作一些近似：

(1) 概率密度函数存在于在无限维的空间中（与所有的连续函数一样），因此需要无限的存储空间（即无限的参数）来完全表示置信度 $p(\boldsymbol{x}_k|\check{\boldsymbol{x}}_0, \boldsymbol{v}_{1:k}, \boldsymbol{y}_{0:k})$。为了克服存储空间的问题，需要将这个置信度大致地表现出来。一种方法是将该函数近似为高斯（即只关心一、二阶矩：均值和协方差），另一种方法是使用有限数量的随机样本来近似。我们将在后面研究这两种方法。

(2) 贝叶斯滤波的积分在计算上十分耗时，它需要无限的计算资源去计算精确的结果。为了克服计算资源的问题，必须对积分进行近似。一种方法是对运动模型和观测模型进行线性化，然后对积分进行解析求解；另一种方法是使用**蒙特卡罗积分**（Monte Carlo integration）。我们也会在后面研究这两种方法。

递归式状态估计的大部分研究集中在如何用更好的近似来处理这两个问题。这些方面已经有了相当大的进展，值得我们更加详细地去研究。因此，在接下来的几节中，我们将介绍一些经典和现代的方法来近似贝叶斯滤波。但是我们必须牢记贝叶斯滤波的假设：马尔可夫性。我们必须不断地审视：如果对贝叶斯滤波做这些近似，马尔可夫性会发生什么改变？本章稍后会讲解这个问题。

### 4.2.3 扩展卡尔曼滤波

如果将置信度和噪声限制为高斯分布，并且对运动模型和观测模型进行线性化，计算贝叶斯滤波中的积分（以及归一化积），我们将得到著名的**扩展卡尔曼滤波**（extended Kalman filter, EKF）①。在很多领域，EKF 仍然是状态估计和数据融合的主流，对于轻度非线性非高斯系统来说，它们往往是有效的。关于 EKF 的更多信息，参见文献 [26]。

斯坦利 · F. 施密特（Stanley F. Schmidt, 1926—2015），美国宇航工程师。他将卡尔曼滤波应用于阿波罗计划中航天器的轨迹估计问题，并导出了现在所谓的扩展卡尔曼滤波。

EKF 曾作为 NASA 阿波罗计划中估计航天器轨迹的关键工具。卡尔曼在他的原始文章[2] 出版后不久，会见了美国宇航局艾姆斯研究中心的斯坦利 · F. 施密特。施密特对卡尔曼滤波印象尤为深刻，他的团队继续将其修改完善，并将它应用于航天飞行任务中。特别是，他们将其扩展，使之能够应对非线性运动模型和观测模型；并且提出了对当前最佳估计的最优状态进行线性化，以减少非线性影响的想法；同时将原始滤波器重新设计为现在的预测和校正步骤[43]。由于这些重要的贡献，EKF 有时又被称为施密特-卡尔曼滤波，但是由于这与施密特稍后提出的其他的贡献易于混淆（解决了不能观的偏差问题，同时保持较少的状态维数），因此这个名称已经失去了意义。施密特还继续研究了 EKF 的平方根式来提高数值稳定性[30]。之后，在洛克希德导弹与宇航公司，施密特对卡尔曼工作的推广也启发了夏洛特 · T. 斯特里贝尔开始研究卡尔曼滤波与其他类型的轨迹估计的结合，最终得到了第 3 章讨论的 RTS 平滑算法。

为了推导 EKF，我们首先将 $\boldsymbol{x}_k$ 的置信度函数限制为高斯的：

$$p(\boldsymbol{x}_k|\check{\boldsymbol{x}}_0, \boldsymbol{v}_{1:k}, \boldsymbol{y}_{0:k}) = \mathcal{N}\left(\hat{\boldsymbol{x}}_k, \hat{\boldsymbol{P}}_k\right) \tag{4.21}$$

① 之所以将 EKF 称为“扩展”，是因为它是卡尔曼滤波对非线性系统的扩展。

其中，$\hat{\boldsymbol{x}}_k$ 为均值；$\hat{\boldsymbol{P}}_k$ 为协方差。接下来，假设噪声变量 $\boldsymbol{w}_k$ 和 $\boldsymbol{n}_k(\forall k)$ 也是高斯的：

$$\boldsymbol{w}_k \sim \mathcal{N}(\boldsymbol{0}, \boldsymbol{Q}_k) \tag{4.22a}$$

$$\boldsymbol{n}_k \sim \mathcal{N}(\boldsymbol{0}, \boldsymbol{R}_k) \tag{4.22b}$$

请注意，高斯概率密度函数通过非线性函数转换后，可能会成为非高斯的。实际上，我们将在本章的后面再详细介绍这一情况。对于噪声变量而言，这种情况也是存在的；换句话说，非线性运动模型和观测模型可能会对 $\boldsymbol{w}_k$ 和 $\boldsymbol{n}_k(\forall k)$ 造成影响。它们不一定是在非线性函数后以加法的形式存在，如：

$$\boldsymbol{x}_k = \boldsymbol{f}(\boldsymbol{x}_{k-1}, \boldsymbol{v}_k) + \boldsymbol{w}_k \tag{4.23a}$$

$$\boldsymbol{y}_k = \boldsymbol{g}(\boldsymbol{x}_k) + \boldsymbol{n}_k \tag{4.23b}$$

而是如式（4.14）所示的包含在非线性函数之内。式（4.23）实际上是式（4.14）的特殊情况。然而，我们可以通过线性化将其恢复为加性噪声（取近似）的形式，接下来将对此进行讲解。

由于 $\boldsymbol{g}(\cdot)$ 和 $\boldsymbol{f}(\cdot)$ 的非线性特性，因此我们仍然无法通过计算得到贝叶斯滤波中的积分的解析解，只能转而使用线性化的方法。我们在当前状态估计的均值处展开，对运动模型和观测模型进行线性化：

$$\boldsymbol{f}(\boldsymbol{x}_{k-1}, \boldsymbol{v}_k, \boldsymbol{w}_k) \approx \check{\boldsymbol{x}}_k + \boldsymbol{F}_{k-1}(\boldsymbol{x}_{k-1} - \hat{\boldsymbol{x}}_{k-1}) + \boldsymbol{w}'_k \tag{4.24a}$$

$$\boldsymbol{g}(\boldsymbol{x}_k, \boldsymbol{n}_k) \approx \check{\boldsymbol{y}}_k + \boldsymbol{G}_k(\boldsymbol{x}_k - \check{\boldsymbol{x}}_k) + \boldsymbol{n}'_k \tag{4.24b}$$

其中

$$\check{\boldsymbol{x}}_k = \boldsymbol{f}(\hat{\boldsymbol{x}}_{k-1}, \boldsymbol{v}_k, \boldsymbol{0}), \quad \boldsymbol{F}_{k-1} = \left.\frac{\partial \boldsymbol{f}(\boldsymbol{x}_{k-1}, \boldsymbol{v}_k, \boldsymbol{w}_k)}{\partial \boldsymbol{x}_{k-1}}\right|_{\hat{\boldsymbol{x}}_{k-1}, \boldsymbol{v}_k, \boldsymbol{0}} \tag{4.25a}$$

$$\boldsymbol{w}'_k = \left.\frac{\partial \boldsymbol{f}(\boldsymbol{x}_{k-1}, \boldsymbol{v}_k, \boldsymbol{w}_k)}{\partial \boldsymbol{w}_k}\right|_{\hat{\boldsymbol{x}}_{k-1}, \boldsymbol{v}_k, \boldsymbol{0}} \boldsymbol{w}_k \tag{4.25b}$$

并且

$$\check{\boldsymbol{y}}_k = \boldsymbol{g}(\check{\boldsymbol{x}}_k, \boldsymbol{0}), \quad \boldsymbol{G}_k = \left.\frac{\partial \boldsymbol{g}(\boldsymbol{x}_k, \boldsymbol{n}_k)}{\partial \boldsymbol{x}_k}\right|_{\check{\boldsymbol{x}}_k, \boldsymbol{0}} \tag{4.26a}$$

$$\boldsymbol{n}'_k = \left.\frac{\partial \boldsymbol{g}(\boldsymbol{x}_k, \boldsymbol{n}_k)}{\partial \boldsymbol{n}_k}\right|_{\check{\boldsymbol{x}}_k, \boldsymbol{0}} \boldsymbol{n}_k \tag{4.26b}$$

给定过去的状态和最新输入，则当前状态 $\boldsymbol{x}_k$ 的统计学特性为

$$\boldsymbol{x}_k \approx \check{\boldsymbol{x}}_k + \boldsymbol{F}_{k-1}(\boldsymbol{x}_{k-1} - \hat{\boldsymbol{x}}_{k-1}) + \boldsymbol{w}'_k \tag{4.27a}$$

$$E[\boldsymbol{x}_k] \approx \check{\boldsymbol{x}}_k + \boldsymbol{F}_{k-1}(\boldsymbol{x}_{k-1} - \hat{\boldsymbol{x}}_{k-1}) + \underbrace{E[\boldsymbol{w}'_k]}_{\boldsymbol{0}} \tag{4.27b}$$

$$E\left[(\boldsymbol{x}_k - E[\boldsymbol{x}_k])(\boldsymbol{x}_k - E[\boldsymbol{x}_k])^{\mathrm{T}}\right] \approx \underbrace{E\left[\boldsymbol{w}'_k \boldsymbol{w}'^{\mathrm{T}}_k\right]}_{\boldsymbol{Q}'_k} \tag{4.27c}$$

$$p(\boldsymbol{x}_k | \boldsymbol{x}_{k-1}, \boldsymbol{v}_k) \approx \mathcal{N}(\check{\boldsymbol{x}}_k + \boldsymbol{F}_{k-1}(\boldsymbol{x}_{k-1} - \hat{\boldsymbol{x}}_{k-1}), \boldsymbol{Q}'_k) \tag{4.27d}$$

给定当前状态，则当前观测 $\boldsymbol{y}_k$ 的统计学特性为

$$\boldsymbol{y}_k \approx \check{\boldsymbol{y}}_k + \boldsymbol{G}_k(\boldsymbol{x}_k - \check{\boldsymbol{x}}_k) + \boldsymbol{n}'_k \tag{4.28a}$$

$$E[\boldsymbol{y}_k] \approx \check{\boldsymbol{y}}_k + \boldsymbol{G}_k(\boldsymbol{x}_k - \check{\boldsymbol{x}}_k) + \underbrace{E[\boldsymbol{n}'_k]}_{\boldsymbol{0}} \tag{4.28b}$$

$$E\left[(\boldsymbol{y}_k - E[\boldsymbol{y}_k])(\boldsymbol{y}_k - E[\boldsymbol{y}_k])^{\mathrm{T}}\right] \approx \underbrace{E\left[\boldsymbol{n}'_k \boldsymbol{n}'^{\mathrm{T}}_k\right]}_{\boldsymbol{R}'_k} \tag{4.28c}$$

$$p(\boldsymbol{y}_k|\boldsymbol{x}_k) \approx \mathcal{N}(\check{\boldsymbol{y}}_k + \boldsymbol{G}_k(\boldsymbol{x}_k - \check{\boldsymbol{x}}_k), \boldsymbol{R}'_k) \tag{4.28d}$$

将上面的等式代入贝叶斯滤波中，则可以得到

$$\underbrace{p(\boldsymbol{x}_k|\check{\boldsymbol{x}}_0, \boldsymbol{v}_{1:k}, \boldsymbol{y}_{0:k})}_{\mathcal{N}(\hat{\boldsymbol{x}}_k, \hat{\boldsymbol{P}}_k)} = \eta \underbrace{p(\boldsymbol{y}_k|\boldsymbol{x}_k)}_{\mathcal{N}(\check{\boldsymbol{y}}_k + \boldsymbol{G}_k(\boldsymbol{x}_k - \check{\boldsymbol{x}}_k), \boldsymbol{R}'_k)} \times \int \underbrace{p(\boldsymbol{x}_k|\boldsymbol{x}_{k-1}, \boldsymbol{v}_k)}_{\mathcal{N}(\check{\boldsymbol{x}}_k + \boldsymbol{F}_{k-1}(\boldsymbol{x}_{k-1} - \hat{\boldsymbol{x}}_{k-1}), \boldsymbol{Q}'_k)} \underbrace{p(\boldsymbol{x}_{k-1}|\check{\boldsymbol{x}}_0, \boldsymbol{v}_{1:k-1}, \boldsymbol{y}_{0:k-1})}_{\mathcal{N}(\hat{\boldsymbol{x}}_{k-1}, \hat{\boldsymbol{P}}_{k-1})} \mathrm{d}\boldsymbol{x}_{k-1} \tag{4.29}$$

利用式（2.88）将服从高斯分布的变量传入非线性函数中，可以看到积分仍然是高斯的：

$$\underbrace{p(\boldsymbol{x}_k|\check{\boldsymbol{x}}_0, \boldsymbol{v}_{1:k}, \boldsymbol{y}_{0:k})}_{\mathcal{N}(\hat{\boldsymbol{x}}_k, \hat{\boldsymbol{P}}_k)} = \eta \underbrace{p(\boldsymbol{y}_k|\boldsymbol{x}_k)}_{\mathcal{N}(\check{\boldsymbol{y}}_k + \boldsymbol{G}_k(\boldsymbol{x}_k - \check{\boldsymbol{x}}_k), \boldsymbol{R}'_k)} \times \underbrace{\int p(\boldsymbol{x}_k|\boldsymbol{x}_{k-1}, \boldsymbol{v}_k) p(\boldsymbol{x}_{k-1}|\check{\boldsymbol{x}}_0, \boldsymbol{v}_{1:k-1}, \boldsymbol{y}_{0:k-1}) \mathrm{d}\boldsymbol{x}_{k-1}}_{\mathcal{N}(\check{\boldsymbol{x}}_k, \boldsymbol{F}_{k-1}\hat{\boldsymbol{P}}_{k-1}\boldsymbol{F}^{\mathrm{T}}_{k-1} + \boldsymbol{Q}'_k)} \tag{4.30}$$

现在只剩下两个高斯概率密度函数的归一化积，正如 2.2.8 节中讨论的那样。应用式（2.91），可得

$$\begin{aligned}&\underbrace{p(\boldsymbol{x}_k|\check{\boldsymbol{x}}_0, \boldsymbol{v}_{1:k}, \boldsymbol{y}_{0:k})}_{\mathcal{N}(\hat{\boldsymbol{x}}_k, \hat{\boldsymbol{P}}_k)} \\ &= \underbrace{\eta p(\boldsymbol{y}_k|\boldsymbol{x}_k) \int p(\boldsymbol{x}_k|\boldsymbol{x}_{k-1}, \boldsymbol{v}_k) p(\boldsymbol{x}_{k-1}|\check{\boldsymbol{x}}_0, \boldsymbol{v}_{1:k-1}, \boldsymbol{y}_{0:k-1}) \mathrm{d}\boldsymbol{x}_{k-1}}_{\mathcal{N}\left(\check{\boldsymbol{x}}_k + \boldsymbol{K}_k(\boldsymbol{y}_k - \check{\boldsymbol{y}}_k), (\boldsymbol{I} - \boldsymbol{K}_k\boldsymbol{G}_k)(\boldsymbol{F}_{k-1}\hat{\boldsymbol{P}}_{k-1}\boldsymbol{F}^{\mathrm{T}}_{k-1} + \boldsymbol{Q}'_k)\right)}\end{aligned} \tag{4.31}$$

其中，$\boldsymbol{K}_k$ 被称为卡尔曼增益矩阵（在下面给出），简称为卡尔曼增益。得出最后一行需要经过许多乏味的代数运算，这里的具体推导就留给读者了。比较上式的左右两侧，可得

预测：

$$\check{\boldsymbol{P}}_k = \boldsymbol{F}_{k-1}\hat{\boldsymbol{P}}_{k-1}\boldsymbol{F}^{\mathrm{T}}_{k-1} + \boldsymbol{Q}'_k \tag{4.32a}$$

$$\check{\boldsymbol{x}}_k = \boldsymbol{f}(\hat{\boldsymbol{x}}_{k-1}, \boldsymbol{v}_k, \boldsymbol{0}) \tag{4.32b}$$

卡尔曼增益：

$$\boldsymbol{K}_k = \check{\boldsymbol{P}}_k\boldsymbol{G}^{\mathrm{T}}_k(\boldsymbol{G}_k\check{\boldsymbol{P}}_k\boldsymbol{G}^{\mathrm{T}}_k + \boldsymbol{R}'_k)^{-1} \tag{4.32c}$$

更新：

$$\hat{\boldsymbol{P}}_k = (\boldsymbol{I} - \boldsymbol{K}_k\boldsymbol{G}_k)\check{\boldsymbol{P}}_k \tag{4.32d}$$

$$\hat{\boldsymbol{x}}_k = \check{\boldsymbol{x}}_k + \boldsymbol{K}_k\underbrace{(\boldsymbol{y}_k - \boldsymbol{g}(\check{\boldsymbol{x}}_k, \boldsymbol{0}))}_{\text{更新量}} \tag{4.32e}$$

式（4.32）被称为 EKF 的经典迭代更新方程。通过该更新方程，我们可以由 $\{\hat{\boldsymbol{x}}_{k-1}, \hat{\boldsymbol{P}}_{k-1}\}$ 计算出 $\{\hat{\boldsymbol{x}}_k, \hat{\boldsymbol{P}}_k\}$。注意到这与第 3 章中的式（3.131）具有类似的结构。然而，这里有两个主要的区别：

(1) 通过非线性的运动模型和观测模型来传递估计的均值。

(2) 噪声协方差 $\boldsymbol{Q}_k'$ 和 $\boldsymbol{R}_k'$ 中包含了雅可比矩阵，这是因为我们允许噪声应用于非线性模型中，如式（4.14）所示。

需要注意的是，EKF 并不能保证在一般的非线性系统中能够充分地发挥其作用。为了评估 EKF 在特定非线性系统中的性能，通常只能做一些简单的尝试。EKF 的主要问题在于，其线性化的工作点是估计状态的均值，而不是真实状态。这一点微小的差异可能导致 EKF 在某些情况下快速地发散。有时 EKF 的估计虽然没有明显异常，但常常是**有偏差**或**不一致**的，更经常的情况是两者都有。

### 4.2.4 广义高斯滤波

贝叶斯滤波的迷人之处在于它具有精确的表达。我们可以采用不同的近似形式和处理方式，推导出一些可实现的滤波器。不过，如果假设估计的状态是高斯的，就存在更清晰的推导方法。实际上，在 3.3.3 节使用贝叶斯推断推导卡尔曼滤波时，就用到了这种方法。

一般来说，先从 $k-1$ 时刻的高斯先验开始：

$$p(\boldsymbol{x}_{k-1}|\check{\boldsymbol{x}}_0, \boldsymbol{v}_{1:k-1}, \boldsymbol{y}_{0:k-1}) = \mathcal{N}\left(\hat{\boldsymbol{x}}_{k-1}, \hat{\boldsymbol{P}}_{k-1}\right) \tag{4.33}$$

通过非线性运动模型 $\boldsymbol{f}(\cdot)$ 在时间上向前传递，以得到 $k$ 时刻的高斯先验：

$$p(\boldsymbol{x}_k|\check{\boldsymbol{x}}_0, \boldsymbol{v}_{1:k}, \boldsymbol{y}_{0:k-1}) = \mathcal{N}\left(\check{\boldsymbol{x}}_k, \check{\boldsymbol{P}}_k\right) \tag{4.34}$$

这是**预测步骤**，结合了最新的输入 $\boldsymbol{v}_k$。

对于**校正步骤**，我们采用 2.2.2 节的方法，写出 $k$ 时刻的状态与最新观测的联合高斯分布：

$$p(\boldsymbol{x}_k, \boldsymbol{y}_k|\check{\boldsymbol{x}}_0, \boldsymbol{v}_{1:k}, \boldsymbol{y}_{0:k-1}) = \mathcal{N}\left(\begin{bmatrix} \boldsymbol{\mu}_{x,k} \\ \boldsymbol{\mu}_{y,k} \end{bmatrix}, \begin{bmatrix} \boldsymbol{\Sigma}_{xx,k} & \boldsymbol{\Sigma}_{xy,k} \\ \boldsymbol{\Sigma}_{yx,k} & \boldsymbol{\Sigma}_{yy,k} \end{bmatrix}\right) \tag{4.35}$$

然后写出 $\boldsymbol{x}_k$ 的条件高斯概率密度函数（即后验概率）：

$$p(\boldsymbol{x}_k|\check{\boldsymbol{x}}_0, \boldsymbol{v}_{1:k}, \boldsymbol{y}_{0:k}) = \mathcal{N}\Big(\underbrace{\boldsymbol{\mu}_{x,k} + \boldsymbol{\Sigma}_{xy,k}\boldsymbol{\Sigma}_{yy,k}^{-1}(\boldsymbol{y}_k - \boldsymbol{\mu}_{y,k})}_{\hat{\boldsymbol{x}}_k}, \underbrace{\boldsymbol{\Sigma}_{xx,k} - \boldsymbol{\Sigma}_{xy,k}\boldsymbol{\Sigma}_{yy,k}^{-1}\boldsymbol{\Sigma}_{yx,k}}_{\hat{\boldsymbol{P}}_k}\Big) \tag{4.36}$$

其中，我们将 $\hat{\boldsymbol{x}}_k$ 定义为均值；将 $\hat{\boldsymbol{P}}_k$ 定义为协方差；而 $\boldsymbol{\mu}_{y,k}$ 则通过非线性观测模型 $\boldsymbol{g}(\cdot)$ 来计算。这里，可以写出广义高斯滤波的校正步骤的方程：

$$\boldsymbol{K}_k = \boldsymbol{\Sigma}_{xy,k}\boldsymbol{\Sigma}_{yy,k}^{-1} \tag{4.37a}$$

$$\hat{\boldsymbol{P}}_k = \check{\boldsymbol{P}}_k - \boldsymbol{K}_k\boldsymbol{\Sigma}_{xy,k}^{\mathrm{T}} \tag{4.37b}$$

$$\hat{\boldsymbol{x}}_k = \check{\boldsymbol{x}}_k + \boldsymbol{K}_k\left(\boldsymbol{y}_k - \boldsymbol{\mu}_{y,k}\right) \tag{4.37c}$$

其中，令 $\boldsymbol{\mu}_{x,k} = \check{\boldsymbol{x}}_k$；$\boldsymbol{\Sigma}_{xx,k} = \check{\boldsymbol{P}}_k$；$\check{\boldsymbol{K}}_k$ 仍被称为卡尔曼增益。然而，除非运动模型和观测模型是线性的，否则我们无法计算所需的剩余变量：$\boldsymbol{\mu}_{y,k}$，$\boldsymbol{\Sigma}_{yy,k}$ 和 $\boldsymbol{\Sigma}_{xy,k}$。这是因为将高斯概率密度函数代入非线性函数中通常会成为非高斯的。因此，在这个阶段需要考虑对其进行近似。

下一节中，我们将重新审视运动模型和观测模型的线性化过程，以完成本节的推导。在这之后，我们将讨论通过非线性函数传递概率密度函数的其他方法，从而推导出其他类型的贝叶斯滤波和卡尔曼滤波。

### 4.2.5 迭代扩展卡尔曼滤波

继续上一节的内容，我们将完成迭代扩展卡尔曼滤波（iterated extended Kalman filter, IEKF）的推导。其中**预测步骤**相当直接，与 4.2.3 节中的基本相同，因此略去此部分的推导。但需要注意的是，$k$ 时刻的先验为

$$p(\boldsymbol{x}_k|\check{\boldsymbol{x}}_0, \boldsymbol{v}_{1:k}, \boldsymbol{y}_{0:k-1}) = \mathcal{N}\left(\check{\boldsymbol{x}}_k, \check{\boldsymbol{P}}_k\right) \tag{4.38}$$

包含了 $\boldsymbol{v}_k$。

**校正步骤**则会更有意思一些。**非线性**观测模型为

$$\boldsymbol{y}_k = \boldsymbol{g}(\boldsymbol{x}_k, \boldsymbol{n}_k) \tag{4.39}$$

对其中任意一个点 $\boldsymbol{x}_{\mathrm{op},k}$ 进行线性化，可得

$$\boldsymbol{g}(\boldsymbol{x}_k, \boldsymbol{n}_k) \approx \boldsymbol{y}_{\mathrm{op},k} + \boldsymbol{G}_k(\boldsymbol{x}_k - \boldsymbol{x}_{\mathrm{op},k}) + \boldsymbol{n}'_k \tag{4.40}$$

其中

$$\boldsymbol{y}_{\mathrm{op},k} = \boldsymbol{g}(\boldsymbol{x}_{\mathrm{op},k}, \boldsymbol{0}), \quad \boldsymbol{G}_k = \left.\frac{\partial \boldsymbol{g}(\boldsymbol{x}_k, \boldsymbol{n}_k)}{\partial \boldsymbol{x}_k}\right|_{\boldsymbol{x}_{\mathrm{op},k}, \boldsymbol{0}} \tag{4.41a}$$

$$\boldsymbol{n}'_k = \left.\frac{\partial \boldsymbol{g}(\boldsymbol{x}_k, \boldsymbol{n}_k)}{\partial \boldsymbol{n}_k}\right|_{\boldsymbol{x}_{\mathrm{op},k}, \boldsymbol{0}} \boldsymbol{n}_k \tag{4.41b}$$

注意，观测模型和雅可比矩阵均在 $\boldsymbol{x}_{\mathrm{op},k}$ 处计算。

使用上面这种线性化的模型，可以将时刻 $k$ 处的状态和观测的联合概率近似为高斯分布：

$$\begin{aligned} p(\boldsymbol{x}_k, \boldsymbol{y}_k|\check{\boldsymbol{x}}_0, \boldsymbol{v}_{1:k}, \boldsymbol{y}_{0:k-1}) &\approx \mathcal{N}\left(\begin{bmatrix} \boldsymbol{\mu}_{x,k} \\ \boldsymbol{\mu}_{y,k} \end{bmatrix}, \begin{bmatrix} \boldsymbol{\Sigma}_{xx,k} & \boldsymbol{\Sigma}_{xy,k} \\ \boldsymbol{\Sigma}_{yx,k} & \boldsymbol{\Sigma}_{yy,k} \end{bmatrix}\right) \\ &= \mathcal{N}\left(\begin{bmatrix} \check{\boldsymbol{x}}_k \\ \boldsymbol{y}_{\mathrm{op},k} + \boldsymbol{G}_k(\check{\boldsymbol{x}}_k - \boldsymbol{x}_{\mathrm{op},k}) \end{bmatrix}, \begin{bmatrix} \check{\boldsymbol{P}}_k & \check{\boldsymbol{P}}_k\boldsymbol{G}_k^{\mathrm{T}} \\ \boldsymbol{G}_k\check{\boldsymbol{P}}_k & \boldsymbol{G}_k\check{\boldsymbol{P}}_k\boldsymbol{G}_k^{\mathrm{T}} + \boldsymbol{R}'_k \end{bmatrix}\right) \end{aligned} \tag{4.42}$$

如果观测值 $\boldsymbol{y}_k$ 已知，可以使用式（2.52b）写出 $\boldsymbol{x}_k$（即后验）的条件高斯概率密度函数：

$$p(\boldsymbol{x}_k|\check{\boldsymbol{x}}_0, \boldsymbol{v}_{1:k}, \boldsymbol{y}_{0:k}) = \mathcal{N}\Big(\underbrace{\boldsymbol{\mu}_{x,k} + \boldsymbol{\Sigma}_{xy,k}\boldsymbol{\Sigma}_{yy,k}^{-1}(\boldsymbol{y}_k - \boldsymbol{\mu}_{y,k})}_{\hat{\boldsymbol{x}}_k}, \underbrace{\boldsymbol{\Sigma}_{xx,k} - \boldsymbol{\Sigma}_{xy,k}\boldsymbol{\Sigma}_{yy,k}^{-1}\boldsymbol{\Sigma}_{yx,k}}_{\hat{\boldsymbol{P}}_k}\Big) \tag{4.43}$$

其中，再次将 $\hat{\boldsymbol{x}}_k$ 定义为均值；将 $\hat{\boldsymbol{P}}_k$ 定义为协方差。如上一节所示，广义高斯滤波的校正步骤的方程为

$$\boldsymbol{K}_k = \boldsymbol{\Sigma}_{xy,k}\boldsymbol{\Sigma}_{yy,k}^{-1} \tag{4.44a}$$

$$\hat{\boldsymbol{P}}_k = \check{\boldsymbol{P}}_k - \boldsymbol{K}_k \boldsymbol{\Sigma}_{xy,k}^{\mathrm{T}} \tag{4.44b}$$

$$\hat{\boldsymbol{x}}_k = \check{\boldsymbol{x}}_k + \boldsymbol{K}_k (\boldsymbol{y}_k - \boldsymbol{\mu}_{y,k}) \tag{4.44c}$$

将矩 $\boldsymbol{\mu}_{y,k}, \boldsymbol{\Sigma}_{yy,k}$ 和 $\boldsymbol{\Sigma}_{xy,k}$ 代入上式，可以得到

$$\boldsymbol{K}_k = \check{\boldsymbol{P}}_k \boldsymbol{G}_k^{\mathrm{T}} \left(\boldsymbol{G}_k \check{\boldsymbol{P}}_k \boldsymbol{G}_k^{\mathrm{T}} + \boldsymbol{R}_k'\right)^{-1} \tag{4.45a}$$

$$\hat{\boldsymbol{P}}_k = (\boldsymbol{I} - \boldsymbol{K}_k \boldsymbol{G}_k) \check{\boldsymbol{P}}_k \tag{4.45b}$$

$$\hat{\boldsymbol{x}}_k = \check{\boldsymbol{x}}_k + \boldsymbol{K}_k (\boldsymbol{y}_k - \boldsymbol{y}_{\mathrm{op},k} - \boldsymbol{G}_k(\check{\boldsymbol{x}}_k - \boldsymbol{x}_{\mathrm{op},k})) \tag{4.45c}$$

这些方程与式（4.32）中的卡尔曼增益和校正方程非常相似，唯一的区别在于线性化的工作点。如果我们将线性化的工作点设置为预测先验的均值，即 $\boldsymbol{x}_{\mathrm{op},k} = \check{\boldsymbol{x}}_k$，那么式（4.45）和式（4.32）是完全相同的。

然而，如果我们迭代地重新计算式（4.45），并且在每一次迭代中将当前工作点设置为上一次迭代的后验均值，将得到更好的结果：

$$\boldsymbol{x}_{\mathrm{op},k} \leftarrow \hat{\boldsymbol{x}}_k \tag{4.46}$$

在第一次迭代中，令 $\boldsymbol{x}_{\mathrm{op},k} = \check{\boldsymbol{x}}_k$。这使得我们能够对越来越精确的估计进行线性化，从而改进每次迭代的近似程度。在迭代的过程中，当 $\boldsymbol{x}_{\mathrm{op},k}$ 的改变足够小的时候就终止迭代。注意，卡尔曼增益方程和更新方程收敛之后，协方差方程只需要计算一次。

### 4.2.6 从最大后验估计角度看 IEKF

一个重要的问题是：EKF 、IEKF 与全贝叶斯后验之间的关系是什么？可以发现，IEKF 对应全后验概率的（局部）最大值①；换句话说，它是一个最大后验估计。此外，EKF 的校正部分并没有迭代，它可能远离局部最大值，实际上我们很难说清楚它与全后验概率的关系。

这些关系如图 4.7 所示。基于 4.1.2 节的立体相机例子，我们将 IEKF 和 EKF 的校正步骤与全贝叶斯后验概率进行比较。在本例中，我们使用

$$x_{\text{true}} = 26 \text{ m}, \quad y_{\text{meas}} = \frac{fb}{x_{\text{true}}} - 0.6 \text{ pixel}$$

来增大这几个方法之间的区别。正如之前讨论的，IEKF 的均值对应最大后验估计的解（即最大后验估计的模），而 EKF 则很难与全贝叶斯后验概率联系起来。

为了了解 IEKF 与最大后验估计相同的原因，我们需要用到本章稍后介绍的优化方法。目前，仅根据前面章节的知识，能够得到的信息是，由于 IEKF 在最优估计处迭代地进行线性化，因此其估计结果等同于最大后验估计的解。从而，IEKF 高斯估计器的“均值”并不等于全贝叶斯后验概率的均值，它计算的是模。

### 4.2.7 其他将概率密度函数传入非线性函数的方法

在推导 EKF 和 IEKF 时，我们使用了一种特殊的方法将概率密度函数传递进非线性函数中。具体来说，就是在非线性模型的工作点处进行线性化，然后通过解析的线性化模型传递高斯概

① 澄清一下，该结论只适用于单个时间步长的校正步骤。

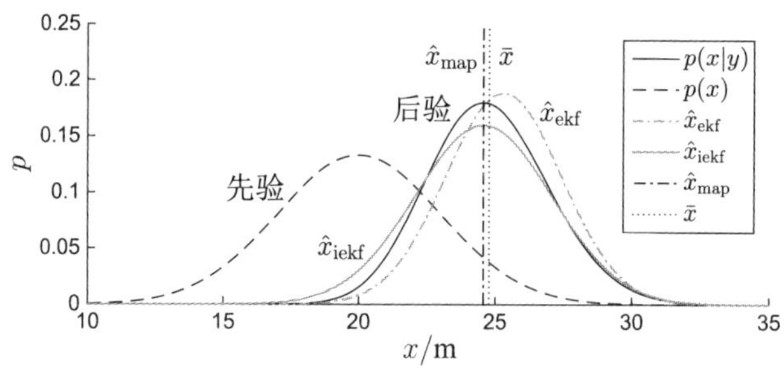


图 4.7　立体相机例子，将 EKF 和 IEKF 的推理（即“校正”）步骤与全贝叶斯后验概率 $p(x|y)$ 进行比较。可以看到 IEKF 的均值与最大后验估计的解 $x_{\text{map}}$ 相匹配，而 EKF 则没有。后验的实际均值为 $\bar{x}$

率密度函数。这当然是一种可行的方法，但还存在其他的方法。本节将讨论 3 种常用方法：蒙特卡罗方法（暴力的），线性化方法（如 EKF 中采用的），以及**西格玛点**（sigmapoint）变换或**无迹**（unscented）[①]变换。我们的动机是引入一些可以在贝叶斯滤波框架中使用的方法，以获得 EKF 和 IEKF 的替代方案。

### 蒙特卡罗方法

蒙特卡罗方法本质上是一种“暴力”的方法，其过程如图 4.8 所示。我们根据输入的概率密度函数采集大量样本，接着通过非线性函数将每一个样本精确地进行变换，最后从转换的样本中构建输出的概率密度函数（例如，通过计算矩来构建）。笼统地说，**大数定律**（law of large numbers）确保了当样本数量接近无穷大时，这种做法将会使结果收敛到正确的值。

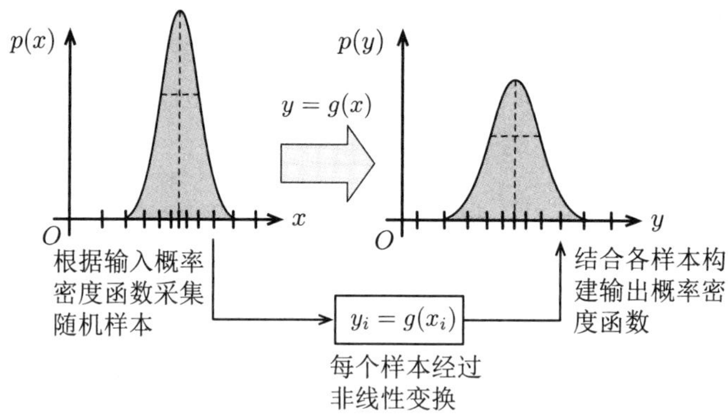


图 4.8　蒙特卡罗方法，通过非线性模型传递概率密度函数。根据输入概率密度函数采集大量的样本，通过非线性函数进行变换，并对转换结果构建输出概率密度函数

这种方法存在的明显问题是，它可能非常低效，特别是在高维问题上。除了这个明显的缺点，这个方法还有以下优点：

① 这个词一直在文献中存在。西蒙 · 朱利尔（Simon Julier）以无味的除臭剂来命名它，是为了指出人们常常在不知道这些词语原本的含义的情况下，理所当然地接受以这些词语来命名的方式。

(1) 适用于任何概率密度函数，而不仅仅是高斯分布。

(2) 可以处理任何类型的非线性函数（不要求可微，甚至连续）。

(3) 不需要知道非线性函数的数学形式。在实际中，非线性函数可以是任何其他形式的。

(4) 这是一个“任意时间”算法[①]——通过调整采样点数量，我们很容易在精度和速度上进行折中。

由于可以使用大量采样点来得到很高的精度，因此可以用蒙特卡罗方法来衡量其他方法的性能。

另一个值得一提的地方是，输出概率密度函数的均值和输入均值通过非线性变换后的值是不同的。这可以通过一个简单的例子来解释。考虑在区间 $[0,1]$ 上服从均匀分布的变量 $x$，即 $p(x)=1$，$x\in[0,1]$。令非线性函数为 $y=x^2$。输入的均值为 $\mu_x=1/2$，通过非线性变换后，得到 $\mu_y=1/4$。然而，输出的实际均值为 $\mu_y=\int_0^1 p(x)x^2\mathrm{d}x=1/3$。同样，这种情况也会发生在更高阶矩中。蒙特卡罗方法能够在有大量样本的情况下得到正确的解，但是我们将看到，其他一些方法则不能。

## 线性化方法

通过非线性函数传递高斯概率密度函数最常见的方法是线性化，我们已经使用它来导出 EKF 和 IEKF 。严谨地说，均值实际上是通过非线性函数精确地传递的，而协方差则是通过非线性函数的线性化版本近似传递的。通常，线性化过程的工作点是概率密度函数的均值。该过程如图 4.9 所示（为方便起见，再次重复了图 2.4 的内容）。这个过程是非常不准确的，原因如下：

(1) 通过非线性函数传递高斯概率密度函数的结果不会是另一个高斯概率密度函数。线性化方法仅仅保留了后验概率密度函数的均值和协方差，是对后验的一种近似（丢弃了高阶矩）。

(2) 通过线性化非线性函数来近似真实输出的概率密度函数的协方差。

(3) 线性化的工作点通常不是先验概率密度函数的真实均值，而是我们对输入概率密度函数的均值的估计。这也是引入误差的地方。

(4) 通过简单地将先验概率密度函数的均值经过非线性变换来逼近真实输出的概率密度函数的均值。这并不是真实输出的均值。

线性化的另一个缺点是，我们必须解析地或者数值地计算非线性函数的雅可比矩阵（这又引入了一个误差）。

尽管线性化方法需要种种近似并存在缺点，但是如果函数只是“轻微”的非线性，并且输入是高斯的，那么线性化方法可以说是一种简单易懂并且易于实现的方法。线性化方法的一个优点[②]是，线性化的操作实际上是可逆的（如果非线性函数是局部可逆的）。也就是说，我们可以将输出概率密度函数通过非线性函数的“逆”（使用相同的线性化过程）来精确地恢复输入概率密度函数。但是这对其他通过非线性函数传递概率密度函数的方法来说，并不都成立，因为它们并不像线性化方法那样做出相同的近似。例如，西格玛点变换就是不可逆的。

---

① 即计算时间可以随需求进行调整。——译者注

② 与其说是优点，倒不如说是副产品更准确一些，因为它是线性化时近似的直接结果。

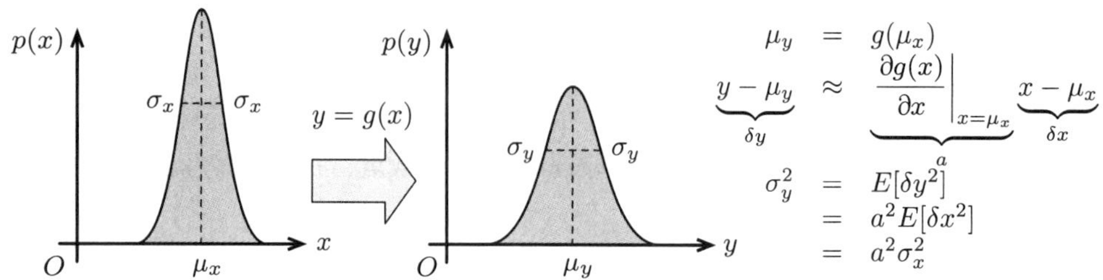


图 4.9　通过非线性函数 $g(\cdot)$ 来传递一维高斯概率密度函数。此处可通过线性化非线性函数以对协方差进行近似

## 西格玛点变换

从某种意义上说，在输入概率密度函数大致为高斯的情况下，**西格玛点变换**或**无迹变换**[44]是蒙特卡罗方法与线性化方法的折中。它比线性化方法更准确，除了计算复杂度稍大一些。蒙特卡罗方法仍然是最准确的方法，但在大多数情况下，其计算复杂度令人望而生畏。

对于本章使用的“西格玛点变换”，这里有一点误导，事实上有一整套这样的变换都被称为西格玛点变换，更多讨论见 6.3.3 节。图 4.10 展示了西格玛点变换一维情况下最简单的版本。一般来说，任何一个西格玛点变换的版本，都是在输入概率密度函数均值的基础版本上添加了一个附加样本。具体步骤如下：

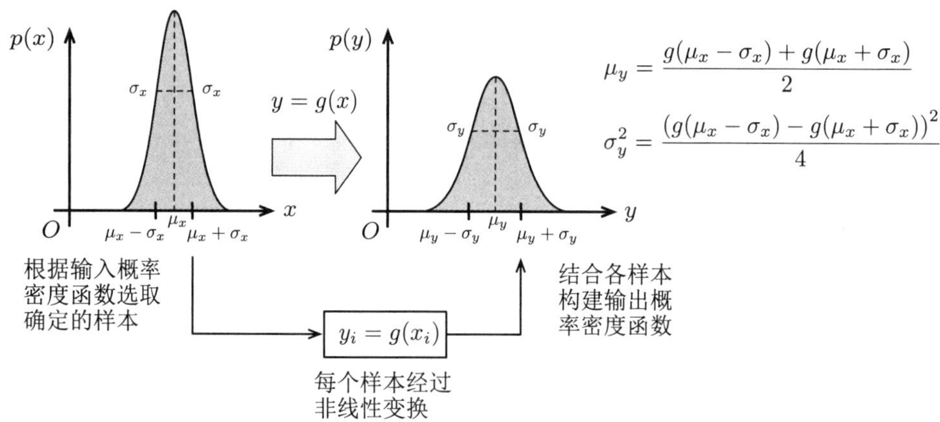


图 4.10　通过非线性函数 $g(\cdot)$ 来传递一维高斯概率密度函数。这里采用简化的西格玛点变换，即使用两个确定的采样点（在均值左右两边各取一个）对输入概率密度函数进行近似

(1) 根据输入概率密度函数 $\mathcal{N}(\boldsymbol{\mu}_x, \boldsymbol{\Sigma}_{xx})$ 计算出 $2L+1$ 个西格玛点：

$$\boldsymbol{L}\boldsymbol{L}^{\mathrm{T}} = \boldsymbol{\Sigma}_{xx}\text{（楚列斯基分解，}\boldsymbol{L}\text{ 为下三角矩阵）} \tag{4.47a}$$

$$\boldsymbol{x}_0 = \boldsymbol{\mu}_x \tag{4.47b}$$

$$\boldsymbol{x}_i = \boldsymbol{\mu}_x + \sqrt{L+\kappa}\,\mathrm{col}_i \boldsymbol{L} \tag{4.47c}$$

$$i = 1, \cdots, L$$

$$\boldsymbol{x}_{i+L} = \boldsymbol{\mu}_x - \sqrt{L+\kappa}\,\mathrm{col}_i\boldsymbol{L} \tag{4.47d}$$

其中，$L = \dim(\boldsymbol{\mu}_x)$。注意到

$$\boldsymbol{\mu}_x = \sum_{i=0}^{2L} \alpha_i \boldsymbol{x}_i \tag{4.48a}$$

$$\boldsymbol{\Sigma}_{xx} = \sum_{i=0}^{2L} \alpha_i (\boldsymbol{x}_i - \boldsymbol{\mu}_x)(\boldsymbol{x}_i - \boldsymbol{\mu}_x)^{\mathrm{T}} \tag{4.48b}$$

其中

$$\alpha_i = \begin{cases} \dfrac{\kappa}{L+\kappa}, & i = 0 \\ \dfrac{1}{2(L+\kappa)}, & \text{其他} \end{cases} \tag{4.49}$$

注意到 $\alpha_i$ 的和为 1。而用户定义的参数 $\kappa$ 则在下一节中解释。

(2) 把每个西格玛点单独代入非线性函数 $\boldsymbol{g}(\cdot)$ 中：

$$\boldsymbol{y}_i = \boldsymbol{g}(\boldsymbol{x}_i), \quad i = 0, \cdots, 2L \tag{4.50}$$

(3) 输出概率密度函数的均值 $\boldsymbol{\mu}_y$ 通过下面的式子计算：

$$\boldsymbol{\mu}_y = \sum_{i=0}^{2L} \alpha_i \boldsymbol{y}_i \tag{4.51}$$

(4) 输出概率密度函数的协方差 $\boldsymbol{\Sigma}_{yy}$ 通过下面的式子计算：

$$\boldsymbol{\Sigma}_{yy} = \sum_{i=0}^{2L} \alpha_i (\boldsymbol{y}_i - \boldsymbol{\mu}_y)(\boldsymbol{y}_i - \boldsymbol{\mu}_y)^{\mathrm{T}} \tag{4.52}$$

(5) 最后，得到输出概率密度函数 $\mathcal{N}(\boldsymbol{\mu}_y, \boldsymbol{\Sigma}_{yy})$。

与线性化方法相比，这种方法具有许多优点：

(1) 通过对输入概率密度函数进行近似，避免了线性化方法中对非线性函数的雅可比矩阵（解析或数值）的计算。图 4.11 展示了二维高斯中有关西格玛点的选取。

(2) 仅使用标准线性代数运算（楚列斯基分解、外积、矩阵求和）。

(3) 计算复杂度和线性化方法（当使用数值方法求解雅可比矩阵时）的水平相当。

(4) 不要求非线性函数光滑和可微。

下一节，我们将通过例子进一步说明，西格玛点变换也可以比线性化方法得到更准确的后验密度。

下面我们将使用简单的一维非线性函数 $f(x) = x^2$ 作为示例，比较各种变换方法的优劣。设先验概率密度函数为 $\mathcal{N}(\mu_x, \sigma_x^2)$。

### 蒙特卡罗方法示例

事实上，对于这种特别的非线性函数，基本上可以使用解析的蒙特卡罗方法（即不需要采集任何样本）来获得确切的结果。根据输入获得的任意样本由下式给出：

$$x_i = \mu_x + \delta x_i, \quad \delta x_i \leftarrow \mathcal{N}(0, \sigma_x^2) \tag{4.53}$$

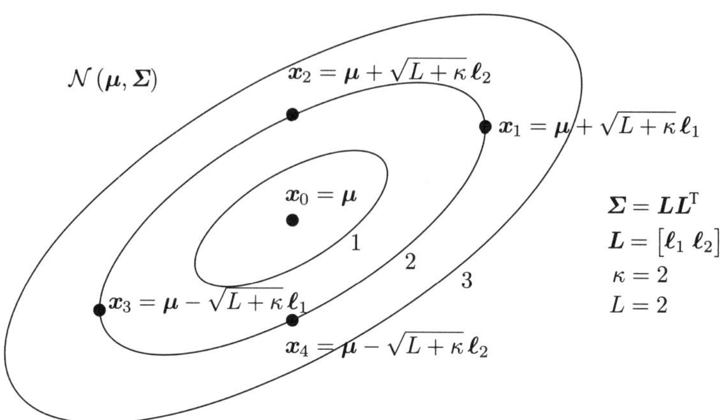


图 4.11 二维高斯概率密度函数（$L=2$），图中给出标准差为 1，2 和 3 的等概率椭圆线，其中 $2L+1=5$，$\kappa=2$

将样本代入非线性函数中，可以得到

$$y_i = f(x_i) = f(\mu_x + \delta x_i) = (\mu_x + \delta x_i)^2 = \mu_x^2 + 2\mu_x \delta x_i + \delta x_i^2 \tag{4.54}$$

对式子两边求期望，可以得到输出的均值：

$$\mu_y = E[y_i] = \mu_x^2 + 2\mu_x \underbrace{E[\delta x_i]}_{0} + \underbrace{E[\delta x_i^2]}_{\sigma_x^2} = \mu_x^2 + \sigma_x^2 \tag{4.55}$$

同样地，我们可以推导出输出的方差：

$$\sigma_y^2 = E[(y_i - \mu_y)^2] \tag{4.56a}$$
$$= E[(2\mu_x \delta x_i + \delta x_i^2 - \sigma_x^2)^2] \tag{4.56b}$$
$$= \underbrace{E[\delta x_i^4]}_{3\sigma_x^4} + 4\mu_x \underbrace{E[\delta x_i^3]}_{0} + (4\mu_x^2 - 2\sigma_x^2)\underbrace{E[\delta x_i^2]}_{\sigma_x^2} - 4\mu_x \sigma_x^2 \underbrace{E[\delta x_i]}_{0} + \sigma_x^4 \tag{4.56c}$$
$$= 4\mu_x^2 \sigma_x^2 + 2\sigma_x^4 \tag{4.56d}$$

其中，$E[\delta x_i^3] = 0$ 和 $E[\delta x_i^4] = 3\sigma_x^4$ 分别为高斯概率密度函数的三阶矩和四阶矩。

实际上，该非线性函数的输出概率密度函数并不是高斯的。我们可以继续计算输出的更高阶矩（并且它们不会全部是高斯的）。然而，如果在不高于二阶矩的情况下将输出近似为高斯的，那么得到的输出概率密度函数即为 $\mathcal{N}(\mu_y, \sigma_y^2)$。在这个例子中，我们有效地使用蒙特卡罗方法与无数个样本，解析地求得后验概率的前两阶矩。现在让我们来看看线性化方法和西格玛点变换是如何操作的。

### 线性化方法示例

对非线性函数在输入的均值处进行线性化，可得

$$y_i = f(\mu_x + \delta x_i) \approx \underbrace{f(\mu_x)}_{\mu_x^2} + \underbrace{\left.\frac{\partial f}{\partial x}\right|_{\mu_x}}_{2\mu_x} \delta x_i = \mu_x^2 + 2\mu_x \delta x_i \tag{4.57}$$

对等式两边取期望，得到

$$\mu_y = E[y_i] = \mu_x^2 + 2\mu_x \underbrace{E[\delta x_i]}_{0} = \mu_x^2 \tag{4.58}$$

它正好等于把输入的均值代入非线性函数中：$\mu_y = f(\mu_x)$。对于输出的方差，有

$$\sigma_y^2 = E[(y_i - \mu_y)^2] = E[(2\mu_x \delta x_i)^2] = 4\mu_x^2 \sigma_x^2 \tag{4.59}$$

比较式（4.55）与式（4.58），式（4.56）与式（4.59），可以看到存在一些差异。事实上，线性化方法的均值是有偏差的，方差也减小了（即“过度确信”①）。接下来，让我们看看西格玛点变换会是怎样的情况。

### 西格玛点变换示例

在维数 $L = 1$ 的情况下，有 $2L + 1 = 3$ 个西格玛点：

$$x_0 = \mu_x, \quad x_1 = \mu_x + \sqrt{1+\kappa}\sigma_x, \quad x_2 = \mu_x - \sqrt{1+\kappa}\sigma_x \tag{4.60}$$

其中，$\kappa$ 为用户自定义的参数，具体含义在下面讨论。将每个西格玛点代入非线性函数中：

$$y_0 = f(x_0) = \mu_x^2 \tag{4.61a}$$

$$y_1 = f(x_1) = \left(\mu_x + \sqrt{1+\kappa}\sigma_x\right)^2 = \mu_x^2 + 2\mu_x\sqrt{1+\kappa}\sigma_x + (1+\kappa)\sigma_x^2 \tag{4.61b}$$

$$y_2 = f(x_2) = \left(\mu_x - \sqrt{1+\kappa}\sigma_x\right)^2 = \mu_x^2 - 2\mu_x\sqrt{1+\kappa}\sigma_x + (1+\kappa)\sigma_x^2 \tag{4.61c}$$

输出的均值为

$$\mu_y = \frac{1}{1+\kappa}\left(\kappa y_0 + \frac{1}{2}\sum_{i=1}^{2} y_i\right) \tag{4.62a}$$

$$= \frac{1}{1+\kappa}\left(\kappa\mu_x^2 + \frac{1}{2}\left(\mu_x^2 + 2\mu_x\sqrt{1+\kappa}\sigma_x + (1+\kappa)\sigma_x^2 + \mu_x^2 - 2\mu_x\sqrt{1+\kappa}\sigma_x + (1+\kappa)\sigma_x^2\right)\right) \tag{4.62b}$$

$$= \frac{1}{1+\kappa}\left(\kappa\mu_x^2 + \mu_x^2 + (1+\kappa)\sigma_x^2\right) \tag{4.62c}$$

$$= \mu_x^2 + \sigma_x^2 \tag{4.62d}$$

① overconfident，即表示对原有的方差估计过于乐观。——译者注

该结果与参数 $\kappa$ 无关，并且与式（4.55）是相同的。对于方差，则有

$$\sigma_y^2 = \frac{1}{1+\kappa}\left(\kappa(y_0-\mu_y)^2 + \frac{1}{2}\sum_{i=1}^{2}(y_i-\mu_y)^2\right) \tag{4.63a}$$

$$= \frac{1}{1+\kappa}\left(\kappa\sigma_x^4 + \frac{1}{2}\left(\left(2\mu_x\sqrt{1+\kappa}\sigma_x + \kappa\sigma_x^2\right)^2 + \left(-2\mu_x\sqrt{1+\kappa}\sigma_x + \kappa\sigma_x^2\right)^2\right)\right) \tag{4.63b}$$

$$= \frac{1}{1+\kappa}\left(\kappa\sigma_x^4 + 4(1+\kappa)\mu_x^2\sigma_x^2 + \kappa^2\sigma_x^4\right) \tag{4.63c}$$

$$= 4\mu_x^2\sigma_x^2 + \kappa\sigma_x^4 \tag{4.63d}$$

通过修改自定义参数 $\kappa$，即 $\kappa = 2$，可以得到和式（4.56）相同的结果。因此，对于非线性函数，西格玛点变换可以确切地反映出输出的真实均值和方差。

为了理解为什么选择 $\kappa = 2$，我们只需要关注输入概率密度函数即可。参数 $\kappa$ 表示了西格玛点距离均值的远近，这并不影响西格玛点的前三个矩（即 $\mu_x$，$\sigma_x^2$ 和零**偏度**）。然而，$\kappa$ 的变化影响了四阶矩，即**峰度**。在前面，我们已经利用了高斯概率密度函数的四阶矩是 $3\sigma_x^4$ 这个性质。这里我们可以选择合适的 $\kappa$，使得西格玛点的四阶矩匹配高斯输入概率密度函数的真实峰度：

$$3\sigma_x^4 = \frac{1}{1+\kappa}\left(\kappa\underbrace{(x_0-\mu_x)^4}_{0} + \frac{1}{2}\sum_{i=1}^{2}(x_i-\mu_x)^4\right) \tag{4.64a}$$

$$= \frac{1}{2(1+\kappa)}\left(\left(\sqrt{1+\kappa}\sigma_x\right)^4 + \left(-\sqrt{1+\kappa}\sigma_x\right)^4\right) \tag{4.64b}$$

$$= (1+\kappa)\sigma_x^4 \tag{4.64c}$$

比较等式左右两边，可以知道应该选择 $\kappa = 2$ 使它们完全匹配，从而使得西格玛点变换的精度得到提高。

总而言之，这个例子表明，如果目标是获得输出的真实均值，那么线性化方法是这几种方法中较差的一种。图 4.12 给出了这个例子的示意图①。

在接下来的几节中，我们将回到贝叶斯滤波的讲解中，并结合本节的新知识，对 EKF 进行一些有益的改进。我们将从使用蒙特卡罗方法的粒子滤波开始讲解。然后，我们将尝试使用西格玛点变换来实现高斯滤波。

### 4.2.8 粒子滤波

前面讲到，采集大量的样本就可以近似地描述概率密度函数。同时，将每个样本代入非线性函数中再进行重新组合，可以获得概率密度函数转换后的近似值。在本节中，我们将这个想法扩展到贝叶斯滤波中，尝试推导粒子滤波[45]。

粒子滤波是唯一一种能够处理非高斯噪声、非线性观测模型和运动模型的实用技术。其实用之处在于它很容易实现；我们甚至不需要知道 $\boldsymbol{f}(\cdot)$ 和 $\boldsymbol{g}(\cdot)$ 的解析表达式，也不需要求得它们的偏导。

① 在 $\kappa = 2$ 时，由于西格玛点变换与蒙特卡罗方法得到的概率密度函数相同，因此两种方法对应的曲线重合。——译者注

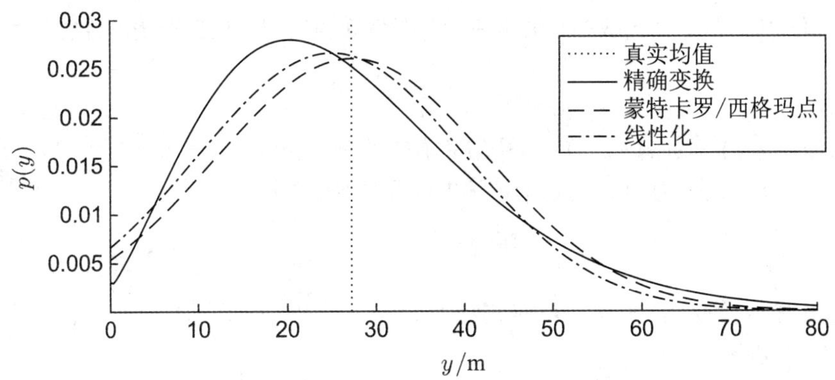


图 4.12　使用不同方法将高斯概率密度函数 $p(x)=\mathcal{N}(5,(3/2)^2)$ 通过非线性函数 $y=x^2$ 的图形表示。可以看到蒙特卡罗方法和西格玛点变换匹配了真实的均值，而线性化方法则没有。图中还显示了精确变换的概率密度函数，它并不是高斯的，因此其均值并不等于模

粒子滤波有很多版本，我们介绍一个基础版本，然后指出从哪些地方可以推出一些变化。这里采用的方法是**重要性重采样**（importance resampling）[①]，其中建议概率密度函数（proposal PDF）[②]即贝叶斯滤波中的先验概率密度函数，它使用运动模型和最新的运动观测 $\boldsymbol{v}_k$ 进行前向传递。粒子滤波有时又称为**自举**（bootstrap）**算法**、**凝聚**（condensation）**算法**或**适者生存**（survival-of-the-fittest）**算法**。

## 粒子滤波算法

使用贝叶斯滤波中的部分符号，我们将粒子滤波算法的主要步骤列写如下：

(1) 从由先验和运动噪声的联合概率密度函数中抽取 $M$ 个样本：

$$\begin{bmatrix} \hat{\boldsymbol{x}}_{k-1,m} \\ \boldsymbol{w}_{k,m} \end{bmatrix} \leftarrow p(\boldsymbol{x}_{k-1}|\check{\boldsymbol{x}}_0,\boldsymbol{v}_{1:k-1},\boldsymbol{y}_{1:k-1})p(\boldsymbol{w}_k) \tag{4.65}$$

其中，$m$ 为唯一的粒子序号。实际上，我们可以对联合概率密度函数的每个因式单独进行采样。

(2) 使用 $\boldsymbol{v}_k$ 得到后验概率密度函数的预测。预测时，可以将每个先验粒子和噪声样本代入非线性运动模型：

$$\check{\boldsymbol{x}}_{k,m}=\boldsymbol{f}(\hat{\boldsymbol{x}}_{k-1,m},\boldsymbol{v}_k,\boldsymbol{w}_{k,m}) \tag{4.66}$$

这些新的“预测粒子”共同近似刻画了概率密度函数 $p(\boldsymbol{x}_k|\check{\boldsymbol{x}}_0,\boldsymbol{v}_{1:k},\boldsymbol{y}_{1:k-1})$。

(3) 结合 $\boldsymbol{y}_k$ 对后验概率密度函数进行校正，主要分两步：

第一步，根据每个粒子的期望后验和预测后验的收敛程度，对每个粒子赋予权值 $w_{k,m}$：

$$w_{k,m}=\frac{p(\check{\boldsymbol{x}}_{k,m}|\check{\boldsymbol{x}}_0,\boldsymbol{v}_{1:k},\boldsymbol{y}_{1:k})}{p(\check{\boldsymbol{x}}_{k,m}|\check{\boldsymbol{x}}_0,\boldsymbol{v}_{1:k},\boldsymbol{y}_{1:k-1})}=\eta p(\boldsymbol{y}_k|\check{\boldsymbol{x}}_{k,m}) \tag{4.67}$$

---

① 字面意思为根据重要性进行重采样。——译者注

② 即用于产生粒子的那个分布。——译者注

其中，$\eta$ 为归一化系数。在实践中，通常使用非线性观测模型来模拟期望的传感器读数 $\check{\boldsymbol{y}}_{k,m}$：

$$\check{\boldsymbol{y}}_{k,m} = \boldsymbol{g}(\check{\boldsymbol{x}}_{k,m}, \boldsymbol{0}) \tag{4.68}$$

接着假设 $p(\boldsymbol{y}_k|\check{\boldsymbol{x}}_{k,m}) = p(\boldsymbol{y}_k|\check{\boldsymbol{y}}_{k,m})$，其中等式右边的概率密度函数已知（比如高斯分布）。

第二步，根据赋予的权重，对每个粒子进行重要性重采样：

$$\hat{\boldsymbol{x}}_{k,m} \xleftarrow{\text{重要性重采样}} \{\check{\boldsymbol{x}}_{k,m}, w_{k,m}\} \tag{4.69}$$

这可以通过几种不同的方法实现。其中马多（Madow）提出了一个简单的技术来进行重采样，我们将在下面进行讲解。

图 4.13 以框图方式展示了这些步骤。

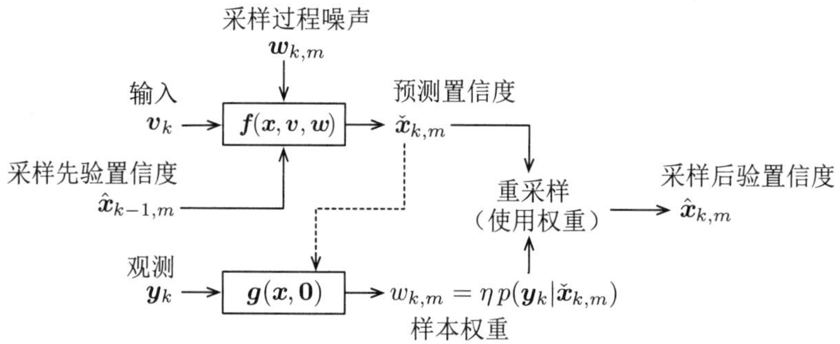


图 4.13　粒子滤波的框图表示

这里还需提出一些额外的需求，使得这个基本的粒子滤波能够在实际情况下运行：

(1) 要使用多少粒子？这在很大程度上取决于具体的估计问题。通常，对于低维问题（例如 $\boldsymbol{x} = (x, y, \theta)$），只需要数百个粒子即可。

(2) 我们可以使用启发式策略，例如设置 $\sum w_{k,m} \geqslant w_{\text{thresh}}$，来动态调整选择的粒子数量。我们不断添加粒子，重复步骤 1 到 3，直到权重之和超过设定的阈值。

(3) 在算法的每次迭代中，不一定都需要进行重采样。我们可以推迟重采样，但是需要将权重转移到下一次迭代中。

(4) 为了稳妥起见，一般在步骤 1 中添加少量的从整个状态样本空间均匀采样出来的样本。这样可以降低来自传感器观测模型和运动模型中异常值的干扰。

(5) 对于高维状态估计问题，从计算量角度来看，粒子滤波算法会变得难以实现。如果使用太少的粒子，则相关的概率密度函数是欠采样的，产生的结果带有严重的偏差。粒子滤波算法所需的样本数量随状态空间的维数呈指数增长。特龙（Thrun）等人[45] 提供了一些替代版本的粒子滤波算法来处理少量样本的情况。

(6) 粒子滤波是“任意时间”算法。也就是说，我们可以不停地添加粒子，直到设定的时间耗尽，然后再重新采样并给出结果。一般来说，使用更多的粒子总是有利的，但是与此同时会增加计算复杂度。

(7) 克拉默-拉奥下界是根据观测的不确定性来设置的。即使使用再多的样本，我们的估计也不会低于克拉默-拉奥下界。有关克拉默-拉奥下界的一些讨论，请参阅 2.2.14 节。

重采样

粒子滤波算法的一个关键要素在于，它需要根据分配给当前每个样本的权重重新采样得到后验概率密度函数。其中一种方法是使用马多[46] 描述的系统重采样。假设有 $M$ 个样本，并且每个样本被赋予了一个非归一化的权重 $w_m \in \mathbb{R} > 0$。根据权重，建立以 $\beta_m$ 为边界的小区间：

$$\beta_m = \frac{\sum_{n=1}^{m} w_n}{\sum_{\ell=1}^{M} w_\ell} \tag{4.70}$$

各个 $\beta_m$ 形成了区间 $[0, 1]$ 上的 $M$ 个边界：

$$0 \leqslant \beta_1 \leqslant \beta_2 \leqslant \cdots \leqslant \beta_{M-1} \leqslant 1$$

注意到 $\beta_M \equiv 1$。然后，在区间 $[0, 1)$ 上生成服从均匀分布的随机数 $\rho$。对于 $M$ 次迭代，这里将包含 $\rho$ 的小区间中的样本加入到新的样本列表中。在每次迭代时，将 $\rho$ 增加 $1/M$，这就保证了长度大于 $1/M$ 的所有小区间中的样本都在新样本列表中。

### 4.2.9　西格玛点卡尔曼滤波

对于基础的 EKF 算法，可以改进的另一个思路是：在非线性的运动模型和观测模型中，不采用线性化的方法，而是使用西格玛点变换来传递概率密度函数。这就导出了**西格玛点卡尔曼滤波**（sigmapoint Kalman filter, SPKF），有时也称为**无迹卡尔曼滤波**（unscented Kalman filter, UKF）。下面将分开讨论预测和校正步骤①。

预测步骤

预测步骤是西格玛点变换的直接应用，因为我们只是将先验通过运动模型向前进行传递。此处采用如下步骤将先验置信度 $\left\{\hat{\boldsymbol{x}}_{k-1}, \hat{\boldsymbol{P}}_{k-1}\right\}$ 转换为预测置信度 $\{\check{\boldsymbol{x}}_k, \check{\boldsymbol{P}}_k\}$：

(1) 先验置信度和运动噪声都有不确定性，将它们按以下方式堆叠在一起：

$$\boldsymbol{\mu}_z = \begin{bmatrix} \hat{\boldsymbol{x}}_{k-1} \\ \boldsymbol{0} \end{bmatrix}, \quad \boldsymbol{\Sigma}_{zz} = \begin{bmatrix} \hat{\boldsymbol{P}}_{k-1} & \boldsymbol{O} \\ \boldsymbol{O} & \boldsymbol{Q}_k \end{bmatrix} \tag{4.71}$$

可以看到 $\{\boldsymbol{\mu}_z, \boldsymbol{\Sigma}_{zz}\}$ 仍然是高斯形式。我们令 $L = \dim \boldsymbol{\mu}_z$。

(2) 将 $\{\boldsymbol{\mu}_z, \boldsymbol{\Sigma}_{zz}\}$ 转化为西格玛点表示：

$$\boldsymbol{L}\boldsymbol{L}^{\mathrm{T}} = \boldsymbol{\Sigma}_{zz}（\text{楚列斯基分解，}\boldsymbol{L}\text{ 为下三角矩阵}） \tag{4.72a}$$

$$\boldsymbol{z}_0 = \boldsymbol{\mu}_z \tag{4.72b}$$

$$\boldsymbol{z}_i = \boldsymbol{\mu}_z + \sqrt{L+\kappa}\,\mathrm{col}_i \boldsymbol{L} \quad i = 1, \cdots, L \tag{4.72c}$$

$$\boldsymbol{z}_{i+L} = \boldsymbol{\mu}_z - \sqrt{L+\kappa}\,\mathrm{col}_i \boldsymbol{L} \tag{4.72d}$$

① 预测和校正有时统一处理，但我们更倾向于将它们分离，作为西格玛点变换中的单独步骤。

(3) 将每个西格玛点展开成为状态和运动噪声的形式：

$$\boldsymbol{z}_i = \begin{bmatrix} \hat{\boldsymbol{x}}_{k-1,i} \\ \boldsymbol{w}_{k,i} \end{bmatrix} \tag{4.73}$$

接着将每个西格玛点代入非线性运动模型进行精确求解：

$$\check{\boldsymbol{x}}_{k,i} = \boldsymbol{f}(\hat{\boldsymbol{x}}_{k-1,i}, \boldsymbol{v}_k, \boldsymbol{w}_{k,i}), \quad i = 0, \cdots, 2L \tag{4.74}$$

注意上式中需要用到最新时刻的输入 $\boldsymbol{v}_k$。

(4) 将转换后的西格玛点重新组合成预测置信度：

$$\check{\boldsymbol{x}}_k = \sum_{i=0}^{2L} \alpha_i \check{\boldsymbol{x}}_{k,i} \tag{4.75a}$$

$$\check{\boldsymbol{P}}_k = \sum_{i=0}^{2L} \alpha_i (\check{\boldsymbol{x}}_{k,i} - \check{\boldsymbol{x}}_k)(\check{\boldsymbol{x}}_{k,i} - \check{\boldsymbol{x}}_k)^{\mathrm{T}} \tag{4.75b}$$

其中

$$\alpha_i = \begin{cases} \dfrac{\kappa}{L+\kappa}, & i = 0 \\ \dfrac{1}{2(L+\kappa)}, & \text{其他} \end{cases} \tag{4.76}$$

接下来，我们将讨论校正步骤，即西格玛点变换的第二个应用。

### 校正步骤

这一步稍微复杂一些。回顾 4.2.4 节，$\boldsymbol{x}_k$ 的条件高斯概率密度函数（即后验概率）为

$$p(\boldsymbol{x}_k|\check{\boldsymbol{x}}_0, \boldsymbol{v}_{1:k}, \boldsymbol{y}_{0:k}) = \mathcal{N}\Big(\underbrace{\boldsymbol{\mu}_{x,k} + \boldsymbol{\Sigma}_{xy,k}\boldsymbol{\Sigma}_{yy,k}^{-1}(\boldsymbol{y}_k - \boldsymbol{\mu}_{y,k})}_{\hat{\boldsymbol{x}}_k}, \underbrace{\boldsymbol{\Sigma}_{xx,k} - \boldsymbol{\Sigma}_{xy,k}\boldsymbol{\Sigma}_{yy,k}^{-1}\boldsymbol{\Sigma}_{yx,k}}_{\hat{\boldsymbol{P}}_k}\Big) \tag{4.77}$$

其中，$\hat{\boldsymbol{x}}_k$ 为均值；$\hat{\boldsymbol{P}}_k$ 为协方差。我们可以写出广义高斯滤波的校正步骤的方程：

$$\boldsymbol{K}_k = \boldsymbol{\Sigma}_{xy,k}\boldsymbol{\Sigma}_{yy,k}^{-1} \tag{4.78a}$$

$$\hat{\boldsymbol{P}}_k = \check{\boldsymbol{P}}_k - \boldsymbol{K}_k\boldsymbol{\Sigma}_{xy,k}^{\mathrm{T}} \tag{4.78b}$$

$$\hat{\boldsymbol{x}}_k = \check{\boldsymbol{x}}_k + \boldsymbol{K}_k(\boldsymbol{y}_k - \boldsymbol{\mu}_{y,k}) \tag{4.78c}$$

使用西格玛点变换可以得到更优的 $\boldsymbol{\mu}_{y,k}$，$\boldsymbol{\Sigma}_{yy,k}$ 和 $\boldsymbol{\Sigma}_{xy,k}$ 的估计。可采用以下步骤实现：

(1) 预测置信度和观测噪声都有不确定性，将它们按以下方式堆叠在一起：

$$\boldsymbol{\mu}_z = \begin{bmatrix} \check{\boldsymbol{x}}_k \\ \boldsymbol{0} \end{bmatrix}, \quad \boldsymbol{\Sigma}_{zz} = \begin{bmatrix} \check{\boldsymbol{P}}_k & \boldsymbol{O} \\ \boldsymbol{O} & \boldsymbol{R}_k \end{bmatrix} \tag{4.79}$$

可以看到 $\{\boldsymbol{\mu}_z, \boldsymbol{\Sigma}_{zz}\}$ 仍然是高斯形式。令 $L = \dim\boldsymbol{\mu}_z$。

(2) 将 $\{\boldsymbol{\mu}_z, \boldsymbol{\Sigma}_{zz}\}$ 转化为西格玛点表示：

$$\boldsymbol{L}\boldsymbol{L}^{\mathrm{T}} = \boldsymbol{\Sigma}_{zz}\text{（楚列斯基分解，}\boldsymbol{L}\text{ 为下三角矩阵）} \tag{4.80a}$$

$$\boldsymbol{z}_0 = \boldsymbol{\mu}_z \tag{4.80b}$$

$$\boldsymbol{z}_i = \boldsymbol{\mu}_z + \sqrt{L+\kappa}\,\mathrm{col}_i \boldsymbol{L} \quad i = 1, \cdots, L \tag{4.80c}$$

$$\boldsymbol{z}_{i+L} = \boldsymbol{\mu}_z - \sqrt{L+\kappa}\,\mathrm{col}_i \boldsymbol{L} \tag{4.80d}$$

(3) 将每个西格玛点展开，表示为状态和观测噪声的形式：

$$\boldsymbol{z}_i = \begin{bmatrix} \check{\boldsymbol{x}}_{k,i} \\ \boldsymbol{n}_{k,i} \end{bmatrix} \tag{4.81}$$

接着将每个西格玛点代入非线性观测模型进行精确求解：

$$\check{\boldsymbol{y}}_{k,i} = \boldsymbol{g}(\check{\boldsymbol{x}}_{k,i}, \boldsymbol{n}_{k,i}), \quad i = 0, \cdots, 2L \tag{4.82}$$

(4) 将转换后的西格玛点重新组合得到最终的结果：

$$\boldsymbol{\mu}_{y,k} = \sum_{i=0}^{2L} \alpha_i \check{\boldsymbol{y}}_{k,i} \tag{4.83a}$$

$$\boldsymbol{\Sigma}_{yy,k} = \sum_{i=0}^{2L} \alpha_i (\check{\boldsymbol{y}}_{k,i} - \boldsymbol{\mu}_{y,k})(\check{\boldsymbol{y}}_{k,i} - \boldsymbol{\mu}_{y,k})^{\mathrm{T}} \tag{4.83b}$$

$$\boldsymbol{\Sigma}_{xy,k} = \sum_{i=0}^{2L} \alpha_i (\check{\boldsymbol{x}}_{k,i} - \check{\boldsymbol{x}}_k)(\check{\boldsymbol{y}}_{k,i} - \boldsymbol{\mu}_{y,k})^{\mathrm{T}} \tag{4.83c}$$

其中

$$\alpha_i = \begin{cases} \dfrac{\kappa}{L+\kappa}, & i = 0 \\ \dfrac{1}{2(L+\kappa)}, & \text{其他} \end{cases} \tag{4.84}$$

将这些式子代入到上面广义高斯滤波校正步骤的方程中，以完成最终的校正步骤。

SPKF 有两个优点：第一，不需要任何解析形式的导数；第二，仅使用了基本的线性代数运算。此外，我们甚至不需要非线性运动模型和观测模型的解析表达式，可以把它们看作黑箱。

### 与 EKF 的比较

可以看出在校正步骤中，矩阵 $\boldsymbol{\Sigma}_{yy,k}$ 可类比 EKF 中的 $\boldsymbol{G}_k \check{\boldsymbol{P}}_k \boldsymbol{G}_k^{\mathrm{T}} + \boldsymbol{R}_k'$。通过线性化观测模型（在预测状态处线性化）可以更直接地看到这一点，在 EKF 中：

$$\check{\boldsymbol{y}}_{k,i} = \boldsymbol{g}(\check{\boldsymbol{x}}_{k,i}, \boldsymbol{n}_{k,i}) \approx \boldsymbol{g}(\check{\boldsymbol{x}}_k, \boldsymbol{0}) + \boldsymbol{G}_k(\check{\boldsymbol{x}}_{k,i} - \check{\boldsymbol{x}}_k) + \boldsymbol{n}_{k,i}' \tag{4.85}$$

代入式（4.83a），得

$$\check{\boldsymbol{y}}_{k,i} - \boldsymbol{\mu}_{y,k} \approx \boldsymbol{G}_k(\check{\boldsymbol{x}}_{k,i} - \check{\boldsymbol{x}}_k) + \boldsymbol{n}_{k,i}' \tag{4.86}$$

代入式（4.83b），可见

$$\begin{aligned}\boldsymbol{\Sigma}_{yy,k} \approx & \underbrace{\boldsymbol{G}_k \sum_{i=0}^{2L} \alpha_i (\check{\boldsymbol{x}}_{k,i} - \check{\boldsymbol{x}}_k)(\check{\boldsymbol{x}}_{k,i} - \check{\boldsymbol{x}}_k)^{\mathrm{T}} \boldsymbol{G}_k^{\mathrm{T}}}_{\check{\boldsymbol{P}}_k} + \underbrace{\sum_{i=0}^{2L} \alpha_i \boldsymbol{n}'_{k,i} \boldsymbol{n}'^{\mathrm{T}}_{k,i}}_{\boldsymbol{R}'_k} + \\ & \underbrace{\boldsymbol{G}_K \sum_{i=0}^{2L} \alpha_i (\check{\boldsymbol{x}}_{k,i} - \check{\boldsymbol{x}}_k) \boldsymbol{n}'^{\mathrm{T}}_{k,i}}_{\boldsymbol{O}} + \underbrace{\sum_{i=0}^{2L} \alpha_i \boldsymbol{n}'_{k,i} (\check{\boldsymbol{x}}_{k,i} - \check{\boldsymbol{x}}_k)^{\mathrm{T}} \boldsymbol{G}_k^{\mathrm{T}}}_{\boldsymbol{O}}\end{aligned} \tag{4.87}$$

因为 $\boldsymbol{\Sigma}_{zz}$ 为分块对角矩阵，所以一些项为零。对于 $\boldsymbol{\Sigma}_{xy,k}$，将其近似代入式（4.83c），可得

$$\boldsymbol{\Sigma}_{xy,k} \approx \underbrace{\sum_{i=0}^{2L} \alpha_i (\check{\boldsymbol{x}}_{k,i} - \check{\boldsymbol{x}}_k)(\check{\boldsymbol{x}}_{k,i} - \check{\boldsymbol{x}}_k)^{\mathrm{T}} \boldsymbol{G}_k^{\mathrm{T}}}_{\check{\boldsymbol{P}}_k} + \underbrace{\sum_{i=0}^{2L} \alpha_i (\check{\boldsymbol{x}}_{k,i} - \check{\boldsymbol{x}}_k) \boldsymbol{n}'^{\mathrm{T}}_{k,i}}_{\boldsymbol{O}} \tag{4.88}$$

因此，

$$\boldsymbol{K}_k = \boldsymbol{\Sigma}_{xy,k} \boldsymbol{\Sigma}_{yy,k}^{-1} \approx \check{\boldsymbol{P}}_k \boldsymbol{G}_k^{\mathrm{T}} (\boldsymbol{G}_k \check{\boldsymbol{P}}_k \boldsymbol{G}_k^{\mathrm{T}} + \boldsymbol{R}'_k)^{-1} \tag{4.89}$$

这和 EKF 一节中推导的结果完全相同。

### 观测噪声线性独立的特例

若非线性观测模型具有特殊形式：

$$\boldsymbol{y}_k = \boldsymbol{g}(\boldsymbol{x}_k) + \boldsymbol{n}_k \tag{4.90}$$

则 SPKF 的校正步骤可以大大简化。不失一般性，基于矩阵 $\boldsymbol{\Sigma}_{zz}$ 的分块对角结构，可将西格玛点分成两类：其中来自状态维数的有 $2N+1$ 个，来自观测维数的有 $2(L-N)$ 个。为方便起见，我们对西格玛点的索引进行重新排序：

$$\check{\boldsymbol{y}}_{k,j} = \begin{cases} \boldsymbol{g}(\check{\boldsymbol{x}}_{k,j}), & j = 0, \cdots, 2N \\ \boldsymbol{g}(\check{\boldsymbol{x}}_k) + \boldsymbol{n}_{k,j}, & j = 2N+1, \cdots, 2L+1 \end{cases} \tag{4.91}$$

接着可以写出 $\boldsymbol{\mu}_{y,k}$ 的表达式：

$$\begin{aligned}\boldsymbol{\mu}_{y,k} &= \sum_{j=0}^{2N} \alpha_j \check{\boldsymbol{y}}_{k,j} + \sum_{j=2N+1}^{2L+1} \alpha_j \check{\boldsymbol{y}}_{k,j} && \text{(4.92a)} \\ &= \sum_{j=0}^{2N} \alpha_j \check{\boldsymbol{y}}_{k,j} + \sum_{j=2N+1}^{2L+1} \alpha_j (\boldsymbol{g}(\check{\boldsymbol{x}}_k) + \boldsymbol{n}_{k,j}) && \text{(4.92b)} \\ &= \sum_{j=0}^{2N} \alpha_j \check{\boldsymbol{y}}_{k,j} + \boldsymbol{g}(\check{\boldsymbol{x}}_k) \sum_{j=2N+1}^{2L+1} \alpha_j && \text{(4.92c)} \\ &= \sum_{j=0}^{2N} \beta_j \check{\boldsymbol{y}}_{k,j} && \text{(4.92d)}\end{aligned}$$

其中

$$\beta_i = \begin{cases} \alpha_i + \sum_{j=2N+1}^{2L+1} \alpha_j, & i = 0 \\ \alpha_i, & \text{其他} \end{cases} \tag{4.93a}$$

$$= \begin{cases} \dfrac{(\kappa + L - N)}{N + (\kappa + L - N)}, & i = 0 \\ \dfrac{1}{2(N + (\kappa + L - N))}, & \text{其他} \end{cases} \tag{4.93b}$$

这与原来的权重具有相同的形式（和为 1）。可以验证，在没有近似的情况下，有

$$\boldsymbol{\Sigma}_{yy,k} = \sum_{j=0}^{2N} \beta_j (\check{\boldsymbol{y}}_{k,j} - \boldsymbol{\mu}_{y,k})(\check{\boldsymbol{y}}_{k,j} - \boldsymbol{\mu}_{y,k})^{\mathrm{T}} + \boldsymbol{R}_k \tag{4.94}$$

这意味着求解该问题时并不需要所有的 $2L+1$ 个西格玛点，而只需要其中的 $2N+1$ 个。此处不需要多次调用 $\boldsymbol{g}(\cdot)$，因为在某些情况下 $\boldsymbol{g}(\cdot)$ 的计算复杂度可能相当大。

但这里还存在一个问题：我们仍必须计算维数为 $(L-N)\times(L-N)$ 的 $\boldsymbol{\Sigma}_{yy,k}$ 的逆，来计算卡尔曼增益矩阵。如果观测次数 $L-N$ 较多，则计算复杂度可能很高。但若 $\boldsymbol{R}_k$ 的逆可以很容易地计算出来，则可以进一步降低计算量。例如，如果 $\boldsymbol{R}_k = \sigma^2 \boldsymbol{I}$，则 $\boldsymbol{R}_k^{-1} = \sigma^{-2}\boldsymbol{I}$。注意到 $\boldsymbol{\Sigma}_{yy,k}$ 可以容易地写为

$$\boldsymbol{\Sigma}_{yy,k} = \boldsymbol{Z}_k \boldsymbol{Z}_k^{\mathrm{T}} + \boldsymbol{R}_k \tag{4.95}$$

其中

$$\mathrm{col}_j \boldsymbol{Z}_k = \sqrt{\beta_j}(\check{\boldsymbol{y}}_{k,j} - \boldsymbol{\mu}_{y,k}) \tag{4.96}$$

通过 2.2.15 节中的 SMW 等式，可得

$$\boldsymbol{\Sigma}_{yy,k}^{-1} = (\boldsymbol{Z}_k \boldsymbol{Z}_k^{\mathrm{T}} + \boldsymbol{R}_k)^{-1} \tag{4.97a}$$

$$= \boldsymbol{R}_k^{-1} - \boldsymbol{R}_k^{-1}\boldsymbol{Z}_k \underbrace{(\boldsymbol{Z}_k^{\mathrm{T}}\boldsymbol{R}_k^{-1}\boldsymbol{Z}_k + \boldsymbol{I})^{-1}}_{(2N+1)\times(2N+1)} \boldsymbol{Z}_k^{\mathrm{T}}\boldsymbol{R}_k^{-1} \tag{4.97b}$$

现在我们只需要求出维数为 $(2N+1)\times(2N+1)$ 的矩阵的逆即可（假设 $\boldsymbol{R}_k^{-1}$ 已知）。

### 4.2.10　迭代西格玛点卡尔曼滤波

西布利（Sibley）等人[47] 提出了**迭代西格玛点卡尔曼滤波**（iterated sigmapoint Kalman filter, ISPKF），比单次的版本更有效。在每次迭代中，我们将在工作点 $\boldsymbol{x}_{\mathrm{op},k}$ 附近计算作为输入的西格玛点。第一次迭代时，令 $\boldsymbol{x}_{\mathrm{op},k} = \check{\boldsymbol{x}}_k$，但在随后的每次迭代中 $\boldsymbol{x}_{\mathrm{op},k}$ 都会被优化。这里展示了该算法的所有步骤，以避免与之前的算法混淆。

(1) 预测置信度和观测噪声都有不确定性，将它们按以下方式堆叠在一起：

$$\boldsymbol{\mu}_z = \begin{bmatrix} \boldsymbol{x}_{\mathrm{op},k} \\ \boldsymbol{0} \end{bmatrix}, \quad \boldsymbol{\Sigma}_{zz} = \begin{bmatrix} \check{\boldsymbol{P}}_k & \boldsymbol{O} \\ \boldsymbol{O} & \boldsymbol{R}_k \end{bmatrix} \tag{4.98}$$

可以看到 $\{\boldsymbol{\mu}_z, \boldsymbol{\Sigma}_{zz}\}$ 仍然是高斯形式。我们令 $L = \dim\boldsymbol{\mu}_z$。

(2) 将 $\{\boldsymbol{\mu}_z, \boldsymbol{\Sigma}_{zz}\}$ 转化为西格玛点表示：

$$\boldsymbol{L}\boldsymbol{L}^{\mathrm{T}} = \boldsymbol{\Sigma}_{zz}\text{（楚列斯基分解，}\boldsymbol{L}\text{ 为下三角矩阵）} \tag{4.99a}$$

$$\boldsymbol{z}_0 = \boldsymbol{\mu}_z \tag{4.99b}$$

$$\boldsymbol{z}_i = \boldsymbol{\mu}_z + \sqrt{L+\kappa}\,\mathrm{col}_i\boldsymbol{L} \tag{4.99c}$$

$$\boldsymbol{z}_{i+L} = \boldsymbol{\mu}_z - \sqrt{L+\kappa}\,\mathrm{col}_i\boldsymbol{L} \qquad i = 1, \cdots, L \tag{4.99d}$$

(3) 将每个西格玛点展开，表示为状态和观测噪声的形式：

$$\boldsymbol{z}_i = \begin{bmatrix} \boldsymbol{x}_{\mathrm{op},k,i} \\ \boldsymbol{n}_{k,i} \end{bmatrix} \tag{4.100}$$

接着将每个西格玛点代入非线性观测模型进行精确求解：

$$\boldsymbol{y}_{\mathrm{op},k,i} = \boldsymbol{g}(\boldsymbol{x}_{\mathrm{op},k,i}, \boldsymbol{n}_{k,i}) \tag{4.101}$$

(4) 将转换后的西格玛点重新组合得到最终的结果：

$$\boldsymbol{\mu}_{y,k} = \sum_{i=0}^{2L} \alpha_i \boldsymbol{y}_{\mathrm{op},k,i} \tag{4.102a}$$

$$\boldsymbol{\Sigma}_{yy,k} = \sum_{i=0}^{2L} \alpha_i (\boldsymbol{y}_{\mathrm{op},k,i} - \boldsymbol{\mu}_{y,k})(\boldsymbol{y}_{\mathrm{op},k,i} - \boldsymbol{\mu}_{y,k})^{\mathrm{T}} \tag{4.102b}$$

$$\boldsymbol{\Sigma}_{xy,k} = \sum_{i=0}^{2L} \alpha_i (\boldsymbol{x}_{\mathrm{op},k,i} - \boldsymbol{x}_{\mathrm{op},k})(\boldsymbol{y}_{\mathrm{op},k,i} - \boldsymbol{\mu}_{y,k})^{\mathrm{T}} \tag{4.102c}$$

$$\boldsymbol{\Sigma}_{xx,k} = \sum_{i=0}^{2L} \alpha_i (\boldsymbol{x}_{\mathrm{op},k,i} - \boldsymbol{x}_{\mathrm{op},k})(\boldsymbol{x}_{\mathrm{op},k,i} - \boldsymbol{x}_{\mathrm{op},k})^{\mathrm{T}} \tag{4.102d}$$

其中

$$\alpha_i = \begin{cases} \dfrac{\kappa}{L+\kappa}, & i = 0 \\ \dfrac{1}{2(L+\kappa)}, & \text{其他} \end{cases} \tag{4.103}$$

这里，西布利等人使用 SPKF 和 EKF 之间的关系来改进 IEKF 的校正方程（4.45），使用统计的而不是解析的雅可比矩阵：

$$\boldsymbol{K}_k = \underbrace{\check{\boldsymbol{P}}_k\boldsymbol{G}_k^{\mathrm{T}}}_{\boldsymbol{\Sigma}_{xy,k}} \Big( \underbrace{\boldsymbol{G}_k\check{\boldsymbol{P}}_k\boldsymbol{G}_k^{\mathrm{T}} + \boldsymbol{R}'_k}_{\boldsymbol{\Sigma}_{yy,k}} \Big)^{-1} \tag{4.104a}$$

$$\hat{\boldsymbol{P}}_k = \Big( \boldsymbol{I} - \boldsymbol{K}_k \underbrace{\boldsymbol{G}_k}_{\boldsymbol{\Sigma}_{yx,k}\boldsymbol{\Sigma}_{xx,k}^{-1}} \Big) \underbrace{\check{\boldsymbol{P}}_k}_{\boldsymbol{\Sigma}_{xx,k}} \tag{4.104b}$$

$$\hat{\boldsymbol{x}}_k = \check{\boldsymbol{x}}_k + \boldsymbol{K}_k \Big( \boldsymbol{y}_k - \underbrace{\boldsymbol{g}(\boldsymbol{x}_{\mathrm{op},k}, \boldsymbol{0})}_{\boldsymbol{\mu}_{y,k}} - \underbrace{\boldsymbol{G}_k}_{\boldsymbol{\Sigma}_{yx,k}\boldsymbol{\Sigma}_{xx,k}^{-1}} (\check{\boldsymbol{x}}_k - \boldsymbol{x}_{\mathrm{op},k}) \Big) \tag{4.104c}$$

从而

$$\boldsymbol{K}_k = \boldsymbol{\Sigma}_{xy,k}\boldsymbol{\Sigma}_{yy,k}^{-1} \tag{4.105a}$$

$$\hat{\boldsymbol{P}}_k = \boldsymbol{\Sigma}_{xx,k} - \boldsymbol{K}_k\boldsymbol{\Sigma}_{yx,k} \tag{4.105b}$$

$$\hat{\boldsymbol{x}}_k = \check{\boldsymbol{x}}_k + \boldsymbol{K}_k\left(\boldsymbol{y}_k - \boldsymbol{\mu}_{y,k} - \boldsymbol{\Sigma}_{yx,k}\boldsymbol{\Sigma}_{xx,k}^{-1}(\check{\boldsymbol{x}}_k - \boldsymbol{x}_{\text{op},k})\right) \tag{4.105c}$$

最初我们将工作点设置为先验的均值：$\boldsymbol{x}_{\text{op},k} = \check{\boldsymbol{x}}_k$。在随后的迭代中，我们将其设置为当前迭代下的最优估计：

$$\boldsymbol{x}_{\text{op},k} \leftarrow \hat{\boldsymbol{x}}_k \tag{4.106}$$

当下一次迭代的增量足够小时，该过程终止。

可以看到，IEKF 的第一次迭代即对应 EKF 方法，SPKF 和 ISPKF 的关系也是如此。令式（4.105c）的 $\boldsymbol{x}_{\text{op},k} = \check{\boldsymbol{x}}_k$，可得

$$\hat{\boldsymbol{x}}_k = \check{\boldsymbol{x}}_k + \boldsymbol{K}_k\left(\boldsymbol{y}_k - \boldsymbol{\mu}_{y,k}\right) \tag{4.107}$$

这与单次方法中的式（4.78c）是相同的。

### 4.2.11　ISPKF 与后验均值

此时需要思考的一个问题是，**基于西格玛点的估计与全后验概率的关系是什么**？图 4.14 比较了在立体相机例子中基于西格玛点的方法、全后验概率和迭代线性化（如最大后验估计）之间的关系，其中

$$x_{\text{true}} = 26\ \text{m}, \quad y_{\text{meas}} = \frac{fb}{x_{\text{true}}} - 0.6\ \text{pixel}$$

这与之前的设置相同，同样用来增大这几种方法之间的区别。基于西格玛点的方法使用 $\kappa = 2$，这适用于先验是高斯的情况。与 EKF 非常相似，单次的 SPKF 方法与全后验概率没有明显的关系。而 ISPKF 方法的解看起来更接近均值 $\bar{x}$，而不是模 $\hat{x}_{\text{map}}$。这里给出图中相关的结果：

$$\hat{x}_{\text{map}} = 24.5694\ \text{m}, \quad \bar{x} = 24.7770\ \text{m}$$
$$\hat{x}_{\text{iekf}} = 24.5694\ \text{m}, \quad \hat{x}_{\text{ispkf}} = 24.7414\ \text{m}$$

我们看到 IEKF 的解与最大后验估计的解相匹配，ISPKF 的解接近（但不完全等于）均值。

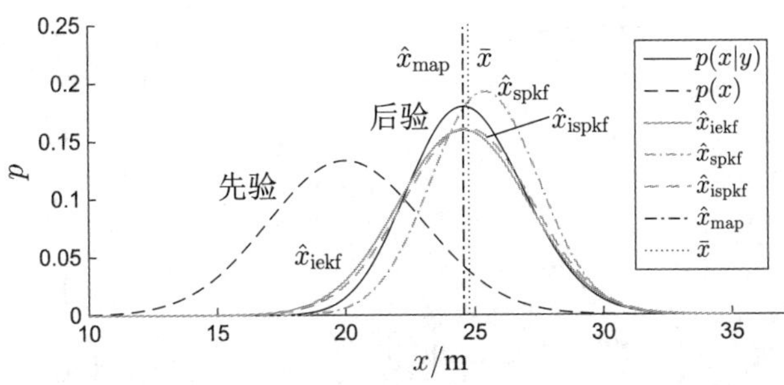


图 4.14　立体相机例子。将 IEKF、SPKF 和 ISPKF 的推断（即“校正”）步骤与全贝叶斯后验 $p(x|y)$ 进行比较，我们看到基于西格玛点的方法和最大后验估计的解并不匹配。表面上看来，ISPKF 的解似乎更接近全后验概率的均值 $\bar{x}$

现在，让我们再思考一个问题，**迭代的西格玛点方法的解与真值相差多少**？下面再次使用大量试验来解答这个问题（使用式（4.5）中的参数）。结果如图 4.15 所示。我们看到，估计值 $\hat{x}_{\text{ispkf}}$ 和真值 $x_{\text{true}}$ 的平均误差是 $e_{\text{mean}} \approx -3.84$ cm，表明存在一点偏差。这个方面显著地优于最大后验估计，最大后验估计的误差是 $-33.0$ cm。而均方误差则大致相同，都为 $e_{\text{sq}} \approx 4.32\,\text{m}^2$。

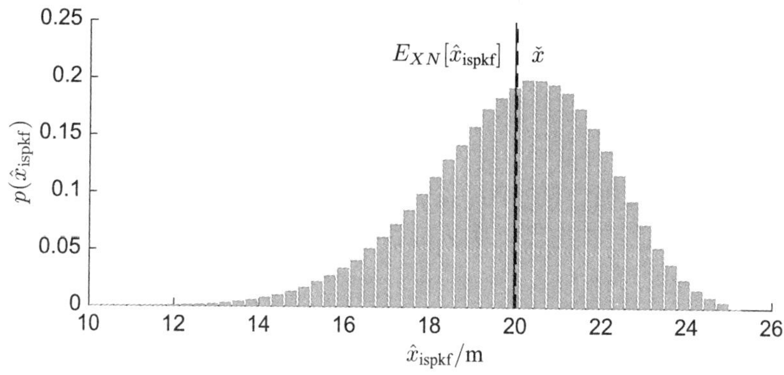


图 4.15 1000000 次试验得到的统计直方图，每次试验中 $x_{\text{true}}$ 根据先验随机地采样，$y_{\text{meas}}$ 根据观测模型随机地采样。虚线表示先验的均值 $\check{x}$，实线表示迭代西格玛点估计的期望 $\hat{x}_{\text{ispkf}}$。虚线和实线的误差为 $e_{\text{mean}} \approx -3.84$ cm，表示存在偏差。均方误差为 $e_{\text{sq}} \approx 4.32\,\text{m}^2$

虽然很难用解析的形式证明，但可以合理地认为迭代的西格玛点方法收敛于全后验概率的均值而不是模。如果我们关心的是与真值的匹配程度，可以从全后验概率的均值出发去推敲。

### 4.2.12 滤波方法分类

图 4.16 总结了在本节中递归式非线性系统状态估计的几种方法。贝叶斯滤波位于分类的最顶层。根据所做近似的不同，我们得到了不同的滤波方法，并进行了深入的探讨。

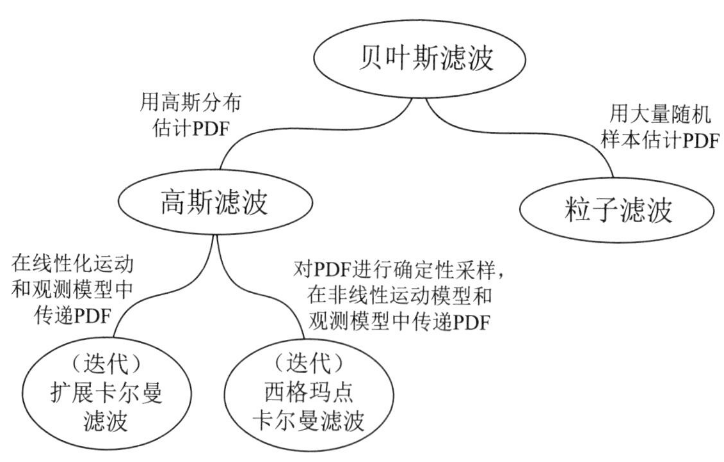


图 4.16 不同滤波方法的分类，展示了它们与贝叶斯滤波的关系

另外，也请读者回顾迭代在滤波方法中的作用。若没有迭代，EKF 和 SPKF 都很难与全后

验概率联系起来。然而，我们看到 IEKF 方法收敛于最大后验估计的解（即模），而 ISPKF 方法则收敛于全后验概率的均值。我们将利用这个结论，在下一节的批量状态估计中，对整个轨迹的状态进行估计。

## 4.3　离散时间的批量估计问题

本节，我们将退到先前的出发点，重新审视贝叶斯滤波的有效性。此前我们总是用近似的方法来实现它，这违反了马尔可夫假设。在推导非线性滤波之前，我们不妨先从第 3 章中的批量估计的非线性情况着手。然后将状态估计问题转化为优化问题，为我们提供了一个不同的视角，有利于更好地解释 EKF 及其变体的缺点。

### 4.3.1　最大后验估计

在本节中，我们首先回顾线性高斯估计问题和批量优化方法，然后利用高斯-牛顿法来处理该估计问题的非线性情况。这种优化方法也可以被认为是最大后验估计。首先我们建立最小化的目标函数，然后考虑如何处理它。

#### 目标函数

构建目标函数，优化变量为

$$\boldsymbol{x} = \begin{bmatrix} \boldsymbol{x}_0 \\ \boldsymbol{x}_1 \\ \vdots \\ \boldsymbol{x}_K \end{bmatrix} \tag{4.108}$$

即需要估计整个轨迹。

回顾由式（3.9）和式（3.10）给出的线性高斯目标函数。它们均为平方马氏距离的形式，并且与状态的负对数似然成正比。对于非线性的情况，可定义相对于先验和观测的误差为

$$\boldsymbol{e}_{v,k}(\boldsymbol{x}) = \begin{cases} \check{\boldsymbol{x}}_0 - \boldsymbol{x}_0, & k=0 \\ \boldsymbol{f}(\boldsymbol{x}_{k-1}, \boldsymbol{v}_k, \boldsymbol{0}) - \boldsymbol{x}_k, & k=1,\cdots,K \end{cases} \tag{4.109a}$$

$$\boldsymbol{e}_{y,k}(\boldsymbol{x}) = \boldsymbol{y}_k - \boldsymbol{g}(\boldsymbol{x}_k, \boldsymbol{0}), \quad k=0,\cdots,K \tag{4.109b}$$

它们对目标函数的贡献为

$$J_{v,k}(\boldsymbol{x}) = \frac{1}{2}\boldsymbol{e}_{v,k}(\boldsymbol{x})^{\mathrm{T}}\boldsymbol{W}_{v,k}^{-1}\boldsymbol{e}_{v,k}(\boldsymbol{x}) \tag{4.110a}$$

$$J_{y,k}(\boldsymbol{x}) = \frac{1}{2}\boldsymbol{e}_{y,k}(\boldsymbol{x})^{\mathrm{T}}\boldsymbol{W}_{y,k}^{-1}\boldsymbol{e}_{y,k}(\boldsymbol{x}) \tag{4.110b}$$

那么完整的目标函数为

$$J(\boldsymbol{x}) = \sum_{k=0}^{K}(J_{v,k}(\boldsymbol{x}) + J_{y,k}(\boldsymbol{x})) \tag{4.111}$$

通常我们可以将 $\boldsymbol{W}_{v,k}$ 和 $\boldsymbol{W}_{y,k}$ 简单地认为是对称正定的权重矩阵。通过设置上述权重矩阵与观测噪声的协方差矩阵相关联，则最小化目标函数等同于最大化状态的联合似然函数。

同时，我们定义

$$\boldsymbol{e}(\boldsymbol{x}) = \begin{bmatrix} \boldsymbol{e}_v(\boldsymbol{x}) \\ \boldsymbol{e}_y(\boldsymbol{x}) \end{bmatrix}, \quad \boldsymbol{e}_v(\boldsymbol{x}) = \begin{bmatrix} \boldsymbol{e}_{v,0}(\boldsymbol{x}) \\ \vdots \\ \boldsymbol{e}_{v,K}(\boldsymbol{x}) \end{bmatrix}, \quad \boldsymbol{e}_y(\boldsymbol{x}) = \begin{bmatrix} \boldsymbol{e}_{y,0}(\boldsymbol{x}) \\ \vdots \\ \boldsymbol{e}_{y,K}(\boldsymbol{x}) \end{bmatrix} \tag{4.112a}$$

$$\boldsymbol{W} = \operatorname{diag}(\boldsymbol{W}_v, \boldsymbol{W}_y) \tag{4.112b}$$

$$\boldsymbol{W}_v = \operatorname{diag}(\boldsymbol{W}_{v,0}, \cdots, \boldsymbol{W}_{v,K}), \quad \boldsymbol{W}_y = \operatorname{diag}(\boldsymbol{W}_{y,0}, \cdots, \boldsymbol{W}_{y,K}) \tag{4.112c}$$

因此目标函数可以写为

$$J(\boldsymbol{x}) = \frac{1}{2}\boldsymbol{e}(\boldsymbol{x})^{\mathrm{T}}\boldsymbol{W}^{-1}\boldsymbol{e}(\boldsymbol{x}) \tag{4.113}$$

我们还可以进一步定义误差项为

$$\boldsymbol{u}(\boldsymbol{x}) = \boldsymbol{L}\boldsymbol{e}(\boldsymbol{x}) \tag{4.114}$$

其中，$\boldsymbol{L}^{\mathrm{T}}\boldsymbol{L} = \boldsymbol{W}^{-1}$（因为 $\boldsymbol{W}$ 为对称正定矩阵，可由楚列斯基分解得到）。使用这些定义，可以得到更简单的目标函数：

$$J(\boldsymbol{x}) = \frac{1}{2}\boldsymbol{u}(\boldsymbol{x})^{\mathrm{T}}\boldsymbol{u}(\boldsymbol{x}) \tag{4.115}$$

这正是二次型的形式，但不是关于设定变量 $\boldsymbol{x}$ 的二次型[①]。我们的目标是最小化目标函数，得到最优参数 $\hat{\boldsymbol{x}}$：

$$\hat{\boldsymbol{x}} = \arg\min_{\boldsymbol{x}} J(\boldsymbol{x}) \tag{4.116}$$

此处可以应用许多非线性优化的方法来求解这个二次型的表达式。最经典的方法是高斯-牛顿法，但还有许多其他的选择。最重要的一点是，我们将整个问题看成非线性优化问题。下面将通过牛顿法推导高斯-牛顿法。

### 牛顿法

牛顿法是指以迭代的方式，不断地用二次函数来近似（可微的）目标函数，从而向二次近似的最小值移动的方法。假设自变量的初始估计或着说工作点为 $\boldsymbol{x}_{\mathrm{op}}$，那么可对原函数 $J$ 在工作点附近进行二阶泰勒展开：

$$J(\boldsymbol{x}_{\mathrm{op}} + \delta\boldsymbol{x}) \approx J(\boldsymbol{x}_{\mathrm{op}}) + \underbrace{\left( \left.\frac{\partial J(\boldsymbol{x})}{\partial \boldsymbol{x}}\right|_{\boldsymbol{x}_{\mathrm{op}}} \right)}_{\text{雅可比矩阵}} \delta\boldsymbol{x} + \frac{1}{2}\delta\boldsymbol{x}^{\mathrm{T}} \underbrace{\left( \left.\frac{\partial^2 J(\boldsymbol{x})}{\partial \boldsymbol{x}\,\partial \boldsymbol{x}^{\mathrm{T}}}\right|_{\boldsymbol{x}_{\mathrm{op}}} \right)}_{\text{海塞矩阵}} \delta\boldsymbol{x} \tag{4.117}$$

其中，$\delta\boldsymbol{x}$ 表示相对于初始估计 $\boldsymbol{x}_{\mathrm{op}}$ 的“微小”增量。注意海塞矩阵必须是正定的（否则无法判断该二次近似的最小值是否存在），才能使用牛顿法。

---

① 而是 $u(\boldsymbol{x})$ 的二次型。——译者注

下一步是找到 $\delta\boldsymbol{x}$ 的值，最小化该二次近似。这可以通过令 $\delta\boldsymbol{x}$ 的导数为零来求得，即

$$\begin{aligned}\frac{\partial J(\boldsymbol{x}_{\mathrm{op}}+\delta\boldsymbol{x})}{\partial\delta\boldsymbol{x}}&=\left(\left.\frac{\partial J(\boldsymbol{x})}{\partial\boldsymbol{x}}\right|_{\boldsymbol{x}_{\mathrm{op}}}\right)+\delta\boldsymbol{x}^{*^{\mathrm{T}}}\left(\left.\frac{\partial^2 J(\boldsymbol{x})}{\partial\boldsymbol{x}\,\partial\boldsymbol{x}^{\mathrm{T}}}\right|_{\boldsymbol{x}_{\mathrm{op}}}\right)=\mathbf{0}\\&\Rightarrow\left(\left.\frac{\partial^2 J(\boldsymbol{x})}{\partial\boldsymbol{x}\,\partial\boldsymbol{x}^{\mathrm{T}}}\right|_{\boldsymbol{x}_{\mathrm{op}}}\right)\delta\boldsymbol{x}^*=-\left(\left.\frac{\partial J(\boldsymbol{x})}{\partial\boldsymbol{x}}\right|_{\boldsymbol{x}_{\mathrm{op}}}\right)^{\mathrm{T}}\end{aligned}\tag{4.118}$$

最后一行只是一个线性方程组，当海塞矩阵可逆时（必定可逆，因为前面已经假设它为正定的）可以得到方程组的解。然后根据下面的公式来更新我们的工作点：

$$\boldsymbol{x}_{\mathrm{op}}\leftarrow\boldsymbol{x}_{\mathrm{op}}+\delta\boldsymbol{x}^*\tag{4.119}$$

不停地迭代上述过程，直到 $\delta\boldsymbol{x}^*$ 变得足够小为止。对于牛顿法，有几点需要注意：

(1) 它是“局部收敛”的。这意味着当初始估计足够接近解时，不断地改进可以保证结果收敛到一个解。对于复杂的非线性目标函数，这也是我们可以期望的最好结果（即全局收敛难以实现）。

(2) 收敛速度是二次的（即它比简单梯度下降收敛得快得多）。

(3) 但是海塞矩阵的计算可能很复杂，使得牛顿法在现实中应用存在困难。

在具有特殊形式的目标函数的情况下，高斯-牛顿法是牛顿法的进一步近似。

### 高斯-牛顿法

回到式（4.115）的非线性二次型目标函数中。在此情况下，雅可比矩阵和海塞矩阵分别为

雅可比矩阵：
$$\left.\frac{\partial J(\boldsymbol{x})}{\partial\boldsymbol{x}}\right|_{\boldsymbol{x}_{\mathrm{op}}}=\boldsymbol{u}(\boldsymbol{x}_{\mathrm{op}})^{\mathrm{T}}\left(\left.\frac{\partial\boldsymbol{u}(\boldsymbol{x})}{\partial\boldsymbol{x}}\right|_{\boldsymbol{x}_{\mathrm{op}}}\right)\tag{4.120a}$$

海塞矩阵：
$$\left.\frac{\partial^2 J(\boldsymbol{x})}{\partial\boldsymbol{x}\,\partial\boldsymbol{x}^{\mathrm{T}}}\right|_{\boldsymbol{x}_{\mathrm{op}}}=\left(\left.\frac{\partial\boldsymbol{u}(\boldsymbol{x})}{\partial\boldsymbol{x}}\right|_{\boldsymbol{x}_{\mathrm{op}}}\right)^{\mathrm{T}}\left(\left.\frac{\partial\boldsymbol{u}(\boldsymbol{x})}{\partial\boldsymbol{x}}\right|_{\boldsymbol{x}_{\mathrm{op}}}\right)+\sum_{i=1}^{M}u_i(\boldsymbol{x}_{\mathrm{op}})\left(\left.\frac{\partial^2 u_i(\boldsymbol{x})}{\partial\boldsymbol{x}\,\partial\boldsymbol{x}^{\mathrm{T}}}\right|_{\boldsymbol{x}_{\mathrm{op}}}\right)\tag{4.120b}$$

其中，$\boldsymbol{u}(\boldsymbol{x})=(u_1(\boldsymbol{x}),\cdots,u_i(\boldsymbol{x}),\cdots,u_M(\boldsymbol{x}))$。在上面的推导中，没有用到任何近似。

注意到在海塞矩阵的表达式中，我们可以假设在 $J$ 的最小值附近，第二项相对于第一项是很小的。直观上看，在最小值附近 $u_i(\boldsymbol{x})$ 的值应该是很小的（理想情况下为零）。因此，在忽略了包含二阶导的项时，海塞矩阵可以近似为

$$\left.\frac{\partial^2 J(\boldsymbol{x})}{\partial\boldsymbol{x}\,\partial\boldsymbol{x}^{\mathrm{T}}}\right|_{\boldsymbol{x}_{\mathrm{op}}}\approx\left(\left.\frac{\partial\boldsymbol{u}(\boldsymbol{x})}{\partial\boldsymbol{x}}\right|_{\boldsymbol{x}_{\mathrm{op}}}\right)^{\mathrm{T}}\left(\left.\frac{\partial\boldsymbol{u}(\boldsymbol{x})}{\partial\boldsymbol{x}}\right|_{\boldsymbol{x}_{\mathrm{op}}}\right)\tag{4.121}$$

将式（4.120a）和式（4.121）代入牛顿法更新方程式（4.118）中，可得

$$\left(\left.\frac{\partial\boldsymbol{u}(\boldsymbol{x})}{\partial\boldsymbol{x}}\right|_{\boldsymbol{x}_{\mathrm{op}}}\right)^{\mathrm{T}}\left(\left.\frac{\partial\boldsymbol{u}(\boldsymbol{x})}{\partial\boldsymbol{x}}\right|_{\boldsymbol{x}_{\mathrm{op}}}\right)\delta\boldsymbol{x}^*=-\left(\left.\frac{\partial\boldsymbol{u}(\boldsymbol{x})}{\partial\boldsymbol{x}}\right|_{\boldsymbol{x}_{\mathrm{op}}}\right)^{\mathrm{T}}\boldsymbol{u}(\boldsymbol{x}_{\mathrm{op}})\tag{4.122}$$

这是经典的高斯-牛顿更新方程。接着只需要不断地迭代直到结果收敛即可。

### 高斯-牛顿法的另一种推导方式

推导高斯-牛顿法的另一种方式则是从 $\boldsymbol{u}(\boldsymbol{x})$ 的泰勒展开开始，而不是对 $J(\boldsymbol{x})$ 进行泰勒展开。对 $\boldsymbol{u}(\boldsymbol{x})$ 的近似为

$$\boldsymbol{u}(\boldsymbol{x}_{\text{op}}+\delta\boldsymbol{x}) \approx \boldsymbol{u}(\boldsymbol{x}_{\text{op}}) + \left(\left.\frac{\partial \boldsymbol{u}(\boldsymbol{x})}{\partial \boldsymbol{x}}\right|_{\boldsymbol{x}_{\text{op}}}\right)\delta\boldsymbol{x} \tag{4.123}$$

将其代入 $J$ 中，则

$$J(\boldsymbol{x}_{\text{op}}+\delta\boldsymbol{x}) \approx \frac{1}{2}\left(\boldsymbol{u}(\boldsymbol{x}_{\text{op}}) + \left(\left.\frac{\partial \boldsymbol{u}(\boldsymbol{x})}{\partial \boldsymbol{x}}\right|_{\boldsymbol{x}_{\text{op}}}\right)\delta\boldsymbol{x}\right)^{\text{T}}\left(\boldsymbol{u}(\boldsymbol{x}_{\text{op}}) + \left(\left.\frac{\partial \boldsymbol{u}(\boldsymbol{x})}{\partial \boldsymbol{x}}\right|_{\boldsymbol{x}_{\text{op}}}\right)\delta\boldsymbol{x}\right) \tag{4.124}$$

针对 $\delta\boldsymbol{x}$ 最小化：

$$\begin{aligned}\frac{\partial J(\boldsymbol{x}_{\text{op}}+\delta\boldsymbol{x})}{\partial \delta\boldsymbol{x}} &= \left(\boldsymbol{u}(\boldsymbol{x}_{\text{op}}) + \left(\left.\frac{\partial \boldsymbol{u}(\boldsymbol{x})}{\partial \boldsymbol{x}}\right|_{\boldsymbol{x}_{\text{op}}}\right)\delta\boldsymbol{x}^*\right)^{\text{T}}\left(\left.\frac{\partial \boldsymbol{u}(\boldsymbol{x})}{\partial \boldsymbol{x}}\right|_{\boldsymbol{x}_{\text{op}}}\right) = \boldsymbol{0} \\ \Rightarrow \left(\left.\frac{\partial \boldsymbol{u}(\boldsymbol{x})}{\partial \boldsymbol{x}}\right|_{\boldsymbol{x}_{\text{op}}}\right)^{\text{T}}\left(\left.\frac{\partial \boldsymbol{u}(\boldsymbol{x})}{\partial \boldsymbol{x}}\right|_{\boldsymbol{x}_{\text{op}}}\right)\delta\boldsymbol{x}^* &= -\left(\left.\frac{\partial \boldsymbol{u}(\boldsymbol{x})}{\partial \boldsymbol{x}}\right|_{\boldsymbol{x}_{\text{op}}}\right)^{\text{T}}\boldsymbol{u}(\boldsymbol{x}_{\text{op}})\end{aligned} \tag{4.125}$$

这与式（4.122）中的更新相同。在后面章节处理旋转的非线性量时，我们将会使用这种推导方式的高斯-牛顿法进行处理。

### 高斯-牛顿法的实用化改进

由于高斯-牛顿法不能保证收敛（因为对海塞矩阵进行了近似），因此我们可以使用两个实际的方法对其进行改进：

(1) 一旦计算出最优增量 $\delta\boldsymbol{x}^*$，则实际的更新为

$$\boldsymbol{x}_{\text{op}} \leftarrow \boldsymbol{x}_{\text{op}} + \alpha\delta\boldsymbol{x}^* \tag{4.126}$$

其中，$\alpha \in [0,1]$ 为自定义的参数。在实际应用中，常常通过线搜索（line search）的方式求得 $\alpha$ 的最优值。该方法之所以有效的原因在于，$\delta\boldsymbol{x}^*$ 是下降方向；而我们只是调整了在这个方向上行进的距离，使得收敛性质更加鲁棒（而不是更快）。

(2) 可以使用利文伯格-马夸特（Levenberg-Marquardt）法改进高斯-牛顿法：

$$\left(\left(\left.\frac{\partial \boldsymbol{u}(\boldsymbol{x})}{\partial \boldsymbol{x}}\right|_{\boldsymbol{x}_{\text{op}}}\right)^{\text{T}}\left(\left.\frac{\partial \boldsymbol{u}(\boldsymbol{x})}{\partial \boldsymbol{x}}\right|_{\boldsymbol{x}_{\text{op}}}\right) + \lambda\boldsymbol{D}\right)\delta\boldsymbol{x}^* = -\left(\left.\frac{\partial \boldsymbol{u}(\boldsymbol{x})}{\partial \boldsymbol{x}}\right|_{\boldsymbol{x}_{\text{op}}}\right)^{\text{T}}\boldsymbol{u}(\boldsymbol{x}_{\text{op}}) \tag{4.127}$$

其中，$\lambda \geqslant 0$；$\boldsymbol{D}$ 为正定对角矩阵。当 $\boldsymbol{D}=\boldsymbol{I}$ 且 $\lambda$ 变得非常大时，海塞矩阵所占比重相对较小，此时：

$$\delta\boldsymbol{x}^* \approx -\frac{1}{\lambda}\left(\left.\frac{\partial \boldsymbol{u}(\boldsymbol{x})}{\partial \boldsymbol{x}}\right|_{\boldsymbol{x}_{\text{op}}}\right)^{\text{T}}\boldsymbol{u}(\boldsymbol{x}_{\text{op}}) \tag{4.128}$$

对应最速下降（即负梯度）中非常小的一个步长。当 $\lambda=0$ 时，则恢复为通常的高斯-牛顿更新。利文伯格-马夸特法通过缓慢增加 $\lambda$ 的值，可以在海塞矩阵近似较差或病态的情况下工作。

我们也可以结合以上两种方法来改善收敛性。

### 关于误差项的高斯-牛顿法

前面提到

$$\boldsymbol{u}(\boldsymbol{x})=\boldsymbol{L}\boldsymbol{e}(\boldsymbol{x}) \tag{4.129}$$

其中，$\boldsymbol{L}$ 为常量，将上式代入高斯-牛顿更新方程中，可得关于误差项 $\boldsymbol{e}(\boldsymbol{x})$ 的更新，即

$$(\boldsymbol{H}^{\mathrm{T}}\boldsymbol{W}^{-1}\boldsymbol{H})\delta\boldsymbol{x}^{*}=\boldsymbol{H}^{\mathrm{T}}\boldsymbol{W}^{-1}\boldsymbol{e}(\boldsymbol{x}_{\mathrm{op}}) \tag{4.130}$$

其中

$$\boldsymbol{H}=-\left.\frac{\partial\boldsymbol{e}(\boldsymbol{x})}{\partial\boldsymbol{x}}\right|_{\boldsymbol{x}_{\mathrm{op}}} \tag{4.131}$$

并且 $\boldsymbol{L}^{\mathrm{T}}\boldsymbol{L}=\boldsymbol{W}^{-1}$。

另一种推导的方式是，首先注意到

$$J(\boldsymbol{x}_{\mathrm{op}}+\delta\boldsymbol{x})\approx\frac{1}{2}(\boldsymbol{e}(\boldsymbol{x}_{\mathrm{op}})-\boldsymbol{H}\delta\boldsymbol{x})^{\mathrm{T}}\boldsymbol{W}^{-1}(\boldsymbol{e}(\boldsymbol{x}_{\mathrm{op}})-\boldsymbol{H}\delta\boldsymbol{x}) \tag{4.132}$$

其中，$\boldsymbol{e}(\boldsymbol{x}_{\mathrm{op}})=\boldsymbol{L}^{-1}\boldsymbol{u}(\boldsymbol{x}_{\mathrm{op}})$。上式是目标函数对于误差项的近似，关于 $\delta\boldsymbol{x}$ 进行最小化可以得到与高斯-牛顿法相同的结论。

### 拉普拉斯近似

皮埃尔-西蒙 · 拉普拉斯（Pierre-Simon Laplace, 1749—1827）是一位法国多才多艺的学者，在数学、统计学、物理学、天文学和哲学等众多领域都做出了贡献。他是早期接受并运用微积分的先行者，并且是贝叶斯概率解释的主要创立者。

尽管本章讨论的是最大后验估计，但我们仍然希望在得到估计点 $\boldsymbol{x}_{\mathrm{op}}$ 的同时获得其不确定性。为此，我们可以采用**拉普拉斯近似**（Laplace approximation），用一个在最大后验估计处的高斯分布来近似完整的贝叶斯后验。假设高斯分布为 $\mathcal{N}(\hat{\boldsymbol{x}},\hat{\boldsymbol{P}})$ 的形式，那么当最大后验估计收敛后我们令 $\hat{\boldsymbol{x}}=\boldsymbol{x}_{\mathrm{op}}$，$\hat{\boldsymbol{P}}$ 为海塞矩阵的逆（在最大后验估计 $\boldsymbol{x}_{\mathrm{op}}$ 处求解）。

对于高斯-牛顿最大后验估计，更新方程左侧的逆协方差矩阵 $\hat{\boldsymbol{P}}^{-1}$ 可以作为拉普拉斯近似：

$$\underbrace{(\boldsymbol{H}^{\mathrm{T}}\boldsymbol{W}^{-1}\boldsymbol{H})}_{\hat{\boldsymbol{P}}^{-1}}\delta\boldsymbol{x}^{*}=\boldsymbol{H}^{\mathrm{T}}\boldsymbol{W}^{-1}\boldsymbol{e}(\boldsymbol{x}_{\mathrm{op}}) \tag{4.133}$$

这也是对 3.1.5 节结论的推广。在批量线性高斯最大后验估计的情况下，我们将式（3.49）的左侧作为逆协方差矩阵。

### 批量估计

再次回到具体的估计问题中，并利用高斯-牛顿法求解。不同的是，这次我们将使用“捷径”，从误差表达式的近似开始推导：

$$\boldsymbol{e}_{v,k}(\boldsymbol{x}_{\mathrm{op}}+\delta\boldsymbol{x})\approx\begin{cases}\boldsymbol{e}_{v,0}(\boldsymbol{x}_{\mathrm{op}})-\delta\boldsymbol{x}_0, & k=0\\ \boldsymbol{e}_{v,k}(\boldsymbol{x}_{\mathrm{op}})+\boldsymbol{F}_{k-1}\delta\boldsymbol{x}_{k-1}-\delta\boldsymbol{x}_k, & k=1,\cdots,K\end{cases} \tag{4.134}$$

$$\boldsymbol{e}_{y,k}(\boldsymbol{x}_{\mathrm{op}}+\delta\boldsymbol{x}) \approx \boldsymbol{e}_{y,k}(\boldsymbol{x}_{\mathrm{op}}) - \boldsymbol{G}_k \delta\boldsymbol{x}_k, \quad k=0,\cdots,K \tag{4.135}$$

其中

$$\boldsymbol{e}_{v,k}(\boldsymbol{x}_{\mathrm{op}}) \approx \begin{cases} \check{\boldsymbol{x}}_0 - \boldsymbol{x}_{\mathrm{op},0}, & k=0 \\ \boldsymbol{f}(\boldsymbol{x}_{\mathrm{op},k-1}, \boldsymbol{v}_k, \boldsymbol{0}) - \boldsymbol{x}_{\mathrm{op},k}, & k=1,\cdots,K \end{cases} \tag{4.136}$$

$$\boldsymbol{e}_{y,k}(\boldsymbol{x}_{\mathrm{op}}) \approx \boldsymbol{y}_k - \boldsymbol{g}(\boldsymbol{x}_{\mathrm{op},k}, \boldsymbol{0}), \quad k=0,\cdots,K \tag{4.137}$$

同时定义非线性运动模型和观测模型的雅可比矩阵为

$$\boldsymbol{F}_{k-1} = \left.\frac{\partial \boldsymbol{f}(\boldsymbol{x}_{k-1}, \boldsymbol{v}_k, \boldsymbol{w}_k)}{\partial \boldsymbol{x}_{k-1}}\right|_{\boldsymbol{x}_{\mathrm{op},k-1}, \boldsymbol{v}_k, \boldsymbol{0}}, \quad \boldsymbol{G}_k = \left.\frac{\partial \boldsymbol{g}(\boldsymbol{x}_k, \boldsymbol{n}_k)}{\partial \boldsymbol{x}_k}\right|_{\boldsymbol{x}_{\mathrm{op},k}, \boldsymbol{0}} \tag{4.138}$$

接着定义权重为

$$\boldsymbol{W}_{v,k} = \boldsymbol{Q}'_k, \quad \boldsymbol{W}_{y,k} = \boldsymbol{R}'_k \tag{4.139}$$

那么就可以定义:

$$\delta\boldsymbol{x} = \begin{bmatrix} \delta\boldsymbol{x}_0 \\ \delta\boldsymbol{x}_1 \\ \delta\boldsymbol{x}_2 \\ \vdots \\ \delta\boldsymbol{x}_K \end{bmatrix}, \quad \boldsymbol{H} = \left[\begin{array}{ccccc} \boldsymbol{I} & & & & \\ -\boldsymbol{F}_0 & \boldsymbol{I} & & & \\ & -\boldsymbol{F}_1 & \ddots & & \\ & & \ddots & \boldsymbol{I} & \\ & & & -\boldsymbol{F}_{K-1} & \boldsymbol{I} \\ \hline \boldsymbol{G}_0 & & & & \\ & \boldsymbol{G}_1 & & & \\ & & \boldsymbol{G}_2 & & \\ & & & \ddots & \\ & & & & \boldsymbol{G}_K \end{array}\right] \tag{4.140a}$$

$$\boldsymbol{e}(\boldsymbol{x}_{\mathrm{op}}) = \left[\begin{array}{c} \boldsymbol{e}_{v,0}(\boldsymbol{x}_{\mathrm{op}}) \\ \boldsymbol{e}_{v,1}(\boldsymbol{x}_{\mathrm{op}}) \\ \vdots \\ \boldsymbol{e}_{v,K}(\boldsymbol{x}_{\mathrm{op}}) \\ \hline \boldsymbol{e}_{y,0}(\boldsymbol{x}_{\mathrm{op}}) \\ \boldsymbol{e}_{y,1}(\boldsymbol{x}_{\mathrm{op}}) \\ \vdots \\ \boldsymbol{e}_{y,K}(\boldsymbol{x}_{\mathrm{op}}) \end{array}\right] \tag{4.140b}$$

以及

$$\boldsymbol{W} = \mathrm{diag}(\check{\boldsymbol{P}}_0, \boldsymbol{Q}'_1, \cdots, \boldsymbol{Q}'_K, \boldsymbol{R}'_0, \boldsymbol{R}'_1, \cdots, \boldsymbol{R}'_K) \tag{4.141}$$

这与 3.3.1 节线性批量估计中矩阵的结构是一致的，只是添加了下标以区分不同时刻的变量，同时添加了运动模型和观测模型关于噪声的雅可比矩阵。在这些定义下，高斯-牛顿更新方程由如下方程给出：

$$\underbrace{\left(\boldsymbol{H}^{\mathrm{T}}\boldsymbol{W}^{-1}\boldsymbol{H}\right)}_{\text{块三对角}}\delta\boldsymbol{x}^{*}=\boldsymbol{H}^{\mathrm{T}}\boldsymbol{W}^{-1}\boldsymbol{e}(\boldsymbol{x}_{\mathrm{op}}) \tag{4.142}$$

这与批量线性高斯的情况非常相似。关键区别在于，我们实际上对整个轨迹 $\boldsymbol{x}$ 进行迭代，从而得到最终的解。现在我们可以采用与线性高斯情况下相同的方法，利用批量解来求解 EKF 问题。

## 4.3.2　贝叶斯推断

我们也可以从贝叶斯推断的角度得到相同的更新方程。假设整个轨迹的初值为 $\boldsymbol{x}_{\mathrm{op}}$，我们可以对运动模型在初值处进行线性化，并且使用所有的输入构造整个轨迹的先验。线性化后的运动模型可表示为

$$\boldsymbol{x}_k\approx\boldsymbol{f}(\boldsymbol{x}_{\mathrm{op},k-1},\boldsymbol{v}_k,\boldsymbol{0})+\boldsymbol{F}_{k-1}(\boldsymbol{x}_{k-1}-\boldsymbol{x}_{\mathrm{op},k-1})+\boldsymbol{w}_k' \tag{4.143}$$

其中雅可比矩阵 $\boldsymbol{F}_{k-1}$ 与上一节相同。经过一些操作，将上式重写为如下的提升形式：

$$\boldsymbol{x}=\boldsymbol{F}(\boldsymbol{\nu}+\boldsymbol{w}') \tag{4.144}$$

其中

$$\boldsymbol{\nu}=\begin{bmatrix}\check{\boldsymbol{x}}_0\\ \boldsymbol{f}(\boldsymbol{x}_{\mathrm{op},0},\boldsymbol{v}_1,\boldsymbol{0})-\boldsymbol{F}_0\boldsymbol{x}_{\mathrm{op},0}\\ \boldsymbol{f}(\boldsymbol{x}_{\mathrm{op},1},\boldsymbol{v}_2,\boldsymbol{0})-\boldsymbol{F}_1\boldsymbol{x}_{\mathrm{op},1}\\ \vdots\\ \boldsymbol{f}(\boldsymbol{x}_{\mathrm{op},K-1},\boldsymbol{v}_K,\boldsymbol{0})-\boldsymbol{F}_{K-1}\boldsymbol{x}_{\mathrm{op},K-1}\end{bmatrix} \tag{4.145a}$$

$$\boldsymbol{F}=\begin{bmatrix}\boldsymbol{I} & & & & & \\ \boldsymbol{F}_0 & \boldsymbol{I} & & & & \\ \boldsymbol{F}_1\boldsymbol{F}_0 & \boldsymbol{F}_1 & \boldsymbol{I} & & & \\ \vdots & \vdots & \vdots & \ddots & & \\ \boldsymbol{F}_{K-2}\cdots\boldsymbol{F}_0 & \boldsymbol{F}_{K-2}\cdots\boldsymbol{F}_1 & \boldsymbol{F}_{K-2}\cdots\boldsymbol{F}_2 & \cdots & \boldsymbol{I} & \\ \boldsymbol{F}_{K-1}\cdots\boldsymbol{F}_0 & \boldsymbol{F}_{K-1}\cdots\boldsymbol{F}_1 & \boldsymbol{F}_{K-1}\cdots\boldsymbol{F}_2 & \cdots & \boldsymbol{F}_{K-1} & \boldsymbol{I}\end{bmatrix} \tag{4.145b}$$

$$\boldsymbol{Q}'=\mathrm{diag}(\check{\boldsymbol{P}}_0,\boldsymbol{Q}_1',\boldsymbol{Q}_2',\cdots,\boldsymbol{Q}_K') \tag{4.145c}$$

并且 $\boldsymbol{w}'=\mathcal{N}(\boldsymbol{0},\boldsymbol{Q}')$。对于先验的均值 $\check{\boldsymbol{x}}$，易得

$$\check{\boldsymbol{x}}=E[\boldsymbol{x}]=E[\boldsymbol{F}(\boldsymbol{\nu}+\boldsymbol{w}')]=\boldsymbol{F}\boldsymbol{\nu} \tag{4.146}$$

对于先验的协方差 $\check{\boldsymbol{P}}$，有

$$\check{\boldsymbol{P}}=E\left[(\boldsymbol{x}-E[\boldsymbol{x}])(\boldsymbol{x}-E[\boldsymbol{x}])^{\mathrm{T}}\right]=\boldsymbol{F}E\left[\boldsymbol{w}'\boldsymbol{w}'^{\mathrm{T}}\right]\boldsymbol{F}^{\mathrm{T}}=\boldsymbol{F}\boldsymbol{Q}'\boldsymbol{F}^{\mathrm{T}} \tag{4.147}$$

其中，$(\cdot)'$ 表示关于噪声的雅可比矩阵已经包含在变量中。因此，先验可记为 $\boldsymbol{x} \sim \mathcal{N}(\boldsymbol{F\nu}, \boldsymbol{F}\boldsymbol{Q}'\boldsymbol{F}^{\mathrm{T}})$。

线性化的观测模型为

$$\boldsymbol{y}_k \approx \boldsymbol{g}(\boldsymbol{x}_{\mathrm{op},k}, \boldsymbol{0}) + \boldsymbol{G}_k(\boldsymbol{x}_{k-1} - \boldsymbol{x}_{\mathrm{op},k-1}) + \boldsymbol{n}'_k \tag{4.148}$$

可以写成如下提升形式

$$\boldsymbol{y} = \boldsymbol{y}_{\mathrm{op}} + \boldsymbol{G}(\boldsymbol{x} - \boldsymbol{x}_{\mathrm{op}}) + \boldsymbol{n}' \tag{4.149}$$

其中

$$\boldsymbol{y}_{\mathrm{op}} = \begin{bmatrix} \boldsymbol{g}(\boldsymbol{x}_{\mathrm{op},0}, \boldsymbol{0}) \\ \boldsymbol{g}(\boldsymbol{x}_{\mathrm{op},1}, \boldsymbol{0}) \\ \vdots \\ \boldsymbol{g}(\boldsymbol{x}_{\mathrm{op},K}, \boldsymbol{0}) \end{bmatrix} \tag{4.150a}$$

$$\boldsymbol{G} = \mathrm{diag}(\boldsymbol{G}_0, \boldsymbol{G}_1, \boldsymbol{G}_2, \cdots, \boldsymbol{G}_K) \tag{4.150b}$$

$$\boldsymbol{R} = \mathrm{diag}(\boldsymbol{R}'_0, \boldsymbol{R}'_1, \boldsymbol{R}'_2, \cdots, \boldsymbol{R}'_K) \tag{4.150c}$$

并且 $\boldsymbol{n}' \sim \mathcal{N}(\boldsymbol{0}, \boldsymbol{R}')$。易得

$$E[\boldsymbol{y}] = \boldsymbol{y}_{\mathrm{op}} + \boldsymbol{G}(\check{\boldsymbol{x}} - \boldsymbol{x}_{\mathrm{op}}) \tag{4.151a}$$

$$E\left[(\boldsymbol{y} - E[\boldsymbol{y}])(\boldsymbol{y} - E[\boldsymbol{y}])^{\mathrm{T}}\right] = \boldsymbol{G}\check{\boldsymbol{P}}\boldsymbol{G}^{\mathrm{T}} + \boldsymbol{R}' \tag{4.151b}$$

$$E\left[(\boldsymbol{y} - E[\boldsymbol{y}])(\boldsymbol{x} - E[\boldsymbol{x}])^{\mathrm{T}}\right] = \boldsymbol{G}\check{\boldsymbol{P}} \tag{4.151c}$$

其中，$(\cdot)'$ 同样表示关于噪声的雅可比矩阵已经包含在变量中。

有了这些定义，我们可以写出提升形式的轨迹和观测的联合概率密度函数：

$$p(\boldsymbol{x}, \boldsymbol{y}|\boldsymbol{\nu}) = \mathcal{N}\left( \begin{bmatrix} \check{\boldsymbol{x}} \\ \boldsymbol{y}_{\mathrm{op}} + \boldsymbol{G}(\check{\boldsymbol{x}} - \boldsymbol{x}_{\mathrm{op}}) \end{bmatrix}, \begin{bmatrix} \check{\boldsymbol{P}} & \check{\boldsymbol{P}}\boldsymbol{G}^{\mathrm{T}} \\ \boldsymbol{G}\check{\boldsymbol{P}} & \boldsymbol{G}\check{\boldsymbol{P}}\boldsymbol{G}^{\mathrm{T}} + \boldsymbol{R}' \end{bmatrix} \right) \tag{4.152}$$

这与 4.2.5 节有关 IEKF 表示的式（4.42）非常相似，但是现在是相对于整个轨迹，而不是对一个时间步长而言的。使用式（2.52b），我们可以立即写出高斯后验概率：

$$p(\boldsymbol{x}|\boldsymbol{\nu}, \boldsymbol{y}) = \mathcal{N}\left(\hat{\boldsymbol{x}}, \hat{\boldsymbol{P}}\right) \tag{4.153}$$

其中

$$\boldsymbol{K} = \check{\boldsymbol{P}}\boldsymbol{G}^{\mathrm{T}}\left(\boldsymbol{G}\check{\boldsymbol{P}}\boldsymbol{G}^{\mathrm{T}} + \boldsymbol{R}'\right)^{-1} \tag{4.154a}$$

$$\hat{\boldsymbol{P}} = (\boldsymbol{I} - \boldsymbol{K}\boldsymbol{G})\check{\boldsymbol{P}} \tag{4.154b}$$

$$\hat{\boldsymbol{x}} = \check{\boldsymbol{x}} + \boldsymbol{K}(\boldsymbol{y} - \boldsymbol{y}_{\mathrm{op}} - \boldsymbol{G}(\check{\boldsymbol{x}} - \boldsymbol{x}_{\mathrm{op}})) \tag{4.154c}$$

使用式（2.124）的 SMW 等式重新组织方程，可以得到后验均值，有

$$\left(\check{\boldsymbol{P}}^{-1} + \boldsymbol{G}^{\mathrm{T}}\boldsymbol{R}'^{-1}\boldsymbol{G}\right)\delta\boldsymbol{x}^* = \check{\boldsymbol{P}}^{-1}(\check{\boldsymbol{x}} - \boldsymbol{x}_{\mathrm{op}}) + \boldsymbol{G}^{\mathrm{T}}\boldsymbol{R}'^{-1}(\boldsymbol{y} - \boldsymbol{y}_{\mathrm{op}}) \tag{4.155}$$

其中，$\delta \boldsymbol{x}^* = \hat{\boldsymbol{x}} - \boldsymbol{x}_{\text{op}}$。代入先验，得

$$\begin{aligned}&\underbrace{\left(\boldsymbol{F}^{-\mathrm{T}}\boldsymbol{Q}'^{-1}\boldsymbol{F}^{-1} + \boldsymbol{G}^{\mathrm{T}}\boldsymbol{R}'^{-1}\boldsymbol{G}\right)}_{\text{块三对角}}\delta\boldsymbol{x}^* \\ =&\boldsymbol{F}^{-\mathrm{T}}\boldsymbol{Q}'^{-1}(\boldsymbol{\nu} - \boldsymbol{F}^{-1}\boldsymbol{x}_{\text{op}}) + \boldsymbol{G}^{\mathrm{T}}\boldsymbol{R}'^{-1}(\boldsymbol{y} - \boldsymbol{y}_{\text{op}})\end{aligned} \tag{4.156}$$

接着定义

$$\boldsymbol{H} = \begin{bmatrix} \boldsymbol{F}^{-1} \\ \boldsymbol{G} \end{bmatrix}, \quad \boldsymbol{W} = \mathrm{diag}(\boldsymbol{Q}', \boldsymbol{R}'), \quad \boldsymbol{e}(\boldsymbol{x}_{\text{op}}) = \begin{bmatrix} \boldsymbol{\nu} - \boldsymbol{F}^{-1}\boldsymbol{x}_{\text{op}} \\ \boldsymbol{y} - \boldsymbol{y}_{\text{op}} \end{bmatrix} \tag{4.157}$$

则可以得到

$$\underbrace{(\boldsymbol{H}^{\mathrm{T}}\boldsymbol{W}^{-1}\boldsymbol{H})}_{\text{块三对角}}\delta\boldsymbol{x}^* = \boldsymbol{H}^{\mathrm{T}}\boldsymbol{W}^{-1}\boldsymbol{e}(\boldsymbol{x}_{\text{op}}) \tag{4.158}$$

这与上一节的更新方程相同。下面只需要不断地迭代直到结果收敛即可。贝叶斯推断和最大后验估计之间的区别，基本上可以归结为 SMW 等式从哪一边开始；另外，贝叶斯方法明确地得到了协方差，尽管由最大后验估计也可以获得协方差。请注意，由于我们选择了以迭代的方式对最优估计的均值重新进行线性化，从而导致了贝叶斯方法与最大后验估计具有相同的“均值”。这个现象在之前的有关 IEKF 的章节就出现了。我们还可以想象，在批量优化中，如果不采用线性化的方法（而是采用如粒子滤波、西格玛点变换等方法）来计算更新方程所需的矩，那么得到的结论是不一样的，但这里就不再深入探讨了。

### 4.3.3　最大似然估计

在本节中，我们将研究批量估计问题的简化版本，即不考虑先验，仅使用观测数据来求解。

#### 最大似然估计的高斯-牛顿解法

先假设采用简单形式的观测模型——观测噪声为加数相加的形式（即在非线性函数之外）：

$$\boldsymbol{y}_k = \boldsymbol{g}_k(\boldsymbol{x}) + \boldsymbol{n}_k \tag{4.159}$$

其中，$\boldsymbol{n}_k \sim \mathcal{N}(\boldsymbol{0}, \boldsymbol{R}_k)$。在这种情况下，观测函数可能随着 $k$ 发生变化，并且可能取决于状态 $\boldsymbol{x}$ 的任意部分。因此我们不再需要将 $k$ 作为时刻看待，只须将它看成观测值的下标即可。

不考虑先验时，目标函数为

$$J(\boldsymbol{x}) = \frac{1}{2}\sum_k (\boldsymbol{y}_k - \boldsymbol{g}_k(\boldsymbol{x}))^{\mathrm{T}}\boldsymbol{R}_k^{-1}(\boldsymbol{y}_k - \boldsymbol{g}_k(\boldsymbol{x})) = -\ln p(\boldsymbol{y}|\boldsymbol{x}) + C \tag{4.160}$$

其中，$C$ 为常数。因为目标函数中已没有先验，而最小化目标函数的过程也是最大化观测似然函数的过程[①]，所以我们称之为**最大似然**（maximum likelihood, ML）**估计**问题：

$$\hat{\boldsymbol{x}} = \arg\min_{\boldsymbol{x}} J(\boldsymbol{x}) = \arg\max_{\boldsymbol{x}} p(\boldsymbol{y}|\boldsymbol{x}) \tag{4.161}$$

① 这是因为对数函数是单调递增的。最大似然估计也可以看作是先验为均匀分布的最大后验估计。

我们仍然可以使用高斯-牛顿法来求解最大似然估计问题，就像前面求解最大后验估计一样。我们从初始估计 $\boldsymbol{x}_{\text{op}}$ 开始，然后计算最优的增量 $\delta\boldsymbol{x}^*$：

$$\left(\sum_k \boldsymbol{G}_k(\boldsymbol{x}_{\text{op}})^{\text{T}}\boldsymbol{R}_k^{-1}\boldsymbol{G}_k(\boldsymbol{x}_{\text{op}})\right)\delta\boldsymbol{x}^* = \sum_k \boldsymbol{G}_k(\boldsymbol{x}_{\text{op}})^{\text{T}}\boldsymbol{R}_k^{-1}(\boldsymbol{y}_k - \boldsymbol{g}_k(\boldsymbol{x}_{\text{op}})) \tag{4.162}$$

其中

$$\boldsymbol{G}_k(\boldsymbol{x}) = \frac{\partial \boldsymbol{g}_k(\boldsymbol{x})}{\partial \boldsymbol{x}} \tag{4.163}$$

为观测模型关于状态的雅可比矩阵。最后将最优更新应用到我们的估计中，并迭代至收敛。

$$\boldsymbol{x}_{\text{op}} \leftarrow \boldsymbol{x}_{\text{op}} + \delta\boldsymbol{x}^* \tag{4.164}$$

一旦收敛，取 $\hat{\boldsymbol{x}} = \boldsymbol{x}_{\text{op}}$ 作为最终的估计。此时，应有

$$\left.\frac{\partial J(\boldsymbol{x})}{\partial \boldsymbol{x}^{\text{T}}}\right|_{\hat{\boldsymbol{x}}} = -\sum_k \boldsymbol{G}_k(\hat{\boldsymbol{x}})^{\text{T}}\boldsymbol{R}_k^{-1}(\boldsymbol{y}_k - \boldsymbol{g}_k(\hat{\boldsymbol{x}})) = \boldsymbol{0} \tag{4.165}$$

在后续的章节讨论**光束平差法**（bundle adjustment）时，我们将继续探讨本节的最大似然估计问题。

### 最大似然估计的偏差估计

在本章开头的例子中可以看出，最大后验估计相对于均值误差是有偏差的。而实际上，最大似然估计也是有偏差的（除非观测模型是线性的）。博克斯（Box）的一篇经典论文[48] 提出了最大似然估计中偏差的近似表达式，我们将在本节对此进行介绍。

我们需要在仅求得 $\boldsymbol{G}(\boldsymbol{x})$ 的一阶泰勒展开的情况下，获得 $\boldsymbol{g}(\boldsymbol{x})$ 的二阶泰勒展开。因此，可写出以下的近似表达式：

$$\boldsymbol{g}_k(\hat{\boldsymbol{x}}) = \boldsymbol{g}_k(\boldsymbol{x} + \delta\boldsymbol{x}) \approx \boldsymbol{g}_k(\boldsymbol{x}) + \boldsymbol{G}_k(\boldsymbol{x})\delta\boldsymbol{x} + \frac{1}{2}\sum_j \boldsymbol{I}_j \delta\boldsymbol{x}^{\text{T}}\boldsymbol{\mathcal{G}}_{jk}(\boldsymbol{x})\delta\boldsymbol{x} \tag{4.166a}$$

$$\boldsymbol{G}_k(\hat{\boldsymbol{x}}) = \boldsymbol{G}_k(\boldsymbol{x} + \delta\boldsymbol{x}) \approx \boldsymbol{G}_k(\boldsymbol{x}) + \sum_j \boldsymbol{I}_j \delta\boldsymbol{x}^{\text{T}}\boldsymbol{\mathcal{G}}_{jk}(\boldsymbol{x}) \tag{4.166b}$$

其中

$$\boldsymbol{g}_k(\boldsymbol{x}) = [g_{jk}(\boldsymbol{x})]_j, \quad \boldsymbol{G}_k(\boldsymbol{x}) = \frac{\partial \boldsymbol{g}_k(\boldsymbol{x})}{\partial \boldsymbol{x}}, \quad \boldsymbol{\mathcal{G}}_{jk} = \frac{\partial g_{jk}(\boldsymbol{x})}{\partial \boldsymbol{x}\,\partial \boldsymbol{x}^{\text{T}}} \tag{4.167}$$

$\boldsymbol{I}_j$ 表示单位矩阵的第 $j$ 列。上面的雅可比矩阵和海塞矩阵已经注明了在 $\boldsymbol{x}$（真实状态）或 $\hat{\boldsymbol{x}}$（估计状态）处进行求解。在本节中，$\delta\boldsymbol{x} = \hat{\boldsymbol{x}} - \boldsymbol{x}$ 表示估计状态与单次试验中真实状态之间的差异。当观测噪声改变时，我们将得到一个不同的估计状态，从而 $\delta\boldsymbol{x}$ 也随之改变。这里，我们将在观测噪声所有可能的改变范围内，去寻找这个差异的期望的表达式，即 $E[\delta\boldsymbol{x}]$，这个值称为系统的误差或**偏差**（bias）。

如前面所述，在高斯-牛顿法收敛之后，估值 $\hat{\boldsymbol{x}}$ 将满足以下最优准则：

$$\sum_k \boldsymbol{G}_k(\hat{\boldsymbol{x}})^{\text{T}}\boldsymbol{R}_k^{-1}(\boldsymbol{y}_k - \boldsymbol{g}_k(\hat{\boldsymbol{x}})) = \boldsymbol{0} \tag{4.168}$$

或者将式（4.166a）和式（4.166b）代入

$$\sum_k \left( \boldsymbol{G}_k(\boldsymbol{x}) + \sum_j \boldsymbol{I}_j \delta\boldsymbol{x}^{\mathrm{T}} \boldsymbol{\mathcal{G}}_{jk}(\boldsymbol{x}) \right)^{\mathrm{T}} \boldsymbol{R}_k^{-1} \left( \underbrace{\boldsymbol{y}_k - \boldsymbol{g}_k(\boldsymbol{x})}_{\boldsymbol{n}_k} - \boldsymbol{G}_k(\boldsymbol{x})\delta\boldsymbol{x} - \frac{1}{2}\sum_j \boldsymbol{I}_j \delta\boldsymbol{x}^{\mathrm{T}} \boldsymbol{\mathcal{G}}_{jk}(\boldsymbol{x}) \delta\boldsymbol{x} \right) \approx \mathbf{0} \tag{4.169}$$

假设 $\delta\boldsymbol{x}$ 对噪声变量 $\boldsymbol{n} \sim \mathcal{N}(\mathbf{0}, \boldsymbol{R})$ 仅有一次项和二次项关系①：

$$\delta\boldsymbol{x} = \boldsymbol{A}(\boldsymbol{x})\boldsymbol{n} + \boldsymbol{b}(\boldsymbol{n}) \tag{4.170}$$

其中，$\boldsymbol{A}(\boldsymbol{x})$ 是未知的系数矩阵；$\boldsymbol{b}(\boldsymbol{n})$ 是未知的关于 $\boldsymbol{n}$ 的二次型函数。我们将使用投影矩阵 $\boldsymbol{P}_k$ 提取出第 $k$ 个噪声变量：$\boldsymbol{n}_k = \boldsymbol{P}_k\boldsymbol{n}$。将式（4.170）代入式（4.169），有

$$\begin{aligned} &\sum_k \left( \boldsymbol{G}_k(\boldsymbol{x}) + \sum_j \boldsymbol{I}_j (\boldsymbol{A}(\boldsymbol{x})\boldsymbol{n} + \boldsymbol{b}(\boldsymbol{n}))^{\mathrm{T}} \boldsymbol{\mathcal{G}}_{jk}(\boldsymbol{x}) \right)^{\mathrm{T}} \boldsymbol{R}_k^{-1} \times \\ &\quad \left( \boldsymbol{P}_k\boldsymbol{n} - \boldsymbol{G}_k(\boldsymbol{x})(\boldsymbol{A}(\boldsymbol{x})\boldsymbol{n} + \boldsymbol{b}(\boldsymbol{n})) - \frac{1}{2}\sum_j \boldsymbol{I}_j (\boldsymbol{A}(\boldsymbol{x})\boldsymbol{n} + \boldsymbol{b}(\boldsymbol{n}))^{\mathrm{T}} \boldsymbol{\mathcal{G}}_{jk}(\boldsymbol{x}) (\boldsymbol{A}(\boldsymbol{x})\boldsymbol{n} + \boldsymbol{b}(\boldsymbol{n})) \right) \approx \mathbf{0} \end{aligned} \tag{4.171}$$

将上式展开，并忽略 $\boldsymbol{n}$ 的高阶项，可得

$$\begin{aligned} &\underbrace{\sum_k \boldsymbol{G}_k(\boldsymbol{x})^{\mathrm{T}} \boldsymbol{R}_k^{-1} (\boldsymbol{P}_k - \boldsymbol{G}_k(\boldsymbol{x})\boldsymbol{A}(\boldsymbol{x}))\boldsymbol{n} +}_{\boldsymbol{L}\boldsymbol{n}\text{（}\boldsymbol{n}\text{ 的线性项）}} \\ &\underbrace{\sum_k \boldsymbol{G}_k(\boldsymbol{x})^{\mathrm{T}} \boldsymbol{R}_k^{-1} \left( -\boldsymbol{G}_k(\boldsymbol{x})\boldsymbol{b}(\boldsymbol{n}) - \frac{1}{2}\sum_j \boldsymbol{I}_j \underbrace{\boldsymbol{n}^{\mathrm{T}} \boldsymbol{A}(\boldsymbol{x})^{\mathrm{T}} \boldsymbol{\mathcal{G}}_{jk}(\boldsymbol{x}) \boldsymbol{A}(\boldsymbol{x}) \boldsymbol{n}}_{\text{标量}} \right) +}_{\boldsymbol{q}_1(\boldsymbol{n})\text{（}\boldsymbol{n}\text{ 的二阶项）}} \\ &\underbrace{\sum_{j,k} \boldsymbol{\mathcal{G}}_{jk}(\boldsymbol{x})^{\mathrm{T}} \boldsymbol{A}(\boldsymbol{x}) \boldsymbol{n}\, \underbrace{\boldsymbol{I}_j^{\mathrm{T}} \boldsymbol{R}_k^{-1} (\boldsymbol{P}_k - \boldsymbol{G}_k(\boldsymbol{x})\boldsymbol{A}(\boldsymbol{x}))\boldsymbol{n}}_{\text{标量}}}_{\boldsymbol{q}_2(\boldsymbol{n})\text{（}\boldsymbol{n}\text{ 的二阶项）}} \approx \mathbf{0} \end{aligned} \tag{4.172}$$

为了使表达式等于零，即

$$\boldsymbol{L}\boldsymbol{n} + \boldsymbol{q}_1(\boldsymbol{n}) + \boldsymbol{q}_2(\boldsymbol{n}) = \mathbf{0} \tag{4.173}$$

则必须有 $\boldsymbol{L} = \boldsymbol{O}$。这是因为当对 $\boldsymbol{n}$ 取负号时，有

$$-\boldsymbol{L}\boldsymbol{n} + \boldsymbol{q}_1(-\boldsymbol{n}) + \boldsymbol{q}_2(-\boldsymbol{n}) = \mathbf{0} \tag{4.174}$$

注意到由于二次型的性质，有 $\boldsymbol{q}_1(-\boldsymbol{n}) = \boldsymbol{q}_1(\boldsymbol{n})$ 和 $\boldsymbol{q}_2(-\boldsymbol{n}) = \boldsymbol{q}_2(\boldsymbol{n})$。两式相减，有 $2\boldsymbol{L}\boldsymbol{n} = \mathbf{0}$，由于 $\boldsymbol{n}$ 可以取任意值，$\boldsymbol{L} = \boldsymbol{O}$，同时

$$\boldsymbol{A}(\boldsymbol{x}) = \boldsymbol{W}(\boldsymbol{x})^{-1} \sum_k \boldsymbol{G}_k(\boldsymbol{x})^{\mathrm{T}} \boldsymbol{R}_k^{-1} \boldsymbol{P}_k \tag{4.175}$$

① 事实上应该有无穷项，所以这个表达式是一个很粗糙的近似，但适用于轻度非线性的观测模型。

其中

$$\boldsymbol{W}(\boldsymbol{x})=\sum_k \boldsymbol{G}_k(\boldsymbol{x})^{\mathrm{T}}\boldsymbol{R}_k^{-1}\boldsymbol{G}_k(\boldsymbol{x}) \tag{4.176}$$

选择该表达式作为 $\boldsymbol{A}(\boldsymbol{x})$ 的值，并求期望（对所有的 $\boldsymbol{n}$），可得

$$E[\boldsymbol{q}_1(\boldsymbol{n})]+E[\boldsymbol{q}_2(\boldsymbol{n})]=\mathbf{0} \tag{4.177}$$

事实上，$E[\boldsymbol{q}_2(\boldsymbol{n})]=\mathbf{0}$。为了推导这一点，需要两个恒等式：

$$\boldsymbol{A}(\boldsymbol{x})\boldsymbol{R}\boldsymbol{A}(\boldsymbol{x})^{\mathrm{T}}\equiv\boldsymbol{W}(\boldsymbol{x})^{-1} \tag{4.178a}$$

$$\boldsymbol{A}(\boldsymbol{x})\boldsymbol{R}\boldsymbol{P}_k^{\mathrm{T}}\equiv\boldsymbol{W}(\boldsymbol{x})^{-1}\boldsymbol{G}_k(\boldsymbol{x})^{\mathrm{T}} \tag{4.178b}$$

这两个恒等式的证明就留给读者了。接着可以得到

$$\begin{aligned}E[\boldsymbol{q}_2(\boldsymbol{n})]&=E\left[\sum_{j,k}\boldsymbol{\mathcal{G}}_{jk}(\boldsymbol{x})^{\mathrm{T}}\boldsymbol{A}(\boldsymbol{x})\boldsymbol{n}\boldsymbol{I}_j^{\mathrm{T}}\boldsymbol{R}_k^{-1}(\boldsymbol{P}_k-\boldsymbol{G}_k(\boldsymbol{x})\boldsymbol{A}(\boldsymbol{x}))\boldsymbol{n}\right]\\&=\sum_{j,k}\boldsymbol{\mathcal{G}}_{jk}(\boldsymbol{x})^{\mathrm{T}}\boldsymbol{A}(\boldsymbol{x})\underbrace{E[\boldsymbol{n}\boldsymbol{n}^{\mathrm{T}}]}_{\boldsymbol{R}}\left(\boldsymbol{P}_k^{\mathrm{T}}-\boldsymbol{A}(\boldsymbol{x})^{\mathrm{T}}\boldsymbol{G}_k(\boldsymbol{x})^{\mathrm{T}}\right)\boldsymbol{R}_k^{-1}\boldsymbol{I}_j\\&=\sum_{j,k}\boldsymbol{\mathcal{G}}_{jk}(\boldsymbol{x})^{\mathrm{T}}\Bigg(\underbrace{\boldsymbol{A}(\boldsymbol{x})\boldsymbol{R}\boldsymbol{P}_k^{\mathrm{T}}}_{\boldsymbol{W}(\boldsymbol{x})^{-1}\boldsymbol{G}_k(\boldsymbol{x})^{\mathrm{T}}}-\underbrace{\boldsymbol{A}(\boldsymbol{x})\boldsymbol{R}\boldsymbol{A}(\boldsymbol{x})^{\mathrm{T}}}_{\boldsymbol{W}(\boldsymbol{x})^{-1}}\boldsymbol{G}_k(\boldsymbol{x})^{\mathrm{T}}\Bigg)\boldsymbol{R}_k^{-1}\boldsymbol{I}_j\\&=\mathbf{0}\end{aligned} \tag{4.179}$$

推导的过程中用到了上面的两个恒等式。此时最初的方程只剩下

$$E[\boldsymbol{q}_1(\boldsymbol{n})]=\mathbf{0} \tag{4.180}$$

或者

$$\begin{aligned}&E[\boldsymbol{b}(\boldsymbol{n})]\\&=-\frac{1}{2}\boldsymbol{W}(\boldsymbol{x})^{-1}\sum_k\boldsymbol{G}_k(\boldsymbol{x})^{\mathrm{T}}\boldsymbol{R}_k^{-1}\sum_j\boldsymbol{I}_jE\left[\boldsymbol{n}^{\mathrm{T}}\boldsymbol{A}(\boldsymbol{x})^{\mathrm{T}}\boldsymbol{\mathcal{G}}_{jk}(\boldsymbol{x})\boldsymbol{A}(\boldsymbol{x})\boldsymbol{n}\right]\\&=-\frac{1}{2}\boldsymbol{W}(\boldsymbol{x})^{-1}\sum_k\boldsymbol{G}_k(\boldsymbol{x})^{\mathrm{T}}\boldsymbol{R}_k^{-1}\sum_j\boldsymbol{I}_jE\left[\operatorname{tr}\left(\boldsymbol{\mathcal{G}}_{jk}(\boldsymbol{x})\boldsymbol{A}(\boldsymbol{x})\boldsymbol{n}\boldsymbol{n}^{\mathrm{T}}\boldsymbol{A}(\boldsymbol{x})^{\mathrm{T}}\right)\right]\\&=-\frac{1}{2}\boldsymbol{W}(\boldsymbol{x})^{-1}\sum_k\boldsymbol{G}_k(\boldsymbol{x})^{\mathrm{T}}\boldsymbol{R}_k^{-1}\sum_j\boldsymbol{I}_j\operatorname{tr}\big(\boldsymbol{\mathcal{G}}_{jk}(\boldsymbol{x})\underbrace{\boldsymbol{A}(\boldsymbol{x})\underbrace{E\left[\boldsymbol{n}\boldsymbol{n}^{\mathrm{T}}\right]}_{\boldsymbol{R}}\boldsymbol{A}(\boldsymbol{x})^{\mathrm{T}}}_{\boldsymbol{W}(\boldsymbol{x})^{-1}}\big)\\&=-\frac{1}{2}\boldsymbol{W}(\boldsymbol{x})^{-1}\sum_k\boldsymbol{G}_k(\boldsymbol{x})^{\mathrm{T}}\boldsymbol{R}_k^{-1}\sum_j\boldsymbol{I}_j\operatorname{tr}\left(\boldsymbol{\mathcal{G}}_{jk}(\boldsymbol{x})\boldsymbol{W}(\boldsymbol{x})^{-1}\right)\end{aligned} \tag{4.181}$$

其中，$\operatorname{tr}(\cdot)$ 表示矩阵的迹。回顾式（4.170），有

$$E[\delta\boldsymbol{x}]=\boldsymbol{A}(\boldsymbol{x})\underbrace{E[\boldsymbol{n}]}_{\mathbf{0}}+E[\boldsymbol{b}(\boldsymbol{n})] \tag{4.182}$$

所以系统偏差的最终表达式为

$$E[\delta \boldsymbol{x}] = -\frac{1}{2}\boldsymbol{W}(\boldsymbol{x})^{-1}\sum_k \boldsymbol{G}_k(\boldsymbol{x})^{\mathrm{T}}\boldsymbol{R}_k^{-1}\sum_j \boldsymbol{I}_j \operatorname{tr}\left(\boldsymbol{\mathcal{G}}_{jk}(\boldsymbol{x})\boldsymbol{W}(\boldsymbol{x})^{-1}\right) \tag{4.183}$$

为了在计算中使用这个表达式，在计算式（4.183）时，需要用估计状态 $\hat{\boldsymbol{x}}$ 来代替 $\boldsymbol{x}$。然后可以用下面的公式更新我们的估计，即

$$\hat{\boldsymbol{x}} \leftarrow \hat{\boldsymbol{x}} - E[\delta \boldsymbol{x}] \tag{4.184}$$

需要注意的是，该表达式是近似的结果，仅在轻度非线性的情况下才能正常使用。

### 4.3.4　滑动窗口滤波

如果我们把 EKF 看作是非线性高斯-牛顿（或甚至是牛顿）法的近似，那么它的表现是不尽如人意的。这里的主要原因是，EKF 没有迭代至收敛的过程，其雅可比矩阵也只需要计算一次（可能远离最优估计）。从本质上看，EKF 可以做得比高斯-牛顿法的单次迭代更好，因为它没有一次性计算所有的雅可比矩阵[①]。EKF 的主要缺陷在于缺乏迭代这个步骤。从优化的角度来看，这是显而易见的，因为优化是需要迭代至收敛的。然而，EKF 是由贝叶斯滤波推导而来的，在推导的过程中使用了马尔可夫假设来实现其递归形式。马尔可夫假设的问题在于，一旦估计器建立在该假设上，我们就无法摆脱它。这是一个不能克服的、根本性的制约因素。

目前，包括前面谈到的 IEKF 在内，人们在提升 EKF 的表现方面已经做了不少的研究工作。然而对于非线性系统，这些提升可能没有太大帮助。IEKF 的问题在于它仍然依赖马尔可夫假设。它仅在一个时刻上进行了迭代，而非在整个轨迹上。高斯-牛顿法与 IEKF 的区别可以在图 4.17 中清楚地看到。

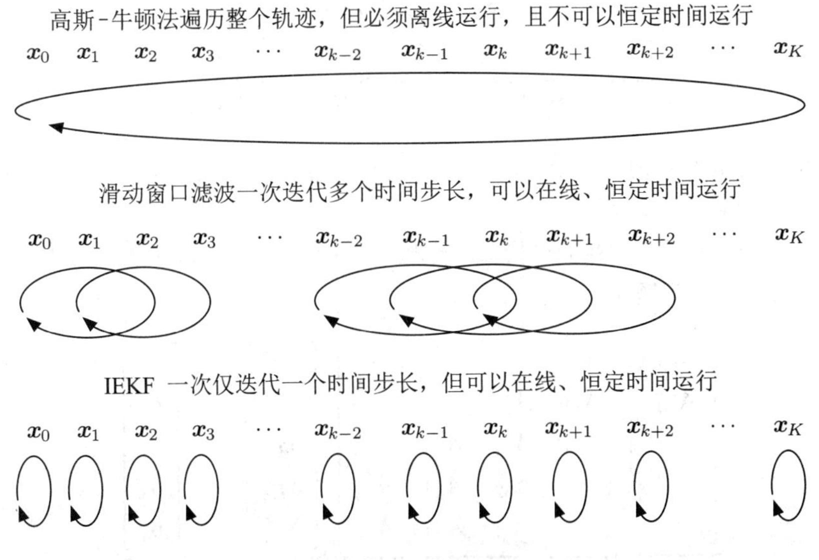


图 4.17　不同迭代方案的比较

---

① 此处是指，一部分雅可比矩阵计算是在运动先验中，另一部分在观测中，但是观测部分的雅可比矩阵计算是在推导运动先验之后再计算的。——译者注

不过高斯-牛顿法的批量估计也存在一些问题。它必须离线运行，不是一个恒定时间运行的方法。而 EKF 既可以在线运行，也可以恒定时间运行。所谓的**滑动窗口滤波**（sliding window filters, SWF）[49] 则是在由多个时间步长组成的窗口内进行迭代，并且使这个窗口滑动，从而达到在线和恒定时间的运行。从优化的角度来看，SWF 与 EKF 及其变种相比会有显著的改进。下面，我们将简要介绍一下 SWF 的工作原理。

为了方便说明，假设窗口大小为 4。图 4.18 展示了 SWF 滑动窗口的过程。首先，按照通常的方式构建一个小的批量估计问题，对初始窗口进行迭代直至收敛。然后，临时在右侧扩展一个时间步长，以包含下一时刻。接着在左侧减少一个时间步长，以保持窗口大小不变。我们对新窗口进行迭代直至收敛，并继续重复滑动。通常情况下，在滑动窗口之前，算法会输出最左边的估计状态，但这不是唯一的做法。

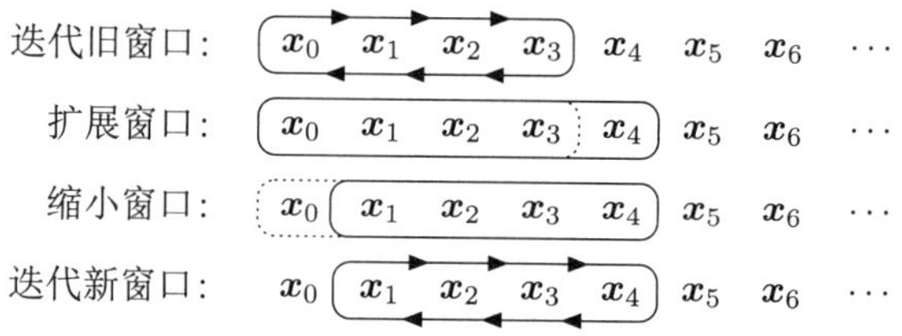

迭代旧窗口: $\boldsymbol{x}_0$ $\boldsymbol{x}_1$ $\boldsymbol{x}_2$ $\boldsymbol{x}_3$ $\boldsymbol{x}_4$ $\boldsymbol{x}_5$ $\boldsymbol{x}_6$ $\cdots$

扩展窗口: $\boldsymbol{x}_0$ $\boldsymbol{x}_1$ $\boldsymbol{x}_2$ $\boldsymbol{x}_3$ $\boldsymbol{x}_4$ $\boldsymbol{x}_5$ $\boldsymbol{x}_6$ $\cdots$

缩小窗口: $\boldsymbol{x}_0$ $\boldsymbol{x}_1$ $\boldsymbol{x}_2$ $\boldsymbol{x}_3$ $\boldsymbol{x}_4$ $\boldsymbol{x}_5$ $\boldsymbol{x}_6$ $\cdots$

迭代新窗口: $\boldsymbol{x}_0$ $\boldsymbol{x}_1$ $\boldsymbol{x}_2$ $\boldsymbol{x}_3$ $\boldsymbol{x}_4$ $\boldsymbol{x}_5$ $\boldsymbol{x}_6$ $\cdots$

图 4.18　SWF 滑动窗口的过程

使用 4.3.1 节的记号，初始窗口的批量估计问题具有以下形式：

$$\underbrace{\begin{bmatrix} \boldsymbol{A}_{00} & \boldsymbol{A}_{10}^{\mathrm{T}} & & \\ \boldsymbol{A}_{10} & \boldsymbol{A}_{11} & \boldsymbol{A}_{21}^{\mathrm{T}} & \\ & \boldsymbol{A}_{21} & \boldsymbol{A}_{22} & \boldsymbol{A}_{32}^{\mathrm{T}} \\ & & \boldsymbol{A}_{32} & \boldsymbol{A}_{33} \end{bmatrix}}_{\boldsymbol{H}^{\mathrm{T}}\boldsymbol{W}^{-1}\boldsymbol{H}} \underbrace{\begin{bmatrix} \delta\boldsymbol{x}_0^\star \\ \delta\boldsymbol{x}_1^\star \\ \delta\boldsymbol{x}_2^\star \\ \delta\boldsymbol{x}_3^\star \end{bmatrix}}_{\delta\boldsymbol{x}^\star} = \underbrace{\begin{bmatrix} \boldsymbol{b}_0 \\ \boldsymbol{b}_1 \\ \boldsymbol{b}_2 \\ \boldsymbol{b}_3 \end{bmatrix}}_{\boldsymbol{H}^{\mathrm{T}}\boldsymbol{W}^{-1}\boldsymbol{e}} \tag{4.185}$$

其中，$\boldsymbol{A}_{k\ell}$ 和 $\boldsymbol{b}_k$ 依赖窗口内的估计状态；$\boldsymbol{x}_{\mathrm{op}} = \begin{bmatrix} \boldsymbol{x}_{\mathrm{op},0}^{\mathrm{T}} & \boldsymbol{x}_{\mathrm{op},1}^{\mathrm{T}} & \boldsymbol{x}_{\mathrm{op},2}^{\mathrm{T}} & \boldsymbol{x}_{\mathrm{op},3}^{\mathrm{T}} \end{bmatrix}^{\mathrm{T}}$。我们对这个小的批量估计问题进行迭代直至收敛。

扩展窗口相对比较简单。我们对状态进行增广以包括下一个时间步长，结合最新的输入和观测结果，此批量估计问题变为

$$\underbrace{\left[\begin{array}{c|cccc} \boldsymbol{A}_{00} & \boldsymbol{A}_{10}^{\mathrm{T}} & & & \\ \hline \boldsymbol{A}_{10} & \boldsymbol{A}_{11} & \boldsymbol{A}_{21}^{\mathrm{T}} & & \\ & \boldsymbol{A}_{21} & \boldsymbol{A}_{22} & \boldsymbol{A}_{32}^{\mathrm{T}} & \\ & & \boldsymbol{A}_{32} & \boldsymbol{A}_{33} & \boldsymbol{A}_{43}^{\mathrm{T}} \\ & & & \boldsymbol{A}_{43} & \boldsymbol{A}_{44} \end{array}\right]}_{\boldsymbol{H}^{\mathrm{T}}\boldsymbol{W}^{-1}\boldsymbol{H}} \underbrace{\left[\begin{array}{c} \delta\boldsymbol{x}_0^\star \\ \hline \delta\boldsymbol{x}_1^\star \\ \delta\boldsymbol{x}_2^\star \\ \delta\boldsymbol{x}_3^\star \\ \delta\boldsymbol{x}_4^\star \end{array}\right]}_{\delta\boldsymbol{x}^\star} = \underbrace{\left[\begin{array}{c} \boldsymbol{b}_0 \\ \hline \boldsymbol{b}_1 \\ \boldsymbol{b}_2 \\ \boldsymbol{b}_3 \\ \boldsymbol{b}_4 \end{array}\right]}_{\boldsymbol{H}^{\mathrm{T}}\boldsymbol{W}^{-1}\boldsymbol{e}} \tag{4.186}$$

其中，分界线展示了需要移除的部分，以便将窗口恢复为原来的大小。$\boldsymbol{A}_{44}$，$\boldsymbol{A}_{43}$ 和 $\boldsymbol{b}_4$ 是新增加的部分，而 $\boldsymbol{A}_{33}$ 和 $\boldsymbol{b}_3$ 必须根据上一个窗口进行更新。

一个简单的方法是，可以通过删除与第一个状态 $\boldsymbol{x}_0$ 相关的所有行和列来恢复窗口大小：

$$\underbrace{\begin{bmatrix} \boldsymbol{A}_{11} & \boldsymbol{A}_{21}^{\mathrm{T}} & & \\ \boldsymbol{A}_{21} & \boldsymbol{A}_{22} & \boldsymbol{A}_{32}^{\mathrm{T}} & \\ & \boldsymbol{A}_{32} & \boldsymbol{A}_{33} & \boldsymbol{A}_{43}^{\mathrm{T}} \\ & & \boldsymbol{A}_{43} & \boldsymbol{A}_{44} \end{bmatrix}}_{\boldsymbol{H}^{\mathrm{T}}\boldsymbol{W}^{-1}\boldsymbol{H}} \underbrace{\begin{bmatrix} \delta\boldsymbol{x}_1^\star \\ \delta\boldsymbol{x}_2^\star \\ \delta\boldsymbol{x}_3^\star \\ \delta\boldsymbol{x}_4^\star \end{bmatrix}}_{\delta\boldsymbol{x}^\star} = \underbrace{\begin{bmatrix} \boldsymbol{b}_1 \\ \boldsymbol{b}_2 \\ \boldsymbol{b}_3 \\ \boldsymbol{b}_4 \end{bmatrix}}_{\boldsymbol{H}^{\mathrm{T}}\boldsymbol{W}^{-1}\boldsymbol{e}} \tag{4.187}$$

然而这不是最优的做法，因为我们丢弃了有用的信息。例如，初始状态信息将不再影响最后的结果。

更好的方法是将批量问题的解看作是整个窗口上的联合高斯分布，通过**边缘化**去掉不关心的状态。这与 3.3.2 节中卡尔曼滤波的推导非常相似，只是我们处理的是非线性系统，现在的窗口更大了。我们已经在 2.2.5 节中解释了如何计算联合高斯分布的边缘分布。在这里，我们将高斯分布表示为**信息形式**（参见 2.2.4 节），$\boldsymbol{H}^{\mathrm{T}}\boldsymbol{W}^{-1}\boldsymbol{H}$ 为信息矩阵，$\boldsymbol{H}^{\mathrm{T}}\boldsymbol{W}^{-1}\boldsymbol{e}$ 为信息向量。边缘化掉 $\boldsymbol{x}_0$ 会得到

$$\underbrace{\begin{bmatrix} \boldsymbol{A}_{11} - \boldsymbol{A}_{10}\boldsymbol{A}_{00}^{-1}\boldsymbol{A}_{10}^{\mathrm{T}} & \boldsymbol{A}_{21}^{\mathrm{T}} & & \\ \boldsymbol{A}_{21} & \boldsymbol{A}_{22} & \boldsymbol{A}_{32}^{\mathrm{T}} & \\ & \boldsymbol{A}_{32} & \boldsymbol{A}_{33} & \boldsymbol{A}_{43}^{\mathrm{T}} \\ & & \boldsymbol{A}_{43} & \boldsymbol{A}_{44} \end{bmatrix}}_{\boldsymbol{H}^{\mathrm{T}}\boldsymbol{W}^{-1}\boldsymbol{H}} \underbrace{\begin{bmatrix} \delta\boldsymbol{x}_1^\star \\ \delta\boldsymbol{x}_2^\star \\ \delta\boldsymbol{x}_3^\star \\ \delta\boldsymbol{x}_4^\star \end{bmatrix}}_{\delta\boldsymbol{x}^\star} = \underbrace{\begin{bmatrix} \boldsymbol{b}_1 - \boldsymbol{A}_{10}\boldsymbol{A}_{00}^{-1}\boldsymbol{b}_0 \\ \boldsymbol{b}_2 \\ \boldsymbol{b}_3 \\ \boldsymbol{b}_4 \end{bmatrix}}_{\boldsymbol{H}^{\mathrm{T}}\boldsymbol{W}^{-1}\boldsymbol{e}} \tag{4.188}$$

将式（4.188）与式（4.187）相比，我们发现块 $\boldsymbol{A}_{00}$，$\boldsymbol{A}_{10}$ 和 $\boldsymbol{b}_0$ 会影响最终的解。幸运的是，$\boldsymbol{H}^{\mathrm{T}}\boldsymbol{W}^{-1}\boldsymbol{H}$ 仍然是一个块三对角矩阵，这意味着即使在窗口不大的情况下，我们仍然可以利用其稀疏性使得求解更加高效。

由于 $\boldsymbol{x}_0$ 已不在窗口内，因此在后续的求解中 $\boldsymbol{x}_0$ 被设定为常量。关于各个块的详细信息如下：

$$\boldsymbol{A}_{00} = \check{\boldsymbol{P}}_0^{-1} + \boldsymbol{F}_0^{\mathrm{T}}\boldsymbol{Q}_1'^{-1}\boldsymbol{F}_0 + \boldsymbol{G}_0^{\mathrm{T}}\boldsymbol{R}_0'^{-1}\boldsymbol{G}_0, \quad \boldsymbol{A}_{10} = -\boldsymbol{Q}_1'^{-1}\boldsymbol{F}_0 \tag{4.189}$$

$$\boldsymbol{b}_0 = \check{\boldsymbol{P}}_0^{-1}\boldsymbol{e}_{v,0} - \boldsymbol{F}_0^{\mathrm{T}}\boldsymbol{Q}_1'^{-1}\boldsymbol{e}_{v,1} + \boldsymbol{G}_0^{\mathrm{T}}\boldsymbol{R}_0'^{-1}\boldsymbol{e}_{y,0} \tag{4.190}$$

其中，符号定义见 4.3.1 节。块 $\boldsymbol{A}_{00}$ 和 $\boldsymbol{A}_{10}$ 仅依赖 $\boldsymbol{x}_{\mathrm{op},0}$，而 $\boldsymbol{b}_0$ 还依赖 $\boldsymbol{x}_{\mathrm{op},1}$（通过误差 $\boldsymbol{e}_{v,1}$）。

另外，我们有

$$\boldsymbol{A}_{11} = \boldsymbol{Q}_1'^{-1} + \boldsymbol{F}_1^{\mathrm{T}}\boldsymbol{Q}_2'^{-1}\boldsymbol{F}_1 + \boldsymbol{G}_1^{\mathrm{T}}\boldsymbol{R}_1'^{-1}\boldsymbol{G}_1 \tag{4.191}$$

注意到

$$\boldsymbol{A}_{11} - \boldsymbol{A}_{10}\boldsymbol{A}_{00}^{-1}\boldsymbol{A}_{10}^{\mathrm{T}} = \check{\boldsymbol{P}}_1^{-1} + \boldsymbol{F}_1^{\mathrm{T}}\boldsymbol{Q}_2'^{-1}\boldsymbol{F}_1 + \boldsymbol{G}_1^{\mathrm{T}}\boldsymbol{R}_1'^{-1}\boldsymbol{G}_1 \tag{4.192}$$

其中，$\check{\boldsymbol{P}}_1^{-1} = \boldsymbol{Q}_1'^{-1} - \boldsymbol{A}_{10}\boldsymbol{A}_{00}^{-1}\boldsymbol{A}_{10}^{\mathrm{T}}$ 为常量，其作用类似于 $\boldsymbol{A}_{00}$ 中的 $\check{\boldsymbol{P}}_0^{-1}$。

同样地，我们有

$$\boldsymbol{b}_1 = \boldsymbol{Q}_1'^{-1}\boldsymbol{e}_{v,1} - \boldsymbol{F}_1^{\mathrm{T}}\boldsymbol{Q}_2'^{-1}\boldsymbol{e}_{v,2} + \boldsymbol{G}_1^{\mathrm{T}}\boldsymbol{R}_1'^{-1}\boldsymbol{e}_{y,1} \tag{4.193}$$

注意到

$$\boldsymbol{b}_1 - \boldsymbol{A}_{10}\boldsymbol{A}_{00}^{-1}\boldsymbol{b}_0 = \boldsymbol{c}_1 + \check{\boldsymbol{P}}_1^{-1}\boldsymbol{e}_{v,1} - \boldsymbol{F}_1^{\mathrm{T}}\boldsymbol{Q}_2'^{-1}\boldsymbol{e}_{v,2} + \boldsymbol{G}_1^{\mathrm{T}}\boldsymbol{R}_1'^{-1}\boldsymbol{e}_{y,1} \tag{4.194}$$

其中，$\boldsymbol{c}_1 + \check{\boldsymbol{P}}_1^{-1}\boldsymbol{e}_{v,1}$ 的作用类似于 $\boldsymbol{b}_0$ 中的 $\boldsymbol{c}_0 + \check{\boldsymbol{P}}_0^{-1}\boldsymbol{e}_{v,0}$（$\boldsymbol{c}_0 = \boldsymbol{0}$）。$\boldsymbol{c}_1$ 为常量：

$$\boldsymbol{c}_1 = -\boldsymbol{A}_{10}\boldsymbol{A}_{00}^{-1}\left(\check{\boldsymbol{P}}_0^{-1}\boldsymbol{e}_{v,0} + \boldsymbol{G}_0^{\mathrm{T}}\boldsymbol{R}_0'^{-1}\boldsymbol{e}_{y,0}\right) \tag{4.195}$$

在扩展和缩小窗口后，$k$ 时刻的批量优化方程为

$$\underbrace{\begin{bmatrix} \bar{\boldsymbol{A}}_{kk} & \boldsymbol{A}_{k+1,k}^{\mathrm{T}} & & \\ \boldsymbol{A}_{k+1,k} & \boldsymbol{A}_{k+1,k+1} & \boldsymbol{A}_{k+2,k+1}^{\mathrm{T}} & \\ & \boldsymbol{A}_{k+2,k+1} & \boldsymbol{A}_{k+2,k+2} & \boldsymbol{A}_{k+3,k+2}^{\mathrm{T}} \\ & & \boldsymbol{A}_{k+3,k+2} & \boldsymbol{A}_{k+3,k+3} \end{bmatrix}}_{\boldsymbol{H}^{\mathrm{T}}\boldsymbol{W}^{-1}\boldsymbol{H}} \underbrace{\begin{bmatrix} \delta\boldsymbol{x}_k^\star \\ \delta\boldsymbol{x}_{k+1}^\star \\ \delta\boldsymbol{x}_{k+2}^\star \\ \delta\boldsymbol{x}_{k+3}^\star \end{bmatrix}}_{\delta\boldsymbol{x}^\star} = \underbrace{\begin{bmatrix} \bar{\boldsymbol{b}}_k \\ \boldsymbol{b}_{k+1} \\ \boldsymbol{b}_{k+2} \\ \boldsymbol{b}_{k+3} \end{bmatrix}}_{\boldsymbol{H}^{\mathrm{T}}\boldsymbol{W}^{-1}\boldsymbol{e}} \tag{4.196}$$

其中，块 $\bar{\boldsymbol{A}}_{kk}$ 和 $\bar{\boldsymbol{b}}_k$ 可以通过以下公式递归计算：

$$\bar{\boldsymbol{A}}_{kk} = \check{\boldsymbol{P}}_k^{-1} + \boldsymbol{F}_k^{\mathrm{T}}\boldsymbol{Q}_{k+1}'^{-1}\boldsymbol{F}_k + \boldsymbol{G}_k^{\mathrm{T}}\boldsymbol{R}_k'^{-1}\boldsymbol{G}_k \tag{4.197a}$$

$$\bar{\boldsymbol{b}}_k = \boldsymbol{c}_k + \check{\boldsymbol{P}}_k^{-1}\boldsymbol{e}_{v,k} - \boldsymbol{F}_k^{\mathrm{T}}\boldsymbol{Q}_{k+1}'^{-1}\boldsymbol{e}_{v,k+1} + \boldsymbol{G}_k^{\mathrm{T}}\boldsymbol{R}_k'^{-1}\boldsymbol{e}_{y,k} \tag{4.197b}$$

$$\check{\boldsymbol{P}}_k^{-1} = \boldsymbol{Q}_k'^{-1} - \boldsymbol{Q}_k'^{-1}\boldsymbol{F}_{k-1}\bar{\boldsymbol{A}}_{k-1,k-1}^{-1}\boldsymbol{F}_{k-1}^{\mathrm{T}}\boldsymbol{Q}_k'^{-1} \tag{4.197c}$$

$$\boldsymbol{c}_k = \boldsymbol{Q}_k'^{-1}\boldsymbol{F}_{k-1}\bar{\boldsymbol{A}}_{k-1,k-1}^{-1}\left(\boldsymbol{c}_{k-1} + \check{\boldsymbol{P}}_{k-1}^{-1}\boldsymbol{e}_{v,k-1} + \boldsymbol{G}_{k-1}^{\mathrm{T}}\boldsymbol{R}_{k-1}'^{-1}\boldsymbol{e}_{y,k-1}\right) \tag{4.197d}$$

并且初始条件为 $\boldsymbol{c}_0 = \boldsymbol{0}$，提供的初始信息矩阵为 $\check{\boldsymbol{P}}_0^{-1}$。需要注意的是，在 $k$ 时刻，$\boldsymbol{c}_k$ 和 $\check{\boldsymbol{P}}_k^{-1}$ 为常量（相对于窗口中的其他变量），因此在求解过程中不需要更新。

一旦为新的窗口构建了批量优化方程，我们就将其迭代直至收敛，输出窗口中最早时刻收敛的状态估计，然后滑动窗口并重复此过程。在第一个时间点输出收敛的状态估计能够利用未来的信息，但也会引入一定的延迟。如果延迟是需要关注的问题，那么可以从窗口中较晚的时间点获取估计值。

最重要的是，我们是在多个时间步长上进行迭代的。相比 IEKF，SWF 只固定已经超出窗口的线性化点，这样可以使结果收敛到更接近批量优化的程度。事实上，IEKF 类似于窗口大小为 1 的 SWF，但是仅在更新步骤进行迭代。而本节讨论的 SWF 在预测和更新步骤都会进行迭代，且窗口大小可以灵活配置。

## 4.4 连续时间的批量估计问题

在上一章中，我们看到了如何利用高斯过程回归来处理连续时间问题的先验。先验是由线性随机微分方程产生的，形式如下：

$$\dot{\boldsymbol{x}}(t) = \boldsymbol{A}(t)\boldsymbol{x}(t) + \boldsymbol{v}(t) + \boldsymbol{L}(t)\boldsymbol{w}(t) \tag{4.198}$$

其中

$$\boldsymbol{w}(t) \sim \mathcal{GP}(\boldsymbol{0}, \boldsymbol{Q}\,\delta(t-t')) \tag{4.199}$$

$\boldsymbol{Q}$ 为功率谱密度矩阵。

在本节中，我们会将之前的结论进行扩展。非线性连续时间的运动模型具有以下形式：

$$\dot{\boldsymbol{x}}(t) = \boldsymbol{f}(\boldsymbol{x}(t), \boldsymbol{v}(t), \boldsymbol{w}(t), t) \tag{4.200}$$

其中，$\boldsymbol{f}(\cdot)$ 为非线性函数。同样，假设观测来自离散时间

$$\boldsymbol{y}_k = \boldsymbol{g}(\boldsymbol{x}(t_k), \boldsymbol{n}_k, t) \tag{4.201}$$

其中，$\boldsymbol{g}(\cdot)$ 也是非线性函数，并且

$$\boldsymbol{n}_k \sim \mathcal{N}(\mathbf{0}, \boldsymbol{R}_k) \tag{4.202}$$

我们将首先对这两个模型进行线性化，接着构建它们的提升形式，然后进行高斯过程回归（贝叶斯推断）。可参见安德森（Anderson）等人[50] 对本节方法的应用。

### 4.4.1　运动模型

我们将在工作点 $\boldsymbol{x}_{\text{op}}(t)$ 处对运动模型进行线性化，注意这里的工作点指的是整个连续时间轨迹。接着在观测时刻，我们将以提升形式构建运动先验（均值和协方差）。

#### 线性化

在整个轨迹上对运动模型进行线性化，可得

$$\begin{aligned}
\dot{\boldsymbol{x}}(t) &= \boldsymbol{f}(\boldsymbol{x}(t), \boldsymbol{v}(t), \boldsymbol{w}(t), t) \\
&\approx \boldsymbol{f}(\boldsymbol{x}_{\text{op}}(t), \boldsymbol{v}(t), \mathbf{0}, t) + \left.\frac{\partial \boldsymbol{f}}{\partial \boldsymbol{x}}\right|_{\boldsymbol{x}_{\text{op}}(t), \boldsymbol{v}(t), \mathbf{0}, t} (\boldsymbol{x}(t) - \boldsymbol{x}_{\text{op}}(t)) + \left.\frac{\partial \boldsymbol{f}}{\partial \boldsymbol{w}}\right|_{\boldsymbol{x}_{\text{op}}(t), \boldsymbol{v}(t), \mathbf{0}, t} \boldsymbol{w}(t) \\
&= \underbrace{\boldsymbol{f}(\boldsymbol{x}_{\text{op}}(t), \boldsymbol{v}(t), \mathbf{0}, t) - \left.\frac{\partial \boldsymbol{f}}{\partial \boldsymbol{x}}\right|_{\boldsymbol{x}_{\text{op}}(t), \boldsymbol{v}(t), \mathbf{0}, t} \boldsymbol{x}_{\text{op}}(t)}_{\boldsymbol{\nu}(t)} + \\
&\quad \underbrace{\left.\frac{\partial \boldsymbol{f}}{\partial \boldsymbol{x}}\right|_{\boldsymbol{x}_{\text{op}}(t), \boldsymbol{v}(t), \mathbf{0}, t}}_{\boldsymbol{F}(t)} \boldsymbol{x}(t) + \underbrace{\left.\frac{\partial \boldsymbol{f}}{\partial \boldsymbol{w}}\right|_{\boldsymbol{x}_{\text{op}}(t), \boldsymbol{v}(t), \mathbf{0}, t}}_{\boldsymbol{L}(t)} \boldsymbol{w}(t)
\end{aligned} \tag{4.203}$$

其中，$\boldsymbol{\nu}(t)$，$\boldsymbol{F}(t)$ 和 $\boldsymbol{L}(t)$ 分别为已知的关于时间的函数（因为 $\boldsymbol{x}_{\text{op}}(t)$ 已知）。因此，该处理模型可以近似为

$$\dot{\boldsymbol{x}}(t) \approx \boldsymbol{F}(t)\boldsymbol{x}(t) + \boldsymbol{\nu}(t) + \boldsymbol{L}(t)\boldsymbol{w}(t) \tag{4.204}$$

对其线性化之后，这正是我们在第 3 章中所研究的线性时变形式。

#### 均值和协方差函数

由于运动模型的随机微分方程在线性时变形式中做了近似，因此我们可以继续得到

$$\begin{aligned}
\boldsymbol{x}(t) \sim \mathcal{GP}\Bigg( & \underbrace{\boldsymbol{\Phi}(t, t_0)\check{\boldsymbol{x}}_0 + \int_{t_0}^{t} \boldsymbol{\Phi}(t, s)\boldsymbol{\nu}(s)\mathrm{d}s}_{\check{\boldsymbol{x}}(t)}, \\
& \underbrace{\boldsymbol{\Phi}(t, t_0)\check{\boldsymbol{P}}_0\boldsymbol{\Phi}(t', t_0)^{\mathrm{T}} + \int_{t_0}^{\min(t,t')} \boldsymbol{\Phi}(t, s)\boldsymbol{L}(s)\boldsymbol{Q}\boldsymbol{L}(s)^{\mathrm{T}}\boldsymbol{\Phi}(t', s)^{\mathrm{T}}\mathrm{d}s}_{\check{\boldsymbol{P}}(t,t')} \Bigg)
\end{aligned} \tag{4.205}$$

其中，$\boldsymbol{\Phi}(t,s)$ 为与 $\boldsymbol{F}(t)$ 有关的转移函数。在观测时刻 $t_0 < t_1 < \cdots < t_K$ 时，我们可以得到先验的提升形式，即

$$\boldsymbol{x} \sim \mathcal{N}(\check{\boldsymbol{x}}, \check{\boldsymbol{P}}) = \mathcal{N}(\boldsymbol{F}\boldsymbol{\nu}, \boldsymbol{F}\boldsymbol{Q}'\boldsymbol{F}^{\mathrm{T}}) \tag{4.206}$$

其中

$$\boldsymbol{F} = \begin{bmatrix} \boldsymbol{I} & & & & & \\ \boldsymbol{\Phi}(t_1,t_0) & \boldsymbol{I} & & & & \\ \boldsymbol{\Phi}(t_2,t_0) & \boldsymbol{\Phi}(t_2,t_1) & \boldsymbol{I} & & & \\ \vdots & \vdots & \vdots & \ddots & & \\ \boldsymbol{\Phi}(t_{K-1},t_0) & \boldsymbol{\Phi}(t_{K-1},t_1) & \boldsymbol{\Phi}(t_{K-1},t_2) & \cdots & \boldsymbol{I} & \\ \boldsymbol{\Phi}(t_K,t_0) & \boldsymbol{\Phi}(t_K,t_1) & \boldsymbol{\Phi}(t_K,t_2) & \cdots & \boldsymbol{\Phi}(t_K,t_{K-1}) & \boldsymbol{I} \end{bmatrix} \tag{4.207a}$$

$$\boldsymbol{\nu} = \begin{bmatrix} \check{\boldsymbol{x}}_0 \\ \boldsymbol{\nu}_1 \\ \vdots \\ \boldsymbol{\nu}_K \end{bmatrix} \tag{4.207b}$$

$$\boldsymbol{\nu}_k = \int_{t_{k-1}}^{t_k} \boldsymbol{\Phi}(t_k,s)\,\boldsymbol{\nu}(s)\,\mathrm{d}s, \qquad k=1,\cdots,K \tag{4.207c}$$

$$\boldsymbol{Q}' = \operatorname{diag}\left(\check{\boldsymbol{P}}_0, \boldsymbol{Q}'_1, \boldsymbol{Q}'_2, \cdots, \boldsymbol{Q}'_K\right) \tag{4.207d}$$

$$\boldsymbol{Q}'_k = \int_{t_{k-1}}^{t_k} \boldsymbol{\Phi}(t_k,s)\,\boldsymbol{L}(s)\,\boldsymbol{Q}\boldsymbol{L}(s)^{\mathrm{T}}\boldsymbol{\Phi}(t_k,s)^{\mathrm{T}}\,\mathrm{d}s, \qquad k=1,\cdots,K \tag{4.207e}$$

不幸的是，为了计算 $\check{\boldsymbol{x}}$ 和 $\check{\boldsymbol{P}}$，我们需要所有 $s \in [t_0, t_M]$ 的 $\boldsymbol{x}_{\mathrm{op}}(s)$ 的表达式。这是因为在计算 $\check{\boldsymbol{x}}(t)$ 和 $\check{\boldsymbol{P}}(t,t')$ 的积分内部出现了 $\boldsymbol{\nu}(s)$，$\boldsymbol{F}(s)$（由于 $\boldsymbol{\Phi}(t,s)$ 的关系）和 $\boldsymbol{L}(s)$，而这些项又依赖 $\boldsymbol{x}_{\mathrm{op}}(s)$。正如前面讨论的，如果执行的是迭代的高斯过程回归，我们只能从以前的迭代中获得 $\boldsymbol{x}_{\mathrm{op}}$，因为 $\boldsymbol{x}_{\mathrm{op}}$ 仅在观测时刻进行估计。

然而，高斯过程回归的优点在于可以查询任意时刻的状态。此外，在之前已经展示过，对于特定选择的过程模型，查询的过程可以非常高效地完成（即，$O(1)$ 时间），如采用以下模型：

$$\boldsymbol{x}_{\mathrm{op}}(s) = \check{\boldsymbol{x}}(s) + \check{\boldsymbol{P}}(s)\check{\boldsymbol{P}}^{-1}(\boldsymbol{x}_{\mathrm{op}} - \check{\boldsymbol{x}}) \tag{4.208}$$

我们在迭代过程中已利用了这个特点，因此可以使用上一次迭代后的 $\check{\boldsymbol{x}}(s)$，$\check{\boldsymbol{P}}(s)$，$\check{\boldsymbol{x}}$ 和 $\check{\boldsymbol{P}}$ 来计算上面的这个表达式。

这里最大的挑战还是针对具体的问题识别 $\boldsymbol{\Phi}(t,s)$。我们在推导中已经使用了数值积分，因此可以利用控制理论中的归一化的**基础矩阵**（fundamental matrix）[①] $\boldsymbol{\Upsilon}(t)$ 以数值方式计算转移函数，即

$$\dot{\boldsymbol{\Upsilon}}(t) = \boldsymbol{F}(t)\boldsymbol{\Upsilon}(t), \quad \boldsymbol{\Upsilon}(0) = \boldsymbol{I} \tag{4.209}$$

在高斯过程回归中，我们会通过上面的积分保存所有感兴趣时刻的 $\boldsymbol{\Upsilon}(t)$。接着转移函数可以通过下面的式子给出

$$\boldsymbol{\Phi}(t,s) = \boldsymbol{\Upsilon}(t)\boldsymbol{\Upsilon}(s)^{-1} \tag{4.210}$$

① 不要和计算机视觉中的基础矩阵混淆了。计算机视觉中的基础矩阵是指对极约束中的矩阵。

对于特定系统，还有可能得出转移函数的解析形式。

### 4.4.2　观测模型

线性化的观测模型为

$$\boldsymbol{y}_k \approx \boldsymbol{g}\left(\boldsymbol{x}_{\mathrm{op},k}, \mathbf{0}\right) + \boldsymbol{G}_k\left(\boldsymbol{x}_k - \boldsymbol{x}_{\mathrm{op},k}\right) + \boldsymbol{n}_k' \tag{4.211}$$

写成提升形式则为

$$\boldsymbol{y} = \boldsymbol{y}_{\mathrm{op}} + \boldsymbol{G}(\boldsymbol{x} - \boldsymbol{x}_{\mathrm{op}}) + \boldsymbol{n}' \tag{4.212}$$

其中

$$\boldsymbol{y}_{\mathrm{op}} = \begin{bmatrix} \boldsymbol{g}(\boldsymbol{x}_{\mathrm{op},0}, \mathbf{0}) \\ \boldsymbol{g}(\boldsymbol{x}_{\mathrm{op},1}, \mathbf{0}) \\ \vdots \\ \boldsymbol{g}(\boldsymbol{x}_{\mathrm{op},K}, \mathbf{0}) \end{bmatrix} \tag{4.213a}$$

$$\boldsymbol{G} = \mathrm{diag}(\boldsymbol{G}_0, \boldsymbol{G}_1, \boldsymbol{G}_2, \cdots, \boldsymbol{G}_K) \tag{4.213b}$$

$$\boldsymbol{R} = \mathrm{diag}(\boldsymbol{R}_0', \boldsymbol{R}_1', \boldsymbol{R}_2', \cdots, \boldsymbol{R}_K') \tag{4.213c}$$

并且 $\boldsymbol{n}' = \mathcal{N}(\mathbf{0}, \boldsymbol{R}')$。易得

$$E[\boldsymbol{y}] = \boldsymbol{y}_{\mathrm{op}} + \boldsymbol{G}(\check{\boldsymbol{x}} - \boldsymbol{x}_{\mathrm{op}}) \tag{4.214a}$$

$$E\left[(\boldsymbol{y} - \boldsymbol{E}[\boldsymbol{y}])(\boldsymbol{y} - \boldsymbol{E}[\boldsymbol{y}])^{\mathrm{T}}\right] = \boldsymbol{G}\check{\boldsymbol{P}}\boldsymbol{G}^{\mathrm{T}} + \boldsymbol{R}' \tag{4.214b}$$

$$E\left[(\boldsymbol{y} - \boldsymbol{E}[\boldsymbol{y}])(\boldsymbol{x} - \boldsymbol{E}[\boldsymbol{x}])^{\mathrm{T}}\right] = \boldsymbol{G}\check{\boldsymbol{P}} \tag{4.214c}$$

### 4.4.3　贝叶斯推断

有了以上公式，我们就可以写出提升形式下轨迹和观测的联合概率密度函数

$$p(\boldsymbol{x}, \boldsymbol{y}|\boldsymbol{v}) = \mathcal{N}\left(\begin{bmatrix} \check{\boldsymbol{x}} \\ \boldsymbol{y}_{\mathrm{op}} + \boldsymbol{G}(\check{\boldsymbol{x}} - \boldsymbol{x}_{\mathrm{op}}) \end{bmatrix}, \begin{bmatrix} \check{\boldsymbol{P}} & \check{\boldsymbol{P}}\boldsymbol{G}^{\mathrm{T}} \\ \boldsymbol{G}\check{\boldsymbol{P}} & \boldsymbol{G}\check{\boldsymbol{P}}\boldsymbol{G}^{\mathrm{T}} + \boldsymbol{R}' \end{bmatrix}\right) \tag{4.215}$$

这与 IEKF 中式（4.42）的表达形式非常相似，但是这里是相对于整个轨迹而不是单一时间步长而言的。利用关系式（2.52b），可以马上写出高斯后验

$$p(\boldsymbol{x}|\boldsymbol{v}, \boldsymbol{y}) = \mathcal{N}\left(\hat{\boldsymbol{x}}, \hat{\boldsymbol{P}}\right) \tag{4.216}$$

其中

$$\boldsymbol{K} = \check{\boldsymbol{P}}\boldsymbol{G}^{\mathrm{T}}\left(\boldsymbol{G}\check{\boldsymbol{P}}\boldsymbol{G}^{\mathrm{T}} + \boldsymbol{R}'\right)^{-1} \tag{4.217a}$$

$$\hat{\boldsymbol{P}} = (\boldsymbol{I} - \boldsymbol{K}\boldsymbol{G})\check{\boldsymbol{P}} \tag{4.217b}$$

$$\hat{\boldsymbol{x}} = \check{\boldsymbol{x}} + \boldsymbol{K}(\boldsymbol{y} - \boldsymbol{y}_{\mathrm{op}} - \boldsymbol{G}(\check{\boldsymbol{x}} - \boldsymbol{x}_{\mathrm{op}})) \tag{4.217c}$$

使用式（2.124）中的 SMW 等式重新组织方程，可以得到后验均值的方程为

$$\left(\check{\boldsymbol{P}}^{-1}+\boldsymbol{G}^{\mathrm{T}}\boldsymbol{R}'^{-1}\boldsymbol{G}\right)\delta\boldsymbol{x}^{*}=\check{\boldsymbol{P}}^{-1}\left(\check{\boldsymbol{x}}-\boldsymbol{x}_{\mathrm{op}}\right)+\boldsymbol{G}^{\mathrm{T}}\boldsymbol{R}'^{-1}\left(\boldsymbol{y}-\boldsymbol{y}_{\mathrm{op}}\right) \tag{4.218}$$

其中，$\delta\boldsymbol{x}^{*}=\hat{\boldsymbol{x}}-\boldsymbol{x}_{\mathrm{op}}$。代入先验，则

$$\begin{aligned}&\underbrace{\left(\boldsymbol{F}^{-\mathrm{T}}\boldsymbol{Q}'^{-1}\boldsymbol{F}^{-1}+\boldsymbol{G}^{\mathrm{T}}\boldsymbol{R}'^{-1}\boldsymbol{G}\right)}_{\text{块三对角}}\delta\boldsymbol{x}^{*}\\&=\boldsymbol{F}^{-\mathrm{T}}\boldsymbol{Q}'^{-1}\left(\boldsymbol{\nu}-\boldsymbol{F}^{-1}\boldsymbol{x}_{\mathrm{op}}\right)+\boldsymbol{G}^{\mathrm{T}}\boldsymbol{R}'^{-1}\left(\boldsymbol{y}-\boldsymbol{y}_{\mathrm{op}}\right)\end{aligned} \tag{4.219}$$

这个结果与非线性离散时间的批量估计问题中的结果是一样的。唯一的区别在于，这里的推导是从连续时间运动模型开始的，并且在观测时刻直接通过积分的方式计算了先验。

### 4.4.4 算法小结

我们总结一下使用非线性运动模型和观测模型进行高斯过程回归所需的步骤：

(1) 从整个轨迹 $\boldsymbol{x}_{\mathrm{op}}(t)$ 的后验均值的初始估计开始。我们只需要用这个初始估计来初始化整个过程，并且只会在观测时刻更新估计 $\boldsymbol{x}_{\mathrm{op}}$，然后使用高斯过程插值计算其他时刻的值。

(2) 在每一次新迭代的时候计算 $\boldsymbol{\nu}$，$\boldsymbol{F}^{-1}$ 和 $\boldsymbol{Q}'^{-1}$。这可以通过数值的方式计算，并且将涉及 $\boldsymbol{\nu}(s)$，$\boldsymbol{F}(s)$（由于 $\boldsymbol{\Phi}(t,s)$ 的关系）和 $\boldsymbol{L}(s)$ 的计算，而这些项又依赖 $\boldsymbol{x}_{\mathrm{op}}(s)$，因此，可以使用上一次迭代后的 $\check{\boldsymbol{x}}(s)$，$\check{\boldsymbol{P}}(s)$，$\check{\boldsymbol{x}}$ 和 $\check{\boldsymbol{P}}$ 来插值，得到所需的积分。

(3) 在每一次新迭代的时候计算 $\boldsymbol{y}_{\mathrm{op}}$，$\boldsymbol{G}$，$\boldsymbol{R}'^{-1}$。

(4) 求解 $\delta\boldsymbol{x}^{*}$：

$$\begin{aligned}&\underbrace{\left(\boldsymbol{F}^{-\mathrm{T}}\boldsymbol{Q}'^{-1}\boldsymbol{F}^{-1}+\boldsymbol{G}^{\mathrm{T}}\boldsymbol{R}'^{-1}\boldsymbol{G}\right)}_{\text{块三对角}}\delta\boldsymbol{x}^{*}\\&=\boldsymbol{F}^{-\mathrm{T}}\boldsymbol{Q}'^{-1}\left(\boldsymbol{\nu}-\boldsymbol{F}^{-1}\boldsymbol{x}_{\mathrm{op}}\right)+\boldsymbol{G}^{\mathrm{T}}\boldsymbol{R}'^{-1}\left(\boldsymbol{y}-\boldsymbol{y}_{\mathrm{op}}\right)\end{aligned} \tag{4.220}$$

实际上，我们更愿意只对上述方程矩阵乘积部分的非零块进行构建。

(5) 在观测时刻更新我们的估计，即

$$\boldsymbol{x}_{\mathrm{op}}\leftarrow\boldsymbol{x}_{\mathrm{op}}+\delta\boldsymbol{x}^{*} \tag{4.221}$$

并检查估计的收敛程度。如果没有收敛，则返回步骤 2。如果收敛，输出 $\hat{\boldsymbol{x}}=\boldsymbol{x}_{\mathrm{op}}$。

(6) 如果需要，计算观测时刻的协方差矩阵 $\hat{\boldsymbol{P}}$。

(7) 也可以使用高斯过程插值方程[①]计算出其他时刻 $\hat{\boldsymbol{x}}_{\tau}$，$\hat{\boldsymbol{P}}_{\tau\tau}$ 的估计。

整个过程中最耗时的一步是构建 $\boldsymbol{\nu}$，$\boldsymbol{F}^{-1}$ 和 $\boldsymbol{Q}'^{-1}$。尽管如此，计算复杂度（在每次迭代中）仍然与轨迹长度成正比，因此应该也是可控的。

## 4.5 总 结

本章的主要内容如下：

① 对于非线性情况，我们并没有进行推导，但可以参照第 3 章中的高斯过程部分。

(1) 与线性高斯情况不同，在运动模型和观测模型是非线性的，且/或过程噪声和观测噪声是非高斯的情况下，贝叶斯后验通常也是非高斯的。

(2) 为了进行非线性估计，需要进行近似。不同的处理方式导致了不同的选择：第一，如何对后验概率进行近似（采用高斯分布、高斯混合模型、样本集合的形式）；第二，如何近似地进行推理（线性化方法、蒙特卡罗方法、西格玛点变换）或最大后验估计。

(3) 将后验分布近似为高斯分布也有很多种方法，分为批量式和递归式两大类。其中一些方法，将解进行迭代（如批量最大后验估计、IEKF ）直到收敛于“均值”，即贝叶斯后验的最大值处（但不等于贝叶斯后验的均值）。当对不同方法进行比较时，这可能是一个混乱的点，因为根据所做的近似，由不同方法得到的答案可能是不同的。

(4) 批量方法能够遍历整个轨迹，而递归方法一次只能在一个时间步长上进行迭代，这意味着它们会在大多数问题上收敛于不同的答案。滑动窗口滤波介于传统的递归方法和批量方法之间，实现了一种折中。

下一章将简要地介绍如何处理估计器的偏差、观测异常值和数据关联问题。

## 4.6 习　题

1. 考虑如下离散时间系统：

$$\begin{bmatrix} x_k \\ y_k \\ \theta_k \end{bmatrix} = \begin{bmatrix} x_{k-1} \\ y_{k-1} \\ \theta_{k-1} \end{bmatrix} + T \begin{bmatrix} \cos\theta_{k-1} & 0 \\ \sin\theta_{k-1} & 0 \\ 0 & 1 \end{bmatrix} \left( \begin{bmatrix} v_k \\ \omega_k \end{bmatrix} + \boldsymbol{w}_k \right), \quad \boldsymbol{w}_k \sim \mathcal{N}(\mathbf{0}, \boldsymbol{Q})$$

$$\begin{bmatrix} r_k \\ \phi_k \end{bmatrix} = \begin{bmatrix} \sqrt{x_k^2 + y_k^2} \\ \operatorname{atan2}(-y_k, -x_k) - \theta_k \end{bmatrix} + \boldsymbol{n}_k, \quad \boldsymbol{n}_k \sim \mathcal{N}(\mathbf{0}, \boldsymbol{R})$$

该系统可以看作是移动机器人在 $xOy$ 平面上的移动，观测值为移动机器人距离原点的距离和方位。请建立 EKF 方程来估计移动机器人的姿态，并写出雅可比矩阵 $\boldsymbol{F}_{k-1}$，$\boldsymbol{G}_k$ 和协方差矩阵 $\boldsymbol{Q}_k'$，$\boldsymbol{R}_k'$ 的表达式。

2. 考虑将高斯先验 $\mathcal{N}(\mu_x, \sigma_x^2)$ 传递进非线性函数 $f(x) = x^3$ 中。请使用蒙特卡罗方法、线性化方法和西格玛点变换来确定变换后的均值和协方差，并对结果进行评价。提示：使用伊塞利定理来计算高阶矩。

3. 考虑将高斯先验 $\mathcal{N}(\mu_x, \sigma_x^2)$ 传递进非线性函数 $f(x) = x^4$ 中。请使用蒙特卡罗方法、线性化方法和西格玛点变换来确定变换的均值（协方差可以不计算），并对结果进行评价。提示：使用伊塞利定理来计算高阶矩。

4. 考虑一个简化的（平面）双目相机模型，如下图所示：

(i) 相机模型可以将欧式空间中的坐标映射到图像坐标系，证明相机模型可以写成以下形式：

$$\begin{bmatrix} u \\ v \end{bmatrix} = \boldsymbol{K} \frac{1}{z} \begin{bmatrix} x \\ z \\ 1 \end{bmatrix} - \begin{bmatrix} n \\ m \end{bmatrix}$$

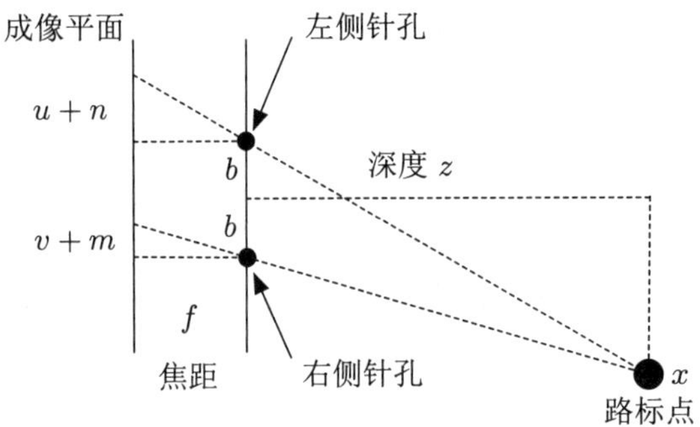


其中，$\boldsymbol{K}$ 是一个 $2\times 3$ 的相机矩阵；$n,m\sim\mathcal{N}(0,\sigma^2)$ 分别是左右相机的观测噪声且相互独立。请给出 $\boldsymbol{K}$ 的具体表达式。

(ii) 证明逆相机模型可以写为

$$x=g(u+n,v+m)=b\frac{u+v+n+m}{u-v+n-m}$$
$$z=h(u+n,v+m)=2fb\frac{1}{u-v+n-m}$$

其中观测噪声显式地保留了。

(iii) 求解线性化的逆相机模型：

$$x\approx g(u,v)+\left.\frac{\partial g}{\partial u}\right|_{u,v}n+\left.\frac{\partial g}{\partial v}\right|_{u,v}m$$
$$z\approx h(u,v)+\left.\frac{\partial h}{\partial u}\right|_{u,v}n+\left.\frac{\partial h}{\partial v}\right|_{u,v}m$$

(iv) 利用线性化的逆相机模型，证明：

$$\begin{bmatrix}x\\z\end{bmatrix}\sim\mathcal{N}\Bigg(\underbrace{\frac{b}{u-v}\begin{bmatrix}u+v\\2f\end{bmatrix}}_{\text{均值}},\underbrace{\frac{4b^2\sigma^2}{(u-v)^4}\begin{bmatrix}u^2+v^2 & (u+v)f\\(u+v)f & 2f^2\end{bmatrix}}_{\text{协方差}}\Bigg)$$

(v) 证明在光轴上（比如 $x=0$）的一个特征点，其深度（比如 $z$）和横向（比如 $x$）方向上的不确定性（比如标准差）分别为

$$\frac{1}{\sqrt{2}}\frac{z^2}{fb}\sigma\quad\text{和}\quad\frac{1}{\sqrt{2}}\frac{z}{f}\sigma$$

5. 在西格玛点卡尔曼滤波部分，当观测模型和观测噪声线性相关时，观测协方差为

$$\boldsymbol{\Sigma}_{yy,k}=\sum_{j=0}^{2N}\beta_j(\check{\boldsymbol{y}}_{k,j}-\boldsymbol{\mu}_{y,k})(\check{\boldsymbol{y}}_{k,j}-\boldsymbol{\mu}_{y,k})^{\mathrm{T}}+\boldsymbol{R}_k$$

请验证这个方程也可以写为

$$\boldsymbol{\Sigma}_{yy,k}=\boldsymbol{Z}_k\boldsymbol{Z}_k^{\mathrm{T}}+\boldsymbol{R}_k$$

其中

$$\operatorname{col}_j\boldsymbol{Z}_k=\sqrt{\beta_j}\,(\check{\boldsymbol{y}}_{k,j}-\boldsymbol{\mu}_{y,k})$$

6. 在最大似然估计的偏差估计一节中，我们使用了两个恒等式，请证明这两个恒等式成立：

$$\boldsymbol{A}(\boldsymbol{x})\boldsymbol{R}\boldsymbol{A}(\boldsymbol{x})^{\mathrm{T}} \equiv \boldsymbol{W}(\boldsymbol{x})^{-1}$$
$$\boldsymbol{A}(\boldsymbol{x})\boldsymbol{R}\boldsymbol{P}_k^{\mathrm{T}} \equiv \boldsymbol{W}(\boldsymbol{x})^{-1}\boldsymbol{G}_k(\boldsymbol{x})^{\mathrm{T}}$$

7. 一个机器人仅利用一个路标点估计它的一维运动。在每一对位姿 $x_{k-1}$ 和 $x_k$ 之间有里程计观测 $u_k$，在每一位姿 $x_k$ 和路标点 $\ell$ 之间有路标点观测 $y_k$。

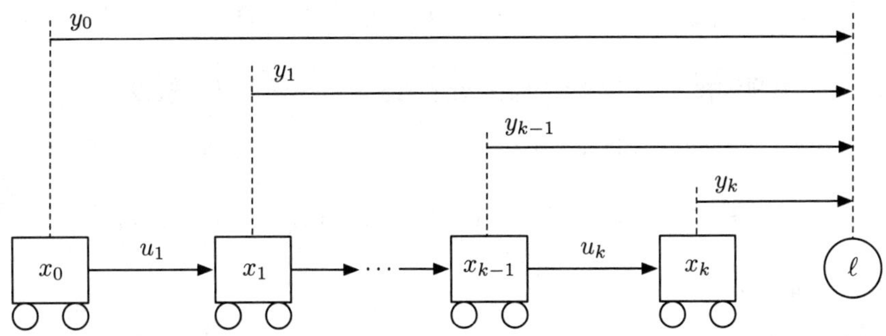


运动模型和观测模型分别为

$$\text{运动模型：} x_k = h(x_{k-1}, u_k, w_k) = x_{k-1} + u_k + w_k$$
$$\text{观测模型：} y_k = g(x_k, \ell, n_k) = \ell - x_k + n_k$$

其中，$w_k \sim \mathcal{N}(0, Q)$ 和 $n_k \sim \mathcal{N}(0, R)$。我们将使用 EKF 来估计机器人的位姿。假设 $k-1$ 时刻的均值和协方差分别为 $\hat{x}_{k-1}$，$\hat{P}_{k-1}$。

(i) 证明在 EKF 预测步骤后，均值和协方差分别为

$$\check{P}_k = \hat{P}_{k-1} + Q$$
$$\check{x}_k = \hat{x}_{k-1} + u_k$$

(ii) 证明卡尔曼增益为

$$K_k = -\frac{\check{P}_k}{\check{P}_k + R}$$

(iii) 证明更新后的均值和协方差分别为

$$\hat{P}_k = \frac{R}{\check{P}_k + R}\check{P}_k$$
$$\hat{x}_k = \frac{R}{\check{P}_k + R}\check{x}_k + \frac{\check{P}_k}{\check{P}_k + R}(\ell - y_k)$$

(iv) 可以看到，更新后的均值 $\hat{x}_k$ 实际上是预测值 $\check{x}_k$ 和观测位置 $\ell - y_k$ 的加权和。请解释一下 EKF 选择的权重的作用。

8. 考虑如下离散时间系统：

$$x_k = x_{k-1} + v_k + w_k, \quad w_k \sim \mathcal{N}(0, Q)$$

$$y_k = \sqrt{x_k^2 + h^2} + n_k, \quad n_k \sim \mathcal{N}(0, R)$$

可以看作是一辆小车沿着 $x$ 轴移动，同时测量它与旗杆顶部（位于原点，高度为 $h$）之间的距离。假设 $h=1$，$v_1 = v_2 = \cdots = v_k = 1$，$Q=1$，以及 $R=1/2$。我们将使用 EKF 估计小车的位置。

(i) 在时刻 $k=0$，请填写以下未知量：

$$\check{P}_0 = 0, \quad \check{x}_0 = 0, \quad G_0 = ?, \quad K_0 = ?, \quad \hat{P}_0 = ?, \quad \hat{x}_0 = ?$$

其中，$G_k$ 为观测模型关于状态的雅可比；$K_k$ 为卡尔曼增益；假设观测 $y_0 = 1$。

(ii) 在时刻 $k=1$，请填写以下未知量：

$$\check{P}_1 = ?, \quad \check{x}_1 = ?, \quad G_1 = ?, \quad K_1 = ?, \quad \hat{P}_1 = ?, \quad \hat{x}_1 = ?$$

其中 $y_1 = \sqrt{2}$。

(iii) 在时刻 $k=2$，请填写以下未知量：

$$\check{P}_2 = ?, \quad \check{x}_2 = ?, \quad G_2 = ?, \quad K_2 = ?, \quad \hat{P}_2 = ?, \quad \hat{x}_2 = ?$$

其中 $y_2 = \sqrt{6}$。

(iv) 分析一下 $\hat{P}_k$ 的变化趋势。如果小车远离旗杆，$\hat{P}_k$ 会发生什么变化？

# 第 5 章　处理估计中的非理想情况

上一章中，我们谈到状态估计可能是有偏的，特别是在运动模型或观测模型是非线性的情况下。在简单的立体相机的例子中，我们看到最大后验估计相比全贝叶斯方法来说是有偏的。同时，我们也看到批量最大似然估计方法对于真实值来说也是有偏的，还推导了该偏差的量化表达式。不幸的是，偏差不仅仅来源于上述方面。

在众多状态估计的方法中，我们都假设输入或者观测满足零均值的高斯分布，但实际的输入或观测可能受到其他未知偏差的影响。如果忽视它们，估计的状态就会出现偏差。典型的例子是加速度计，它的偏差与温度有关，并且会随着时间的推移而变化。

状态估计问题中另一个十分重要的部分是，如何确定观测与模型之间的对应关系。例如，当我们测量一个路标点离我们的距离时，需要知道观测到的是**哪一个**路标点，这点非常重要。以星敏感器为例，当我们看到光点的时候，如何确定这个光点对应星图中的哪一个恒星呢？观测与它对应的模型或映射进行配对的过程被称为**建立匹配**（determining correspondences）或**数据关联**（data association）。

最后，虽然我们可以尽量消除偏差的影响，找到正确的匹配关系，但还存在着一些问题，使得观测值并不符合噪声模型，我们称这些观测为**外点**（outlier）①。如果我们没有正确地检测和剔除外点，很多状态估计的方法都会面临灾难性的失效。

这一章中，我们将研究如何处理不太完美的输入或观测，并介绍一些用于处理偏差、确定匹配关系、检测和剔除外点及估计协方差的经典方法。

## 5.1　估计器的性能

在深入探讨偏差、匹配关系、外点和协方差等细节之前，我们有必要先讨论一下估计器应该具备哪些属性。在 3.3.6 节和 4.1.2 节中，我们已经进行了一些初步的讨论。接下来，我们将以更加通用的表述方式来继续这一讨论。我们可以通过一些具体的方法来评估估计器的性能。

### 5.1.1　无偏性和一致性

我们希望估计器具备的两个最基本的属性是**无偏性**（unbiased）和**一致性**（consistent）。假设使用某个离散时间估计器产生了一个高斯估计 $\mathcal{N}\left(\hat{x}_k, \hat{P}_k\right)$，其中 $k = 1, \cdots, K$。注意到，这

① 又译野值、异常值等，本书译为外点。——译者注

些估计实际上是全轨迹的估计在每个时间步长上的**边缘分布**。假设我们还有一个真值来源，即估计器在每个时间步长上的真值 $x_{\mathrm{true},k}$，那么单个时间步长的估计误差 $\hat{e}_k$ 可以简单地算得

$$\hat{e}_k = \hat{x}_k - x_{\mathrm{true},k} \tag{5.1}$$

图 5.1 展示了一个典型误差图，该图用于可视化单个轨迹估计中估计器的性能。图中绘制了误差和误差的不确定性包络线，其中不确定性包络线来自由估计器计算出的协方差。宽泛地说，如果误差围绕零点浮动，那么估计器是**无偏的**；如果误差（大部分）保持在 $3\sigma_k$ 不确定性包络线内，则估计器是**一致的**。这里的标准差 $\sigma_k$ 是估计方差 $\hat{P}_k$ 的平方根。在 99.7% 的情况下，我们的误差应该在 $3\sigma_k$ 不确定性包络线内。

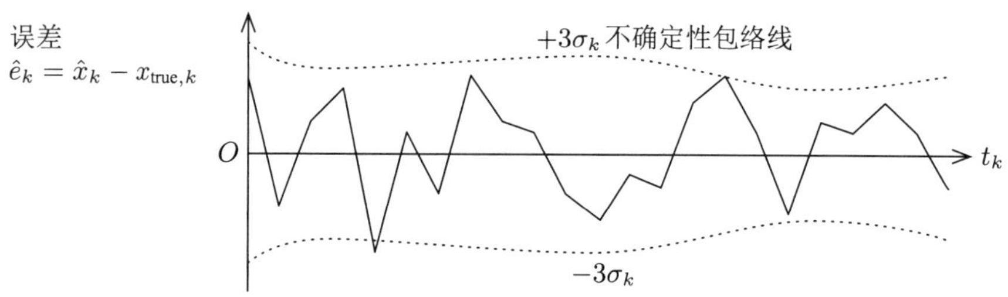


图 5.1 用于可视化估计器性能的典型误差图。我们比较随时间变化的估计状态与真实状态，并绘制由估计协方差计算出的 $\pm 3\sigma_k$ 不确定性包络线。具体来说，$\sigma_k = \sqrt{\hat{P}_k}$ 是估计方差的平方根（即标准差）。我们期望看到误差围绕零点（无偏）分布并且大部分保持在不确定性包络线内（一致）

这里有一点需要说明。在理想情况下，我们可以进行大量相同的试验，然后在每个时间步长上计算多次试验的平均误差。然而，在实际情况下这通常是不可能的，因为一般只能计算所有时间步长的均值而不能计算多次试验的均值。此方法有时被称为**遍历性假设**（ergodic hypothesis）。

遍历性假设指的是一个过程参数随时间变化的均值和在整个统计总体（即，多次试验）上的均值是相同的。

图 5.1 可以让我们定性地判断估计器是否具有无偏性和一致性，接下来也可以从定量的角度对无偏性和一致性进行分析。对于无偏性，其标准为

$$E[\hat{e}_k] = 0 \tag{5.2}$$

对于一致性，其标准为

$$E\left[\hat{e}_k^2/\hat{P}_k\right] = 1 \tag{5.3}$$

如果我们的协方差估计在所有时间步长上都是常数 $\hat{P}$，那么一致性就相当于 $E\left[\hat{e}_k^2\right] = \hat{P}$。

由于我们使用的数据量是有限的，上面这些定量的标准永远不会完全成立，因此在实际使用时，需要去判断它们能否满足要求。我们也可以使用统计学来帮助判断。例如，样本均值 $\hat{e}_{\mathrm{mean}} = \frac{1}{K}\sum_{k=1}^{K}\hat{e}_k$ 本身就是一个随机变量，具有分布

$$\hat{e}_{\mathrm{mean}} \sim \mathcal{N}\left(\mu, \frac{\sigma^2}{K}\right) \tag{5.4}$$

其中，$\mu = E[\hat{e}_k]$；$\sigma^2 = E\left[(\hat{e}_k - \hat{e}_{\text{mean}})^2\right]$（假设误差 $\hat{e}_k$ 是独立的且服从正态分布）。由于误差的真实方差 $\sigma^2$ 是未知的，因此可以将 $\sigma^2$ 替换为样本方差（参考 2.1.8 节）

$$\sigma^2 \approx \frac{1}{K-1}\sum_{k=1}^{K}(\hat{e}_k - \hat{e}_{\text{mean}})^2 \tag{5.5}$$

这样式（5.2）中描述的标准就可以从统计学的角度重新表述为

$$Q_{\mathcal{N}(0,\sigma^2/K)}(\ell) \leqslant \hat{e}_{\text{mean}} \leqslant Q_{\mathcal{N}(0,\sigma^2/K)}(u) \tag{5.6}$$

其中，$\ell$ 和 $u$ 分别是置信下限和置信上限；$Q_{\mathcal{N}(0,\sigma^2/K)}(\cdot)$ 则是具有零均值（我们的假设）和方差为 $\sigma^2/K$ 的高斯分布的分位数函数。随着数据量的增加，$K$ 将变大，同时在 $K \to \infty$ 的极限情况下，将会得到趋近式（5.2）中的标准。通常我们可以设置 $\ell = 0.025$ 和 $u = 0.975$ 来创建一个 95% 的双侧置信区间。

式（5.3）中的一致性标准也可以转化为一个统计检验。如果每个误差都是独立且正态分布的，即 $\hat{e}_k \sim \mathcal{N}(\mu, \sigma^2)$，那么统计量 $\sum_{k=1}^{K}(\hat{e}_k - \mu)^2/\sigma^2$ 将服从均值为 $K$ 和方差为 $2K$ 的卡方分布（参考 2.2.9 节）。如果假设我们的估计器是无偏的，即 $\mu = 0$，并用估计方差 $\hat{P}_k$ 来替换未知的方差 $\sigma^2$，那么式（5.3）中的一致性标准就可以用下面的公式在统计学上进行验证，即

$$Q_{\chi^2(K)}(\ell) \leqslant \sum_{k=1}^{K}\frac{\hat{e}_k^2}{\hat{P}_k^2} \leqslant Q_{\chi^2(K)}(u) \tag{5.7}$$

其中，$\ell$ 和 $u$ 分别是置信下限和置信上限；$Q_{\chi^2(K)}(\cdot)$ 是卡方分布的分位数函数（参考 2.1.6 节），该卡方分布有 $K$ 个自由度。

当 $K$ 很大时（例如，大于 100），可以对卡方分布的分位数函数进行近似[28]，可得

$$Q_{\chi^2(K)}(y) \approx \frac{1}{2}\left(Q_{\mathcal{N}(0,1)}(y) + \sqrt{2K-1}\right)^2 \tag{5.8}$$

其中，$Q_{\mathcal{N}(0,1)}(\cdot)$ 是标准正态分布的分位数函数（参考 2.2.13 节）。

如果估计器既无偏又一致，那么我们通常也希望方差 $\hat{P}_k$ 尽可能小，因为这意味着误差不会偏离零点太远。这就是我们在 3.3.4 节推导卡尔曼滤波的动机——我们试图在其中找到一个最优线性无偏估计。

当状态为 $N$ 维时，我们的估计将会是 $\mathcal{N}\left(\hat{\boldsymbol{x}}_k, \hat{\boldsymbol{P}}_k\right)$，真值将是 $\boldsymbol{x}_{\text{true},k}$。在这种情况下，单个时间步长的误差是

$$\hat{\boldsymbol{e}}_k = \begin{bmatrix} \hat{e}_{1,k} \\ \vdots \\ \hat{e}_{N,k} \end{bmatrix} = \hat{\boldsymbol{x}}_k - \boldsymbol{x}_{\text{true},k} \tag{5.9}$$

然后，对于每个误差 $\hat{e}_{n,k}$，其中 $n = 1, \cdots, N$，我们可以绘制一个与图 5.1 同类型的图。不确定性包络线的标准差为 $\sigma_{n,k} = \sqrt{\hat{P}_{nn,k}}$，其中 $\hat{P}_{nn,k}$ 是 $\hat{\boldsymbol{P}}_k$ 的第 $(n,n)$ 项。换句话说，$\mathcal{N}(\hat{x}_{n,k}, \hat{P}_{nn,k})$ 是第 $n$ 个状态变量的边缘分布，其中 $\hat{x}_{n,k}$ 是 $\hat{\boldsymbol{x}}_k$ 的第 $n$ 行。我们一次绘制一个边缘分布来展示估计器的性能。为了在 $N$ 维情况下保持无偏，可扩展式（5.2）来要求

$$E[\hat{\boldsymbol{e}}_k] = \frac{1}{K}\sum_{k=1}^{K}\hat{\boldsymbol{e}}_k = \boldsymbol{0} \tag{5.10}$$

同样地，我可以将其转化为一个统计检验，并对每个状态变量重复使用式（5.6）中的检验标准。

对于一致性，$N$ 维版本的式（5.3）需要更多的讨论，因此我们将在下一节讨论这个话题。

### 5.1.2 归一化估计误差平方和归一化新息平方

在上一节中，我们讨论了估计器具有无偏性和一致性的一般条件。在本节中，我们将具体讨论两种方法，来检验多元高斯估计器是否具有一致性。

假设有 $N$ 维估计 $\mathcal{N}\left(\hat{\boldsymbol{x}}_k, \hat{\boldsymbol{P}}_k\right)$，其中 $k=1,\cdots,K$，同时真值是 $\boldsymbol{x}_{\text{true},k}$。定义**归一化估计误差平方**（normalized estimation error squared, NEES）$\epsilon_{\text{nees},k}$ 如下

$$\epsilon_{\text{nees},k} = \hat{\boldsymbol{e}}_k^{\text{T}} \hat{\boldsymbol{P}}_k^{-1} \hat{\boldsymbol{e}}_k \tag{5.11}$$

其中，$\hat{\boldsymbol{e}}_k$ 的定义来自于式（5.9）。可以发现，式（5.11）是一个平方马氏距离（在 2.2.9 节中讨论过）。归一化估计误差平方 $\epsilon_{\text{nees},k}$ 的均值应该等于状态的维数 $N$，那么我们的一致性检验方法就变成了

$$E[\epsilon_{\text{nees},k}] = N \tag{5.12}$$

它可以看作是式（5.3）的 $N$ 维扩展。如果 $E[\epsilon_{\text{nees},k}] < N$，则称估计器低估了不确定性；如果 $E[\epsilon_{\text{nees},k}] > N$，则称估计器高估了不确定性。

正如上一节中提到的，在理想情况下，我们可以在大量独立试验中计算 $E[\epsilon_{\text{nees},k}]$（对每个时间步长）。例如，在模拟环境中，可以通过随机生成观测噪声来进行很多次试验。对于真实数据，我们通常没有机会进行大量随机试验，因此可能需要再次使用**遍历性假设**，在单次试验中计算多个时间步长内的期望。为此，我们需要使用 $K$ 足够大的长轨迹，这样的试验结果才会更有意义。值得注意的是，如果不同时刻的估计确实高度相关（通常是这种情况），那么使用遍历性假设的试验可能是有问题的，因为统计检验中的置信区间假设满足独立性条件（而实际结果呈现了相关性）[①]。

在现实中，我们只有有限的数据量，因此式（5.12）可以从统计学的角度重新表述为

$$Q_{\chi^2(NK)}(\ell) \leqslant \sum_{k=1}^{K} \epsilon_{\text{nees},k} \leqslant Q_{\chi^2(NK)}(u) \tag{5.13}$$

其中，与式（5.7）类似，$\ell$ 和 $u$ 分别是置信下限和置信上限；$Q_{\chi^2(NK)}(\cdot)$ 是具有 $NK$ 自由度的卡方分布的分位数函数。

尽管归一化估计误差平方是进行一致性检验时首选的方法，但是能否使用它取决于数据集中是否提供了真值 $\boldsymbol{x}_{\text{true},k}$。如果没有真值，我们可以改用**归一化新息平方**（normalized innovation squared, NIS）$\epsilon_{\text{nis},y,k}$ 进行检验，其定义为

$$\epsilon_{\text{nis},y,k} = \boldsymbol{e}_{y,k}^{\text{T}} \boldsymbol{S}_{y,k}^{-1} \boldsymbol{e}_{y,k} \tag{5.14}$$

其中

$$\boldsymbol{e}_{y,k} = \boldsymbol{y}_k - \boldsymbol{g}(\hat{\boldsymbol{x}}_k), \quad \boldsymbol{S}_{y,k} = \boldsymbol{G}_k \hat{\boldsymbol{P}}_k \boldsymbol{G}_k^{\text{T}} + \boldsymbol{R}_k \tag{5.15}$$

---

① 在这种情况下，我们可能更倾向于一次性查看整个轨迹的总体归一化估计误差平方 $\epsilon_{\text{nees}} = \hat{\boldsymbol{e}}^{\text{T}} \hat{\boldsymbol{P}}^{-1} \hat{\boldsymbol{e}}$，其中 $\hat{\boldsymbol{e}}$ 是整个轨迹上的误差向量，而 $\hat{\boldsymbol{P}}$ 是整个轨迹的（可能有相关性的）完整的协方差。这里的一致性检验标准变为 $\epsilon_{\text{nees}} = NK$，因为我们只有一个完整的轨迹样本。

这里的符号定义可以参考 4.3.1 节。这也是一个平方马氏距离，但该距离是对于**更新量** $\boldsymbol{e}_{y,k}$ 而言的，它是实际观测值 $\boldsymbol{y}_k$ 与预测观测值 $\boldsymbol{g}(\hat{\boldsymbol{x}}_k)$ 之间的差值。此处的协方差 $\boldsymbol{S}_{y,k}$ 同时考虑了估计的不确定性和观测的不确定性。假设观测模型的形式为

$$\boldsymbol{y}_k = \boldsymbol{g}(\boldsymbol{x}_k) + \boldsymbol{n}_k, \quad \boldsymbol{n}_k \sim \mathcal{N}(\boldsymbol{0}, \boldsymbol{R}_k) \tag{5.16}$$

其中，观测噪声为加性噪声。观测模型的雅可比矩阵 $\boldsymbol{G}_k$ 是在 $\hat{\boldsymbol{x}}_k$ 处进行计算的，则一致性标准可以写为

$$E[\epsilon_{\text{nis},y,k}] = M \tag{5.17}$$

其中，$M$ 是观测值 $\boldsymbol{y}_k$ 的维数。作为一个统计检验，我们可以将其表述为

$$Q_{\chi^2(M(K+1))}(\ell) \leqslant \sum_{k=0}^{K} \epsilon_{\text{nis},y,k} \leqslant Q_{\chi^2(M(K+1))}(u) \tag{5.18}$$

其中，$\ell$ 和 $u$ 分别是置信下限和置信上限；$Q_{\chi^2(M(K+1))}(\cdot)$ 是自由度为 $M(K+1)$ 的卡方分布的分位数函数。

在使用归一化新息平方作为检验方法时，我们需要格外注意。对于批量处理的状态估计器（或平滑器），应该使用未参与估计 $\hat{\boldsymbol{x}}_k$ 计算的观测值 $\boldsymbol{y}_k$。这些观测值可以来自专门用于评估的传感器，或者可以将观测值分成两部分，一部分用于估计，一部分用于评估。另外，也可以修改 $\boldsymbol{S}_{y,k}$ 以考虑观测噪声和估计之间的相关性。

在扩展卡尔曼滤波中，我们可以稍微修改这里的检验方法，使得**更新量**和它的协方差变为

$$\boldsymbol{e}_{y,k} = \boldsymbol{y}_k - \boldsymbol{g}(\check{\boldsymbol{x}}_k), \quad \boldsymbol{S}_{y,k} = \boldsymbol{G}_k \check{\boldsymbol{P}}_k \boldsymbol{G}_k^{\mathrm{T}} + \boldsymbol{R}_k \tag{5.19}$$

我们用扩展卡尔曼滤波在时刻 $k$ 的预测估计 $\mathcal{N}(\check{\boldsymbol{x}}_k, \check{\boldsymbol{P}}_k)$ 替换了批量处理估计 $\mathcal{N}(\hat{\boldsymbol{x}}_k, \hat{\boldsymbol{P}}_k)$。由于 $\boldsymbol{y}_k$ 还没有用于预测估计值，可以放心地使用它来评估一致性。此时式（5.17）表示的检验方法可以应用于所有的观测值，甚至在线使用。观测模型的雅可比矩阵 $\boldsymbol{G}_k$ 在 $\check{\boldsymbol{x}}_k$ 处进行计算。

在扩展卡尔曼滤波中，我们也可以基于运动模型（而不仅仅是观测模型）来定义一个类似的归一化新息平方。假设运动模型具有以下形式：

$$\boldsymbol{x}_k = \boldsymbol{f}(\boldsymbol{x}_{k-1}, \boldsymbol{u}_k) + \boldsymbol{w}_k, \quad \boldsymbol{w}_k \sim \mathcal{N}(\boldsymbol{0}, \boldsymbol{Q}_k) \tag{5.20}$$

其中，过程噪声是加性噪声。那么**预测误差**及其协方差为

$$\boldsymbol{e}_{v,k} = \boldsymbol{f}(\hat{\boldsymbol{x}}_{k-1}, \boldsymbol{u}_k) - \hat{\boldsymbol{x}}_k, \quad \boldsymbol{S}_{v,k} = \boldsymbol{F}_{k-1} \hat{\boldsymbol{P}}_{k-1} \boldsymbol{F}_{k-1}^{\mathrm{T}} + \boldsymbol{Q}_k \tag{5.21}$$

其中，运动模型的雅可比矩阵 $\boldsymbol{F}_{k-1}$ 在 $\hat{\boldsymbol{x}}_{k-1}$ 处进行计算。我们可以据此定义归一化新息平方为

$$\epsilon_{\text{nis},v,k} = \boldsymbol{e}_{v,k}^{\mathrm{T}} \boldsymbol{S}_{v,k}^{-1} \boldsymbol{e}_{v,k} \tag{5.22}$$

于是一致性标准可以写为

$$E[\epsilon_{\text{nis},v,k}] = N \tag{5.23}$$

作为一个统计检验，我们可以将其表述为

$$Q_{\chi^2(NK)}(\ell) \leqslant \sum_{k=1}^{K} \epsilon_{\mathrm{nis},v,k} \leqslant Q_{\chi^2(NK)}(u) \tag{5.24}$$

其中，$\ell$ 和 $u$ 分别为置信下限和置信上限；同时，$Q_{\chi^2(NK)}(\cdot)$ 是自由度为 $NK$ 的卡方分布的分位数函数。

如果需要，我们也可以将使用观测模型和运动模型的两个归一化新息平方的检验组合成一个统计检验。最后，如果观测模型或运动模型是非线性的，即使我们有无限多的数据，式（5.17）和式（5.23）中的标准也永远无法完全满足，这是因为在推导统计检验的过程中对模型进行了线性化。如果模型本身是线性的，我们设计的检验方法会更加可靠。关于如何使用归一化估计误差平方和归一化新息平方，以及如何使用它们来调整卡尔曼滤波中的关键参数，文献 [51] 提供了一个很好的介绍。

## 5.2 偏差估计

在本节中，我们将研究偏差对于输入和观测的影响。我们会看到输入和观测的偏差都是可以处理的，而且输入偏差会比观测偏差更易于处理。下面，我们将研究在非零均值高斯噪声下，线性时不变的运动模型和观测模型，其中的许多概念也可以拓展到非线性系统中。

### 5.2.1 偏差对于卡尔曼滤波的影响

为了展示输入和观测的偏差带来的影响，我们以 3.3.6 节中的误差动态过程为例，来看看在非零均值高斯噪声的情况下，会对卡尔曼滤波产生什么影响（相比不显式地考虑偏差）。特别地，我们假设：

$$\boldsymbol{x}_k = \boldsymbol{A}\boldsymbol{x}_{k-1} + \boldsymbol{B}(\boldsymbol{u}_k + \bar{\boldsymbol{u}}) + \boldsymbol{w}_k \tag{5.25a}$$

$$\boldsymbol{y}_k = \boldsymbol{C}\boldsymbol{x}_k + \bar{\boldsymbol{y}} + \boldsymbol{n}_k \tag{5.25b}$$

其中，$\bar{\boldsymbol{u}}$ 是输入的偏差；$\bar{\boldsymbol{y}}$ 是观测的偏差。在这里，我们仍然假设运动模型和观测模型都受到零均值高斯噪声的影响：

$$\boldsymbol{w}_k \sim \mathcal{N}(\boldsymbol{0}, \boldsymbol{Q}), \quad \boldsymbol{n}_k \sim \mathcal{N}(\boldsymbol{0}, \boldsymbol{R}) \tag{5.26}$$

并且噪声之间是相互独立的，即对于所有的 $k \neq l$：

$$E[\boldsymbol{w}_k \boldsymbol{w}_l^{\mathrm{T}}] = \boldsymbol{O}, \quad E[\boldsymbol{n}_k \boldsymbol{n}_l^{\mathrm{T}}] = \boldsymbol{O}, \quad E[\boldsymbol{w}_k \boldsymbol{n}_k^{\mathrm{T}}] = \boldsymbol{O}, \quad E[\boldsymbol{w}_k \boldsymbol{n}_l^{\mathrm{T}}] = \boldsymbol{O} \tag{5.27}$$

但这个假设可能是造成滤波器产生不一致性的另外一个来源。估计误差定义如下：

$$\check{\boldsymbol{e}}_k = \check{\boldsymbol{x}}_k - \boldsymbol{x}_k \tag{5.28a}$$

$$\hat{\boldsymbol{e}}_k = \hat{\boldsymbol{x}}_k - \boldsymbol{x}_k \tag{5.28b}$$

在这种情况下，我们构建的“误差动态过程”方程如下：

$$\check{\boldsymbol{e}}_k = \boldsymbol{A}\hat{\boldsymbol{e}}_{k-1} - (\boldsymbol{B}\bar{\boldsymbol{u}} + \boldsymbol{w}_k) \tag{5.29a}$$

$$\hat{\boldsymbol{e}}_k = (\boldsymbol{I} - \boldsymbol{K}_k\boldsymbol{C})\check{\boldsymbol{e}}_k + \boldsymbol{K}_k(\bar{\boldsymbol{y}} + \boldsymbol{n}_k) \tag{5.29b}$$

其中，在 $k=0$ 时，$\hat{\boldsymbol{e}}_0 = \hat{\boldsymbol{x}}_0 - \boldsymbol{x}_0$。前面讨论过，为了让估计是**无偏**和**一致**的，我们需要保证对于所有的 $k = 1, \cdots, K$，有

$$E[\hat{\boldsymbol{e}}_k] = \boldsymbol{0}, \quad E[\check{\boldsymbol{e}}_k] = \boldsymbol{0}, \quad E\left[\hat{\boldsymbol{e}}_k\hat{\boldsymbol{e}}_k^{\mathrm{T}}\right] = \hat{\boldsymbol{P}}_k, \quad E\left[\check{\boldsymbol{e}}_k\check{\boldsymbol{e}}_k^{\mathrm{T}}\right] = \check{\boldsymbol{P}}_k \tag{5.30}$$

在 $\bar{\boldsymbol{u}} = \bar{\boldsymbol{y}} = \boldsymbol{0}$ 的情况下，这些条件是成立的。现在来讨论在不满足零偏差条件的情况下将会发生什么。我们仍然假设

$$E[\hat{\boldsymbol{e}}_0] = \boldsymbol{0}, \quad E\left[\hat{\boldsymbol{e}}_0\hat{\boldsymbol{e}}_0^{\mathrm{T}}\right] = \hat{\boldsymbol{P}}_0 \tag{5.31}$$

虽然这个初始条件是另一个可能引入偏差的地方。在 $k=1$ 时，有

$$E[\check{\boldsymbol{e}}_1] = \boldsymbol{A}\underbrace{E[\hat{\boldsymbol{e}}_0]}_{\boldsymbol{0}} - \Big(\boldsymbol{B}\bar{\boldsymbol{u}} + \underbrace{E[\boldsymbol{w}_1]}_{\boldsymbol{0}}\Big) = -\boldsymbol{B}\bar{\boldsymbol{u}} \tag{5.32a}$$

$$\begin{aligned} E[\hat{\boldsymbol{e}}_1] &= (\boldsymbol{I} - \boldsymbol{K}_1\boldsymbol{C})\underbrace{E[\check{\boldsymbol{e}}_1]}_{-\boldsymbol{B}\bar{\boldsymbol{u}}} + \boldsymbol{K}_1\Big(\bar{\boldsymbol{y}} + \underbrace{E[\boldsymbol{n}_1]}_{\boldsymbol{0}}\Big) \\ &= -(\boldsymbol{I} - \boldsymbol{K}_1\boldsymbol{C})\boldsymbol{B}\bar{\boldsymbol{u}} + \boldsymbol{K}_1\bar{\boldsymbol{y}} \end{aligned} \tag{5.32b}$$

在 $\bar{\boldsymbol{u}} \neq \boldsymbol{0}$ 和/或 $\bar{\boldsymbol{y}} \neq \boldsymbol{0}$ 的情况下，我们看到 $k=1$ 时已经为有偏估计。“预测误差”的协方差为

$$\begin{aligned} E\left[\check{\boldsymbol{e}}_1\check{\boldsymbol{e}}_1^{\mathrm{T}}\right] &= E\left[(\boldsymbol{A}\hat{\boldsymbol{e}}_0 - (\boldsymbol{B}\bar{\boldsymbol{u}} + \boldsymbol{w}_1))(\boldsymbol{A}\hat{\boldsymbol{e}}_0 - (\boldsymbol{B}\bar{\boldsymbol{u}} + \boldsymbol{w}_1))^{\mathrm{T}}\right] \\ &= \underbrace{E\left[(\boldsymbol{A}\hat{\boldsymbol{e}}_0 - \boldsymbol{w}_1)(\boldsymbol{A}\hat{\boldsymbol{e}}_0 - \boldsymbol{w}_1)^{\mathrm{T}}\right]}_{\check{\boldsymbol{P}}_1} + (-\boldsymbol{B}\bar{\boldsymbol{u}})\underbrace{E\left[(\boldsymbol{A}\hat{\boldsymbol{e}}_0 - \boldsymbol{w}_1)^{\mathrm{T}}\right]}_{\boldsymbol{0}} + \\ &\quad \underbrace{E[(\boldsymbol{A}\hat{\boldsymbol{e}}_0 - \boldsymbol{w}_1)]}_{\boldsymbol{0}}(-\boldsymbol{B}\bar{\boldsymbol{u}})^{\mathrm{T}} + (-\boldsymbol{B}\bar{\boldsymbol{u}})(-\boldsymbol{B}\bar{\boldsymbol{u}})^{\mathrm{T}} \\ &= \check{\boldsymbol{P}}_1 + (-\boldsymbol{B}\bar{\boldsymbol{u}})(-\boldsymbol{B}\bar{\boldsymbol{u}})^{\mathrm{T}} \end{aligned} \tag{5.33}$$

整理可得

$$\check{\boldsymbol{P}}_1 = E\left[\check{\boldsymbol{e}}_1\check{\boldsymbol{e}}_1^{\mathrm{T}}\right] - \underbrace{E[\check{\boldsymbol{e}}_1]E[\check{\boldsymbol{e}}_1]^{\mathrm{T}}}_{\text{偏差的影响}} \tag{5.34}$$

因此卡尔曼滤波对真实的误差不确定性是欠估计（低估）的，从而导致了不一致性。最终估计

误差（更正后）的协方差为

$$
\begin{aligned}
E\left[\hat{\boldsymbol{e}}_1\hat{\boldsymbol{e}}_1^{\mathrm{T}}\right] &= E\Big[((\boldsymbol{I}-\boldsymbol{K}_1\boldsymbol{C})\check{\boldsymbol{e}}_1+\boldsymbol{K}_1(\bar{\boldsymbol{y}}+\boldsymbol{n}_1))\times((\boldsymbol{I}-\boldsymbol{K}_1\boldsymbol{C})\check{\boldsymbol{e}}_1+\boldsymbol{K}_1(\bar{\boldsymbol{y}}+\boldsymbol{n}_1))^{\mathrm{T}}\Big] \\
&= \underbrace{E\Big[((\boldsymbol{I}-\boldsymbol{K}_1\boldsymbol{C})\check{\boldsymbol{e}}_1+\boldsymbol{K}_1\boldsymbol{n}_1)((\boldsymbol{I}-\boldsymbol{K}_1\boldsymbol{C})\check{\boldsymbol{e}}_1+\boldsymbol{K}_1\boldsymbol{n}_1)^{\mathrm{T}}\Big]}_{\hat{\boldsymbol{P}}_1+(\boldsymbol{I}-\boldsymbol{K}_1\boldsymbol{C})\boldsymbol{B}\bar{\boldsymbol{u}}\bar{\boldsymbol{u}}^{\mathrm{T}}\boldsymbol{B}^{\mathrm{T}}(\boldsymbol{I}-\boldsymbol{K}_1\boldsymbol{C})^{\mathrm{T}}}+ \\
&\quad (\boldsymbol{K}_1\bar{\boldsymbol{y}})\underbrace{E\Big[((\boldsymbol{I}-\boldsymbol{K}_1\boldsymbol{C})\check{\boldsymbol{e}}_1+\boldsymbol{K}_1\boldsymbol{n}_1)^{\mathrm{T}}\Big]}_{(-(\boldsymbol{I}-\boldsymbol{K}_1\boldsymbol{C})\boldsymbol{B}\bar{\boldsymbol{u}})^{\mathrm{T}}}+ \\
&\quad \underbrace{E[((\boldsymbol{I}-\boldsymbol{K}_1\boldsymbol{C})\check{\boldsymbol{e}}_1+\boldsymbol{K}_1\boldsymbol{n}_1)]}_{-(\boldsymbol{I}-\boldsymbol{K}_1\boldsymbol{C})\boldsymbol{B}\bar{\boldsymbol{u}}}(\boldsymbol{K}_1\bar{\boldsymbol{y}})^{\mathrm{T}}+(\boldsymbol{K}_1\bar{\boldsymbol{y}})(\boldsymbol{K}_1\bar{\boldsymbol{y}})^{\mathrm{T}} \\
&= \hat{\boldsymbol{P}}_1+(-(\boldsymbol{I}-\boldsymbol{K}_1\boldsymbol{C})\boldsymbol{B}\bar{\boldsymbol{u}}+\boldsymbol{K}_1\bar{\boldsymbol{y}})(-(\boldsymbol{I}-\boldsymbol{K}_1\boldsymbol{C})\boldsymbol{B}\bar{\boldsymbol{u}}+\boldsymbol{K}_1\bar{\boldsymbol{y}})^{\mathrm{T}}
\end{aligned}
\tag{5.35}
$$

其中

$$
\hat{\boldsymbol{P}}_1 = E\left[\hat{\boldsymbol{e}}_1\hat{\boldsymbol{e}}_1^{\mathrm{T}}\right]-\underbrace{E[\hat{\boldsymbol{e}}_1]E[\hat{\boldsymbol{e}}_1]^{\mathrm{T}}}_{\text{偏差的影响}} \tag{5.36}
$$

可以发现，卡尔曼滤波对于协方差的估计仍然是过度确信（高估）的，因此也是不一致的。有趣的是，不管偏差的正负性如何，卡尔曼滤波的估计都是过度确信的。另外，很容易看出，随着 $k$ 的增大，偏差带来的影响将会无限制地增长。我们尝试着对卡尔曼滤波做如下修正：

$$
\text{预测：}\quad
\begin{aligned}
\check{\boldsymbol{P}}_k &= \boldsymbol{A}\hat{\boldsymbol{P}}_{k-1}\boldsymbol{A}^{\mathrm{T}}+\boldsymbol{Q} &\quad (5.37\text{a})\\
\check{\boldsymbol{x}}_k &= \boldsymbol{A}\hat{\boldsymbol{x}}_{k-1}+\boldsymbol{B}\boldsymbol{u}_k+\underbrace{\boldsymbol{B}\bar{\boldsymbol{u}}}_{\text{偏差}} &\quad (5.37\text{b})
\end{aligned}
$$

$$
\text{卡尔曼增益：}\quad \boldsymbol{K}_k = \check{\boldsymbol{P}}_k\boldsymbol{C}^{\mathrm{T}}\left(\boldsymbol{C}\check{\boldsymbol{P}}_k\boldsymbol{C}^{\mathrm{T}}+\boldsymbol{R}\right)^{-1} \tag{5.37c}
$$

$$
\text{更新：}\quad
\begin{aligned}
\hat{\boldsymbol{P}}_k &= (\boldsymbol{I}-\boldsymbol{K}_k\boldsymbol{C})\check{\boldsymbol{P}}_k &\quad (5.37\text{d})\\
\hat{\boldsymbol{x}}_k &= \check{\boldsymbol{x}}_k+\boldsymbol{K}_k\big(\boldsymbol{y}_k-\boldsymbol{C}\check{\boldsymbol{x}}_k-\underbrace{\bar{\boldsymbol{y}}}_{\text{偏差}}\big) &\quad (5.37\text{e})
\end{aligned}
$$

通过上面的修正，我们重新恢复了一个具有无偏性和一致性的估计。这里的问题是，为了有效地抑制偏差带来的影响，我们必须知道偏差的精确值。然而在大多数情况下，并没有办法知道偏差的精确值（它甚至会随着时间变化）。因此，在估计问题中，我们应该尝试着把偏差也估计出来。本章的后续部分将研究在输入和观测都被影响的情况下，如何去估计偏差。

### 5.2.2 未知的输入偏差

接着上一节的内容，假设观测偏差 $\bar{\boldsymbol{y}}=\boldsymbol{0}$，但输入偏差 $\bar{\boldsymbol{u}}\neq\boldsymbol{0}$。因此除了估计系统状态 $\boldsymbol{x}_k$，还需要估计输入偏差，从而估计的增广状态为

$$
\boldsymbol{x}_k' = \begin{bmatrix}\boldsymbol{x}_k\\ \bar{\boldsymbol{u}}_k\end{bmatrix} \tag{5.38}
$$

为了使偏差作为状态的一部分，可以令偏差为时间的函数。因为现在偏差是时间的函数，所以需要为偏差定义一个运动模型。一个典型的模型为

$$
\bar{\boldsymbol{u}}_k = \bar{\boldsymbol{u}}_{k-1}+\boldsymbol{s}_k \tag{5.39}
$$

其中，$\boldsymbol{s}_k \sim \mathcal{N}(\mathbf{0}, \boldsymbol{W})$，这正是有偏差的布朗运动（随机游走）模型。由于影响运动的内部偏差是服从零均值高斯分布的，在某种意义上，我们可以简单地利用一个积分器来处理。这种技巧在实际中也是有效的。当然我们也可以采用其他的偏差运动模型，但通常无从了解它们的时变行为。在有偏差的布朗运动模型下，估计的增广运动模型为

$$\boldsymbol{x}'_k = \underbrace{\begin{bmatrix} \boldsymbol{A} & \boldsymbol{B} \\ \boldsymbol{O} & \boldsymbol{I} \end{bmatrix}}_{\boldsymbol{A}'} \boldsymbol{x}'_{k-1} + \underbrace{\begin{bmatrix} \boldsymbol{B} \\ \boldsymbol{O} \end{bmatrix}}_{\boldsymbol{B}'} \boldsymbol{u}_k + \underbrace{\begin{bmatrix} \boldsymbol{w}_k \\ \boldsymbol{s}_k \end{bmatrix}}_{\boldsymbol{w}'_k} \tag{5.40}$$

为了方便描述，我们定义了一些新的符号：

$$\boldsymbol{w}'_k \sim \mathcal{N}(\mathbf{0}, \boldsymbol{Q}'), \quad \boldsymbol{Q}' = \begin{bmatrix} \boldsymbol{Q} & \boldsymbol{O} \\ \boldsymbol{O} & \boldsymbol{W} \end{bmatrix} \tag{5.41}$$

于是问题又回到了无偏估计系统的形式。在这种情况下，观测模型为

$$\boldsymbol{y}_k = \underbrace{\begin{bmatrix} \boldsymbol{C} & \boldsymbol{O} \end{bmatrix}}_{\boldsymbol{C}'} \boldsymbol{x}'_k + \boldsymbol{n}_k \tag{5.42}$$

一个至关重要的问题是，由增广状态构建的滤波器会不会收敛到正确的结果。上面的技巧是否真的有效？对于批量线性高斯估计（没有初始状态的先验信息），解存在且唯一的条件为

$$\boldsymbol{Q} > 0, \quad \boldsymbol{R} > 0, \quad \text{rank}\, \boldsymbol{\mathcal{O}} = N \tag{5.43}$$

当系统中的偏差为零时，即 $\bar{\boldsymbol{u}} = \mathbf{0}$，我们假设上述条件成立。定义

$$\boldsymbol{\mathcal{O}}' = \begin{bmatrix} \boldsymbol{C}' \\ \boldsymbol{C}'\boldsymbol{A}' \\ \vdots \\ \boldsymbol{C}'\boldsymbol{A}'^{(N+U-1)} \end{bmatrix} \tag{5.44}$$

为了证明由增广状态构建的批量估计问题中解的存在性和唯一性，我们需要证明

$$\underbrace{\boldsymbol{Q}' > 0, \quad \boldsymbol{R} > 0,}_{\text{由定义得证}} \quad \text{rank}\, \boldsymbol{\mathcal{O}}' = N + U \tag{5.45}$$

根据协方差矩阵的定义，前两个条件是成立的。对于最后一个条件，由于增广状态包括了偏差，而偏差的秩 $\dim \bar{\boldsymbol{u}}_k$ 为 $U$，因此它的秩应为 $N+U$。一般情况下，这个条件不会成立。下面我们举两个例子。

**例 5.1**　假设系统矩阵为

$$\boldsymbol{A} = \begin{bmatrix} 1 & 1 \\ 0 & 1 \end{bmatrix}, \quad \boldsymbol{B} = \begin{bmatrix} 0 \\ 1 \end{bmatrix}, \quad \boldsymbol{C} = \begin{bmatrix} 1 & 0 \end{bmatrix} \tag{5.46}$$

此时 $N = 2$，$U = 1$。可以将该系统想象为一维空间中具有单位质量的推车，如图 5.2 所示，其状态包括位置和速度，输入是加速度，观测是推车距离原点的距离，偏差作用于输入上，有

$$\boldsymbol{\mathcal{O}} = \begin{bmatrix} \boldsymbol{C} \\ \boldsymbol{C}\boldsymbol{A} \end{bmatrix} = \begin{bmatrix} 1 & 0 \\ 1 & 1 \end{bmatrix} \quad \Rightarrow \quad \text{rank}\, \boldsymbol{\mathcal{O}} = 2 = N \tag{5.47}$$

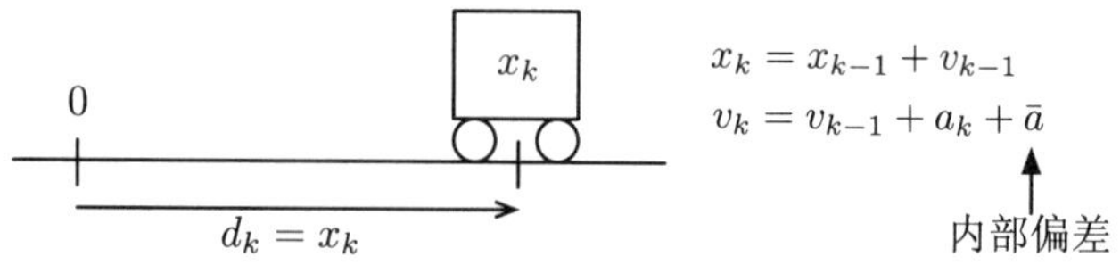

图 5.2 加速度中有输入偏差。这种情况下我们可以把偏差作为状态估计问题的一部分

因此该无偏系统是能观的[①]。对于该增广状态系统，有

$$\mathcal{O}' = \begin{bmatrix} \boldsymbol{C}' \\ \boldsymbol{C}'\boldsymbol{A}' \\ \boldsymbol{C}'\boldsymbol{A}'^2 \end{bmatrix} = \begin{bmatrix} \boldsymbol{C} & \boldsymbol{O} \\ \boldsymbol{CA} & \boldsymbol{CB} \\ \boldsymbol{CA}^2 & \boldsymbol{CAB}+\boldsymbol{CB} \end{bmatrix} = \begin{bmatrix} 1 & 0 & 0 \\ 1 & 1 & 0 \\ 1 & 2 & 1 \end{bmatrix} \Rightarrow \quad \text{rank}\, \mathcal{O}' = 3 = N+U \tag{5.48}$$

所以，它也是能观的。注意，如果取 $\boldsymbol{B} = \begin{bmatrix} 1 \\ 0 \end{bmatrix}$，系统也是能观的[②]。

**例 5.2** 假设系统矩阵为

$$\boldsymbol{A} = \begin{bmatrix} 1 & 1 \\ 0 & 1 \end{bmatrix}, \quad \boldsymbol{B} = \begin{bmatrix} 1 & 0 \\ 0 & 1 \end{bmatrix}, \quad \boldsymbol{C} = [1 \quad 0] \tag{5.49}$$

因此，$N=2$，$U=2$。如图 5.3 所示，这是一个奇怪的系统，其中系统的控制指令是速度和加速度的函数，但这些量都是有偏差的。由于 $\boldsymbol{A}$ 和 $\boldsymbol{C}$ 都是不变的，因此该无偏系统也是能观的。对于增广状态系统，有

$$\mathcal{O}' = \begin{bmatrix} \boldsymbol{C}' \\ \boldsymbol{C}'\boldsymbol{A}' \\ \boldsymbol{C}'\boldsymbol{A}'^2 \\ \boldsymbol{C}'\boldsymbol{A}'^3 \end{bmatrix} = \begin{bmatrix} \boldsymbol{C} & \boldsymbol{O} \\ \boldsymbol{CA} & \boldsymbol{CB} \\ \boldsymbol{CA}^2 & \boldsymbol{C}(\boldsymbol{A}+\boldsymbol{I})\boldsymbol{B} \\ \boldsymbol{CA}^3 & \boldsymbol{C}(\boldsymbol{A}^2+\boldsymbol{A}+\boldsymbol{I})\boldsymbol{B} \end{bmatrix} = \begin{bmatrix} 1 & 0 & 0 & 0 \\ 1 & 1 & 1 & 0 \\ 1 & 2 & 2 & 1 \\ 1 & 3 & 3 & 3 \end{bmatrix} \Rightarrow \quad \text{rank}\, \mathcal{O}' = 3 < 4 = N+U \tag{5.50}$$

可以看到第二列和第三列是相同的，因此该系统不是能观的。

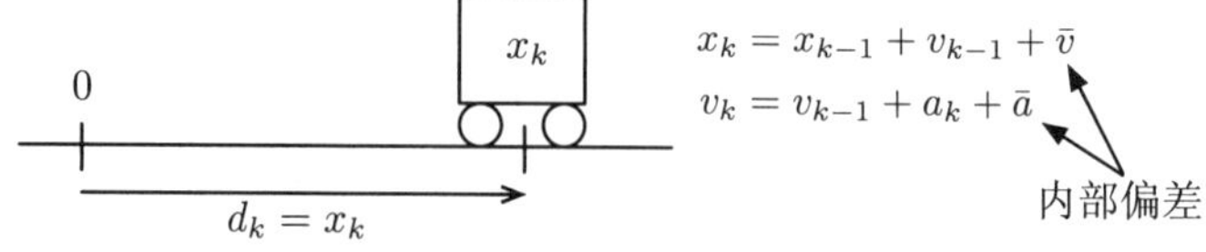


图 5.3 速度和加速度中都有输入偏差。这种情况下我们不能估计出偏差，因为系统不是能观的

① 该系统也是能控的（controllable）。

② 但是该无偏系统不能控。

### 5.2.3 未知的观测偏差

假设输入偏差 $\bar{\boldsymbol{u}} = \boldsymbol{0}$，但观测偏差 $\bar{\boldsymbol{y}} \neq \boldsymbol{0}$。因此要估计的增广状态为

$$\boldsymbol{x}_k' = \begin{bmatrix} \boldsymbol{x}_k \\ \bar{\boldsymbol{y}}_k \end{bmatrix} \tag{5.51}$$

其中，偏差仍然是时间的函数。我们依然假设一个布朗运动的噪声模型：

$$\bar{\boldsymbol{y}}_k = \bar{\boldsymbol{y}}_{k-1} + \boldsymbol{s}_k \tag{5.52}$$

其中，$\boldsymbol{s}_k \sim \mathcal{N}(\boldsymbol{0}, \boldsymbol{W})$。在这种偏差运动模型下，增广状态系统的运动模型为

$$\boldsymbol{x}_k' = \underbrace{\begin{bmatrix} \boldsymbol{A} & \boldsymbol{O} \\ \boldsymbol{O} & \boldsymbol{I} \end{bmatrix}}_{\boldsymbol{A}'} \boldsymbol{x}_{k-1}' + \underbrace{\begin{bmatrix} \boldsymbol{B} \\ \boldsymbol{O} \end{bmatrix}}_{\boldsymbol{B}'} \boldsymbol{u}_k + \underbrace{\begin{bmatrix} \boldsymbol{w}_k \\ \boldsymbol{s}_k \end{bmatrix}}_{\boldsymbol{w}_k'} \tag{5.53}$$

为了简化描述，我们定义以下符号：

$$\boldsymbol{w}_k' \sim \mathcal{N}(\boldsymbol{0}, \boldsymbol{Q}'), \quad \boldsymbol{Q}' = \begin{bmatrix} \boldsymbol{Q} & \boldsymbol{O} \\ \boldsymbol{O} & \boldsymbol{W} \end{bmatrix} \tag{5.54}$$

对于增广状态系统，观测模型为

$$\boldsymbol{y}_k = \underbrace{[\boldsymbol{C} \quad \boldsymbol{I}]}_{\boldsymbol{C}'} \boldsymbol{x}_k' + \boldsymbol{n}_k \tag{5.55}$$

下面我们通过一个例子来检查该系统的能观性。

**例 5.3**　假设系统矩阵为

$$\boldsymbol{A} = \begin{bmatrix} 1 & 1 \\ 0 & 1 \end{bmatrix}, \quad \boldsymbol{B} = \begin{bmatrix} 0 \\ 1 \end{bmatrix}, \quad \boldsymbol{C} = [1 \quad 0] \tag{5.56}$$

因此，$N = 2$ 和 $U = 1$。该系统可以想象为，我们的推车在测量它自身到某一路标点的距离（该路标点的位置不确定，如图 5.4 所示）。在移动机器人的应用场景中，这是一个典型的同时定位与地图构建系统。其中，“定位”对应推车的状态，“地图”对应路标点的位置。

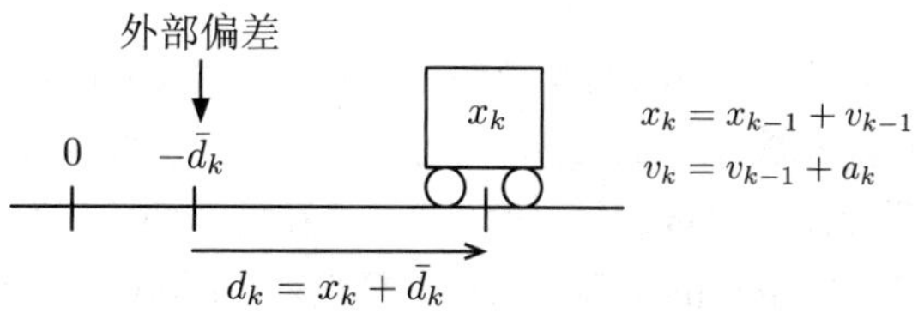

图 5.4　在路标点的位置上有观测偏差。这种情况下我们不能估计出偏差，因为系统是不能观的

我们有

$$\mathcal{O} = \begin{bmatrix} \boldsymbol{C} \\ \boldsymbol{C}\boldsymbol{A} \end{bmatrix} = \begin{bmatrix} 1 & 0 \\ 1 & 1 \end{bmatrix} \quad \Rightarrow \quad \operatorname{rank} \mathcal{O} = 2 = N \tag{5.57}$$

因此该无偏系统是能观的。对于增广状态系统，有

$$\mathcal{O}' = \begin{bmatrix} \boldsymbol{C}' \\ \boldsymbol{C}'\boldsymbol{A}' \\ \boldsymbol{C}'\boldsymbol{A}'^2 \end{bmatrix} = \begin{bmatrix} \boldsymbol{C} & \boldsymbol{I} \\ \boldsymbol{C}\boldsymbol{A} & \boldsymbol{I} \\ \boldsymbol{C}\boldsymbol{A}^2 & \boldsymbol{I} \end{bmatrix} = \begin{bmatrix} 1 & 0 & 1 \\ 1 & 1 & 1 \\ 1 & 2 & 1 \end{bmatrix}$$
$$\Rightarrow \quad \operatorname{rank} \mathcal{O}' = 2 < 3 = N + U \tag{5.58}$$

因此它是不能观的（第一列和第三列相同）。因为该系统不是满秩的，并且 $\dim\left(\operatorname{null} \mathcal{O}'\right) = 1$，所以能观性矩阵的零空间对应产生零输出的向量。可以看到

$$\operatorname{null} \mathcal{O}' = \operatorname{span}\left\{ \begin{bmatrix} 1 \\ 0 \\ -1 \end{bmatrix} \right\} \tag{5.59}$$

这意味着当我们同时移动推车和路标点（向左或向右移动）时，观测不会发生改变。这是否意味着此处的估计器出错了呢？如果我们小心妥善地处理就不会估计错误。对于批量线性高斯估计器和卡尔曼滤波，我们分别有以下的操作：

(1) 在批量线性高斯估计器中，左侧的矩阵不能求逆。但是我们知道，对于每一个线性方程组 $\boldsymbol{A}\boldsymbol{x} = \boldsymbol{b}$，要么没有解，要么有唯一解，要么有无穷多组解。在这种情况下，我们的线性方程组有无穷多组解而不是唯一解。

(2) 在卡尔曼滤波过程中，我们需要对状态有一个初始的估计。我们最终得到的解依赖初始条件的选取。换句话说，在初始时刻引入的偏差将一直存在于系统中。

对于上面的两种情况，我们都有一些解决方案。

## 5.3 数据关联

**数据关联**问题涉及确定每一个观测值对应模型中的哪些部分。事实上，几乎所有的估计方法，特别在机器人领域，都采用某种形式的模型或地图来确定机器人的状态，如机器人的位置/方向。一些常见例子是：

(1) GPS 卫星定位。在固联于地球的参考坐标系中，假设 GPS 卫星的位置（关于时间的函数）是已知的（通过其轨道参数计算），那么地面上的 GPS 接收器可以测量自身距离多颗卫星的距离（利用飞行时间原理及卫星传递的时间信息）。在这个例子里，很容易确定 GPS 接收器获得的距离信息是相对于哪颗卫星的，因为每颗卫星发送的时间戳中带有唯一的编码信息。

(2) 星敏感器的姿态估计。星敏感器使用天空中所有最亮的恒星绘制而成的星图（或星表）来确定传感器指向的方位。因此可以将自然世界看作地图（提前绘制的），而这个例子中数据关联问题就是确定现在看到的恒星是星图中的哪一颗。这要比 GPS 例子难得多，而且只有提前生成星图，这个系统才能使用。

数据关联技术本质上分为两类：外部数据关联和内部数据关联。

### 5.3.1　外部数据关联

在外部数据关联中，需要用到基于模型和观测的专业知识。这些专业知识对于估计问题来说是“外部的”。从估计问题的角度来看，数据关联的任务已经完成，因此外部数据关联有时被称为“已知的数据关联”。

例如，一些观测物体被涂上了不同的颜色，而通过立体相机观测到的这些物体可以利用颜色信息来进行数据关联，在估计问题中也就不会再用到这些颜色信息了。诸如视觉条形码、特定频率的信号或者编码信息（如 GPS 卫星数据）也属于外部数据关联。

如果我们能够通过某种手段，搭建或把现有系统修改成合作的系统，那么外部数据关联就可以很好地工作，从而大幅地简化状态估计问题。与此同时，前沿的计算机视觉技术也可以使用未经过预处理的模型进行外部数据关联，虽然可能很容易出现错误的数据关联。

### 5.3.2　内部数据关联

在内部数据关联中，只能用观测和模型的数据来计算数据关联。因此内部数据关联有时被称为“未知的数据关联”。通常，对于给定的模型，内部数据关联与给定观测的似然有关。在最简单的版本中，只有最有可能的数据关联被接受，而其他可能性的关联将会被忽略。在更复杂的算法中，也允许将存在多种数据关联的假设用于估计问题中。

对于一些特定的模型，比如三维空间中的路标点或者星图，由路标点构成的“星座”（即点云模型）有时可以用于数据关联，如图 5.5 所示。**刚体约束下的数据配准穷举搜索**（data-aligned rigidity-constrained exhaustive search, DARCES）[52] 算法是一个典型的基于群集的数据关联算法。其主要思想是同一群集中，点对的距离可以作为数据关联中独一无二的标识符。

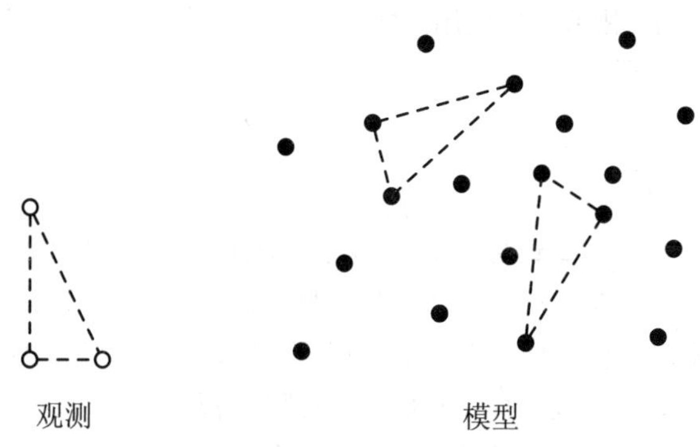


图 5.5　观测和点云模型，有两种可能的数据关联

不管采用什么类型的数据关联，只要问题估计失败了，那么极有可能是错误的数据关联导致的。因此，我们应该认识到，在实际应用中数据的误关联是很有可能发生的，所以在技术设计中就应该考虑到如何处理误关联，从而提高系统的鲁棒性。下一节，我们将在外点的检测和剔除部分讨论一些处理此类问题的方法。

## 5.4 处理外点

数据误关联有时会使得估计器完全发散。然而，造成估计器发散的原因不仅仅只有数据关联。比如，我们的观测会受到许多因素的干扰而变得不可靠。一个典型的例子是，GPS 授时信号在建筑物附近存在多路径效应，如图 5.6 所示。通过反射信号，我们可以得到观测距离。然而当视距路径被阻挡，并且没有任何附加信息时，接收器是无法知道由较长的路径测得的距离是不正确的。

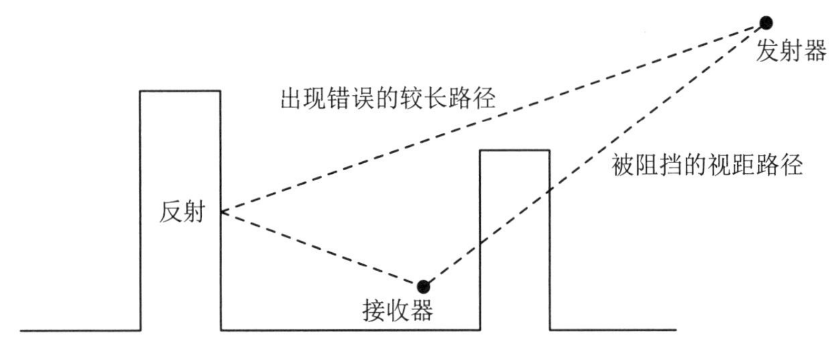


图 5.6 建筑物的复杂结构可能导致 GPS 系统产生错误的观测

我们根据观测模型将非常不可能出现的观测值称为**外点**（outlier）。此处可能性的评判标准有待说明，一种常见的方法（在一维数据中）是将超出均值三个标准差的观测值作为外点。

如果我们认为系统中存在一部分（也可能是很大一部分）外点，那么将需要设计一种可以检测、减少或移除外点对估计问题影响的方案。下面讨论处理外点的两种最常用的方案：

(1) 随机采样一致性[53]（random sample consensus）。

(2) M 估计[54]（M-Estimation）。

这两种方案可以单独使用或串联使用。我们还将了解到什么是**自适应估计**（如协方差估计）及自适应估计与 M 估计的联系。

### 5.4.1 随机采样一致性

**随机采样一致性**（random sample consensus, RANSAC）是一种对带有外点的数据拟合参数模型的迭代方法。**外点**（outlier）是“不符合”模型的观测，**内点**（inlier）是“符合”模型的观测。RANSAC 是一种概率算法，即只有花费足够的时间去搜索，才能确保（提高）找到合理答案的概率。图 5.7 展示了存在外点时，经典的直线拟合例子。

RANSAC 是一个迭代算法。在基础版本中，每次迭代包括以下 5 个步骤：

(1) 在原始数据中随机选取一个（最小）子集作为假设的内点（例如，如果根据数据拟合一条二维直线，则选择两个点）。

(2) 根据假设的内点拟合一个模型（例如，根据两个点拟合直线）。

(3) 判断剩余的原始数据是否符合拟合的模型，并将其分为内点和外点。如果内点太少，则该次迭代被标记为无效并中止。

(4) 根据假设的内点和上一步中划分出的内点重新拟合模型。

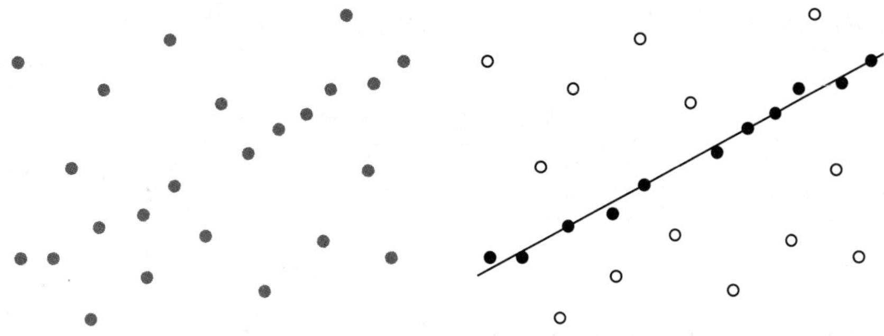

(a) 带有内点和外点的数据集合　　(b) RANSAC拟合的拥有最多内点的直线

图 5.7　直线拟合的例子。如果根据所有的数据点来拟合直线，则外点将会对结果产生很大干扰。RANSAC 方法把点集分为内点集和外点集，只用内点拟合直线

(5) 计算所有内点的残差，根据残差的和重新评估模型。

迭代上述步骤，把具有最小残差和的模型作为最佳模型。

这里存在的一个重要问题是，需要多少次迭代，比方说 $k$ 次，才可以确保有概率 $p$ 可以选到仅由内点组成的子集？一般而言，该问题很难求解。然而，如果我们假设每个观测是否被选取是相互独立的，并且每个观测为内点的概率均为 $w$，那么有以下关系：

$$1-p=(1-w^n)^k \tag{5.60}$$

其中，$n$ 为拟合模型所需要的最少数据个数；$k$ 为总的迭代次数。解得 $k$ 为

$$k=\frac{\ln(1-p)}{\ln(1-w^n)} \tag{5.61}$$

实际上，这可以被认为是 $k$ 的上限，因为数据点通常是顺序选择的，而不是独立地选择。数据点之间存在的约束也使得随机子集的选取更加复杂。

### 5.4.2　M 估计

早期的很多估计方法都是以最小化误差平方和为目标函数。该目标函数的问题是，它非常容易受到外点的干扰。一个偏离程度较大的外点可以对估计结果产生巨大的影响，因为它主导了目标函数。**M 估计**[①]改变了目标函数的形状，在求解过程中使外点不占据主导地位。

我们之前讲过，总体非线性最大后验估计的目标函数（对于批量估计）可以写为二次型的形式，即

$$J(\boldsymbol{x})=\frac{1}{2}\sum_{i=1}^{N}\boldsymbol{e}_i(\boldsymbol{x})^{\mathrm{T}}\boldsymbol{W}_i^{-1}\boldsymbol{e}_i(\boldsymbol{x}) \tag{5.62}$$

目标函数的梯度为

$$\frac{\partial J(\boldsymbol{x})}{\partial \boldsymbol{x}}=\sum_{i=1}^{N}\boldsymbol{e}_i(\boldsymbol{x})^{\mathrm{T}}\boldsymbol{W}_i^{-1}\frac{\partial \boldsymbol{e}_i(\boldsymbol{x})}{\partial \boldsymbol{x}} \tag{5.63}$$

① “M”代表“最大似然的”，例如，广义的最大似然估计（在前面章节提到了，即等价于最小二乘估计）。

在目标函数取最小值时梯度为零。现在让我们一般化这个目标函数，并将其写为

$$J'(\boldsymbol{x}) = \sum_{i=1}^{N} \alpha_i \rho(u_i(\boldsymbol{x})) \tag{5.64}$$

其中，$\alpha_i > 0$，是一个标量权重值，而

$$u_i(\boldsymbol{x}) = \sqrt{\boldsymbol{e}_i(\boldsymbol{x})^{\mathrm{T}} \boldsymbol{W}_i^{-1} \boldsymbol{e}_i(\boldsymbol{x})} \tag{5.65}$$

同时 $\rho(u)$ 为非线性代价函数，满足：有界，在 $u = 0$ 处有唯一的零点，在 $u > 0$ 时单调递增。

有很多这样的非线性代价函数，包括

$$\underbrace{\rho(u) = \frac{1}{2}u^2}_{\text{二次（quadratic）}}, \quad \underbrace{\rho(u) = \frac{1}{2}\ln(1+u^2)}_{\text{柯西（Cauchy）}}, \quad \underbrace{\rho(u) = \frac{u^2}{2(1+u^2)}}_{\text{杰曼-麦克卢尔（Geman-McClure）}} \tag{5.66}$$

我们称这些比二次函数增长慢的函数为**鲁棒代价函数**（robust cost function）。由于梯度的减小，大的误差对应的权重不会太大，对结果的影响也就减弱了。图 5.8 展示了不同的鲁棒函数。读者可以参见文献 [54] 了解更多鲁棒函数，同时文献 [55] 对不同的鲁棒代价函数进行了细致比较。

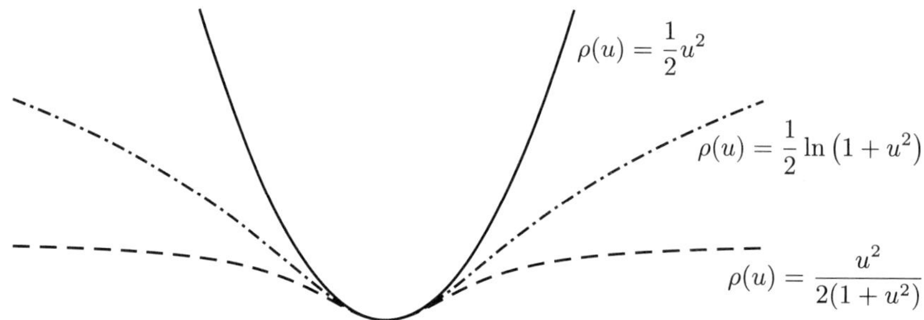


图 5.8 二次、柯西、杰曼-麦克卢尔代价函数对于标量输入的响应

使用链式法则，这里新的目标函数的梯度为

$$\frac{\partial J'(\boldsymbol{x})}{\partial \boldsymbol{x}} = \sum_{i=1}^{N} \alpha_i \frac{\partial \rho}{\partial u_i} \frac{\partial u_i}{\partial \boldsymbol{e}_i} \frac{\partial \boldsymbol{e}_i}{\partial \boldsymbol{x}} \tag{5.67}$$

同样地，在目标函数取最小值时梯度为零。代入

$$\frac{\partial u_i}{\partial \boldsymbol{e}_i} = \frac{1}{u_i(\boldsymbol{x})} \boldsymbol{e}_i(\boldsymbol{x})^{\mathrm{T}} \boldsymbol{W}_i^{-1} \tag{5.68}$$

则梯度为

$$\frac{\partial J'(\boldsymbol{x})}{\partial \boldsymbol{x}} = \sum_{i=1}^{N} \boldsymbol{e}_i(\boldsymbol{x})^{\mathrm{T}} \boldsymbol{Y}_i(\boldsymbol{x})^{-1} \frac{\partial \boldsymbol{e}_i(\boldsymbol{x})}{\partial \boldsymbol{x}} \tag{5.69}$$

其中

$$\boldsymbol{Y}_i(\boldsymbol{x})^{-1} = \frac{\alpha_i}{u_i(\boldsymbol{x})} \left.\frac{\partial \rho}{\partial u_i}\right|_{u_i(\boldsymbol{x})} \boldsymbol{W}_i^{-1} \tag{5.70}$$

是一个依赖 $\boldsymbol{x}$ 的新的（逆）协方差矩阵。可以看到式（5.69）和式（5.63）是相同的，除了 $\boldsymbol{W}_i$ 被替换为 $\boldsymbol{Y}_i(\boldsymbol{x})$。

由于 $\boldsymbol{e}_i(\boldsymbol{x})$ 对 $\boldsymbol{x}$ 呈非线性关系，因此我们可以使用迭代式的优化器来求解，其中需要利用上一次迭代的状态值 $\boldsymbol{x}_{\text{op}}$ 去计算 $\boldsymbol{Y}_i(\boldsymbol{x})$ 的值。这意味着，可以用下面的目标函数来简化工作，即

$$J''(\boldsymbol{x})=\frac{1}{2}\sum_{i=1}^{N}\boldsymbol{e}_i(\boldsymbol{x})^{\mathrm{T}}\boldsymbol{Y}_i(\boldsymbol{x}_{\text{op}})^{-1}\boldsymbol{e}_i(\boldsymbol{x}) \tag{5.71}$$

其中

$$\boldsymbol{Y}_i(\boldsymbol{x}_{\text{op}})^{-1}=\frac{\alpha_i}{u_i(\boldsymbol{x}_{\text{op}})}\left.\frac{\partial\rho}{\partial u_i}\right|_{u_i(\boldsymbol{x}_{\text{op}})}\boldsymbol{W}_i^{-1} \tag{5.72}$$

在每一次迭代中，我们仍然求解原来的最小二乘问题。但是当 $\boldsymbol{x}_{\text{op}}$ 更新时，新的协方差矩阵也在随之变化，我们称之为**迭代重加权最小二乘法**（iteratively reweighted least squares, IRLS）[56]。

为了理解此迭代方法有效的原因，我们可以检验 $J''(\boldsymbol{x})$ 的梯度：

$$\frac{\partial J''(\boldsymbol{x})}{\partial\boldsymbol{x}}=\sum_{i=1}^{N}\boldsymbol{e}_i(\boldsymbol{x})^{\mathrm{T}}\boldsymbol{Y}_i(\boldsymbol{x}_{\text{op}})^{-1}\frac{\partial\boldsymbol{e}_i(\boldsymbol{x})}{\partial\boldsymbol{x}} \tag{5.73}$$

如果迭代收敛，将有 $\hat{\boldsymbol{x}}=\boldsymbol{x}_{\text{op}}$，因此

$$\left.\frac{\partial J'(\boldsymbol{x})}{\partial\boldsymbol{x}}\right|_{\hat{\boldsymbol{x}}}=\left.\frac{\partial J''(\boldsymbol{x})}{\partial\boldsymbol{x}}\right|_{\hat{\boldsymbol{x}}}=\boldsymbol{0} \tag{5.74}$$

可得两个系统具有相同的最小值。然而，要想清楚的是，如果我们最小化的是 $J''(\boldsymbol{x})$ 而不是 $J'(\boldsymbol{x})$，则到达最优值的路径将会有所不同。

举个例子，考虑上述柯西代价函数的情况。目标函数为

$$J'(\boldsymbol{x})=\frac{1}{2}\sum_{i=1}^{N}\alpha_i\ln\left(1+\boldsymbol{e}_i(\boldsymbol{x})^{\mathrm{T}}\boldsymbol{W}_i^{-1}\boldsymbol{e}_i(\boldsymbol{x})\right) \tag{5.75}$$

可得

$$\boldsymbol{Y}_i(\boldsymbol{x}_{\text{op}})^{-1}=\frac{\alpha_i}{u_i(\boldsymbol{x}_{\text{op}})}\left.\frac{\partial\rho}{\partial u_i}\right|_{u_i(\boldsymbol{x}_{\text{op}})}\boldsymbol{W}_i^{-1}=\frac{\alpha_i}{u_i(\boldsymbol{x}_{\text{op}})}\frac{u_i(\boldsymbol{x}_{\text{op}})}{1+u_i(\boldsymbol{x}_{\text{op}})^2}\boldsymbol{W}_i^{-1} \tag{5.76}$$

因此，

$$\boldsymbol{Y}_i(\boldsymbol{x}_{\text{op}})=\frac{1}{\alpha_i}\left(1+\boldsymbol{e}_i(\boldsymbol{x}_{\text{op}})^{\mathrm{T}}\boldsymbol{W}_i^{-1}\boldsymbol{e}_i(\boldsymbol{x}_{\text{op}})\right)\boldsymbol{W}_i \tag{5.77}$$

其中，我们看到的协方差矩阵只是原始（非鲁棒的）协方差矩阵 $\boldsymbol{W}_i$ 的膨胀版本；由于二次误差，即 $\boldsymbol{e}_i(\boldsymbol{x}_{\text{op}})^{\mathrm{T}}\boldsymbol{W}_i^{-1}\boldsymbol{e}_i(\boldsymbol{x}_{\text{op}})$ 的存在，它变得更大了。这是合理的，代价非常大的项通常被给予较小的置信度（例如，当存在外点的时候）。

最后，一个显而易见的问题是，在给定的情况下应该使用哪种鲁棒代价函数？虽然没有确切的答案，但巴伦（Barron）在他的工作中展示了一种方法[57]，可以将许多常见的鲁棒代价函数概括为一个参数化的族，然后在估计过程中自适应地确定参数（从而选择最佳的鲁棒代价函数）。杨珩等人也讨论了一种通过渐进非凸性（graduated non-convexity）来逐渐应用鲁棒代价函数的方法[58]，有助于防止 IRLS 陷入不理想的局部最小值，因为这些局部最小值通常是由鲁棒代价函数引入的。

## 5.5 协方差估计

在最大后验估计中，我们一直在处理下面形式的目标函数：

$$J(\boldsymbol{x})=\frac{1}{2}\sum_{i=1}^{N}\boldsymbol{e}_i(\boldsymbol{x})^{\mathrm{T}}\boldsymbol{W}_i^{-1}\boldsymbol{e}_i(\boldsymbol{x}) \tag{5.78}$$

其中，假设与输入和观测有关的协方差矩阵 $\boldsymbol{W}_i$ 是已知的。一个重要的问题是，如何知道这些协方差的大小？我们可以利用传感器的数据手册来预设，但通常的做法是通过反复的试验来调整。这也在一定程度上说明了为什么要使用鲁棒代价函数，因为一般来说定义的噪声模型并没有那么准确。

接下来的三个小节，我们将讨论几种根据数据估计协方差的方法，读者也可以参考文献 [51]。

### 5.5.1 有监督的协方差估计

也许估计协方差最简单的方法是使用带有真值的数据集。我们可以将其称为**有监督**的协方差估计，因为我们需要真值作为监督信号。参考 4.3.1 节中所描述的批量离散时间状态估计，我们的目标函数可以是如下形式：

$$J(\boldsymbol{x})=\frac{1}{2}\boldsymbol{e}_{v,0}(\boldsymbol{x})^{\mathrm{T}}\check{\boldsymbol{P}}^{-1}\boldsymbol{e}_{v,0}(\boldsymbol{x})+\frac{1}{2}\sum_{k=1}^{K}\boldsymbol{e}_{v,k}(\boldsymbol{x})^{\mathrm{T}}\boldsymbol{Q}^{-1}\boldsymbol{e}_{v,k}(\boldsymbol{x})+\frac{1}{2}\sum_{k=0}^{K}\boldsymbol{e}_{y,k}(\boldsymbol{x})^{\mathrm{T}}\boldsymbol{R}^{-1}\boldsymbol{e}_{y,k}(\boldsymbol{x}) \tag{5.79}$$

为了接下来的讨论需要，我们假设过程噪声协方差 $\boldsymbol{Q}$ 和观测噪声协方差 $\boldsymbol{R}$ 是常数。上述目标函数中的误差实际上可能是有偏的；让我们假设这些偏差也是常数。如果我们有一个训练数据集，来自一个与预期的应用场景非常相似的环境，并且对整个轨迹 $\boldsymbol{x}_{\text{true}}$ 有高质量（即非常低噪声）的真值，我们就可以估计过程项的偏差 $\bar{\boldsymbol{e}}_v$ 和观测项的偏差 $\bar{\boldsymbol{e}}_y$，如下所示：

$$\bar{\boldsymbol{e}}_v=\frac{1}{K}\sum_{k=1}^{K}\boldsymbol{e}_{v,k}(\boldsymbol{x}_{\text{true}}),\quad \bar{\boldsymbol{e}}_y=\frac{1}{K+1}\sum_{k=0}^{K}\boldsymbol{e}_{y,k}(\boldsymbol{x}_{\text{true}}) \tag{5.80}$$

其中，使用真值来评估误差 $\boldsymbol{e}_{v,k}(\boldsymbol{x}_{\text{true}})$ 和 $\boldsymbol{e}_{y,k}(\boldsymbol{x}_{\text{true}})$。注意，$\boldsymbol{e}_y$ 使用的数据点比 $\boldsymbol{e}_v$ 多一个，因此分母是 $K+1$ 而不是 $K$。

协方差应该代表一个量（减去其均值后）与其自身的外积的期值。因此，我们可以按如下方式估计 $\boldsymbol{Q}$ 和 $\boldsymbol{R}$:

$$\boldsymbol{Q}=\frac{1}{K-1}\sum_{k=1}^{K}(\boldsymbol{e}_{v,k}(\boldsymbol{x}_{\text{true}})-\bar{\boldsymbol{e}}_v)(\boldsymbol{e}_{v,k}(\boldsymbol{x}_{\text{true}})-\bar{\boldsymbol{e}}_v)^{\mathrm{T}} \tag{5.81a}$$

$$\boldsymbol{R}=\frac{1}{K}\sum_{k=0}^{K}(\boldsymbol{e}_{y,k}(\boldsymbol{x}_{\text{true}})-\bar{\boldsymbol{e}}_y)(\boldsymbol{e}_{y,k}(\boldsymbol{x}_{\text{true}})-\bar{\boldsymbol{e}}_y)^{\mathrm{T}} \tag{5.81b}$$

这里应用了贝塞尔修正，因为我们使用的是样本协方差（参见 2.1.8 节）。只要 $\bar{\boldsymbol{e}}_v$，$\bar{\boldsymbol{e}}_y$，$\boldsymbol{Q}$ 和 $\boldsymbol{R}$ 被估计出来，我们就可以在没有真值的真实场景中使用它们。在应用这种估计方法时，初始协方差 $\check{\boldsymbol{P}}_0$ 和初始状态均值上的偏差比较难以估计，因为每个轨迹只有一个数据点。此外，我们还可以使用其他的验证数据集，通过 5.1.2 节中的一致性检验方法来检验估计协方差的质量。

### 5.5.2 自适应协方差估计

我们已经在 5.2 节介绍了一种估计偏差的方法，即将未知偏差纳入主要的状态估计问题中。而另一种经典方法，称为**自适应估计**（adaptive estimation），也称为噪声自适应滤波（noise-adaptive filtering）。我们遵循文献 [27] 第 400 页的处理方法。该方法的主要思路是使用一个误差的尾迹窗口（trailing window）来估计偏差和协方差。这种方法通常与传统滤波器（即卡尔曼滤波或扩展卡尔曼滤波）一起使用，但也可以应用于滑动窗口滤波。与前一节的方法不同的是，该方法是无监督的，意味着我们不需要状态的任何真值。

考虑观测模型带有加性噪声的情况：

$$\boldsymbol{y}_k = \boldsymbol{g}(\boldsymbol{x}_k) + \boldsymbol{n}_k, \quad \boldsymbol{n}_k \sim \mathcal{N}(\boldsymbol{0}, \boldsymbol{R}_k) \tag{5.82}$$

其中，$\boldsymbol{g}(\cdot,\cdot)$ 是观测模型；$\boldsymbol{y}_k$ 是 $k$ 时刻的观测值；$\boldsymbol{n}_k$ 是观测噪声；$\boldsymbol{R}_k$ 是观测噪声协方差。那么在扩展卡尔曼滤波中的**更新量**（参见 4.2.3 节）是

$$\boldsymbol{e}_{y,k} = \boldsymbol{y}_k - \boldsymbol{g}(\check{\boldsymbol{x}}_k) \tag{5.83}$$

其中，$\check{\boldsymbol{x}}_k$ 是时刻 $k$ 的预测状态均值。该误差的均值有望接近零，协方差为

$$E[\boldsymbol{e}_{y,k}\boldsymbol{e}_{y,k}^{\mathrm{T}}] \approx \boldsymbol{G}_k \check{\boldsymbol{P}}_k \boldsymbol{G}_k^{\mathrm{T}} + \boldsymbol{R}_k \tag{5.84}$$

其中，$\check{\boldsymbol{P}}_k$ 是时刻 $k$ 的预测状态协方差；$\boldsymbol{G}_k$ 是时刻 $k$ 的观测模型的雅可比矩阵。式（5.84）中的协方差表达式是一个近似值，因为我们在计算中使用了线性化的观测模型。

使用从当前时刻开始的长度为 $L$ 的尾迹窗口，我们可以用样本均值和协方差来估计**更新量**的真实均值和协方差：

$$\bar{\boldsymbol{e}}_{y,k} = \frac{1}{L} \sum_{\ell=k-1}^{k-L} \boldsymbol{e}_{y,\ell} \tag{5.85a}$$

$$\boldsymbol{S}_{y,k} = \frac{1}{L-1} \sum_{\ell=k-1}^{k-L} (\boldsymbol{e}_{y,\ell} - \bar{\boldsymbol{e}}_{y,k})(\boldsymbol{e}_{y,\ell} - \bar{\boldsymbol{e}}_{y,k})^{\mathrm{T}} \tag{5.85b}$$

其中，在计算样本协方差时使用了贝塞尔修正（参见 2.1.8 节）。如果令 $\boldsymbol{S}_{y,k}$ 等于式（5.84），那么 $\boldsymbol{R}_k$ 可以重新表述为

$$\boldsymbol{R}_k = \boldsymbol{S}_{y,k} - \frac{1}{L} \sum_{\ell=k-1}^{k-L} \boldsymbol{G}_\ell \check{\boldsymbol{P}}_\ell \boldsymbol{G}_\ell^{\mathrm{T}} \tag{5.86}$$

其中，第二项去掉了来自状态估计的不确定性（在尾迹窗口上取平均），有望只留下观测噪声的估计。我们可以使用过去的数据计算协方差的估计 $\boldsymbol{R}_k$，并在扩展卡尔曼滤波中使用它。然后将尾迹窗口从一个时间步长滑动到下一个时间步长，从而在每个新的时间步长上更新估计量。

假设运动模型带有加性噪声，那么可以使用类似的方法来估计过程噪声协方差：

$$\boldsymbol{x}_k = \boldsymbol{f}(\boldsymbol{x}_{k-1}, \boldsymbol{u}_k) + \boldsymbol{w}_k, \quad \boldsymbol{w}_k \sim \mathcal{N}(\boldsymbol{0}, \boldsymbol{Q}_k) \tag{5.87}$$

其中，$\boldsymbol{f}(\cdot,\cdot)$ 是运动模型；$\boldsymbol{u}_k$ 是时刻 $k$ 的输入量；$\boldsymbol{w}_k$ 是过程噪声；$\boldsymbol{Q}_k$ 是过程噪声协方差。我们可以定义**预测误差** $\boldsymbol{e}_{v,k}$ 如下：

$$\boldsymbol{e}_{v,k} = \boldsymbol{f}(\hat{\boldsymbol{x}}_{k-1}, \boldsymbol{u}_k) - \hat{\boldsymbol{x}}_k \tag{5.88}$$

其中，$\hat{\boldsymbol{x}}_{k-1}$ 是时刻 $k-1$ 的修正后的状态估计；$\hat{\boldsymbol{x}}_k$ 是时刻 $k$ 的修正后的状态估计（参考文献 [27] 第 402 页）。预测误差的均值有望接近零，同时协方差为

$$E[\boldsymbol{e}_{v,k}\boldsymbol{e}_{v,k}^{\mathrm{T}}] \approx \boldsymbol{F}_{k-1}\hat{\boldsymbol{P}}_{k-1}\boldsymbol{F}_{k-1}^{\mathrm{T}} + \boldsymbol{Q}_k \tag{5.89}$$

其中，$\hat{\boldsymbol{P}}_{k-1}$ 是时刻 $k-1$ 的修正后的状态协方差；$\boldsymbol{F}_{k-1}$ 是时刻 $k-1$ 的运动模型的雅可比矩阵。同样地，式（5.89）中的协方差表达式是一个近似值，因为在计算中使用了线性化的运动模型。

使用从当前时刻开始的长度为 $L$ 的尾迹窗口，我们可以用样本均值和协方差来估计误差的真实均值和协方差：

$$\bar{\boldsymbol{e}}_{v,k} = \frac{1}{L}\sum_{\ell=k-1}^{k-L} \boldsymbol{e}_{v,\ell} \tag{5.90a}$$

$$\boldsymbol{S}_{v,k} = \frac{1}{L-1}\sum_{\ell=k-1}^{k-L} (\boldsymbol{e}_{v,\ell} - \bar{\boldsymbol{e}}_{v,k})(\boldsymbol{e}_{v,\ell} - \bar{\boldsymbol{e}}_{v,k})^{\mathrm{T}} \tag{5.90b}$$

如果令 $\boldsymbol{S}_{v,k}$ 等于式（5.89），那么 $\boldsymbol{Q}_k$ 可以重新表述为

$$\boldsymbol{Q}_k = \boldsymbol{S}_{v,k} - \frac{1}{L}\sum_{\ell=k-1}^{k-L} \boldsymbol{F}_{\ell-1}\hat{\boldsymbol{P}}_{\ell-1}\boldsymbol{F}_{\ell-1}^{\mathrm{T}} \tag{5.91}$$

其中，第二项去掉了来自状态估计的不确定性（在尾迹窗口上取平均），有望只留下过程噪声的估计。同样地，我们可以使用过去的数据计算协方差估计 $\boldsymbol{Q}_k$，并在扩展卡尔曼滤波中使用它。我们可以将尾迹窗口从一个时间步长滑动到下一个时间步长，从而在每个新的时间步长上更新估计量。

如果协方差 $\boldsymbol{R}_k$ 和 $\boldsymbol{Q}_k$ 变化不太快，并且在观测模型和运动模型中噪声是加性的，那么这种方法可以工作得很好。这种方法还假设滤波器在估计协方差之前表现良好（无偏且一致）。回顾 5.1.2 节中的归一化新息平方的检验方法，我们可以看到它与自适应协方差估计具有紧密的联系。自适应协方差估计试图根据归一化新息平方的检验方法使滤波器保持一致性。

### 5.5.3 最大后验估计中的协方差估计

另一种估计协方差的方法是将它们纳入最大后验估计问题本身中。我们可以修改最大后验估计问题为

$$\left\{\hat{\boldsymbol{x}}, \hat{\boldsymbol{M}}\right\} = \arg\underbrace{\min}_{\{\boldsymbol{x},\boldsymbol{M}\}} J'(\boldsymbol{x}, \boldsymbol{M}) \tag{5.92}$$

其中，$\boldsymbol{M} = \{\boldsymbol{M}_1, \cdots, \boldsymbol{M}_N\}$ 用来表示所有未知的协方差矩阵。这与本章前面所讨论的估计偏差的想法相似；我们简单地将 $\boldsymbol{M}_i$ 包含在待估计的一组变量中。为了使该方法奏效，我们需要

为估计器提供一些指导，形式是 $\boldsymbol{M}_i$ 可能取值的一个先验概率分布。如果没有先验，估计器可能会产生过拟合。

一个可能的先验是假设协方差服从**逆威沙特分布**（inverse-Wishart distribution），该分布是在实正定矩阵上定义的：

$$\boldsymbol{M}_i \sim \mathcal{W}^{-1}(\boldsymbol{\varPsi}_i, \nu_i) \tag{5.93}$$

其中，$\boldsymbol{\varPsi}_i > 0$ 为**尺度矩阵**；$\nu_i > M_i - 1$ 是**自由度**参数，并且 $M_i = \dim \boldsymbol{M}_i$。逆威沙特分布的概率密度函数具有下面的形式：

$$p(\boldsymbol{M}_i) = \frac{(\det \boldsymbol{\varPsi}_i)^{\frac{\nu_i}{2}}}{2^{\frac{\nu_i M_i}{2}} \Gamma_{M_i}(\frac{\nu_i}{2})} (\det \boldsymbol{M}_i)^{-\frac{\nu_i + M_i + 1}{2}} \exp\left(-\frac{1}{2}\mathrm{tr}\left(\boldsymbol{\varPsi}_i \boldsymbol{M}_i^{-1}\right)\right) \tag{5.94}$$

其中，$\Gamma_{M_i}(\cdot)$ 为**多元伽马函数**（multivariate Gamma function）。

在最大后验估计下，目标函数为

$$J'(\boldsymbol{x}, \boldsymbol{M}) = -\ln p(\boldsymbol{x}, \boldsymbol{M}|\boldsymbol{z}) \tag{5.95}$$

其中，$\boldsymbol{z} = (\boldsymbol{z}_1, \cdots, \boldsymbol{z}_N)$ 表示所有的输入和观测数据。对后验概率进行分解，可得

$$p(\boldsymbol{x}, \boldsymbol{M}|\boldsymbol{z}) = p(\boldsymbol{x}|\boldsymbol{z}, \boldsymbol{M}) p(\boldsymbol{M}) = \prod_{i=1}^{N} p(\boldsymbol{x}|\boldsymbol{z}_i, \boldsymbol{M}_i) p(\boldsymbol{M}_i) \tag{5.96}$$

并将其代入逆威沙特分布的概率密度函数中，目标函数变为

$$J'(\boldsymbol{x}, \boldsymbol{M}) = \frac{1}{2}\sum_{i=1}^{N}\left(\boldsymbol{e}_i(\boldsymbol{x})^{\mathrm{T}} \boldsymbol{M}_i^{-1} \boldsymbol{e}_i(\boldsymbol{x}) - \alpha_i \ln\det(\boldsymbol{M}_i^{-1}) + \mathrm{tr}(\boldsymbol{\varPsi}_i \boldsymbol{M}_i^{-1})\right) \tag{5.97}$$

其中，$\alpha_i = \nu_i + M_i + 2$，此处忽略了与 $\boldsymbol{x}$ 或 $\boldsymbol{M}$ 无关的项。

我们的策略①是首先找到最优的 $\boldsymbol{M}_i$（对 $\boldsymbol{x}$ 而言），以便从表达式中消除它。由于 ${\boldsymbol{M}_i}^{-1}$ 出现在上述表达式中，因此可以令 $J'(\boldsymbol{x}, \boldsymbol{M})$ 关于 ${\boldsymbol{M}_i}^{-1}$ 的导数为零，从而消除 $\boldsymbol{M}_i$。利用矩阵性质，可得

$$\frac{\partial J'(\boldsymbol{x}, \boldsymbol{M})}{\partial \boldsymbol{M}_i^{-1}} = \frac{1}{2}\boldsymbol{e}_i(\boldsymbol{x})\boldsymbol{e}_i(\boldsymbol{x})^{\mathrm{T}} - \frac{1}{2}\alpha_i \boldsymbol{M}_i + \frac{1}{2}\boldsymbol{\varPsi}_i \tag{5.98}$$

将上式设为零，可以解得 $\boldsymbol{M}_i$，我们有

$$\boldsymbol{M}_i(\boldsymbol{x}) = \underbrace{\frac{1}{\alpha_i}\boldsymbol{\varPsi}_i}_{\text{常量}} + \underbrace{\frac{1}{\alpha_i}\boldsymbol{e}_i(\boldsymbol{x})\boldsymbol{e}_i(\boldsymbol{x})^{\mathrm{T}}}_{\text{膨胀}} \tag{5.99}$$

这是一个非常有趣的表达式。它展示了最优估计方差 $\boldsymbol{M}_i(\boldsymbol{x})$ 从常量处开始膨胀，膨胀的大小与估计中的残差 $\boldsymbol{e}_i(\boldsymbol{x})$ 有关。这种膨胀的形式与上一节 M 估计中式（5.77）的 IRLS 协方差相似，意味着它们之间存在着联系。

为了更清晰地展示它们之间的联系，我们将最优估计 $\boldsymbol{M}_i(\boldsymbol{x})$ 代入 $J'(\boldsymbol{x}, \boldsymbol{M})$ 中，从而消掉 $\boldsymbol{M}_i(\boldsymbol{x})$。删去不依赖 $\boldsymbol{x}$ 的项后，最后得到的表达式为

$$J'(\boldsymbol{x}) = \frac{1}{2}\sum_{i=1}^{N} \alpha_i \ln\left(1 + \boldsymbol{e}_i(\boldsymbol{x})^{\mathrm{T}} \boldsymbol{\varPsi}_i^{-1} \boldsymbol{e}_i(\boldsymbol{x})\right) \tag{5.100}$$

① 另一个策略是在开始的时候就从 $p(\boldsymbol{x}, \boldsymbol{M}|\boldsymbol{z})$ 中边缘化掉 $\boldsymbol{M}$，这同样可以得到类似于柯西的表达式[59]。

当尺度矩阵为通常的（非鲁棒的）协方差矩阵，即 $\boldsymbol{\varPsi}_i = \boldsymbol{W}_i$ 时，恰好得到了上一节讨论过的柯西代价函数的形式。因此，原始定义的问题（5.92）可以转化为使用 IRLS 的 M 估计问题。

式（5.99）中的膨胀协方差 $\boldsymbol{M}_i(\boldsymbol{x})$ 与式（5.77）中的 $\boldsymbol{Y}_i(\boldsymbol{x})$ 并不完全相同，虽然它们看起来非常相似。这是因为 $\boldsymbol{M}_i(\boldsymbol{x})$ 是最小化目标函数 $J'(\boldsymbol{x})$ 所需的协方差，而 $\boldsymbol{Y}_i(\boldsymbol{x})$ 则是我们在迭代最小化 $J''(\boldsymbol{x})$ 时所用到的近似。在问题收敛的情况下（如 $\hat{\boldsymbol{x}} = \boldsymbol{x}_{\mathrm{op}}$），这两种方法有相同的梯度，因此最小值也相同，虽然它们以稍微不同的途径取得了这个结果。

在这个特定的情况下，协方差估计方法等效于 M 估计问题，这是一个相当不错的结论。这表明，我们可以从最大后验估计的角度来解释鲁棒估计方法，而不是简单地将鲁棒估计方法作为一个补救的方案。可能更为普遍的情况是，所有鲁棒代价函数都源于对协方差矩阵 $p(\boldsymbol{M})$ 的先验分布的特定选择。感兴趣的读者可以参考文献 [60] 进行深入的研究。

## 5.6 总 结

本章的主要结论是：

(1) 现实世界并不如理论那么理想（存在偏差和外点），这使得实际的估计问题与本书中纯数学的推导结果不同。一些非理想因素是导致实际应用中误差的主要原因。

(2) 在某些情况下，我们可以将估计的偏差叠加到估计框架中，而在有些情况不能这么做。这是由问题的能观性来决定的。

(3) 在大多数实际的估计问题中，外点是真实存在的，因此有必要使用某种形式的预处理（例如 RANSAC）及鲁棒代价函数。

(4) 观测协方差可以通过数据进行有效估计，而不必通过试验来反复调整。

下一章我们将介绍如何处理三维世界中的状态估计问题。

## 5.7 习 题

1. 考虑离散时间系统：

$$x_k = x_{k-1} + v_k + \bar{v}_k$$
$$d_k = x_k$$

其中，$\bar{v}_k$ 是未知的输入偏差。请写出增广状态系统，并确定该系统是否能观。

2. 考虑离散时间系统：

$$x_k = x_{k-1} + v_{k-1}$$
$$v_k = v_{k-1} + a_k$$
$$d_{1,k} = x_k$$
$$d_{2,k} = x_k + \bar{d}_k$$

其中，$\bar{d}_k$ 是未知的输入偏差（只存在于其中一个观测模型中）。请写出增广状态系统并确定该系统是否能观。

3. 假设每个点为内点的概率为 $w = 0.1$，如果想使得选择一个内点子集（$n = 3$）的概率为 $p = 0.999$，需要进行多少次 RANSAC 迭代？

4. 假设每个点为内点的概率为 $w = 0.75$，如果想使得选择一个内点子集（$n = 2$）的概率为 $p = 0.99999$，需要进行多少次 RANSAC 迭代？
5. 下面的鲁棒代价函数与杰曼-麦克卢尔代价函数相比有何优势？

$$\rho(u) = \begin{cases} \frac{1}{2}u^2, & u^2 \leqslant 1 \\ \frac{2u^2}{1+u^2} - \frac{1}{2}, & u^2 \geqslant 1 \end{cases}$$

# 第 6 章　变分推断

在本书的第一部分，我们学习了经典的线性高斯状态估计及其向非线性运动模型和观测模型的一些常见扩展，还探讨了几种不同的偏差和协方差的估计方法。我们的研究采用了“自下而上”的方式，即从线性高斯估计入手，将经典结果**扩展**到更复杂的情况。在本章关于**变分推断**的内容中，我们将以“自上而下”的视角重新审视估计问题。本章将从一个单一的观测似然目标开始，并展示如何利用变分推断来进行非线性状态估计，并且对包括系统矩阵、偏差、协方差等在内的参数进行识别。换句话说，变分推断提供了一个统一的框架，可以通过该框架来解释和理解前面章节中的许多结论。

## 6.1　简　介

如果采用贝叶斯的视角[15]，我们的目标是基于一些观测值 $\boldsymbol{z}$ 来改进先验 $p(\boldsymbol{x})$，从而计算出完整的后验 $p(\boldsymbol{x}|\boldsymbol{z})$，而不仅仅是计算点估计（point estimate）：

$$p(\boldsymbol{x}|\boldsymbol{z}) = \frac{p(\boldsymbol{z}|\boldsymbol{x})p(\boldsymbol{x})}{p(\boldsymbol{z})} = \frac{p(\boldsymbol{x},\boldsymbol{z})}{p(\boldsymbol{z})} \tag{6.1}$$

对于非线性观测模型 $p(\boldsymbol{z}|\boldsymbol{x})$，完整的后验并不是高斯概率密度函数。因此，我们通常倾向于找到贝叶斯后验的最大值，这称为最大后验估计。在本书的前几章中已多次提及。

在本章中，我们关注的方法不再是寻找贝叶斯后验的最大值，而是要找到一个在均值和（逆）协方差矩阵上与完整后验最接近的高斯分布，即在库尔贝克－莱布勒散度意义上与其最接近的高斯近似[17]（见 2.1.6 节）。这种方法被称为**变分推断**（variational inference）或**变分贝叶斯**（variational Bayes）[18,61]。由于该方法限制在后验的高斯近似上，因此该方法也被称为**高斯变分推断**（Gaussian variational inference，GVI）。在批量估计问题中，状态维数 $N$ 可能非常大，因此高斯变分推断并不常用。我们将讨论高斯变分推断在大规模估计问题上的可行性。具体来说，下面将展示如何利用可以被因式分解的状态和观测的联合似然概率密度函数：

$$p(\boldsymbol{x},\boldsymbol{z}) = \prod_{k=1}^{K} p(\boldsymbol{x}_k,\boldsymbol{z}_k) \tag{6.2}$$

其中，$\boldsymbol{x}_k$ 是变量 $\boldsymbol{x}$ 的一个子集。这种因式分解在现实世界的机器人问题中非常常见，例如，由于每个观测通常只涉及状态变量的一个子集，因此我们在前几章的最大后验估计中已经利用了这种因式分解来实现高效地求解。我们也可以将这种思路扩展到高斯变分推断中，这是因为当似然函数可以因式分解时，逆协方差矩阵恰好是**精确稀疏**（exactly sparse）的。更重要的是，实际上不需要计算整个协方差矩阵（通常是稠密的，维数为 $N \times N$）。作为附加成果，我们还将展示如何使用容积点（cubature point，例如西格玛点）进行一些必要的计算，从而实现高效的、无导数的大规模批量估计。

本章内容主要基于文献 [62] 的工作。文献 [63] 在机器学习中也讨论了类似的高斯变分推断方法。他们从相同的库尔贝克-莱布勒散度出发，展示了如何计算该泛函相对于高斯参数的导数。后续他们将该方法应用于高斯过程回归问题[64]，其中批量轨迹估计可以视为高斯变分推断的一种特殊情况[38,50]。文献 [65–70] 在非线性平滑和非线性滤波的情况下讨论了与高斯变分推断非常相似的方法；其中一些工作还对运动模型和观测模型进行参数估计，我们也将讨论这一点，因为它能完美融入变分方法中[71–72]。这些工作从相同的库尔贝克-莱布勒散度出发，展示了如何利用联合似然概率密度函数的因式分解，并讨论了如何应用西格玛点[65–66,69] 或粒子[70] 来避免计算导数。文献 [68] 是一篇关于滤波的文章，遵循与本章相似的理念，来对以迭代来改进的后验分布进行统计线性化。

## 6.2 高斯变分推断

本节定义了待求解的问题，并提出了一个通用的解决方案。如何利用特定应用的结构将在 6.3 节中讨论。我们首先定义需要最小化的损失泛函，然后推导出一个优化方案，以便针对高斯参数最小化该泛函。值得一提的是，此优化方案与**自然梯度下降**（natural gradient descent, NGD）是等价的。接着，我们将优化方案转换成另一种形式，以便利用特定应用的结构，并最终展示在线性情况下应用该方案所得的结果等价于经典的批量优化结果。

### 6.2.1 损失泛函

在变分推断中[18]，我们通常最小化真实贝叶斯后验 $p(\boldsymbol{x}|\boldsymbol{z})$ 与后验近似 $q(\boldsymbol{x})$ 之间的库尔贝克-莱布勒散度[17]。后验近似是一个多元高斯分布，其概率密度函数为

$$q(\boldsymbol{x}) = \mathcal{N}(\boldsymbol{\mu}, \boldsymbol{\Sigma}) = \frac{1}{\sqrt{(2\pi)^N \det \boldsymbol{\Sigma}}} \exp\left(-\frac{1}{2}(\boldsymbol{x}-\boldsymbol{\mu})^{\mathrm{T}}\boldsymbol{\Sigma}^{-1}(\boldsymbol{x}-\boldsymbol{\mu})\right) \tag{6.3}$$

对于实际的机器人和计算机视觉问题，状态的维数 $N$ 可能非常大，因此如何对大规模问题进行高效的高斯变分推断就变得尤为重要。

由于库尔贝克-莱布勒散度是非对称的，因此可以选择使用 $\mathrm{KL}(p||q)$ 或 $\mathrm{KL}(q||p)$ 进行推断。文献 [18] 第 467 页很好地讨论了这两个泛函之间的差异。前者表达式为

$$\begin{aligned}\mathrm{KL}(p||q) &= -\int_{-\infty}^{\infty} p(\boldsymbol{x}|\boldsymbol{z}) \ln\left(\frac{q(\boldsymbol{x})}{p(\boldsymbol{x}|\boldsymbol{z})}\right) \mathrm{d}\boldsymbol{x} \\ &= E_p\left[\ln p(\boldsymbol{x}|\boldsymbol{z}) - \ln q(\boldsymbol{x})\right]\end{aligned} \tag{6.4}$$

而后者表达式为

$$\mathrm{KL}(q||p) = -\int_{-\infty}^{\infty} q(\boldsymbol{x}) \ln\left(\frac{p(\boldsymbol{x}|\boldsymbol{z})}{q(\boldsymbol{x})}\right) \mathrm{d}\boldsymbol{x}$$

$$= E_q \left[\ln q(\boldsymbol{x}) - \ln p(\boldsymbol{x}|\boldsymbol{z})\right] \tag{6.5}$$

其中，$\boldsymbol{x} \in \mathbb{R}^N$ 是根据观测 $\boldsymbol{z} \in \mathbb{R}^D$ 推断出的隐状态（latent state）；$E[\cdot]$ 是期望算子，其下标表示在哪种密度上计算期望。这里我们选择 $\mathrm{KL}(q||p)$，主要在于此时的期望是在高斯估计 $q(\boldsymbol{x})$ 上计算的，而不是在真实后验 $p(\boldsymbol{x}|\boldsymbol{z})$ 上计算的。我们将利用这一事实设计一个高效的迭代方案，使得 $q(\boldsymbol{x})$ 最佳地逼近后验。此外，选择 $\mathrm{KL}(q||p)$ 还可以自然地引导我们对系统参数进行估计[71]，本章将在 6.4.2 节讨论这个问题。

此处选择的库尔贝克-莱布勒散度可以写成

$$\mathrm{KL}(q||p) = E_q[-\ln p(\boldsymbol{x}, \boldsymbol{z})] \underbrace{- \frac{1}{2}\ln\left((2\pi e)^N \det \boldsymbol{\Sigma}\right)}_{\text{熵}} + \underbrace{\ln p(\boldsymbol{z})}_{\text{常数}} \tag{6.6}$$

其中，用到了高斯分布的**熵**表达式 $-\int q(\boldsymbol{x}) \ln q(\boldsymbol{x}) \mathrm{d}\boldsymbol{x}$，详见 2.2.10 节。注意最后一项是常数（即它不依赖 $q(\boldsymbol{x})$），我们可以定义关于 $q(\boldsymbol{x})$ 的损失泛函：

$$V(q) = E_q[\phi(\boldsymbol{x})] + \frac{1}{2}\ln\left(\det(\boldsymbol{\Sigma}^{-1})\right) \tag{6.7}$$

其中，$\phi(\boldsymbol{x}) = -\ln p(\boldsymbol{x}, \boldsymbol{z})$。在式（6.7）中，我们有意地将式（6.6）中的协方差矩阵 $\boldsymbol{\Sigma}$ 改写为逆协方差矩阵 $\boldsymbol{\Sigma}^{-1}$（也称为**信息矩阵**或**精度矩阵**），因为后者具有前者所不具备的稀疏性；我们将使用 $\boldsymbol{\mu}$ 和 $\boldsymbol{\Sigma}^{-1}$ 作为 $q(\boldsymbol{x})$ 的完整描述。损失泛函 $V(q)$ 的第一项表示解与观测的契合程度，而第二项是防止生成过于确定的正则化项；这两项之间还可以设置相对权重（即元参数）从而针对其他度量的表现进行调节，尽管这种形式就不再是真正的库尔贝克-莱布勒散度。值得一提的是，$V(q)$ 就是**证据下界**（evidence lower bound，ELBO）的负值，我们将对其进行最小化。

### 6.2.2　优化方案

我们的下一个任务是定义一个优化方案，以最小化关于均值 $\boldsymbol{\mu}$ 和逆协方差矩阵 $\boldsymbol{\Sigma}^{-1}$ 的损失泛函 $V(q)$。这里采用的方法与类牛顿优化器类似。

经过一些微积分运算后，损失泛函 $V(q)$ 关于高斯参数 $\boldsymbol{\mu}$ 和 $\boldsymbol{\Sigma}^{-1}$ 的导数[63] 如下：

$$\frac{\partial V(q)}{\partial \boldsymbol{\mu}^{\mathrm{T}}} = \boldsymbol{\Sigma}^{-1} E_q[(\boldsymbol{x} - \boldsymbol{\mu})\phi(\boldsymbol{x})] \tag{6.8a}$$

$$\frac{\partial^2 V(q)}{\partial \boldsymbol{\mu}^{\mathrm{T}} \partial \boldsymbol{\mu}} = \boldsymbol{\Sigma}^{-1} E_q[(\boldsymbol{x} - \boldsymbol{\mu})(\boldsymbol{x} - \boldsymbol{\mu})^{\mathrm{T}}\phi(\boldsymbol{x})]\boldsymbol{\Sigma}^{-1} - \boldsymbol{\Sigma}^{-1} E_q[\phi(\boldsymbol{x})] \tag{6.8b}$$

$$\frac{\partial V(q)}{\partial \boldsymbol{\Sigma}^{-1}} = -\frac{1}{2} E_q[(\boldsymbol{x} - \boldsymbol{\mu})(\boldsymbol{x} - \boldsymbol{\mu})^{\mathrm{T}}\phi(\boldsymbol{x})] + \frac{1}{2}\boldsymbol{\Sigma} E_q[\phi(\boldsymbol{x})] + \frac{1}{2}\boldsymbol{\Sigma} \tag{6.8c}$$

其中，比较式（6.8b）和式（6.8c），可得

$$\frac{\partial^2 V(q)}{\partial \boldsymbol{\mu}^{\mathrm{T}} \partial \boldsymbol{\mu}} = \boldsymbol{\Sigma}^{-1} - 2\boldsymbol{\Sigma}^{-1} \frac{\partial V(q)}{\partial \boldsymbol{\Sigma}^{-1}} \boldsymbol{\Sigma}^{-1} \tag{6.9}$$

这个关系对于定义我们的优化方案至关重要。

为了找到最值，可以尝试将一阶导数设为零，但在通常情况下，无法以解析形式求解出 $\boldsymbol{\mu}$ 和 $\boldsymbol{\Sigma}^{-1}$。因此，我们将定义一个迭代更新方案。首先写出 $V(q)$ 的泰勒级数展开式，该展开式对

$\delta\boldsymbol{\mu}$ 是二阶的，而对 $\delta\boldsymbol{\Sigma}^{-1}$ 是一阶的（因为二阶展开式的计算较为复杂，并且协方差矩阵已经是关于 $\boldsymbol{x}$ 的二次项）：

$$V\left(q^{(i+1)}\right) \approx V\left(q^{(i)}\right) + \left(\left.\frac{\partial V(q)}{\partial \boldsymbol{\mu}^{\mathrm{T}}}\right|_{q^{(i)}}\right)^{\mathrm{T}} \delta\boldsymbol{\mu} + \frac{1}{2}\delta\boldsymbol{\mu}^{\mathrm{T}}\left(\left.\frac{\partial^2 V(q)}{\partial \boldsymbol{\mu}^{\mathrm{T}}\partial\boldsymbol{\mu}}\right|_{q^{(i)}}\right)\delta\boldsymbol{\mu} + \operatorname{tr}\left(\left.\frac{\partial V(q)}{\partial \boldsymbol{\Sigma}^{-1}}\right|_{q^{(i)}} \delta\boldsymbol{\Sigma}^{-1}\right) \tag{6.10}$$

其中，$\delta\boldsymbol{\mu} = \boldsymbol{\mu}^{(i+1)} - \boldsymbol{\mu}^{(i)}$；$\delta\boldsymbol{\Sigma}^{-1} = \left(\boldsymbol{\Sigma}^{-1}\right)^{(i+1)} - \left(\boldsymbol{\Sigma}^{-1}\right)^{(i)}$；$i$ 是迭代索引。现在需要找到合适的 $\delta\boldsymbol{\mu}$ 和 $\delta\boldsymbol{\Sigma}^{-1}$，使得 $V(q)$ 变得更小。

对于逆协方差矩阵 $\boldsymbol{\Sigma}^{-1}$，如果将式（6.9）中的导数 $\dfrac{\partial V(q)}{\partial \boldsymbol{\Sigma}^{-1}}$ 设为零（以求得最值），可得

$$\boldsymbol{\Sigma}^{-1^{(i+1)}} = \left.\frac{\partial^2 V(q)}{\partial \boldsymbol{\mu}^{\mathrm{T}}\partial\boldsymbol{\mu}}\right|_{q^{(i)}} \tag{6.11}$$

其中，我们将迭代索引 $(i+1)$ 放在等式左侧，$(i)$ 放在等式右侧，以定义一个迭代更新。再次将式（6.9）代入等式右侧，此时对逆协方差矩阵的更新可以写成

$$\delta\boldsymbol{\Sigma}^{-1} = -2\left(\boldsymbol{\Sigma}^{-1}\right)^{(i)} \left.\frac{\partial V(q)}{\partial \boldsymbol{\Sigma}^{-1}}\right|_{q^{(i)}} \left(\boldsymbol{\Sigma}^{-1}\right)^{(i)} \tag{6.12}$$

该方案的收敛性将在下文讨论①。

对于均值 $\boldsymbol{\mu}$，我们将借鉴非线性高斯批量估计中的最大后验估计，并采用类牛顿的更新（见 4.3.1 节）来求解。由于式（6.10）表示的损失泛函关于 $\delta\boldsymbol{\mu}$ 是局部二次的，因此我们对 $\delta\boldsymbol{\mu}$ 求导并将其导数设为零（以找到最小值）。可以得到一个关于 $\delta\boldsymbol{\mu}$ 的线性方程组：

$$\underbrace{\left(\left.\frac{\partial^2 V(q)}{\partial \boldsymbol{\mu}^{\mathrm{T}}\partial\boldsymbol{\mu}}\right|_{q^{(i)}}\right)}_{\left(\boldsymbol{\Sigma}^{-1}\right)^{(i+1)}} \delta\boldsymbol{\mu} = -\left(\left.\frac{\partial V(q)}{\partial \boldsymbol{\mu}^{\mathrm{T}}}\right|_{q^{(i)}}\right) \tag{6.13}$$

其中，等式左边再次出现了 $\boldsymbol{\Sigma}^{-1}$。

将我们选择的 $\delta\boldsymbol{\mu}$ 和 $\delta\boldsymbol{\Sigma}^{-1}$ 代入式（6.10）中，可得

$$\begin{aligned} V\left(q^{(i+1)}\right) - V\left(q^{(i)}\right) \approx & -\frac{1}{2}\underbrace{\delta\boldsymbol{\mu}^{\mathrm{T}}\left(\boldsymbol{\Sigma}^{-1}\right)^{(i+1)}\delta\boldsymbol{\mu}}_{\substack{\geqslant 0 \\ \text{当且仅当 } \delta\boldsymbol{\mu}=\mathbf{0}\text{，等号成立}}} - \\ & \frac{1}{2}\underbrace{\operatorname{tr}\left(\boldsymbol{\Sigma}^{(i)}\,\delta\boldsymbol{\Sigma}^{-1}\,\boldsymbol{\Sigma}^{(i)}\,\delta\boldsymbol{\Sigma}^{-1}\right)}_{\substack{\geqslant 0 \\ \text{当且仅当 } \delta\boldsymbol{\Sigma}^{-1}=\boldsymbol{O}\text{，等号成立}}} \leqslant 0 \end{aligned} \tag{6.14}$$

只要 $\delta\boldsymbol{\mu}$ 和 $\delta\boldsymbol{\Sigma}^{-1}$ 不同时为零，损失 $V(q)$ 就会减小；当关于 $\boldsymbol{\mu}$ 和 $\boldsymbol{\Sigma}^{-1}$ 的导数不同时为零时（二者同时为零仅发生在 $V(q)$ 的局部最小值处），这一结论成立。这只能保证结果局部收敛，因为表达式是基于式（6.10）中的泰勒级数展开式推导而来的。

① 值得一提的是，式（6.8c）忽略了 $\boldsymbol{\Sigma}^{-1}$ 实际上是对称矩阵这一事实。文献 [73] 讨论了如何在考虑矩阵对称性的情况下计算函数关于矩阵的导数；相关的结论也可以在附录 A.2.4 中找到。他们指出，如果 $\boldsymbol{A}$ 是函数关于对称矩阵 $\boldsymbol{B}$ 的导数（未考虑对称性时），那么 $\boldsymbol{A} + \boldsymbol{A}^{\mathrm{T}} - \boldsymbol{A} \circ \boldsymbol{I}$ 是考虑了对称性的导数，其中 $\circ$ 是阿达马积（Hadamard product），$\boldsymbol{I}$ 是单位矩阵。不难看出，在 $\boldsymbol{A}$ 是对称矩阵的情况下，当且仅当 $\boldsymbol{A} + \boldsymbol{A}^{\mathrm{T}} - \boldsymbol{A} \circ \boldsymbol{I} = \boldsymbol{O}$ 时，有 $\boldsymbol{A} = \boldsymbol{O}$。因此，如果我们想通过将导数设为零来找到最值，在 $\boldsymbol{A}$ 为对称矩阵时只需令 $\boldsymbol{A} = \boldsymbol{O}$，并且考虑到了 $\boldsymbol{B}$ 的对称性。

可以观察到

$$\operatorname{tr}\left(\boldsymbol{\Sigma}^{(i)}\,\delta\boldsymbol{\Sigma}^{-1}\,\boldsymbol{\Sigma}^{(i)}\,\delta\boldsymbol{\Sigma}^{-1}\right) \geqslant 0 \tag{6.15}$$

中的等号当且仅当 $\delta\boldsymbol{\Sigma}^{-1}=\boldsymbol{O}$ 时成立，这是式（6.14）表示的局部收敛保证的一部分。为了证明这一点，我们仅需证明对于实正定矩阵 $\boldsymbol{A}$ 和实对称矩阵 $\boldsymbol{B}$，如果有

$$\operatorname{tr}(\boldsymbol{ABAB}) \geqslant 0 \tag{6.16}$$

当且仅当 $\boldsymbol{B}=\boldsymbol{O}$ 时，等号成立。上式可以写为

$$\operatorname{tr}(\boldsymbol{ABAB}) = \operatorname{vec}(\boldsymbol{ABA})^{\mathrm{T}}\operatorname{vec}(\boldsymbol{B}) = \operatorname{vec}(\boldsymbol{B})^{\mathrm{T}}\underbrace{(\boldsymbol{A}\otimes\boldsymbol{A})}_{>0}\operatorname{vec}(\boldsymbol{B}) \geqslant 0 \tag{6.17}$$

其中，利用了向量化算子 $\operatorname{vec}(\cdot)$ 和克罗内克积 $\otimes$ 的基本性质（见附录 A.1.14）。由于 $\boldsymbol{A}$ 是实对称矩阵，因此中间的矩阵是对称正定的。那么，该二次型是半正定的，当且仅当 $\operatorname{vec}(\boldsymbol{B})=\boldsymbol{0}$（即 $\boldsymbol{B}=\boldsymbol{O}$）时等号成立。

### 6.2.3 用自然梯度下降解释

我们可以将对 $\delta\boldsymbol{\mu}$ 和 $\delta\boldsymbol{\Sigma}^{-1}$ 的更新解释为自然梯度下降[74-75]，该方法利用信息几何（information geometry）使得更新比常规的梯度下降更高效。为了理解这一点，我们使用向量化 $\operatorname{vec}(\cdot)$ 将变分参数堆叠成单列 $\boldsymbol{\alpha}$，向量化通过堆叠矩阵的列将矩阵转换为向量（参见附录 A.1.14）：

$$\boldsymbol{\alpha} = \begin{bmatrix}\boldsymbol{\mu}\\ \operatorname{vec}\left(\boldsymbol{\Sigma}^{-1}\right)\end{bmatrix},\quad \delta\boldsymbol{\alpha} = \begin{bmatrix}\delta\boldsymbol{\mu}\\ \operatorname{vec}\left(\delta\boldsymbol{\Sigma}^{-1}\right)\end{bmatrix}$$
$$\frac{\partial V(q)}{\partial\boldsymbol{\alpha}^{\mathrm{T}}} = \begin{bmatrix}\frac{\partial V(q)}{\partial\boldsymbol{\mu}^{\mathrm{T}}}\\ \operatorname{vec}\left(\frac{\partial V(q)}{\partial\boldsymbol{\Sigma}^{-1}}\right)\end{bmatrix} \tag{6.18}$$

最后一个表达式是损失泛函关于 $\boldsymbol{\alpha}$ 的梯度。

自然梯度下降的更新可以定义为

$$\delta\boldsymbol{\alpha} = -\boldsymbol{\mathcal{I}}_{\boldsymbol{\alpha}}^{-1}\frac{\partial V(q)}{\partial\boldsymbol{\alpha}^{\mathrm{T}}} \tag{6.19}$$

其中，$\boldsymbol{\mathcal{I}}_{\boldsymbol{\alpha}}$ 是变分参数 $\boldsymbol{\alpha}$ 的费希尔信息矩阵[76]，其表达式可以在附录 C.1 中找到。代入相关公式，可得

$$\begin{bmatrix}\delta\boldsymbol{\mu}\\ \operatorname{vec}\left(\delta\boldsymbol{\Sigma}^{-1}\right)\end{bmatrix} = -\begin{bmatrix}\boldsymbol{\Sigma}^{-1} & \boldsymbol{O}\\ \boldsymbol{O} & \frac{1}{2}(\boldsymbol{\Sigma}\otimes\boldsymbol{\Sigma})\end{bmatrix}^{-1}\begin{bmatrix}\frac{\partial V(q)}{\partial\boldsymbol{\mu}^{\mathrm{T}}}\\ \operatorname{vec}\left(\frac{\partial V(q)}{\partial\boldsymbol{\Sigma}^{-1}}\right)\end{bmatrix} \tag{6.20}$$

其中，$\otimes$ 是克罗内克积（参见附录 A.1.14）。提取各个更新，可得

$$\delta\boldsymbol{\mu} = -\boldsymbol{\Sigma}\frac{\partial V(q)}{\partial\boldsymbol{\mu}^{\mathrm{T}}} \tag{6.21a}$$

$$\operatorname{vec}\left(\delta\boldsymbol{\Sigma}^{-1}\right) = -2\left(\boldsymbol{\Sigma}^{-1}\otimes\boldsymbol{\Sigma}^{-1}\right)\operatorname{vec}\left(\frac{\partial V(q)}{\partial\boldsymbol{\Sigma}^{-1}}\right) \tag{6.21b}$$

最后，利用 $\mathrm{vec}(\boldsymbol{ABC}) = (\boldsymbol{C}^{\mathrm{T}} \otimes \boldsymbol{A})\,\mathrm{vec}(\boldsymbol{B})$，可得

$$\boldsymbol{\Sigma}^{-1}\,\delta\boldsymbol{\mu} = -\frac{\partial V(q)}{\partial \boldsymbol{\mu}^{\mathrm{T}}} \tag{6.22a}$$

$$\delta\boldsymbol{\Sigma}^{-1} = -2\boldsymbol{\Sigma}^{-1}\frac{\partial V(q)}{\partial \boldsymbol{\Sigma}^{-1}}\boldsymbol{\Sigma}^{-1} \tag{6.22b}$$

这与前一小节中的更新相同。

### 6.2.4 斯坦引理

虽然我们的迭代方案可以直接使用，但对于大规模问题来说计算复杂度很高（每次迭代的时间复杂度为 $O(N^3)$）。下一节将展示如何利用稀疏性来提高计算效率。为此，我们需要利用斯坦引理[77]（见 2.2.16 节）将更新方程改写成稍微不同的形式。

我们可以将斯坦引理中的式（2.125）和式（2.126）应用到优化方案式（6.11）和式（6.13）中，将迭代更新紧凑地表示为

$$\left(\boldsymbol{\Sigma}^{-1}\right)^{(i+1)} = E_{q^{(i)}}\left[\frac{\partial^2}{\partial \boldsymbol{x}^{\mathrm{T}}\partial \boldsymbol{x}}\phi(\boldsymbol{x})\right] \tag{6.23a}$$

$$\left(\boldsymbol{\Sigma}^{-1}\right)^{(i+1)}\,\delta\boldsymbol{\mu} = -E_{q^{(i)}}\left[\frac{\partial}{\partial \boldsymbol{x}^{\mathrm{T}}}\phi(\boldsymbol{x})\right] \tag{6.23b}$$

$$\boldsymbol{\mu}^{(i+1)} = \boldsymbol{\mu}^{(i)} + \delta\boldsymbol{\mu} \tag{6.23c}$$

文献 [78] 在高斯变分平滑中也以这种方式使用了斯坦引理。通常情况下，对于大规模问题来说这种迭代方案的计算复杂度仍然很高，因此我们将尝试利用结构来提升高斯变分推断的效率。由于只需要 $\phi(\boldsymbol{x})$ 的一阶和二阶导数，因此我们可以舍弃任意常数项（即 $p(\boldsymbol{x},\boldsymbol{z})$ 的归一化常数）。

值得注意的是，如果我们仅使用 $q(\boldsymbol{x})$ 的均值来近似期望，那么以式（6.23）表示的优化方案与 4.3.1 节中的最大后验估计方法（使用拉普拉斯协方差近似）是一致的。因此，使用拉普拉斯协方差近似的最大后验估计方法可以视为本章讨论的更一般方法的一种近似。

此外，我们可以将斯坦引理与式（6.8a）、式（6.8b）和式（6.8c）中的损失泛函的导数结合起来，得到以下恒等式：

$$\frac{\partial}{\partial \boldsymbol{\mu}^{\mathrm{T}}}E_q[f(\boldsymbol{x})] \equiv E_q\left[\frac{\partial f(\boldsymbol{x})}{\partial \boldsymbol{x}^{\mathrm{T}}}\right] \tag{6.24a}$$

$$\begin{aligned}\frac{\partial^2}{\partial \boldsymbol{\mu}^{\mathrm{T}}\partial \boldsymbol{\mu}}E_q[f(\boldsymbol{x})] &\equiv E_q\left[\frac{\partial^2 f(\boldsymbol{x})}{\partial \boldsymbol{x}^{\mathrm{T}}\partial \boldsymbol{x}}\right] \\ &\equiv -2\boldsymbol{\Sigma}^{-1}\left(\frac{\partial}{\partial \boldsymbol{\Sigma}^{-1}}E_q[f(\boldsymbol{x})]\right)\boldsymbol{\Sigma}^{-1}\end{aligned} \tag{6.24b}$$

这些恒等式在之后会用到。

为了证明式（6.24a），我们可以根据式（6.8a）写出：

$$\frac{\partial}{\partial \boldsymbol{\mu}^{\mathrm{T}}}E_q[f(\boldsymbol{x})] = \boldsymbol{\Sigma}^{-1}E_q[(\boldsymbol{x}-\boldsymbol{\mu})f(\boldsymbol{x})] \tag{6.25}$$

这一结果同样可以在文献 [63] 中找到。应用斯坦引理对应的式（2.125），可得到期望的结果：

$$\frac{\partial}{\partial \boldsymbol{\mu}^{\mathrm{T}}}E_q[f(\boldsymbol{x})] = E_q\left[\frac{\partial f(\boldsymbol{x})}{\partial \boldsymbol{x}^{\mathrm{T}}}\right] \tag{6.26}$$

为证明式（6.24b），我们可以根据式（6.8b）写出[63]：

$$\frac{\partial^2}{\partial \boldsymbol{\mu}^{\mathrm{T}} \partial \boldsymbol{\mu}} E_q[f(\boldsymbol{x})] = \boldsymbol{\Sigma}^{-1} E_q[(\boldsymbol{x}-\boldsymbol{\mu})(\boldsymbol{x}-\boldsymbol{\mu})^{\mathrm{T}} f(\boldsymbol{x})] \boldsymbol{\Sigma}^{-1} - \boldsymbol{\Sigma}^{-1} E_q[f(\boldsymbol{x})] \tag{6.27}$$

应用斯坦引理式（2.126），即可得到期望的结果：

$$\frac{\partial^2}{\partial \boldsymbol{\mu}^{\mathrm{T}} \partial \boldsymbol{\mu}} E_q[f(\boldsymbol{x})] = E_q\left[\frac{\partial^2 f(\boldsymbol{x})}{\partial \boldsymbol{x}^{\mathrm{T}} \partial \boldsymbol{x}}\right] \tag{6.28}$$

类似式（6.8c）的推导，可得[63]：

$$\frac{\partial}{\partial \boldsymbol{\Sigma}^{-1}} E_q[f(\boldsymbol{x})] = -\frac{1}{2} E_q[(\boldsymbol{x}-\boldsymbol{\mu})(\boldsymbol{x}-\boldsymbol{\mu})^{\mathrm{T}} f(\boldsymbol{x})] + \frac{1}{2} \boldsymbol{\Sigma}\, E_q[f(\boldsymbol{x})] \tag{6.29}$$

将此式右侧与式（6.27）的右侧进行比较，可得

$$-2\boldsymbol{\Sigma}^{-1}\left(\frac{\partial}{\partial \boldsymbol{\Sigma}^{-1}} E_q[f(\boldsymbol{x})]\right) \boldsymbol{\Sigma}^{-1} = \frac{\partial^2}{\partial \boldsymbol{\mu}^{\mathrm{T}} \partial \boldsymbol{\mu}} E_q[f(\boldsymbol{x})] = E_q\left[\frac{\partial^2 f(\boldsymbol{x})}{\partial \boldsymbol{x}^{\mathrm{T}} \partial \boldsymbol{x}}\right] \tag{6.30}$$

即式（6.24b）的第二个恒等式得证。

## 6.3　精确稀疏性

本节将展示如何利用特定应用的结构，使得上一节的优化方案在大规模问题中更加高效。首先，当状态和观测的联合似然概率密度函数可以因式分解时，优化方案中期望的计算是精确稀疏的，这意味着只需要计算与每个因式相关的协方差的边缘分布。接着，我们将讨论对于任意的高斯变分推断问题，如何从逆协方差矩阵中高效地计算这些边缘分布。最后，我们将展示如何使用从这些边缘分布中采样的西格玛点来实现完整的优化方案。

### 6.3.1　联合似然的因式分解

在前一节中，我们了解到迭代更新过程依赖三个期望的计算：

$$\underbrace{E_q[\phi(\boldsymbol{x})]}_{\text{标量}}, \quad \underbrace{E_q\left[\frac{\partial}{\partial \boldsymbol{x}^{\mathrm{T}}} \phi(\boldsymbol{x})\right]}_{\text{列向量}}, \quad \underbrace{E_q\left[\frac{\partial^2}{\partial \boldsymbol{x}^{\mathrm{T}} \partial \boldsymbol{x}} \phi(\boldsymbol{x})\right]}_{\text{矩阵}} \tag{6.31}$$

这里暂时省略了迭代索引。现在假设状态和观测的联合似然概率密度函数可以因式分解，因此我们可以将其负对数似然写为

$$\phi(\boldsymbol{x}) = \sum_{k=1}^{K} \phi_k(\boldsymbol{x}_k) \tag{6.32}$$

其中，$\phi_k(\boldsymbol{x}_k) = -\ln p(\boldsymbol{x}_k, \boldsymbol{z}_k)$ 是第 $k$ 个（负对数）因式；$\boldsymbol{x}_k$ 是状态 $\boldsymbol{x}$ 中与第 $k$ 个因式相关的一个**子集**；$\boldsymbol{z}_k$ 是观测 $\boldsymbol{z}$ 中与第 $k$ 个因式相关的一个子集。

考虑式（6.31）中的第一个（标量）期望。代入因式分解后的似然概率密度函数，可得

$$E_q[\phi(\boldsymbol{x})] = E_q\left[\sum_{k=1}^{K} \phi_k(\boldsymbol{x}_k)\right] = \sum_{k=1}^{K} E_q[\phi_k(\boldsymbol{x}_k)] = \sum_{k=1}^{K} E_{q_k}[\phi_k(\boldsymbol{x}_k)] \tag{6.33}$$

这里最后一步虽然微妙但却至关重要：从对全高斯估计 $q = q(\boldsymbol{x})$ 的期望简化为对每个因式对应变量的边缘分布 $q_k = q_k(\boldsymbol{x}_k)$ 的期望。这并不是一种近似，但具有重要的意义。

对式（6.31）中的另外两个期望（列向量和矩阵）也可以做类似的简化，但需要更多的步骤。假设 $\boldsymbol{P}_k$ 是从 $\boldsymbol{x}$ 中提取 $\boldsymbol{x}_k$ 的投影矩阵：

$$\boldsymbol{x}_k = \boldsymbol{P}_k \boldsymbol{x} \tag{6.34}$$

然后，将因式分解后的表达式代入第二个（列向量）期望中，可得

$$\begin{aligned} E_q\left[\frac{\partial}{\partial \boldsymbol{x}^{\mathrm{T}}}\phi(\boldsymbol{x})\right] &= E_q\left[\frac{\partial}{\partial \boldsymbol{x}^{\mathrm{T}}}\sum_{k=1}^{K}\phi_k(\boldsymbol{x}_k)\right] \\ &= \sum_{k=1}^{K} E_q\left[\frac{\partial}{\partial \boldsymbol{x}^{\mathrm{T}}}\phi_k(\boldsymbol{x}_k)\right] \\ &= \sum_{k=1}^{K} \boldsymbol{P}_k^{\mathrm{T}}\, E_q\left[\frac{\partial}{\partial \boldsymbol{x}_k^{\mathrm{T}}}\phi_k(\boldsymbol{x}_k)\right] \\ &= \sum_{k=1}^{K} \boldsymbol{P}_k^{\mathrm{T}}\, E_{q_k}\left[\frac{\partial}{\partial \boldsymbol{x}_k^{\mathrm{T}}}\phi_k(\boldsymbol{x}_k)\right] \end{aligned} \tag{6.35}$$

对于第 $k$ 个因式，我们可以从关于 $\boldsymbol{x}$ 的导数简化为关于 $\boldsymbol{x}_k$ 的导数，由于不存在对 $\boldsymbol{x}_k$ 以外的变量的依赖，因此对这些变量的导数为零；然后再使用投影矩阵（作为一个扩展矩阵）将导数映射回完整结果的相应行中。经过这个步骤后，结果再次简化为关于第 $k$ 个因式对应变量的边缘分布 $q_k = q_k(\boldsymbol{x}_k)$ 的期望。对于最后的（矩阵）期望，我们有类似的结果：

$$\begin{aligned} E_q\left[\frac{\partial^2}{\partial \boldsymbol{x}^{\mathrm{T}}\partial \boldsymbol{x}}\phi(\boldsymbol{x})\right] &= E_q\left[\frac{\partial^2}{\partial \boldsymbol{x}^{\mathrm{T}}\partial \boldsymbol{x}}\sum_{k=1}^{K}\phi_k(\boldsymbol{x}_k)\right] \\ &= \sum_{k=1}^{K} E_q\left[\frac{\partial^2}{\partial \boldsymbol{x}^{\mathrm{T}}\partial \boldsymbol{x}}\phi_k(\boldsymbol{x}_k)\right] \\ &= \sum_{k=1}^{K} \boldsymbol{P}_k^{\mathrm{T}}\, E_q\left[\frac{\partial^2}{\partial \boldsymbol{x}_k^{\mathrm{T}}\partial \boldsymbol{x}_k}\phi_k(\boldsymbol{x}_k)\right]\boldsymbol{P}_k \\ &= \sum_{k=1}^{K} \boldsymbol{P}_k^{\mathrm{T}}\, E_{q_k}\left[\frac{\partial^2}{\partial \boldsymbol{x}_k^{\mathrm{T}}\partial \boldsymbol{x}_k}\phi_k(\boldsymbol{x}_k)\right]\boldsymbol{P}_k \end{aligned} \tag{6.36}$$

式（6.33）、式（6.35）和式（6.36）中简化的期望是精确稀疏的高斯变分推断（exactly sparse Gaussian variational inference，ESGVI）方法的关键工具，现在我们对这些期望进行几点说明：

(1) 我们不需要完整的高斯估计 $q(\boldsymbol{x})$ 来计算迭代方案中涉及的三个期望，而仅需要与每个因式相关联的边缘分布 $q_k(\boldsymbol{x}_k)$。在解决实际问题时，这可以节省大量的计算和存储空间，因为我们无须完全构造和存储（通常是密集的）协方差矩阵 $\boldsymbol{\Sigma}$。一些文献也展示了应用在平滑问题中可以简化为关于边缘分布的期望[66,69–70]，但我们将这一结论推广到了联合似然概率密度函数的任意分解形式。

(2) 对比式（6.23a）中的协方差更新和式（6.36）中的简化，可以知道 $\boldsymbol{\Sigma}^{-1}$ 是精确稀疏的（其稀疏模式取决于因式的性质），并且**在迭代过程中稀疏模式保持不变**。固定的稀疏模式确保

我们可以为式（6.23b）中的均值更新构建一个自定义的稀疏求解器，并在每次迭代中使用。例如，在批量状态估计问题中，$\boldsymbol{\Sigma}^{-1}$ 是块三对角矩阵（在按时间变量顺序排列变量的情况下）。

(3) 高斯分布的边缘化（见 2.2.5 节）相当于投影，因此有

$$q_k(\boldsymbol{x}_k) = \mathcal{N}(\boldsymbol{\mu}_k, \boldsymbol{\Sigma}_{kk}) = \mathcal{N}\left(\boldsymbol{P}_k\boldsymbol{\mu}, \boldsymbol{P}_k\boldsymbol{\Sigma}\boldsymbol{P}_k^{\mathrm{T}}\right) \tag{6.37}$$

这意味着我们只需要完整的协方差矩阵的特定子块。

(4) 我们**唯一**需要的 $\boldsymbol{\Sigma}$ 的子块，恰好对应 $\boldsymbol{\Sigma}^{-1}$（通常是高度稀疏的）中的非零子块。通过下面的等式可以更清晰地看到这一点：

$$\boldsymbol{\Sigma}^{-1} = \sum_{k=1}^{K} \boldsymbol{P}_k^{\mathrm{T}}\, E_{q_k}\left[\frac{\partial^2}{\partial \boldsymbol{x}_k^{\mathrm{T}} \partial \boldsymbol{x}_k}\phi_k(\boldsymbol{x}_k)\right] \boldsymbol{P}_k \tag{6.38}$$

其中，我们可以看到每个因式使用了一些子块 $\boldsymbol{\Sigma}_{kk} = \boldsymbol{P}_k\boldsymbol{\Sigma}\boldsymbol{P}_k^{\mathrm{T}}$ 来计算期望，随后将结果放回到 $\boldsymbol{\Sigma}^{-1}$ 的相应元素中。

(5) 事实证明，我们可以非常高效地提取所需的 $\boldsymbol{\Sigma}$ 的子块。例如，在批量状态估计中，当 $\boldsymbol{\Sigma}^{-1}$ 是块三对角矩阵时，我们可以在保持求解器的复杂度不变的情况下，利用均值的求解（即式（6.23b））来同时计算所需的块（即 $\boldsymbol{\Sigma}$ 的三个主分块对角）[79]。然而，在一般情况下，我们也可以高效地计算所需的 $\boldsymbol{\Sigma}$ 的子块[80]，下一节将专门讨论这个话题。

对于习惯于使用最大后验估计进行批量状态估计的人来说，其中一些说法可能看起来很熟悉（例如，$\boldsymbol{\Sigma}^{-1}$ 在迭代过程中其稀疏模式保持不变）。但现在我们进行的是高斯变分推断，它是在全高斯概率密度函数（即均值和协方差）上迭代，而不仅仅在点估计上迭代（即仅使用均值）。

此时，我们所做的唯一的近似就是将后验估计假设为高斯分布。然而，要在实践中实现该方案，需要选择一种方法来具体计算式（6.33）、式（6.35）和式（6.36）中的（边缘）期望。对此有很多选择，包括线性化、蒙特卡罗采样及确定性采样。我们将在稍后的章节中展示如何使用采样方法。

### 6.3.2　部分协方差的计算

接下来我们讨论如何高效地计算与 $\boldsymbol{\Sigma}^{-1}$ 的非零子块（通常非常稀疏）相对应的 $\boldsymbol{\Sigma}$ 的块（通常是密集的）。这个想法最初在电路理论中被提出[80]，后来在状态估计中使用[81]，其中所涉及的矩阵类似于我们的协方差矩阵。文献 [82] 提供了对文献 [80] 所提出方法的封闭性的证明，并讨论了算法的复杂度。最近，文献 [83–84] 讨论了如何从逆协方差矩阵中高效地计算协方差矩阵中特定块的方法，并将其应用于计算机视觉和机器人领域，但他们没有讨论如何计算与逆协方差矩阵非零块相对应的协方差块的完整集合。

在高斯变分推断方法的每次迭代中，我们需要求解一个线性方程组以得到均值的更新：

$$\boldsymbol{\Sigma}^{-1}\,\delta\boldsymbol{\mu} = \boldsymbol{r} \tag{6.39}$$

其中，$\boldsymbol{r}$ 是式（6.23b）右边的项。我们首先进行稀疏矩阵的下三角-对角-上三角分解：

$$\boldsymbol{\Sigma}^{-1} = \boldsymbol{L}\boldsymbol{D}\boldsymbol{L}^{\mathrm{T}} \tag{6.40}$$

其中，$\boldsymbol{D}$ 是对角矩阵；$\boldsymbol{L}$ 是主对角线上元素为 1 的下三角矩阵（且是稀疏的）。这个分解的复杂度将取决于先验和观测因式的性质。关键是，$\boldsymbol{L}$ 的稀疏模式是因式变量依赖性的直接产物，可以提前确定；在后续的讨论中会详细说明这一点。然后我们可以通过求解以下两个方程组来得到均值的更新：

$$(\boldsymbol{L}\boldsymbol{D})\,\boldsymbol{v} = \boldsymbol{r} \quad (\text{稀疏前向递归}) \tag{6.41}$$

$$\boldsymbol{L}^{\mathrm{T}}\,\delta\boldsymbol{\mu} = \boldsymbol{v} \quad (\text{稀疏后向递归}) \tag{6.42}$$

为了求解所需的 $\boldsymbol{\Sigma}$ 的块，我们注意到

$$\boldsymbol{L}\boldsymbol{D}\boldsymbol{L}^{\mathrm{T}}\boldsymbol{\Sigma} = \boldsymbol{I} \tag{6.43}$$

其中，$\boldsymbol{I}$ 是单位矩阵。在等式左右两边均左乘 $\boldsymbol{L}\boldsymbol{D}$ 的逆，可得

$$\boldsymbol{L}^{\mathrm{T}}\boldsymbol{\Sigma} = \boldsymbol{D}^{-1}\boldsymbol{L}^{-1} \tag{6.44}$$

其中，$\boldsymbol{L}^{-1}$ 通常不再是稀疏的。取转置并将 $\boldsymbol{\Sigma} - \boldsymbol{\Sigma}\boldsymbol{L}$ 加到等式左右两边，可得[80]

$$\boldsymbol{\Sigma} = \boldsymbol{L}^{-\mathrm{T}}\boldsymbol{D}^{-1} + \boldsymbol{\Sigma}\,(\boldsymbol{I} - \boldsymbol{L}) \tag{6.45}$$

由于 $\boldsymbol{\Sigma}$ 是对称的，因此我们（最多）只需要计算主对角线和下半部分的块。实际上，这也可以通过后向递归来完成。为了理解这一点，我们将下半部分的块展开如下：

$$\begin{aligned}
&\begin{bmatrix} \ddots & & & \\ \cdots & \boldsymbol{\Sigma}_{K-2,K-2} & & \\ \cdots & \boldsymbol{\Sigma}_{K-1,K-2} & \boldsymbol{\Sigma}_{K-1,K-1} & \\ \cdots & \boldsymbol{\Sigma}_{K,K-2} & \boldsymbol{\Sigma}_{K,K-1} & \boldsymbol{\Sigma}_{K,K} \end{bmatrix} = \begin{bmatrix} \ddots & & & \\ \cdots & \boldsymbol{D}_{K-2,K-2}^{-1} & & \\ \cdots & \boldsymbol{O} & \boldsymbol{D}_{K-1,K-1}^{-1} & \\ \cdots & \boldsymbol{O} & \boldsymbol{O} & \boldsymbol{D}_{K,K}^{-1} \end{bmatrix} - \\
&\qquad \begin{bmatrix} \ddots & \vdots & \vdots & \vdots \\ \cdots & \boldsymbol{\Sigma}_{K-2,K-2} & \boldsymbol{\Sigma}_{K-2,K-1} & \boldsymbol{\Sigma}_{K-2,K} \\ \cdots & \boldsymbol{\Sigma}_{K-1,K-2} & \boldsymbol{\Sigma}_{K-1,K-1} & \boldsymbol{\Sigma}_{K-1,K} \\ \cdots & \boldsymbol{\Sigma}_{K,K-2} & \boldsymbol{\Sigma}_{K,K-1} & \boldsymbol{\Sigma}_{K,K} \end{bmatrix} \begin{bmatrix} \ddots & & & \\ \cdots & \boldsymbol{O} & & \\ \cdots & \boldsymbol{L}_{K-1,K-2} & \boldsymbol{O} & \\ \cdots & \boldsymbol{L}_{K,K-2} & \boldsymbol{L}_{K,K-1} & \boldsymbol{O} \end{bmatrix}
\end{aligned} \tag{6.46}$$

在这里我们只展示了计算 $\boldsymbol{\Sigma}$ 下半部分所需的块；关键在于，$\boldsymbol{L}^{-\mathrm{T}}$ 是不必要的，它只影响 $\boldsymbol{\Sigma}$ 上半部分的块，因此被舍去。暂时忽略利用稀疏性的需求，我们可以通过后向递归来计算 $\boldsymbol{\Sigma}$ 下半部分的块：

$$\boldsymbol{\Sigma}_{K,K} = \boldsymbol{D}_{K,K}^{-1} \tag{6.48a}$$

$$\boldsymbol{\Sigma}_{K,K-1} = -\boldsymbol{\Sigma}_{K,K}\boldsymbol{L}_{K,K-1} \tag{6.48b}$$

$$\boldsymbol{\Sigma}_{K-1,K-1} = \boldsymbol{D}_{K-1,K-1}^{-1} - \boldsymbol{\Sigma}_{K-1,K}\boldsymbol{L}_{K,K-1} \tag{6.48c}$$

$$\cdots\cdots$$

$$\boldsymbol{\Sigma}_{j,k} = \delta(j,k)\,\boldsymbol{D}_{j,k}^{-1} - \sum_{\ell=k+1}^{K}\boldsymbol{\Sigma}_{j,\ell}\boldsymbol{L}_{\ell,k}\;(j \geqslant k) \tag{6.48d}$$

其中，$\delta(\cdot,\cdot)$ 是克罗内克 δ 函数[①]。

一般来说，$\boldsymbol{L}$ 中为零的块在 $\boldsymbol{\Sigma}^{-1}$ 中也会为零，但反之则不然。因此，在计算 $\boldsymbol{\Sigma}$ 时，只需要考虑 $\boldsymbol{L}$ 中的非零块就足够了（尽管不是必要的），实际上这总是可以做到的。图 6.1 展示了一些 $\boldsymbol{\Sigma}^{-1}$ 和对应的 $\boldsymbol{L}$ 的稀疏模式例子。$\boldsymbol{L}$ 下半部分的稀疏性与 $\boldsymbol{\Sigma}^{-1}$ 下半部分的稀疏性相同，只是 $\boldsymbol{L}$ 中可以有一些额外的非零项，以确保相乘后 $\boldsymbol{\Sigma}^{-1}$ 的稀疏性。具体来说，如果 $\boldsymbol{L}_{k,i} \neq \boldsymbol{O}$ 且 $\boldsymbol{L}_{j,i} \neq \boldsymbol{O}$，那么必须有 $\boldsymbol{L}_{j,k} \neq \boldsymbol{O}$[82]；这可以形象地表示为完成一个"框的四个角"，如图 6.1 第一列例子所示。

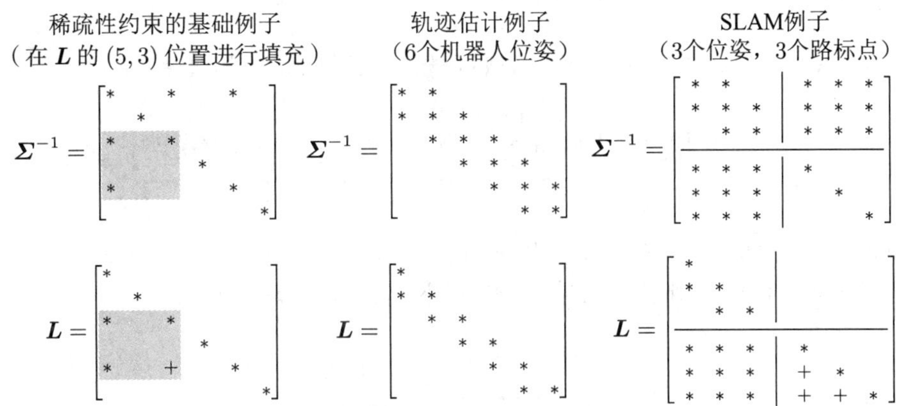


图 6.1　矩阵 $\boldsymbol{\Sigma}^{-1}$ 及对应的 $\boldsymbol{L}$ 的稀疏模式例子，其中 $*$ 表示非零项。$\boldsymbol{L}$ 下三角部分的零项集合是 $\boldsymbol{\Sigma}^{-1}$ 下三角部分的零项集合的一个子集。$\boldsymbol{L}$ 中有一些额外的非零项，用 $+$ 表示，这些项是由于完成一个"框的四个角"而产生的。对于最左边的示例，规则框以浅灰色显示；在 $\boldsymbol{\Sigma}^{-1}$ 中框的右下角是零项，但在 $\boldsymbol{L}$ 中为非零项

图 6.1 还展示了一些经典的机器人学中的例子。在批量轨迹估计中，$\boldsymbol{\Sigma}^{-1}$ 是块三对角矩阵，在这种情况下，$\boldsymbol{L}$ 矩阵不需要额外的非零项。在 SLAM 中，$\boldsymbol{\Sigma}^{-1}$ 是一个"箭头"矩阵，其左上部分（对应机器人的轨迹）为块三对角矩阵，右下部分（对应路标点）为分块对角矩阵。使用 $\boldsymbol{LDL}^{\mathrm{T}}$ 分解，我们可以利用左上部分的稀疏性，如例子所示。如果我们想利用右下部分的稀疏性，可以重新排列变量或进行 $\boldsymbol{L}^{\mathrm{T}}\boldsymbol{DL}$ 分解。在这个 SLAM 示例中，三个路标点都能从三个位姿观察到，因此右上和左下部分是密集的，这就导致了 $\boldsymbol{L}$ 中的一些额外项为非零。

最后，为了理解为什么此处不需要计算 $\boldsymbol{\Sigma}$ 的所有块，我们参考了文献 [82] 的解释。这里的目标是计算与 $\boldsymbol{L}$ 非零块对应的 $\boldsymbol{\Sigma}$ 下半部分的所有块。查看式（6.48d），我们看到如果 $\boldsymbol{L}_{p,k}$ 是非零的，那么需要用 $\boldsymbol{\Sigma}_{j,p}$ 来计算非零块 $\boldsymbol{\Sigma}_{j,k}$。此外，如果 $\boldsymbol{\Sigma}_{j,k}$ 是非零的，那么 $\boldsymbol{L}_{j,k}$ 也必须是非零的，根据"框的四个角"规则，这意味着 $\boldsymbol{L}_{j,p}$ 也必须是非零的，因此 $\boldsymbol{\Sigma}_{j,p}$ 和 $\boldsymbol{\Sigma}_{p,j} = \boldsymbol{\Sigma}_{j,p}^{\mathrm{T}}$ 就被列入了要计算的块列表中。这表明根据式（6.48d）定义的方案，对所需块的计算是封闭的，这进而意味着总是存在一种高效的算法来计算与 $\boldsymbol{\Sigma}^{-1}$ 非零块对应的 $\boldsymbol{\Sigma}$ 的块，而且还会根据"框的四个角"规则多计算一些块。

本节中，我们只是简值得注意的是，变量重排和其他方案如吉文斯旋转（Givens rotation）[85]

---

① $\delta(i,j) = \begin{cases} 1, & i = j \\ 0, & i \neq j \end{cases}$ ——译者注

可以与文献 [80] 中的方法相结合，以最大限度地利用 $\boldsymbol{\Sigma}^{-1}$ 的稀疏性[86]。在本节，我们只是简单地展示了在一般情况下，与 $\boldsymbol{\Sigma}^{-1}$ 非零块对应的 $\boldsymbol{\Sigma}$ 的块的计算可以高效地与式（6.23b）的求解过程相结合，具体细节取决于具体问题。实际上，就计算复杂度而言，其瓶颈在于最初的下三角-对角-上三角分解，即便在最大后验方法中也需要这种分解。因此，对于给定的问题，我们认为精确稀疏的高斯变分推断方法与最大后验方法有相同数量级的计算复杂度（作为状态维数 $N$ 的函数），但因为使用边缘分布来计算期望会带来额外的计算量，所以其复杂度会更高。

### 6.3.3 边缘采样

在上一节中我们已经了解到，实际上我们只需要计算每个因式的边缘期望：

$$\underbrace{E_{q_k}[\phi_k(\boldsymbol{x}_k)]}_{\text{标量}}, \quad \underbrace{E_{q_k}\left[\frac{\partial}{\partial \boldsymbol{x}_k^{\mathrm{T}}}\phi_k(\boldsymbol{x}_k)\right]}_{\text{列向量}}, \quad \underbrace{E_{q_k}\left[\frac{\partial^2}{\partial \boldsymbol{x}_k^{\mathrm{T}}\partial \boldsymbol{x}_k}\phi_k(\boldsymbol{x}_k)\right]}_{\text{矩阵}} \tag{6.49}$$

然后可以将这些期望重新组合成式（6.31）中更大的期望。

简要提一下，上述“标量”表达式的一个额外用途是评估损失泛函：

$$V(q) = \sum_{k=1}^{K} \underbrace{E_{q_k}[\phi_k(\boldsymbol{x}_k)]}_{V_k(q_k)} + \underbrace{\frac{1}{2}\ln\det\left(\boldsymbol{\Sigma}^{-1}\right)}_{V_0} \tag{6.50}$$

在优化过程中，它用于检验收敛性和进行回溯。通过以下关系可以计算 $V_0$ 项：

$$\ln\det(\boldsymbol{\Sigma}^{-1}) = \ln\det(\boldsymbol{L}\boldsymbol{D}\boldsymbol{L}^{\mathrm{T}}) = \ln\det\boldsymbol{D} = \sum_{i=1}^{N}\ln d_{ii} \tag{6.51}$$

其中，$d_{ii}$ 是 $\boldsymbol{D}$ 的对角元素。这利用了在优化过程中已经计算出的来自式（6.40）的下三角-对角-上三角分解。

计算式（6.49）中的每个期望看起来相当复杂。一阶和二阶导数表明每个因式必须是二阶可微的，而且必须以某种方式计算 $q_k(\boldsymbol{x}_k)$ 上的期望。到目前为止，我们还没有对因式 $\phi_k$ 的具体形式做任何假设，并希望保持这种状态，避免施加可微性要求。此外，回想一下基于采样的滤波，如无迹卡尔曼滤波[44]、容积卡尔曼滤波（cubature Kalman filter）[87] 和高斯-埃尔米特卡尔曼滤波（Gauss-Hermite Kalman filter）[88-89]，是如何近似涉及期望的项的，因此采用容积法（cubature）来近似式（6.49）中的相关期望是比较合理的。本节将使用斯坦引理和容积法来推导一种可以计算式（6.49）中各项的替代方法，这种方法无须求导。

为了避免计算 $\phi_k$ 的导数，我们可以再次应用斯坦引理，但这次应用的方向与之前的用法相反。根据式（2.125），有

$$E_{q_k}\left[\frac{\partial}{\partial \boldsymbol{x}_k^{\mathrm{T}}}\phi_k(\boldsymbol{x}_k)\right] = \boldsymbol{\Sigma}_{kk}^{-1}E_{q_k}[(\boldsymbol{x}_k - \boldsymbol{\mu}_k)\phi_k(\boldsymbol{x}_k)] \tag{6.52}$$

根据式（2.126），有

$$E_{q_k}\left[\frac{\partial^2}{\partial \boldsymbol{x}_k^{\mathrm{T}}\partial \boldsymbol{x}_k}\phi_k(\boldsymbol{x}_k)\right] = \boldsymbol{\Sigma}_{kk}^{-1}E_{q_k}[(\boldsymbol{x}_k-\boldsymbol{\mu}_k)(\boldsymbol{x}_k-\boldsymbol{\mu}_k)^{\mathrm{T}}\phi_k(\boldsymbol{x}_k)]\boldsymbol{\Sigma}_{kk}^{-1} - \boldsymbol{\Sigma}_{kk}^{-1}E_{q_k}[\phi_k(\boldsymbol{x}_k)] \tag{6.53}$$

因此，在不必显式计算导数的情况下，计算式（6.49）中的三个期望的替代方法是，首先计算：

$$\underbrace{E_{q_k}[\phi_k(\boldsymbol{x}_k)]}_{\text{标量}},\quad \underbrace{E_{q_k}\left[(\boldsymbol{x}_k-\boldsymbol{\mu}_k)\phi_k(\boldsymbol{x}_k)\right]}_{\text{列向量}},\quad \underbrace{E_{q_k}\left[(\boldsymbol{x}_k-\boldsymbol{\mu}_k)(\boldsymbol{x}_k-\boldsymbol{\mu}_k)^{\mathrm{T}}\phi_k(\boldsymbol{x}_k)\right]}_{\text{矩阵}} \tag{6.54}$$

然后根据式（6.54）的结果计算式（6.52）和式（6.53）。斯坦引理的反向应用并没有破坏我们之前揭示的稀疏性，因为我们现在是在边缘层面而不是全局层面进行应用。

接下来值得关注的是如何以一种高效且准确的方式实际计算式（6.54）中给出的三个期望。作为积分，式（6.54）中的期望可以写为

$$E_{q_k}[\phi_k(\boldsymbol{x}_k)]=\int_{-\infty}^{\infty}\phi_k(\boldsymbol{x}_k)q_k(\boldsymbol{x}_k)\mathrm{d}\boldsymbol{x}_k \tag{6.55a}$$

$$E_{q_k}\left[(\boldsymbol{x}_k-\boldsymbol{\mu}_k)\phi_k(\boldsymbol{x}_k)\right]=\int_{-\infty}^{\infty}(\boldsymbol{x}_k-\boldsymbol{\mu}_k)\phi_k(\boldsymbol{x}_k)q_k(\boldsymbol{x}_k)\mathrm{d}\boldsymbol{x}_k \tag{6.55b}$$

$$E_{q_k}\left[(\boldsymbol{x}_k-\boldsymbol{\mu}_k)(\boldsymbol{x}_k-\boldsymbol{\mu}_k)^{\mathrm{T}}\phi_k(\boldsymbol{x}_k)\right]=\int_{-\infty}^{\infty}(\boldsymbol{x}_k-\boldsymbol{\mu}_k)(\boldsymbol{x}_k-\boldsymbol{\mu}_k)^{\mathrm{T}}\phi_k(\boldsymbol{x}_k)q_k(\boldsymbol{x}_k)\mathrm{d}\boldsymbol{x}_k \tag{6.55c}$$

其中，$q_k(\boldsymbol{x}_k)=\mathcal{N}(\boldsymbol{\mu}_k,\boldsymbol{\Sigma}_{kk})$。通常无法通过解析方法计算这些积分，因此需要寻求数值近似方法。有很多可以用于近似式（6.55）中积分的方法，最常用的一种是多元高斯求积（Gaussian quadrature），通常称为高斯容积法，或简称为**容积法**[7,66,90–92]。若使用容积法，则式（6.55）中的每个积分可以近似为[7,66,92]

$$E_{q_k}[\phi_k(\boldsymbol{x}_k)]\approx\sum_{\ell=1}^{L}w_{k,\ell}\,\phi_k(\boldsymbol{x}_{k,\ell}) \tag{6.56a}$$

$$E_{q_k}[(\boldsymbol{x}_k-\boldsymbol{\mu}_k)\phi_k(\boldsymbol{x}_k)]\approx\sum_{\ell=1}^{L}w_{k,\ell}\,(\boldsymbol{x}_{k,\ell}-\boldsymbol{\mu}_k)\phi_k(\boldsymbol{x}_{k,\ell}) \tag{6.56b}$$

$$E_{q_k}[(\boldsymbol{x}_k-\boldsymbol{\mu}_k)(\boldsymbol{x}_k-\boldsymbol{\mu}_k)^{\mathrm{T}}\phi_k(\boldsymbol{x}_k)]\approx\sum_{\ell=1}^{L}w_{k,\ell}\,(\boldsymbol{x}_{k,\ell}-\boldsymbol{\mu}_k)(\boldsymbol{x}_{k,\ell}-\boldsymbol{\mu}_k)^{\mathrm{T}}\phi_k(\boldsymbol{x}_{k,\ell}) \tag{6.56c}$$

其中，$w_{k,\ell}$ 是权重；$\boldsymbol{x}_{k,\ell}=\boldsymbol{\mu}_k+\sqrt{\boldsymbol{\Sigma}_{kk}}\boldsymbol{\xi}_{k,\ell}$ 是西格玛点；$\boldsymbol{\xi}_{k,\ell}$ 是单位西格玛点。权重和单位西格玛点都取决于特定的容积法。例如，无迹变换[7,44,92] 使用的权重为

$$w_{k,0}=\frac{\kappa}{N_k+\kappa},\quad w_{k,\ell}=\frac{1}{2(N_k+\kappa)},\quad \ell=1,\cdots,2N_k \tag{6.57}$$

以及西格玛点为

$$\boldsymbol{\xi}_{k,\ell}=\begin{cases}\mathbf{0}, & \ell=0\\ \sqrt{N_k+\kappa}\boldsymbol{I}_\ell, & \ell=1,\cdots,N_k\\ -\sqrt{N_k+\kappa}\boldsymbol{I}_{\ell-N_k}, & \ell=N_k+1,\cdots,2N_k\end{cases} \tag{6.58}$$

其中，$N_k$ 是 $\boldsymbol{x}_k$ 的维数。此外，球容积法[7,66,87] 使用的权重为

$$w_{k,\ell}=\frac{1}{2N_k},\quad \ell=1,\cdots,2N_k \tag{6.59}$$

以及西格玛点为

$$\boldsymbol{\xi}_{k,\ell}=\begin{cases}\sqrt{N_k}\boldsymbol{I}_\ell, & \ell=1,\cdots,N_k\\ -\sqrt{N_k}\boldsymbol{I}_{\ell-N_k}, & \ell=N_k+1,\cdots,2N_k\end{cases} \tag{6.60}$$

其中，$\boldsymbol{I}_i$ 是一个 $N_k \times 1$ 的矩阵，其第 $i$ 行元素为 1，其余各处均为 0。高斯-埃尔米特容积法是另一种可用于计算式（6.56）中近似值的方法[7,88–89]。如文献 [7] 所述，给定一个由单项式 $x_1^{d_1}, x_2^{d_2}, \cdots, x_{N_k}^{d_{N_k}}$ 的线性组合组成的被积函数，当 $d_i \leqslant 2M-1$ 时，$M$ 阶高斯-埃尔米特容积法是精确的。然而，对于一个 $M$ 阶高斯-埃尔米特容积法近似，需要 $M^{N_k}$ 个西格玛点，当 $N_k$ 较大时，在实际应用中这是不可行的[7]。幸运的是，式（6.56）中给出的近似是在因式层面（即在 $\boldsymbol{x}_k$ 层面，而不是在 $\boldsymbol{x}$ 层面），并且在大多数机器人学问题中，在因式层面上 $N_k$ 通常是一个可处理的规模。出于这个原因，高斯-埃尔米特容积法是一个合理的选择，它能够提供准确且相对高效的式（6.55）的近似。

以下是一些补充说明：

(1) 式（6.56）中的容积近似的精度取决于具体的方法和 $\phi_k$ 中非线性的严重程度。可以使用其他方法来近似式（6.56），例如使用特定代数多项式和三角多项式精确的容积法[66,90]、高斯过程容积法[92–93]，或者自适应容积法[94]。在关注计算复杂度的情况下，文献 [95] 提出了一个高阶容积法，它是高斯-埃尔米特容积法的一种高效替代方法。

(2) 我们使用容积法（或任何采样方法）的方式与状态估计文献中的典型方式截然不同；我们将整个因式 $\phi_k$ 视为非线性的，而不像通常那样仅将观测模型或运动模型视为非线性的。这意味着，如果在因式中包含了鲁棒代价函数（见 5.4.2 节），那么它会被自动处理，不需要像迭代加权最小二乘法[56] 那样实现。

(3) 因为此时我们已经“撤销”了斯坦引理（这是一个临时步骤，只是为了利用稀疏性），所以 $\phi_k$ 甚至不再需要可微。下一节将展示如何在不重复应用斯坦引理的情况下，直接得到无导数版本的精确稀疏的高斯变分推断。

(4) 从式（6.56）可以看出，标量 $\phi_k$ 用于对每个样本重新加权，除此之外，这些表达式仅仅是分布的前三阶矩的表达式。

(5) 我们还可以使用容积法来计算式（6.50）中的 $V(q)$，这是检验优化方案收敛性的必要步骤。

到目前为止我们提出的方法非常通用，适用于任何 $p(\boldsymbol{x}, \boldsymbol{z})$ 可以分解的高斯变分推断问题。计算机视觉和机器人学中的一些例子，包括 BA[96] 和 SLAM[97]，将在本书的 10.1 节和 10.2 节中讨论。

### 6.3.4 无导数方法的直接推导

在精确稀疏的高斯变分推断的主要推导中，我们选择 (i) 定义一个方案来最小化 $V(q)$，然后 (ii) 利用 $\phi(\boldsymbol{x}) = \sum_{k=1}^{K} \phi_k(\boldsymbol{x}_k)$ 使方案变得高效。在这里，可以按照相反的顺序执行 (i) 和 (ii)，以简化无导数版本的精确稀疏的高斯变分推断的推导，避免使用斯坦引理。

图 6.2 展示了从损失泛函 $V$ 开始得到无导数版本的精确稀疏的高斯变分推断的两条路径。我们最初采取了逆时针的路径，即先向下，再向右，最后向上。现在我们将演示顺时针的路径，即先向右再向下。

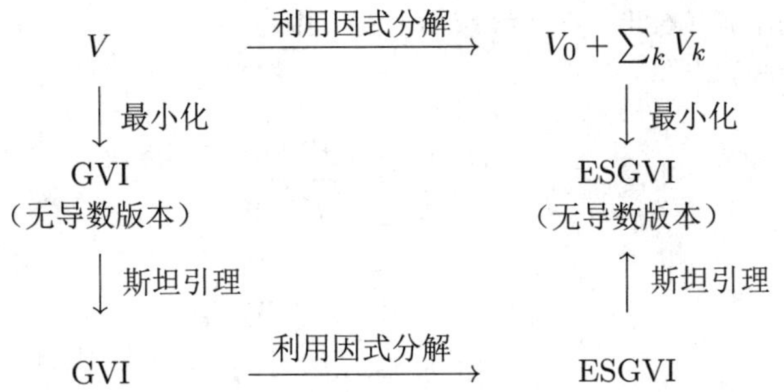

$$\begin{array}{ccc} V & \xrightarrow{\text{利用因式分解}} & V_0 + \sum_k V_k \\ \downarrow \text{最小化} & & \downarrow \text{最小化} \\ \text{GVI} & & \text{ESGVI} \\ \text{（无导数版本）} & & \text{（无导数版本）} \\ \downarrow \text{斯坦引理} & & \uparrow \text{斯坦引理} \\ \text{GVI} & \xrightarrow{\text{利用因式分解}} & \text{ESGVI} \end{array}$$

图 6.2　交换图展示了从损失泛函 $V$ 开始得到无导数版本的精确稀疏的高斯变分推断的两条路径

代入 $\phi(\boldsymbol{x}) = \sum_{k=1}^{K} \phi_k(\boldsymbol{x}_k)$ 后，损失泛函变为

$$V(q) = \sum_{k=1}^{K} \underbrace{E_{q_k}[\phi_k(\boldsymbol{x}_k)]}_{V_k(q_k)} + \underbrace{\frac{1}{2}\ln\det(\boldsymbol{\Sigma}^{-1})}_{V_0} \tag{6.61}$$

其中，现在期望是关于边缘分布 $q_k(\boldsymbol{x}_k) = \mathcal{N}(\boldsymbol{\mu}_k, \boldsymbol{\Sigma}_{kk})$ 的，且有

$$\boldsymbol{\mu}_k = \boldsymbol{P}_k\boldsymbol{\mu}, \quad \boldsymbol{\Sigma}_{kk} = \boldsymbol{P}_k\boldsymbol{\Sigma}\boldsymbol{P}_k^{\mathrm{T}} \tag{6.62}$$

其中，$\boldsymbol{P}_k$ 是投影矩阵。接着计算关于 $\boldsymbol{\mu}$ 的一阶导数：

$$\begin{aligned} \frac{\partial V(q)}{\partial \boldsymbol{\mu}^{\mathrm{T}}} &= \frac{\partial}{\partial \boldsymbol{\mu}^{\mathrm{T}}}\left(\sum_{k=1}^{K} E_{q_k}[\phi_k(\boldsymbol{x}_k)] + \frac{1}{2}\ln\det(\boldsymbol{\Sigma}^{-1})\right) \\ &= \sum_{k=1}^{K} \frac{\partial}{\partial \boldsymbol{\mu}^{\mathrm{T}}} E_{q_k}[\phi_k(\boldsymbol{x}_k)] \\ &= \sum_{k=1}^{K} \boldsymbol{P}_k^{\mathrm{T}} \frac{\partial}{\partial \boldsymbol{\mu}_k^{\mathrm{T}}} E_{q_k}[\phi_k(\boldsymbol{x}_k)] \\ &= \sum_{k=1}^{K} \boldsymbol{P}_k^{\mathrm{T}} \boldsymbol{\Sigma}_{kk}^{-1} \underbrace{E_{q_k}\left[(\boldsymbol{x}_k - \boldsymbol{\mu}_k)\phi_k(\boldsymbol{x}_k)\right]}_{\text{容积法}} \end{aligned} \tag{6.63}$$

最后一步利用了式（6.8a）在边缘层面上的应用。类似地，计算关于 $\boldsymbol{\mu}$ 的二阶导数，有

$$\begin{aligned} \frac{\partial^2 V(q)}{\partial \boldsymbol{\mu}^{\mathrm{T}} \partial \boldsymbol{\mu}} &= \frac{\partial^2}{\partial \boldsymbol{\mu}^{\mathrm{T}} \partial \boldsymbol{\mu}}\left(\sum_{k=1}^{K} E_{q_k}[\phi_k(\boldsymbol{x}_k)] + \frac{1}{2}\ln\det(\boldsymbol{\Sigma}^{-1})\right) \\ &= \sum_{k=1}^{K} \frac{\partial^2}{\partial \boldsymbol{\mu}^{\mathrm{T}} \partial \boldsymbol{\mu}} E_{q_k}[\phi_k(\boldsymbol{x}_k)] \\ &= \sum_{k=1}^{K} \boldsymbol{P}_k^{\mathrm{T}} \left(\frac{\partial^2}{\partial \boldsymbol{\mu}_k^{\mathrm{T}} \partial \boldsymbol{\mu}_k} E_{q_k}[\phi_k(\boldsymbol{x}_k)]\right) \boldsymbol{P}_k \\ &= \sum_{k=1}^{K} \boldsymbol{P}_k^{\mathrm{T}} \left(\boldsymbol{\Sigma}_{kk}^{-1} \underbrace{E_{q_k}\left[(\boldsymbol{x}_k - \boldsymbol{\mu}_k)(\boldsymbol{x}_k - \boldsymbol{\mu}_k)^{\mathrm{T}}\phi_k(\boldsymbol{x}_k)\right]}_{\text{容积法}} \boldsymbol{\Sigma}_{kk}^{-1} - \boldsymbol{\Sigma}_{kk}^{-1} \underbrace{E_{q_k}\left[\phi_k(\boldsymbol{x}_k)\right]}_{\text{容积法}}\right) \boldsymbol{P}_k \end{aligned} \tag{6.64}$$

其中，最后一步利用了式（6.8b）在边缘层面上的应用。

因此，更新方案为

$$\left(\boldsymbol{\Sigma}^{-1}\right)^{(i+1)} = \left.\frac{\partial^2 V(q)}{\partial \boldsymbol{\mu}^{\mathrm{T}} \partial \boldsymbol{\mu}}\right|_{q^{(i)}} \tag{6.65a}$$

$$\left(\boldsymbol{\Sigma}^{-1}\right)^{(i+1)} \delta\boldsymbol{\mu} = -\left.\frac{\partial V(q)}{\partial \boldsymbol{\mu}^{\mathrm{T}}}\right|_{q^{(i)}} \tag{6.65b}$$

$$\boldsymbol{\mu}^{(i+1)} = \boldsymbol{\mu}^{(i)} + \delta\boldsymbol{\mu} \tag{6.65c}$$

这与之前的无导数版本的精确稀疏的高斯变分推断方法相同。左边的稀疏性来自于投影矩阵的使用。通过这种推导，我们不需要使用斯坦引理[77]，这也意味着我们没有对 $\phi_k(\boldsymbol{x}_k)$ 关于 $\boldsymbol{x}_k$ 的可微性做出任何假设。

## 6.4 扩 展

我们可以考虑对基本的精确稀疏的高斯变分推断框架进行一些扩展。首先，本节讨论一种替代的损失泛函，它会引入一种类似于高斯-牛顿求解器的优化方案，并可以节省一些计算量。其次，讨论如何将我们的方法从隐状态的估计扩展到包括模型中未知参数的估计。

### 6.4.1 替代损失泛函

我们可以考虑一种替代的变分方法，相比基本的精确稀疏的高斯变分推断方法，它在计算方面更具优势。我们来考虑一种特殊情况，假设负对数似然具有以下形式：

$$\phi(\boldsymbol{x}) = \frac{1}{2}\boldsymbol{e}(\boldsymbol{x})^{\mathrm{T}}\boldsymbol{W}^{-1}\boldsymbol{e}(\boldsymbol{x}) \tag{6.66}$$

将其代入损失泛函中，可得

$$V(q) = \frac{1}{2}E_q\left[\boldsymbol{e}(\boldsymbol{x})^{\mathrm{T}}\boldsymbol{W}^{-1}\boldsymbol{e}(\boldsymbol{x})\right] + \frac{1}{2}\ln\det(\boldsymbol{\Sigma}^{-1}) \tag{6.67}$$

由于二次表达式 $\boldsymbol{e}^{\mathrm{T}}\boldsymbol{W}^{-1}\boldsymbol{e}$ 的凸性，因此可以应用**詹森不等式**（Jensen's inequality）[98] 直接可得

$$E_q[\boldsymbol{e}(\boldsymbol{x})]^{\mathrm{T}}\boldsymbol{W}^{-1}E_q[\boldsymbol{e}(\boldsymbol{x})] \leqslant E_q\left[\boldsymbol{e}(\boldsymbol{x})^{\mathrm{T}}\boldsymbol{W}^{-1}\boldsymbol{e}(\boldsymbol{x})\right] \tag{6.68}$$

**詹森间隙**（Jensen gap）是该不等式右边和左边的（非负的）差值，一般来说，$\boldsymbol{e}(\boldsymbol{x})$ 的非线性程度越高，$q(\boldsymbol{x})$ 的集中程度越低，这个差值就越大。受到这种关系的启发，我们可以定义一个新的损失泛函：

$$V'(q) = \frac{1}{2}E_q[\boldsymbol{e}(\boldsymbol{x})]^{\mathrm{T}}\boldsymbol{W}^{-1}E_q[\boldsymbol{e}(\boldsymbol{x})] + \frac{1}{2}\ln\det(\boldsymbol{\Sigma}^{-1}) \tag{6.69}$$

这可以看作是 $V(q)$ 的一个（保守）近似，适用于轻度非线性和/或集中的后验；保守方面稍后会进一步讨论。现在我们将展示如何通过迭代更新 $q(\boldsymbol{x})$ 来最小化 $V'(q)$，并继续利用由分解似然概率密度函数所带来的问题的稀疏性进行后续处理。

首先注意到，可以将期望误差直接近似为

$$\begin{aligned}
E_{q^{(i+1)}}[\boldsymbol{e}(\boldsymbol{x})] &\approx E_{q^{(i)}}[\boldsymbol{e}(\boldsymbol{x})] + \frac{\partial}{\partial \boldsymbol{\mu}} E_{q^{(i)}}[\boldsymbol{e}(\boldsymbol{x})] \underbrace{\left(\boldsymbol{\mu}^{(i+1)} - \boldsymbol{\mu}^{(i)}\right)}_{\delta\boldsymbol{\mu}} \\
&= \underbrace{E_{q^{(i)}}[\boldsymbol{e}(\boldsymbol{x})]}_{\bar{\boldsymbol{e}}^{(i)}} + \underbrace{E_{q^{(i)}}\left[\frac{\partial}{\partial \boldsymbol{x}}\boldsymbol{e}(\boldsymbol{x})\right]}_{\bar{\boldsymbol{E}}^{(i)}} \delta\boldsymbol{\mu} \\
&= \bar{\boldsymbol{e}}^{(i)} + \bar{\boldsymbol{E}}^{(i)}\,\delta\boldsymbol{\mu}
\end{aligned} \tag{6.70}$$

其中，我们使用了式（6.24a）中的导数恒等式。

然后我们可以将损失泛函近似为

$$V'(q) \approx \frac{1}{2}\left(\bar{\boldsymbol{e}}^{(i)} + \bar{\boldsymbol{E}}^{(i)}\,\delta\boldsymbol{\mu}\right)^{\mathrm{T}} \boldsymbol{W}^{-1}\left(\bar{\boldsymbol{e}}^{(i)} + \bar{\boldsymbol{E}}^{(i)}\,\delta\boldsymbol{\mu}\right) + \frac{1}{2}\ln\det(\boldsymbol{\Sigma}^{-1}) \tag{6.71}$$

现在它恰好是关于 $\delta\boldsymbol{\mu}$ 的二次型。这种特定的近似直接引出了高斯-牛顿估计器，而绕过了牛顿法，因为我们已经隐式地对海塞矩阵进行了近似（参见 4.3.1 节）。对 $\delta\boldsymbol{\mu}$ 求一阶导数和二阶导数，可得

$$\frac{\partial V'(q)}{\partial\,\delta\boldsymbol{\mu}^{\mathrm{T}}} = \bar{\boldsymbol{E}}^{(i)^{\mathrm{T}}} \boldsymbol{W}^{-1}\left(\bar{\boldsymbol{e}}^{(i)} + \bar{\boldsymbol{E}}^{(i)}\,\delta\boldsymbol{\mu}\right) \tag{6.72a}$$

$$\frac{\partial^2 V'(q)}{\partial\,\delta\boldsymbol{\mu}^{\mathrm{T}}\,\partial\,\delta\boldsymbol{\mu}} = \bar{\boldsymbol{E}}^{(i)^{\mathrm{T}}} \boldsymbol{W}^{-1}\bar{\boldsymbol{E}}^{(i)} \tag{6.72b}$$

对于 $\boldsymbol{\Sigma}^{-1}$ 的导数，我们有

$$\frac{\partial V'(q)}{\partial \boldsymbol{\Sigma}^{-1}} \approx -\frac{1}{2}\boldsymbol{\Sigma}\,\bar{\boldsymbol{E}}^{(i)^{\mathrm{T}}} \boldsymbol{W}^{-1}\bar{\boldsymbol{E}}^{(i)}\,\boldsymbol{\Sigma} + \frac{1}{2}\boldsymbol{\Sigma} \tag{6.73}$$

其中，这种近似遵循了式（6.24b）中的关系，但由于 $V'(q)$ 的性质发生了改变，因此该关系不再完全成立。为找到临界点，将其设为零，可得

$$\left(\boldsymbol{\Sigma}^{-1}\right)^{(i+1)} = \bar{\boldsymbol{E}}^{(i)^{\mathrm{T}}} \boldsymbol{W}^{-1}\bar{\boldsymbol{E}}^{(i)} \tag{6.74}$$

这与主要的精确稀疏的高斯变分推断方法中的迭代更新类似。

对于均值，我们将式（6.72a）设为零，然后对于最优更新，有

$$\underbrace{\bar{\boldsymbol{E}}^{(i)^{\mathrm{T}}} \boldsymbol{W}^{-1}\bar{\boldsymbol{E}}^{(i)}}_{\left(\boldsymbol{\Sigma}^{-1}\right)^{(i+1)}}\,\delta\boldsymbol{\mu} = -\bar{\boldsymbol{E}}^{(i)^{\mathrm{T}}} \boldsymbol{W}^{-1}\bar{\boldsymbol{e}}^{(i)} \tag{6.75}$$

求解 $\delta\boldsymbol{\mu}$ 可得到高斯-牛顿更新，我们将其称为精确稀疏的高斯变分推断-高斯-牛顿法（ESGVI-GN）。这与通常的高斯-牛顿法的执行方式相同，但现在在计算 $\bar{\boldsymbol{e}}$ 和 $\bar{\boldsymbol{E}}$ 时，并非仅基于单个点来计算，而是将其作为对高斯后验估计的期望来计算。我们再次对该方法做出一些说明。

(1) 逆协方差矩阵 $\boldsymbol{\Sigma}^{-1}$ 的稀疏性与完整的精确稀疏的高斯变分推断方法相同。这可以通过以下公式来理解：

$$\phi(\boldsymbol{x}) = \sum_{k=1}^{K}\phi_k(\boldsymbol{x}_k) = \frac{1}{2}\sum_{k=1}^{K}\boldsymbol{e}_k(\boldsymbol{x}_k)^{\mathrm{T}}\boldsymbol{W}_k^{-1}\boldsymbol{e}_k(\boldsymbol{x}_k)$$

$$= \frac{1}{2}\boldsymbol{e}(\boldsymbol{x})^{\mathrm{T}}\boldsymbol{W}^{-1}\boldsymbol{e}(\boldsymbol{x}) \tag{6.76}$$

其中

$$\boldsymbol{e}(\boldsymbol{x}) = \begin{bmatrix} \boldsymbol{e}_1(\boldsymbol{x}_1) \\ \vdots \\ \boldsymbol{e}_K(\boldsymbol{x}_K) \end{bmatrix}, \quad \boldsymbol{W} = \mathrm{diag}(\boldsymbol{W}_1, \cdots, \boldsymbol{W}_K) \tag{6.77}$$

然后可得

$$\begin{aligned} \boldsymbol{\Sigma}^{-1} &= E_q\left[\frac{\partial}{\partial \boldsymbol{x}}\boldsymbol{e}(\boldsymbol{x})\right]^{\mathrm{T}}\boldsymbol{W}^{-1}E_q\left[\frac{\partial}{\partial \boldsymbol{x}}\boldsymbol{e}(\boldsymbol{x})\right] \\ &= \sum_{k=1}^{K}\boldsymbol{P}_k^{\mathrm{T}}E_{q_k}\left[\frac{\partial}{\partial \boldsymbol{x}_k}\boldsymbol{e}_k(\boldsymbol{x}_k)\right]^{\mathrm{T}}\boldsymbol{W}_k^{-1}E_{q_k}\left[\frac{\partial}{\partial \boldsymbol{x}_k}\boldsymbol{e}_k(\boldsymbol{x}_k)\right]\boldsymbol{P}_k \end{aligned} \tag{6.78}$$

只要某个误差项不依赖于相关变量，上式中的相应位置就会出现零值。我们还能看到，和之前一样，这些期望可以简化为对边缘分布 $q_k(\boldsymbol{x}_k)$ 的期望，这意味着我们仍然只需要与 $\boldsymbol{\Sigma}^{-1}$ 的非零块对应的 $\boldsymbol{\Sigma}$ 的块。

(2) 仍然可以使用斯坦引理来避免计算导数：

$$E_{q_k}\left[\frac{\partial}{\partial \boldsymbol{x}_k}\boldsymbol{e}_k(\boldsymbol{x}_k)\right] = E_{q_k}\left[\boldsymbol{e}_k(\boldsymbol{x}_k)(\boldsymbol{x}_k - \boldsymbol{\mu}_k)^{\mathrm{T}}\right]\boldsymbol{\Sigma}_{kk}^{-1} \tag{6.79}$$

这有时被称为统计雅可比矩阵，这种用法与文献 [7] 所描述的滤波和平滑方法非常相似，因为容积法可以应用于观测模型层面而不是因式层面。由于我们围绕后验估计迭代地重新计算统计雅可比矩阵，因此这与文献 [49] 及文献 [68] 中的方法最为类似，尽管在一些细节上有所不同，并且我们是从损失泛函 $V'(q)$ 开始的。

(3) 用于计算期望 $E_{q_k}[\boldsymbol{e}_k(\boldsymbol{x}_k)(\boldsymbol{x}_k - \boldsymbol{\mu}_k)^{\mathrm{T}}]$ 所需的容积点数将少于我们之前描述的完整的精确稀疏的高斯变分推断方法中的数目，这是由于被积表达式的阶数是 $E_{q_k}[(\boldsymbol{x}_k - \boldsymbol{\mu}_k)(\boldsymbol{x}_k - \boldsymbol{\mu}_k)^{\mathrm{T}}\phi_k(\boldsymbol{x}_k)]$ 的一半。因为容积点数会随着 $M^{N_k}$ 增加，所以将 $M$ 减半是很重要的，这可能决定了某些问题是否可处理。这正是我们探索这种替代方法的主要动机。

(4) 众所周知，最小化 $\mathrm{KL}(q||p)$（即我们的 $V(q)$ 实际上就在做这件事）可能会导致过于自信的高斯分布（即逆协方差过大）[18,78]。从 $V(q)$ 转换到 $V'(q)$ 的一个额外好处是，由此得到的逆协方差会更保守。这可以再次由詹森不等式得出。对于任意非零向量 $\boldsymbol{a}$，有

$$\begin{aligned} 0 &< \underbrace{\boldsymbol{a}^{\mathrm{T}}E_q\left[\frac{\partial \boldsymbol{e}(\boldsymbol{x})}{\partial \boldsymbol{x}}\right]^{\mathrm{T}}\boldsymbol{W}^{-1}E_q\left[\frac{\partial \boldsymbol{e}(\boldsymbol{x})}{\partial \boldsymbol{x}}\right]\boldsymbol{a}}_{\text{来自 } V'(q) \text{ 的 } \boldsymbol{\Sigma}^{-1}} \\ &\overset{\text{詹森不等式}}{\leqslant} \boldsymbol{a}^{\mathrm{T}}E_q\left[\frac{\partial \boldsymbol{e}(\boldsymbol{x})}{\partial \boldsymbol{x}}^{\mathrm{T}}\boldsymbol{W}^{-1}\frac{\partial \boldsymbol{e}(\boldsymbol{x})}{\partial \boldsymbol{x}}\right]\boldsymbol{a} \\ &\overset{\text{高斯-牛顿法}}{\approx} \underbrace{\boldsymbol{a}^{\mathrm{T}}E_q\left[\frac{\partial^2 \phi(\boldsymbol{x})}{\partial \boldsymbol{x}^{\mathrm{T}}\partial \boldsymbol{x}}\right]\boldsymbol{a}}_{\text{来自 } V(q) \text{ 的 } \boldsymbol{\Sigma}^{-1}} \end{aligned} \tag{6.80}$$

这确保了我们不仅能得到一个正定的逆协方差矩阵，而且相较于完整的精确稀疏的高斯变分推断方法，它是更保守的。

与精确稀疏的高斯变分推断相比，因为精确稀疏的高斯变分推断-高斯-牛顿法进行了额外的近似处理，所以它相较于最大后验估计是否有所改进还有待考察。然而，作为一种不需要任何导数的批量优化方法，精确稀疏的高斯变分推断-高斯-牛顿法可以作为无导数版本的完整的精确稀疏的高斯变分推断的预处理步骤。

### 6.4.2　参数估计

本节简要介绍如何使用精确稀疏的高斯变分推断框架来估计参数。我们引入未知参数 $\boldsymbol{\theta}$，则观测的负对数似然为 $-\ln p(\boldsymbol{z}|\boldsymbol{\theta})$。这个表达式可以分解为

$$-\ln p(\boldsymbol{z}|\boldsymbol{\theta}) = \underbrace{\int_{-\infty}^{\infty} q(\boldsymbol{x}) \ln \left( \frac{p(\boldsymbol{x}|\boldsymbol{z},\boldsymbol{\theta})}{q(\boldsymbol{x})} \right) \mathrm{d}\boldsymbol{x}}_{-\mathrm{KL}(q||p)\leqslant 0} \underbrace{- \int_{-\infty}^{\infty} q(\boldsymbol{x}) \ln \left( \frac{p(\boldsymbol{x},\boldsymbol{z}|\boldsymbol{\theta})}{q(\boldsymbol{x})} \right) \mathrm{d}\boldsymbol{x}}_{V(q|\boldsymbol{\theta})} \tag{6.81}$$

其中

$$V(q|\boldsymbol{\theta}) = E_q[\phi(\boldsymbol{x}|\boldsymbol{\theta})] + \frac{1}{2} \ln \det(\boldsymbol{\Sigma}^{-1}) \tag{6.82}$$

是**证据下界**的负值。为了最小化 $-\ln p(\boldsymbol{z}|\boldsymbol{\theta})$，当存在通过 $q(\boldsymbol{x})$ 估计的隐状态时，我们可以采用**最小期望**（expectation minimization，EM）算法①来估计参数[71–72]。期望步骤（即 E 步）已经通过精确稀疏的高斯变分推断完成；我们只需要固定 $\boldsymbol{\theta}$ 并进行推断直到收敛，以求解后验分布的高斯近似 $q(\boldsymbol{x})$。在最小化步骤（即 M 步）中，我们固定 $q(\boldsymbol{x})$，并找到使损失泛函最小化的 $\boldsymbol{\theta}$。通过在 E 步和 M 步之间交替进行，我们就可以求解最优参数以最小化 $-\ln p(\boldsymbol{z}|\boldsymbol{\theta})$，即给定参数下的观测值的负对数似然。最小期望过程将收敛到局部最小值，但不一定是全局最小值。

正如在本章前面所做的那样，我们假设状态和观测的联合似然概率密度函数（在给定参数的情况下）可以因式分解为

$$\phi(\boldsymbol{x}|\boldsymbol{\theta}) = \sum_{k=1}^{K} \phi_k(\boldsymbol{x}_k|\boldsymbol{\theta}) \tag{6.83}$$

为了使该式更具通用性，假设每个因式都受到整个参数集 $\boldsymbol{\theta}$ 的影响，但在现实中它可能只是参数集的一个子集。对损失泛函关于 $\boldsymbol{\theta}$ 求导，可得

$$\begin{aligned}
\frac{\partial V(q|\boldsymbol{\theta})}{\partial \boldsymbol{\theta}} &= \frac{\partial}{\partial \boldsymbol{\theta}} E_q[\phi(\boldsymbol{x}|\boldsymbol{\theta})] \\
&= \frac{\partial}{\partial \boldsymbol{\theta}} E_q \left[ \sum_{k=1}^{K} \phi_k(\boldsymbol{x}_k|\boldsymbol{\theta}) \right] \\
&= \sum_{k=1}^{K} E_{q_k} \left[ \frac{\partial}{\partial \boldsymbol{\theta}} \phi_k(\boldsymbol{x}_k|\boldsymbol{\theta}) \right]
\end{aligned} \tag{6.84}$$

在最后一个表达式中，求导的结果简化为关于边缘分布 $q_k(\boldsymbol{x}_k)$ 的期望，而不是整个高斯分布 $q(\boldsymbol{x})$ 的期望。与主要的精确稀疏的高斯变分推断方法一样，这意味着我们只需要计算那些对应 $\boldsymbol{\Sigma}^{-1}$ 的非零块的 $\boldsymbol{\Sigma}$ 的协方差块，这些块已经在 E 步中计算过了。此外，我们可以使用容积法轻松地计算边缘期望。

① 最小期望算法通常也被称为最大期望（expectation maximization，EM）算法，这两个名称指代的是同一个算法，只是表述上略有不同。该算法在许多领域被用于处理含有隐变量的参数估计问题。——译者注

为了更具体地说明，考虑以下例子：

$$\phi(\boldsymbol{x}|\boldsymbol{W}) = \frac{1}{2}\sum_{k=1}^{K}\left(\boldsymbol{e}_k(\boldsymbol{x}_k)^{\mathrm{T}}\boldsymbol{W}^{-1}\boldsymbol{e}_k(\boldsymbol{x}_k) - \ln\det(\boldsymbol{W}^{-1})\right) \tag{6.85}$$

其中，未知参数为 $\boldsymbol{W}$，即观测协方差矩阵。然后对 $\boldsymbol{W}^{-1}$ 求导数，可得

$$\frac{\partial V(q|\boldsymbol{W})}{\partial \boldsymbol{W}^{-1}} = \frac{1}{2}\sum_{k=1}^{K} E_{q_k}\left[\boldsymbol{e}_k(\boldsymbol{x}_k)\boldsymbol{e}_k(\boldsymbol{x}_k)^{\mathrm{T}}\right] - \frac{K}{2}\boldsymbol{W} \tag{6.86}$$

为求最小值将其设为零，可得

$$\boldsymbol{W} = \frac{1}{K}\sum_{k=1}^{K} E_{q_k}\left[\boldsymbol{e}_k(\boldsymbol{x}_k)\boldsymbol{e}_k(\boldsymbol{x}_k)^{\mathrm{T}}\right] \tag{6.87}$$

这里我们可以使用容积法来计算边缘期望。再次强调，无须已知完整的协方差矩阵 $\boldsymbol{\Sigma}$，这意味着精确稀疏的高斯变分推断框架也适用于参数估计。

### 6.4.3 约束协方差为正定

此处的高斯变分推断优化问题被设定成了无约束优化问题。这特别意味着，我们不需要约束估计的逆协方差矩阵 $\boldsymbol{\Sigma}^{-1}$ 为正定矩阵。在实际情况下，正定性会在接近最优解时自然出现。然而，如果初始估计非常差，则可能导致高斯变分推断方法产生非正定的逆协方差矩阵。我们提出两种方法来克服这一限制。

首先，我们可以先进行最大后验估计直到结果收敛（使用拉普拉斯近似来估计逆协方差矩阵），然后使用这个结果来初始化高斯变分推断方法。在实践中，这种方法的效果非常好，并且计算效率高，因为我们只在优化的后期阶段使用完整的期望来改进结果。

其次，我们可以将高斯变分推断方法修改为有约束的优化问题，强制估计的逆协方差矩阵为正定矩阵。这可以通过与自然梯度下降的联系[99]来实现（见 6.2.3 节）。这种方法的优点是无须像第一种方法那样切换算法。

## 6.5 线性系统

在本节中，我们首先将展示如果真实的后验分布是高斯分布，那么高斯变分推断方法能够恢复 3.1.3 节中描述的离散时间批量估计的解。接着，我们将展示如何使用 6.4.2 节中描述的参数估计特性从观测中学习系统参数，这是一种系统辨识的方法。

### 6.5.1 批量解的恢复

回顾 3.1.3 节，批量线性状态估计问题可以写成**提升形式**（即在轨迹层面）：

$$\boldsymbol{x} = \boldsymbol{A}(\boldsymbol{B}\boldsymbol{u} + \boldsymbol{w}) \tag{6.88a}$$

$$\boldsymbol{y} = \boldsymbol{C}\boldsymbol{x} + \boldsymbol{n} \tag{6.88b}$$

其中，$\boldsymbol{x}$ 是整个轨迹（随时间变化的状态）；$\boldsymbol{u}$ 是控制输入；$\boldsymbol{y}$ 是传感器输出；$\boldsymbol{w} \sim \mathcal{N}(\mathbf{0}, \boldsymbol{Q})$ 是过程噪声；$\boldsymbol{n} \sim \mathcal{N}(\mathbf{0}, \boldsymbol{R})$ 是观测噪声；$\boldsymbol{A}$ 是提升的转移矩阵；$\boldsymbol{B}$ 是提升的控制矩阵；$\boldsymbol{C}$ 是提升的观测矩阵。我们可以得到

$$\phi(\boldsymbol{x}) = \frac{1}{2}\left(\boldsymbol{B}\boldsymbol{u} - \boldsymbol{A}^{-1}\boldsymbol{x}\right)^{\mathrm{T}} \boldsymbol{Q}^{-1} \left(\boldsymbol{B}\boldsymbol{u} - \boldsymbol{A}^{-1}\boldsymbol{x}\right) + \frac{1}{2}\left(\boldsymbol{y} - \boldsymbol{C}\boldsymbol{x}\right)^{\mathrm{T}} \boldsymbol{R}^{-1} \left(\boldsymbol{y} - \boldsymbol{C}\boldsymbol{x}\right) \tag{6.89}$$

对于这个线性问题，假设 $q(\boldsymbol{x}) = \mathcal{N}(\hat{\boldsymbol{x}}, \hat{\boldsymbol{P}})$，可以解析地计算导数：

$$E_q\left[\frac{\partial^2}{\partial \boldsymbol{x}^{\mathrm{T}} \partial \boldsymbol{x}}\phi(\boldsymbol{x})\right] = \boldsymbol{A}^{-\mathrm{T}}\boldsymbol{Q}^{-1}\boldsymbol{A}^{-1} + \boldsymbol{C}^{\mathrm{T}}\boldsymbol{R}^{-1}\boldsymbol{C} \tag{6.90a}$$

$$E_q\left[\frac{\partial}{\partial \boldsymbol{x}^{\mathrm{T}}}\phi(\boldsymbol{x})\right] = -\boldsymbol{A}^{-\mathrm{T}}\boldsymbol{Q}^{-1}\left(\boldsymbol{B}\boldsymbol{u} - \boldsymbol{A}^{-1}\hat{\boldsymbol{x}}\right) - \boldsymbol{C}^{\mathrm{T}}\boldsymbol{R}^{-1}\left(\boldsymbol{y} - \boldsymbol{C}\hat{\boldsymbol{x}}\right) \tag{6.90b}$$

在结果收敛时，式（6.90b）必须为零，因此我们有

$$\hat{\boldsymbol{P}}^{-1} = \underbrace{\boldsymbol{A}^{-\mathrm{T}}\boldsymbol{Q}^{-1}\boldsymbol{A}^{-1} + \boldsymbol{C}^{\mathrm{T}}\boldsymbol{R}^{-1}\boldsymbol{C}}_{\text{块三对角矩阵}} \tag{6.91a}$$

$$\hat{\boldsymbol{P}}^{-1}\hat{\boldsymbol{x}} = \boldsymbol{A}^{-\mathrm{T}}\boldsymbol{Q}^{-1}\boldsymbol{B}\boldsymbol{u} + \boldsymbol{C}^{\mathrm{T}}\boldsymbol{R}^{-1}\boldsymbol{y} \tag{6.91b}$$

因为 $\hat{\boldsymbol{P}}^{-1}$ 具有块三对角结构，所以我们可以高效地求解 $\hat{\boldsymbol{x}}$；鉴于此，3.2 节展示了这种形式与经典的 RTS 平滑器的代数等价性。因此，高斯变分推断方法仍然能复现经典线性结果。在非线性系统的情况下，高斯变分推断提供了与最大后验估计不同的解。

### 6.5.2 系统辨识

考虑如下形式的离散时间线性时不变系统：

$$\boldsymbol{x}_k = \boldsymbol{A}\boldsymbol{x}_{k-1} + \boldsymbol{B}\boldsymbol{u}_k + \boldsymbol{w}_k, \qquad \boldsymbol{w}_k \sim \mathcal{N}(\mathbf{0}, \boldsymbol{Q}) \tag{6.92a}$$

$$\boldsymbol{y}_k = \boldsymbol{C}\boldsymbol{x}_k + \boldsymbol{n}_k, \qquad \boldsymbol{n}_k \sim \mathcal{N}(\mathbf{0}, \boldsymbol{R}) \tag{6.92b}$$

其中，$k = 0, \cdots, K$ 是时间索引；$\boldsymbol{x}_k$ 是状态；$\boldsymbol{u}_k$ 是控制输入；$\boldsymbol{y}_k$ 是传感器输出；$\boldsymbol{A}$，$\boldsymbol{B}$，$\boldsymbol{C}$ 是描述系统的常数矩阵；$\boldsymbol{Q}$，$\boldsymbol{R}$ 分别是过程噪声和观测噪声的协方差。系统的初始状态可以是已知的，也可以是未知的，有

$$\check{\boldsymbol{x}}_0 = \boldsymbol{x}_0 + \boldsymbol{w}_0, \qquad \boldsymbol{w}_0 \sim \mathcal{N}(\mathbf{0}, \check{\boldsymbol{P}}_0) \tag{6.93}$$

其中，$\check{\boldsymbol{P}}_0$ 是初始状态的协方差。

在第 3 章和上一节中，我们假设系统模型参数 $\boldsymbol{\theta} = \{\boldsymbol{A}, \boldsymbol{B}, \boldsymbol{C}, \check{\boldsymbol{P}}_0, \boldsymbol{Q}, \boldsymbol{R}\}$ 是已知的。但如果它们未知呢？传统上，这就相当于解决系统辨识问题。尽管文献中有多种系统辨识方法，但我们选择从结构化学习的角度来研究这一问题，并引入隐轨迹（latent trajectory）[100–101]。这种方法在本质上与用于训练离散状态隐马尔可夫模型（hidden Markov model, HMM）参数的鲍姆-韦尔奇（Baum-Welch）算法相同[102]。我们将使用 6.4.2 节中描述的最大期望算法。E 步保持 $\boldsymbol{\theta}$ 固定不变并使用上一节的过程完成。M 步的细节将在这里介绍。

从单个时间步长所涉及的量的角度来进行分析，式（6.89）可以写为

$$\begin{aligned}\phi(\boldsymbol{x}|\boldsymbol{\theta}) = & \frac{1}{2}(\boldsymbol{x}_0 - \check{\boldsymbol{x}}_0)^{\mathrm{T}}\check{\boldsymbol{P}}_0^{-1}(\boldsymbol{x}_0 - \check{\boldsymbol{x}}_0)+ \\ & \frac{1}{2}\sum_{k=1}^{K}(\boldsymbol{x}_k - \boldsymbol{A}\boldsymbol{x}_{k-1} - \boldsymbol{B}\boldsymbol{u}_k)^{\mathrm{T}}\boldsymbol{Q}^{-1}(\boldsymbol{x}_k - \boldsymbol{A}\boldsymbol{x}_{k-1} - \boldsymbol{B}\boldsymbol{u}_k)+ \\ & \frac{1}{2}\sum_{k=0}^{K}(\boldsymbol{y}_k - \boldsymbol{C}\boldsymbol{x}_k)^{\mathrm{T}}\boldsymbol{R}^{-1}(\boldsymbol{y}_k - \boldsymbol{C}\boldsymbol{x}_k)+ \\ & \frac{1}{2}\ln\det\check{\boldsymbol{P}}_0 + \frac{1}{2}K\ln\det\boldsymbol{Q} + \frac{1}{2}(K+1)\ln\det\boldsymbol{R}\end{aligned} \tag{6.94}$$

此时它依赖 $\boldsymbol{\theta}$。按照 6.4.2 节中的步骤，接下来需要计算：

$$\frac{\partial V(q|\boldsymbol{\theta})}{\partial\boldsymbol{\theta}} = \frac{\partial}{\partial\boldsymbol{\theta}}E_q[\phi(\boldsymbol{x}|\boldsymbol{\theta})] = E_q\left[\frac{\partial\phi(\boldsymbol{x}|\boldsymbol{\theta})}{\partial\boldsymbol{\theta}}\right] = \mathbf{0} \tag{6.95}$$

从而完成 M 步中的最小化过程。

$\phi(\boldsymbol{x}|\boldsymbol{\theta})$ 关于模型矩阵（或其逆矩阵，如果在计算更简单的情况下）的导数如下：

$$\frac{\partial\phi(\boldsymbol{x}|\boldsymbol{\theta})}{\partial\boldsymbol{A}} = -\boldsymbol{Q}^{-1}\sum_{k=1}^{K}(\boldsymbol{x}_k - \boldsymbol{A}\boldsymbol{x}_{k-1} - \boldsymbol{B}\boldsymbol{u}_k)\boldsymbol{x}_{k-1}^{\mathrm{T}} \tag{6.96a}$$

$$\frac{\partial\phi(\boldsymbol{x}|\boldsymbol{\theta})}{\partial\boldsymbol{B}} = -\boldsymbol{Q}^{-1}\sum_{k=1}^{K}(\boldsymbol{x}_k - \boldsymbol{A}\boldsymbol{x}_{k-1} - \boldsymbol{B}\boldsymbol{u}_k)\boldsymbol{u}_k^{\mathrm{T}} \tag{6.96b}$$

$$\frac{\partial\phi(\boldsymbol{x}|\boldsymbol{\theta})}{\partial\boldsymbol{C}} = -\boldsymbol{R}^{-1}\sum_{k=0}^{K}(\boldsymbol{y}_k - \boldsymbol{C}\boldsymbol{x}_k)\boldsymbol{x}_k^{\mathrm{T}} \tag{6.96c}$$

$$\frac{\partial\phi(\boldsymbol{x}|\boldsymbol{\theta})}{\partial\check{\boldsymbol{P}}_0^{-1}} = \frac{1}{2}(\boldsymbol{x}_0 - \check{\boldsymbol{x}}_0)(\boldsymbol{x}_0 - \check{\boldsymbol{x}}_0)^{\mathrm{T}} - \frac{1}{2}\check{\boldsymbol{P}}_0 \tag{6.96d}$$

$$\frac{\partial\phi(\boldsymbol{x}|\boldsymbol{\theta})}{\partial\boldsymbol{Q}^{-1}} = \frac{1}{2}\sum_{k=1}^{K}(\boldsymbol{x}_k - \boldsymbol{A}\boldsymbol{x}_{k-1} - \boldsymbol{B}\boldsymbol{u}_k)(\boldsymbol{x}_k - \boldsymbol{A}\boldsymbol{x}_{k-1} - \boldsymbol{B}\boldsymbol{u}_k)^{\mathrm{T}} - \frac{1}{2}K\boldsymbol{Q} \tag{6.96e}$$

$$\frac{\partial\phi(\boldsymbol{x}|\boldsymbol{\theta})}{\partial\boldsymbol{R}^{-1}} = \frac{1}{2}\sum_{k=0}^{K}(\boldsymbol{y}_k - \boldsymbol{C}\boldsymbol{x}_k)(\boldsymbol{y}_k - \boldsymbol{C}\boldsymbol{x}_k)^{\mathrm{T}} - \frac{1}{2}(K+1)\boldsymbol{R} \tag{6.96f}$$

我们需要计算这些导数在隐轨迹分布 $q(\boldsymbol{x}) = \mathcal{N}(\hat{\boldsymbol{x}}, \hat{\boldsymbol{P}})$ 上的期望。取前三个导数的期望，可得

$$E_q\left[\frac{\partial\phi(\boldsymbol{x}|\boldsymbol{\theta})}{\partial\boldsymbol{A}}\right] = -\boldsymbol{Q}^{-1}\sum_{k=1}^{K}\left(\left(\hat{\boldsymbol{x}}_k\hat{\boldsymbol{x}}_{k-1}^{\mathrm{T}} + \hat{\boldsymbol{P}}_{k,k-1}\right) - \boldsymbol{A}\left(\hat{\boldsymbol{x}}_{k-1}\hat{\boldsymbol{x}}_{k-1}^{\mathrm{T}} + \hat{\boldsymbol{P}}_{k-1}\right) - \boldsymbol{B}\boldsymbol{u}_k\hat{\boldsymbol{x}}_{k-1}^{\mathrm{T}}\right) \tag{6.97a}$$

$$E_q\left[\frac{\partial\phi(\boldsymbol{x}|\boldsymbol{\theta})}{\partial\boldsymbol{B}}\right] = -\boldsymbol{Q}^{-1}\sum_{k=1}^{K}\left(\hat{\boldsymbol{x}}_k\boldsymbol{u}_k^{\mathrm{T}} - \boldsymbol{A}\hat{\boldsymbol{x}}_{k-1}\boldsymbol{u}_k^{\mathrm{T}} - \boldsymbol{B}\boldsymbol{u}_k\boldsymbol{u}_k^{\mathrm{T}}\right) \tag{6.97b}$$

$$E_q\left[\frac{\partial\phi(\boldsymbol{x}|\boldsymbol{\theta})}{\partial\boldsymbol{C}}\right] = -\boldsymbol{R}^{-1}\sum_{k=0}^{K}\left(\boldsymbol{y}_k\hat{\boldsymbol{x}}_k^{\mathrm{T}} - \boldsymbol{C}\left(\hat{\boldsymbol{x}}_k\hat{\boldsymbol{x}}_k^{\mathrm{T}} + \hat{\boldsymbol{P}}_k\right)\right) \tag{6.97c}$$

其中，$\hat{\boldsymbol{x}}$ 和 $\hat{\boldsymbol{P}}$ 的各个块定义为

$$\hat{\boldsymbol{x}} = \begin{bmatrix} \hat{\boldsymbol{x}}_0 \\ \hat{\boldsymbol{x}}_1 \\ \vdots \\ \hat{\boldsymbol{x}}_{K-1} \\ \hat{\boldsymbol{x}}_K \end{bmatrix}, \quad \hat{\boldsymbol{P}} = \begin{bmatrix} \hat{\boldsymbol{P}}_0 & \hat{\boldsymbol{P}}_{10}^{\mathrm{T}} & \ddots & \ddots & \ddots & \ddots \\ \hat{\boldsymbol{P}}_{10} & \hat{\boldsymbol{P}}_1 & \hat{\boldsymbol{P}}_{21}^{\mathrm{T}} & \ddots & \ddots & \ddots \\ \ddots & \hat{\boldsymbol{P}}_{21} & \ddots & \ddots & \ddots & \ddots \\ \ddots & \ddots & \ddots & \hat{\boldsymbol{P}}_{K-2} & \hat{\boldsymbol{P}}_{K-1,K-2}^{\mathrm{T}} & \ddots \\ \ddots & \ddots & \ddots & \hat{\boldsymbol{P}}_{K-1,K-2} & \hat{\boldsymbol{P}}_{K-1} & \hat{\boldsymbol{P}}_{K,K-1}^{\mathrm{T}} \\ \ddots & \ddots & \ddots & \ddots & \hat{\boldsymbol{P}}_{K,K-1} & \hat{\boldsymbol{P}}_K \end{bmatrix} \tag{6.98}$$

协方差估计 $\hat{\boldsymbol{P}}$ 通常是稠密的，但我们只对将使用到的块（主对角线及其上下相邻的两条对角线）赋予了符号。上述块的计算可以在 RTS 平滑或楚列斯基平滑时进行（参见 3.2.3 节）。

将式（6.97）中的每个梯度期望设为零，我们得到以下公式：

$$\begin{aligned} \begin{bmatrix} \boldsymbol{A} & \boldsymbol{B} \end{bmatrix} = & \begin{bmatrix} \sum_{k=1}^K \left( \hat{\boldsymbol{x}}_k \hat{\boldsymbol{x}}_{k-1}^{\mathrm{T}} + \hat{\boldsymbol{P}}_{k,k-1} \right) & \sum_{k=1}^K \hat{\boldsymbol{x}}_k \boldsymbol{u}_k^{\mathrm{T}} \end{bmatrix} \times \\ & \begin{bmatrix} \sum_{k=1}^K \left( \hat{\boldsymbol{x}}_{k-1} \hat{\boldsymbol{x}}_{k-1}^{\mathrm{T}} + \hat{\boldsymbol{P}}_{k-1} \right) & \sum_{k=1}^K \hat{\boldsymbol{x}}_{k-1} \boldsymbol{u}_k^{\mathrm{T}} \\ \sum_{k=1}^K \boldsymbol{u}_k \hat{\boldsymbol{x}}_{k-1}^{\mathrm{T}} & \sum_{k=1}^K \boldsymbol{u}_k \boldsymbol{u}_k^{\mathrm{T}} \end{bmatrix}^{-1} \end{aligned} \tag{6.99a}$$

$$\boldsymbol{C} = \left( \sum_{k=0}^K \boldsymbol{y}_k \hat{\boldsymbol{x}}_k^{\mathrm{T}} \right) \left( \sum_{k=0}^K \left( \hat{\boldsymbol{x}}_k \hat{\boldsymbol{x}}_k^{\mathrm{T}} + \hat{\boldsymbol{P}}_k \right) \right)^{-1} \tag{6.99b}$$

其中，$\boldsymbol{A}$ 和 $\boldsymbol{B}$ 的更新是耦合的。一旦求解出 $\boldsymbol{A}$，$\boldsymbol{B}$ 和 $\boldsymbol{C}$，我们就可以求解剩余的参数 $\check{\boldsymbol{P}}_0$，$\boldsymbol{Q}$ 和 $\boldsymbol{R}$。

其余参数的梯度期望为

$$E_q\left[ \frac{\partial \phi(\boldsymbol{x}|\boldsymbol{\theta})}{\partial \check{\boldsymbol{P}}_0^{-1}} \right] = \frac{1}{2}(\hat{\boldsymbol{x}}_0 - \check{\boldsymbol{x}}_0)(\hat{\boldsymbol{x}}_0 - \check{\boldsymbol{x}}_0)^{\mathrm{T}} + \frac{1}{2}\left( \hat{\boldsymbol{P}}_0 - \check{\boldsymbol{P}}_0 \right) \tag{6.100a}$$

$$\begin{aligned} E_q\left[ \frac{\partial \phi(\boldsymbol{x}|\boldsymbol{\theta})}{\partial \boldsymbol{Q}^{-1}} \right] = & \frac{1}{2} \sum_{k=1}^K \Big( (\hat{\boldsymbol{x}}_k - \boldsymbol{A}\hat{\boldsymbol{x}}_{k-1} - \boldsymbol{B}\boldsymbol{u}_k)(\hat{\boldsymbol{x}}_k - \boldsymbol{A}\hat{\boldsymbol{x}}_{k-1} - \boldsymbol{B}\boldsymbol{u}_k)^{\mathrm{T}} + \\ & \hat{\boldsymbol{P}}_k - \hat{\boldsymbol{P}}_{k,k-1}\boldsymbol{A}^{\mathrm{T}} - \boldsymbol{A}\hat{\boldsymbol{P}}_{k,k-1}^{\mathrm{T}} + \boldsymbol{A}\hat{\boldsymbol{P}}_{k-1}\boldsymbol{A}^{\mathrm{T}} \Big) - \frac{1}{2}K\boldsymbol{Q} \end{aligned} \tag{6.100b}$$

$$E_q\left[ \frac{\partial \phi(\boldsymbol{x}|\boldsymbol{\theta})}{\partial \boldsymbol{R}^{-1}} \right] = \frac{1}{2} \sum_{k=0}^K \left( (\boldsymbol{y}_k - \boldsymbol{C}\hat{\boldsymbol{x}}_k)(\boldsymbol{y}_k - \boldsymbol{C}\hat{\boldsymbol{x}}_k)^{\mathrm{T}} + \boldsymbol{C}\hat{\boldsymbol{P}}_k\boldsymbol{C}^{\mathrm{T}} \right) - \frac{1}{2}(K+1)\boldsymbol{R} \tag{6.100c}$$

将这些期望设为零以最小化，可得

$$\check{\boldsymbol{P}}_0 = (\hat{\boldsymbol{x}}_0 - \check{\boldsymbol{x}}_0)(\hat{\boldsymbol{x}}_0 - \check{\boldsymbol{x}}_0)^{\mathrm{T}} + \hat{\boldsymbol{P}}_0 \tag{6.101a}$$

$$\begin{aligned} \boldsymbol{Q} = & \frac{1}{K} \sum_{k=1}^K \Big( (\hat{\boldsymbol{x}}_k - \boldsymbol{A}\hat{\boldsymbol{x}}_{k-1} - \boldsymbol{B}\boldsymbol{u}_k)(\hat{\boldsymbol{x}}_k - \boldsymbol{A}\hat{\boldsymbol{x}}_{k-1} - \boldsymbol{B}\boldsymbol{u}_k)^{\mathrm{T}} + \\ & \hat{\boldsymbol{P}}_k - \hat{\boldsymbol{P}}_{k,k-1}\boldsymbol{A}^{\mathrm{T}} - \boldsymbol{A}\hat{\boldsymbol{P}}_{k,k-1}^{\mathrm{T}} + \boldsymbol{A}\hat{\boldsymbol{P}}_{k-1}\boldsymbol{A}^{\mathrm{T}} \Big) \end{aligned} \tag{6.101b}$$

$$\boldsymbol{R} = \frac{1}{K+1} \sum_{k=0}^K \left( (\boldsymbol{y}_k - \boldsymbol{C}\hat{\boldsymbol{x}}_k)(\boldsymbol{y}_k - \boldsymbol{C}\hat{\boldsymbol{x}}_k)^{\mathrm{T}} + \boldsymbol{C}\hat{\boldsymbol{P}}_k\boldsymbol{C}^{\mathrm{T}} \right) \tag{6.101c}$$

其中，$\boldsymbol{A}$，$\boldsymbol{B}$，$\boldsymbol{C}$ 是已知的。此时所有的参数 $\boldsymbol{\theta}=\{\boldsymbol{A},\boldsymbol{B},\boldsymbol{C},\check{\boldsymbol{P}}_0,\boldsymbol{Q},\boldsymbol{R}\}$ 都已知，M 步完成后可以返回到 E 步（参见上一节）并迭代至收敛。

将式（6.101）中的 $\boldsymbol{Q}$ 和 $\boldsymbol{R}$ 的更新与式（5.91）和式（5.86）中的自适应协方差更新进行比较，两者均提供了使用观测来估计 $\boldsymbol{Q}$ 和 $\boldsymbol{R}$ 的方法，并且在方程形式上具有相似之处，因为它们都使用了误差的外积。然而，两者在细节上有所不同。自适应协方差方法使用的是与所计算的误差不相关的滤波状态估计，因此会根据状态估计的协方差来减小估计协方差。而本节的最大期望算法使用平滑状态估计来计算误差，该误差与平滑状态估计相关，但在表达式中通过基于状态估计的协方差的膨胀来考虑这一点。

## 6.6 非线性系统

在本节中，我们将进一步展示高斯变分推断方法与我们在第 4 章中遇到的其他非线性估计器之间的关系。首先，我们将研究高斯变分推断方法在卡尔曼滤波校正步骤中的应用。其次，我们将重新审视在 4.1.1 节中首次引入的非线性立体相机示例。

### 6.6.1 卡尔曼滤波校正步骤

在批量层面上，我们已经看到高斯变分推断方法与最大后验估计之间存在紧密联系：仅使用估计的均值来计算期望，就可以恢复标准最大后验估计中的牛顿更新（见 4.3.1 节），并对协方差进行拉普拉斯近似。在本节，我们将进一步研究当高斯变分推断方法应用于滤波问题中的校正步骤时的具体形式。

如果只希望将高斯变分推断应用于滤波器的校正步骤，我们仍然可以将其构建为一个小的优化问题（见 3.3.2 节）。在这种情况下，我们有一个来自滤波器预测步骤的先验项 $\phi_p(\boldsymbol{x})$，以及一个校正观测项 $\phi_m(\boldsymbol{x})$：

$$\phi_p(\boldsymbol{x})=\frac{1}{2}(\boldsymbol{x}-\check{\boldsymbol{x}})^{\mathrm{T}}\check{\boldsymbol{P}}^{-1}(\boldsymbol{x}-\check{\boldsymbol{x}}) \tag{6.102a}$$

$$\phi_m(\boldsymbol{x})=\frac{1}{2}(\boldsymbol{y}-\boldsymbol{g}(\boldsymbol{x}))^{\mathrm{T}}\boldsymbol{R}^{-1}(\boldsymbol{y}-\boldsymbol{g}(\boldsymbol{x})) \tag{6.102b}$$

其中，$\mathcal{N}\left(\check{\boldsymbol{x}},\check{\boldsymbol{P}}\right)$ 是预测步骤的输出；$\boldsymbol{y}$ 是观测；$\boldsymbol{R}$ 是观测噪声的协方差；$\boldsymbol{g}(\cdot)$ 是观测模型。我们省略了所有量上的时间下标 $k$ 以保持符号简洁。

式（6.23）中的完整高斯变分推断更新需要计算 $\phi(\boldsymbol{x})=\phi_p(\boldsymbol{x})+\phi_m(\boldsymbol{x})$ 的一阶导数和二阶导数：

$$\frac{\partial\phi(\boldsymbol{x})}{\partial\boldsymbol{x}^{\mathrm{T}}}=\check{\boldsymbol{P}}^{-1}(\boldsymbol{x}-\check{\boldsymbol{x}})-\boldsymbol{G}^{\mathrm{T}}\boldsymbol{R}^{-1}(\boldsymbol{y}-\boldsymbol{g}(\boldsymbol{x})) \tag{6.103a}$$

$$\frac{\partial^2\phi(\boldsymbol{x})}{\partial\boldsymbol{x}^{\mathrm{T}}\partial\boldsymbol{x}}\approx\check{\boldsymbol{P}}^{-1}+\boldsymbol{G}^{\mathrm{T}}\boldsymbol{R}^{-1}\boldsymbol{G} \tag{6.103b}$$

其中，$\boldsymbol{G}=\dfrac{\partial\boldsymbol{g}}{\partial\boldsymbol{x}}$。为了简化，二阶导数采用常见的高斯-牛顿法近似，但也可以使用完整的导数。令 $q(\boldsymbol{x})=\mathcal{N}(\boldsymbol{x}_{\mathrm{op}},\boldsymbol{P}_{\mathrm{op}})$ 为当前高斯变分推断的后验估计，那么所需的期望为

$$E_q\left[\frac{\partial\phi(\boldsymbol{x})}{\partial\boldsymbol{x}^{\mathrm{T}}}\right]=\check{\boldsymbol{P}}^{-1}(\boldsymbol{x}_{\mathrm{op}}-\check{\boldsymbol{x}})-E_q\left[\boldsymbol{G}^{\mathrm{T}}\boldsymbol{R}^{-1}(\boldsymbol{y}-\boldsymbol{g}(\boldsymbol{x}))\right] \tag{6.104a}$$

$$E_q\left[\frac{\partial^2\phi(\boldsymbol{x})}{\partial\boldsymbol{x}^{\mathrm{T}}\partial\boldsymbol{x}}\right]\approx\check{\boldsymbol{P}}^{-1}+E_q\left[\boldsymbol{G}^{\mathrm{T}}\boldsymbol{R}^{-1}\boldsymbol{G}\right] \tag{6.104b}$$

更新为

$$\boldsymbol{P}_{\text{op}}\leftarrow\left(\check{\boldsymbol{P}}^{-1}+E_q\left[\boldsymbol{G}^{\mathrm{T}}\boldsymbol{R}^{-1}\boldsymbol{G}\right]\right)^{-1} \tag{6.105a}$$

$$\boldsymbol{x}_{\text{op}}\leftarrow\boldsymbol{x}_{\text{op}}+\boldsymbol{P}_{\text{op}}\left(E_q\left[\boldsymbol{G}^{\mathrm{T}}\boldsymbol{R}^{-1}(\boldsymbol{y}-\boldsymbol{g}(\boldsymbol{x}))\right]+\check{\boldsymbol{P}}^{-1}(\check{\boldsymbol{x}}-\boldsymbol{x}_{\text{op}})\right) \tag{6.105b}$$

这些期望需要使用 6.3.3 节中介绍的容积法来计算。我们也可以应用斯坦引理以一种无导数的方式来计算它们。

如果我们转而采用 6.4.1 节中的替代损失泛函方法，那么更新变为

$$\boldsymbol{P}_{\text{op}}\leftarrow\left(\check{\boldsymbol{P}}^{-1}+\bar{\boldsymbol{G}}^{\mathrm{T}}\boldsymbol{R}^{-1}\bar{\boldsymbol{G}}\right)^{-1} \tag{6.106a}$$

$$\boldsymbol{x}_{\text{op}}\leftarrow\boldsymbol{x}_{\text{op}}+\boldsymbol{P}_{\text{op}}\left(\bar{\boldsymbol{G}}^{\mathrm{T}}\boldsymbol{R}^{-1}(\boldsymbol{y}-\bar{\boldsymbol{g}})+\check{\boldsymbol{P}}^{-1}(\check{\boldsymbol{x}}-\boldsymbol{x}_{\text{op}})\right) \tag{6.106b}$$

其中，$\bar{\boldsymbol{G}}=E_q\left[\dfrac{\partial\boldsymbol{g}}{\partial\boldsymbol{x}}\right]$；$\bar{\boldsymbol{g}}=E_q\left[\boldsymbol{g}(\boldsymbol{x})\right]$。通过这种方式，我们现在可以应用常用的 SMW 等式，将其转化为更标准的卡尔曼形式：

$$\boldsymbol{K}=\check{\boldsymbol{P}}\bar{\boldsymbol{G}}^{\mathrm{T}}\left(\boldsymbol{R}+\bar{\boldsymbol{G}}\check{\boldsymbol{P}}\bar{\boldsymbol{G}}^{\mathrm{T}}\right)^{-1} \tag{6.107a}$$

$$\boldsymbol{P}_{\text{op}}\leftarrow\left(\boldsymbol{I}-\boldsymbol{K}\bar{\boldsymbol{G}}\right)\check{\boldsymbol{P}} \tag{6.107b}$$

$$\boldsymbol{x}_{\text{op}}\leftarrow\check{\boldsymbol{x}}+\boldsymbol{K}\left(\boldsymbol{y}-\bar{\boldsymbol{g}}-\bar{\boldsymbol{G}}\left(\check{\boldsymbol{x}}-\boldsymbol{x}_{\text{op}}\right)\right) \tag{6.107c}$$

如果我们想要无导数版本，可以使用斯坦引理（见附录 C.2）来近似所需的期望。对于期望雅可比矩阵（即统计雅可比矩阵），有

$$\bar{\boldsymbol{G}}=E_q\left[\frac{\partial\boldsymbol{g}}{\partial\boldsymbol{x}}\right]=E_q\left[\left(\boldsymbol{g}(\boldsymbol{x})-\bar{\boldsymbol{g}}\right)\left(\boldsymbol{x}-\boldsymbol{x}_{\text{op}}\right)^{\mathrm{T}}\right]\boldsymbol{P}_{\text{op}}^{-1} \tag{6.108}$$

这同样可以使用高斯容积法（例如，西格玛点）来计算。期望观测为

$$\bar{\boldsymbol{g}}=E_q\left[\boldsymbol{g}(\boldsymbol{x})\right] \tag{6.109}$$

该值也可以很容易地使用高斯容积法来计算。

回顾 4.2.10 节中讨论的迭代西格玛点卡尔曼滤波，它与这里讨论的无导数版本的精确稀疏的高斯变分推断校正步骤有很大程度的相似之处，但二者并不完全相同。其区别主要在于用于构建西格玛点的概率密度函数是不同的。在迭代西格玛点卡尔曼滤波中，使用的是先验协方差矩阵 $\check{\boldsymbol{P}}$，而在本节的高斯变分推断方法中，我们使用的是（迭代改进的）后验协方差矩阵 $\boldsymbol{P}_{\text{op}}$。因此，迭代西格玛点卡尔曼滤波可以被称为**先验统计线性化方法**，而高斯变分推断则是**后验统计线性化方法**[68]。

### 6.6.2　立体相机示例的回顾

为了更好地理解高斯变分推断估计的作用，我们再次回到 4.1.1 节中首次引入的非线性立体相机的示例。这里再次使用

$$x_{\text{true}}=26\text{ m},\quad y_{\text{meas}}=\frac{fb}{x_{\text{true}}}-0.6\text{ pixel}$$

以便与其他方法进行比较。需要注意的是，这个问题相当于卡尔曼滤波中的一个校正步骤，我们已经使用它来对处理非线性观测模型的不同方法进行比较。上一节展示了应用高斯变分推断方法进行滤波校正的细节。

在高斯变分推断中，我们针对高斯估计的均值和（逆）方差来优化代价泛函 $V(q)$。图 6.3 展示了 $V(q)$ 的等高线图，以及高斯变分推断和最大后验估计分别到达其各自后验估计所采取的步骤。在这个简单示例中，我们融合了一个高斯先验和一个非线性观测项，因此最大后验估计与迭代扩展卡尔曼滤波的估计结果相同；当仅在估计的均值处计算期望时（即，使用 $M=1$ 个西格玛点），它也与高斯变分推断的结果相同。对于高斯变分推断方法，如 6.3.3 节中讨论的那样，我们使用了 $M=3$ 个西格玛点及解析导数来计算期望。

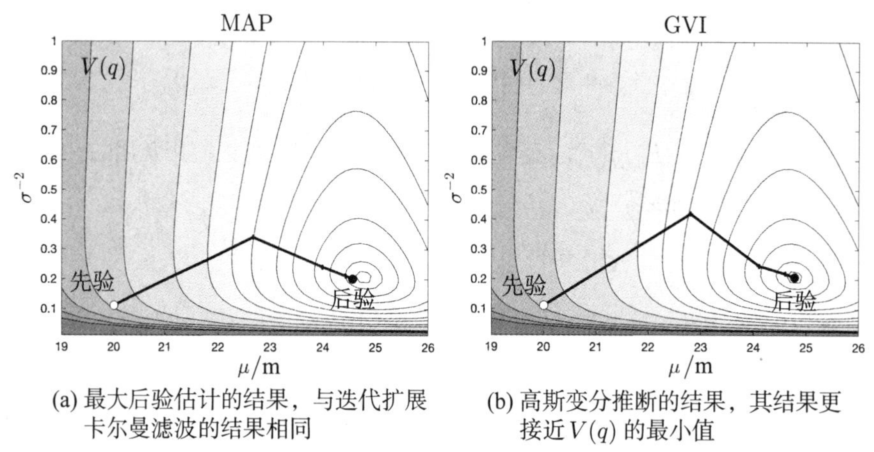


(a) 最大后验估计的结果，与迭代扩展卡尔曼滤波的结果相同

(b) 高斯变分推断的结果，其结果更接近 $V(q)$ 的最小值

图 6.3 立体相机示例中的 $V(q)$ 关于 $\mu$ 和 $\sigma^{-2}$ 的等高线图，并叠加了优化步骤。白色圆圈表示初始估计（先验），黑色圆圈表示收敛后的后验估计

图 6.4 绘制了最终的高斯变分推断后验估计、真实后验、最大后验估计/迭代扩展卡尔曼滤波和迭代西格玛点卡尔曼滤波的结果。在所有的估计器中，高斯变分推断最接近真实后验，这并不意外，因为这正是我们一直试图要做的事情：根据库尔贝克-莱布勒散度找到最接近真实后验的高斯分布。在数值上，各个高斯分布及真实后验的均值分别为

$$\hat{x}_{\text{map}} = 24.5694 \text{ m}, \quad \bar{x} = 24.7770 \text{ m}$$

$$\hat{x}_{\text{iekf}} = 24.5694 \text{ m}, \quad \hat{x}_{\text{ispkf}} = 24.7414 \text{ m}, \quad \hat{x}_{\text{gvi}} = 24.7792 \text{ m}$$

如前文所述，迭代扩展卡尔曼滤波的结果与最大后验估计的结果相同，而迭代西格玛点卡尔曼滤波的结果和高斯变分推断的结果接近（但不完全等于）真实后验的均值。

现在，考虑这样一个问题：**高斯变分推断方法对 $\boldsymbol{x}_{\text{true}}$ 估计的准确程度是多少**？我们再次通过大量试验（使用式（4.5）中的参数）来评估其性能。结果如图 6.5 所示，可以看到，估计值 $E_{XN}[\hat{x}_{\text{gvi}}]$ 与真实值 $x_{\text{true}}$ 的平均差值为 $\hat{e}_{\text{mean}} \approx 0.28$ cm，表明偏差非常小。它明显优于最大后验估计的结果（偏差为 $-33.0$ cm），甚至优于迭代西格玛点卡尔曼滤波的结果（偏差为 $-3.84$ cm）。其均方误差与其他方法对应的偏差大致相同，为 $\hat{e}_{\text{sq}} \approx 4.28\ \text{m}^2$。

最后值得一提的是，高斯变分推断和最大后验估计/迭代扩展卡尔曼滤波的结果非常相似，

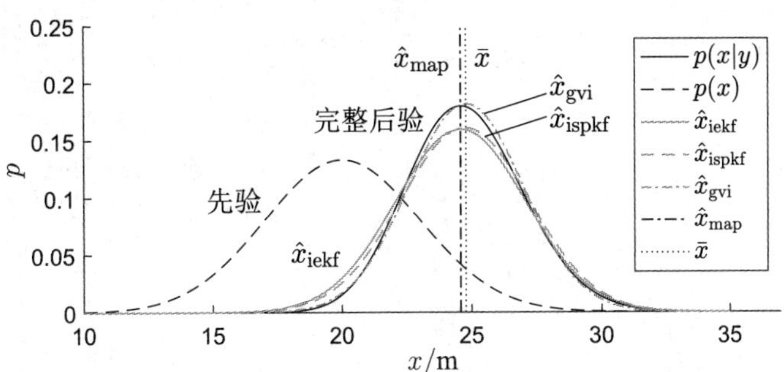


图 6.4　立体相机示例，比较迭代扩展卡尔曼滤波、高斯变分推断和迭代西格玛点卡尔曼滤波的推断/校正步骤与完整贝叶斯后验 $p(x|y)$ 的结果。高斯变分推断方法似乎最接近完整后验的形状，并且非常接近其均值 $\bar{x}$

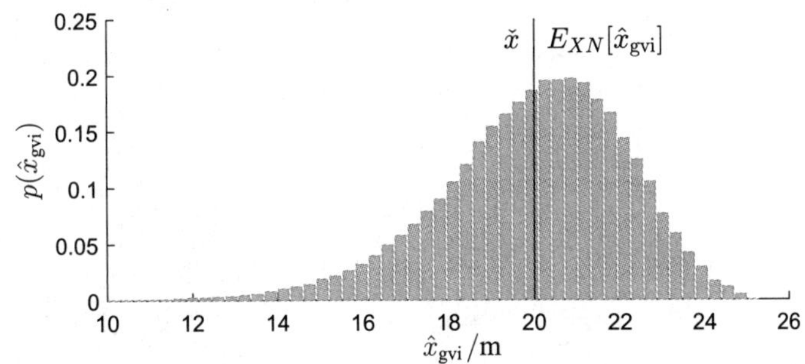


图 6.5　立体相机试验中进行 100000 次试验所得的估计值的直方图。在每次试验中，都会从先验随机抽取一个新的 $x_{\mathrm{true}}$，并从观测模型中随机抽取一个新的 $y_{\mathrm{meas}}$。虚线（与实线基本重合）标记了先验的均值 $\check{x}$，实线标记了在所有试验中高斯变分推断估计的期望 $E_{XN}[\hat{x}_{\mathrm{gvi}}]$

唯一的区别是用于计算期望的西格玛点数量。从这个意义上说，高斯变分推断相比最大后验估计而言，其近似程度更低，这使得它能够更好地捕捉真实后验。

# 附录A 矩阵基础知识

本附录提供了关于矩阵代数和矩阵微积分的一些背景信息，这些内容在学习本书或一般状态估计材料时，可作为有用的入门或参考。文献 [103] 和文献 [104] 是很好的参考资料。

## A.1 矩阵代数

本节介绍矩阵代数的基础知识。设一个**矩阵** $\boldsymbol{A}$ 是一个二维的数组：

$$\boldsymbol{A}=\begin{bmatrix} a_{11} & a_{12} & \cdots & a_{1N} \\ a_{21} & a_{22} & \cdots & a_{2N} \\ \vdots & \vdots & & \vdots \\ a_{M1} & a_{M2} & \cdots & a_{MN} \end{bmatrix} \tag{A.1}$$

它有 $M$ 行和 $N$ 列，每个元素 $a_{ij}$ 都是实数[①]，$i=1,\cdots,M$，$j=1,\cdots,N$ 。矩阵**主对角线**上的元素是 $a_{11},a_{22},a_{33},\cdots$ 。

术语“矩阵”最早是由詹姆斯 · 约瑟夫 · 西尔维斯特在 19 世纪提出的。然而，是他的朋友、同为英国数学家的阿瑟 · 凯莱（Arthur Cayley，1821—1895）意识到矩阵具有许多与常规数字相似的性质，例如加法和标量乘法，并进一步奠定了现代线性代数的基础。凯莱还提出了凯莱–哈密顿定理，并首次定义了群的概念，此外亦有许多其他成就。

我们称所有这样的实数矩阵为 $\mathbb{R}^{M\times N}$：

$$\mathbb{R}^{M\times N}=\left\{\boldsymbol{A}=\begin{bmatrix} a_{11} & \cdots & a_{1N} \\ \vdots & & \vdots \\ a_{M1} & \cdots & a_{MN} \end{bmatrix} \middle| \; (\forall i,j)\, a_{ij}\in\mathbb{R}\right\} \tag{A.2}$$

其中，$(\forall i,j)$ 表示“对每个 $i$ 和 $j$”；$\in$ 表示“属于”。

如果矩阵只有一列，则可以表示为

$$\boldsymbol{a}=\begin{bmatrix} a_1 \\ a_2 \\ \vdots \\ a_N \end{bmatrix}\in\mathbb{R}^N \tag{A.3}$$

① 虽然可以考虑复数元素，但出于教学目的，我们限制在实数矩阵上。

在本书中，我们使用 $\boldsymbol{A}$ 表示矩阵，$\boldsymbol{a}$ 表示列向量，$a$ 表示标量。

### A.1.1 向量空间

矩阵 $\boldsymbol{A},\boldsymbol{B}\in\mathbb{R}^{M\times N}$ 的加法定义为

$$\begin{aligned}\boldsymbol{A}+\boldsymbol{B}&=\begin{bmatrix}a_{11} & \cdots & a_{1N}\\ \vdots & & \vdots\\ a_{M1} & \cdots & a_{MN}\end{bmatrix}+\begin{bmatrix}b_{11} & \cdots & b_{1N}\\ \vdots & & \vdots\\ b_{M1} & \cdots & b_{MN}\end{bmatrix}\\ &=\begin{bmatrix}a_{11}+b_{11} & \cdots & a_{1N}+b_{1N}\\ \vdots & & \vdots\\ a_{M1}+b_{M1} & \cdots & a_{MN}+b_{MN}\end{bmatrix}\end{aligned} \tag{A.4}$$

矩阵 $\boldsymbol{A}\in\mathbb{R}^{M\times N}$ 与标量 $\alpha\in\mathbb{R}$ 的标量乘法定义为

$$\alpha\boldsymbol{A}=\alpha\begin{bmatrix}a_{11} & \cdots & a_{1N}\\ \vdots & & \vdots\\ a_{M1} & \cdots & a_{MN}\end{bmatrix}=\begin{bmatrix}\alpha a_{11} & \cdots & \alpha a_{1N}\\ \vdots & & \vdots\\ \alpha a_{M1} & \cdots & \alpha a_{MN}\end{bmatrix} \tag{A.5}$$

矩阵集合 $\mathbb{R}^{M\times N}$ 在上述加法和标量乘法的定义下构成 $\mathbb{R}$ 上的**向量空间**。这个向量空间的**维数**是 $M\times N$。

还可以证明以下性质成立。对于所有的 $\boldsymbol{A},\boldsymbol{B},\boldsymbol{C}\in\mathbb{R}^{M\times N}$ 和 $\alpha,\beta\in\mathbb{R}$，有

$$\begin{aligned}
&\boldsymbol{A}+\boldsymbol{B}\in\mathbb{R}^{M\times N} && \text{（加法封闭性）}\\
&\boldsymbol{A}+\boldsymbol{B}=\boldsymbol{B}+\boldsymbol{A} && \text{（加法交换律）}\\
&(\boldsymbol{A}+\boldsymbol{B})+\boldsymbol{C}=\boldsymbol{A}+(\boldsymbol{B}+\boldsymbol{C}) && \text{（加法结合律）}\\
&\boldsymbol{A}+\boldsymbol{0}=\boldsymbol{A} && \text{（零元素存在性）}\\
&\boldsymbol{A}+(-\boldsymbol{A})=\boldsymbol{O} && \text{（加法逆元素）}\\
&\alpha\boldsymbol{A}\in\mathbb{R}^{M\times N} && \text{（标量乘法封闭性）}\\
&\alpha(\beta\boldsymbol{A})=(\alpha\beta)\boldsymbol{A} && \text{（标量乘法结合律）}\\
&1\boldsymbol{A}=\boldsymbol{A} && \text{（标量乘法单位元）}\\
&(\alpha+\beta)\boldsymbol{A}=\alpha\boldsymbol{A}+\beta\boldsymbol{A} && \text{（标量乘法分配律）}\\
&\alpha(\boldsymbol{A}+\boldsymbol{B})=\alpha\boldsymbol{A}+\alpha\boldsymbol{B} && \text{（加法分配律）}
\end{aligned}$$

加法逆元素为 $-\boldsymbol{A}=(-1)\boldsymbol{A}$，**零矩阵** $\boldsymbol{O}$ 的所有元素为零。这些性质的证明留作练习。

### A.1.2 结合代数

矩阵 $\boldsymbol{A}\in\mathbb{R}^{M\times N}$ 和 $\boldsymbol{B}\in\mathbb{R}^{N\times P}$ 的乘法定义为

$$\begin{aligned}\boldsymbol{AB}&=\begin{bmatrix}a_{11}&a_{12}&\cdots&a_{1N}\\a_{21}&a_{22}&\cdots&a_{2N}\\\vdots&\vdots&&\vdots\\a_{M1}&a_{M2}&\cdots&a_{MN}\end{bmatrix}\begin{bmatrix}b_{11}&b_{12}&\cdots&b_{1P}\\b_{21}&b_{22}&\cdots&b_{2P}\\\vdots&\vdots&&\vdots\\b_{N1}&b_{N2}&\cdots&b_{NP}\end{bmatrix}\\&=\begin{bmatrix}\sum_{n=1}^{N}a_{1n}b_{n1}&\sum_{n=1}^{N}a_{1n}b_{n2}&\cdots&\sum_{n=1}^{N}a_{1n}b_{nP}\\\sum_{n=1}^{N}a_{2n}b_{n1}&\sum_{n=1}^{N}a_{2n}b_{n2}&\cdots&\sum_{n=1}^{N}a_{2n}b_{nP}\\\vdots&\vdots&&\vdots\\\sum_{n=1}^{N}a_{Mn}b_{n1}&\sum_{n=1}^{N}a_{Mn}b_{n2}&\cdots&\sum_{n=1}^{N}a_{Mn}b_{nP}\end{bmatrix}\end{aligned}\tag{A.6}$$

这是属于向量空间 $\mathbb{R}^{M\times P}$ 的元素。

向量空间 $\mathbb{R}^{N\times N}$，与前面定义的矩阵乘法一起，构成了一个**结合代数**，我们称之为**矩阵代数**。可以证明以下性质成立。对于所有的 $\boldsymbol{A},\boldsymbol{B},\boldsymbol{C}\in\mathbb{R}^{N\times N}$ 和 $\alpha,\beta\in\mathbb{R}$，有

$$\begin{aligned}\boldsymbol{AB}&\in\mathbb{R}^{N\times N}&&\text{（矩阵乘法封闭性）}\\\boldsymbol{A}(\boldsymbol{B}+\boldsymbol{C})&=\boldsymbol{AB}+\boldsymbol{AC}&&\text{（左分配律）}\\(\boldsymbol{A}+\boldsymbol{B})\boldsymbol{C}&=\boldsymbol{AC}+\boldsymbol{BC}&&\text{（右分配律）}\\(\alpha\boldsymbol{A})(\beta\boldsymbol{B})&=(\alpha\beta)(\boldsymbol{AB})&&\text{（乘法相容性）}\\(\boldsymbol{AB})\boldsymbol{C}&=\boldsymbol{A}(\boldsymbol{BC})&&\text{（矩阵乘法结合律）}\end{aligned}$$

这些性质的证明留作练习。这些性质在矩阵不是方阵时同样成立，只要它们的维数与给定的操作兼容。

矩阵代数还具有以下性质：

$$\begin{aligned}\boldsymbol{AO}=\boldsymbol{OA}&=\boldsymbol{O}&&\text{（矩阵乘法的零元素）}\\\boldsymbol{AI}=\boldsymbol{IA}&=\boldsymbol{A}&&\text{（矩阵乘法的单位元）}\\\boldsymbol{AA}^{-1}=\boldsymbol{A}^{-1}\boldsymbol{A}&=\boldsymbol{I}&&\text{（矩阵乘法的逆元）}\end{aligned}$$

其中，$\boldsymbol{O}$ 是零矩阵；$\boldsymbol{I}$ 是**单位矩阵**（主对角线上为 1，其他位置为 0）。**乘法逆矩阵** $\boldsymbol{A}^{-1}$ 并不总是存在，我们稍后会回到这个问题。

重要的是，矩阵乘法一般来说不满足交换律：

$$\boldsymbol{AB}\neq\boldsymbol{BA}\tag{A.7}$$

只有当 $\boldsymbol{A}$ 和 $\boldsymbol{B}$ 是**对角矩阵**（主对角线上非零，其他位置为零）时才满足交换律。

### A.1.3 转置和迹

考虑一个矩阵：

$$\boldsymbol{A} = \begin{bmatrix} a_{11} & a_{12} & \cdots & a_{1N} \\ a_{21} & a_{22} & \cdots & a_{2N} \\ \vdots & \vdots & & \vdots \\ a_{M1} & a_{M2} & \cdots & a_{MN} \end{bmatrix} \in \mathbb{R}^{M\times N} \tag{A.8}$$

定义它的**转置** $(\cdot)^{\mathrm{T}}$ 为

$$\boldsymbol{A}^{\mathrm{T}} = \begin{bmatrix} a_{11} & a_{21} & \cdots & a_{M1} \\ a_{12} & a_{22} & \cdots & a_{M2} \\ \vdots & \vdots & & \vdots \\ a_{1N} & a_{2N} & \cdots & a_{MN} \end{bmatrix} \in \mathbb{R}^{N\times M} \tag{A.9}$$

换句话说，我们将矩阵沿其主对角线进行“翻转”。转置具有一些有用的性质。对于所有的 $\boldsymbol{A}, \boldsymbol{B} \in \mathbb{R}^{M\times N}$，$\boldsymbol{C} \in \mathbb{R}^{N\times P}$ 和 $\alpha \in \mathbb{R}$，有

$$\begin{aligned} (\boldsymbol{A}^{\mathrm{T}})^{\mathrm{T}} &= \boldsymbol{A} && \text{（转置的自反性）} \\ (\boldsymbol{A}+\boldsymbol{B})^{\mathrm{T}} &= \boldsymbol{A}^{\mathrm{T}} + \boldsymbol{B}^{\mathrm{T}} && \text{（转置的加法）} \\ (\alpha\boldsymbol{A})^{\mathrm{T}} &= \alpha\boldsymbol{A}^{\mathrm{T}} && \text{（转置的标量乘法）} \\ (\boldsymbol{A}\boldsymbol{C})^{\mathrm{T}} &= \boldsymbol{C}^{\mathrm{T}}\boldsymbol{A}^{\mathrm{T}} && \text{（转置的矩阵乘法）} \end{aligned}$$

一个方矩如果满足 $\boldsymbol{A}^{\mathrm{T}} = \boldsymbol{A}$，则称之为**对称矩阵**。一个方阵如果满足 $\boldsymbol{A}^{\mathrm{T}} = -\boldsymbol{A}$，则称之为**反对称矩阵**。

方阵 $\boldsymbol{A} \in \mathbb{R}^{N\times N}$ 的**迹** $\mathrm{tr}(\cdot)$ 定义为

$$\mathrm{tr}\boldsymbol{A} = \sum_{n=1}^{N} a_{nn} \tag{A.10}$$

它是主对角线上元素的总和（一个标量）。迹也有一些有用的性质。对于所有的 $\boldsymbol{A}$，$\boldsymbol{B} \in \mathbb{R}^{M\times N}$ 和 $\alpha \in \mathbb{R}$，有

$$\begin{aligned} \mathrm{tr}(\boldsymbol{A}+\boldsymbol{B}) &= \mathrm{tr}\boldsymbol{A} + \mathrm{tr}\boldsymbol{B} && \text{（迹的加法）} \\ \mathrm{tr}(\alpha\boldsymbol{A}) &= \alpha\mathrm{tr}(\boldsymbol{A}) && \text{（迹的标量乘法）} \\ \mathrm{tr}(\boldsymbol{A}^{\mathrm{T}}) &= \mathrm{tr}(\boldsymbol{A}) && \text{（迹的转置）} \\ \mathrm{tr}(\boldsymbol{A}^{\mathrm{T}}\boldsymbol{B}) &= \mathrm{tr}(\boldsymbol{B}\boldsymbol{A}^{\mathrm{T}}) && \text{（迹的矩阵乘法）} \end{aligned}$$

由此可以证明，在矩阵维数适当的情况下，迹在**循环置换**下是不变的：

$$\mathrm{tr}(\boldsymbol{A}\boldsymbol{B}\boldsymbol{C}) = \mathrm{tr}(\boldsymbol{B}\boldsymbol{C}\boldsymbol{A}) = \mathrm{tr}(\boldsymbol{C}\boldsymbol{A}\boldsymbol{B}) \tag{A.11}$$

值得注意的是，迹不满足矩阵乘法的分配律：$\mathrm{tr}(\boldsymbol{A}\boldsymbol{B}) \neq \mathrm{tr}\boldsymbol{A}\,\mathrm{tr}\boldsymbol{B}$。

### A.1.4 内积空间和范数

将两个矩阵 $\boldsymbol{A},\boldsymbol{B}\in\mathbb{R}^{M\times N}$ 的**内积**，$\langle\cdot,\cdot\rangle$，定义为

$$\langle\boldsymbol{A},\boldsymbol{B}\rangle=\mathrm{tr}(\boldsymbol{A}^{\mathrm{T}}\boldsymbol{B}) \tag{A.12}$$

这也被称为**弗罗贝尼乌斯内积**（Frobenius inner product）。内积的运算结果是一个标量。在两个列向量 $\boldsymbol{a},\boldsymbol{b}\in\mathbb{R}^{N}$ 的情况下，内积等同于**点积**：

$$\langle\boldsymbol{a},\boldsymbol{b}\rangle=\mathrm{tr}(\boldsymbol{a}^{\mathrm{T}}\boldsymbol{b})=\boldsymbol{a}^{\mathrm{T}}\boldsymbol{b} \tag{A.13}$$

费迪南德·格奥尔格·弗罗贝尼乌斯（Ferdinand Georg Frobenius, 1849—1917）是一位德国数学家，他的研究涉及多个数学领域，包括椭圆函数、微分方程和群论。他是第一位给出凯莱–哈密顿定理完整证明的数学家。

利用内积的定义，向量空间 $\mathbb{R}^{M\times N}$ 也是一个**内积空间**（也被称为准希尔伯特空间）。可以证明对所有的 $\boldsymbol{A},\boldsymbol{B},\boldsymbol{C}\in\mathbb{R}^{M\times N}$ 和 $\alpha,\beta\in\mathbb{R}$，以下性质成立：

$$\langle\boldsymbol{A},\boldsymbol{B}\rangle=\langle\boldsymbol{B},\boldsymbol{A}\rangle \qquad \text{（内积的交换性）}$$

$$\langle\alpha\boldsymbol{A}+\beta\boldsymbol{B},\boldsymbol{C}\rangle=\alpha\langle\boldsymbol{A},\boldsymbol{C}\rangle+\beta\langle\boldsymbol{B},\boldsymbol{C}\rangle \qquad \text{（内积的线性性）}$$

$$\langle\boldsymbol{A},\boldsymbol{A}\rangle\geqslant 0 \qquad \text{（内积的正定性）}$$

当且仅当 $\boldsymbol{A}=\boldsymbol{O}$ 时，$\langle\boldsymbol{A},\boldsymbol{A}\rangle=0$。当 $\langle\boldsymbol{A},\boldsymbol{B}\rangle=0$ 时，我们称 $\boldsymbol{A}$ 和 $\boldsymbol{B}$ 相互**正交**[①]。

戴维·希尔伯特（David Hilbert, 1862—1943）是一位德国数学家，被认为是当时最具影响力的数学家之一，他的研究领域涉及交换代数、几何和数学基础。1900 年，他提出了 23 个未解决的问题，这些问题对 20 世纪数学的发展产生了深远的影响。

每个内积空间都有一个**范数**，$||\cdot||$，有时被称为**标准范数**，定义为

$$||\boldsymbol{A}||=\sqrt{\langle\boldsymbol{A},\boldsymbol{A}\rangle}=\sqrt{\mathrm{tr}(\boldsymbol{A}^{\mathrm{T}}\boldsymbol{A})} \tag{A.14}$$

对于我们定义的内积，可称为**弗罗贝尼乌斯范数**，简称 $F$ 范数，有时用 $||\cdot||_F$ 表示。对于列向量 $\boldsymbol{a}\in\mathbb{R}^{N}$，其范数是

$$a=||\boldsymbol{a}||=\sqrt{\boldsymbol{a}^{\mathrm{T}}\boldsymbol{a}} \tag{A.15}$$

这就是列向量的欧几里得长度，有时用 $||\cdot||_2$ 或“2 范数”表示。还有其他范数，但并非所有的范数都来自内积，我们这里暂不需要讨论其他的范数。

范数伴随着一些有用的一般性质。例如，对于所有的 $\boldsymbol{A},\boldsymbol{B}\in\mathbb{R}^{M\times N}$ 和 $\alpha\in\mathbb{R}$，有

$$||\boldsymbol{A}||\geqslant 0 \qquad \text{（范数的正定性）}$$

① 请勿与**正交矩阵**概念混淆，$\boldsymbol{A}\in\mathbb{R}^{N\times N}$，其要求是 $\boldsymbol{A}^{\mathrm{T}}\boldsymbol{A}=\boldsymbol{A}\boldsymbol{A}^{\mathrm{T}}=\boldsymbol{I}$。

$$||\alpha \boldsymbol{A}|| = |\alpha|\,||\boldsymbol{A}|| \quad \text{（范数的绝对齐次性）}$$

$$||\boldsymbol{A}+\boldsymbol{B}|| \leqslant ||\boldsymbol{A}|| + ||\boldsymbol{B}|| \quad \text{（三角不等式）}$$

$$|\langle \boldsymbol{A}, \boldsymbol{B}\rangle| \leqslant ||\boldsymbol{A}||\,||\boldsymbol{B}|| \quad \text{（柯西-施瓦茨不等式）}$$

$$||\boldsymbol{A}-\boldsymbol{B}||^2 = ||\boldsymbol{A}||^2 + ||\boldsymbol{B}||^2 - 2\langle \boldsymbol{A}, \boldsymbol{B}\rangle \quad \text{（余弦定理）}$$

其中，$|\cdot|$ 表示**绝对值**。在第一个性质中，当且仅当 $\boldsymbol{A}=\boldsymbol{O}$ 时，等号成立。在柯西-施瓦茨不等式中，等号仅当 $\boldsymbol{A}=\alpha\boldsymbol{B}$，其中 $\alpha$ 为某个标量（线性相关）时才成立。在余弦定理中，当 $\boldsymbol{A}$ 和 $\boldsymbol{B}$ 正交时，可得**勾股定理**（**毕达哥拉斯定理**）。例如，对于 $\boldsymbol{a}, \boldsymbol{b}, \boldsymbol{c}=\boldsymbol{a}-\boldsymbol{b}\in\mathbb{R}^N$，有

$$\underbrace{||\boldsymbol{c}||^2}_{c^2} = \underbrace{||\boldsymbol{a}||^2}_{a^2} + \underbrace{||\boldsymbol{b}||^2}_{b^2} - 2\underbrace{\boldsymbol{a}^{\mathrm{T}}\boldsymbol{b}}_{ab\cos\phi} \tag{A.16}$$

其中，$\phi$ 是 $\boldsymbol{a}$ 和 $\boldsymbol{b}$ 之间的角度，在它们正交时内积为零。

### A.1.5 线性无关和基

我们已经讨论过，$M\times N$ 维矩阵集合 $\mathbb{R}^{M\times N}$ 是一个维数为 $M\times N$ 的向量空间。向量空间有一个强大的工具，即**基**，它是一组成员（数量等于空间维数），可以通过其**线性组合**构建出空间中的每个元素。例如，对于每个 $\boldsymbol{A}\in\mathbb{R}^{M\times N}$，可以将其写成线性组合形式：

$$\boldsymbol{A} = \sum_{m=1}^{M}\sum_{n=1}^{N} a_{mn}\boldsymbol{I}_{mn} \tag{A.17}$$

其中，$\boldsymbol{I}_{mn}$ 是一个**矩阵单元**（single-entry matrix），在位置 $(m,n)$ 为 1，在其他位置为 0。所有 $M\times N$ 维矩阵单元的集合 $\{(\forall m,n)\,\boldsymbol{I}_{mn}\}$ 构成了 $\mathbb{R}^{M\times N}$ 的一个基，$a_{mn}\in\mathbb{R}$ 是 $\boldsymbol{A}$ 在此基中的**坐标**，也可以记为

$$\mathbb{R}^{M\times N} = \operatorname{span}\{(\forall m,n)\,\boldsymbol{I}_{mn}\} \tag{A.18}$$

表示向量空间是由基**张成**的，这意味着每个 $\boldsymbol{A}\in\mathbb{R}^{M\times N}$ 都可以写成基向量的唯一线性组合。一般来说，span $\{\cdot\}$ 表示一组向量的所有可能的线性组合。

在上面的例子中，基并非是唯一的。在维数为 $M\times N$ 的向量空间中，任何一组 $M\times N$ 维**线性无关**的向量都可以作为基。假设有 $\mathbb{R}^{M\times N}$ 中的一组 $M\times N$ 维矩阵，$\{(\forall m,n)\,\boldsymbol{A}_{mn}\}$，如果满足条件：

$$\sum_{m=1}^{M}\sum_{n=1}^{N} \alpha_{mn}\boldsymbol{A}_{mn} = \boldsymbol{O} \tag{A.19}$$

仅当 $(\forall m,n)\,\alpha_{mn}=0$ 时，我们称这组矩阵是**线性无关**的。换句话说，只有当每个系数都为零时，才能构建出和为零的线性组合。如果至少存在一个满足条件的 $\alpha_{mn}\neq 0$，则称该集合是**线性相关**的。

一种特殊类型的基是**正交基**。在这样的基中，所有基向量彼此正交。具体来说，一组正交基 $\{(\forall m,n)\,\boldsymbol{A}_{mn}\}$ 满足：

$$(\forall mn\neq pq) \quad \langle \boldsymbol{A}_{mn}, \boldsymbol{A}_{pq}\rangle = 0 \tag{A.20}$$

例如，基 $\{(\forall m,n)\, \boldsymbol{I}_{mn}\}$ 是正交的。如果基不是正交的，可以通过使用格拉姆-施密特（Gram-Schmidt）正交化方法来构建一个正交基。

此外，如果每个基向量与其自身的内积等于 1，即

$$(\forall mn) \quad \langle \boldsymbol{A}_{mn}, \boldsymbol{A}_{mn} \rangle = 1 \tag{A.21}$$

则称该正交基为**标准正交基**。基 $\{(\forall m,n)\, \boldsymbol{I}_{mn}\}$ 也是标准正交的。正如下一节所示，标准正交基是非常重要的，因为它简化了投影的过程。

### A.1.6 子空间、投影、零空间、秩

与向量空间相关的另一个重要概念是**子空间**。子空间本身是包含在另一个向量空间中的向量空间。一个子集 $\mathcal{S} \subseteq \mathbb{R}^{M\times N}$ 必须满足以下 3 个性质才能被称为子空间。对于所有 $\boldsymbol{A}, \boldsymbol{B} \in \mathcal{S}$ 和 $\alpha \in \mathbb{R}$，我们要求：

$$\begin{aligned} \boldsymbol{O} &\in \mathcal{S} && \text{（子空间包含零）} \\ \boldsymbol{A}+\boldsymbol{B} &\in \mathcal{S} && \text{（子空间加法闭合）} \\ \alpha\boldsymbol{A} &\in \mathcal{S} && \text{（子空间数乘闭合）} \end{aligned}$$

换句话说，子集中的所有线性组合也必然包含在子集中，包括零矩阵。

例如，所有**对角矩阵**（仅在主对角线上有非零元素）的集合是所有方阵 $\mathbb{R}^{N\times N}$ 的一个子空间。由于子空间本身是向量空间，因此我们必须能够找到它的基。继续这个例子，对角矩阵的集合 $\mathcal{D}$ 的基是所有在对角线上有一个 1 的矩阵单元，$\{(\forall n)\, \boldsymbol{I}_{nn}\}$：

$$\mathcal{D} = \text{span}\,\{(\forall n)\, \boldsymbol{I}_{nn}\} \tag{A.22}$$

显然基向量的数量是 $N$，所以 $\mathcal{D}$ 的维数也是 $N$。

我们也可以反过来操作。假设从向量空间中的一组线性无关的向量开始，这组向量的张成空间就是一个子空间。例如，考虑线性无关的集合 $\{\mathbf{1}_1, \mathbf{1}_2\}$，其中 $\mathbf{1}_n \in \mathbb{R}^N$ 是**列向量单元**（在第 $n$ 行有一个 1，其余行都是零）。如果 $N=3$，则 $\mathbb{R}^3$ 是我们熟悉的三维欧几里得空间。子空间 $\text{span}\{\mathbf{1}_1, \mathbf{1}_2\}$ 是 $\mathbb{R}^3$ 内的一个平面。这个二维子空间中的每个成员都可以表示为 $x\mathbf{1}_1 + y\mathbf{1}_2$，其中 $(x,y)$ 是坐标。

有时可以从向量空间中的一个成员开始，将其投影到相关的子空间。最简单的情况是该子空间是一维的，假设有一个一维子空间 $\mathcal{B} = \text{span}\,\{\boldsymbol{B}\}$，其中 $\boldsymbol{B} \in \mathbb{R}^{M\times N}$。那么对于任意 $\boldsymbol{A} \in \mathbb{R}^{M\times N}$，$\boldsymbol{A}$ 在子空间 $\mathcal{B}$ 上的**投影**为

$$\underset{\mathcal{B}}{\text{proj}}\, \boldsymbol{A} = \frac{\langle \boldsymbol{B}, \boldsymbol{A} \rangle}{\langle \boldsymbol{B}, \boldsymbol{B} \rangle} \boldsymbol{B} \tag{A.23}$$

对于一个 $B$ 维子空间，例如 $\mathcal{B} = \text{span}\,\{\boldsymbol{B}_1, \boldsymbol{B}_2, \cdots, \boldsymbol{B}_B\}$，其中 $\boldsymbol{B}_i \in \mathbb{R}^{M\times N}$，$\boldsymbol{A}$ 在 $\mathcal{B}$ 上的投影为

$$\underset{\mathcal{B}}{\text{proj}}\, \boldsymbol{A} = \sum_{i=1}^{B} \beta_i \boldsymbol{B}_i \tag{A.24}$$

其中

$$\begin{bmatrix}\beta_1\\\beta_2\\\vdots\\\beta_B\end{bmatrix}=\begin{bmatrix}\langle \boldsymbol{B}_1,\boldsymbol{B}_1\rangle & \langle \boldsymbol{B}_1,\boldsymbol{B}_2\rangle & \cdots & \langle \boldsymbol{B}_1,\boldsymbol{B}_B\rangle\\ \langle \boldsymbol{B}_2,\boldsymbol{B}_1\rangle & \langle \boldsymbol{B}_2,\boldsymbol{B}_2\rangle & \cdots & \langle \boldsymbol{B}_2,\boldsymbol{B}_B\rangle\\ \vdots & \vdots & & \vdots\\ \langle \boldsymbol{B}_B,\boldsymbol{B}_1\rangle & \langle \boldsymbol{B}_B,\boldsymbol{B}_2\rangle & \cdots & \langle \boldsymbol{B}_B,\boldsymbol{B}_B\rangle\end{bmatrix}^{-1}\begin{bmatrix}\langle \boldsymbol{B}_1,\boldsymbol{A}\rangle\\\langle \boldsymbol{B}_2,\boldsymbol{A}\rangle\\\vdots\\\langle \boldsymbol{B}_B,\boldsymbol{A}\rangle\end{bmatrix} \tag{A.25}$$

在 $\{\boldsymbol{B}_1,\boldsymbol{B}_2,\cdots,\boldsymbol{B}_B\}$ 是正交基的情况下，需要求逆的矩阵变为 $\boldsymbol{I}$，此时可化简为 $\beta_i=\langle \boldsymbol{B}_i,\boldsymbol{A}\rangle$。

如果投影的是列向量而不是矩阵，记号会更简单一些。假设有一个 $\mathbb{R}^N$ 空间上的 $B$ 维子空间 $\mathcal{B}=\text{span}\,\{\boldsymbol{b}_1,\boldsymbol{b}_2,\cdots,\boldsymbol{b}_B\}$，其中 $(\forall i)\,\boldsymbol{b}_i\in\mathbb{R}^N$ 是基，则 $\boldsymbol{a}\in\mathbb{R}^N$ 在 $\mathcal{B}$ 上的投影为

$$\underset{\mathcal{B}}{\text{proj}}\,\boldsymbol{a}=\underbrace{\boldsymbol{B}\left(\boldsymbol{B}^{\text{T}}\boldsymbol{B}\right)^{-1}\boldsymbol{B}^{\text{T}}}_{\boldsymbol{P}}\,\boldsymbol{a} \tag{A.26}$$

其中，$\boldsymbol{B}=[\boldsymbol{b}_1\quad \boldsymbol{b}_2\quad\cdots\quad\boldsymbol{b}_B]$。矩阵 $\boldsymbol{P}\in\mathbb{R}^{N\times N}$ 称为**投影矩阵**（对于 $\mathcal{B}$），因此要找到 $\boldsymbol{a}$ 在 $\mathcal{B}$ 上的投影，只需进行矩阵乘法即可。在基是正交基的情况下，投影矩阵可简化为 $\boldsymbol{P}=\boldsymbol{B}\boldsymbol{B}^{\text{T}}$，因为 $\boldsymbol{B}^{\text{T}}\boldsymbol{B}=\boldsymbol{I}$。投影矩阵是方阵、对称矩阵，并且是**幂等矩阵**，即 $\boldsymbol{P}^2=\boldsymbol{P}$。

这里再引入矩阵的**零空间**的概念。矩阵 $\boldsymbol{A}\in\mathbb{R}^{M\times N}$ 的零空间 null$(\cdot)$ 定义为

$$\text{null}(\boldsymbol{A})=\left\{\boldsymbol{x}\in\mathbb{R}^N\mid \boldsymbol{A}\boldsymbol{x}=\boldsymbol{0}\right\} \tag{A.27}$$

换句话说，它是所有左乘 $\boldsymbol{A}$ 时产生 $\boldsymbol{0}$ 的列的集合。与 $\boldsymbol{A}$ 相关的其他重要空间包括**行空间**（$\boldsymbol{A}$ 的行的张成空间）、**列空间**（$\boldsymbol{A}$ 的列的张成空间）和**左零空间**（$\boldsymbol{A}^{\text{T}}$ 的零空间）；可以证明这 4 个空间都是它们所在的大空间的子空间。虽然这些概念是通用的，但在投影的背景下理解它们可能更为直观。再次考虑 $\boldsymbol{a}\in\mathbb{R}^N$ 在 $\mathcal{B}$ 上的投影，投影后剩下的部分 $\boldsymbol{a}-\underset{\mathcal{B}}{\text{proj}}\,\boldsymbol{a}$ 称为**正交补**。正交补一定位于投影矩阵 $\boldsymbol{P}$ 的零空间中：

$$\boldsymbol{P}\boldsymbol{a}=\boldsymbol{P}\left(\boldsymbol{a}-\underset{\mathcal{B}}{\text{proj}}\,\boldsymbol{a}+\underset{\mathcal{B}}{\text{proj}}\,\boldsymbol{a}\right)=\underbrace{\boldsymbol{P}\left(\boldsymbol{a}-\underset{\mathcal{B}}{\text{proj}}\,\boldsymbol{a}\right)}_{\boldsymbol{0}}+\boldsymbol{P}\left(\underset{\mathcal{B}}{\text{proj}}\,\boldsymbol{a}\right)=\underset{\mathcal{B}}{\text{proj}}\,\boldsymbol{a} \tag{A.28}$$

另一种表达方式是，$\boldsymbol{A}$ 在投影矩阵的零空间中的分量与投影到的子空间正交，而投影结果则与该子空间“平行”，并且包含在其中①。

对于矩阵 $\boldsymbol{A}\in\mathbb{R}^{M\times N}$，它的**秩**是列空间的维数（线性无关列的数量），或等价地是行空间的维数（线性无关行的数量）。**零化度**（nullity）定义为零空间的维数。根据**秩-零化度定理**，有

$$\text{rank}(\boldsymbol{A})+\text{nullity}(\boldsymbol{A})=N \tag{A.29}$$

对于投影矩阵 $\boldsymbol{P}$，其秩等于投影到的子空间的维数，而零化度则是投影后结果为零的空间的维数。

---

① 这里“平行”是与“正交”相对的说法，应该理解成投影后的向量就在投影的子空间中。——译者注

### A.1.7 行列式和逆矩阵

**行列式**可记作 det(·)。对于一个方阵 $\boldsymbol{A} \in \mathbb{R}^{N\times N}$，它可以通过**拉普拉斯展开**来定义：

$$\det(\boldsymbol{A}) = \sum_{j=1}^{N}(-1)^{i+j}a_{ij}M_{ij} \tag{A.30}$$

其中，$a_{ij}$ 是 $\boldsymbol{A}$ 的第 $(i,j)$ 个元素；$M_{ij}$ 是 $\boldsymbol{A}$ 的 $ij$ **余子式**；余子式是指将 $\boldsymbol{A}$ 的第 $i$ 行和第 $j$ 列去掉后所余下的方阵的行列式。这个递归定义会不断地取更小方阵的行列式，直到取标量的行列式，其定义为标量本身：$\det(a) = a$。行列式的结果是一个标量，反映了矩阵的退化程度。有时会用符号 $|\cdot|$ 表示行列式，但这容易与绝对值混淆，并且对于标量来说，结果可能会有分歧。

之前介绍了矩阵的**逆**，这里可以进一步探讨。矩阵 $\boldsymbol{A} \in \mathbb{R}^{N\times N}$ 的逆 $\boldsymbol{A}^{-1} \in \mathbb{R}^{N\times N}$，是一个唯一的矩阵（如果存在），满足：

$$\boldsymbol{A}\boldsymbol{A}^{-1} = \boldsymbol{A}^{-1}\boldsymbol{A} = \boldsymbol{I} \tag{A.31}$$

然而，矩阵的逆并非总是存在。有几种方法可以检查矩阵的逆是否存在，但最实用的方法是

$$\boldsymbol{A}^{-1}\text{ 存在} \iff \det(\boldsymbol{A}) \neq 0 \iff \operatorname{rank}(\boldsymbol{A}) = N \tag{A.32}$$

当矩阵的逆存在时，我们称矩阵是**可逆**的。

逆矩阵（如果存在）具有一些有用的性质。对于所有 $\boldsymbol{A},\boldsymbol{B} \in \mathbb{R}^{N\times N}$ 和 $\alpha \in \mathbb{R}$，有

$$\begin{aligned}
(\boldsymbol{A}^{-1})^{-1} &= \boldsymbol{A} && \text{（逆的逆）}\\
(\boldsymbol{A}^{\mathrm{T}})^{-1} &= (\boldsymbol{A}^{-1})^{\mathrm{T}} && \text{（转置的逆）}\\
(\alpha\boldsymbol{A})^{-1} &= \frac{1}{\alpha}\boldsymbol{A}^{-1} && \text{（标量乘法的逆）}\\
(\boldsymbol{A}\boldsymbol{B})^{-1} &= \boldsymbol{B}^{-1}\boldsymbol{A}^{-1} && \text{（矩阵乘法的逆）}
\end{aligned}$$

对于行列式，有

$$\begin{aligned}
\det(\boldsymbol{A}^{\mathrm{T}}) &= \det(\boldsymbol{A}) && \text{（转置的行列式）}\\
\det(\alpha\boldsymbol{A}) &= \alpha^{N}\det(\boldsymbol{A}) && \text{（标量乘法的行列式）}\\
\det(\boldsymbol{A}\boldsymbol{B}) &= \det(\boldsymbol{A})\det(\boldsymbol{B}) && \text{（矩阵乘法的行列式）}\\
\det(\boldsymbol{A}^{-1}) &= 1/\det(\boldsymbol{A}) && \text{（逆的行列式）}
\end{aligned}$$

在最后一条性质中，如果 $\det(\boldsymbol{A}) = 0$，则 $\det(\boldsymbol{A}^{-1})$ 将是未定义的，这正是 $\boldsymbol{A}^{-1}$ 不存在的情况。

### A.1.8 线性方程组和分块

这一节在实际应用中非常重要。在许多情况下，我们使用矩阵代数来表示不同未知变量之间的关系，形成**线性方程组**。最常见的形式为

$$\boldsymbol{A}\boldsymbol{x} = \boldsymbol{b} \tag{A.33}$$

其中，$\boldsymbol{A} \in \mathbb{R}^{M\times N}$；$\boldsymbol{x} \in \mathbb{R}^{N}$；$\boldsymbol{b} \in \mathbb{R}^{M}$。通常 $\boldsymbol{A}$ 和 $\boldsymbol{b}$ 是已知的，而 $\boldsymbol{x}$ 是未知的。这个方程组的每一行都表示了 $\boldsymbol{x}$ 中 $N$ 个未知变量之间的标量关系。以下要讨论 3 种情况：

(1) **欠定**（$M < N$）：方程数量少于未知数数量，这种情况下线性方程组可能有零个或无穷多个解；在状态估计中，要尽量避免这种情况。

(2) **方阵**（$M = N$）：方程数量和未知数数量相等，这种情况下可能有零个、一个或无穷多个解。

(3) **超定**（$M > N$）：方程数量多于未知数数量，仍可能有零个、一个或无穷多个解。

对于状态估计来说，后两种情况是我们感兴趣的。在 $\boldsymbol{A}$ 是方阵的情况下，我们通常想知道是否存在唯一解；这正是 $\boldsymbol{A}$ 可逆的情况，此时有

$$\boldsymbol{x} = \boldsymbol{A}^{-1}\boldsymbol{b} \tag{A.34}$$

在实际操作中，计算 $\boldsymbol{A}$ 的逆矩阵有更好的方法。

在超定情况下，状态估计中最常见的情况是没有精确解，此时通常转向求**最小二乘**解，即

$$\boldsymbol{x} = \underbrace{\left(\boldsymbol{A}^{\mathrm{T}}\boldsymbol{A}\right)^{-1}\boldsymbol{A}^{\mathrm{T}}}_{\boldsymbol{A}^{+}}\boldsymbol{b} = \boldsymbol{A}^{+}\boldsymbol{b} \tag{A.35}$$

其中，使用了**摩尔-彭罗斯伪逆** $\boldsymbol{A}^{+}$。值得注意的是，在 $\boldsymbol{A}$ 是方阵的情况下，逆和伪逆是相等的。

在这一节中，值得提及的是求解**分块**线性方程组的思想。我们可以将方阵线性方程组中的矩阵进行分块（即细分），使得

$$\underbrace{\begin{bmatrix} \boldsymbol{A}_{11} & \boldsymbol{A}_{12} \\ \boldsymbol{A}_{21} & \boldsymbol{A}_{22} \end{bmatrix}}_{\boldsymbol{A}}\underbrace{\begin{bmatrix} \boldsymbol{x}_1 \\ \boldsymbol{x}_2 \end{bmatrix}}_{\boldsymbol{x}} = \underbrace{\begin{bmatrix} \boldsymbol{b}_1 \\ \boldsymbol{b}_2 \end{bmatrix}}_{\boldsymbol{b}} \tag{A.36}$$

**分块矩阵**的维数必须兼容，因为乘出来的结果是 $\boldsymbol{A}_{11}\boldsymbol{x}_1 + \boldsymbol{A}_{12}\boldsymbol{x}_2 = \boldsymbol{b}_1$ 和 $\boldsymbol{A}_{21}\boldsymbol{x}_1 + \boldsymbol{A}_{22}\boldsymbol{x}_2 = \boldsymbol{b}_2$。假设现在只求解 $\boldsymbol{x}_1$，而不关心 $\boldsymbol{x}_2$。我们可以求解完整的线性方程组，然后丢弃不需要的部分，但在某些情况下这可能是浪费的。相反，可以使用**舒尔补**来实现。其思想是在方程组的两边同时左乘一个特别的可逆矩阵：

$$\begin{bmatrix} \boldsymbol{I} & -\boldsymbol{A}_{12}\boldsymbol{A}_{22}^{-1} \\ \boldsymbol{O} & \boldsymbol{I} \end{bmatrix}\begin{bmatrix} \boldsymbol{A}_{11} & \boldsymbol{A}_{12} \\ \boldsymbol{A}_{21} & \boldsymbol{A}_{22} \end{bmatrix}\begin{bmatrix} \boldsymbol{x}_1 \\ \boldsymbol{x}_2 \end{bmatrix} = \begin{bmatrix} \boldsymbol{I} & -\boldsymbol{A}_{12}\boldsymbol{A}_{22}^{-1} \\ \boldsymbol{O} & \boldsymbol{I} \end{bmatrix}\begin{bmatrix} \boldsymbol{b}_1 \\ \boldsymbol{b}_2 \end{bmatrix} \tag{A.37}$$

新方程组的解将与原方程组相同。相乘可得

$$\begin{bmatrix} \boldsymbol{A}_{11} - \boldsymbol{A}_{12}\boldsymbol{A}_{22}^{-1}\boldsymbol{A}_{21} & \boldsymbol{O} \\ \boldsymbol{A}_{21} & \boldsymbol{A}_{22} \end{bmatrix}\begin{bmatrix} \boldsymbol{x}_1 \\ \boldsymbol{x}_2 \end{bmatrix} = \begin{bmatrix} \boldsymbol{b}_1 - \boldsymbol{A}_{21}\boldsymbol{A}_{22}^{-1}\boldsymbol{b}_2 \\ \boldsymbol{b}_2 \end{bmatrix} \tag{A.38}$$

最后的这个方程组是重要的，由于 $\boldsymbol{O}$ 块的存在，使得第一行变为

$$\underbrace{\left(\boldsymbol{A}_{11} - \boldsymbol{A}_{12}\boldsymbol{A}_{22}^{-1}\boldsymbol{A}_{21}\right)}_{\boldsymbol{A}/\boldsymbol{A}_{22}}\boldsymbol{x}_1 = \boldsymbol{b}_1 - \boldsymbol{A}_{21}\boldsymbol{A}_{22}^{-1}\boldsymbol{b}_2 \tag{A.39}$$

现在该方程只涉及 $\boldsymbol{x}_1$。舒尔补记作 $\boldsymbol{A}/\boldsymbol{A}_{22}$。类似的方法也可以用来只求解 $\boldsymbol{x}_2$。舒尔补的一个很好的推论是 $\det(\boldsymbol{A}) = \det(\boldsymbol{A}_{22})\det(\boldsymbol{A}/\boldsymbol{A}_{22})$。

### A.1.9 特征值问题和对角化

戴维·希尔伯特于 1904 年首次引入了前缀 **eigen**，它取自德语，意思是“特殊的”“固有的”或“特征的”。特征值问题吸引一群学者进行了多年的研究，包括欧拉和拉格朗日（刚体运动）、柯西（二次曲面）、傅里叶（热方程）和希尔伯特（算子理论）。特征值分解或对角化在于找到一个特殊的坐标系，在该坐标系中某些问题变得更容易解决。

在矩阵代数中第二常见的问题或许就是**特征值问题**。简而言之，它的目标是找到 $\boldsymbol{x} \neq \boldsymbol{0} \in \mathbb{C}^N$ 和 $\lambda \in \mathbb{C}$ 的值，使得对于给定的 $\boldsymbol{A} \in \mathbb{R}^{N\times N}$，有

$$\boldsymbol{A}\boldsymbol{x} = \lambda \boldsymbol{x} \tag{A.40}$$

即使 $\boldsymbol{A}$ 是一个实矩阵，特征值也可以是（并且常常是）复数，形式为 $\lambda = a + \mathrm{i}b$，其中 $\mathrm{i} = \sqrt{-1}$。特征向量也可以有复数（而非实数）项。我们用 $\mathbb{C}$ 表示复数，用 $\mathbb{R}$ 表示实数[①]。

式（A.40）等价于：

$$(\boldsymbol{A} - \lambda \boldsymbol{I})\,\boldsymbol{x} = \boldsymbol{0} \tag{A.41}$$

换句话说，$\boldsymbol{x}$ 必须在 $\boldsymbol{A} - \lambda \boldsymbol{I}$ 的零空间中。如果 $\boldsymbol{A} - \lambda \boldsymbol{I}$ 的行列式不为零，它将是可逆的，那么 $\boldsymbol{x} = \boldsymbol{0}$ 是唯一的解，但这不是期望的结果。我们希望寻找 $\lambda$ 的值，使得

$$\det(\boldsymbol{A} - \lambda \boldsymbol{I}) = 0 \tag{A.42}$$

这被称为 $\boldsymbol{A}$ 的**特征方程**，其解是 $\boldsymbol{A}$ 的**特征值**。求解特征方程涉及找到一个 $N$ 次多项式的根，这通常由计算机来完成，但对于简单情况也可以手动求解。

一旦得到 $N$ 个特征值，就可以解出式（A.41）对应的**特征向量** $\boldsymbol{x}$。特征向量并不是唯一的，因为任何非零标量倍数的特征向量也是一个特征向量；通常取单位向量。这里不再深入讨论重复特征值的情况[②]。

现在假设对于每个特征值 $\lambda_n$，可以计算对应的特征向量 $\boldsymbol{v}_n$，并且所有特征向量的集合 $\{\boldsymbol{v}_1, \cdots, \boldsymbol{v}_N\}$ 是线性无关的（稍后会讨论）。接着，可以将 $N$ 个解写成如下形式：

$$\boldsymbol{A}\underbrace{\begin{bmatrix} \boldsymbol{v}_1 & \boldsymbol{v}_2 & \cdots & \boldsymbol{v}_N \end{bmatrix}}_{\boldsymbol{V}} = \underbrace{\begin{bmatrix} \boldsymbol{v}_1 & \boldsymbol{v}_2 & \cdots & \boldsymbol{v}_N \end{bmatrix}}_{\boldsymbol{V}} \underbrace{\begin{bmatrix} \lambda_1 & 0 & \cdots & 0 \\ 0 & \lambda_2 & \cdots & 0 \\ \vdots & \vdots & \ddots & \vdots \\ 0 & 0 & \cdots & \lambda_N \end{bmatrix}}_{\boldsymbol{D}} \tag{A.43}$$

如果特征向量形成一个线性无关的集合，这也意味着 $\boldsymbol{V}$ 的列是线性无关的，因此 $\boldsymbol{V}$ 是可逆的。因而有

$$\boldsymbol{A} = \boldsymbol{V}\boldsymbol{D}\boldsymbol{V}^{-1} \tag{A.44}$$

我们称之为 $\boldsymbol{A}$ 的**特征值分解**或**对角化**。矩阵 $\boldsymbol{D}$ 是一个对角矩阵，主对角线上是特征值，有时表示为 $\boldsymbol{D} = \mathrm{diag}\,(\lambda_1, \lambda_2, \cdots, \lambda_N)$。并不是所有的矩阵都可以对角化；对角化的条件本质上可以

① 本书对矩阵代数的推导和讨论均假设为实数，但所有相同的概念可以扩展到复数情况。

② **若尔当分解**可以处理一般情况。

归结为能否找到一组 $N$ 个线性无关的特征向量。一个充分（但不必要）的条件是所有特征值都不相同。

如果 $\boldsymbol{A}$ 可以对角化，那就可以利用这一点来简化其他问题的解法。经典例子是计算矩阵 $\boldsymbol{A}$ 的幂；假设要计算 $\boldsymbol{A}^M = \underbrace{\boldsymbol{A}\boldsymbol{A}\cdots\boldsymbol{A}}_{M}$，可以这样做：

$$\boldsymbol{A}^M = \left(\boldsymbol{V}\boldsymbol{D}\boldsymbol{V}^{-1}\right)^M = \boldsymbol{V}\boldsymbol{D}\underbrace{\boldsymbol{V}^{-1}\boldsymbol{V}}_{\boldsymbol{I}}\boldsymbol{D}\boldsymbol{V}^{-1}\cdots\boldsymbol{V}\boldsymbol{D}\boldsymbol{V}^{-1} = \boldsymbol{V}\boldsymbol{D}^M\boldsymbol{V}^{-1} \tag{A.45}$$

其中，$\boldsymbol{D}^M = \operatorname{diag}\left(\lambda_1^M, \lambda_2^M, \cdots, \lambda_N^M\right)$。换句话说，计算对角矩阵的幂要比计算原矩阵的幂容易得多。

关于矩阵 $\boldsymbol{A} \in \mathbb{R}^{N\times N}$ 的特征值，还有一些其他重要性质：

$$\begin{aligned} \operatorname{tr}(\boldsymbol{A}) &= \textstyle\sum_{i=1}^N \lambda_i && \text{（矩阵的迹等于特征值之和）} \\ \det(\boldsymbol{A}) &= \textstyle\prod_{i=1}^N \lambda_i && \text{（矩阵的行列式等于特征值之积）} \\ \boldsymbol{A}^{-1}\ \text{存在} &\iff (\forall i)\, \lambda_i \neq 0 && \text{（逆矩阵存在，特征值非零）} \end{aligned}$$

第三条性质可由第二条推导出来。因为若存在逆矩阵，则需要 $\det(\boldsymbol{A}) \neq 0$，这意味着特征值不能为零。

威廉 · 罗恩 · 哈密顿（William Rowan Hamilton, 1805—1865）是一位爱尔兰数学家，因哈密顿力学和四元数而闻名，同时他也对其他领域做出了贡献。

最后，**凯莱-哈密顿定理**表明每个方阵都满足其自身的特征方程；换句话说，可以在特征方程中将每个 $\lambda$ 替换为 $\boldsymbol{A}$，这个等式仍然成立。

### A.1.10 对称矩阵和正定矩阵

在状态估计中，经常出现某些类型的矩阵，特别是**对称矩阵**和**正定矩阵**。例如，在多元高斯分布中，协方差矩阵是对称正定矩阵。

方阵 $\boldsymbol{A} \in \mathbb{R}^{N\times N}$ 当且仅当 $\boldsymbol{A}^{\mathrm{T}} = \boldsymbol{A}$ 时，被称为对称矩阵。可以证明，所有对称矩阵的集合是 $\mathbb{R}^{N\times N}$ 的一个子空间，该子空间具有通常的子空间性质。此外，对称矩阵的逆矩阵（如果存在）也是对称的。一个重要的结果是，每一个实对称矩阵 $\boldsymbol{A}$ 必可对角化：

$$\boldsymbol{A} = \boldsymbol{V}\boldsymbol{D}\boldsymbol{V}^{\mathrm{T}} \tag{A.46}$$

其中，$\boldsymbol{D}$ 是实特征值的对角矩阵；$\boldsymbol{V}$ 是一个实的正交矩阵（即 $\boldsymbol{V}^{-1} = \boldsymbol{V}^{\mathrm{T}}$），其列是对应的特征向量。

**正定矩阵** $\boldsymbol{A} \in \mathbb{R}^{N\times N}$ 是一个方阵，对于所有 $\boldsymbol{x} \neq \boldsymbol{0} \in \mathbb{R}^N$，满足：

$$\boldsymbol{x}^{\mathrm{T}}\boldsymbol{A}\boldsymbol{x} > 0 \tag{A.47}$$

在符号上，通常用 $\boldsymbol{A} > 0$ 来表示正定矩阵。**半正定矩阵**（$\boldsymbol{A} \geqslant 0$）要求 $\boldsymbol{x}^{\mathrm{T}}\boldsymbol{A}\boldsymbol{x} \geqslant 0$；**负定矩阵**（$\boldsymbol{A} < 0$）要求 $\boldsymbol{x}^{\mathrm{T}}\boldsymbol{A}\boldsymbol{x} < 0$；**半负定矩阵**（$\boldsymbol{A} \leqslant 0$）要求 $\boldsymbol{x}^{\mathrm{T}}\boldsymbol{A}\boldsymbol{x} \leqslant 0$。严格来说，这些条件不要求 $\boldsymbol{A}$ 也是对称的，但通常默认为对称的。

矩阵的正定性与其特征值的取值范围相关。可以证明对于所有 $\boldsymbol{x} \neq \boldsymbol{0}$，有

$$\lambda_{\min} \leqslant \frac{\boldsymbol{x}^{\mathrm{T}}\boldsymbol{A}\boldsymbol{x}}{\boldsymbol{x}^{\mathrm{T}}\boldsymbol{x}} \leqslant \lambda_{\max} \tag{A.48}$$

其中，$\lambda_{\min}$ 是 $\boldsymbol{A}$ 的最小特征值；$\lambda_{\max}$ 是最大特征值；中间的量称为**瑞利商**，当 $\boldsymbol{x}$ 为 $\lambda_{\min}$ 对应的特征向量时取其最小值，当 $\boldsymbol{x}$ 为 $\lambda_{\max}$ 对应的特征向量时取其最大值。从中可以推断出，正定矩阵有正特征值，半正定矩阵有非负特征值，负定矩阵有负特征值，半负定矩阵有非正特征值。

约翰 · 威廉 · 斯特拉特，尊称瑞利勋爵（John William Strutt, 3rd Baron Rayleigh, 1842—1919）是剑桥的数学家和物理学家，1904 年诺贝尔物理学奖得主。他在流体、波、光学和黑体辐射等多个领域做出了贡献。

最后，来探讨正定矩阵的线性组合的正定性。考虑 $\boldsymbol{A},\boldsymbol{B},\boldsymbol{C} \in \mathbb{R}^{N\times N}$，其中，$\boldsymbol{A} > 0$；$\boldsymbol{B} \geqslant 0$；$\boldsymbol{C} \geqslant 0$。对于所有 $\alpha,\beta \in \mathbb{R}$ 且 $\alpha > 0$ 和 $\beta > 0$，有

$$\alpha\boldsymbol{A} + \beta\boldsymbol{B} > 0 \qquad \text{（正定与半正定之和）}$$

$$\alpha\boldsymbol{C} + \beta\boldsymbol{B} \geqslant 0 \qquad \text{（半正定与半正定之和）}$$

类似的性质适用于负定矩阵和半负定矩阵的线性组合。

### A.1.11　三角矩阵和楚列斯基分解

在前一节中，我们了解到实对称矩阵必可对角化。如果将条件限制在对称正定矩阵上，还可以进行**楚列斯基分解**，也称之为楚列斯基因子分解或三角因子分解。

安德烈 · 路易 · 楚列斯基（André-Louis Cholesky, 1875—1918）是一位法国军官和数学家。他主要因他的矩阵分解方法而闻名，这一方法被他用于制作军事地图。

设 $\boldsymbol{A} \in \mathbb{R}^{N\times N}$ 是对称正定矩阵，那么可以唯一地将其分解为

$$\boldsymbol{A} = \boldsymbol{L}\boldsymbol{L}^{\mathrm{T}} \tag{A.49}$$

其中，$\boldsymbol{L}$ 是一个实的下三角矩阵，其对角线元素为正。**下三角矩阵**的主对角线以上的所有元素均为零。因此，$\boldsymbol{L}^{\mathrm{T}}$ 是一个**上三角矩阵**，其主对角线以下的所有元素均为零。

作为楚列斯基分解的一个简单示例，考虑一个对称正定矩阵 $\boldsymbol{A} \in \mathbb{R}^{3\times 3}$ 及其楚列斯基因子：

$$\boldsymbol{A} = \begin{bmatrix} a_{11} & a_{21} & a_{31} \\ a_{21} & a_{22} & a_{32} \\ a_{31} & a_{32} & a_{33} \end{bmatrix}, \quad \boldsymbol{L} = \begin{bmatrix} \ell_{11} & 0 & 0 \\ \ell_{21} & \ell_{22} & 0 \\ \ell_{31} & \ell_{32} & \ell_{33} \end{bmatrix} \tag{A.50}$$

将其相乘，可得

$$\boldsymbol{A} = \boldsymbol{L}\boldsymbol{L}^{\mathrm{T}} = \begin{bmatrix} \ell_{11}^2 & \ell_{11}\ell_{21} & \ell_{11}\ell_{31} \\ \ell_{11}\ell_{21} & \ell_{21}^2 + \ell_{22}^2 & \ell_{21}\ell_{31} + \ell_{22}\ell_{32} \\ \ell_{11}\ell_{31} & \ell_{21}\ell_{31} + \ell_{22}\ell_{32} & \ell_{31}^2 + \ell_{32}^2 + \ell_{33}^2 \end{bmatrix} \tag{A.51}$$

通过比较 $\boldsymbol{A}$ 的两个形式，可以解出 $\boldsymbol{L}$ 中的各个元素：

$$\begin{aligned}&\ell_{11}=\sqrt{a_{11}},\quad \ell_{21}=a_{21}/\ell_{11},\quad \ell_{22}=\sqrt{a_{22}-\ell_{21}^2},\quad \ell_{31}=a_{31}/\ell_{11}\\&\ell_{32}=(a_{32}-\ell_{21}\ell_{31})/\ell_{22},\quad \ell_{33}=\sqrt{a_{33}-\ell_{31}^2-\ell_{32}^2}\end{aligned}\tag{A.52}$$

这种模式可以自然地扩展到任意阶数的矩阵。

楚列斯基分解的一个应用是求解形如 $\boldsymbol{Ax}=\boldsymbol{b}$ 的线性方程组。与其求矩阵 $\boldsymbol{A}$ 的逆，不如进行楚列斯基分解 $\boldsymbol{A}=\boldsymbol{L}\boldsymbol{L}^{\mathrm{T}}$，然后求解以下两个方程组：

$$\boldsymbol{Lz}=\boldsymbol{b}\qquad\text{（求解 }\boldsymbol{z}\text{）}\tag{A.53a}$$

$$\boldsymbol{L}^{\mathrm{T}}\boldsymbol{x}=\boldsymbol{z}\qquad\text{（求解 }\boldsymbol{x}\text{）}\tag{A.53b}$$

由于 $\boldsymbol{L}$ 是下三角矩阵，可以使用**前向递归**求解第一个方程。考虑

$$\underbrace{\begin{bmatrix}\ell_{11}&0&0&\cdots&0\\\ell_{21}&\ell_{22}&0&\cdots&0\\\ell_{31}&\ell_{32}&\ell_{33}&\cdots&0\\\vdots&\vdots&\vdots&\ddots&\vdots\\\ell_{N1}&\ell_{N2}&\ell_{N3}&\cdots&\ell_{NN}\end{bmatrix}}_{\boldsymbol{L}}\underbrace{\begin{bmatrix}z_1\\z_2\\z_3\\\vdots\\z_N\end{bmatrix}}_{\boldsymbol{z}}=\underbrace{\begin{bmatrix}b_1\\b_2\\b_3\\\vdots\\b_N\end{bmatrix}}_{\boldsymbol{b}}\tag{A.54}$$

从第一行直接得到 $z_1=b_1/\ell_{11}$。然后，从第二行得到 $z_2=(b_2-\ell_{21}z_1)/\ell_{22}$，其中，$z_1$ 的值已知。自上而下继续替换已知变量的值，直到求解出 $z_N$。

要求解第二个方程组（A.53b），可使用**后向递归**。这次有

$$\underbrace{\begin{bmatrix}\ell_{11}&\cdots&\ell_{N-2,1}&\ell_{N-1,1}&\ell_{N1}\\\vdots&\ddots&\vdots&\vdots&\vdots\\0&\cdots&\ell_{N-2,N-2}&\ell_{N-1,N-2}&\ell_{N,N-2}\\0&\cdots&0&\ell_{N-1,N-1}&\ell_{N,N-1}\\0&\cdots&0&0&\ell_{NN}\end{bmatrix}}_{\boldsymbol{L}^{\mathrm{T}}}\underbrace{\begin{bmatrix}x_1\\\vdots\\x_{N-2}\\x_{N-1}\\x_N\end{bmatrix}}_{\boldsymbol{x}}=\underbrace{\begin{bmatrix}z_1\\\vdots\\z_{N-2}\\z_{N-1}\\z_N\end{bmatrix}}_{\boldsymbol{z}}\tag{A.55}$$

从最后一行得到 $x_N=z_N/\ell_{NN}$。然后，从倒数第二行得到 $x_{N-1}=(z_{N-1}-\ell_{N,N-1}x_N)/\ell_{N-1,N-1}$，其中，$x_N$ 的值已知。继续替换已知变量的值，自下而上直到求解出 $x_1$。完成前向和后向递归后，就得到原始线性方程组 $\boldsymbol{Ax}=\boldsymbol{b}$ 的解 $\boldsymbol{x}$。

当矩阵 $\boldsymbol{A}$（以及相应的楚列斯基因子 $\boldsymbol{L}$）具有可利用的**稀疏模式**（多个元素为零时），这种解法的优势就会体现出来。我们称这种技术为**稀疏楚列斯基分解**。本书中大量使用的三对角矩阵就是一个很好的例子。**三对角矩阵**只在主对角线和上下一条对角线上有非零元素。例如，对

称正定的三对角矩阵 $\boldsymbol{A} \in \mathbb{R}^{5\times 5}$ 及其对应的楚列斯基因子具有以下的模式：

$$\boldsymbol{A} = \begin{bmatrix} a_{11} & a_{21} & 0 & 0 & 0 \\ a_{21} & a_{22} & a_{32} & 0 & 0 \\ 0 & a_{32} & a_{33} & a_{43} & 0 \\ 0 & 0 & a_{43} & a_{44} & a_{54} \\ 0 & 0 & 0 & a_{54} & a_{55} \end{bmatrix}, \quad \boldsymbol{L} = \begin{bmatrix} \ell_{11} & 0 & 0 & 0 & 0 \\ \ell_{21} & \ell_{22} & 0 & 0 & 0 \\ 0 & \ell_{32} & \ell_{33} & 0 & 0 \\ 0 & 0 & \ell_{43} & \ell_{44} & 0 \\ 0 & 0 & 0 & \ell_{54} & \ell_{55} \end{bmatrix} \tag{A.56}$$

当进行前向和后向递归时，由于 $\boldsymbol{L}$ 具有稀疏性，因此这种递归会非常高效。通常情况下，可以在与 $N$ 成比例的操作次数内（包括楚列斯基分解本身）求解出对称正定的三对角矩阵 $\boldsymbol{A} \in \mathbb{R}^{N\times N}$ 的方程组。

在本书中，我们还将应用类似的思想，在块（即分块矩阵）级别上使用楚列斯基分解。

### A.1.12 奇异值分解

与特征值分解相关的一个主题是奇异值分解（singular-value decomposition, SVD）。特征值分解仅适用于方阵，并且只在某些情况下才可以对角化，而奇异值分解总是适用，即使矩阵不是方阵。奇异值分解也不是唯一的。

矩阵 $\boldsymbol{A} \in \mathbb{R}^{M\times N}$ 的奇异值分解如下：

$$\boldsymbol{A} = \boldsymbol{U}\boldsymbol{\Sigma}\boldsymbol{V}^{\mathrm{T}} \tag{A.57}$$

其中，$\boldsymbol{U} \in \mathbb{R}^{N\times N}$；$\boldsymbol{\Sigma} \in \mathbb{R}^{M\times N}$；$\boldsymbol{V} \in \mathbb{R}^{M\times M}$。$\boldsymbol{U}$ 和 $\boldsymbol{V}$ 是**正交矩阵**，于是有 $\boldsymbol{U}^{-1} = \boldsymbol{U}^{\mathrm{T}}$ 和 $\boldsymbol{V}^{-1} = \boldsymbol{V}^{\mathrm{T}}$。矩阵 $\boldsymbol{\Sigma}$ 的对角线上是非负实数的**奇异值**，其余部分为零。例如，对于 $M < N$，有

$$\boldsymbol{\Sigma} = \begin{bmatrix} \sigma_1 & 0 & 0 & \cdots & 0 \\ 0 & \sigma_2 & 0 & \cdots & 0 \\ \vdots & \vdots & \ddots & \ddots & \vdots \\ 0 & \cdots & 0 & \sigma_M & 0 \end{bmatrix} \tag{A.58}$$

其中，$\sigma_1 \geqslant \sigma_2 \geqslant \cdots \geqslant \sigma_M \geqslant 0$ 是奇异值。非零奇异值的数量等于 $\operatorname{rank}(\boldsymbol{A})$。

为了进行奇异值分解，考虑以下两个特征值问题：

$$\boldsymbol{A}^{\mathrm{T}}\boldsymbol{A}\boldsymbol{v} = \lambda\boldsymbol{v} \tag{A.59a}$$

$$\boldsymbol{A}\boldsymbol{A}^{\mathrm{T}}\boldsymbol{u} = \lambda\boldsymbol{u} \tag{A.59b}$$

由于 $\boldsymbol{A}^{\mathrm{T}}\boldsymbol{A}$ 和 $\boldsymbol{A}\boldsymbol{A}^{\mathrm{T}}$ 都是方阵且为实半正定矩阵，因此它们的特征值是实数（且非负），其特征向量也是实数向量。可以选择这两个特征值问题中的任意一个来求解特征值和特征向量。不失一般性，假设 $M \leqslant N$。因为 $\boldsymbol{A}\boldsymbol{A}^{\mathrm{T}}$ 的维数小于或等于 $\boldsymbol{A}^{\mathrm{T}}\boldsymbol{A}$，所以我们求解第二个特征值问题，得到特征值 $\lambda_i$ 和对应的特征向量 $\boldsymbol{u}_i$。将特征向量排列如下：

$$\boldsymbol{U} = \begin{bmatrix} \boldsymbol{u}_1 & \boldsymbol{u}_2 & \cdots & \boldsymbol{u}_M \end{bmatrix} \tag{A.60}$$

其中，$\boldsymbol{U}$ 是正交矩阵（因为 $\boldsymbol{A}\boldsymbol{A}^{\mathrm{T}}$ 是对称的）；特征值的顺序通常是从大到小。由于

$$\boldsymbol{A}\boldsymbol{A}^{\mathrm{T}} = \boldsymbol{U}\boldsymbol{\Sigma}\underbrace{\boldsymbol{V}^{\mathrm{T}}\boldsymbol{V}}_{\boldsymbol{I}}\boldsymbol{\Sigma}^{\mathrm{T}}\boldsymbol{U}^{\mathrm{T}} = \boldsymbol{U}\underbrace{\boldsymbol{\Sigma}\boldsymbol{\Sigma}^{\mathrm{T}}}_{\boldsymbol{D}}\boldsymbol{U}^{\mathrm{T}} \tag{A.61}$$

因此，奇异值（非负实数）正好是特征值（非负实数）的平方根：$\sigma_i = \sqrt{\lambda_i}$。最后一步需要求解

$$\boldsymbol{V} = \begin{bmatrix} \boldsymbol{v}_1 & \boldsymbol{v}_2 & \cdots & \boldsymbol{v}_N \end{bmatrix} \tag{A.62}$$

这也是一个正交矩阵（因为 $\boldsymbol{A}^{\mathrm{T}}\boldsymbol{A}$ 是对称的）。注意到

$$\boldsymbol{A}^{\mathrm{T}}\boldsymbol{u}_i = \boldsymbol{V}\boldsymbol{\Sigma}^{\mathrm{T}}\underbrace{\boldsymbol{U}^{\mathrm{T}}\boldsymbol{u}_i}_{\boldsymbol{I}_i} = \boldsymbol{V}\boldsymbol{\Sigma}^{\mathrm{T}}\boldsymbol{I}_i = \sigma_i\boldsymbol{V}\boldsymbol{I}_i = \sigma_i\boldsymbol{v}_i \tag{A.63}$$

因此，对于所有非零奇异值，可以取 $\boldsymbol{v}_i = \dfrac{1}{\sigma_i}\boldsymbol{A}^{\mathrm{T}}\boldsymbol{u}_i$。对于 $\boldsymbol{V}$ 中剩余的 $N - \mathrm{rank}(\boldsymbol{A})$ 列，只需要选择合适的 $\boldsymbol{v}_i$ 使得完整的集合 $\{(\forall i)\boldsymbol{v}_i\}$ 是正交的即可。

如果 $M > N$，我们可以从另一个特征值问题开始，先求解 $\boldsymbol{V}$，或者可以先计算 $\boldsymbol{A}^{\mathrm{T}}$ 的奇异值，然后取结果的转置。

### A.1.13 稀疏矩阵

在前面的章节中，已经遇到过对角矩阵、三对角矩阵和三角矩阵，这些都是**稀疏矩阵**的例子。稀疏矩阵具有特定模式的零元素。本书中涉及的主要稀疏矩阵类型有：

(1) **对角矩阵**：只有主对角线上有非零元素的矩阵；

(2) **三对角矩阵**：只有主对角线和紧邻的两个对角线上有非零元素的矩阵；

(3) **三角矩阵**：下三角矩阵的主对角线以上的元素全为零；上三角矩阵的主对角线以下的元素全为零；

(4) **箭头矩阵**：分块为 $2 \times 2$ 子矩阵的矩阵，其中左上和右下的子矩阵具有（三）对角线模式；这在 BA 和 SLAM 问题的公式中经常出现。

稀疏矩阵经常以块级别的形式出现。如下所示，分别为分块对角、块三对角、块下三角和块箭头矩阵：

$$\begin{gathered}
\begin{bmatrix} \boldsymbol{A}_{11} & & & \\ & \boldsymbol{A}_{22} & & \\ & & \boldsymbol{A}_{33} & \\ & & & \boldsymbol{A}_{44} \end{bmatrix}, \quad
\begin{bmatrix} \boldsymbol{A}_{11} & \boldsymbol{A}_{12} & & \\ \boldsymbol{A}_{21} & \boldsymbol{A}_{22} & \boldsymbol{A}_{23} & \\ & \boldsymbol{A}_{32} & \boldsymbol{A}_{33} & \boldsymbol{A}_{34} \\ & & \boldsymbol{A}_{43} & \boldsymbol{A}_{44} \end{bmatrix} \\
\begin{bmatrix} \boldsymbol{A}_{11} & & & \\ \boldsymbol{A}_{21} & \boldsymbol{A}_{22} & & \\ \boldsymbol{A}_{31} & \boldsymbol{A}_{32} & \boldsymbol{A}_{33} & \\ \boldsymbol{A}_{41} & \boldsymbol{A}_{42} & \boldsymbol{A}_{43} & \boldsymbol{A}_{44} \end{bmatrix}, \quad
\left[\begin{array}{cc|cc} \boldsymbol{A}_{11} & & \boldsymbol{A}_{13} & \boldsymbol{A}_{14} \\ & \boldsymbol{A}_{22} & \boldsymbol{A}_{23} & \boldsymbol{A}_{24} \\ \hline \boldsymbol{A}_{31} & \boldsymbol{A}_{32} & \boldsymbol{A}_{33} & \\ \boldsymbol{A}_{41} & \boldsymbol{A}_{42} & & \boldsymbol{A}_{44} \end{array}\right]
\end{gathered} \tag{A.64}$$

注意，在本书中，我们通常将零元素留空以避免杂乱。最后一个例子中的实线表示矩阵分块成子矩阵的分隔线（仅作为视觉示意图）。

### A.1.14 向量化和克罗内克积

在处理矩阵时，有时将其所有列堆叠成一个长的列会更加方便。这可以通过（线性的）**向量化**算子 vec(·) 来完成。假设 $\boldsymbol{A}=\begin{bmatrix}\boldsymbol{a}_1 & \boldsymbol{a}_2 & \cdots & \boldsymbol{a}_N\end{bmatrix}\in\mathbb{R}^{M\times N}$，其中 $(\forall n)\ \boldsymbol{a}_n\in\mathbb{R}^M$ 作为其列向量。那么 $\boldsymbol{A}$ 的向量化为

$$\operatorname{vec}(\boldsymbol{A})=\begin{bmatrix}\boldsymbol{a}_1\\ \boldsymbol{a}_2\\ \vdots\\ \boldsymbol{a}_N\end{bmatrix}\in\mathbb{R}^{MN} \tag{A.65}$$

另外，也可以定义 $\operatorname{vec}^{-1}(\cdot)$ 算子表示 vec(·) 算子的逆运算；换句话说，它将列重新堆叠回原始矩阵，假设其原始维数是已知的。因此，

$$\operatorname{vec}^{-1}(\operatorname{vec}(\boldsymbol{A}))=\boldsymbol{A} \tag{A.66}$$

利奥波德·克罗内克（Leopold Kronecker, 1823—1891）是一位德国数学家，他对数论、代数和逻辑学做出了贡献。

我们还可以定义两个矩阵之间的特殊乘积，将其称为**克罗内克积**，记作 ⊗。如果 $\boldsymbol{A}\in\mathbb{R}^{M\times N}$ 且 $\boldsymbol{B}\in\mathbb{R}^{P\times Q}$，则克罗内克积为

$$\boldsymbol{A}\otimes\boldsymbol{B}=\begin{bmatrix}a_{11}\boldsymbol{B} & a_{12}\boldsymbol{B} & \cdots & a_{1N}\boldsymbol{B}\\ a_{21}\boldsymbol{B} & a_{22}\boldsymbol{B} & \cdots & a_{2N}\boldsymbol{B}\\ \vdots & \vdots & \ddots & \vdots\\ a_{M1}\boldsymbol{B} & a_{M2}\boldsymbol{B} & \cdots & a_{MN}\boldsymbol{B}\end{bmatrix}\in\mathbb{R}^{MP\times NQ} \tag{A.67}$$

其中，$a_{ij}$ 是 $\boldsymbol{A}$ 的各个元素。向量化和克罗内克积的一些基本性质如下，对于所有 $\boldsymbol{A},\boldsymbol{B}\in\mathbb{R}^{M\times N}$，$\boldsymbol{C}\in\mathbb{R}^{P\times Q}$ 和 $\alpha\in\mathbb{R}$：

$$\begin{aligned}
\operatorname{vec}(\boldsymbol{A}+\boldsymbol{B})&=\operatorname{vec}(\boldsymbol{A})+\operatorname{vec}(\boldsymbol{B}) && \text{（向量化加法）}\\
\operatorname{vec}(\alpha\boldsymbol{A})&=\alpha\operatorname{vec}(\boldsymbol{A}) && \text{（向量化标量乘法）}\\
(\boldsymbol{A}+\boldsymbol{B})\otimes\boldsymbol{C}&=\boldsymbol{A}\otimes\boldsymbol{C}+\boldsymbol{B}\otimes\boldsymbol{C} && \text{（克罗内克积的左分配律）}\\
\boldsymbol{C}\otimes(\boldsymbol{A}+\boldsymbol{B})&=\boldsymbol{C}\otimes\boldsymbol{A}+\boldsymbol{C}\otimes\boldsymbol{B} && \text{（克罗内克积的右分配律）}\\
(\alpha\boldsymbol{A})\otimes\boldsymbol{C}&=\alpha(\boldsymbol{A}\otimes\boldsymbol{C})=\boldsymbol{A}\otimes(\alpha\boldsymbol{C}) && \text{（克罗内克积的标量乘法）}\\
\boldsymbol{A}\otimes\boldsymbol{O}&=\boldsymbol{O}\otimes\boldsymbol{A}=\boldsymbol{O} && \text{（克罗内克积的零矩阵）}
\end{aligned}$$

涉及克罗内克积和向量化算子的其他恒等式包括：

$$\operatorname{vec}(\boldsymbol{a})=\boldsymbol{a} \tag{A.68a}$$

$$\operatorname{vec}(\boldsymbol{a}\boldsymbol{b}^{\mathrm{T}})=\boldsymbol{b}\otimes\boldsymbol{a} \tag{A.68b}$$

$$\operatorname{vec}(\boldsymbol{ABC})=(\boldsymbol{C}^{\mathrm{T}}\otimes\boldsymbol{A})\operatorname{vec}(\boldsymbol{B}) \tag{A.68c}$$

$$\operatorname{vec}(\boldsymbol{A})^{\mathrm{T}}\operatorname{vec}(\boldsymbol{B}) = \operatorname{tr}(\boldsymbol{A}^{\mathrm{T}}\boldsymbol{B}) \tag{A.68d}$$

$$(\boldsymbol{A}\otimes\boldsymbol{B})(\boldsymbol{C}\otimes\boldsymbol{D}) = (\boldsymbol{AC})\otimes(\boldsymbol{BD}) \tag{A.68e}$$

$$(\boldsymbol{A}\otimes\boldsymbol{B})^{-1} = \boldsymbol{A}^{-1}\otimes\boldsymbol{B}^{-1} \tag{A.68f}$$

$$(\boldsymbol{A}\otimes\boldsymbol{B})^{\mathrm{T}} = \boldsymbol{A}^{\mathrm{T}}\otimes\boldsymbol{B}^{\mathrm{T}} \tag{A.68g}$$

$$\det\left(\boldsymbol{A}_{N\times N}\otimes\boldsymbol{B}_{M\times M}\right) = \det(\boldsymbol{A})^{M}\det(\boldsymbol{B})^{N} \tag{A.68h}$$

$$\operatorname{rank}(\boldsymbol{A}\otimes\boldsymbol{B}) = \operatorname{rank}(\boldsymbol{A})\operatorname{rank}(\boldsymbol{B}) \tag{A.68i}$$

$$\operatorname{tr}(\boldsymbol{A}\otimes\boldsymbol{B}) = \operatorname{tr}(\boldsymbol{A})\operatorname{tr}(\boldsymbol{B}) \tag{A.68j}$$

$$\boldsymbol{a}^{\mathrm{T}}\boldsymbol{B}\boldsymbol{C}\boldsymbol{B}^{\mathrm{T}}\boldsymbol{d} = \operatorname{vec}(\boldsymbol{B})^{\mathrm{T}}(\boldsymbol{C}\otimes\boldsymbol{d}\boldsymbol{a}^{\mathrm{T}})\operatorname{vec}(\boldsymbol{B}) \tag{A.68k}$$

其中各个矩阵的维数可以根据上下文推断。

### A.1.15 对称矩阵的半向量化

在状态估计中，经常需要处理对称矩阵，特别是协方差矩阵。有时，为了避免冗余，需要对这些矩阵进行参数化。我们使用文献 [103] 第 18 章中的方法。

首先介绍**半向量化**（half-vectorization）运算符 $\operatorname{vech}(\cdot)$。它将矩阵中的元素堆叠起来，但不包括主对角线以上的所有元素。然后，定义**重复矩阵**（duplication matrix）$\boldsymbol{D}$，它允许我们构建完整的对称矩阵：

$$\operatorname{vec}(\boldsymbol{A}) = \boldsymbol{D}\operatorname{vech}(\boldsymbol{A}) \quad \text{（对于对称矩阵 } \boldsymbol{A}\text{）} \tag{A.69}$$

考虑一个简单的 $2\times 2$ 示例：

$$\boldsymbol{A} = \begin{bmatrix} a & b \\ b & c \end{bmatrix}, \quad \operatorname{vec}(\boldsymbol{A}) = \begin{bmatrix} a \\ b \\ b \\ c \end{bmatrix}, \quad \boldsymbol{D} = \begin{bmatrix} 1 & 0 & 0 \\ 0 & 1 & 0 \\ 0 & 1 & 0 \\ 0 & 0 & 1 \end{bmatrix}, \quad \operatorname{vech}(\boldsymbol{A}) = \begin{bmatrix} a \\ b \\ c \end{bmatrix} \tag{A.70}$$

如果想转换回矩阵，可以定义相应的 $\operatorname{vech}^{-1}(\cdot)$ 运算符，因此

$$\operatorname{vech}^{-1}(\operatorname{vech}(\boldsymbol{A})) = \operatorname{vec}^{-1}(\boldsymbol{D}\operatorname{vech}(\boldsymbol{A})) = \operatorname{vec}^{-1}(\operatorname{vec}(\boldsymbol{A})) = \boldsymbol{A} \quad \text{（对于对称矩阵 } \boldsymbol{A}\text{）} \tag{A.71}$$

$\boldsymbol{D}$ 的摩尔-彭罗斯伪逆用 $\boldsymbol{D}^{+}$ 表示：

$$\boldsymbol{D}^{+} = \left(\boldsymbol{D}^{\mathrm{T}}\boldsymbol{D}\right)^{-1}\boldsymbol{D}^{\mathrm{T}} \tag{A.72}$$

然后可以使用 $\boldsymbol{D}^{+}$ 计算 $\operatorname{vech}(\boldsymbol{A})$：

$$\operatorname{vech}(\boldsymbol{A}) = \boldsymbol{D}^{+}\operatorname{vec}(\boldsymbol{A}) \quad \text{（对于对称矩阵 } \boldsymbol{A}\text{）} \tag{A.73}$$

对于上面的 $2\times 2$ 示例，有

$$\boldsymbol{D}^{+} = \begin{bmatrix} 1 & 0 & 0 & 0 \\ 0 & \frac{1}{2} & \frac{1}{2} & 0 \\ 0 & 0 & 0 & 1 \end{bmatrix} \tag{A.74}$$

关于 $\boldsymbol{D}$ 的一些有用的性质包括：

$$\boldsymbol{D}^{+}\boldsymbol{D} = \boldsymbol{I} \tag{A.75a}$$

$$\boldsymbol{D}^{+^{\mathrm{T}}}\boldsymbol{D}^{\mathrm{T}} = \boldsymbol{D}\boldsymbol{D}^{+} \tag{A.75b}$$

$$\boldsymbol{D}\boldsymbol{D}^{+}\mathrm{vec}(\boldsymbol{A}) = \mathrm{vec}(\boldsymbol{A}) \qquad \text{（对于对称矩阵 } \boldsymbol{A}\text{）} \tag{A.75c}$$

$$\boldsymbol{D}\boldsymbol{D}^{+}(\boldsymbol{A}\otimes\boldsymbol{A})\boldsymbol{D} = (\boldsymbol{A}\otimes\boldsymbol{A})\boldsymbol{D} \qquad \text{（对于任意 } \boldsymbol{A}\text{）} \tag{A.75d}$$

这些性质可以在文献 [105] 中找到。我们还可以定义**对称化运算符** sym(·)，其形式为

$$\mathrm{sym}(\boldsymbol{A}) = \boldsymbol{A} + \boldsymbol{A}^{\mathrm{T}} - \boldsymbol{A}\circ\boldsymbol{I} \tag{A.76}$$

其中，$\circ$ 是**阿达马（逐元素）积**。然后可以将 sym(·) 运算符与重复矩阵关联起来：

$$\boldsymbol{D}\boldsymbol{D}^{\mathrm{T}}\mathrm{vec}(\boldsymbol{A}) = \mathrm{vec}\left(\mathrm{sym}(\boldsymbol{A})\right) \tag{A.77}$$

这对于任何 $\boldsymbol{A}$ 都成立。

## A.2　矩阵微积分

在本书中，不仅需要对标量进行求导，还需要对列向量和矩阵进行求导。本节介绍了在这个重要话题上的方法和符号定义。

### A.2.1　列向量/矩阵导数定义

关于标量 $x$ 的标量函数 $f(x)$ 对标量 $x$ 求导，记为

$$\frac{\partial f(x)}{\partial x} \tag{A.78}$$

我们希望将这一概念扩展到列向量和矩阵中。定义标量函数 $f(\boldsymbol{x})$ 对列向量 $\boldsymbol{x}\in\mathbb{R}^N$ 的导数，它是一个行向量：

$$\frac{\partial f(\boldsymbol{x})}{\partial \boldsymbol{x}} = \begin{bmatrix} \frac{\partial f(\boldsymbol{x})}{\partial x_1} & \frac{\partial f(\boldsymbol{x})}{\partial x_2} & \cdots & \frac{\partial f(\boldsymbol{x})}{\partial x_N} \end{bmatrix} \in \mathbb{R}^{1\times N} \tag{A.79}$$

其中，$x_n$ 是 $\boldsymbol{x}$ 的各个元素。如果希望将其转换为列向量，可以取转置并写为

$$\left(\frac{\partial f(\boldsymbol{x})}{\partial \boldsymbol{x}}\right)^{\mathrm{T}} \quad \text{或} \quad \frac{\partial f(\boldsymbol{x})}{\partial \boldsymbol{x}^{\mathrm{T}}} \tag{A.80}$$

以这种方式定义的列向量的导数[①]可以很容易地扩展到其他重要情况。定义关于标量 $x$ 的列向量函数 $\boldsymbol{f}(x)\in\mathbb{R}^M$ 对标量 $x$ 的导数为

$$\frac{\partial \boldsymbol{f}(x)}{\partial x} = \begin{bmatrix} \frac{\partial f_1(x)}{\partial x} \\ \frac{\partial f_2(x)}{\partial x} \\ \vdots \\ \frac{\partial f_M(x)}{\partial x} \end{bmatrix} \in \mathbb{R}^M \tag{A.81}$$

---

① 有些地方也会使用这种定义的转置方式。

其中，$f_m(x)$ 是 $\boldsymbol{f}(x)$ 中的元素，$m=1,\cdots,M$。最后，定义关于列向量 $\boldsymbol{x}\in\mathbb{R}^N$ 的列向量函数 $\boldsymbol{f}(\boldsymbol{x})\in\mathbb{R}^M$ 对变量 $\boldsymbol{x}$ 的导数为

$$\frac{\partial \boldsymbol{f}(\boldsymbol{x})}{\partial \boldsymbol{x}}=\begin{bmatrix}\frac{\partial f_1(\boldsymbol{x})}{\partial x_1} & \frac{\partial f_1(\boldsymbol{x})}{\partial x_2} & \cdots & \frac{\partial f_1(\boldsymbol{x})}{\partial x_N}\\ \frac{\partial f_2(\boldsymbol{x})}{\partial x_1} & \frac{\partial f_2(\boldsymbol{x})}{\partial x_2} & \cdots & \frac{\partial f_2(\boldsymbol{x})}{\partial x_N}\\ \vdots & \vdots & & \vdots\\ \frac{\partial f_M(\boldsymbol{x})}{\partial x_1} & \frac{\partial f_M(\boldsymbol{x})}{\partial x_2} & \cdots & \frac{\partial f_M(\boldsymbol{x})}{\partial x_N}\end{bmatrix}\in\mathbb{R}^{M\times N} \tag{A.82}$$

这个表达式概括了之前讨论的所有情况。

定义关于矩阵 $\boldsymbol{X}\in\mathbb{R}^{M\times N}$ 的标量函数 $f(\boldsymbol{X})$ 对该矩阵的导数为

$$\frac{\partial f(\boldsymbol{X})}{\partial \boldsymbol{X}}=\begin{bmatrix}\frac{\partial f(\boldsymbol{X})}{\partial x_{11}} & \frac{\partial f(\boldsymbol{X})}{\partial x_{12}} & \cdots & \frac{\partial f(\boldsymbol{X})}{\partial x_{1N}}\\ \frac{\partial f(\boldsymbol{X})}{\partial x_{21}} & \frac{\partial f(\boldsymbol{X})}{\partial x_{22}} & \cdots & \frac{\partial f(\boldsymbol{X})}{\partial x_{2N}}\\ \vdots & \vdots & & \vdots\\ \frac{\partial f(\boldsymbol{X})}{\partial x_{M1}} & \frac{\partial f(\boldsymbol{X})}{\partial x_{M2}} & \cdots & \frac{\partial f(\boldsymbol{X})}{\partial x_{MN}}\end{bmatrix}\in\mathbb{R}^{M\times N} \tag{A.83}$$

不幸的是，我们无法使所有导数定义完全一致，因为当 $\boldsymbol{X}$ 在式（A.83）中为列向量时，无法得到式（A.79）。如果将式（A.79）定义为与式（A.83）一致，那么它又不再与式（A.82）一致。

### A.2.2 利用微分求列向量的导数

为了求涉及列向量的表达式的导数，我们采用文献 [103] 的方法。

在求导过程中，需要引入**微分**的概念。首先考虑一个简单的标量情况。我们希望求 $f(x)=x^2$ 对 $x$ 的导数。解决这个问题的一种思考方式是应用微分的乘积法则，如下所示：

$$\mathrm{d}f=\mathrm{d}x\cdot x+x\cdot\mathrm{d}x=2x\cdot\mathrm{d}x \quad\rightarrow\quad \frac{\partial f}{\partial x}=2x \tag{A.84}$$

其中，$\mathrm{d}f$ 是 $f$ 的微分；$\mathrm{d}x$ 是 $x$ 的微分。

在处理列向量时，可以进行类似的操作。考虑求标量函数 $f(\boldsymbol{x})=\boldsymbol{x}^{\mathrm{T}}\boldsymbol{A}\boldsymbol{x}$ 对列向量 $\boldsymbol{x}$ 的导数，其中 $\boldsymbol{A}$ 是已知的方阵：

$$\mathrm{d}f=\mathrm{d}\boldsymbol{x}^{\mathrm{T}}\boldsymbol{A}\boldsymbol{x}+\boldsymbol{x}^{\mathrm{T}}\boldsymbol{A}\mathrm{d}\boldsymbol{x}=\boldsymbol{x}^{\mathrm{T}}(\boldsymbol{A}+\boldsymbol{A}^{\mathrm{T}})\,\mathrm{d}\boldsymbol{x} \quad\rightarrow\quad \frac{\partial f}{\partial \boldsymbol{x}}=\boldsymbol{x}^{\mathrm{T}}(\boldsymbol{A}+\boldsymbol{A}^{\mathrm{T}}) \tag{A.85}$$

我们只需将列向量视为标量，应用常规的微分法则，然后重新排列以得到所需的导数。

其他一些常见的例子包括：

$$\frac{\partial}{\partial \boldsymbol{x}}\boldsymbol{A}\boldsymbol{x}=\boldsymbol{A} \tag{A.86a}$$

$$\frac{\partial}{\partial \boldsymbol{x}}(\boldsymbol{A}\boldsymbol{x}-\boldsymbol{b})^{\mathrm{T}}\boldsymbol{C}(\boldsymbol{A}\boldsymbol{x}-\boldsymbol{b})=(\boldsymbol{A}\boldsymbol{x}-\boldsymbol{b})^{\mathrm{T}}(\boldsymbol{C}+\boldsymbol{C}^{\mathrm{T}})\boldsymbol{A} \tag{A.86b}$$

$$\frac{\partial}{\partial \boldsymbol{x}}\boldsymbol{f}(\boldsymbol{x})^{\mathrm{T}}\boldsymbol{C}\,\boldsymbol{f}(\boldsymbol{x})=\boldsymbol{f}(\boldsymbol{x})^{\mathrm{T}}(\boldsymbol{C}+\boldsymbol{C}^{\mathrm{T}})\frac{\partial \boldsymbol{f}}{\partial \boldsymbol{x}} \tag{A.86c}$$

在处理对象是矩阵的情况下，情况会稍微复杂一些。

### A.2.3 利用微分求矩阵的导数

为了求涉及矩阵的表达式的导数，我们同样采用文献 [103] 的方法。本节讨论（无约束的）微分，然后再介绍如何处理对称矩阵。这里将经常使用的一些公式罗列如下：

$$\mathrm{d}\,\mathrm{tr}(\boldsymbol{X}) = \mathrm{tr}(\mathrm{d}\boldsymbol{X}) \tag{A.87a}$$

$$\mathrm{d}\det(\boldsymbol{X}) = \det(\boldsymbol{X})\,\mathrm{tr}\left(\boldsymbol{X}^{-1}\,\mathrm{d}\boldsymbol{X}\right) \tag{A.87b}$$

$$\mathrm{d}\ln\det(\boldsymbol{X}) = \mathrm{tr}\left(\boldsymbol{X}^{-1}\,\mathrm{d}\boldsymbol{X}\right) \tag{A.87c}$$

$$\mathrm{d}\boldsymbol{X}^{-1} = -\boldsymbol{X}^{-1}\,\mathrm{d}\boldsymbol{X}\,\boldsymbol{X}^{-1} \tag{A.87d}$$

$$\mathrm{d}f(\boldsymbol{X}) = \mathrm{tr}\left(\left(\frac{\partial f}{\partial \boldsymbol{X}}\right)^{\mathrm{T}}\mathrm{d}\boldsymbol{X}\right) \tag{A.87e}$$

这些常见的线性运算也适用于微分。从最后一个公式可以看出，如果可以将微分转换为以下形式：

$$\mathrm{d}f(\boldsymbol{X}) = \mathrm{tr}\left(\boldsymbol{A}^{\mathrm{T}}\,\mathrm{d}\boldsymbol{X}\right) \tag{A.88}$$

就可以直接得到导数：

$$\boldsymbol{A} = \frac{\partial f}{\partial \boldsymbol{X}} \tag{A.89}$$

另一种理解方法是利用向量化。我们可以将微分重写为

$$\mathrm{d}f(\boldsymbol{X}) = \mathrm{vec}\,(\boldsymbol{A})^{\mathrm{T}}\,\mathrm{vec}\,(\mathrm{d}\boldsymbol{X}) = \mathrm{d}\,\mathrm{vec}\,(\boldsymbol{X})^{\mathrm{T}}\,\mathrm{vec}\,(\boldsymbol{A}) \tag{A.90}$$

所以

$$\frac{\partial f(\boldsymbol{X})}{\partial \mathrm{vec}\,(\boldsymbol{X})^{\mathrm{T}}} = \mathrm{vec}\,(\boldsymbol{A}) \tag{A.91}$$

然后，将其转换回矩阵，有

$$\frac{\partial f}{\partial \boldsymbol{X}} = \mathrm{vec}^{-1}\left(\frac{\partial f(\boldsymbol{X})}{\partial \mathrm{vec}\,(\boldsymbol{X})^{\mathrm{T}}}\right) = \mathrm{vec}^{-1}\,(\mathrm{vec}\,(\boldsymbol{A})) = \boldsymbol{A} \tag{A.92}$$

这些表达式还可以递归地用于计算二阶微分，其主要思想是先建立所有的微分项，然后使用向量化工具将它们组装成所需的量，以简化繁琐的计算。

### A.2.4 利用微分进行对称矩阵的求导

我们还可以计算对称矩阵函数的导数，不过这些矩阵在主对角线之外的所有变量都有两个副本，提高计算效率的关键思路是重新参数化对称矩阵以避免重复：

$$\mathrm{vec}(\boldsymbol{A}) = \boldsymbol{D}\,\mathrm{vech}(\boldsymbol{A}) \tag{A.93}$$

对其求微分，可得

$$\mathrm{d}\,\mathrm{vec}(\boldsymbol{A}) = \boldsymbol{D}\,\mathrm{d}\,\mathrm{vech}(\boldsymbol{A}) \tag{A.94}$$

每当涉及对称矩阵的微分时，都可以插入这个公式：

$$\mathrm{d}f(\boldsymbol{X})=\mathrm{d}\,\mathrm{vec}\,(\boldsymbol{X})^{\mathrm{T}}\,\mathrm{vec}\left(\frac{\partial f}{\partial \boldsymbol{X}}\right)=\mathrm{d}\,\mathrm{vech}\,(\boldsymbol{X})^{\mathrm{T}}\,\boldsymbol{D}^{\mathrm{T}}\mathrm{vec}\left(\frac{\partial f}{\partial \boldsymbol{X}}\right) \tag{A.95}$$

因此有

$$\frac{\partial f(\boldsymbol{X})}{\partial \mathrm{vech}\,(\boldsymbol{X})^{\mathrm{T}}}=\boldsymbol{D}^{\mathrm{T}}\mathrm{vec}\left(\frac{\partial f}{\partial \boldsymbol{X}}\right) \tag{A.96}$$

额外的 $\boldsymbol{D}^{\mathrm{T}}$ 的作用是将主对角线以上和以下的相同元素对应的导数的无约束元素相加，然后将其映射到唯一的参数表示中。

如果定义 $\eth$ 表示相对于完整对称矩阵的偏导数（已考虑对称性），那么有

$$\begin{aligned}\frac{\eth f}{\eth \boldsymbol{X}}&=\mathrm{vech}^{-1}\left(\frac{\partial f(\boldsymbol{X})}{\partial \mathrm{vech}\,(\boldsymbol{X})^{\mathrm{T}}}\right)\\&=\mathrm{vec}^{-1}\left(\boldsymbol{D}\frac{\partial f(\boldsymbol{X})}{\partial \mathrm{vech}\,(\boldsymbol{X})^{\mathrm{T}}}\right)=\mathrm{vec}^{-1}\left(\boldsymbol{D}\boldsymbol{D}^{\mathrm{T}}\mathrm{vec}\left(\frac{\partial f}{\partial \boldsymbol{X}}\right)\right)\\&=\mathrm{vec}^{-1}\left(\mathrm{vec}\left(\mathrm{sym}\left(\frac{\partial f}{\partial \boldsymbol{X}}\right)\right)\right)=\mathrm{sym}\left(\frac{\partial f}{\partial \boldsymbol{X}}\right)\end{aligned} \tag{A.97}$$

现在它是以 $\mathrm{sym}(\cdot)$ 运算符表示的。

# 附录C 扩展阅读

## C.1 多元高斯分布的费希尔信息矩阵

2.1.10 节和 2.2.14 节讨论了克拉默-拉奥下界；6.2.3 节展示了变分推断方法可以解释为自然梯度下降。这两个主题都需要用到多元高斯分布的费希尔信息矩阵 $\boldsymbol{\mathcal{I}}_{\boldsymbol{\theta}}$ 的表达式。高斯分布有几种有用的参数化方式，每种方式对应不同的费希尔信息矩阵，这里仅展示其中一部分。首先推导费希尔信息矩阵的一般表达式。

### C.1.1 推导

多元高斯分布的概率密度函数为

$$q(\boldsymbol{x}) = \mathcal{N}(\boldsymbol{\mu}, \boldsymbol{\Sigma}) = \frac{1}{\sqrt{(2\pi)^N \det \boldsymbol{\Sigma}}} \exp\left(-\frac{1}{2}(\boldsymbol{x}-\boldsymbol{\mu})^{\mathrm{T}} \boldsymbol{\Sigma}^{-1}(\boldsymbol{x}-\boldsymbol{\mu})\right) \tag{C.1}$$

其中，利用均值 $\boldsymbol{\mu}$ 和协方差矩阵 $\boldsymbol{\Sigma}$ 进行参数化。

这里使用 KL 散度[17] 来定义费希尔信息矩阵[76]。两个高斯分布 $q$ 和 $q'$ 之间的 KL 散度可以表达为

$$\mathrm{KL}(q||q') = -\int q(\boldsymbol{x}) \ln\left(\frac{q'(\boldsymbol{x})}{q(\boldsymbol{x})}\right) \mathrm{d}\boldsymbol{x} = E_q\left[\ln q(\boldsymbol{x}) - \ln q'(\boldsymbol{x})\right] \tag{C.2}$$

假设 $q$ 和 $q'$ 在某些参数空间中无限接近，则有①

$$\ln q'(\boldsymbol{x}) \approx \ln q(\boldsymbol{x}) + \mathrm{d}\ln q(\boldsymbol{x}) + \frac{1}{2}\mathrm{d}^2 \ln q(\boldsymbol{x}) \tag{C.3}$$

因此，费希尔信息矩阵可近似（取二阶精度）为

$$\mathrm{KL}(q||q') \approx E_q\left[-\mathrm{d}\ln q(\boldsymbol{x}) - \frac{1}{2}\mathrm{d}^2 \ln q(\boldsymbol{x})\right] \tag{C.4}$$

对于高斯分布（及某些其他分布），第一项实际上等于零。为了证明这一点，首先写出 $q(\boldsymbol{x})$ 的负对数似然：

$$-\ln q(\boldsymbol{x}) = \frac{1}{2}(\boldsymbol{x}-\boldsymbol{\mu})^{\mathrm{T}} \boldsymbol{\Sigma}^{-1}(\boldsymbol{x}-\boldsymbol{\mu}) + \frac{1}{2}\ln\det\boldsymbol{\Sigma} + c \tag{C.5}$$

其中，$c$ 为常数。则第一个微分项为

$$-\mathrm{d}\ln q(\boldsymbol{x}) = -\mathrm{d}\boldsymbol{\mu}^{\mathrm{T}} \boldsymbol{\Sigma}^{-1}(\boldsymbol{x}-\boldsymbol{\mu}) + \frac{1}{2}(\boldsymbol{x}-\boldsymbol{\mu})^{\mathrm{T}} \mathrm{d}\boldsymbol{\Sigma}^{-1}(\boldsymbol{x}-\boldsymbol{\mu}) + \frac{1}{2}\mathrm{tr}\left(\boldsymbol{\Sigma}^{-1}\,\mathrm{d}\boldsymbol{\Sigma}\right)$$

① 通过二阶泰勒展开可得。——译者注

$$= -\mathrm{d}\boldsymbol{\mu}^{\mathrm{T}}\boldsymbol{\Sigma}^{-1}(\boldsymbol{x}-\boldsymbol{\mu}) + \frac{1}{2}\mathrm{tr}\left(\left(\boldsymbol{\Sigma}^{-1} - \boldsymbol{\Sigma}^{-1}(\boldsymbol{x}-\boldsymbol{\mu})(\boldsymbol{x}-\boldsymbol{\mu})^{\mathrm{T}}\boldsymbol{\Sigma}^{-1}\right)\mathrm{d}\boldsymbol{\Sigma}\right) \tag{C.6}$$

因此，

$$\begin{aligned} E_q\left[-\mathrm{d}\ln q(\boldsymbol{x})\right] &= -\mathrm{d}\boldsymbol{\mu}^{\mathrm{T}}\boldsymbol{\Sigma}^{-1}\underbrace{E[\boldsymbol{x}-\boldsymbol{\mu}]}_{\mathbf{0}} + \frac{1}{2}\mathrm{tr}\left(\left(\boldsymbol{\Sigma}^{-1} - \boldsymbol{\Sigma}^{-1}\underbrace{E\left[(\boldsymbol{x}-\boldsymbol{\mu})(\boldsymbol{x}-\boldsymbol{\mu})^{\mathrm{T}}\right]}_{\boldsymbol{\Sigma}}\boldsymbol{\Sigma}^{-1}\right)\mathrm{d}\boldsymbol{\Sigma}\right) \\ &= 0 \end{aligned} \tag{C.7}$$

将微分替换为偏导后，可以将式（C.4）重写为

$$\mathrm{KL}(q||q') \approx E_q\left[-\frac{1}{2}\mathrm{d}^2\ln q(\boldsymbol{x})\right] = \frac{1}{2}\delta\boldsymbol{\theta}^{\mathrm{T}}\underbrace{E_q\left[\frac{\partial^2(-\ln q(\boldsymbol{x}))}{\partial\boldsymbol{\theta}^{\mathrm{T}}\partial\boldsymbol{\theta}}\right]}_{\boldsymbol{\mathcal{I}}_{\boldsymbol{\theta}}}\delta\boldsymbol{\theta} \tag{C.8}$$

其中，$\boldsymbol{\theta}$ 为高斯分布的参数。矩阵 $\boldsymbol{\mathcal{I}}_{\boldsymbol{\theta}}$ 称为费希尔信息矩阵：

$$\boldsymbol{\mathcal{I}}_{\boldsymbol{\theta}} = E_q\left[\frac{\partial^2(-\ln q(\boldsymbol{x}))}{\partial\boldsymbol{\theta}^{\mathrm{T}}\partial\boldsymbol{\theta}}\right] \tag{C.9}$$

它为参数 $\boldsymbol{\theta}$ 定义了一个黎曼度量张量。当使用 KL 散度作为目标函数时，可以将费希尔信息矩阵作为海塞矩阵的近似来构建类牛顿优化器，参见 6.2.3 节。接下来我们将列举多元高斯分布的几种常见参数化方式，及其对应的费希尔信息矩阵。

### C.1.2 典范参数

首先介绍最直观的参数化方式，即均值和（向量化）协方差：

$$\boldsymbol{\theta} = \begin{bmatrix}\boldsymbol{\mu} \\ \mathrm{vec}(\boldsymbol{\Sigma})\end{bmatrix} \tag{C.10}$$

我们称之为**典范参数化**（canonical parameterization）。为了计算费希尔信息矩阵，需要用到二阶微分。对式（C.6）进行微分，可得

$$\begin{aligned} -\mathrm{d}^2\ln q(\boldsymbol{x}) = \mathrm{d}\boldsymbol{\mu}^{\mathrm{T}}\boldsymbol{\Sigma}^{-1}\mathrm{d}\boldsymbol{\mu} &- 2\mathrm{d}\boldsymbol{\mu}^{\mathrm{T}}\boldsymbol{\Sigma}^{-1}(\boldsymbol{x}-\boldsymbol{\mu}) + \\ &\frac{1}{2}\mathrm{tr}\left(\boldsymbol{\Sigma}^{-1}\mathrm{d}^2\boldsymbol{\Sigma}\,\boldsymbol{\Sigma}^{-1}\left(\boldsymbol{\Sigma}-(\boldsymbol{x}-\boldsymbol{\mu})(\boldsymbol{x}-\boldsymbol{\mu})^{\mathrm{T}}\right)\right) + \\ &\frac{1}{2}\mathrm{tr}\left(\boldsymbol{\Sigma}^{-1}\mathrm{d}\boldsymbol{\Sigma}\,\boldsymbol{\Sigma}^{-1}\mathrm{d}\boldsymbol{\Sigma}\,\boldsymbol{\Sigma}^{-1}\left(2(\boldsymbol{x}-\boldsymbol{\mu})(\boldsymbol{x}-\boldsymbol{\mu})^{\mathrm{T}}-\boldsymbol{\Sigma}\right)\right) \end{aligned} \tag{C.11}$$

上式在 $q(\boldsymbol{x})$ 上的期望为

$$-E_q\left[\mathrm{d}^2\ln q(\boldsymbol{x})\right] = \mathrm{d}\boldsymbol{\mu}^{\mathrm{T}}\boldsymbol{\Sigma}^{-1}\mathrm{d}\boldsymbol{\mu} + \frac{1}{2}\mathrm{tr}\left(\boldsymbol{\Sigma}^{-1}\mathrm{d}\boldsymbol{\Sigma}\,\boldsymbol{\Sigma}^{-1}\mathrm{d}\boldsymbol{\Sigma}\right) \tag{C.12}$$

将 $\boldsymbol{\Sigma}$ 向量化后，得到如下结果：

$$-E_q\left[\mathrm{d}^2\ln q(\boldsymbol{x})\right] = \mathrm{d}\boldsymbol{\theta}^{\mathrm{T}}\underbrace{\begin{bmatrix}\boldsymbol{\Sigma}^{-1} & \boldsymbol{O} \\ \boldsymbol{O} & \frac{1}{2}\left(\boldsymbol{\Sigma}^{-1}\otimes\boldsymbol{\Sigma}^{-1}\right)\end{bmatrix}}_{\boldsymbol{\mathcal{I}}_{\boldsymbol{\theta}}}\mathrm{d}\boldsymbol{\theta} \tag{C.13}$$

因此费希尔信息矩阵为

$$\mathcal{I}_{\boldsymbol{\theta}} = \begin{bmatrix} \boldsymbol{\Sigma}^{-1} & \boldsymbol{O} \\ \boldsymbol{O} & \frac{1}{2}\left(\boldsymbol{\Sigma}^{-1} \otimes \boldsymbol{\Sigma}^{-1}\right) \end{bmatrix} \tag{C.14}$$

其逆费希尔信息矩阵为

$$\mathcal{I}_{\boldsymbol{\theta}}^{-1} = \begin{bmatrix} \boldsymbol{\Sigma} & \boldsymbol{O} \\ \boldsymbol{O} & 2\left(\boldsymbol{\Sigma} \otimes \boldsymbol{\Sigma}\right) \end{bmatrix} \tag{C.15}$$

在推导的过程中并未考虑 $\boldsymbol{\Sigma}$ 的对称性。

### C.1.3 具有对称性的典范参数

为了考虑 $\boldsymbol{\Sigma}$ 的对称性，定义一种包含对称性的参数化方式：

$$\boldsymbol{\gamma} = \begin{bmatrix} \boldsymbol{\gamma}_1 \\ \boldsymbol{\gamma}_2 \end{bmatrix} = \begin{bmatrix} \boldsymbol{\mu} \\ \mathrm{vech}(\boldsymbol{\Sigma}) \end{bmatrix} \tag{C.16}$$

其中，半向量化运算符 vech(·) 移除了 $\boldsymbol{\Sigma}$ 中的冗余项。因此有

$$\mathrm{d}\boldsymbol{\mu} = \mathrm{d}\boldsymbol{\gamma}_1, \quad \mathrm{vec}\left(\mathrm{d}\boldsymbol{\Sigma}\right) = \boldsymbol{D}\,\mathrm{d}\boldsymbol{\gamma}_2 \tag{C.17}$$

或者

$$\mathrm{d}\boldsymbol{\theta} = \begin{bmatrix} \boldsymbol{I} & \boldsymbol{O} \\ \boldsymbol{O} & \boldsymbol{D} \end{bmatrix} \mathrm{d}\boldsymbol{\gamma} \tag{C.18}$$

将式（C.17）代入式（C.13），可得

$$-E_q\left[\mathrm{d}^2 \ln q(\boldsymbol{x})\right] = \mathrm{d}\boldsymbol{\gamma}^{\mathrm{T}} \underbrace{\begin{bmatrix} \boldsymbol{\Sigma}^{-1} & \boldsymbol{O} \\ \boldsymbol{O} & \frac{1}{2}\boldsymbol{D}^{\mathrm{T}}\left(\boldsymbol{\Sigma}^{-1} \otimes \boldsymbol{\Sigma}^{-1}\right)\boldsymbol{D} \end{bmatrix}}_{\mathcal{I}_{\boldsymbol{\gamma}}} \mathrm{d}\boldsymbol{\gamma} \tag{C.19}$$

对应的逆费希尔信息矩阵为

$$\mathcal{I}_{\boldsymbol{\gamma}}^{-1} = \begin{bmatrix} \boldsymbol{\Sigma} & \boldsymbol{O} \\ \boldsymbol{O} & 2\boldsymbol{D}^{+}\left(\boldsymbol{\Sigma} \otimes \boldsymbol{\Sigma}\right)\boldsymbol{D}^{+^{\mathrm{T}}} \end{bmatrix} \tag{C.20}$$

参考文献 [73]。

### C.1.4 混合参数

在许多实际的大规模问题中，逆协方差矩阵是稀疏的，因此直接使用它更为合适。我们称这种方式为**混合**（Hybrid）参数化，其中均值仍与之前相同，但使用了逆协方差矩阵：

$$\boldsymbol{\alpha} = \begin{bmatrix} \boldsymbol{\alpha}_1 \\ \boldsymbol{\alpha}_2 \end{bmatrix} = \begin{bmatrix} \boldsymbol{\mu} \\ \mathrm{vec}(\boldsymbol{\Sigma}^{-1}) \end{bmatrix} \tag{C.21}$$

因此有

$$\mathrm{d}\boldsymbol{\mu} = \mathrm{d}\boldsymbol{\alpha}_1, \quad \mathrm{vec}\left(\mathrm{d}\boldsymbol{\Sigma}^{-1}\right) = \mathrm{d}\boldsymbol{\alpha}_2 \tag{C.22}$$

展开第二个式子，可得

$$\mathrm{d}\boldsymbol{\alpha}_2 = \mathrm{vec}\left(\mathrm{d}\boldsymbol{\Sigma}^{-1}\right) = \mathrm{vec}\left(-\boldsymbol{\Sigma}^{-1}\,\mathrm{d}\boldsymbol{\Sigma}\,\boldsymbol{\Sigma}^{-1}\right) = -\left(\boldsymbol{\Sigma}^{-1}\otimes\boldsymbol{\Sigma}^{-1}\right)\mathrm{vec}\left(\mathrm{d}\boldsymbol{\Sigma}\right) \tag{C.23}$$

因此有

$$\mathrm{vec}\left(\mathrm{d}\boldsymbol{\Sigma}\right) = -\left(\boldsymbol{\Sigma}\otimes\boldsymbol{\Sigma}\right)\mathrm{d}\boldsymbol{\alpha}_2 \tag{C.24}$$

堆叠这些结果，有

$$\mathrm{d}\boldsymbol{\theta} = \begin{bmatrix}\boldsymbol{I} & \boldsymbol{O}\\ \boldsymbol{O} & -\left(\boldsymbol{\Sigma}\otimes\boldsymbol{\Sigma}\right)\end{bmatrix}\mathrm{d}\boldsymbol{\alpha} \tag{C.25}$$

将其代入式（C.13），可得

$$-E_q\left[\mathrm{d}^2\ln q(\boldsymbol{x})\right] = \mathrm{d}\boldsymbol{\alpha}^{\mathrm{T}}\underbrace{\begin{bmatrix}\boldsymbol{\Sigma}^{-1} & \boldsymbol{O}\\ \boldsymbol{O} & \frac{1}{2}\left(\boldsymbol{\Sigma}\otimes\boldsymbol{\Sigma}\right)\end{bmatrix}}_{\boldsymbol{\mathcal{I}}_{\alpha}}\mathrm{d}\boldsymbol{\alpha} \tag{C.26}$$

对应的逆费希尔信息矩阵为

$$\boldsymbol{\mathcal{I}}_{\alpha}^{-1} = \begin{bmatrix}\boldsymbol{\Sigma} & \boldsymbol{O}\\ \boldsymbol{O} & 2\left(\boldsymbol{\Sigma}^{-1}\otimes\boldsymbol{\Sigma}^{-1}\right)\end{bmatrix} \tag{C.27}$$

其形式与 C.1.2 节的结果类似。

### C.1.5 具有对称性的混合参数

为了考虑对称性，可以选择：

$$\boldsymbol{\beta} = \begin{bmatrix}\boldsymbol{\beta}_1\\ \boldsymbol{\beta}_2\end{bmatrix} = \begin{bmatrix}\boldsymbol{\mu}\\ \mathrm{vech}(\boldsymbol{\Sigma}^{-1})\end{bmatrix} \tag{C.28}$$

与 C.1.3 节将典范参数转换为包含对称性的参数化方式类似，有

$$\mathrm{d}\boldsymbol{\beta} = \begin{bmatrix}\boldsymbol{I} & \boldsymbol{O}\\ \boldsymbol{O} & \boldsymbol{D}\end{bmatrix}\mathrm{d}\boldsymbol{\alpha} \tag{C.29}$$

将其代入式（C.13），可得

$$-E_q\left[\mathrm{d}^2\ln q(\boldsymbol{x})\right] = \mathrm{d}\boldsymbol{\beta}^{\mathrm{T}}\underbrace{\begin{bmatrix}\boldsymbol{\Sigma}^{-1} & \boldsymbol{O}\\ \boldsymbol{O} & \frac{1}{2}\boldsymbol{D}^{\mathrm{T}}\left(\boldsymbol{\Sigma}\otimes\boldsymbol{\Sigma}\right)\boldsymbol{D}\end{bmatrix}}_{\boldsymbol{\mathcal{I}}_{\beta}}\mathrm{d}\boldsymbol{\beta} \tag{C.30}$$

对应的逆费希尔信息矩阵为

$$\boldsymbol{\mathcal{I}}_{\beta}^{-1} = \begin{bmatrix}\boldsymbol{\Sigma} & \boldsymbol{O}\\ \boldsymbol{O} & 2\boldsymbol{D}^{+}\left(\boldsymbol{\Sigma}^{-1}\otimes\boldsymbol{\Sigma}^{-1}\right)\boldsymbol{D}^{+^{\mathrm{T}}}\end{bmatrix} \tag{C.31}$$

其形式与 C.1.3 节的结果类似。

### C.1.6 自然参数

高斯分布的**自然参数**（natural parameters）[①]可以定义为

$$\boldsymbol{\eta}=\begin{bmatrix}\boldsymbol{\Sigma}^{-1}\boldsymbol{\mu}\\ \operatorname{vec}\left(\boldsymbol{\Sigma}^{-1}\right)\end{bmatrix} \tag{C.32}$$

该形式有时也被称为高斯分布的**逆协方差形式**。这种参数的推导较为复杂，因为费希尔信息矩阵不再是分块对角形式，使得这种选择有些“不自然”。

我们在混合参数的基础上进行推导，因为它已经处理了逆协方差矩阵，所以协方差参数的微分保持不变，即 $\mathrm{d}\boldsymbol{\eta}_2=\mathrm{d}\boldsymbol{\alpha}_2$。经过一些运算，均值的微分为

$$\mathrm{d}\boldsymbol{\eta}_1=\mathrm{d}\boldsymbol{\Sigma}^{-1}\boldsymbol{\mu}+\boldsymbol{\Sigma}^{-1}\mathrm{d}\boldsymbol{\mu}=\boldsymbol{\Sigma}^{-1}\mathrm{d}\boldsymbol{\alpha}_1+\left(\boldsymbol{\mu}^{\mathrm{T}}\otimes\boldsymbol{I}\right)\mathrm{d}\boldsymbol{\alpha}_2 \tag{C.33}$$

堆叠这些结果，有

$$\mathrm{d}\boldsymbol{\eta}=\begin{bmatrix}\boldsymbol{\Sigma}^{-1} & \left(\boldsymbol{\mu}^{\mathrm{T}}\otimes\boldsymbol{I}\right)\\ \boldsymbol{O} & \boldsymbol{I}\end{bmatrix}\mathrm{d}\boldsymbol{\alpha} \tag{C.34}$$

这与我们期望得到的关系相反，但在计算逆费希尔信息矩阵时需要这个系数矩阵。对系数矩阵求逆，可得

$$\mathrm{d}\boldsymbol{\alpha}=\begin{bmatrix}\boldsymbol{\Sigma} & -\boldsymbol{\Sigma}\left(\boldsymbol{\mu}^{\mathrm{T}}\otimes\boldsymbol{I}\right)\\ \boldsymbol{O} & \boldsymbol{I}\end{bmatrix}\mathrm{d}\boldsymbol{\eta} \tag{C.35}$$

因此费希尔信息矩阵为

$$\begin{aligned}\boldsymbol{\mathcal{I}}_{\eta}&=\begin{bmatrix}\boldsymbol{\Sigma} & -\boldsymbol{\Sigma}\left(\boldsymbol{\mu}^{\mathrm{T}}\otimes\boldsymbol{I}\right)\\ \boldsymbol{O} & \boldsymbol{I}\end{bmatrix}^{\mathrm{T}}\boldsymbol{\mathcal{I}}_{\alpha}\begin{bmatrix}\boldsymbol{\Sigma} & -\boldsymbol{\Sigma}\left(\boldsymbol{\mu}^{\mathrm{T}}\otimes\boldsymbol{I}\right)\\ \boldsymbol{O} & \boldsymbol{I}\end{bmatrix}\\ &=\begin{bmatrix}\boldsymbol{\Sigma} & -\boldsymbol{\Sigma}\left(\boldsymbol{\mu}^{\mathrm{T}}\otimes\boldsymbol{I}\right)\\ -\left(\boldsymbol{\mu}\otimes\boldsymbol{I}\right)\boldsymbol{\Sigma} & \frac{1}{2}\left(\boldsymbol{\Sigma}\otimes\boldsymbol{\Sigma}\right)+\left(\boldsymbol{\mu}\otimes\boldsymbol{I}\right)\boldsymbol{\Sigma}\left(\boldsymbol{\mu}^{\mathrm{T}}\otimes\boldsymbol{I}\right)\end{bmatrix}\end{aligned} \tag{C.36}$$

对应的逆费希尔信息矩阵为

$$\begin{aligned}\boldsymbol{\mathcal{I}}_{\eta}^{-1}&=\begin{bmatrix}\boldsymbol{\Sigma}^{-1} & \left(\boldsymbol{\mu}^{\mathrm{T}}\otimes\boldsymbol{I}\right)\\ \boldsymbol{O} & \boldsymbol{I}\end{bmatrix}\boldsymbol{\mathcal{I}}_{\alpha}^{-1}\begin{bmatrix}\boldsymbol{\Sigma}^{-1} & \left(\boldsymbol{\mu}^{\mathrm{T}}\otimes\boldsymbol{I}\right)\\ \boldsymbol{O} & \boldsymbol{I}\end{bmatrix}^{\mathrm{T}}\\ &=\begin{bmatrix}\boldsymbol{\Sigma}^{-1}+2\left(\boldsymbol{\mu}\otimes\boldsymbol{I}\right)\left(\boldsymbol{\Sigma}^{-1}\otimes\boldsymbol{\Sigma}^{-1}\right)\left(\boldsymbol{\mu}^{\mathrm{T}}\otimes\boldsymbol{I}\right) & 2\left(\boldsymbol{\mu}^{\mathrm{T}}\otimes\boldsymbol{I}\right)\left(\boldsymbol{\Sigma}^{-1}\otimes\boldsymbol{\Sigma}^{-1}\right)\\ 2\left(\boldsymbol{\Sigma}^{-1}\boldsymbol{\mu}\otimes\boldsymbol{\Sigma}^{-1}\right) & 2\left(\boldsymbol{\Sigma}^{-1}\otimes\boldsymbol{\Sigma}^{-1}\right)\end{bmatrix}\\ &=\begin{bmatrix}\left(1+2\boldsymbol{\mu}^{\mathrm{T}}\boldsymbol{\Sigma}^{-1}\boldsymbol{\mu}\right)\boldsymbol{\Sigma}^{-1} & 2\left(\boldsymbol{\mu}^{\mathrm{T}}\boldsymbol{\Sigma}^{-1}\otimes\boldsymbol{\Sigma}^{-1}\right)\\ 2\left(\boldsymbol{\Sigma}^{-1}\boldsymbol{\mu}\otimes\boldsymbol{\Sigma}^{-1}\right) & 2\left(\boldsymbol{\Sigma}^{-1}\otimes\boldsymbol{\Sigma}^{-1}\right)\end{bmatrix}\end{aligned} \tag{C.37}$$

值得注意的是，所有表达式都可以很容易地由 $\boldsymbol{\eta}$ 构建出来。我们不再讨论具有对称性的自然参数的推导，但可以采用与其他参数化相同的方法来对其进行处理。

---

① 这里的“自然”和自然梯度下降没有关系。

## C.2 斯坦引理的推导

首先引入一个关键的恒等式。设 $\boldsymbol{f}(\cdot)$ 是一个利普希茨连续且可微的函数列，$q(\boldsymbol{z})=\mathcal{N}(\boldsymbol{\mu},\boldsymbol{\Sigma})$ 是 $\boldsymbol{z}$ 的高斯概率密度函数。可以证明：

$$\int_{-\infty}^{\infty}\frac{\partial \boldsymbol{f}(\boldsymbol{z})}{\partial \boldsymbol{z}}q(\boldsymbol{z})\,\mathrm{d}\boldsymbol{z}+\int_{-\infty}^{\infty}\boldsymbol{f}(\boldsymbol{z})\frac{\partial q(\boldsymbol{z})}{\partial \boldsymbol{z}}\,\mathrm{d}\boldsymbol{z}=\mathbf{0} \tag{C.38}$$

为证明此式，首先考虑第一行：

$$\begin{aligned}\int_{-\infty}^{\infty}\frac{\partial f_1(\boldsymbol{z})}{\partial \boldsymbol{z}}q(\boldsymbol{z})\,\mathrm{d}\boldsymbol{z}&=\int\left[\tfrac{\partial f_1(\boldsymbol{z})}{\partial z_1}q(\boldsymbol{z})\quad\cdots\quad\tfrac{\partial f_1(\boldsymbol{z})}{\partial z_N}q(\boldsymbol{z})\right]\mathrm{d}\boldsymbol{z}\\&=\left[\int\tfrac{\partial f_1(\boldsymbol{z})}{\partial z_1}q(\boldsymbol{z})\,\mathrm{d}\boldsymbol{z}\quad\cdots\quad\int\tfrac{\partial f_1(\boldsymbol{z})}{\partial z_N}q(\boldsymbol{z})\,\mathrm{d}\boldsymbol{z}\right]\end{aligned} \tag{C.39}$$

分析该式的第一项，有

$$\begin{aligned}\int\frac{\partial f_1(\boldsymbol{z})}{\partial z_1}q(\boldsymbol{z})\,\mathrm{d}\boldsymbol{z}&=\int\cdots\iint\frac{\partial f_1(\boldsymbol{z})}{\partial z_1}q(\boldsymbol{z})\,\mathrm{d}z_1\,\mathrm{d}z_2\cdots\mathrm{d}z_N\\&=\int\cdots\int\Bigg(\underbrace{f_1(\boldsymbol{z})q(\boldsymbol{z})\,\big|_{-\infty}^{\infty}}_{0}-\int f_1(\boldsymbol{z})\frac{\partial q(\boldsymbol{z})}{\partial z_1}\,\mathrm{d}z_1\Bigg)\mathrm{d}z_2\cdots\mathrm{d}z_N\\&=-\int f_1(\boldsymbol{z})\frac{\partial q(\boldsymbol{z})}{\partial z_1}\,\mathrm{d}\boldsymbol{z}\end{aligned}$$

其中，第二行使用了分部积分法。将该式代回到式（C.39），可得

$$\int_{-\infty}^{\infty}\frac{\partial f_1(\boldsymbol{z})}{\partial \boldsymbol{z}}q(\boldsymbol{z})\,\mathrm{d}\boldsymbol{z}=-\int f_1(\boldsymbol{z})\frac{\partial q(\boldsymbol{z})}{\partial \boldsymbol{z}}\,\mathrm{d}\boldsymbol{z} \tag{C.40}$$

随后，通过对 $\boldsymbol{f}(\boldsymbol{z})$ 的每一行进行相同的操作可得式（C.38）。

现在，可以计算：

$$\frac{\partial q(\boldsymbol{z})}{\partial \boldsymbol{z}}=-\left(\boldsymbol{z}-\boldsymbol{\mu}\right)^{\mathrm{T}}\boldsymbol{\Sigma}^{-1}q(\boldsymbol{z}) \tag{C.41}$$

将其代入式（C.38），可得

$$\int_{-\infty}^{\infty}\frac{\partial \boldsymbol{f}(\boldsymbol{z})}{\partial \boldsymbol{z}}q(\boldsymbol{z})\,\mathrm{d}\boldsymbol{z}=\int_{-\infty}^{\infty}\boldsymbol{f}(\boldsymbol{z})\left(\boldsymbol{z}-\boldsymbol{\mu}\right)^{\mathrm{T}}\boldsymbol{\Sigma}^{-1}q(\boldsymbol{z})\,\mathrm{d}\boldsymbol{z} \tag{C.42}$$

将积分转换为期望，有

$$E_q\left[\frac{\partial \boldsymbol{f}(\boldsymbol{z})}{\partial \boldsymbol{z}}\right]=E_q\left[\boldsymbol{f}(\boldsymbol{z})(\boldsymbol{z}-\boldsymbol{\mu})^{\mathrm{T}}\right]\boldsymbol{\Sigma}^{-1} \tag{C.43}$$

右乘 $\boldsymbol{\Sigma}$ 并转置，可得斯坦引理[77]：

$$E_q\left[(\boldsymbol{z}-\boldsymbol{\mu})\boldsymbol{f}(\boldsymbol{z})^{\mathrm{T}}\right]=\boldsymbol{\Sigma}\,E_q\left[\left(\frac{\partial \boldsymbol{f}(\boldsymbol{z})}{\partial \boldsymbol{z}}\right)^{\mathrm{T}}\right] \tag{C.44}$$

如果函数为标量 $f(\boldsymbol{z})$，则该式变为

$$E_q\left[(\boldsymbol{z}-\boldsymbol{\mu})f(\boldsymbol{z})\right]=\boldsymbol{\Sigma}\,E_q\left[\frac{\partial f(\boldsymbol{z})}{\partial \boldsymbol{z}^{\mathrm{T}}}\right] \tag{C.45}$$

这就是式（2.125）。

假设将 $\boldsymbol{z}$ 分为 $\boldsymbol{x}$ 和 $\boldsymbol{y}$，使得

$$q(\boldsymbol{x},\boldsymbol{y})=\mathcal{N}\left(\begin{bmatrix}\boldsymbol{\mu}_x\\ \boldsymbol{\mu}_y\end{bmatrix},\begin{bmatrix}\boldsymbol{\Sigma}_{xx} & \boldsymbol{\Sigma}_{xy}\\ \boldsymbol{\Sigma}_{yx} & \boldsymbol{\Sigma}_{yy}\end{bmatrix}\right) \tag{C.46}$$

则根据斯坦引理，可得

$$E_q\left[\begin{bmatrix}\boldsymbol{x}-\boldsymbol{\mu}_x\\ \boldsymbol{y}-\boldsymbol{\mu}_y\end{bmatrix}\boldsymbol{f}(\boldsymbol{x},\boldsymbol{y})^{\mathrm{T}}\right]=\begin{bmatrix}\boldsymbol{\Sigma}_{xx} & \boldsymbol{\Sigma}_{xy}\\ \boldsymbol{\Sigma}_{yx} & \boldsymbol{\Sigma}_{yy}\end{bmatrix}E_q\left[\begin{bmatrix}\left(\frac{\partial \boldsymbol{f}(\boldsymbol{x},\boldsymbol{y})}{\partial \boldsymbol{x}}\right)^{\mathrm{T}}\\ \left(\frac{\partial \boldsymbol{f}(\boldsymbol{x},\boldsymbol{y})}{\partial \boldsymbol{y}}\right)^{\mathrm{T}}\end{bmatrix}\right] \tag{C.47}$$

如果函数仅依赖 $\boldsymbol{x}$ 而不依赖 $\boldsymbol{y}$，则有

$$E_q\left[\begin{bmatrix}\boldsymbol{x}-\boldsymbol{\mu}_x\\ \boldsymbol{y}-\boldsymbol{\mu}_y\end{bmatrix}\boldsymbol{f}(\boldsymbol{x})^{\mathrm{T}}\right]=\begin{bmatrix}\boldsymbol{\Sigma}_{xx} & \boldsymbol{\Sigma}_{xy}\\ \boldsymbol{\Sigma}_{yx} & \boldsymbol{\Sigma}_{yy}\end{bmatrix}E_q\left[\begin{bmatrix}\left(\frac{\partial \boldsymbol{f}(\boldsymbol{x})}{\partial \boldsymbol{x}}\right)^{\mathrm{T}}\\ \boldsymbol{O}\end{bmatrix}\right] \tag{C.48}$$

该式的第二行为

$$E_q\left[(\boldsymbol{y}-\boldsymbol{\mu}_y)\boldsymbol{f}(\boldsymbol{x})^{\mathrm{T}}\right]=\boldsymbol{\Sigma}_{yx}E_q\left[\left(\frac{\partial \boldsymbol{f}(\boldsymbol{x})}{\partial \boldsymbol{x}}\right)^{\mathrm{T}}\right] \tag{C.49}$$

对于标量函数，则有

$$E_q\left[(\boldsymbol{y}-\boldsymbol{\mu}_y)f(\boldsymbol{x})\right]=\boldsymbol{\Sigma}_{yx}E_q\left[\frac{\partial f(\boldsymbol{x})}{\partial \boldsymbol{x}^{\mathrm{T}}}\right] \tag{C.50}$$

这与式（2.127）相同。

最后，令 $\boldsymbol{f}(\boldsymbol{z})=(\boldsymbol{z}-\boldsymbol{\mu})g(\boldsymbol{z})$，其中 $g(\cdot)$ 为另一个利普希茨连续且二次可微的函数，这里将用到两次斯坦引理进行推导。注意到

$$\frac{\partial \boldsymbol{f}(\boldsymbol{z})}{\partial \boldsymbol{z}}=g(\boldsymbol{z})\boldsymbol{I}+(\boldsymbol{z}-\boldsymbol{\mu})\frac{\partial g(\boldsymbol{z})}{\partial \boldsymbol{z}} \tag{C.51}$$

将 $\boldsymbol{f}(\boldsymbol{z})$ 和 $\dfrac{\partial \boldsymbol{f}(\boldsymbol{z})}{\partial \boldsymbol{z}}$ 代入式（C.44），可得

$$E_q\left[(\boldsymbol{z}-\boldsymbol{\mu})(\boldsymbol{z}-\boldsymbol{\mu})^{\mathrm{T}}g(\boldsymbol{z})\right]=\boldsymbol{\Sigma}\underbrace{E_q\left[\frac{\partial g(\boldsymbol{z})}{\partial \boldsymbol{z}^{\mathrm{T}}}(\boldsymbol{z}-\boldsymbol{\mu})^{\mathrm{T}}\right]}_{E_q\left[\frac{\partial^2 g(\boldsymbol{z})}{\partial \boldsymbol{z}^{\mathrm{T}}\partial \boldsymbol{z}}\right]\boldsymbol{\Sigma}}+\boldsymbol{\Sigma}E_q\left[g(\boldsymbol{z})\right] \tag{C.52}$$

对下括号标注的公式再次应用斯坦引理，最终得到

$$E_q\left[(\boldsymbol{z}-\boldsymbol{\mu})(\boldsymbol{z}-\boldsymbol{\mu})^{\mathrm{T}}g(\boldsymbol{z})\right]=\boldsymbol{\Sigma}\,E_q\left[\frac{\partial^2 g(\boldsymbol{z})}{\partial \boldsymbol{z}^{\mathrm{T}}\partial \boldsymbol{z}}\right]\boldsymbol{\Sigma}+\boldsymbol{\Sigma}\,E_q\left[g(\boldsymbol{z})\right] \tag{C.53}$$

这与式（2.126）相同。

## C.3 运动模型的时间离散化

在处理估计问题时，常常需要将连续时间运动模型转化为离散时间模型。此处讨论如何对线性运动模型进行离散化。

### 线性时变模型

我们从线性时变的连续时间模型开始，其形式为

$$\dot{\boldsymbol{x}}(t) = \boldsymbol{A}(t)\boldsymbol{x}(t) + \boldsymbol{B}(t)\boldsymbol{u}(t) + \boldsymbol{L}(t)\boldsymbol{w}(t) \tag{C.54}$$

其中

$$\boldsymbol{w}(t) \sim \mathcal{GP}(\boldsymbol{0}, \boldsymbol{Q}\,\delta(t-t')) \tag{C.55}$$

是一个（平稳）零均值高斯过程，其（对称正定的）**功率谱密度矩阵**为 $\boldsymbol{Q}$。该线性时变的随机微分方程的一般解为

$$\begin{aligned}\underbrace{\boldsymbol{x}(t_k)}_{\boldsymbol{x}_k} = \underbrace{\boldsymbol{\Phi}(t_k, t_{k-1})}_{\boldsymbol{A}_{k-1}}\underbrace{\boldsymbol{x}(t_{k-1})}_{\boldsymbol{x}_{k-1}} + \underbrace{\int_{t_{k-1}}^{t_k} \boldsymbol{\Phi}(t_k, s)\boldsymbol{B}(s)\boldsymbol{u}(s)\,\mathrm{d}s}_{\boldsymbol{v}_k} + \\ \underbrace{\int_{t_{k-1}}^{t_k} \boldsymbol{\Phi}(t,s)\boldsymbol{L}(s)\boldsymbol{w}(s)\,\mathrm{d}s}_{\boldsymbol{w}_k}\end{aligned} \tag{C.56}$$

现在该模型已转换为离散时间形式。离散时间过程噪声为 $\boldsymbol{w}_k \sim \mathcal{N}(\boldsymbol{0}, \boldsymbol{Q}_k)$，其协方差为

$$\boldsymbol{Q}_k = \int_{t_{k-1}}^{t_k} \boldsymbol{\Phi}(t_k, s)\boldsymbol{L}(s)\boldsymbol{Q}\boldsymbol{L}(s)^{\mathrm{T}}\boldsymbol{\Phi}(t_k, s)^{\mathrm{T}}\,\mathrm{d}s \tag{C.57}$$

将矩阵 $\boldsymbol{\Phi}(t,s)$ 称为**转移函数**，具有以下性质：

$$\boldsymbol{\Phi}(t,t) = \boldsymbol{I} \tag{C.58}$$

$$\dot{\boldsymbol{\Phi}}(t,s) = \boldsymbol{A}(t)\,\boldsymbol{\Phi}(t,s) \tag{C.59}$$

$$\boldsymbol{\Phi}(t,s) = \boldsymbol{\Phi}(t,r)\,\boldsymbol{\Phi}(r,s) \tag{C.60}$$

在实践中，通常可以直接推导出转移函数，但对于线性时变模型并没有通用公式。

### 线性时不变模型

当模型为线性时不变时，方程为

$$\dot{\boldsymbol{x}}(t) = \boldsymbol{A}\boldsymbol{x}(t) + \boldsymbol{B}\boldsymbol{u}(t) + \boldsymbol{L}\boldsymbol{w}(t) \tag{C.61}$$

其中，$\boldsymbol{A}$，$\boldsymbol{B}$ 和 $\boldsymbol{L}$ 为常数，这种情况会简单一些。转移矩阵可以通过矩阵指数表示为

$$\boldsymbol{\Phi}(t,s) = \exp\left(\boldsymbol{A}\,(t-s)\right) \tag{C.62}$$

因此有

$$\boldsymbol{x}_k = \boldsymbol{A}_{k-1}\boldsymbol{x}_{k-1} + \boldsymbol{v}_k + \boldsymbol{w}_k, \quad \boldsymbol{w}_k \sim \mathcal{N}(\boldsymbol{0}, \boldsymbol{Q}_k) \tag{C.63}$$

其中

$$\boldsymbol{A}_{k-1} = \exp\left(\boldsymbol{A}\,\Delta t_k\right) \tag{C.64a}$$

$$\boldsymbol{Q}_k = \int_0^{\Delta t_k} \exp\left(\boldsymbol{A}\left(\Delta t_k - s\right)\right) \boldsymbol{L}\boldsymbol{Q}\boldsymbol{L}^{\mathrm{T}} \exp\left(\boldsymbol{A}\left(\Delta t_k - s\right)\right)^{\mathrm{T}} \mathrm{d}s \tag{C.64b}$$

并且 $\Delta t_k = t_k - t_{k-1}$。

如果进一步假设从 $t_{k-1}$ 到 $t_k$ 的输入保持恒定为 $\boldsymbol{u}(t) = \boldsymbol{u}_k$，则可以写为

$$\boldsymbol{x}_k = \boldsymbol{A}_{k-1}\boldsymbol{x}_{k-1} + \boldsymbol{B}_k\boldsymbol{u}_k + \boldsymbol{w}_k, \quad \boldsymbol{w}_k \sim \mathcal{N}(\boldsymbol{0}, \boldsymbol{Q}_k) \tag{C.65}$$

其中，$\boldsymbol{A}_{k-1}$ 和 $\boldsymbol{Q}_k$ 如式（C.64）所示，并且

$$\boldsymbol{B}_k = \int_0^{\Delta t_k} \exp\left(\boldsymbol{A}\left(\Delta t_k - s\right)\right) \mathrm{d}s\, \boldsymbol{B} \tag{C.66}$$

接下来，我们将展示如何通过矩阵指数来方便地计算 $\boldsymbol{A}_{k-1}$，$\boldsymbol{B}_k$ 和 $\boldsymbol{Q}_k$。

## 指数映射计算

指数映射提供了一种简洁的方式来处理线性时不变运动模型中的积分[106–107]。可以使用以下公式来计算所需的离散时间量①：

$$\begin{bmatrix} \boldsymbol{A}_{k-1} & \boldsymbol{B}_k \\ \boldsymbol{O} & \boldsymbol{I} \end{bmatrix} = \exp\left(\begin{bmatrix} \boldsymbol{A} & \boldsymbol{B} \\ \boldsymbol{O} & \boldsymbol{O} \end{bmatrix} \Delta t_k\right) \tag{C.67a}$$

$$\begin{bmatrix} \boldsymbol{A}_{k-1} & \boldsymbol{Q}_k\boldsymbol{A}_{k-1}^{-\mathrm{T}} \\ \boldsymbol{O} & \boldsymbol{A}_{k-1}^{-\mathrm{T}} \end{bmatrix} = \exp\left(\begin{bmatrix} \boldsymbol{A} & \boldsymbol{L}\boldsymbol{Q}\boldsymbol{L}^{\mathrm{T}} \\ \boldsymbol{O} & -\boldsymbol{A}^{\mathrm{T}} \end{bmatrix} \Delta t_k\right) \tag{C.67b}$$

如果矩阵指数的输入不是幂零矩阵，由于 $\Delta t_k$ 通常很小，因此可以在级数展开中只保留少数项来进行近似。

式（C.67a）即为级数展开的结果：

$$\exp\left(\begin{bmatrix} \boldsymbol{A} & \boldsymbol{B} \\ \boldsymbol{O} & \boldsymbol{O} \end{bmatrix} \Delta t_k\right) = \begin{bmatrix} \sum_{n=0}^{\infty} \frac{\Delta t_k^n}{n!} \boldsymbol{A}^n & \sum_{n=0}^{\infty} \frac{\Delta t_k^{n+1}}{(n+1)!} \boldsymbol{A}^n \boldsymbol{B} \\ \boldsymbol{O} & \boldsymbol{I} \end{bmatrix} \tag{C.68}$$

式（C.67a）的左上角为 $\boldsymbol{A}_{k-1} = \exp(\boldsymbol{A}\,\Delta t_k)$；右上角为

$$\begin{aligned} \sum_{n=0}^{\infty} \frac{\Delta t_k^{n+1}}{(n+1)!} \boldsymbol{A}^n \boldsymbol{B} &= \sum_{n=0}^{\infty} \frac{1}{n!} \int_0^{\Delta t_k} (\Delta t_k - s)^n \,\mathrm{d}s\, \boldsymbol{A}^n \boldsymbol{B} \\ &= \int_0^{\Delta t_k} \underbrace{\left(\sum_{n=0}^{\infty} \frac{(\Delta t_k - s)^n}{n!} \boldsymbol{A}^n\right)}_{\exp(\boldsymbol{A}(\Delta t_k - s))} \mathrm{d}s\, \boldsymbol{B} = \boldsymbol{B}_k \end{aligned} \tag{C.69}$$

此外，式（C.67b）也是级数展开的结果：

$$\exp\left(\begin{bmatrix} \boldsymbol{A} & \boldsymbol{L}\boldsymbol{Q}\boldsymbol{L}^{\mathrm{T}} \\ \boldsymbol{O} & -\boldsymbol{A}^{\mathrm{T}} \end{bmatrix} \Delta t_k\right)$$

① 式（C.67b）由麦吉尔大学的史蒂文·达赫达赫（Steven Dahdah）和詹姆斯·福布斯提供。

$$=\begin{bmatrix}\sum_{n=0}^{\infty}\frac{\Delta t_k^n}{n!}\boldsymbol{A}^n & \sum_{n=0}^{\infty}\sum_{m=0}^{\infty}\frac{(-1)^m\Delta t_k^{n+m+1}}{(n+m+1)!}\boldsymbol{A}^n\boldsymbol{LQL}(\boldsymbol{A}^m)^{\mathrm{T}} \\ \boldsymbol{O} & \sum_{n=0}^{\infty}\frac{(-\Delta t_k)^n}{n!}(\boldsymbol{A}^n)^{\mathrm{T}}\end{bmatrix} \tag{C.70}$$

式（C.67b）的左上角和右下角分别为 $\boldsymbol{A}_{k-1}=\exp(\boldsymbol{A}\,\Delta t_k)$ 和 $\boldsymbol{A}_{k-1}^{-\mathrm{T}}=\exp(-\boldsymbol{A}^{\mathrm{T}}\,\Delta t_k)$。右上角则需要进行一些运算：

$$\begin{aligned}&\sum_{n=0}^{\infty}\sum_{m=0}^{\infty}(-1)^m\Delta t_k^{n+m+1}\underbrace{\frac{1}{(n+m+1)!}}_{\frac{1}{n!m!}\int_0^1(1-\alpha)^n\alpha^m\,\mathrm{d}\alpha}\boldsymbol{A}^n\boldsymbol{LQL}(\boldsymbol{A}^m)^{\mathrm{T}}\\&=\sum_{n=0}^{\infty}\sum_{m=0}^{\infty}\frac{1}{n!m!}\int_0^{\Delta t_k}(\Delta t_k-s)^n(-s)^m\,\mathrm{d}s\,\boldsymbol{A}^n\boldsymbol{LQL}(\boldsymbol{A}^m)^{\mathrm{T}}\\&=\int_0^{\Delta t_k}\underbrace{\left(\sum_{n=0}^{\infty}\frac{(\Delta t_k-s)^n}{n!}\boldsymbol{A}^n\right)}_{\exp(\boldsymbol{A}(\Delta t_k-s))}\boldsymbol{LQL}^{\mathrm{T}}\underbrace{\left(\sum_{m=0}^{\infty}\frac{(-s)^m}{m!}\boldsymbol{A}^m\right)}_{\exp(-\boldsymbol{A}s)}\mathrm{d}s\\&=\boldsymbol{Q}_k\boldsymbol{A}_{k-1}^{-\mathrm{T}}\end{aligned} \tag{C.71}$$

## C.4 不变性 EKF

在 9.2.4 节中，介绍了一个专门为李群 $SE(3)$ 设计的 EKF。在该节末尾，还介绍了**不变性 EKF**的概念[108]，它具有与线性 KF 相似的误差动态特性；特别是运动模型的雅可比矩阵 $\boldsymbol{F}_{k-1}$ 和观测模型的雅可比矩阵 $\boldsymbol{G}_k$ 不依赖当前的状态估计，使得对误差动态的分析显著简化。我们参考文献 [108] 来进行不变性 EKF 的一般推导，但本节的主要目的是将式（9.141）中的 EKF 转换成所需的形式。

### C.4.1 设置

为了使讨论尽可能清晰，假设有一个与 (9.2.4) 节中相同的运动模型，但可以将观测模型稍作简化，可得

$$\boldsymbol{y}_k=\boldsymbol{T}_k\boldsymbol{p}+\boldsymbol{n}_k,\quad \boldsymbol{n}_k\sim\mathcal{N}(\boldsymbol{0},\boldsymbol{R}_k) \tag{C.72}$$

其中，$\boldsymbol{y}_k$ 为 $4\times 1$ 的齐次形式，不再需要投影矩阵 $\boldsymbol{D}^{\mathrm{T}}$。在推导过程中仅考虑一个特征点（因此去掉特征点索引 $j$），但可以扩展到多个特征点。使用左扰动，观测模型的雅可比矩阵为

$$\boldsymbol{G}_k=\left(\check{\boldsymbol{T}}_k\boldsymbol{p}\right)^{\odot} \tag{C.73}$$

这与 (9.2.4) 节的形式相同，但不包含 $\boldsymbol{D}^{\mathrm{T}}$。

### C.4.2 预测步骤

运动模型已经具有不依赖状态的雅可比矩阵 $\boldsymbol{F}_{k-1}$。然而，为了与不变性 EKF 建立联系，需要稍作调整。均值的预测方程由式（9.141）给出并保持不变：

$$\check{\boldsymbol{T}}_k=\boldsymbol{\Xi}_k\hat{\boldsymbol{T}}_{k-1} \tag{C.74}$$

根据式（9.141），协方差的预测方程为

$$\check{\boldsymbol{P}}_k = \underbrace{\boldsymbol{F}_{k-1}}_{\check{\boldsymbol{\mathcal{T}}}_k\hat{\boldsymbol{\mathcal{T}}}_{k-1}^{-1}} \hat{\boldsymbol{P}}_{k-1} \underbrace{\boldsymbol{F}_{k-1}^{\mathrm{T}}}_{\hat{\boldsymbol{\mathcal{T}}}_{k-1}^{-\mathrm{T}}\check{\boldsymbol{\mathcal{T}}}_k^{\mathrm{T}}} + \boldsymbol{Q}_k \tag{C.75}$$

其中，$\boldsymbol{F}_{k-1} = \mathrm{Ad}(\boldsymbol{\varXi}_k) = \check{\boldsymbol{\mathcal{T}}}_k\hat{\boldsymbol{\mathcal{T}}}_{k-1}^{-1}$。通过重新排列协方差的预测方程，可得

$$\underbrace{\check{\boldsymbol{\mathcal{T}}}_k^{-1}\check{\boldsymbol{P}}_k\check{\boldsymbol{\mathcal{T}}}_k^{-\mathrm{T}}}_{\check{\boldsymbol{P}}_k'} = \underbrace{\hat{\boldsymbol{\mathcal{T}}}_{k-1}^{-1}\hat{\boldsymbol{P}}_{k-1}\hat{\boldsymbol{\mathcal{T}}}_{k-1}^{-\mathrm{T}}}_{\hat{\boldsymbol{P}}_{k-1}'} + \underbrace{\check{\boldsymbol{\mathcal{T}}}_k^{-1}\boldsymbol{Q}_k\check{\boldsymbol{\mathcal{T}}}_k^{-\mathrm{T}}}_{\boldsymbol{Q}_k'} \tag{C.76}$$

或者用下括号中简化的新符号定义为

$$\check{\boldsymbol{P}}_k' = \boldsymbol{F}_{k-1}'\hat{\boldsymbol{P}}_{k-1}'\boldsymbol{F}_{k-1}'^{\mathrm{T}} + \boldsymbol{Q}_k' \tag{C.77}$$

其中，$\boldsymbol{F}_{k-1}' = \boldsymbol{I}$。这实质上是将协方差预测重新表达在静止参考系（而不是移动参考系）中。使用新的协方差，则关于状态的雅可比矩阵为常数矩阵。此时，$\boldsymbol{Q}_{k-1}'$ 的定义依赖状态估计，但这种依赖是可以接受的。

### C.4.3 校正步骤

由式（9.141）给出的卡尔曼增益为

$$\boldsymbol{K}_k = \check{\boldsymbol{P}}_k\boldsymbol{G}_k^{\mathrm{T}}\left(\boldsymbol{G}_k\check{\boldsymbol{P}}_k\boldsymbol{G}_k^{\mathrm{T}} + \boldsymbol{R}_k\right)^{-1} \tag{C.78}$$

将雅可比矩阵 $\boldsymbol{G}_k$ 代入，可得

$$\boldsymbol{K}_k = \check{\boldsymbol{P}}_k\left(\check{\boldsymbol{T}}_k\boldsymbol{p}\right)^{\odot^{\mathrm{T}}}\left(\left(\check{\boldsymbol{T}}_k\boldsymbol{p}\right)^{\odot}\check{\boldsymbol{P}}_k\left(\check{\boldsymbol{T}}_k\boldsymbol{p}\right)^{\odot^{\mathrm{T}}} + \boldsymbol{R}_k\right)^{-1} \tag{C.79}$$

利用 $\left(\check{\boldsymbol{T}}_k\boldsymbol{p}\right)^{\odot} = \check{\boldsymbol{T}}_k\boldsymbol{p}^{\odot}\check{\boldsymbol{\mathcal{T}}}_k^{-1}$，将其重新整理为

$$\boldsymbol{K}_k = \check{\boldsymbol{\mathcal{T}}}_k\underbrace{\check{\boldsymbol{\mathcal{T}}}_k^{-1}\check{\boldsymbol{P}}_k\check{\boldsymbol{\mathcal{T}}}_k^{-\mathrm{T}}}_{\check{\boldsymbol{P}}_k'}\boldsymbol{p}^{\odot^{\mathrm{T}}}\left(\boldsymbol{p}^{\odot}\underbrace{\check{\boldsymbol{\mathcal{T}}}_k^{-1}\check{\boldsymbol{P}}_k\check{\boldsymbol{\mathcal{T}}}_k^{-\mathrm{T}}}_{\check{\boldsymbol{P}}_k'}\boldsymbol{p}^{\odot^{\mathrm{T}}} + \underbrace{\check{\boldsymbol{T}}_k^{-1}\boldsymbol{R}_k\check{\boldsymbol{T}}_k^{-\mathrm{T}}}_{\boldsymbol{R}_k'}\right)^{-1}\check{\boldsymbol{T}}_k^{-1} \tag{C.80}$$

其中，可以定义新的预测协方差 $\check{\boldsymbol{P}}_k'$ 和 $\boldsymbol{R}_k'$。与 $\boldsymbol{Q}_k'$ 类似，它们依赖当前的状态估计。使用简化后的量，可以将其写为

$$\boldsymbol{K}_k = \check{\boldsymbol{\mathcal{T}}}_k\underbrace{\check{\boldsymbol{P}}_k'\boldsymbol{p}^{\odot^{\mathrm{T}}}\left(\boldsymbol{p}^{\odot}\check{\boldsymbol{P}}_k'\boldsymbol{p}^{\odot^{\mathrm{T}}} + \boldsymbol{R}_k'\right)^{-1}}_{\boldsymbol{K}_k'}\check{\boldsymbol{T}}_k^{-1} \tag{C.81}$$

其中，定义了一个新的卡尔曼增益 $\boldsymbol{K}_k'$。

式（9.141）中的均值校正则可以写为

$$\begin{aligned}\hat{\boldsymbol{T}}_k &= \exp\left(\left(\boldsymbol{K}_k\left(\boldsymbol{y}_k - \check{\boldsymbol{y}}_k\right)\right)^{\wedge}\right)\check{\boldsymbol{T}}_k = \exp\left(\left(\check{\boldsymbol{\mathcal{T}}}_k\boldsymbol{K}_k'\check{\boldsymbol{T}}_k^{-1}\left(\boldsymbol{y}_k - \check{\boldsymbol{y}}_k\right)\right)^{\wedge}\right)\check{\boldsymbol{T}}_k \\ &= \check{\boldsymbol{T}}_k\exp\left(\left(\boldsymbol{K}_k'\check{\boldsymbol{T}}_k^{-1}\left(\boldsymbol{y}_k - \check{\boldsymbol{y}}_k\right)\right)^{\wedge}\right)\end{aligned} \tag{C.82}$$

这就是标准的**左不变性**（left-invariant）EKF。$\check{\boldsymbol{T}}_k^{-1}(\boldsymbol{y}_k - \check{\boldsymbol{y}}_k)$ 称为**左不变性更新量**，我们可以将其视为替换原始观测 $\boldsymbol{y}_k$ 的伪观测模型。重要的是，该观测模型的雅可比矩阵 $\boldsymbol{G}'_k = \boldsymbol{p}^{\odot}$ 不再依赖当前的状态估计，并且在此情况下实际上是一个常数。之前定义的新的卡尔曼增益也可以重写为标准形式：

$$\boldsymbol{K}'_k = \check{\boldsymbol{P}}'_k \boldsymbol{G}'^{\mathrm{T}}_k \left( \boldsymbol{G}'_k \check{\boldsymbol{P}}'_k \boldsymbol{G}'^{\mathrm{T}}_k + \boldsymbol{R}'_k \right)^{-1} \tag{C.83}$$

类似推导可以参考文献 [109]。

最后，对于式（9.141）中的协方差校正，有

$$\begin{aligned}\hat{\boldsymbol{P}}_k &= (\boldsymbol{I} - \boldsymbol{K}_k \boldsymbol{G}_k)\,\check{\boldsymbol{P}}_k = \Big(\boldsymbol{I} - \check{\boldsymbol{\mathcal{T}}}_k \boldsymbol{K}'_k \underbrace{\check{\boldsymbol{T}}_k^{-1}\check{\boldsymbol{T}}_k}_{\boldsymbol{I}} \underbrace{\boldsymbol{p}^{\odot}}_{\boldsymbol{G}'_k} \check{\boldsymbol{\mathcal{T}}}_k^{-1}\Big)\check{\boldsymbol{P}}_k \\ &= \check{\boldsymbol{\mathcal{T}}}_k \Big(\boldsymbol{I} - \boldsymbol{K}'_k \boldsymbol{G}'_k\Big)\check{\boldsymbol{\mathcal{T}}}_k^{-1}\check{\boldsymbol{P}}_k\end{aligned} \tag{C.84}$$

这里，作如下近似 $\check{\boldsymbol{\mathcal{T}}}_k^{-1}\hat{\boldsymbol{P}}_k\check{\boldsymbol{\mathcal{T}}}_k^{-\mathrm{T}} \approx \hat{\boldsymbol{P}}'_k$。因此协方差校正的标准形式为

$$\hat{\boldsymbol{P}}'_k = \Big(\boldsymbol{I} - \boldsymbol{K}'_k \boldsymbol{G}'_k\Big)\check{\boldsymbol{P}}'_k \tag{C.85}$$

我们也可以通过代入式（C.82）来避免近似，但这种方法不太简洁，结果也不符合标准形式。除了这一近似，我们已经证明了可以将式（9.141）中的 EKF 完全转化为不变性 EKF。

### C.4.4 总结

综合（左）不变性 EKF 的方程，有

预测：

$$\check{\boldsymbol{P}}'_k = \boldsymbol{F}'_{k-1}\hat{\boldsymbol{P}}'_{k-1}\boldsymbol{F}'^{\mathrm{T}}_{k-1} + \boldsymbol{Q}'_k \tag{C.86a}$$

$$\check{\boldsymbol{T}}_k = \boldsymbol{\Xi}_k \hat{\boldsymbol{T}}_{k-1} \tag{C.86b}$$

卡尔曼增益：

$$\boldsymbol{K}'_k = \check{\boldsymbol{P}}'_k \boldsymbol{G}'^{\mathrm{T}}_k \left( \boldsymbol{G}'_k \check{\boldsymbol{P}}'_k \boldsymbol{G}'^{\mathrm{T}}_k + \boldsymbol{R}'_k \right)^{-1} \tag{C.86c}$$

校正：

$$\hat{\boldsymbol{P}}'_k = (\boldsymbol{I} - \boldsymbol{K}'_k \boldsymbol{G}'_k)\,\check{\boldsymbol{P}}'_k \tag{C.86d}$$

$$\hat{\boldsymbol{T}}_k = \check{\boldsymbol{T}}_k \exp\left(\left(\boldsymbol{K}'_k \check{\boldsymbol{T}}_k^{-1}(\boldsymbol{y}_k - \check{\boldsymbol{y}}_k)\right)^{\wedge}\right) \tag{C.86e}$$

表面上，它们与式（9.141）非常相似。但这种形式的优势在于，$\boldsymbol{F}'_{k-1} = \boldsymbol{I}$ 和 $\boldsymbol{G}'_k = \boldsymbol{p}^{\odot}$ 都是常数（即它们不依赖状态估计）。在某些条件下，滤波器的稳定性可以沿着 3.3.6 节的思路进行分析。有关不变性 EKF 的更多细节，可以参考文献 [108]。

最后，一种更直接的推导不变性 EKF 的方式是使用右扰动；这实际上是由观测模型和不变性 EKF 方法共同决定的。左不变性误差/扰动应该与左不变性观测模型一起使用，然而左不变性误差对应于右扰动（反之亦然）。采取这种更直接的方法可以避免在推导时还要做出一个近似。

# 附录D　习题答案

## D.1　第 2 章：概率论基础

2.1　通过暴力求解可以证明：

$$\operatorname{tr}\left(\boldsymbol{v}\boldsymbol{u}^{\mathrm{T}}\right)=\operatorname{tr}\left(\begin{bmatrix}v_1\\v_2\\v_3\end{bmatrix}\begin{bmatrix}u_1\\u_2\\u_3\end{bmatrix}^{\mathrm{T}}\right)=\operatorname{tr}\left(\begin{bmatrix}v_1u_1 & v_1u_2 & v_1u_3\\v_2u_1 & v_2u_2 & v_2u_3\\v_3u_1 & v_3u_2 & v_3u_3\end{bmatrix}\right)$$

$$=v_1u_1+v_2u_2+v_3u_3=\boldsymbol{u}^{\mathrm{T}}\boldsymbol{v}$$

但是，利用迹的循环置换性质更为简单：$\operatorname{tr}\left(\boldsymbol{v}\boldsymbol{u}^{\mathrm{T}}\right)=\operatorname{tr}\left(\boldsymbol{u}^{\mathrm{T}}\boldsymbol{v}\right)=\boldsymbol{u}^{\mathrm{T}}\boldsymbol{v}$。

2.2　利用香农信息的定义进行证明：

$$\begin{aligned}H(\boldsymbol{x},\boldsymbol{y})&=-\iint p(\boldsymbol{x},\boldsymbol{y})\ln p(\boldsymbol{x},\boldsymbol{y})\,\mathrm{d}\boldsymbol{x}\,\mathrm{d}\boldsymbol{y}\\&=-\iint p(\boldsymbol{x})p(\boldsymbol{y})\ln\left(p(\boldsymbol{x})p(\boldsymbol{y})\right)\,\mathrm{d}\boldsymbol{x}\,\mathrm{d}\boldsymbol{y}\\&=-\iint p(\boldsymbol{x})p(\boldsymbol{y})\left(\ln p(\boldsymbol{x})+\ln p(\boldsymbol{y})\right)\,\mathrm{d}\boldsymbol{x}\,\mathrm{d}\boldsymbol{y}\\&=-\int p(\boldsymbol{x})\ln p(\boldsymbol{x})\,\mathrm{d}\boldsymbol{x}\underbrace{\int p(\boldsymbol{y})\,\mathrm{d}\boldsymbol{y}}_{1}-\underbrace{\int p(\boldsymbol{x})\,\mathrm{d}\boldsymbol{x}}_{1}\int p(\boldsymbol{y})\ln p(\boldsymbol{y})\,\mathrm{d}\boldsymbol{y}\\&=H(\boldsymbol{x})+H(\boldsymbol{y})\end{aligned}$$

2.3　展开平方项：

$$E[\boldsymbol{x}\boldsymbol{x}^{\mathrm{T}}]=E[(\boldsymbol{x}-\boldsymbol{\mu})(\boldsymbol{x}-\boldsymbol{\mu})^{\mathrm{T}}]+\boldsymbol{\mu}E[\boldsymbol{x}]^{\mathrm{T}}+E[\boldsymbol{x}]\boldsymbol{\mu}^{\mathrm{T}}-\boldsymbol{\mu}\boldsymbol{\mu}^{\mathrm{T}}=\boldsymbol{\Sigma}+\boldsymbol{\mu}\boldsymbol{\mu}^{\mathrm{T}}$$

2.4　$E[\boldsymbol{x}\boldsymbol{x}^{\mathrm{T}}]$ 的表达式参见上一题，有

$$E[\boldsymbol{x}^{\mathrm{T}}\boldsymbol{x}]=E[\operatorname{tr}(\boldsymbol{x}\boldsymbol{x}^{\mathrm{T}})]=\operatorname{tr}(E[\boldsymbol{x}\boldsymbol{x}^{\mathrm{T}}])=\operatorname{tr}(\boldsymbol{\Sigma}+\boldsymbol{\mu}\boldsymbol{\mu}^{\mathrm{T}})=\operatorname{tr}(\boldsymbol{\Sigma})+\boldsymbol{\mu}^{\mathrm{T}}\boldsymbol{\mu}$$

2.5　参见 2.2.5 节，边缘分布的概率密度函数为 $p(\boldsymbol{x})=\mathcal{N}(\boldsymbol{\mu}_x,\boldsymbol{\Sigma}_{xx})$，$p(\boldsymbol{y})=\mathcal{N}(\boldsymbol{\mu}_y,\boldsymbol{\Sigma}_{yy})$。当 $\boldsymbol{\Sigma}_{xy}=\boldsymbol{\Sigma}_{yx}^{\mathrm{T}}=\boldsymbol{O}$ 时，$p(\boldsymbol{x},\boldsymbol{y})=p(\boldsymbol{x})p(\boldsymbol{y})$ 成立。

2.6 利用关于 $\boldsymbol{x}-\boldsymbol{\mu}$ 的偶函数和奇函数的性质[①]：

$$\int_{-\infty}^{\infty} \boldsymbol{x}\, p(\boldsymbol{x})\, \mathrm{d}\boldsymbol{x} = \int_{-\infty}^{\infty} \underbrace{(\boldsymbol{x}-\boldsymbol{\mu})}_{\text{奇函数}}\ \underbrace{p(\boldsymbol{x})}_{\text{偶函数}}\, \mathrm{d}\boldsymbol{x} + \int_{-\infty}^{\infty} \boldsymbol{\mu}\, p(\boldsymbol{x})\, \mathrm{d}\boldsymbol{x}$$
$$= \boldsymbol{0} + \boldsymbol{\mu} \underbrace{\int_{-\infty}^{\infty} p(\boldsymbol{x})\, \mathrm{d}\boldsymbol{x}}_{1} = \boldsymbol{\mu}$$

2.7 最简单的方法是使用斯坦引理，设 $\boldsymbol{f}(\boldsymbol{x}) = \boldsymbol{x}-\boldsymbol{\mu}$：

$$E[(\boldsymbol{x}-\boldsymbol{\mu})(\boldsymbol{x}-\boldsymbol{\mu})^{\mathrm{T}}] = E[\boldsymbol{f}(\boldsymbol{x})(\boldsymbol{x}-\boldsymbol{\mu})^{\mathrm{T}}] = E\left[\frac{\partial \boldsymbol{f}(\boldsymbol{x})}{\partial \boldsymbol{x}}\right]\boldsymbol{\Sigma}$$
$$= E[\boldsymbol{I}]\,\boldsymbol{\Sigma} = \boldsymbol{\Sigma}$$

参见附录 C.2 中的斯坦引理推导。

2.8 提示：先利用同底数幂相乘，底数不变、指数相加的性质推导；然后配平方。

2.9 概率密度函数可以表示为

$$p(\boldsymbol{x}) = \sum_{k=1}^{K} w_k p_k(\boldsymbol{x})$$

其中，$p_k(\boldsymbol{x})$ 是 $\boldsymbol{x}_k$ 的概率密度函数。进行积分，可得

$$\int p(\boldsymbol{x})\, \mathrm{d}\boldsymbol{x} = \int \sum_{k=1}^{K} w_k p_k(\boldsymbol{x})\, \mathrm{d}\boldsymbol{x} = \sum_{k=1}^{K} w_k \underbrace{\int p_k(\boldsymbol{x})\, \mathrm{d}\boldsymbol{x}}_{1} = \sum_{k=1}^{K} w_k = 1$$

均值的证明如下：

$$\boldsymbol{\mu} = \int \boldsymbol{x}\, p(\boldsymbol{x})\, \mathrm{d}\boldsymbol{x} = \int \boldsymbol{x} \sum_{k=1}^{K} w_k p_k(\boldsymbol{x})\, \mathrm{d}\boldsymbol{x}$$
$$= \sum_{k=1}^{K} w_k \int \boldsymbol{x}\, p_k(\boldsymbol{x})\, \mathrm{d}\boldsymbol{x} = \sum_{k=1}^{K} w_k \boldsymbol{\mu}_k$$

2.10 对于均值：

$$E[y] = E[\boldsymbol{x}^{\mathrm{T}}\boldsymbol{x}] = \mathrm{tr}(\boldsymbol{\Sigma}) + \boldsymbol{\mu}^{\mathrm{T}}\boldsymbol{\mu} = \mathrm{tr}(\boldsymbol{I}) = K$$

使用伊塞利定理计算方差：

$$E[(y-K)^2] = E[\boldsymbol{x}^{\mathrm{T}}\boldsymbol{x}\boldsymbol{x}^{\mathrm{T}}\boldsymbol{x}] - 2K E[\boldsymbol{x}^{\mathrm{T}}\boldsymbol{x}] + K^2$$
$$= \mathrm{tr}(E[\boldsymbol{x}\boldsymbol{x}^{\mathrm{T}}\boldsymbol{x}\boldsymbol{x}^{\mathrm{T}}]) - K^2 = \mathrm{tr}(\boldsymbol{\Sigma}(\mathrm{tr}(\boldsymbol{\Sigma})\boldsymbol{I} + 2\boldsymbol{\Sigma})) - K^2$$
$$= \mathrm{tr}(\boldsymbol{I}(\mathrm{tr}(\boldsymbol{I})\boldsymbol{I} + 2\boldsymbol{I})) - K^2 = 2K + K^2 - K^2 = 2K$$

---

① 将 $\boldsymbol{x}$ 分解为 $(\boldsymbol{x}-\boldsymbol{\mu})+\boldsymbol{\mu}$ 并展开为两个独立的积分项，第一个积分项的被积函数是奇函数和偶函数（关于 $\boldsymbol{x}-\boldsymbol{\mu}$ 的）的乘积，因此结果为零向量。——译者注

2.11 对于均值：

$$
\begin{aligned}
E[y] &= E[(\boldsymbol{x}-\boldsymbol{\mu})^{\mathrm{T}}\boldsymbol{\Sigma}^{-1}(\boldsymbol{x}-\boldsymbol{\mu})] = \mathrm{tr}(\boldsymbol{\Sigma}^{-1}E[(\boldsymbol{x}-\boldsymbol{\mu})(\boldsymbol{x}-\boldsymbol{\mu})^{\mathrm{T}}]) \\
&= \mathrm{tr}(\boldsymbol{\Sigma}^{-1}\boldsymbol{\Sigma}) = \mathrm{tr}(\boldsymbol{I}) = K
\end{aligned}
$$

使用伊塞利定理计算方差：

$$
\begin{aligned}
E[(y-K)^2] &= E[(\boldsymbol{x}-\boldsymbol{\mu})^{\mathrm{T}}\boldsymbol{\Sigma}^{-1}(\boldsymbol{x}-\boldsymbol{\mu})(\boldsymbol{x}-\boldsymbol{\mu})^{\mathrm{T}}\boldsymbol{\Sigma}^{-1}(\boldsymbol{x}-\boldsymbol{\mu})]- \\
&\quad 2KE[(\boldsymbol{x}-\boldsymbol{\mu})^{\mathrm{T}}\boldsymbol{\Sigma}^{-1}(\boldsymbol{x}-\boldsymbol{\mu})] + K^2 \\
&= \mathrm{tr}(\boldsymbol{\Sigma}^{-1}E[(\boldsymbol{x}-\boldsymbol{\mu})(\boldsymbol{x}-\boldsymbol{\mu})^{\mathrm{T}}\boldsymbol{\Sigma}^{-1}(\boldsymbol{x}-\boldsymbol{\mu})(\boldsymbol{x}-\boldsymbol{\mu})^{\mathrm{T}}]) - K^2 \\
&= \mathrm{tr}(\boldsymbol{\Sigma}^{-1}\boldsymbol{\Sigma}(\mathrm{tr}(\boldsymbol{\Sigma}^{-1}\boldsymbol{\Sigma})\boldsymbol{I} + 2\boldsymbol{\Sigma})) - K^2 \\
&= \mathrm{tr}(\boldsymbol{I}(\mathrm{tr}(\boldsymbol{I})\boldsymbol{I} + 2\boldsymbol{I})) - K^2 = 2K + K^2 - K^2 = 2K
\end{aligned}
$$

2.12 将高斯概率密度函数的定义代入 KL 散度，并进行推导：

$$
\begin{aligned}
\mathrm{KL}(p_1||p_2) &= E_{p_2}[\ln p_2 - \ln p_1] \\
&= E_{p_2}\left[-\frac{1}{2}(\boldsymbol{x}-\boldsymbol{\mu}_2)^{\mathrm{T}}\boldsymbol{\Sigma}_2^{-1}(\boldsymbol{x}-\boldsymbol{\mu}_2) - \frac{1}{2}\ln((2\pi)^N \det\boldsymbol{\Sigma}_2)\right] - \\
&\quad E_{p_2}\left[-\frac{1}{2}(\boldsymbol{x}-\boldsymbol{\mu}_1)^{\mathrm{T}}\boldsymbol{\Sigma}_1^{-1}(\boldsymbol{x}-\boldsymbol{\mu}_1) - \frac{1}{2}\ln((2\pi)^N \det\boldsymbol{\Sigma}_1)\right] \\
&= E_{p_2}\left[\frac{1}{2}\boldsymbol{x}^{\mathrm{T}}\boldsymbol{\Sigma}^{-1}\boldsymbol{x}\right] - 2E_{p_2}\left[\frac{1}{2}\boldsymbol{x}^{\mathrm{T}}\boldsymbol{\Sigma}^{-1}\boldsymbol{\mu}_1\right] + \frac{1}{2}\boldsymbol{\mu}_1^{\mathrm{T}}\boldsymbol{\Sigma}_1^{-1}\boldsymbol{\mu}_1 + \\
&\quad \frac{1}{2}\ln\det\boldsymbol{\Sigma}_1 - \frac{1}{2}N - \frac{1}{2}\ln\det\boldsymbol{\Sigma}_2 \\
&= \frac{1}{2}\mathrm{tr}\left(\boldsymbol{\Sigma}_1^{-1}E_{p_2}[\boldsymbol{x}\boldsymbol{x}^{\mathrm{T}}]\right) - \boldsymbol{\mu}_2^{\mathrm{T}}\boldsymbol{\Sigma}_1^{-1}\boldsymbol{\mu}_1 + \frac{1}{2}\boldsymbol{\mu}_1^{\mathrm{T}}\boldsymbol{\Sigma}_1^{-1}\boldsymbol{\mu}_1 + \\
&\quad \frac{1}{2}\ln\det\boldsymbol{\Sigma}_1 - \frac{1}{2}N - \frac{1}{2}\ln\det\boldsymbol{\Sigma}_2 \\
&= \frac{1}{2}\left((\boldsymbol{\mu}_2-\boldsymbol{\mu}_1)^{\mathrm{T}}\boldsymbol{\Sigma}_1^{-1}(\boldsymbol{\mu}_2-\boldsymbol{\mu}_1) + \ln\det(\boldsymbol{\Sigma}_1\boldsymbol{\Sigma}_2^{-1}) + \mathrm{tr}(\boldsymbol{\Sigma}_1^{-1}\boldsymbol{\Sigma}_2) - N\right)
\end{aligned}
$$

2.13 对于均值：

$$
\boldsymbol{\mu}_k = E[\boldsymbol{x}_k] = E[\boldsymbol{A}\boldsymbol{x}_{k-1} + \boldsymbol{w}_k] = \boldsymbol{A}E[\boldsymbol{x}_{k-1}] + E[\boldsymbol{w}_k] = \boldsymbol{A}\boldsymbol{\mu}_{k-1}
$$

对于方差：

$$
\begin{aligned}
&E[(\boldsymbol{x}_k-\boldsymbol{\mu}_k)(\boldsymbol{x}_k-\boldsymbol{\mu}_k)^{\mathrm{T}}] \\
&\qquad = E[(\boldsymbol{A}\boldsymbol{x}_{k-1} + \boldsymbol{w}_k - \boldsymbol{A}\boldsymbol{\mu}_{k-1})(\boldsymbol{A}\boldsymbol{x}_{k-1} + \boldsymbol{w}_k - \boldsymbol{A}\boldsymbol{\mu}_{k-1})^{\mathrm{T}}] \\
&\qquad = \boldsymbol{A}E[(\boldsymbol{x}_{k-1}-\boldsymbol{\mu}_{k-1})(\boldsymbol{x}_{k-1}-\boldsymbol{\mu}_{k-1})^{\mathrm{T}}]\boldsymbol{A}^{\mathrm{T}} + E[\boldsymbol{w}_k\boldsymbol{w}_k^{\mathrm{T}}] + \\
&\qquad\quad \boldsymbol{A}\underbrace{E[(\boldsymbol{x}_{k-1}-\boldsymbol{\mu}_{k-1})\boldsymbol{w}_k^{\mathrm{T}}]}_{\boldsymbol{O}} + \underbrace{E[\boldsymbol{w}_k(\boldsymbol{x}_{k-1}-\boldsymbol{\mu}_{k-1})^{\mathrm{T}}]}_{\boldsymbol{O}}\boldsymbol{A}^{\mathrm{T}} \\
&\qquad = \boldsymbol{A}\boldsymbol{\Sigma}_{k-1}\boldsymbol{A}^{\mathrm{T}} + \boldsymbol{Q}
\end{aligned}
$$

2.14 这是其中一种方法，$\eta$ 为归一化常数：

$$
\begin{aligned}
p(\boldsymbol{x}) =& \frac{p(\boldsymbol{x},\boldsymbol{y})}{p(\boldsymbol{y}|\boldsymbol{x})} \\
=& \eta \exp\left(-\frac{1}{2}\left(\begin{bmatrix}\boldsymbol{x}\\ \boldsymbol{y}\end{bmatrix} - \begin{bmatrix}\boldsymbol{\mu}_x\\ \boldsymbol{\mu}_y\end{bmatrix}\right)^{\mathrm{T}} \begin{bmatrix}\boldsymbol{\Sigma}_{xx} & \boldsymbol{\Sigma}_{xy}\\ \boldsymbol{\Sigma}_{yx} & \boldsymbol{\Sigma}_{yy}\end{bmatrix}^{-1} \left(\begin{bmatrix}\boldsymbol{x}\\ \boldsymbol{y}\end{bmatrix} - \begin{bmatrix}\boldsymbol{\mu}_x\\ \boldsymbol{\mu}_y\end{bmatrix}\right)\right) / \\
& \exp\left(-\frac{1}{2}\left(\boldsymbol{y}-\boldsymbol{\mu}_y-\boldsymbol{\Sigma}_{yx}\boldsymbol{\Sigma}_{xx}^{-1}(\boldsymbol{x}-\boldsymbol{\mu}_x)\right)^{\mathrm{T}}\left(\boldsymbol{\Sigma}_{yy}-\boldsymbol{\Sigma}_{yx}\boldsymbol{\Sigma}_{xx}^{-1}\boldsymbol{\Sigma}_{xy}\right)^{-1} \times \right.\\
& \left.\left(\boldsymbol{y}-\boldsymbol{\mu}_y-\boldsymbol{\Sigma}_{yx}\boldsymbol{\Sigma}_{xx}^{-1}(\boldsymbol{x}-\boldsymbol{\mu}_x)\right)\right) \\
=& \eta \exp\left(-\frac{1}{2}(\boldsymbol{x}-\boldsymbol{\mu}_x)^{\mathrm{T}}\boldsymbol{\Sigma}_{xx}^{-1}(\boldsymbol{x}-\boldsymbol{\mu}_x)\right) = \mathcal{N}(\boldsymbol{\mu}_x, \boldsymbol{\Sigma}_{xx})
\end{aligned}
$$

2.15 我们有

$$
\begin{bmatrix}\boldsymbol{A}_{xx} & \boldsymbol{A}_{xy}\\ \boldsymbol{A}_{yx} & \boldsymbol{A}_{yy}\end{bmatrix}\begin{bmatrix}\boldsymbol{\Sigma}_{xx} & \boldsymbol{\Sigma}_{xy}\\ \boldsymbol{\Sigma}_{yx} & \boldsymbol{\Sigma}_{yy}\end{bmatrix} = \begin{bmatrix}\boldsymbol{A}_{xx}\boldsymbol{\Sigma}_{xx}+\boldsymbol{A}_{xy}\boldsymbol{\Sigma}_{yx} & *\\ \boldsymbol{A}_{yx}\boldsymbol{\Sigma}_{xx}+\boldsymbol{A}_{yy}\boldsymbol{\Sigma}_{yx} & *\end{bmatrix} = \begin{bmatrix}\boldsymbol{I} & \boldsymbol{O}\\ \boldsymbol{O} & \boldsymbol{I}\end{bmatrix}
$$

其中，$*$ 为不需要的项。根据左下角的项，可以得到 $\boldsymbol{\Sigma}_{yx}\boldsymbol{\Sigma}_{xx}^{-1} = -\boldsymbol{A}_{yy}^{-1}\boldsymbol{A}_{yx}$，并将其代入左上角可得 $\boldsymbol{\Sigma}_{xx}^{-1} = \boldsymbol{A}_{xx} - \boldsymbol{A}_{xy}\boldsymbol{A}_{yy}^{-1}\boldsymbol{A}_{yx}$。接着根据

$$
\begin{bmatrix}\boldsymbol{\mu}_x\\ \boldsymbol{\mu}_y\end{bmatrix} = \begin{bmatrix}\boldsymbol{\Sigma}_{xx} & \boldsymbol{\Sigma}_{xy}\\ \boldsymbol{\Sigma}_{yx} & \boldsymbol{\Sigma}_{yy}\end{bmatrix}\begin{bmatrix}\boldsymbol{b}_x\\ \boldsymbol{b}_y\end{bmatrix} = \begin{bmatrix}\boldsymbol{\Sigma}_{xx}\boldsymbol{b}_x+\boldsymbol{\Sigma}_{xy}\boldsymbol{b}_y\\ *\end{bmatrix}
$$

可以得到

$$
\boldsymbol{\Sigma}_{xx}^{-1}\boldsymbol{\mu}_x = \boldsymbol{b}_x + \boldsymbol{\Sigma}_{xx}^{-1}\boldsymbol{\Sigma}_{xy}\boldsymbol{b}_y = \boldsymbol{b}_x - \mathbf{A}_{xy}\boldsymbol{A}_{yy}^{-1}\boldsymbol{b}_y
$$

2.16 对于 (i)，答案为 $p(\boldsymbol{y}|\boldsymbol{x}) = \mathcal{N}(\boldsymbol{C}\boldsymbol{x}, \boldsymbol{R})$。

对于 (ii)：

$$
p(\boldsymbol{x},\boldsymbol{y}) = p(\boldsymbol{y}|\boldsymbol{x})p(\boldsymbol{x}) = \mathcal{N}\left(\begin{bmatrix}\boldsymbol{\mu}\\ \boldsymbol{C}\boldsymbol{\mu}\end{bmatrix}, \begin{bmatrix}\boldsymbol{\Sigma} & \boldsymbol{\Sigma}\boldsymbol{C}^{\mathrm{T}}\\ \boldsymbol{C}\boldsymbol{\Sigma} & \boldsymbol{C}\boldsymbol{\Sigma}\boldsymbol{C}^{\mathrm{T}}+\boldsymbol{R}\end{bmatrix}\right)
$$

对于 (iii)：

$$
\begin{aligned}
p(\boldsymbol{x}|\boldsymbol{y}) =& \mathcal{N}\left(\boldsymbol{\mu}+\boldsymbol{\Sigma}\boldsymbol{C}^{\mathrm{T}}(\boldsymbol{C}\boldsymbol{\Sigma}\boldsymbol{C}^{\mathrm{T}}+\boldsymbol{R})^{-1}(\boldsymbol{y}-\boldsymbol{C}\boldsymbol{\mu}),\right.\\
& \left.\boldsymbol{\Sigma}-\boldsymbol{\Sigma}\boldsymbol{C}^{\mathrm{T}}(\boldsymbol{C}\boldsymbol{\Sigma}\boldsymbol{C}^{\mathrm{T}}+\boldsymbol{R})^{-1}\boldsymbol{C}\boldsymbol{\Sigma}\right)\\
p(\boldsymbol{y}) =& \mathcal{N}\left(\boldsymbol{C}\boldsymbol{\mu}, \boldsymbol{C}\boldsymbol{\Sigma}\boldsymbol{C}^{\mathrm{T}}+\boldsymbol{R}\right)
\end{aligned}
$$

对于 (iv)：$\boldsymbol{\Sigma}-\boldsymbol{\Sigma}\boldsymbol{C}^{\mathrm{T}}(\boldsymbol{C}\boldsymbol{\Sigma}\boldsymbol{C}^{\mathrm{T}}+\boldsymbol{R})^{-1}\boldsymbol{C}\boldsymbol{\Sigma}$ 比 $\boldsymbol{\Sigma}$ “小”。

## D.2 第 3 章：线性高斯系统的状态估计

3.1 求解 $\hat{\boldsymbol{x}}$ 的线性方程组为

$$
\boldsymbol{H}^{\mathrm{T}}\boldsymbol{W}^{-1}\boldsymbol{H}\,\hat{\boldsymbol{x}} = \boldsymbol{H}^{\mathrm{T}}\boldsymbol{W}^{-1}\boldsymbol{z}
$$

其中

$$C = I,\quad H = \begin{bmatrix} A^{-1} \\ C \end{bmatrix},\quad z = \begin{bmatrix} v \\ y \end{bmatrix},\quad W = \begin{bmatrix} Q & O \\ O & R \end{bmatrix}$$

$$A^{-1} = \begin{bmatrix} -1 & 1 & 0 & 0 & 0 & 0 \\ 0 & -1 & 1 & 0 & 0 & 0 \\ 0 & 0 & -1 & 1 & 0 & 0 \\ 0 & 0 & 0 & -1 & 1 & 0 \\ 0 & 0 & 0 & 0 & -1 & 1 \end{bmatrix},\quad v = \begin{bmatrix} v_1 \\ v_2 \\ v_3 \\ v_4 \\ v_5 \end{bmatrix},\quad y = \begin{bmatrix} y_0 \\ y_1 \\ y_2 \\ y_3 \\ y_4 \\ y_5 \end{bmatrix}$$

$$Q = \mathrm{diag}(Q, Q, Q, Q, Q),\quad R = \mathrm{diag}(R, R, R, R, R, R)$$

3.2 代入数值即可。$L$ 的稀疏结构使得只有主对角线及其下方有非零项。

3.3 在这种情况下，

$$R = \begin{bmatrix} R & R/2 & R/4 & 0 & 0 & 0 \\ R/2 & R & R/2 & R/4 & 0 & 0 \\ R/4 & R/2 & R & R/2 & R/4 & 0 \\ 0 & R/4 & R/2 & R & R/2 & R/4 \\ 0 & 0 & R/4 & R/2 & R & R/2 \\ 0 & 0 & 0 & R/4 & R/2 & R \end{bmatrix}$$

当 $R > 0$ 时，该矩阵满秩，因此 $R > 0$。接着有

$$H^{\mathrm{T}} W^{-1} H = \underbrace{A^{-\mathrm{T}} Q^{-1} A}_{\geqslant 0} + \underbrace{R^{-1}}_{>0}$$

由于 $H^{\mathrm{T}} W^{-1} H > 0$，因此解是唯一的。

3.4 卡尔曼滤波的协方差公式为

$$\begin{aligned} \check{P}_k &= \hat{P}_{k-1} + Q \\ K_k &= \check{P}_k (\check{P}_k + R)^{-1} \\ \hat{P}_k &= (1 - K_k) \check{P}_k \end{aligned}$$

在稳态下，$\hat{P}_k = \hat{P}_{k-1} = \hat{P}$，$\check{P}_k = \check{P}_{k-1} = \check{P}$。将稳态值代入卡尔曼滤波方程并重新组织可得所需的表达式。每个二次方程都有一个正根和一个负根。由于方差为正，因此只有正根在物理上有意义。

3.5 按照问题中的提示，构建一个小的批量估计问题进行推导。

3.6 最简单的方法是将等式两边的矩阵相乘，证明乘积为单位矩阵即可。

3.7 虽然 $\boldsymbol{L}$ 是稀疏矩阵，但 $\boldsymbol{L}^{-1}$ 实际上是一个稠密的下三角矩阵。因此，用这种方法计算 $\hat{\boldsymbol{P}}$ 的复杂度与矩阵维数的立方成正比。但是，如果只需要 $\hat{\boldsymbol{P}}$ 的某些项，则可以更有效地计算它们；参见 6.3.2 节。

3.8 (i) $e_k = d_k - (x_k - x_{k-1}),\quad e_{k,\ell} = e_{k,\ell} - (m_\ell - x_k)$。

(ii) $\boldsymbol{e} = \boldsymbol{y} - \boldsymbol{A}\boldsymbol{x}$，其中 $\boldsymbol{A} = \begin{bmatrix} 1 & 0 & 0 & 0 & 0 \\ -1 & 1 & 0 & 0 & 0 \\ 0 & -1 & 1 & 0 & 0 \\ 0 & 0 & 0 & 1 & 0 \\ 0 & -1 & 0 & 1 & 0 \\ -1 & 0 & 0 & 0 & 1 \\ 0 & -1 & 0 & 0 & 1 \\ 0 & 0 & -1 & 0 & 1 \end{bmatrix}$。

(iii) $J = \frac{1}{2}(\boldsymbol{y} - \boldsymbol{A}\boldsymbol{x})^{\mathrm{T}}(\boldsymbol{y} - \boldsymbol{A}\boldsymbol{x})$。

(iv) $\dfrac{\partial J}{\partial \boldsymbol{x}^{\mathrm{T}}} = -\boldsymbol{A}^{\mathrm{T}}(\boldsymbol{y} - \boldsymbol{A}\boldsymbol{x}^\star) = \boldsymbol{0} \quad \Rightarrow \quad \boldsymbol{x}^\star = (\boldsymbol{A}^{\mathrm{T}}\boldsymbol{A})^{-1}\boldsymbol{A}^{\mathrm{T}}\boldsymbol{y}$。

(v) $\boldsymbol{A}^{\mathrm{T}}\boldsymbol{A}$ 满秩，因此可逆，解是唯一的。

3.9 (i) 第一个路标点的观测模型可以重新组织为 $m_0 = y_0 + p_0 - n_0$。所需的期望为

$$
\begin{aligned}
\hat{m}_0 &= E[y_0 + p_0 - n_0] = y_0 + E[p_0] - E[n_0] = y_0 \\
E[((y_0 + p_0 - n_0) - y_0)^2] &= E[p_0^2] - 2E[p_0 n_0] + E[n_0^2] = 1 \\
E[((y_0 + p_0 - n_0)(p_0 - 0)] &= E[p_0^2] - E[p_0 n_0] = 0
\end{aligned}
$$

因此，

$$
\hat{\boldsymbol{x}}_0 = \begin{bmatrix} 0 \\ y_0 \end{bmatrix}, \quad \hat{\boldsymbol{P}}_0 = \begin{bmatrix} 0 & 0 \\ 0 & 1 \end{bmatrix}
$$

(ii) 答案为

$$
\begin{aligned}
\check{\boldsymbol{x}}_K &= \begin{bmatrix} 0 \\ y_0 \end{bmatrix} + \sum_k \begin{bmatrix} d_k \\ 0 \end{bmatrix} = \begin{bmatrix} \sum_k d_k \\ y_0 \end{bmatrix} \\
\check{\boldsymbol{P}}_K &= \begin{bmatrix} 0 & 0 \\ 0 & 1 \end{bmatrix} + \begin{bmatrix} 1 \\ 0 \end{bmatrix} \begin{bmatrix} 1 \\ 0 \end{bmatrix}^{\mathrm{T}} \sum_k \frac{2}{K} = \begin{bmatrix} 2 & 0 \\ 0 & 1 \end{bmatrix}
\end{aligned}
$$

(iii) 代入 $\boldsymbol{c}^{\mathrm{T}} = [-1 \;\; 1]$，$R = 1$，卡尔曼增益为

$$
\boldsymbol{k} = \check{\boldsymbol{P}}_K \boldsymbol{c} \left(\boldsymbol{c}^{\mathrm{T}} \check{\boldsymbol{P}}_K \boldsymbol{c} + R\right)^{-1} = \frac{1}{4} \begin{bmatrix} -2 \\ 1 \end{bmatrix}
$$

因此，最终估计为

$$
\hat{\boldsymbol{x}}_K = \check{\boldsymbol{x}}_K + \boldsymbol{k}(y_K - \boldsymbol{c}^{\mathrm{T}} \check{\boldsymbol{x}}_K) = \begin{bmatrix} \frac{1}{2}(\sum_k d_k - y_K + y_0) \\ \frac{1}{4}(\sum_k d_k + y_K) + \frac{3}{4} y_0 \end{bmatrix}
$$

$$\hat{\boldsymbol{P}}_K = (\boldsymbol{I} - \boldsymbol{k}\boldsymbol{c}^{\mathrm{T}})\check{\boldsymbol{P}}_K = \begin{bmatrix} 1 & \frac{1}{2} \\ \frac{1}{2} & \frac{3}{4} \end{bmatrix}$$

(iv) 答案与上一问相同，因为在这两种情况下都使用相同的观测。

3.10 (i) 可以定义 $\hat{p}_{k,k-1} = y_{k-1,k} - y_{k,k}$

(ii) 接着有

$$\begin{aligned} E[\hat{p}_{k,k-1}] &= E[y_{k-1,k}] - E[y_{k,k}] \\ &= E[m_k - p_{k-1} + n_{k-1,k}] - E[m_k - p_k + n_{k,k}] \\ &= p_k - p_{k-1} \\ E[(\hat{p}_{k,k-1} - (p_k - p_{k-1}))^2] &= E[(n_{k-1,k} - n_k)^2] \\ &= \underbrace{E[n_{k-1}^2]}_{\sigma^2} - 2\underbrace{E[n_{k-1,k}n_{k,k}]}_{0} + \underbrace{E[n_{k,k}^2]}_{\sigma^2} = 2\sigma^2 \end{aligned}$$

其中，假设所有的观测噪声相互独立。

(iii) 可以定义 $\hat{p}_{K,0} = \sum_{k=1}^{K} \hat{p}_{k,k-1}$

(iv) 接着有

$$\begin{aligned} E[\hat{p}_{K,0}] &= \sum_{k=1}^{K} E[\hat{p}_{k,k-1}] = \sum_{k=1}^{K} (p_k - p_{k-1}) = p_K - p_0 \\ E[(\hat{p}_{K,0} - (p_K - p_0))^2] &= E\left[\left(\sum_{k=1}^{K}(n_{k,k} - n_{k-1,k})\right)^2\right] \\ &= \sum_{k-1}^{K} 2\sigma^2 = 2K\sigma^2 \end{aligned}$$

这里再次假设所有的观测噪声相互独立。

(v) 在逆协方差形式下，根据卡尔曼滤波的校正步骤（即融合两个高斯分布）可得

$$\begin{aligned} \hat{P}^{-1} &= \check{P}^{-1} + \frac{1}{\sigma^2} \\ \hat{P}^{-1}\hat{x} &= \check{P}^{-1}\check{x} + \frac{1}{\sigma^2} y_{K,0} \end{aligned}$$

其中，$\check{x} = \hat{p}_{K,0}$；$\check{P} = 2K\sigma^2$。

(vi) 估计器的方差为

$$\hat{P} = \left(\check{P}^{-1} + \frac{1}{\sigma^2}\right)^{-1} = \left(\frac{1}{2K\sigma^2} + \frac{1}{\sigma^2}\right) = \frac{2K}{2K+1}\sigma^2$$

当 $K \to \infty$ 时，方差趋近 $\sigma^2$，这正是观测的方差，因为里程计不会再增加更多信息。

## D.3 第 4 章：非线性非高斯系统的状态估计

4.1 对于运动模型，有

$$\boldsymbol{F}_{k-1} = \begin{bmatrix} 1 & 0 & -v_k T \sin\theta_{k-1} \\ 0 & 1 & v_k T \cos\theta_{k-1} \\ 0 & 0 & 1 \end{bmatrix}$$

$$\boldsymbol{Q}'_k = T^2 \begin{bmatrix} \cos\theta_{k-1} & 0 \\ \sin\theta_{k-1} & 0 \\ 0 & 1 \end{bmatrix} \boldsymbol{Q} \begin{bmatrix} \cos\theta_{k-1} & 0 \\ \sin\theta_{k-1} & 0 \\ 0 & 1 \end{bmatrix}^{\mathrm{T}}$$

对于观测模型，有

$$\boldsymbol{G}_k = \begin{bmatrix} \frac{x_k}{\sqrt{x_k^2+y_k^2}} & \frac{y_k}{\sqrt{x_k^2+y_k^2}} & 0 \\ \frac{-y_k}{\sqrt{x_k^2+y_k^2}} & \frac{x_k}{\sqrt{x_k^2+y_k^2}} & -1 \end{bmatrix}, \quad \boldsymbol{R}'_k = \boldsymbol{R}$$

4.2 对于 $y = x^3$，

$$\begin{aligned} \text{蒙特卡罗方法：} \quad & y \sim \mathcal{N}\left(\mu_x^3 + 3\mu_x\sigma_x^2,\, 9\mu_x^4\sigma_x^2 + 36\mu_x^2\sigma_x^4 + 15\sigma_x^6\right) \\ \text{线性化方法：} \quad & y \sim \mathcal{N}\left(\mu_x^3,\, 9\mu_x^4\sigma_x^2\right) \\ \text{西格玛点变换：} \quad & y \sim \mathcal{N}\left(\mu_x^3 + 3\mu_x\sigma_x^2,\, 9\mu_x^4\sigma_x^2 + (15\kappa+6)\mu_x^2\sigma_x^4 + (\kappa+1)^2\sigma_x^6\right) \end{aligned}$$

如果 $\kappa = 2$，西格玛点变换的方差在前两项上与蒙特卡罗方法匹配。

4.3 对于 $y = x^4$，

$$\begin{aligned} \text{蒙特卡罗方法：} \quad & y \sim \mathcal{N}\left(\mu_x^4 + 6\mu_x^2\sigma_x^2 + 3\sigma_x^4, 16\mu_x^6\sigma_x^2 + 168\mu_x^4\sigma_x^4 + 384\mu_x^2\sigma_x^6 + 96\sigma_x^8\right) \\ \text{线性化方法：} \quad & y \sim \mathcal{N}\left(\mu_x^4,\, 16\mu_x^6\sigma_x^2\right) \\ \text{西格玛点变换：} \quad & y \sim \mathcal{N}\left(\mu_x^4 + 6\mu_x^2\sigma_x^2 + (1+\kappa)\sigma_x^4,\right. \\ & \quad 16\mu_x^6\sigma_x^2 + (68\kappa+32)\mu_x^4\sigma_x^4 + (\kappa+1)(28\kappa+16)\mu_x^2\sigma_x^6 + \\ & \quad \left.\kappa(1+\kappa)^2\sigma_x^8\right) \end{aligned}$$

如果 $\kappa = 2$，西格玛点变换的均值与蒙特卡罗方法匹配，并且方差在前两项上匹配。

4.4 (i) 利用图中的相似三角形，可得

$$\frac{u+n}{f} = \frac{x+b}{z}, \quad \frac{v+m}{f} = \frac{x-b}{z}$$

将 $u$ 和 $v$ 分离并以矩阵形式排列，可得

$$\begin{bmatrix} u \\ v \end{bmatrix} = \underbrace{\begin{bmatrix} f & 0 & fb \\ f & 0 & -fb \end{bmatrix}}_{\boldsymbol{K}} \frac{1}{z} \begin{bmatrix} x \\ z \\ 1 \end{bmatrix} - \begin{bmatrix} n \\ m \end{bmatrix}$$

(ii) 将相似三角形方程的分母乘上来，可得

$$z(u+n)=f(x+b),\quad z(v+m)=f(x-b)$$

这是一个线性方程组，求解 $x$ 和 $z$ 即可。

(iii) 所需的雅可比矩阵为

$$\boldsymbol{A}=\begin{bmatrix}\left.\frac{\partial g}{\partial u}\right|_{u,v} & \left.\frac{\partial g}{\partial v}\right|_{u,v}\\ \left.\frac{\partial h}{\partial u}\right|_{u,v} & \left.\frac{\partial h}{\partial v}\right|_{u,v}\end{bmatrix}=\begin{bmatrix}\frac{-2bv}{(u-v)^2} & \frac{2bu}{(u-v)^2}\\ \frac{-2fb}{(u-v)^2} & \frac{2fb}{(u-v)^2}\end{bmatrix}$$

(iv) 均值为

$$E\begin{bmatrix}x\\z\end{bmatrix}=\begin{bmatrix}g(u,v)\\h(u,v)\end{bmatrix}=\frac{b}{u-v}\begin{bmatrix}u+v\\2fb\end{bmatrix}$$

协方差为

$$\operatorname{cov}\left(\begin{bmatrix}x\\z\end{bmatrix}\right)=\boldsymbol{A}\begin{bmatrix}\sigma^2 & 0\\0 & \sigma^2\end{bmatrix}\boldsymbol{A}^{\mathrm{T}}$$

代入 $\boldsymbol{A}$ 的表达式即可得证。

(v) 在光轴上意味着 $x=0$，因此 $u=fb/2$，$v=-fb/2$。代入 (iv) 的协方差表达式中，左上角为 $x$ 方向的方差，右下角为 $z$ 方向的方差。取这些值的平方根即为所求的标准差。

4.5 推导的过程需要用到以下公式：

$$\boldsymbol{A}\boldsymbol{A}^{\mathrm{T}}=\begin{bmatrix}\boldsymbol{a}_1 & \boldsymbol{a}_2 & \cdots\boldsymbol{a}_N\end{bmatrix}\begin{bmatrix}\boldsymbol{a}_1^{\mathrm{T}}\\ \boldsymbol{a}_2^{\mathrm{T}}\\ \vdots\\ \boldsymbol{a}_N^{\mathrm{T}}\end{bmatrix}=\boldsymbol{a}_1\boldsymbol{a}_1^{\mathrm{T}}+\boldsymbol{a}_2\boldsymbol{a}_2^{\mathrm{T}}+\cdots+\boldsymbol{a}_N\boldsymbol{a}_N^{\mathrm{T}}$$

4.6 此题推导过程较长，请自行推导。

4.7 (i) 根据 EKF 预测步骤，可得

$$\check{P}_k=F_{k-1}\hat{P}_{k-1}F_{k-1}+Q_k'=(1)\hat{P}_{k-1}(1)+Q=\hat{P}_{k-1}+Q$$
$$\check{x}_k=f(\hat{x}_{k-1},u_k,0)=\hat{x}_{k-1}+u_k$$

(ii) 根据卡尔曼增益的表达式，可得

$$K_k=\frac{\check{P}_kG_k}{G_k\check{P}_kG_k+R_k'}=\frac{\check{P}_k(-1)}{(-1)\check{P}_k(-1)+R}=-\frac{\check{P}_k}{\check{P}_k+R}$$

(iii) 根据 EKF 校正步骤，可得

$$\hat{P}_k=(1-K_kG_k)\check{P}_k=\frac{R}{\check{P}_k+R}\check{P}_k$$
$$\hat{x}_k=\check{x}_k+K_k(y_k-g(\check{x}_k,0))=\frac{R}{\check{P}_k+R}\check{x}_k+\frac{\check{P}_k}{\check{P}_k+R}(\ell-y_k)$$

(iv) 因为 $\dfrac{R}{\check{P}_k+R}+\dfrac{\check{P}_k}{\check{P}_k+R}=1$，所以该表达式可以解释为预测 $\check{x}_k$ 和观测位置 $\ell - y_k$ 的加权平均。如果观测位置的不确定性 $R$ 大于预测的不确定性 $\check{P}_k$，则 EKF 更信任预测值，并将更大的权重 $\dfrac{R}{\check{P}_k+R}>\dfrac{\check{P}_k}{\check{P}_k+R}$ 赋予预测值。反之亦然，如果观测位置的不确定性 $R$ 小于预测的不确定性 $\check{P}_k$，则 EKF 对预测值的信任较少，并赋予其较小的权重 $\dfrac{R}{\check{P}_k+R}<\dfrac{\check{P}_k}{\check{P}_k+R}$。

4.8 (i) $\check{P}_0=0$，$\check{x}_0=0$，$G_0=0$，$K_0=0$，$\hat{P}_0=0$，$\hat{x}_0=0$。

(ii) $\check{P}_1=1$，$\check{x}_1=1$，$G_1=1/\sqrt{2}$，$K_1=1/\sqrt{2}$，$\hat{P}_1=1/2$，$\hat{x}_1=1$。

(iii) $\check{P}_2=3/2$，$\check{x}_2=2$，$G_2=2/\sqrt{5}$，$K_2=6\sqrt{5}/17$，$\hat{P}_2=15/34$，$\hat{x}_2=(6\sqrt{30}+4)/17$。

(iv) 当由 $k=1$ 到 $k=2$，$\hat{P}_k$ 由 $1/2$ 略微减小到 $15/34$。如果小车远离旗杆，观测模型将变得近似线性：$y_k=\sqrt{x_k^2+h^2}+n_k\approx x_k+n_k$。由于系统近似线性，因此方差 $\hat{P}_k$ 会进入稳态。

## D.4 第 5 章：处理估计中的非理想情况

5.1 增广状态系统为

$$\begin{bmatrix} x_k \\ \bar{v}_k \end{bmatrix} = \underbrace{\begin{bmatrix} 1 & 1 \\ 0 & 1 \end{bmatrix}}_{\boldsymbol{A}'} \begin{bmatrix} x_{k-1} \\ \bar{v}_{k-1} \end{bmatrix} + \begin{bmatrix} 1 \\ 0 \end{bmatrix} v_k$$

$$y_k = \underbrace{\begin{bmatrix} 1 & 0 \end{bmatrix}}_{\boldsymbol{C}'} \begin{bmatrix} x_k \\ \bar{v}_k \end{bmatrix}$$

能观性矩阵为

$$\boldsymbol{\mathcal{O}} = \begin{bmatrix} \boldsymbol{C}' \\ \boldsymbol{C}'\boldsymbol{A}' \end{bmatrix} = \begin{bmatrix} 1 & 0 \\ 1 & 1 \end{bmatrix}$$

其秩为 2，因此增广状态系统是能观的。

5.2 增广状态系统为

$$\begin{bmatrix} x_k \\ v_k \\ \bar{d}_k \end{bmatrix} = \underbrace{\begin{bmatrix} 1 & 1 & 0 \\ 0 & 1 & 0 \\ 0 & 0 & 1 \end{bmatrix}}_{\boldsymbol{A}'} \begin{bmatrix} x_{k-1} \\ v_{k-1} \\ \bar{d}_{k-1} \end{bmatrix} + \begin{bmatrix} 0 \\ 1 \\ 0 \end{bmatrix} a_k$$

$$\begin{bmatrix} d_{1,k} \\ d_{2,k} \end{bmatrix} = \underbrace{\begin{bmatrix} 1 & 0 & 0 \\ 1 & 0 & 1 \end{bmatrix}}_{\boldsymbol{C}'} \begin{bmatrix} x_k \\ v_k \\ \bar{d}_k \end{bmatrix}$$

能观性矩阵为

$$\mathcal{O} = \begin{bmatrix} \boldsymbol{C}' \\ \boldsymbol{C}'\boldsymbol{A}' \\ \boldsymbol{C}'\boldsymbol{A}'^2 \end{bmatrix} = \begin{bmatrix} 1 & 0 & 0 \\ 1 & 0 & 1 \\ 1 & 1 & 0 \\ 1 & 1 & 1 \\ 1 & 2 & 0 \\ 1 & 2 & 1 \end{bmatrix}$$

其秩为 3，因此增广状态系统是能观的。

5.3 根据公式，$k = \dfrac{\ln(1-p)}{\ln(1-w^n)} = \dfrac{\ln(1-0.999)}{\ln(1-0.1^3)} = 6904.3$，因此需要 6905 次迭代。

5.4 根据公式，$k = \dfrac{\ln(1-p)}{\ln(1-w^n)} = \dfrac{\ln(1-0.99999)}{\ln(1-0.75^2)} = 13.9267$，因此需要 14 次迭代。

5.5 可以绘制代价函数来查看它们之间的差异。新的代价函数位于杰曼-麦克卢尔代价函数之上，这意味着它在剔除外点时不如杰曼-麦克卢尔代价函数严格。

# 参考文献


[1] Kalman R E, et al. Contributions to the Theory of Optimal Control. Boletin de la Sociedad Matematica Mexicana, 1960, 5(1):102–119.

[2] Kalman R E, et al. A New Approach to Linear Filtering and Prediction Problems. Journal of Basic Engineering, 1960, 82(1):35–45.

[3] Thrun S, Burgard W, Fox D. Probabilistic Robotics. MIT Press, 2006.

[4] Dudek G, Jenkin M. Computational Principles of Mobile Robotics. Cambridge University Press, 2010.

[5] Kelly A. Mobile Robotics: Mathematics, Models, and Methods. Cambridge University Press, 2013.

[6] Corke P. Robotics, Vision and Control: Fundamental Algorithms In MATLAB, volume 73. Springer, 2011.

[7] Särkkä S. Bayesian Filtering and Smoothing, volume 3. Cambridge University Press, 2013.

[8] Chirikjian G S. Stochastic Models, Information Theory, and Lie Groups: Classical Results and Geometric Methods, volume 1–2 of Applied and Numerical Harmonic Analysis. Birkhauser, 2009.

[9] Chirikjian G S, Kyatkin A B. Engineering Applications of Noncommutative Harmonic Analysis: with Emphasis on Rotation and Motion Groups. CRC Press, 2001.

[10] Chirikjian G S, Kyatkin A B. Harmonic Analysis for Engineers and Applied Scientists: Updated and Expanded Edition. Courier Dover Publications, 2016.

[11] Absil P A, Mahony R, Sepulchre R. Optimization Algorithms on Matrix Manifolds. Princeton University Press, 2009.

[12] Boumal N. An Introduction to Optimization on Smooth Manifolds. Cambridge University Press, 2022.

[13] Papoulis A. Probability, Random Variables, and Stochastic Processes. McGraw-Hill Book Company, 1965.

[14] Devlin K. The Unfinished Game: Pascal, Fermat, and the Seventeenth-Century Letter that Made the World Modern. Basic Books, 2008.

[15] Bayes T. Essay towards Solving a Problem in the Doctrine of Chances. Philosophical Transactions of the Royal Society of London, 1763, (53):370–418.

[16] Shannon C E. A Mathematical Theory of Communication. The Bell System Technical Journal, 1948, 27:379–423, 623–656.

[17] Kullback S, Leibler R A. On Information and Sufficiency. The Annals of Mathematical Statistics, 1951, 22(1):79–86.

[18] Bishop C M, Nasrabadi N M. Pattern Recognition and Machine Learning. Springer, 2006.

[19] Mahalanobis P C. On the Generalized Distance in Statistics. Proceedings of the National Institute of Sciences, 1936, 2:49–55.

[20] Sherman J, Morrison W J. Adjustment of an Inverse Matrix Corresponding to Changes in the Elements of a Given Column or Given Row of the Original Matrix. The Annals of Mathematical Statistics, 1949, 20(4):621.

[21] Sherman J, Morrison W J. Adjustment of an Inverse Matrix Corresponding to a Change in One Element of a Given Matrix. The Annals of Mathematical Statistics, 1950, 21(1):124–127.

[22] Woodbury M A. Inverting Modified Matrices. Technical Report 42. Statistical Research Group, Princeton University, 1950.

[23] Stein C M. Estimation of the Mean of a Multivariate Normal Distribution. The Annals of Statistics, 1981. 1135–1151.

[24] Rasmussen C E, Williams C K. Gaussian Processes for Machine Learning, volume 1. MIT Press, 2006.

[25] Bryson A E. Applied Optimal Control: Optimization, Estimation and Control. Taylor and Francis, 1975.

[26] Maybeck P S. Stochastic Models, Estimation and Control. Navtech Book and Software Store, 1994.

[27] Stengel R F. Optimal Control and Estimation. Courier Corporation, 1994.

[28] Bar-Shalom Y, Li X R, Kirubarajan T. Estimation with Applications to Tracking and Navigation: Theory Algorithms and Software. John Wiley & Sons, 2001.

[29] Rauch H E, Tung F, Striebel C T, et al. Maximum Likelihood Estimates of Linear Dynamic Systems. AIAA Journal, 1965, 3(8):1445–1450.

[30] Bierman G J. Sequential Square Root Filtering and Smoothing of Discrete Linear Systems. Automatica, 1974, 10(2):147–158.

[31] Gauss C F. Theoria Motus Corporum Coelestium. Perthes and Besser, Hamburg, 1809.

[32] Gauss C F. Theoria Combinationis Observationum Erroribus Minimis Obnoxiae, Pars Prior. Werke, IV, Koniglichen Gesellschaft der Wissenschaften zu Gottingen, 1821. 1–26.

[33] Gauss C F. Theoria Combinationis Observationum Erroribus Minimis Obnoxiae, Pars Posterior. Werke, IV, Koniglichen Gesellschaft der Wissenschaften zu Gottingen, 1823. 27–53.

[34] Markov A A. Wahrscheinlichheitsrechnung. Teubner, 1912.

[35] Björck Å. Numerical Methods for Least Squares Problems. SIAM, 1996.

[36] Simon D. Optimal State Estimation: Kalman, H Infinity, and Nonlinear Approaches. John Wiley & Sons, 2006.

[37] Tong C H, Furgale P, Barfoot T D. Gaussian Process Gauss-Newton for Non-Parametric Simultaneous Localization and Mapping. International Journal of Robotics Research, 2013, 32(5):507–525.

[38] Barfoot T D, Tong C H, Särkkä S. Batch Continuous-Time Trajectory Estimation as Exactly Sparse Gaussian Process Regression. Robotics: Science and Systems, 2014.

[39] Furgale P, Tong C H, Barfoot T D, et al. Continuous-Time Batch Trajectory Estimation Using Temporal Basis Functions. International Journal of Robotics Research, 2015, 34(14):1688–1710.

[40] Särkkä S. Recursive Bayesian Inference on Stochastic Differential Equations[D]. Helsinki University of Technology, 2006.

[41] Kalman R E, Bucy R S. New Results in Linear Filtering and Prediction Theory. Journal of Basic Engineering, 1961, 83(1):95–108.

[42] Jazwinski A H. Stochastic Processes and Filtering Theory. Academic Press, 1970.

[43] McGee L A, Schmidt S F. Discovery of the Kalman Filter as a Practical Tool for Aerospace and Industry. Technical Report NASA-TM-86847. NASA, November, 1985.

[44] Julier S J, Uhlmann J K. A General Method for Approximating Nonlinear Transformations of Probability Distributions. Technical report. Robotics Research Group, University of Oxford, 1996.

[45] Thrun S, Fox D, Burgard W, et al. Robust Monte Carlo Localization for Mobile Robots. Artificial Intelligence, 2001, 128(1-2):99–141.

[46] Madow W G. On the Theory of Systematic Sampling, II. The Annals of Mathematical Statistics, 1949, 30:333–354.

[47] Sibley G, Sukhatme G S, Matthies L H. The Iterated Sigma Point Kalman Filter with Applications to Long Range Stereo. Robotics: Science and Systems, 2006, 8:235–244.

[48] Box M. Bias in Nonlinear Estimation. Journal of the Royal Statistical Society. Series B, 1971, 33(2):171–201.

[49] Sibley G. A Sliding Window Filter for SLAM. Technical report. University of Southern California, 2006.

[50] Anderson S, Barfoot T D, Tong C H, et al. Batch Nonlinear Continuous-Time Trajectory Estimation as Exactly Sparse Gaussian Process Regression. Autonomous Robots, 2015, 39(3):221–238.

[51] Chen Z, Heckman C, Julier S, et al. Weak in the NEES?: Auto-tuning Kalman Filters with Bayesian Optimization. 21st International Conference on Information Fusion (FUSION), 2018, 1072–1079.

[52] Chen C S, Hung Y P, Cheng J B. RANSAC-based DARCES: a New Approach to Fast Automatic Registration of Partially Overlapping Range Images. IEEE Transactions on Pattern Analysis and Machine Intelligence, 1999, 21(11):1229–1234.

[53] Fischler M A, Bolles R C. Random Sample Consensus: a Paradigm for Model Fitting with Applications to Image Analysis and Automated Cartography. Communications of the ACM, 1981, 24(6):381–395.

[54] Zhang Z. Parameter Estimation Techniques: a Tutorial with Application to Conic Fitting. Image and Vision Computing, 1997, 15(1):59–76.

[55] MacTavish K, Barfoot T D. At All Costs: a Comparison of Robust Cost Functions for Camera Correspondence Outliers. Computer and Robot Vision (CRV), 2015 12th Conference on. IEEE, 2015, 62–69.

[56] Holland P W, Welsch R E. Robust Regression Using Iteratively Reweighted Least-Squares. Communications in Statistics - Theory and Methods, 1977, 6(9):813–827.

[57] Barron J T. A General and Adaptive Robust Loss Function. Proceedings of the IEEE/CVF Conference on Computer Vision and Pattern Recognition, 2019, 4331–4339.

[58] Yang H, Antonante P, Tzoumas V, et al. Graduated Non-convexity for Robust Spatial Perception: from Non-minimal Solvers to Global Outlier Rejection. IEEE Robotics and Automation Letters, 2020, 5(2):1127–1134.

[59] Peretroukhin V, Vega-Brown W, Roy N, et al. PROBE-GK: Predictive Robust Estimation Using Generalized Kernels. Robotics and Automation (ICRA), 2016 IEEE International Conference on. IEEE, 2016, 817–824.

[60] Black M J, Rangarajan A. On the Unification of Line Processes, Outlier Rejection, and Robust Statistics with Applications in Early Vision. International Journal of Computer Vision, 1996, 19(1):57–91.

[61] Jordan M I, Ghahramani Z, Jaakkola T S, et al. An Introduction to Variational Methods for Graphical Models. Machine Learning, 1999, 37(2):183–233.

[62] Barfoot T D, Forbes J R, Yoon D J. Exactly Sparse Gaussian Variational Inference with Application to Derivative-Free Batch Nonlinear State Estimation. International Journal of Robotics Research, 2020, 39(13):1473–1502.

[63] Opper M, Archambeau C. The Variational Gaussian Approximation Revisited. Neural Computation, 2009, 21(3):786–792.

[64] Rasmussen C E, Williams C K. Gaussian Processes for Machine Learning. MIT Press, 2006.

[65] Kokkala J, Solin A, Särkkä S. Expectation Maximization Based Parameter Estimation by Sigma-Point and Particle Smoothing. 17th International Conference on Information Fusion (FUSION). IEEE, 2014, 1–8.

[66] Kokkala J, Solin A, Särkkä S. Sigma-Point Filtering and Smoothing Based Parameter Estimation in Nonlinear Dynamic Systems. Journal of Advances in Information Fusion, 2016, 11(1):15–30.

[67] Ala-Luhtala J, Särkkä S, Piché R. Gaussian Filtering and Variational Approximations for Bayesian Smoothing in Continuous-Discrete Stochastic Dynamic Systems. Signal Processing, 2015, 111:124–136.

[68] García-Fernández Á F, Svensson L, Morelande M R, et al. Posterior Linearization Filter: Principles and Implementation Using Sigma Points. IEEE Transactions on Signal Processing, 2015, 63(20):5561–5573.

[69] Gašperin M, Juričić D. Application of Unscented Transformation in Nonlinear System Identification. IFAC Proceedings Volumes, 2011, 44(1):4428–4433.

[70] Schön T B, Wills A, Ninness B. System Identification of Nonlinear State-Space Models. Automatica, 2011, 47(1):39–49.

[71] Neal R M, Hinton G E. A View of the Em Algorithm That Justifies Incremental, Sparse, and Other Variants. Learning in Graphical Models. Springer, 1998: 355–368.

[72] Ghahramani Z, Roweis S T. Learning Nonlinear Dynamical Systems Using an EM Algorithm. Advances in Neural Information Processing Systems: Proceedings of the 1998 Conference, volume 11. MIT Press, 1999, 431–437.

[73] Magnus J R, Neudecker H. Matrix Differential Calculus with Applications in Statistics and Econometrics. John Wiley & Sons, 2019.

[74] Amari S I. Natural Gradient Works Efficiently in Learning. Neural Computation, 1998, 10(2):251–276.

[75] Hoffman M D, Blei D M, Wang C, et al. Stochastic Variational Inference. The Journal of Machine Learning Research, 2013, 14(1):1303–1347.

[76] Fisher R A. On the Mathematical Foundations of Theoretical Statistics. Philosophical Transactions of the Royal Society of London. Series A, Containing Papers of a Mathematical or Physical Character, 1922, 222(594-604):309–368.

[77] Stein C M. Estimation of the Mean of a Multivariate Normal Distribution. The Annals of Statistics, 1981. 1135–1151.

[78] Ala-Luhtala J, Särkkä S, Piché R. Gaussian Filtering and Variational Approximations for Bayesian Smoothing in Continuous-Discrete Stochastic Dynamic Systems. Signal Processing, 2015, 111:124–136.

[79] Meurant G. A Review on the Inverse of Symmetric Tridiagonal and Block Tridiagonal Matrices. SIAM Journal on Matrix Analysis and Applications, 1992, 13(3):707–728.

[80] Takahashi K, Fagan J, Chen M S. A Sparse Bus Impedance Matrix and Its Application to Short Circuit Study. Proceedings of the PICA Conference. IEEE, 1973.

[81] Broussolle F. State Estimation in Power Systems: Detecting Bad Data through the Sparse Inverse Matrix Method. IEEE Transactions on Power Apparatus and Systems, 1978, (3):678–682.

[82] Erisman A, Tinney W. On Computing Certain Elements of the Inverse of a Sparse Matrix. Communications of the ACM, 1975, 18(3):177–179.

[83] McLauchlan T W, Hartley P, Fitzgibbon R. Bundle Adjustment: A Modern Synthesis. Vision Algorithms: Theory and Practice, 2000. 298–375.

[84] Kaess M, Dellaert F. Covariance Recovery from a Square Root Information Matrix for Data Association. Robotics and Autonomous Systems, 2009, 57(12):1198–1210.

[85] Golub G H, Van Loan C F. Matrix Computations. Johns Hopkins University Press, 1996.

[86] Kaess M, Ranganathan A, Dellaert F. iSAM: Incremental Smoothing and Mapping. IEEE Transactions on Robotics, 2008, 24(6):1365–1378.

[87] Arasaratnam I, Haykin S. Cubature Kalman Filters. IEEE Transactions on Automatic Control, 2009, 54(6):1254–1269.

[88] Ito K, Xiong K. Gaussian Filters for Nonlinear Filtering Problems. IEEE Transactions on Automatic Control, 2000, 45(5):910–927.

[89] Wu Y, Hu D, Wu M, et al. A Numerical-Integration Perspective on Gaussian Filters. IEEE Transactions on Signal Processing, 2006, 54(8):2910–2921.

[90] Cools R. Constructing Cubature Formulae: the Science behind the Art. Acta Numerica, 1997, 6:1–54.

[91] Sarmavuori J, Sarkka S. Fourier-Hermite Kalman Filter. IEEE Transactions on Automatic Control, 2012, 57(6):1511–1515.

[92] Särkkä S, Hartikainen J, Svensson L, et al. On the Relation between Gaussian Process Quadratures and Sigma-Point Methods. Journal of Advances in Information Fusion, 2016, 11(1):31–46.

[93] O'Hagan A. Bayes-Hermite Quadrature. Journal of Statistical Planning and Inference, 1991, 29(3):245–260.

[94] Press W H, Teukolsky S A, Vetterling W T, et al. Numerical Recipes: the Art of Scientific Computing. Cambridge University Press, 2007.

[95] Jia B, Xin M, Cheng Y. High-Degree Cubature Kalman Filter. Automatica, 2013, 49(2):510–518.

[96] Brown D C. A Solution to the General Problem of Multiple Station Analytical Stereotriangulation. Technical report. RCA-MTP Data Reduction, 1958.

[97] Durrant-Whyte H, Bailey T. Simultaneous Localisation and Mapping (SLAM): Part I The Essential Algorithms. IEEE Robotics and Automation Magazine, 2006, 11(3):99–110.

[98] Jensen J L W V. Sur Les Fonctions Convexes et Les Inégalités Entre Les Valeurs Moyennes. Acta Mathematica, 1906, 30(1):175–193.

[99] Goudar A, Zhao W, Barfoot T D, et al. Gaussian Variational Inference with Covariance Constraints Applied to Range-Only Localization. 2022 IEEE/RSJ International Conference on Intelligent Robots and Systems (IROS). IEEE, 2022, 2872–2879.

[100] Shumway R H, Stoffer D S. An Approach to Time Series Smoothing and Forecasting Using the EM Algorithm. Journal of Time Series Analysis, 1982, 3(4):253–264.

[101] Ghahramani Z, Hinton G E. Parameter Estimation for Linear Dynamical Systems. Technical Report CRG-TR-96-2. University of Toronto, 1996.

[102] Baum L E, Petrie T. Statistical Inference for Probabilistic Functions of Finite State Markov Chains. The Annals of Mathematical Statistics, 1966, 37(6):1554–1563.

[103] Magnus J R, Neudecker H. Matrix Differential Calculus with Applications in Statistics and Econometrics. John Wiley & Sons, 2019.

[104] Petersen K B, Pedersen M S, et al. The Matrix Cookbook. Technical University of Denmark, 2008, 7(15):510.

[105] Magnus J R, Neudecker H. The Elimination Matrix: Some Lemmas and Applications. SIAM Journal on Algebraic Discrete Methods, 1980, 1(4):422–449.

[106] Van Loan C. Computing Integrals Involving the Matrix Exponential. IEEE Transactions on Automatic Control, 1978, 23(3):395–404.

[107] Farrell J. Aided Navigation: GPS with High Rate Sensors. McGraw-Hill, Inc., 2008.

[108] Barrau A, Bonnabel S. The Invariant Extended Kalman Filter as a Stable Observer. IEEE Transactions on Automatic Control, 2017, 62(4):1797–1812.

[109] Barrau A, Bonnabel S. Invariant Kalman Filtering. Annual Review of Control, Robotics, and Autonomous Systems, 2018, 1(1):237–257.

# 索 引

**A**
阿达马积, 215
埃尔米特基函数, 84
安德烈・安德烈耶维奇・马尔可夫, 69
安德烈・路易・楚列斯基, 209

**B**
BLUE, 见 最优线性无偏估计
白噪声, 35
半负定矩阵, 208
半向量化, 214
半正定矩阵, 208
保罗・埃德里安・莫里斯・狄拉克, 35
贝塞尔修正, 14
贝叶斯公式, 3, 36, 41, 50, 94, 96
贝叶斯滤波, 3, 11, 67, 91, 96–101, 104, 110, 111, 120, 121, 133
贝叶斯推断, 11, 22, 40, 44, 47, 67–70, 92, 127, 137, 139
贝叶斯学派, 9
彼得勒斯・阿皮亚努斯, 12
边缘分布, 146
边缘化, 11
变分推断, 169
遍历性假设, 146, 148
标准正交基, 203
不变性 EKF, 228
不确定性椭圆, 28
不相关, 12, 19
不一致, 101

**C**
Charlotte T. Striebel, 56
CRLB, 见 克拉默-拉奥下界
查尔斯・埃尔米特, 84
查尔斯・马克斯・斯坦, 32
楚列斯基分解, 51–54, 84, 87, 106, 107, 113, 115, 118, 122, 209
楚列斯基平滑算法, 52

**D**
DARCES, 见 刚体约束下的数据配准穷举搜索
大数定律, 104
单射, 20
单位阶跃函数, 77
点积, 201
迭代扩展卡尔曼滤波, 102–105, 118–121, 128, 129, 133, 139, 141
迭代西格玛点卡尔曼滤波, 117, 119–121
迭代重加权最小二乘法, 161
对称化运算符, 215
对称矩阵, 200, 208

**E**
EKF, 见 扩展卡尔曼滤波

**F**
Frank F. Tung, 56
反对称矩阵, 200
范数, 201
方差, 16
非线性非高斯系统, 91, 95, 96
分块, 206
分位数函数, 13, 29, 147, 148
分位图, 13

峰度, 12, 110
弗里德里希 · 威廉 · 贝塞尔, 14
弗罗贝尼乌斯内积, 201
负定矩阵, 208

G

GP, 见 高斯过程
GPS, 见 全球定位系统
概率, 9
概率密度函数, 9, 13–17, 23, 25–28, 36, 94–99, 101, 103–108, 110, 140
刚体约束下的数据配准穷举搜索, 157
高斯-牛顿法, 122–127, 130, 133
高斯变分推断, 169
高斯概率密度函数, 9, 12–19, 24, 25, 27–29, 32, 36, 60, 63, 98–100, 102, 104–108, 110, 113, 114, 117, 128, 139
高斯估计, 50, 64, 103
高斯过程, 5, 9, 11, 34, 35, 72–75, 79, 82, 84, 136, 138–140, 226
高斯滤波, 110
高斯随机变量, 20, 22, 32, 39
高斯推断, 18
高斯噪声, 1, 2, 70, 91, 98, 150
功率谱密度矩阵, 35, 75, 226
估计, 40
估计理论的里程碑, 3
固定区间平滑算法, 44, 51
归一化估计误差平方, 148
归一化积, 15, 25
归一化新息平方, 148

H

Herbert E. Rauch, 56
哈拉尔德 · 克拉默, 15
核矩阵, 74, 78
后向递归, 210
后验概率密度函数, 11, 40
互信息, 13, 28
滑动窗口滤波, 134

I

IEKF, 见 迭代扩展卡尔曼滤波
IRLS, 见 迭代重加权最小二乘法
ISPKF, 见 迭代西格玛点卡尔曼滤波

J

基础矩阵（控制理论）, 138
迹, 200
杰曼-麦克卢尔代价函数, 160
结合代数, 199
矩, 11
矩阵乘法, 199
矩阵单元, 202
矩阵加法, 198
均值, 12, 17

K

KF, 见 卡尔曼滤波
卡尔 · 弗里德里希 · 高斯, 2
卡尔曼-布西滤波, 85
卡尔曼滤波, 2, 3, 11, 39, 59, 64, 67–71, 151, 152, 156
卡尔曼增益, 56
卡尔亚姆普迪 · 拉达克里什纳 · 拉奥, 15
卡方分布, 26
凯莱-哈密顿定理, 48, 208
柯西代价函数, 160
可逆, 205
克拉默-拉奥下界, 16, 30, 70, 71, 112
克劳德 · 艾尔伍德 · 香农, 13
克罗内克积, 213
扩展卡尔曼滤波, 70, 91, 98, 101, 103–105, 110, 113, 115, 116, 118–121, 127, 133, 134, 141

L

LG, 见 线性高斯系统
LTI, 见 线性时不变
LTV, 见 线性时变
拉普拉斯近似, 125, 192
拉普拉斯展开, 205
莱昂 · 伊塞利, 32
累积分布函数, 9

离散时间, 25, 34, 39, 51, 59, 72, 78, 84, 86, 95, 137, 140, 141
利文伯格-马夸特, 124
立体相机, 91
粒子滤波, 91, 110–113
联合概率密度函数, 10
连续时间, 5, 11, 35, 39, 72, 86, 91, 95, 136, 140
零化度, 204
零空间, 204
鲁棒代价函数, 160
鲁道夫・埃米尔・卡尔曼, 3
罗纳德・艾尔默・费希尔, 16
滤波方法分类, 120
滤波器, 59

**M**

MAP, 见 最大后验（估计）
ML, 见 最大似然（估计）
M 估计, 158
马尔可夫性, 64, 95
马氏距离, 26, 42, 148
美国国家航空航天局, 2, 98
蒙特卡罗, 98, 104
幂等矩阵, 204
摩尔-彭罗斯伪逆, 见 伪逆

**N**

NASA, 见 美国国家航空航天局
NLNG, 见 非线性非高斯系统
内感受型, 3
内积, 201
内积空间, 201
能观性, 2, 49, 154
能观性矩阵, 49
逆威沙特分布, 165
逆协方差形式, 见 信息形式
牛顿法, 122

**P**

PDF, 见 概率密度函数
皮埃尔-西蒙・拉普拉斯, 125
偏度, 12
频率学派, 9
平滑算法, 59
普拉桑塔・钱德拉・马哈拉诺比斯, 26

**Q**

期望, 11
奇异值, 211
奇异值分解, 211
前向递归, 210
全概率公理, 9
全球定位系统, 4, 156–158

**R**

RANSAC, 见 随机采样一致性
RTS 平滑算法, 3, 51, 56, 58
瑞利商, 209

**S**

SDE, 见 随机微分方程
SMW 等式, 31, 46, 56, 57, 74, 117, 128, 140
SP, 见 西格玛点
SPKF, 见 西格玛点卡尔曼滤波
SWF, 见 滑动窗口滤波
三次埃尔米特插值, 83
上三角矩阵, 209
实现, 14, 16, 40
舒尔补, 18, 65, 206
数据关联, 145, 156
斯坦利・F. 施密特, 98
斯坦引理, 32
随机变量, 9
随机采样一致性, 158, 166, 167
随机微分方程, 137

**T**

特征方程, 207
特征向量, 207
特征值, 207
提升形式, 41, 45, 76
统计独立, 10, 12, 19

投影, 203
投影矩阵, 204
托马斯 · 贝叶斯, 11

**U**

UKF, 见 无迹卡尔曼滤波

**W**

外点, 145, 158
外感受型, 3
维数, 198
伪逆, 44
无偏, 16, 70, 145, 151
无意识统计学家法则, 11

**X**

稀疏楚列斯基分解, 210
稀疏矩阵, 212
西尔维斯特行列式定理, 28
西格玛点, 106, 110, 115
西格玛点变换, 106, 108, 109, 113, 114, 129, 141
西格玛点卡尔曼滤波, 91, 113, 117–119
下三角矩阵, 209
先验概率密度函数, 11, 40
线搜索, 124
线性高斯系统, 40, 44, 47, 60, 64, 72, 96, 156
线性时变, 39, 75, 79, 137, 226
线性时不变, 80
线性无关, 202
线性相关, 202
香农信息, 13, 27, 36
向量化, 213
向量空间, 198
协方差, 12
协方差估计, 162
协方差矩阵, 12
信息矩阵, 53, 219
信息向量, 50
信息形式, 21, 56, 57, 66

**Y**

样本方差, 14
样本均值, 14
一致, 71, 151
一致性, 145
伊萨里 · 舒尔, 18
伊塞利定理, 32
伊藤积分, 75
伊藤清, 75
因果的, 59
有偏, 101, 130
约翰 · 哈里森, 2

**Z**

詹姆斯 · 约瑟夫 · 西尔维斯特, 28
张成, 202
正定矩阵, 208
正交补, 204
正交基, 202
正交矩阵, 211
秩, 204
置信度函数, 96
重复矩阵, 214
转移函数, 75, 226
转移矩阵, 39, 76
转置, 200
状态, 1, 40
状态估计, 1, 4, 39
自然梯度下降, 170, 219
自适应估计, 163
子空间, 203
最大后验估计, 40, 41, 64, 68, 86, 91, 93, 94, 103, 119–121, 129, 130, 141, 145
最大似然估计, 129, 130, 143, 145
最优线性无偏估计, 69, 70
坐标, 202